Preparo de Amostras para Análise de Compostos Orgânicos

gen
Grupo
Editorial
Nacional

Preparo de Amostras para Análise de Compostos Orgânicos

Alexandre Fonseca
Alexandre Zatkovskis Carvalho
Álvaro José dos Santos Neto
Ana Cristi Basile Dias
Antônio Felipe Felicioni Oliveira
Arnaldo César Pereira
Bianca Rebelo Lopes
Brenda Lee Simas Porto
Bruna Regina de Toledo Sampaio
Camila Dalben Madeira Campos
Cícero Alves Lopes Júnior
Clebio Soares Nascimento Junior
Ednei Gilberto Primel
Eduardo Carasek da Rocha
Eduardo Costa de Figueiredo (Org.)
Fabiana de Alves Lima Ribeiro
Fábio Augusto
Fernando Antonio Simas Vaz
Fernando Fabriz Sodré
Fernando José Malagueño de Santana
Fernando Mauro Lanças
Gabriela Salazar Mogollon
Gustavo de Souza Pessôa
Haroldo Silveira Dórea
Helga Gabriela Aleme
Herbert de Sousa Barbosa
Igor Rafael dos Santos Magalhães
Isabel Cristina Sales Fontes Jardim
Isarita Martins
José Alberto Fracassi da Silva
José Manuel Florêncio Nogueira
Keyller Bastos Borges (Org.)
Leandro Augusto Calixto
Leandro Wang Hantao
Leidimara Pelisson
Manoel Leonardo Martins
Marco Aurélio Zezzi Arruda
Marcone Augusto Leal de Oliveira
Maria Eugênia Costa Queiroz (Org.)
Mariane Gonçalves Santos
Martha Bohrer Adaime
Mayra Fontes Furlan Noroska
Osmar Damian Prestes
Paloma Santana Prata
Paula Feliciano de Lima
Quezia Bezerra Cass
Renata Takabayashi Sato
Renato Zanella
Richard Piffer Soares de Campos
Silvana Ruella de Oliveira
Soraia Cristina Gonzaga Neves Braga
Thiago Barth
Valdir Mano
Valquíria Aparecida Polisel Jabor
Vanessa Bergamin Boralli Marques

Apesar dos melhores esforços dos autores, do editor e dos revisores, é inevitável que surjam erros no texto. Assim, são bem-vindas as comunicações de usuários sobre correções ou sugestões referentes ao conteúdo ou ao nível pedagógico que auxiliem o aprimoramento de edições futuras. Os comentários dos leitores podem ser encaminhados à **LTC — Livros Técnicos e Científicos Editora** pelo e-mail ltc@grupogen.com.br.

Travessa do Ouvidor, 11
Rio de Janeiro, RJ – CEP 20040-040
Tels.: 21-3543-0770 / 11-5080-0770
Fax: 21-3543-0896
ltc@grupogen.com.br
www.ltceditora.com.br

Capa: Thallys Bezerra
Editoração Eletrônica: Get Designed / Aline Vecchi

CIP-BRASIL. CATALOGAÇÃO NA PUBLICAÇÃO
SINDICATO NACIONAL DOS EDITORES DE LIVROS, RJ

P932

Preparo de amostras para análise de compostos orgânicos / organização: Eduardo Costa de Figueiredo, Keyller Bastos Borges, Maria Eugênia C. Queiroz. - 1. ed. - Rio de Janeiro : LTC, 2015.
il. ; 28 cm.

Inclui bibliografia e índice
ISBN 978-85-216-2694-7

1. Engenharia química. 2. Química. 3. Farmácia. I. Figueiredo, Eduardo Costa de. II. Borges, Keyller Bastos. III. Queiroz, Maria Eugênia C. IV. Título.

14-18374 CDD: 660.2
CDU: 661

A todos os estudiosos, interessados e curiosos sobre o preparo de amostras.

Prof. Keyller B. Borges

Departamento de Ciências Naturais / Universidade Federal de São João del-Rei (DCNAT/UFSJ)

Material Suplementar

Este livro conta com o seguinte material suplementar:

- Ilustrações da obra em formato de apresentação (acesso restrito a docentes).

O acesso ao material suplementar é gratuito, bastando que o leitor se cadastre em: http://gen-io.grupogen.com.br.

GEN-IO (GEN | Informação Online) é o repositório de materiais suplementares e de serviços relacionados com livros publicados pelo GEN | Grupo Editorial Nacional, maior conglomerado brasileiro de editoras do ramo científico-técnico-profissional, composto por Guanabara Koogan, Santos, Roca, AC Farmacêutica, Forense, Método, LTC, E.P.U. e Forense Universitária. Os materiais suplementares ficam disponíveis para acesso durante a vigência das edições atuais dos livros a que eles correspondem.

Prefácio

Na realização de qualquer análise, a etapa de preparo da amostra quase sempre é necessária antes da determinação do(s) soluto(s). Esse preparo pode ser muito simples, como a concentração ou diluição de uma amostra aquosa, ou mais laborioso – no caso de amostras complexas – com uma série de procedimentos, cujas variáveis envolvidas são frequentemente otimizadas por planejamentos experimentais. O presente livro, escrito por profissionais com ampla experiência na aplicação de diversas técnicas de preparo de amostras para fins analíticos, enfatiza, principalmente, as técnicas para a determinação de compostos orgânicos por cromatografia gasosa, cromatografia líquida de alta eficiência ou eletroforese capilar. As técnicas de preparo de amostras descritas incluem as consideradas "clássicas" e as recentemente desenvolvidas, com ênfase nas que possibilitam a injeção direta da amostra no instrumento, nas que utilizam volumes reduzidos de amostras e de reagentes, condizentes com a moderna "química verde", e, por fim, nas que permitem a automatização. Este livro merece um lugar de destaque na bancada ou na biblioteca de qualquer analista que trabalha com uma ou mais das diversas técnicas de preparo de amostras laboratoriais.

Profª Carol H. Collins
Professora Titular Emérita da Universidade Estadual de Campinas
(Instituto de Química/Unicamp)

Resumo dos capítulos

Parte I Fundamentos do Preparo de Amostras

Capítulo 1 Introdução ao preparo de amostras

Keyller Bastos Borges, Arnaldo César Pereira e Valdir Mano

Departamento de Ciências Naturais, Universidade Federal de São João del-Rei (UFSJ), Campus Dom Bosco, Praça Dom Helvécio 74, Fábricas, 36301-160, São João del-Rei, MG, Brasil

Resumo: Nesse capítulo inicial, vamos discutir todas as etapas envolvidas durante o procedimento analítico, tais como: amostragem, armazenamento e transporte, preparo de amostras, separação, identificação e quantificação, avaliação estatística e tomada de decisões. O preparo de amostras é a etapa crucial para análise das diferentes substâncias inseridas nas mais diversas matrizes, por exemplo: água, ar, solos, alimentos, fluidos biológicos.

Capítulo 2 Princípios básicos do preparo de amostras

Clebio Soares Nascimento Junior e Keyller Bastos Borges

Departamento de Ciências Naturais, Universidade Federal de São João del-Rei (UFSJ), Campus Dom Bosco, Praça Dom Helvécio 74, Fábricas, 36301-160, São João del-Rei, MG, Brasil

Resumo: Para se entender qualquer técnica de preparo de amostra é necessário primeiro discutir alguns princípios básicos que regem todos os procedimentos de extração. Nesse sentido, as propriedades físicas e químicas dos solventes e das substâncias a serem analisadas são importantes no preparo adequado da amostra. Dentre essas propriedades algumas são consideradas fundamentais para compreensão dos métodos de extração: pressão de vapor, solubilidade, propriedades termodinâmicas, peso molecular, hidrofobicidade e dissociação. Os fundamentos dessas e de outras propriedades físicas e químicas serão discutidos ao longo do capítulo.

Capítulo 3 Precipitação de proteínas e hidrólise de conjugados

Isarita Martins

Universidade Federal de Alfenas (UNIFAL-MG), Faculdade de Ciências Farmacêuticas, Departamento de Análises Clínicas e Toxicológicas, 37130-000, Alfenas, MG, Brasil

Resumo: As amostras, muitas vezes, precisam passar por tratamento prévio antes da aplicação de suas técnicas de preparo. Nesse contexto, a remoção de proteínas e a hidrólise de conjugados podem ser requeridas previamente ao uso da LLE ou da SPE, não apenas para eliminar moléculas proteicas como também para liberar analitos conjugados.

Capítulo 4 Planejamento de experimentos aplicado ao preparo de amostras

Marcone Augusto Leal de Oliveira, Brenda Lee Simas Porto, Fernando Antonio Simas Vaz, Renata Takabayshi Sato

Departamento de Química, Universidade Federal de Juiz de Fora (UFJF), Rua José Lourenço Kelmer, s/n, 36036-330, Juiz de Fora, MG, Brasil

Resumo: A quimiometria por meio do uso de planejamentos de experimentos (fatoriais, de mistura ou mistos) tem sido frequentemente utilizada como ferramenta auxiliar de otimização em química. Tal prática, muitas vezes, maximiza o entendimento das variáveis relevantes, minimizando custo e tempo de investigação. Dentro desse contexto, espera-se, como consequência, a análise de dados sob uma ótica "química-estatística" mais rápida, criteriosa e sistemática. Logo, o capítulo tem a modesta intenção de descrever brevemente ao leitor o potencial do uso de planejamentos de experimentos como ferramenta auxiliar de otimização em investigações envolvendo o preparo de amostras. Logo, a título de ilustração, um breve estudo de caso envolvendo o uso do planejamento de experimentos no preparo de amostra de azeite extravirgem para a determinação da acidez é apresentado.

Parte II Técnicas Clássicas ou Convencionais

Capítulo 5 Extração líquido-líquido

Thiago Barth,[a] Leandro Augusto Calixto,[b] Valquíria Polisel Jabor[b] e Keyller Bastos Borges[c]

[a]Universidade Federal do Rio de Janeiro, Campus Macaé, Rua Alcides da Conceição, 159, Novo Cavaleiros, 27933-378, Macaé, RJ, Brasil

[b]Faculdade de Ciências Farmacêuticas de Ribeirão Preto, Universidade de São Paulo (FCFRP-USP), Departamento de Física e Química, 14040-903, Ribeirão Preto, SP, Brasil.

[c]Departamento de Ciências Naturais, Universidade Federal de São João del-Rei (UFSJ), Campus Dom Bosco, Praça Dom Helvécio 74, Fábricas, 36301-160, São João del-Rei, MG, Brasil

Resumo: Nesse capítulo serão descritos o histórico, os princípios básicos da extração líquido-líquido (*liquid-liquid extraction*, LLE) e suas aplicações em diferentes áreas. Alguns problemas decorrentes da complexidade das matrizes, das limitações da técnica e as maneiras de contorná-las na prática, de forma eficiente, como a típica formação de emulsões também serão abordadas. Dentro desse contexto, serão expostos subsídios ao leitor durante a otimização, buscando maximizar a recuperação dos analitos e a eliminação de interferentes (*clean-up* ou limpeza da amostra). Finalmente, serão apresentadas algumas inovações da técnica e também novas tendências como a extração líquido-líquido assistida por suporte, ultrassom, pressão, além de avanços em automação e miniaturização da técnica.

Capítulo 6 Extração por *headspace*

Antônio Felipe Felicioni Oliveira e Álvaro José dos Santos Neto

Instituto de Química de São Carlos, Universidade de São Paulo, CP 780, 13560-970, São Carlos, SP, Brasil

Resumo: A extração por *headspace* é uma das mais utilizadas abordagens para o preparo de amostras sólidas ou líquidas contendo compostos voláteis de interesse. Com essa técnica, permite-se a migração dos compostos voláteis para o chamado *headspace*, ou seja, a camada de vapor que é confinada acima da amostra, em um recipiente apropriado. Essa técnica pode ser desenvolvida tanto em um modo estático ou de equilíbrio, como em uma modalidade dinâmica também denominada como *purge-and-trap*. No capítulo a fundamentação da técnica e os seus modos de uso serão detalhados, apresentando-se exemplos de aplicações em diversas áreas (ambiental, saúde, produtos naturais, petróleo).

Capítulo 7 Filtração e diálise

Vanessa Bergamin Boralli Marques

Universidade Federal de Alfenas (UNIFAL-MG), Faculdade de Ciências Farmacêuticas, Departamento de Análises Clínicas e Toxicológicas, 37130-000, Alfenas, MG, Brasil

Resumo: Componentes endógenos ou exógenos como fármacos, quando na circulação sanguínea podem se ligar às proteínas plasmáticas. Uma vez que as proteínas não passam pelas paredes capilares, a ligação do composto às proteínas pode retê-lo no espaço vascular, tornando-o inerte. A fração não ligada é a que interage com receptores, sendo a fração ativa. Dessa maneira, as técnicas de filtração e diálise de amostras, além de separar os contaminantes insolúveis de soluções; remover totalmente os microrganismos do ar ou de soluções; podem ainda separar, dialisar ou concentrar de macromoléculas ligadas ou não a proteínas em fluidos biológicos.

Parte III Técnicas de Extração em Fase Sólida

Capítulo 8 Princípios da extração em fase sólida

Isabel Cristina Sales Fontes Jardim

Instituto de Química, Universidade Estadual de Campinas (IQ/Unicamp), 13083-970, Campinas, SP, Brasil

Resumo: A extração em fase sólida (SPE) foi introduzida em 1976 para suprir as desvantagens apresentadas pela extração líquido-líquido e, hoje, consiste na técnica mais popular de preparo de amostra. Ela possui um vasto campo de aplicação como análises de fármacos, alimentos, amostras provenientes do meio ambiente e nas áreas de bioquímica e química orgânica. As vantagens mais relevantes apresentadas pela SPE em comparação com a extração líquido-líquido são: menor consumo de solvente orgânico, altas porcentagens de recuperação e capacidade de aumentar seletivamente a concentração dos compostos de interesse. Esse capítulo apresenta os princípios teóricos da técnica, os sorventes utilizados, suas aplicações e seus avanços mais recentes.

Capítulo 9 Dispersão da matriz em fase sólida

Haroldo Silveira Dórea

Centro de Ciências Exatas e Tecnologia, Departamento de Química, Universidade Federal de Sergipe (UFS), Prof. José Aloísio de Campos, Jardim Rosa Elze, 49100-000, São Cristovão, SE, Brasil

Resumo: A dispersão da matriz em fase sólida (*matrix solid-phase dispersion*, MSPD) é uma técnica de extração de compostos orgânicos em amostras sólidas, semissólidas ou líquidas de alta viscosidade. Consiste em introduzir a matriz em um recipiente contendo um suporte sólido (dispersante), misturar até homogeneização, transferir o material (matriz dispersa no suporte) para uma coluna e eluir com solvente apropriado. O dispersante atua como abrasivo, rompendo a arquitetura geral da amostra, bem como nas interações com os analitos. A matriz distribuída no dispersante produz um único material que permite um novo grau de fracionamento, diferente de outras técnicas que utilizam fase sólida. Vantagens são associadas a essa técnica, tais como pequena quantidade de amostra, faixa ampla de polaridade dos analitos, redução no uso de solventes orgânicos, simplicidade e redução nas etapas de preparo da amostra.

Capítulo 10 Preparo de amostras empregando polímeros de impressão molecular

Mariane Gonçalves Santos e Eduardo Costa de Figueiredo

Universidade Federal de Alfenas (UNIFAL-MG), Faculdade de Ciências Farmacêuticas, Departamento de Análises Clínicas e Toxicológicas, 37130-000, Alfenas, MG, Brasil

Resumo: Os polímeros de impressão molecular (MIPs) são materiais sintéticos que apresentam sítios seletivos de reconhecimento moldados estrategicamente para uma molécula-alvo. Os MIPs têm sido empregados com sucesso como sorbente em diversos procedimentos de preparo de amostras como extração e microextração em fase sólida, extração sortiva em barra de agitação, extração com adsorvente magnético, microextração com sorvente empacotado dentre outros. Nesse capítulo serão apresentadas as principais metodologias de obtenção dos MIPs, bem como as mais relevantes aplicações desses materiais em preparo de amostras.

Capítulo 11 Preparo de amostras empregando meios de acesso restrito (RAM)

Álvaro José dos Santos Neto,[a] Bianca Rebelo Lopes[b] e Quezia Bezerra Cass[b]

[a]Instituto de Química de São Carlos, Universidade de São Paulo (IQSC/USP), CP 780, 13560-970, São Carlos, SP, Brasil

[b]Departamento de Química, Universidade Federal de São Carlos (UFSCAR), CP 676, 13565-905, São Carlos, SP, Brasil

Resumo: As fases de meio de acesso restrito (RAM) permitem a injeção direta de amostras nativas, pois excluem os componentes de alta massa molecular da matriz enquanto retém e separam as pequenas moléculas através de interações hidrofóbicas, iônicas, de afinidade ou de impressão molecular. Nesse capítulo, trataremos da fundamentação teórica discutindo retrospectivamente a evolução dessas fases. Serão também abordados os modos de uso, e exemplos de aplicação em matrizes biológicas, ambientais e de alimentos.

Parte IV Técnicas Miniaturizadas

IV.I Microextração em Fase Líquida

Capítulo 12 Microextração em gota única, imersão direta, *headspace*, microextração líquido-líquido-líquido

Fernando José Malagueño de Santana[a] e Igor Rafael dos Santos Magalhães[b]

[a]Departamento de Ciências Farmacêuticas, Universidade Federal de Pernambuco (UFPE), Centro de Ciências da Saúde, Rua Prof. Artur de Sá, s/n, Cidade Universitária, 50740-521, Recife, PE, Brasil

[b]Faculdade de Ciências Farmacêuticas, Universidade Federal do Amazonas (UFAM), Rua Comendador Alexandre Amorim, 330, Aparecida, 69010-300, Manaus, AM, Brasil

Resumo: Uma tendência na busca por novas técnicas de preparo das amostras é a miniaturização da extração líquido-líquido. Uma técnica pioneira é a microextração em gota única (SDME), na qual uma gota de solvente orgânico imiscível em água é suspensa na ponta da agulha de uma microsseringa. Nessa técnica, os compostos de interesse são extraídos para a microgota que pode estar imersa na amostra aquosa (imersão direta) ou acima desta (*headspace*). A SDME pode ainda ser empregada no modo três fases (microextração líquido-líquido-líquido) no qual os compostos são extraídos através da microgota para uma nova fase aquosa no interior da microsseringa. Independente do modo de operação, a SDME visa aumentar a razão volumétrica entre as fases aquosa e orgânica diminuindo assim o consumo de solvente orgânico e favorecendo a concentração desses compostos nas análises de traço.

Capítulo 13 Microextração em gota diretamente suspensa e microextração em gota sólida

Igor Rafael dos Santos Magalhães[a] e Fernando José Malagueño de Santana[b]

[a]Faculdade de Ciências Farmacêuticas, Universidade Federal do Amazonas (UFAM), Rua Comendador Alexandre Amorim, 330, Aparecida, 69010-300, Manaus, AM, Brasil

[b]Departamento de Ciências Farmacêuticas, Universidade Federal de Pernambuco (UFPE), Centro de Ciências da Saúde, Rua Prof. Artur de Sá, s/n, Cidade Universitária, 50740-521, Recife, PE, Brasil

Resumo: Nesse capítulo, dois avanços recentes da microextração em fase líquida, denominados microextração em gota diretamente suspensa e microextração em gota sólida, serão descritos. Resumidamente, estas duas técnicas diferem das outras principalmente em virtude da ausência de dispositivos ou aparatos específicos para a execução do procedimento de extração. Dessa forma, constituem alternativas acessíveis e de baixo custo para a limpeza e a pré-concentração de diversas amostras de interesse analítico.

Capítulo 14 Microextração líquido-líquido dispersiva

Renato Zanella,[a] Martha Bohrer Adaime, Manoel Leonardo Martins,[a] Osmar Damian Prestes[a] e Ednei Gilberto Primel[b]

[a]Departamento de Química, Universidade Federal de Santa Maria (UFSM), Centro de Ciências Naturais e Exatas, Av. Roraima, 1000, Prédio 17, Camobi, 97105-900, Santa Maria, RS, Brasil

[b]Escola de Química e Alimentos, Universidade Federal do Rio Grande (FURG), Avenida Itália, km 8, Campus Carreiros, Centro, 96208-410, Rio Grande, RS, Brasil

Resumo: A microextração líquido-líquido dispersiva (DLLME) é uma alternativa interessante na determinação de compostos orgânicos em diferentes matrizes. A técnica utiliza a partição dos analitos de interesse através do emprego de pequenos volumes de uma mistura de um solvente dispersor, miscível na amostra (fase aquosa) e no solvente extrator (fase orgânica), e um solvente extrator. Nesse sistema ternário de solventes ocorre a concentração dos analitos no solvente extrator que, após algum tempo, separa no frasco extrator e é recolhido para ser analisado. A área superficial entre o solvente de extração e a fase aquosa é muito grande, promovendo a rápida transferência dos analitos da fase aquosa para a fase extratora. A DLLME apresenta as vantagens de baixo custo, miniaturização, rapidez, alta eficiência de extração e concentração dos analitos, bem como potencial para aplicação direta em campo.

Capítulo 15 Microextração em fase líquida com fibras ocas

Eduardo Carasek da Rocha

Departamento de Química, Universidade Federal de Santa Catarina (UFSC), Centro de Ciências Físicas e Matemáticas (CFM), 88090-400, Florianópolis, SC, Brasil

Resumo: A microextração em fase líquida suportada por membrana oca (HF-LPME) é uma técnica robusta de preparo de amostras onde o solvente extrator não entra em contato direto com a amostra, pois o mesmo encontra-se nos poros e/ou interior da membrana oca porosa. A HF-LPME pode ser aplicada para enriquecimento de analitos contidos em matrizes complexas e "sujas" (biológicas, alimentares, forenses etc.) e é facilmente adequada a diversas técnicas instrumentais (GC, HPLC, CE etc.). O capítulo apresenta os fundamentos teóricos e as aplicações da HF-LPME nas configurações em duas e em três fases.

IV.II Microextração em Fase sólida

Capítulo 16 Microextração em fase sólida

Fábio Augusto, Bruna Regina de Toledo Sampaio, Fabiana de Alves Lima Ribeiro, Helga Gabriela Aleme, Leandro Wang Hantao, Mayra Fontes Furlan Noroska, Gabriela Salazar Mogollon, Paloma Santana Prata, Paula Feliciano de Lima, Soraia Cristina Gonzaga Neves Braga

Instituto de Química, Universidade Estadual de Campinas (IQ/Unicamp), 13083-970 Campinas, SP, Brasil

Resumo: A microextração em fase sólida (*solid phase microextraction*, SPME), introduzida em 1990, é a mais popular e conhecida dentre as microtécnicas de extração – que usam volumes reduzidos de sorventes, resultando em simplificação e aceleração dos procedimentos experimentais e minimização da geração de resíduos. Em SPME, como decorrência dos valores elevados de razão de fases, não ocorre transferência exaustiva dos analitos para o meio extrator: as massas extraídas são função da sua concentração na amostra, dependendo das constantes de distribuição envolvidas. Serão discutidos os fundamentos teóricos da técnica, aspectos instrumentais e experimentais de SPME e suas variantes e aplicações a amostras ambientais, biológicas/clínicas e industriais.

Capítulo 17 Microextração sortiva em barra de agitação

José Manuel Florêncio Nogueira

Universidade de Lisboa, Faculdade de Ciências, Departamento de Química e Bioquímica, 1749-016, Lisboa, Portugal

Resumo: O presente capítulo aborda a técnica de extração sortiva em barra de agitação (SBSE) como método de enriquecimento bem estabelecido no domínio da análise vestigial em matrizes complexas, demonstrando toda a capacidade e excepcional desempenho desta inovadora ferramenta analítica, assim como o grande potencial de aplicação por combinação com instrumentação cromatográfica e hifenada de topo em diversas áreas (por exemplo, ambiental, alimentar, biológica, forense etc.), sendo o mesmo fundamentalmente vocacionado para principiantes.

Capítulo 18 Microextração em sorvente empacotado (MEPS)

Maria Eugênia Costa Queiroz

Faculdade de Filosofia Ciências e Letras de Ribeirão Preto, Universidade de São Paulo (FFCLRP/USP), Departamento de Química, 14040-901, Ribeirão Preto, SP, Brasil

Resumo: A microextração em sorvente empacotado (MEPS) é uma recente técnica de preparo de amostra desenvolvida em 2004. Essa técnica consiste na miniaturização da técnica convencional de extração em fase sólida (SPE), em que os volumes das amostras e dos solventes (eluentes) foram reduzidos de mililitros para microlitros. O principal destaque da MEPS é que a ordem de magnitude do volume do solvente utilizado para a eluição dos solutos, no processo de extração, é adequada para injeção direta em sistemas de cromatografia líquida, cromatografia gasosa ou eletroforese capilar, sem nenhuma modificação do instrumento. Esse capítulo apresenta os fundamentos teóricos da técnica MEPS e suas aplicações na área de alimentos, biológica e ambiental.

Parte V Técnicas Mecanizadas/Automatizadas de Preparo de Amostras

Capítulo 19 Técnicas com acoplamento e comutação de colunas (*column switching*)

Álvaro José dos Santos Neto

Instituto de Química de São Carlos, Universidade de São Paulo (IQSC/USP), CP 780, 13560-970, São Carlos, SP, Brasil

Resumo: Técnicas que permitem a mecanização ou automatização do preparo de amostras, acoplando-o ao sistema de separação analítica são bastante interessantes. Nesse capítulo serão apresentados e ilustrados mecanismos para o acoplamento e comutação de colunas, os quais, em última instância, permitem a integração entre a etapa de preparo de amostras, e a separação cromatográfica, propriamente dita. Diversos meios extratores previamente apresentados no livro podem ser empregados como recheio para as colunas utilizadas nesses sistemas, como forma para automatizar o preparo da amostra, evitando a exposição do analista na manipulação excessiva das amostras, bem como os erros associados a essa manipulação.

Capítulo 20 Automação do preparo de amostras em sistemas de análises em fluxo

Ana Cristi Basile Dias, Alexandre Fonseca e Fernando Fabriz Sodré

Universidade de Brasília, Instituto de química, Campus Darcy Ribeiro, Gleba Asa Norte, CP 4478, 72919-910, Brasília, DF, Brasil

Resumo: O capítulo apresenta as principais estratégias de preparo de amostras em sistemas de análises em fluxo contínuo para determinação de analitos orgânicos. Automação da extração em fase sólida, líquido-líquido, por membranas, por micro-ondas, por radiação UV e ultrassom serão ilustradas e demonstradas considerando os diferentes tipos de sistemas aplicados a amostras biológicas, farmacêuticas e ambientais.

Capítulo 21 Microextração em fase sólida no capilar acoplada à cromatografia líquida (*in-tube* SPME-LC)

Maria Eugênia Costa Queiroz

Faculdade de Filosofia Ciências e Letras de Ribeirão Preto, Universidade de São Paulo (FFCLRP/USP), Departamento de Química, 14040-901, Ribeirão Preto, SP, Brasil

Resumo: O sistema *in-tube* SPME desenvolvido em conjunto com a cromatografia líquida (LC) tem sido utilizado para a automação das análises SPME-LC de solutos menos voláteis e/ou termicamente instáveis. O sistema *in-tube* SPME-LC pode ser montado fixando um capilar de sílica fundida aberto, revestido internamente com a fase extratora, entre a alça de amostragem e a agulha do injetor automático do LC, ou simplesmente, substituindo a alça de amostragem. A técnica *in-tube* SPME-LC, quando comparada à SPME convencional, minimiza o volume da amostra, permite a extração e concentração dos solutos em linha com a separação e detecção cromatográfica, ou seja, automação dos métodos cromatográficos, que resulta em maior precisão analítica e menor tempo de análise. Esse capítulo apresenta os fundamentos teóricos da técnica *in-tube* SPME-LC e suas aplicações na área de alimentos, biológica e ambiental.

Parte VI Outras Técnicas

Capítulo 22 Extração por fluido supercrítico (SFE)

Fernando Mauro Lanças e Leidimara Pelisson

Instituto de Química de São Carlos, Universidade de São Paulo (IQSC/USP), CP 780, 13560-970, São Carlos, SP, Brasil

Resumo: A extração por fluido supercrítico (SFE) é uma técnica de extração empregada em escala analítica (laboratório) semianalítica (piloto) e industrial. Baseia-se no uso de um fluido no estado supercrítico como solvente extrator. Na prática, o estado supercrítico é obtido elevando-se a pressão e a temperatura de um gás ou de um líquido, de forma a alterar-se o estado de agregação e, como consequência, as propriedades de interesse do solvente, especialmente a densidade e o poder de solvatação. Isso possibilita a extração de compostos de diferentes classes em matrizes complexas como alimentos, solo, plantas e outras. Esse capítulo tem como objetivo discutir a teoria, instrumentação e aplicações da SFE.

Capítulo 23 Preparo de amostra empregando campo elétrico

José Alberto Fracassi da Silva, Richard Piffer Soares de Campos, Camila Dalben Madeira Campos e Alexandre Zatkovskis Carvalho

Instituto de Química, Universidade Estadual de Campinas (IQ/Unicamp), 13083-970 Campinas, SP, Brasil

Resumo: Em 1937, Arne W. K. Tiselius descreveu em uma série de artigos os princípios da técnica e o aparato para a separação de proteínas por meio da aplicação de campo elétrico, que culminaria na sua indicação para o prêmio Nobel de Química de 1948, e após várias décadas no desenvolvimento das técnicas modernas de separação e análise em capilares e microssistemas. Mas a separação das espécies com base na sua diferencial migração no campo elétrico também pode ser utilizada com caráter preparativo, como abordado nesse capítulo. Os princípios e as aplicações da eletroextração em membrana (*electro membrane extraction*, EME) e em fase sólida (e-SPE), eletroforese em fluxo livre (*free flow electrophoresis*, FFE), eletroeluição e dieletroforese (*dielectrophoresis*, DE) serão abordadas.

Capítulo 24 QuEChERS

Renato Zanella, Osmar Damian Prestes, Martha Bohrer Adaime e Manoel Leonardo Martins

Departamento de Química, Universidade Federal de Santa Maria (UFSM), Centro de Ciências Naturais e Exatas, Av. Roraima, 1000, Prédio 17, Camobi, 97105-900, Santa Maria, RS, Brasil

Resumo: O método QuEChERS (*quick*, *easy*, *cheap*, *effective*, *rugged*, *safe*) é empregado com frequência no preparo de amostras para a determinação de resíduos de agrotóxicos, medicamentos veterinários e outros compostos orgânicos em alimentos e outras matrizes complexas. O método emprega uma extração inicial com acetonitrila, em alguns casos com ajuste de pH para melhorar a extração ou a estabilidade dos analitos, seguida de partição do solvente orgânico, obtida pela adição de sais, e uma etapa de limpeza do extrato utilizando extração em fase sólida dispersiva, geralmente com os sorventes amina primária secundária (PSA), C18 ou carbono grafitizado (GCB). Esse método tem como vantagens ser rápido, fácil, econômico, efetivo, robusto e seguro, explorando as possibilidades oferecidas pela instrumentação analítica moderna. Atualmente, o método QuEChERS tem sido aplicado para uma grande variedade de matrizes e de compostos orgânicos.

Capítulo 25 Preparo de amostras aplicado a biomacromoléculas

Marco Aurélio Zezzi Arruda, Herbert de Sousa Barbosa, Silvana Ruella de Oliveira, Cícero Alves Lopes Júnior e Gustavo de Souza Pessôa

Instituto de Química, Universidade Estadual de Campinas (IQ/Unicamp), 13083-970 Campinas, SP, Brasil

Resumo: O capítulo abordará diversas estratégias analíticas no sentido da extração, purificação, quantificação e caracterização de proteínas e metaloproteínas. Dentro desse contexto, serão abordados os princípios de cada técnica empregada, bem como serão discutidos os exemplos mais representativos de cada tópico apresentado.

Os organizadores

Keyller Bastos Borges

Possui graduação em Farmácia, Habilitação em Análises Clínicas e Toxicológicas, Habilitação em Homeopatia pela Universidade Federal de Alfenas (UNIFAL-MG), mestrado em Toxicologia, Doutorado-Sanduíche em Ciências pela Faculdade de Ciências Farmacêuticas de Ribeirão Preto, Universidade de São Paulo e Universidad de Cádiz (Espanha) e pós-doutorado pela Faculdade de Ciências Farmacêuticas de Ribeirão Preto da Universidade de São Paulo. Atualmente é professor da Universidade Federal de São João del-Rei onde orienta alunos de graduação e pós-graduação (mestrado e doutorado). É membro do Programa de Pós-graduação em Física e Química de Materiais e do Programa de Pós-Graduação Multicêntrico em Química de Minas Gerais. Coordena projetos financiados pela Fundação de Amparo à Pesquisa do Estado de Minas Gerais (FAPEMIG), Coordenação de Aperfeiçoamento de Pessoal de Nível Superior (CAPES) e Conselho Nacional de Desenvolvimento Científico e Tecnológico (CNPq). É pesquisador nível 2 do CNPq, revisor de diversos periódicos nacionais e internacionais e membro efetivo da Sociedade Brasileira Química, da Sociedade Brasileira de Espectrometria de Massas e da Rede Mineira de Química. Tem experiência na área de Química Analítica e Toxicologia, atuando principalmente nos seguintes temas: análise estereosseletiva de fármacos e metabólitos por HPLC, UPLC, CG, CE e seus acoplamentos com a espectrometria de massas (MS e MS/MS) em material biológico e formulações farmacêuticas utilizando como preparo de amostras, técnicas clássicas e miniaturizadas, visando aplicações nas áreas farmacêutica, toxicológica e biotecnológica. Também atua no desenvolvimento de novos materiais adsorventes para aplicação em técnicas de preparo de amostras.

Eduardo Costa de Figueiredo

Possui graduação em Farmácia pela Universidade Federal de Alfenas (UNIFAL-MG), com doutorado em Ciências na área de Química Analítica pela Universidade Estadual de Campinas (Unicamp) e pós-doutorado pela Unicamp. É professor adjunto III da Faculdade de Ciências Farmacêuticas da UNIFAL-MG e chefe do Laboratório de Análises de Toxicantes e Fármacos (LATF). Orienta alunos de mestrado e doutorado no Programa de Pós-Graduação em Química e no Programa de Pós-Graduação em Ciências Farmacêuticas da UNIFAL-MG. Coordena projetos financiados pela FAPEMIG, CAPES e CNPq. É bolsista de produtividade em pesquisa do CNPq – Nível 2 e revisor de diversos periódicos nacionais e internacionais. Possui experiência na área de Química e Farmácia, atuando principalmente na análise de fármacos, toxicantes e metabólitos em amostras biológicas, ambientais e de alimento, cromatografia líquida e gasosa, eletroforese capilar, espectrometria de massas, preparo de amostras empregando polímeros de impressão molecular e materiais de acesso restrito e automação em química analítica.

Maria Eugênia Costa Queiroz

Possui mestrado (1992), doutorado (1996) e pós-doutorado (2001-2003) em Química (Química Analítica) pelo Instituto de Química de São Carlos da Universidade de São Paulo (USP). Em 2006 atuou como professora visitante no Department of Chemistry, University of Waterloo, Ontário, Canadá. Atualmente é professora-associada do Departamento de Química da Faculdade de Filosofia Ciências e Letras de Ribeirão Preto da Universidade de São Paulo. Tem experiência na área de Química Analítica, com ênfase em Instrumentação Analítica e Técnicas Cromatográficas, atuando principalmente nos seguintes temas, desenvolvimento de novas fases estacionárias para técnicas de microextração, hifenação das técnicas de microextração com a cromatografia líquida, cromatografia líquida bidimensional e padronização e validação analítica de novos métodos cromatográficos (UPLC-MS/MS e GC-MS) para a determinação de fármacos e biomarcadores em fluidos biológicos.

Colaboradores

Alexandre Fonseca

Doutor em Ciências pela Universidade Estadual de Campinas (Unicamp). Professor adjunto da Universidade de Brasília (UnB), Brasília, DF.

Alexandre Zatkovskis Carvalho

Doutor em Pharmaceutical Sciences pela Katholieke Universiteit Leuven. Professor adjunto da Universidade Federal do ABC, Santo André, SP.

Álvaro José dos Santos Neto

Doutor em Química pela Universidade de São Paulo (USP). Professor Doutor da Universidade de São Paulo (USP), São Carlos, SP.

Ana Cristi Basile Dias

Doutora em Ciências pela Universidade de São Paulo (CENA/USP). Professora adjunta da Universidade de Brasília (UnB), Brasília, DF.

Antônio Felipe Felicioni Oliveira

Mestre em Ciências Farmacêuticas pela Universidade Federal de Alfenas (UNIFAL-MG). Professor da Universidade Vale do Rio Verde de Três Corações, Três Corações, MG.

Arnaldo César Pereira

Doutor em Química pela Universidade Estadual de Campinas (Unicamp). Professor adjunto da Universidade Federal de São João del-Rei (UFSJ), São João del-Rei, MG.

Bianca Rebelo Lopes

Mestre em Química pela Universidade Federal de São Carlos (UFSCAR). Doutoranda em Química pela Universidade Federal de São Carlos (UFSCAR), São Carlos, SP.

Brenda Lee Simas Porto

Mestre em Química pela Universidade Federal de Juiz de Fora (UFJF). Doutoranda em Química na Universidade Federal de Juiz de Fora (UFJF), Juiz de Fora, MG.

Bruna Regina de Toledo Sampaio

Mestranda em Química pela Universidade Estadual de Campinas (Unicamp), Campinas, SP.

Camila Dalben Madeira Campos

Mestre em Engenharia Mecânica pela Universidade Estadual de Campinas (Unicamp). Doutoranda em Ciências pela Universidade Estadual de Campinas (Unicamp), Campinas, SP.

Cícero Alves Lopes Júnior

Mestre em Química pela Universidade Federal do Piauí (UFPI). Doutorando em Química pela Universidade Estadual de Campinas (Unicamp), Campinas, SP.

Clebio Soares Nascimento Junior

Doutor em Química pela Universidade Federal de Minas Gerais (UFMG). Professor adjunto da Universidade Federal de São João del-Rei (UFSJ), São João del-Rei, MG.

Ednei Gilberto Primel

Doutor em Química pela Universidade Federal de Santa Maria (UFSM). Professor-associado da Universidade Federal do Rio Grande (FURG), Rio Grande, RS.

Eduardo Carasek da Rocha

Doutor em Química pela Universidade Estadual de Campinas (Unicamp). Professor-associado da Universidade Federal de Santa Catarina (UFSC), Florianópolis, SC.

Fabiana de Alves Lima Ribeiro

Doutora em Química pela Universidade Estadual de Campinas (Unicamp). Pós-doutoranda em Química pela Universidade Estadual de Campinas (Unicamp), Campinas, SP.

Fábio Augusto

Doutor em Química pela Universidade Estadual de Campinas (Unicamp). Professor-associado da Universidade Estadual de Campinas (Unicamp), Campinas, SP.

Fernando Antonio Simas Vaz

Doutor em Química pela Universidade Federal de Juiz de Fora (UFJF). Pós-doutorando em Química na Universidade Federal de Juiz de Fora (UFJF), Juiz de Fora, MG.

Fernando Fabriz Sodré

Doutor em Química Analítica pela Universidade Federal do Paraná (UFPR). Professor adjunto da Universidade de Brasília (UnB), Brasília, DF.

Fernando José Malagueño de Santana

Doutor em Toxicologia pela Universidade de São Paulo (USP). Professor adjunto da Universidade Federal de Pernambuco (UFPE), Recife, PE.

Fernando Mauro Lanças

Doutor em Química pela Universidade Estadual de Campinas (Unicamp). Professor titular da Universidade de São Paulo (USP), São Carlos, SP.

Gabriela Salazar Mogollon

Mestre em Química pela Universidade Federal de Sergipe (UFS). Doutoranda em Química pela Universidade Estadual de Campinas (Unicamp), Campinas, SP.

Gustavo de Souza Pessôa

Mestre em Ciências Farmacêuticas pela Universidade Federal de Alfenas (UNIFAL-MG). Doutorando em Química pela Universidade Estadual de Campinas (Unicamp), Campinas, SP.

Haroldo Silveira Dórea

Doutor em Química pela Universidade de São Paulo (USP). Professor-associado da Universidade Federal de Sergipe (UFS), São Cristovão, SE.

Helga Gabriela Aleme

Doutora em Química pela Universidade Federal de Minas Gerais (UFMG). Pós-doutoranda em Química pela Universidade Estadual de Campinas (Unicamp), Campinas, SP.

Herbert de Sousa Barbosa

Doutor em Química pela Universidade Estadual de Campinas (Unicamp). Pós-doutorando em Química pela Universidade Estadual de Campinas (Unicamp), Campinas, SP.

Igor Rafael dos Santos Magalhães

Doutor em Toxicologia pela Universidade de São Paulo (USP). Professor adjunto da Universidade Federal do Amazonas (UFAM), Manaus, AM.

Isabel Cristina Sales Fontes Jardim

Doutora em Química pela Universidade Estadual de Campinas (Unicamp). Professora titular da Universidade Estadual de Campinas (Unicamp), Campinas, SP.

Isarita Martins

Doutora em Toxicologia pela Universidade de São Paulo (USP). Professora adjunta da Universidade Federal de Alfenas (UNIFAL-MG), Alfenas, MG.

José Alberto Fracassi da Silva

Doutor em Química pela Universidade de São Paulo (USP). Professor Doutor da Universidade Estadual de Campinas (Unicamp), Campinas, SP.

José Manuel Florêncio Nogueira

Doutor em Química pela Universidade de Lisboa (UL). Professor da Universidade de Lisboa (UL), Lisboa.

Leandro Augusto Calixto

Doutor em Ciências Farmacêuticas pela Universidade de São Paulo (USP). Analista de Laboratório Sênior da Fundação para o Remédio Popular (FURP), Américo Braziliense, SP.

Leandro Wang Hantao

Mestre em Química pela Universidade Estadual de Campinas (Unicamp). Doutorando em Química pela Universidade Estadual de Campinas (Unicamp), Campinas, SP.

Leidimara Pelisson

Doutora em Ciências pelo Instituto de Química de São Carlos da Universidade de São Paulo (USP). Pesquisadora na área de química, com ênfase em análises de biocombustíveis e experiência na área de separações e técnicas relacionadas.

Manoel Leonardo Martins

Doutor em Química pela Universidade Federal de Santa Maria (UFSM). Pós-doutorando em Química pela Universidade Federal de Santa Maria (UFSM), Santa Maria, RS.

Marco Aurélio Zezzi Arruda

Doutor em Química Analítica pela Universidad de Córdoba (Espanha). Professor titular da Universidade Estadual de Campinas (Unicamp), Campinas, SP.

Marcone Augusto Leal de Oliveira

Doutor em Química pela Universidade de São Paulo (USP). Professor-associado da Universidade Federal de Juiz de Fora (UFJF), Juiz de Fora, MG.

Mariane Gonçalves Santos

Mestre em Ciências Farmacêuticas pela Universidade Federal de Alfenas (UNIFAL-MG). Doutoranda em Química pela Universidade Federal de Alfenas (UNIFAL-MG), Alfenas, MG.

Martha Bohrer Adaime

Doutora em Química pela Universidade Estadual de Campinas (Unicamp). Professora-associada da Universidade Federal de Santa Maria (UFSM), Santa Maria, RS.

Mayra Fontes Furlan Noroska

Mestranda em Química pela Universidade Estadual de Campinas (Unicamp), Campinas, SP.

Osmar Damian Prestes

Doutor em Química pela Universidade Federal de Santa Maria (UFSM). Professor adjunto da Universidade Federal de Santa Maria (UFSM), Santa Maria, RS.

Paloma Santana Prata

Mestre em Química pela Universidade Estadual de Campinas (Unicamp). Doutoranda em Química pela Universidade Estadual de Campinas (Unicamp), Campinas, SP.

Paula Feliciano de Lima

Mestranda em Química pela Universidade Estadual de Campinas (Unicamp), Campinas, SP.

Quezia Bezerra Cass

Doutora em Química pela The City University of London. Professora-associada da Universidade Federal de São Carlos (UFSCAR), São Carlos, SP.

Renata Takabayashi Sato

Mestranda em Química pela Universidade Federal de Juiz de Fora (UFJF), Juiz de Fora, MG.

Renato Zanella

Doutor em Química pela Universität Dortmund (Alemanha). Professor-associado da Universidade Federal de Santa Maria (UFSM), Santa Maria, RS.

Richard Piffer Soares de Campos

Mestre em Química pela Universidade Estadual de Campinas (Unicamp). Doutorando em Química pela Universidade Estadual de Campinas (Unicamp), Campinas, SP.

Silvana Ruella de Oliveira

Doutora em Química pela Universidade Estadual Paulista Júlio Mesquita (Unesp). Pós-doutoranda em Química pela Universidade Estadual de Campinas (Unicamp), Campinas, SP.

Soraia Cristina Gonzaga Neves Braga

Mestre em Química pela Universidade Estadual de Campinas (Unicamp). Doutoranda em Química pela Universidade Estadual de Campinas (Unicamp), Campinas, SP.

Thiago Barth

Doutor em Ciências Farmacêuticas pela Universidade de São Paulo (USP). Professor adjunto da Universidade Federal do Rio de Janeiro (UFRJ), Macaé, MG.

Valdir Mano

Doutor em Química pela Universidade Estadual de Campinas (Unicamp). Professor-associado da Universidade Federal de São João del-Rei (UFSJ), São João del-Rei, MG.

Valquíria Aparecida Polisel Jabor

Doutora em Química pela Universidade de São Paulo (USP). Especialista de Laboratório na Faculdade de Ciências Farmacêuticas de Ribeirão Preto da Universidade de São Paulo (FCFRP/USP), Ribeirão Preto, SP.

Vanessa Bergamin Boralli Marques

Doutora em Toxicologia pela Universidade de São Paulo (USP). Professora adjunta da Universidade Federal de Alfenas (UNIFAL-MG), Alfenas, MG.

Apresentação

A ideia da elaboração do presente livro surgiu para suprir uma carência de informações sobre as técnicas de preparo de amostras para análise de compostos orgânicos no cenário nacional, visto que não há nenhum livro, em português, que atenda diretamente aos anseios de estudantes e profissionais nesta área da química analítica. Assim, renomados autores, especialistas nos diferentes tópicos discutidos nos capítulos propostos neste livro, aceitaram o desafio de elaborar uma literatura de fácil compreensão, mas que aborde o estado da arte nesta área.

A **Parte I** apresenta inicialmente uma introdução geral sobre as técnicas de preparo de amostras, com destaque à importância dessa etapa no desenvolvimento do método analítico. Adicionalmente, os fenômenos físico-químicos que ocorrem nos principais procedimentos são também abordados, além das modernas estratégias empregadas na otimização multivariável dos parâmetros das técnicas de preparo de amostras.

Na **Parte II**, as técnicas convencionais são abordadas, como a extração liquido-líquido pela sua ampla utilização na extração dos mais variados analitos nas mais simples e complexas amostras. Além disso, destaca-se também a extração por *headspace* que é uma das abordagens mais utilizadas para o preparo de amostras sólidas ou líquidas contendo compostos voláteis. Já as técnicas de filtração e diálise são retratadas enfocando a análise da fração livre de fármacos e toxicantes em fluidos proteicos. Os processos de precipitação de proteínas e hidrólise de conjugados também serão apresentados por serem de extrema importância na análise de fluidos proteicos e fração total (conjugados e não conjugados) excretados na urina.

Os princípios da extração em fase sólida são descritos na **Parte III** com destaque à sua ampla aplicabilidade, o que a fez se tornar atualmente uma das mais populares e versáteis técnicas de preparo de amostras. As extrações no modo convencional e dispersivo são descritas nos dois primeiros capítulos, com a discussão dos principais sorventes empregados. Adicionalmente, os polímeros de impressão molecular e os materiais de acesso restrito são discutidos em capítulos específicos, devidos à grande revolução advinda desses sorventes aos procedimentos de preparo de amostras, no tocante ao aumento da seletividade das extrações e pela possibilidade de extrações diretas de fluidos proteicos sem etapa prévia de desproteinização.

Na **Parte IV** apresentaremos as técnicas miniaturizadas. A **Parte IV.I** apresenta as técnicas miniaturizadas de extração em fase líquida, como a microextração em gota única e a microextração em gota suspensa que se caracterizam, respectivamente, pelo emprego de uma pequena gota do solvente extrator sustentada na ponta de uma agulha ou lançada diretamente no seio da solução. A microextração líquido-líquido dispersiva emprega um solvente dispersor e um solvente extrator que são lançados na amostra formando um sistema ternário de solventes e cuja a alta área superficial de contato entre as fases favorece a rápida extração dos analitos. Ademais, o emprego de fibras ocas em sistemas de microextração em fase líquida também é reportado, caracterizando-se por ser um sistema miniaturizado, no qual o solvente não entra em contato direto com a amostra.

A miniaturização da extração em fase sólida é apresentada na **Parte IV.II**, como a técnica de microextração em fase sólida que pode ser considerada a precursora das técnicas miniaturizadas de extração, e que consiste em uma fibra extratora de pequenas dimensões. Essa técnica tem se difundido amplamente na análise de compostos orgânicos voláteis por cromatografia gasosa ou mesmo de compostos mais polares por cromatografia líquida. A microextração sortiva em barra de agitação caracteriza-se pelo recobrimento de uma barra de agitação com diferentes tipos sorventes, o que tem resultado em excepcional desempenho e grande potencial de aplicação por combinação com instrumentação cromatográfica e hifenada de topo em diversas áreas. A microextração por sorvente empacotado é definida como uma técnica moderna de extração em fase sólida em que os volumes das amostras e dos solventes (eluentes) foram reduzidos de mililitros para microlitros. Além disso, a ordem de magnitude do volume do solvente utilizado para a eluição dos solutos é adequada para injeção direta em diferentes sistemas de separação.

Como se sabe, a morosidade dos processos de preparo de amostras é normalmente uma de suas desvantagens mais marcantes. Assim, grande importância tem sido dada nos últimos anos aos procedimentos mecanizados/automatizados de preparo de amostras como apresentado na **Parte V**. As análises por *column switching* empregam sistemas cromatográficos multidimensionais em que a coluna de extração em fase sólida é acoplada a uma válvula de seis vias e comutada para posições de extração e eluição no percurso analítico. Esse sistema é de grande utilidade principalmente para laboratórios de análise de rotina cuja demanda por resultados é alta. No mesmo contexto, os procedimentos de preparo de amostras em fluxo contínuo e em baixa pressão também são de grande importância e têm sido amplamente difundidos principalmente em análises não cromatográficas, como espectrofotometria, fluorimetria, turbidimetria e técnicas eletroanalíticas. Esses sistemas têm permitido, principalmente, a mecanização da extração em fase sólida e da extração líquido-líquido. Já a microextração em fase sólida no capilar, associa as características da miniaturização da extração em fase sólida com a automação das análises por meio do acoplamento de um capilar de sílica fundida aberto, revestido internamente com a fase extratora, em linha com os sistemas *high* *performance liquid chromatography* (HPLC) ou *liquid chromatography-mass spectrometry* (LC-MS), o qual permite extração, dessorção e injeção de solutos orgânicos no LC, de forma contínua, utilizando um injetor automático convencional (LC).

Finalmente, a **Parte VI** engloba outras técnicas que não se enquadraram em nenhuma das seções anteriores, mas que obviamente são de grande importância no contexto de preparo de amostras. A extração por fluido supercrítico baseia-se no uso de um fluido no estado supercrítico como solvente extrator, possibilitando a extração de compostos de diferentes classes em matrizes complexas como alimentos, solo, plantas e outras. No preparo de amostras empregando campo elétrico, destaca-se o fato que a separação das espécies com base na sua diferencial migração no campo elétrico também pode ser utilizada com caráter preparatório, sendo esse o princípio de técnicas de eletroextração em membrana e em fase sólida, eletroforese em fluxo livre, eletroeluição e dieletroforese. Já o método QuEChERS emprega uma associação entre a extração com solventes e a extração em fase sólida, garantindo grande vantagem em relação à abrangência e à possibilidade de aplicação para análises simultâneas de diversos analitos. O último capítulo aborda as mais diversas estratégias analíticas de preparo de amostras relativo aos processos de análises de macromoléculas com ênfase principalmente em proteínas e metaloproteínas.

Keyller Bastos Borges

Eduardo Costa de Figueiredo

Maria Eugênia Costa Queiroz

Organizadores

Sumário

Parte V

Técnicas Mecanizadas/Automatizadas de Preparo de Amostras, 171

PARTE I

Fundamentos do Preparo de Amostras

1 Introdução ao preparo de amostras

Keyller Bastos Borges, Arnaldo César Pereira
e Valdir Mano

1.1 Introdução

O objetivo de um procedimento analítico é obter informações sobre alguma substância ou analito que se encontra na forma sólida, líquida, gasosa ou em algumas de suas misturas. Diferentes procedimentos podem ser adotados, como:

i. verificar a formação de um produto químico ou a composição física;
ii. estudar as propriedades estruturais ou superficiais; ou ainda
iii. estudar a concentração de analitos em material biológico e formulações farmacêuticas, entre outras.

Analitos são os solutos de interesse presentes nas mais diversas matrizes, por exemplo: água, ar, solos, alimentos, fluidos biológicos etc. Dessa maneira, o preparo de amostras é um processo que requer a **purificação** de forma a torná-la mais apropriada para a realização da análise química. Esse procedimento é necessário quando não é possível analisar a amostra diretamente ou quando essa análise gera resultados insatisfatórios.

Atualmente, o desenvolvimento de metodologias rápidas, precisas, exatas e sensíveis, por ter se tornado uma questão extremamente importante, tem recebido crescente interesse da comunidade científica. Apesar dos avanços no desenvolvimento de instrumentação analítica altamente eficiente para a determinação da concentração de analitos em amostras biológicas, ambientais e farmacêuticas, o preparo de amostra é geralmente necessário. As razões para isso são inúmeras, dentre elas destacam-se a concentração de analitos no nível de traços e a existência de grande concentração de proteínas em amostras biológicas que podem interferir nas análises e deteriorar as colunas cromatográficas.[1] O preparo de amostras é, portanto, extremamente necessário para se obter uma subfração da amostra enriquecida e livre de interferentes. Em resumo, esse procedimento visa a **extração**, o **isolamento** e a **concentração** dos analitos presentes em matrizes complexas porque a maioria dos instrumentos analíticos não pode lidar diretamente com a matriz. Além disso, o preparo de amostras pode influenciar nas técnicas de separação e identificação, aumentando a seletividade, melhorando a detectabilidade e diminuindo a supressão de ionização (no caso de detectores de espectrometria de massas).[2]

1.2 Etapas envolvidas no procedimento analítico

A etapa de preparo de amostras afeta quase todo procedimento analítico e, portanto, é de fundamental importância para a identificação inequívoca das espécies envolvidas. A utilização de amostras tratadas ("mais limpas") ajuda a manter o bom uso dos instrumentos e por sua vez diminui o custo das análises.[3,4]

O procedimento analítico inclui algumas etapas fundamentais para se obter resultados confiáveis e informativos. Resumidamente, têm-se **amostragem**, **armazenamento** e **transporte**, **preparo de amostras**, **separação**, **identificação** e **quantificação**, **validação analítica**, **avaliação estatística** e **tomada de decisões**. A Figura 1.1 apresenta as principais etapas envolvidas no preparo de amostras.

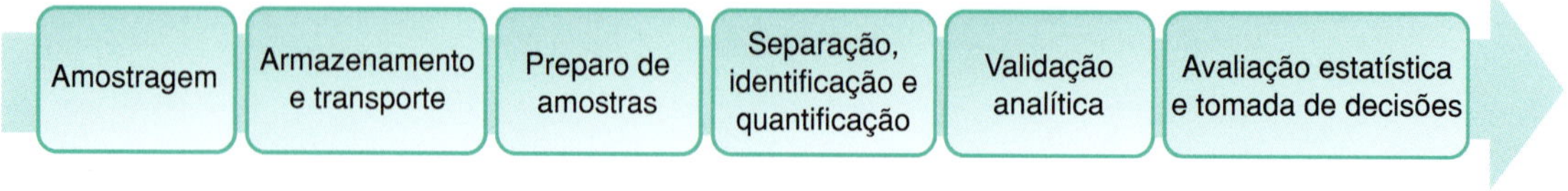

Figura 1.1 Principais etapas envolvidas no procedimento analítico.

1.2.1 Amostragem

Alguns aspectos particulares de coleta de amostras são requeridos nas diversas áreas de conhecimento em que a análise química é necessária, por exemplo, alguns processos de caracterização, análise de amostras biológicas, alimentos, bebidas, ambientais, entre outras.

A escolha do tipo de amostragem depende da natureza física da amostra, que pode ser determinada pela matriz, pelo analito ou por ambos, dependendo da concentração do analito na matriz. Já a quantidade de amostra requerida para análise depende não só da concentração do analito e da natureza da matriz, mas também da técnica analítica que será empregada.

A amostragem pode ser feita por planejamento experimental ou pela utilização de protocolos específicos, sempre considerando a disponibilidade da amostra. Em muitos casos, a análise da amostra deve ser realizada tal como recebida, ou seja, a amostragem nem sempre pode ser planejada pelo analista. Em todas essas situações, no entanto, caso haja a percepção de que problemas no processo de amostragem podem interferir nos resultados, as análises não deverão ser concluídas.

Algumas características de amostragem devem ser levadas em consideração, como a necessidade de amostragem em tempo real, amostragem contínua, amostragem em um intervalo específico ou modificado etc. Essas situações serão analisadas com a proposta e/ou aplicação da análise. Além disso, uma abordagem estatística dos processos de amostragem é de grande importância.[5]

Na amostragem ou coleta deve-se considerar que, em grande parte dos casos, as amostras se apresentam de forma **heterogênea** e não de forma homogênea. Nesse caso, faz-se necessária a retirada de uma fração representativa para a análise e que obviamente mantenha a natureza química da amostra original. Em outras palavras, a amostragem é a coleta de uma amostra de um lote heterogêneo que representa a totalidade do material de interesse para se realizar a análise.[6]

A amostragem adequada deve ser **reprodutível**, **oportuna**, **econômica** e **segura**. Essa etapa é fundamental para qualquer análise, uma vez que os erros referentes à mesma dificilmente podem ser corrigidos. Além disso, a amostragem não deve perturbar a composição química e estrutural do sistema, o que impõe uma série de critérios circunstanciais no caso de análises específicas, como em análises de tecidos humanos, peças de arte e objetos históricos, entre outros. A Figura 1.2 apresenta o desenvolvimento de uma amostragem e os riscos envolvidos.

Em análise de traços ou em amostras de difícil obtenção, a quantidade mínima de amostra está condicionada à quantidade do analito que pode ser medida em um determinado equipamento. A concentração de analito na amostra deve ser, pelo menos, de três a cinco vezes maior do que a concentração mínima que o método empregado pode detectar. Além disso, devem-se considerar as replicatas necessárias para a análise.

A escolha da técnica de amostragem depende de muitos fatores, mas os principais são a **natureza física** da amostra e a **proposta da análise**. A Figura 1.3 apresenta as principais características das amostras a serem consideradas durante a amostragem.

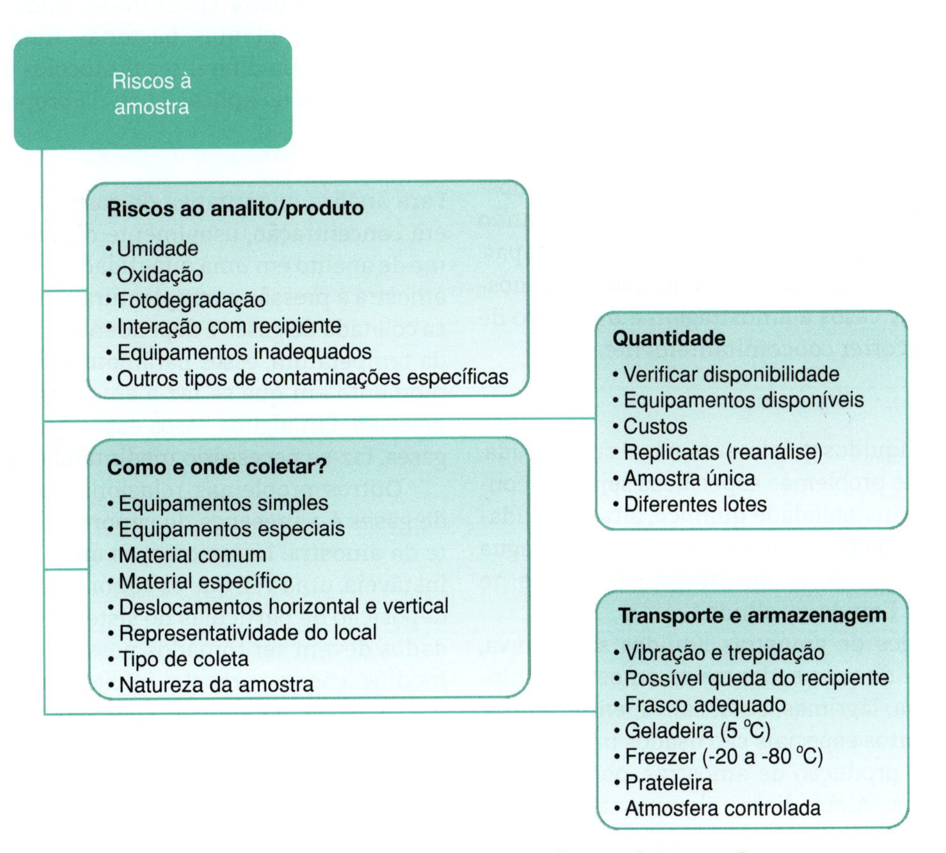

Figura 1.2 Principais riscos envolvidos na etapa e no desenvolvimento da amostragem.

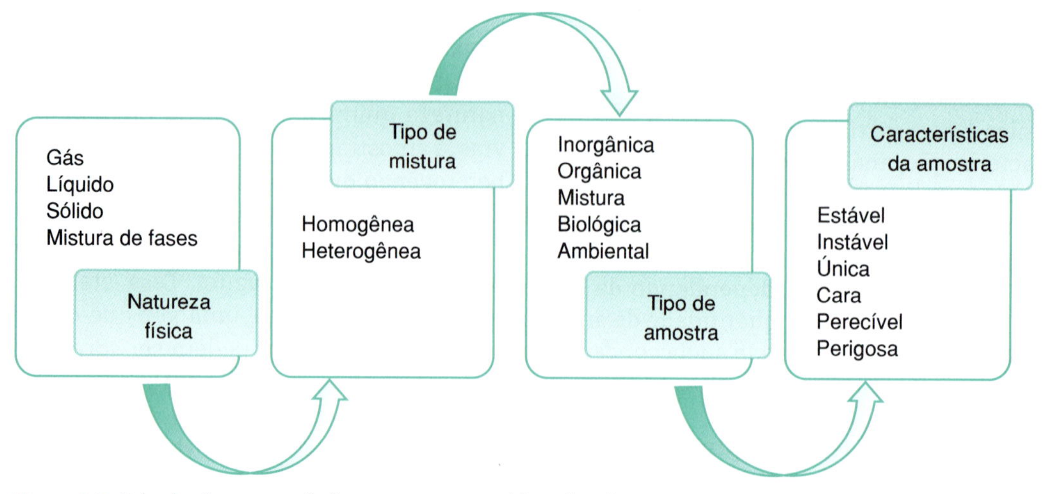

Figura 1.3 Principais características a serem consideradas durante a amostragem.

Como citado anteriormente, é comum que as amostras não se apresentem de forma homogênea e com uma única fase. Por exemplo, a amostragem de gases é aplicada não só para gases, mas também para vapores e aerossóis líquidos, bem como para partículas sólidas suspensas em um gás. A amostragem de líquidos também se aplica para suspensões ou para líquidos contendo gases dissolvidos. No caso dos sólidos, estes podem se encontrar misturados a líquidos e gases. Um caso especial é a amostragem de materiais biológicos, os quais podem estar disponíveis em pequenas quantidades, apresentar problemas de estabilidade e representar perigo de contaminação para os analistas. A determinação da natureza física da amostra em algumas misturas de fases, como mistura de um líquido e sólido, é difícil e em alguns casos impossível de ser definida.

Alguns procedimentos específicos de amostragem devem ser aplicados quando o analito corre o risco de ser eliminado da matriz durante o processo de amostragem, no armazenamento/transporte ou no preparo de amostras. Cuidados semelhantes devem ser tomados quando a matriz pode sofrer modificações durante essas etapas. Usualmente, a amostragem precede o preparo de amostras, mas em alguns casos a amostragem e o preparo de amostras podem ocorrer concomitantemente.

1.2.1.1 *Amostragem de líquidos*

A amostragem de líquidos geralmente não é complicada, a menos que alguns problemas específicos sejam encontrados, dentre eles: instabilidade química, alta volatilidade, alta viscosidade, perigos relatados, adsorção de água atmosférica, entre outros. A amostragem baseia-se no **volume** ou **peso** do líquido recolhido.[6]

Alguns exemplos de amostras líquidas são: chuva, água potável, água do mar e, dentre as amostras biológicas, sangue, urina, lágrimas, suor, saliva, entre outros. Alguns procedimentos especiais são usados na indústria do petróleo para a produção de amostras, por exemplo, de hidrocarbonetos. Além disso, algumas estratégias, como definição de local e intervalos de coleta, devem ser traçadas para evitar erros nas análises.

1.2.1.2 *Amostragem de sólidos*

Os maiores problemas relacionados com as amostras sólidas se referem à **representatividade** e à **homogeneidade**. A quantidade de amostra coletada deve ser grande o suficiente para ser representativa e usada nas replicatas, caso necessário. Alguns tipos de amostras sólidas devem passar por um processo de homogeneização, o que muitas vezes inclui procedimentos de redução do tamanho das partículas.[5,6]

As amostras de solo são um tipo especial de amostras sólidas, com problemas típicos, uma vez que apresentam materiais de **origem inorgânica** e **orgânica**, além de apresentar poros onde se pode encontrar água e gases. Nesse tipo de amostra encontra-se ainda uma parte biótica composta por plantas, bactérias, fungos e insetos, entre outros. Existem diferentes protocolos para coleta de solo, dependentes da aplicação ou da proposta da análise.

1.2.1.3 *Amostragem de gases*

Para análise quantitativa de gases o resultado é expresso em **concentração**, usualmente como quantidade ou volume de analito em uma quantidade ou volume específico de amostra à pressão e temperatura específicas. Como a massa coletada de gases é dependente do volume, da pressão e da temperatura, esses parâmetros devem ser medidos no momento em que se faz a amostragem para aumentar a **precisão**. Em alguns casos específicos de amostragem de gases, faz-se necessário medir também a vazão.[5,6]

Outros problemas relacionados com a amostragem de gases é a presença de **vapores** e **partículas** como parte da amostra. Nesse caso, as amostras podem se tornar **instáveis**, uma vez que os vapores se condensam e ocorre deposição de partículas no sistema de coleta. Alguns cuidados devem ser tomados nesses casos para verificar as modificações na amostra inicialmente coletada.

Os gases podem ser coletados como descrito anteriormente, mas também ser inseridos em um meio líquido ou sólido seguido por uma modificação ou reação química com um reagente coletor.

As técnicas de coleta de gases são divididas em **amostragem estática**, **dinâmica** e **por difusão** (amostragem passiva ou ativa). Existem muitos procedimentos para a determinação da quantidade de um gás, uma vez que não há uma técnica de amostragem que possa ser aplicada a todos os tipos de analitos na forma gasosa. Dessa forma, a escolha de qualquer procedimento de amostragem é determinada pela proposta da análise, pelo tipo de analito e pela quantidade disponível. Em alguns casos, uma análise contínua é necessária e um equipamento especialmente desenvolvido deve ser empregado.[5,6]

1.2.1.4 *Amostragem de mistura de fases*

Algumas amostras são feitas de misturas de fases, usualmente um líquido e um sólido, dificultando obter amostras com boa representatividade do todo. Para esses tipos de amostras, protocolos especiais devem ser desenvolvidos, estabelecendo a quantidade mínima necessária para que seja **representativa** e o número de pontos e frequência de amostragem. Uma amostragem separada para cada tipo de fase e uma avaliação da razão dessas fases nas amostras também são importantes para se obter as corretas informações sobre os analitos.

1.2.2 Armazenamento e transporte

O armazenamento e o transporte são etapas muito importantes, pois geralmente existe **tempo** e **distância** entre a coleta da amostra e sua análise. O armazenamento correto garante que a amostra preserve suas características físicas e químicas de modo que a análise represente verdadeiramente o objeto de estudo. Uma vez a amostra estando pronta para a análise, o preparo de amostras é o próximo passo. Uma vez que a maioria das amostras não esteja pronta para a introdução direta nos instrumentos analíticos, depois de selecionada a amostra, temos que garantir que ela não sofra nenhuma alteração significativa em suas propriedades desde o momento da coleta até a análise.

Processos físicos, químicos e biológicos podem estar envolvidos na mudança da composição de uma amostra após a sua coleta. Os **processos físicos** que podem degradar uma amostra são a volatilização, a difusão e a adsorção nas superfícies dos frascos. As **mudanças químicas** possíveis incluem reações fotoquímicas, oxidação e precipitação. Os processos biológicos incluem biodegradação e reações enzimáticas. A degradação de amostras quando a concentração do analito é baixa, como na análise de traços, é um sério problema na identificação/quantificação das mesmas. A amostra coletada é exposta a diferentes condições da fonte original. Por exemplo, os analitos presentes em uma amostra de terra que nunca tenham sido expostos à luz podem passar por reações fotoquímicas significativas quando expostos à luz solar.

Não é possível preservar a integridade de toda a amostra indefinidamente. Técnicas devem visar à preservação da amostra coletada, pelo menos até que a análise seja concluída. Uma abordagem prática é executar testes de estabilidade para se determinar quanto tempo uma amostra suporta sem sofrer degradação. Existem outros problemas que devem ser considerados, alguns deles estão relacionados abaixo.[5,6]

1.2.2.1 *Inativação enzimática*

Muitas amostras apresentam diferentes tipos de enzimas ativas, tais como proteases, celulases, lipases, entre outras. Se a ação dessas enzimas alterar as características do analito, erros significativos nas análises certamente ocorrerão. Portanto, essas enzimas devem ser **inativadas** ou **eliminadas**. Congelamento, tratamento térmico, liofilização ou secagem e uso de conservantes químicos (ou combinação deles) podem ser empregados dependendo do tipo de analito e da finalidade da análise.

1.2.2.2 *Proteção lipídica*

Os lipídios insaturados podem ser alterados por **reações de oxidação**. Exposição à luz, temperaturas elevadas, oxigênio ou substâncias oxidantes induzem reações de oxidação. Dessa forma, é usualmente necessário armazenar amostras que possuem alto grau de lipídios insaturados sob nitrogênio ou outro gás inerte, salas escuras ou frascos âmbar e em temperaturas controladas. A adição de antioxidantes é utilizada para retardar a oxidação, caso esses não interfiram nas análises.

1.2.2.3 *Contaminação e crescimento microbiano*

Os microrganismos estão presentes naturalmente em muitos tipos de amostras e se não forem controlados podem alterar a composição a ser analisada. Assim como na inativação enzimática, certos processos devem ser utilizados para **controlar o crescimento** de microrganismos, tais como: congelamento, tratamento térmico, liofilização ou secagem e conservantes químicos (ou combinação deles).

1.2.2.4 *Mudanças físicas*

Vários tipos de mudanças podem ocorrer com a amostra: a água pode ser perdida por evaporação ou ganha por condensação, a fração oleosa ou o gelo podem derreter ou cristalizar, podem ainda ocorrer alterações nas propriedades estruturais. As mudanças físicas podem ser minimizadas pelo **controle** da temperatura da amostra e das forças que atuam sobre ela.

Algumas medidas comuns para a **preservação das amostras** são: uso de recipientes apropriados, controle de temperatura, adição de conservantes, bem como a observância do tempo recomendado para o manuseio e armazenamento da amostra, o qual depende do analito e da matriz em que este está inserido. A Tabela 1.1 lista alguns métodos de conservação de amostra para alguns analitos.

1.2.2.5 *Interação dos analitos com frascos e recipientes*

Os analitos com altas pressões de vapor, tais como compostos orgânicos voláteis e gases dissolvidos (por exemplo, HCN, SO_2) podem ser facilmente perdidos por **evaporação**. O total preenchimento do recipiente, de modo que não fique nenhum espaço vazio entre a amostra e a

Tabela 1.1 Alguns métodos de conservação de amostras

Analitos	Método de conservação	Recipiente apropriado	Tempo recomendado
Hidrocarbonetos	Resfriar até 4 °C e adicionar 0,008 % NaS_2O_4	Vidro com tampa de Teflon®	14 dias
Aromáticos	Resfriar até 4 °C e adicionar 0,008 % NaS_2O_4	Vidro com tampa de Teflon®	14 dias
Pesticidas organoclorados, hidrocarbonetos policíclicos aromáticos (PAHs), organofosforados, entre outros.	Resfriar até 4 °C	Vidro com tampa de Teflon®	7 dias (até a extração) 30 dias (após extração)
Bifenilas policloradas (PCBs)	Resfriar até 4 °C	Vidro âmbar ou Teflon®	7 dias (até a extração) 40 dias (após extração)
Orgânicos no solo	Resfriar até 4 °C	Vidro âmbar com septo de Teflon® ou silicone	Analisar o mais breve possível
Tri-halometanos	Resfriar até 4 °C	Vidro âmbar com septo de Teflon® ou silicone. Encher o recipiente sem deixar bolhas.	5 dias
Compostos orgânicos voláteis (VOCs)	Resfriar até 4 °C	Vidro âmbar com septo de Teflon® ou silicone. Encher o recipiente sem deixar bolhas.	5 dias
BTEX em amostras de ar	Resfriar até 4 °C	Cartuchos de carvão	6 meses
Tecidos	Congelar	Folha de alumínio	Analisar o mais breve possível
Dioxinas e furanos em matrizes sólidas e biota	Congelamento a -20 °C ou temperatura inferior	Vidro âmbar com tampa de Teflon®	Vários meses
Óleos e gorduras, hidrocarbonetos totais em água	Acidificação a pH < 2 com HCl concentrado e manter refrigerado no escuro	Frascos de boca larga. Deixar espaço entre a tampa e a superfície do líquido	28 dias

tampa é o método mais comum para minimizar as perdas por volatilização. As amostras sólidas podem ser recobertas com um líquido inerte para eliminar o espaço vazio entre a amostra e a tampa do recipiente. Os compostos voláteis não podem equilibrar-se entre a amostra e a fase de vapor na parte superior do recipiente, ou seja, no espaço entre a amostra e a tampa. As amostras são frequentemente armazenadas a baixas temperaturas para diminuir a pressão de vapor. Agitação durante o manuseio da amostra também deve ser evitada. O congelamento de amostras líquidas pode provocar a separação de fases e deve ser evitado.

As moléculas orgânicas também interagem com os materiais poliméricos dos recipientes plásticos. Materiais plastificantes tais como os ésteres de ftalatos, estão sujeitos a difundir do plástico para a amostra; além disso, o plástico pode servir como sorvente (ou membrana) para as moléculas orgânicas. Consequentemente, os recipientes de vidro são mais adequados para analitos orgânicos. As tampas de plástico devem ser forradas com Teflon® para evitar sua contaminação.

Os materiais oleosos podem adsorver fortemente em superfícies de plástico, dessa forma tais amostras devem ser recolhidas em recipientes de vidro. O óleo remanescente nas paredes do frasco deve ser removido por lavagem com solvente orgânico apropriado e este retornar para a amostra. O sonicador pode ser usado para emulsificar as amostras oleosas para formar uma suspensão uniforme antes da remoção para análise.

Os gases da atmosfera podem ser **absorvidos** pela amostra durante o seu manuseio, por exemplo, quando os líquidos estão sendo vertidos nos recipientes apropriados. Gases, tais como O_2, CO_2, e compostos orgânicos voláteis podem se dissolver nas amostras. O oxigênio oxida algumas espécies, por exemplo, sulfito ou sulfeto a sulfato. A absorção de CO_2 pode alterar a condutância ou o pH. É por isso que as medições de pH devem ser sempre feitas no local de amostragem. A dissolução desses produtos orgânicos nas amostras pode levar a falsos positivos para compostos que estão ausentes. As amostras de brancos são usadas para verificar a contaminação das amostras durante o transporte, a amostragem e o preparo de amostras no laboratório.

Espécies orgânicas também podem sofrer **alterações** devido a reações químicas. Armazenagem em frascos de vidro âmbar evita oxidação de compostos orgânicos (por exemplo, hidrocarbonetos aromáticos polinucleares). Esses compostos também reagem com gases dissolvidos, por exemplo, cloretos interagem com hidrocarbonetos e formam compostos halogenados em amostras de água potável. Nesse caso, a adição de tiossulfato de sódio remove o cloro. Amostras orgânicas estão ainda sujeitas à **degradação biológica** pela presença de microrganismos. Valores extremos de pH (alto ou baixo) e baixa temperatura minimizam a degradação microbiana. Adicionar substâncias como cloreto de mercúrio ou pentaclorofenol é uma metodologia empregada para eliminar certos microrganismos responsáveis pela degradação de compostos orgânicos.

1.2.3 Preparo de amostras

O preparo de amostras consiste em **isolar/concentrar** os analitos de uma matriz, uma vez que a maioria dos instrumentos analíticos não possui um sistema totalmente automatizado para manipular e analisar os diferentes tipos de amostras existentes. Dessa forma, o preparo de amostras além de realizar a **limpeza** (*clean up*), pode proporcionar um grande fator de **enriquecimento** dos analitos.[7,8]

As técnicas de preparo de amostras podem ser subdivididas em dois modos: *off-line* e *on-line*. No modo *off-line*, a etapa de extração e/ou concentração do analito é realizada fora do sistema instrumental, por exemplo, um cromatógrafo. Após o preparo, a amostra é introduzida no sistema cromatográfico por meio de um injetor, como qualquer outra amostra.

Atualmente, muitos equipamentos estão disponíveis comercialmente para extrações múltiplas. Alguns deles fazem o processo de extração automaticamente, mas a transferência da amostra para o injetor cromatográfico é manual (sistema semiautomatizado). Outros equipamentos, além de extração automatizada, são também capazes de transferir a amostra ao sistema cromatográfico (sistema completamente automatizado).

No modo *on-line*, a etapa de extração e/ou concentração do analito é realizada no próprio sistema instrumental, em que estão inseridos alguns acessórios.

Tipicamente, o preparo de amostras visa extrair os analitos da amostra a ser analisada, e esse procedimento varia com o grau de seletividade, velocidade e conveniência. A **otimização do preparo de amostras** é de fundamental importância para se obter resultados precisos e exatos. Idealmente, a técnica de preparo de amostras deve ser rápida, de baixo custo, de fácil execução e ser compatível com o instrumento analítico.[9]

A escolha da técnica de preparo de amostras, dentre os diferentes tipos existentes, deve ser fundamentada na compreensão dos princípios que governam a transferência de massa dos analitos em sistemas multifásicos.[7] Essa escolha é baseada nas propriedades físico-químicas dos constituintes da amostra (analitos, interferentes e matriz), tais como polaridade, solubilidade, estabilidade química e térmica, coeficiente de partição, lipofilicidade, entre outros. É necessário conhecer ou estimar a concentração dos analitos a serem determinados, os interferentes presentes e as características do instrumento analítico a ser empregado.[10,11]

A existência de metodologias oficiais, uma revisão bibliográfica bem feita e analistas capacitados também ajudam no desenvolvimento de todo o procedimento analítico.

Algumas técnicas são conhecidas por proporcionar maior variabilidade nos resultados do que outras. Desde o início, a escolha do método adequado pode melhorar a precisão. O objetivo é obter uma boa combinação do preparo de amostras com a instrumentação analítica empregada e, dessa forma, reduzir tanto o número de etapas do preparo quanto o desvio padrão relativo entre as análises (%RSD – *relative standard deviation*). Técnicas automatizadas com menor manuseio tendem a ter maior precisão.

Além de concentrar/isolar o analito, o preparo de amostras tem como objetivo eliminar os interferentes, porém são necessários métodos que sejam simples, baratos, rápidos, que empreguem pequenas ou nenhuma quantidade de solventes e, principalmente, sejam compatíveis com o instrumento analítico.[8] Dessa forma, as tendências atuais apontam no sentido de miniaturização das técnicas de preparo de amostras, visando à proteção ambiental e à diminuição dos custos das análises, usando uma quantidade mínima ou nula de solventes orgânicos.[12]

1.2.4 Separação, identificação e quantificação

Na etapa da análise química, depois do preparo de amostras, os constituintes químicos da amostra são separados a partir de diferentes tipos de mecanismos, dependendo da técnica aplicada. Na identificação são utilizadas técnicas, por exemplo, IV-FT, RMN, espectrometria de massas etc., que apresentem **informações estruturais** sobre os compostos estudados. Na quantificação, verifica-se a intensidade de resposta do analito ao princípio operacional do detector (por exemplo, corrente elétrica, radiação absorvida, radiação emitida, razão carga/massa etc.), o que leva à obtenção de um resultado analítico viável de interpretação e uso prático. Muitas vezes, faz-se necessária a utilização de técnicas mais específicas, como a espectrometria de massas, para separar interferentes e eliminar possíveis erros na quantificação dos analitos.

1.2.5 Validação analítica

A necessidade de se mostrar a qualidade das análises químicas está sendo cada vez mais reconhecida e exigida, pois dados analíticos não confiáveis podem conduzir a decisões contraditórias e a prejuízos financeiros irrecuperáveis. Para tanto, é necessário que se faça a **validação dos métodos analíticos**. O objetivo de uma validação é demonstrar que o método analítico é apropriado para a finalidade pretendida, ou seja, a determinação qualitativa, semiquantitativa e/ou quantitativa de fármacos e outras substâncias presentes em diferentes matrizes.[13]

As universidades e os institutos de pesquisa têm executado um papel fundamental servindo como centros de pesquisas para o desenvolvimento e a validação de metodologias analíticas, contribuindo com atividades relacionadas com a área e o **enriquecimento científico**.[14,15]

O desenvolvimento de novos métodos de análise ou mesmo a modificação de métodos existentes é importante sempre que se perceba o uso desnecessário de materiais e solventes, desgaste de equipamento e geração excessiva de resíduos. Mas é fundamental que os laboratórios disponham de meios e critérios objetivos para demonstrar, por meio da validação, que os métodos de ensaio conduzem a **resultados confiáveis** e **adequados** à qualidade pretendida.[15]

1.2.6 Avaliação estatística e tomada de decisões

A avaliação estatística é muito mais do que a simples construção de gráficos e cálculo de médias, entre outros. As informações numéricas são obtidas com a finalidade de acumular informação para a tomada de decisão. Dessa forma, a estatística pode ser vista como um conjunto de técnicas para planejar experimentos, obter dados, organizá-los, resumi-los, analisá-los, interpretá-los e deles extrair conclusões. Enfim, o bom desempenho de qualquer técnica analítica depende crucialmente de dois parâmetros: a **qualidade** das medidas obtidas e a **confiabilidade estatística** dos cálculos envolvidos no seu processamento.

Referências bibliográficas

[1] MOLDOVEANU, S.C.; DAVID, V. **Sample preparation in chromatography**. Amsterdam: Elsevier, 942 p. 2002.

[2] PAWLISZYN, J. **Sampling and sample preparation for field and laboratory**. Amsterdam: Elsevier, 1166 p. 2002.

[3] PAWLISZYN, J. Sample preparation: quo vadis? **Anal. Chem.**, 75(11): 2543-58, jun. 2003.

[4] SMITH, R.M. Before the injection: modern methods of sample preparation for separation techniques. **J. Chromatogr. A,** 1000(1-2): 3-27, jun. 2003.

[5] LEITE, F. Amostragem analítica em laboratório. **Revista Analytica,** 6: 52-59, ago./set. 2003.

[6] LEITE, F. (ed.). **Amostragem dentro e fora do laboratório**. Campinas: Átomo, 98 p. 2005.

[7] PAWLISZYN, J.; LORD, H.L. (eds.). **Handbook of sample preparation**. Hoboken: John Wiley and Sons, 496 p. 2010.

[8] MITRA, S. (ed.). **Sample preparation techniques in analytical chemistry**. Hoboken: Wiley-Interscience, 488 p. 2003.

[9] MASSART, D.L.; DIJKSTRA, A.; KAUFMAN, L. (eds). **Evaluation and optimization of laboratory methods and analytical procedures**. Amsterdam: Elsevier, 596 p. 1978.

[10] THOMPSON, M.; RAMSEY, M.H. Quality concepts and practices applied to sampling: an exploratory study. **Analyst,** 120: 261-270, 1995.

[11] KEITH, L.H. (ed.). **Principles of environmental sampling**. Michigan: ACS Professional Reference Book, ACS, 848 p. 1988.

[12] STOEPPLER, M. **Sample and sample preparation**. Berlim: Springer, 202 p. 1997.

[13] ANVISA. Agência Nacional de Vigilância Sanitária. **Resolução RE n. 899**, de 29/05/2003. Disponível em: http://portal.anvisa.gov.br.

[14] Instituto Nacional de Metrologia, Normalização e Qualidade Industrial (Inmetro). **Orientação sobre validação de métodos de ensaios químicos, DOQ-CGCRE-008**, 2003. Disponível em: http://www.farmacia.ufmg.br/lato/downloads/validacao_inmetro.pdf.

[15] EUA. **The United States Pharmacopeia (USP)**, 36th Revision, The United States Pharmacopeial Convention: 2013.

2 Princípios básicos do preparo de amostras

Clebio Soares Nascimento Junior e Keyller Bastos Borges

2.1 Introdução

O papel do preparo de amostras é realizar procedimentos de limpeza (*clean-up*) de amostras muito complexas (sujas), além de deixar os analitos a um nível de concentração adequado para sua determinação. O isolamento e a determinação dos compostos orgânicos presentes em matrizes complexas, especialmente em baixas concentrações, apresentam um desafio analítico bastante significativo. Os objetivos do método analítico vão indicar quanto esforço será necessário no preparo das amostras.

Dessa forma, é necessário ter conhecimento dos fundamentos envolvidos nas técnicas de extração para podermos aproveitar melhor a escolha da técnica.

2.2 Princípios fundamentais da extração

Para o entendimento de qualquer técnica de extração é necessário inicialmente discutir alguns princípios básicos e fundamentais que governam os procedimentos de extração analítica. Em todas as técnicas, a fase de extração está, normalmente, em contato com uma matriz de amostra, e analitos são transportados entre as fases. Nesse sentido, o conhecimento das propriedades químicas de um analito, bem como das propriedades da fase ou do ambiente químico em que o analito esteja presente, é de suma importância para o sucesso de uma extração. Além disso, deve-se levar em consideração no procedimento de extração, as propriedades dos gases, dos líquidos, dos fluidos supercríticos e dos extratores sólidos que eventualmente venham a ser usados para fins de separação.

De todas as propriedades relevantes para o analito, algumas delas são fundamentais para a compreensão da teoria da extração: a **pressão de vapor**, a **volatilidade**, a **solubilidade** e a **hidrofobicidade**. Essas propriedades essenciais determinam, por exemplo, o transporte de substâncias químicas no corpo humano, o transporte de substâncias no meio ambiente por ar, água e solo, e o transporte entre fases imiscíveis durante uma extração analítica.

Consideremos como exemplo hipotético a extração ou separação de um componente químico *A* qualquer. Suponhamos que a substância *A* esteja dissolvida em uma fase líquida, *L*. Uma forma de se proceder à extração de *A* da fase *L*, é colocar a solução líquida de *A* em contato com uma segunda fase, *H*, considerando que as fases *L* e *H* sejam imiscíveis entre si. A fase *H* pode ser um sólido, líquido, gás ou fluido supercrítico. Com as fases *L* e *H* em contato, ocorre então a distribuição do analito entre as duas fases. O analito extraído pode então ser liberado e/ou recuperado a partir da fase *H* para posteriores procedimentos de extração ou de análise instrumental.

A teoria do equilíbrio químico nos leva a descrever a reação de distribuição reversível como:

$$A_L \leftrightarrow A_H \tag{2.1}$$

e a expressão da constante de equilíbrio, de acordo com a **lei de distribuição de Nernst**,[1] é:

$$K_D = \frac{[A]_H}{[A]_L} \tag{2.2}$$

em que os colchetes, [ ], denotam a concentração da substância *A* em cada uma das fases, *L* e *H*, à temperatura constante, ou, no caso de soluções não ideais, os [ ] representam a *atividade* de *A*.[1] Por convenção, a concentração extraída da fase *H* aparece no numerador da Equação (2.2). A constante de equilíbrio é independente da velocidade pela qual o equilíbrio é alcançado.

Em uma análise química, a função do analista é a de otimizar as condições de extração, de modo que a distribuição do analito entre as fases permaneça mais para a direita na Equação (2.1), para que o valor de K_D na Equação (2.2) seja grande, o que indica um elevado grau de extração do analito da fase *L* para a fase *H*. Por outro lado, se o K_D for pequeno, uma quantidade menor de substância *A* será transferida da fase *L* para a fase *H*. E, finalmente, se K_D for igual a 1, concentrações equivalentes da substância A existem em cada uma das fases, *L* e *H*.

2.2.1 Pressão de vapor e a lei de Raoult

Como uma primeira aproximação para uma solução ideal, consideremos uma solução de gases ideais. Como não há nenhum tipo de interação intermolecular, cada gás presente na solução comporta-se como se os demais componentes não estivessem presentes, conforme previsto na **lei de Dalton**.[2]

Esse mesmo raciocínio também pode ser aplicado para soluções líquidas, embora pareça um contrassenso, à hipótese de que as moléculas em uma solução líquida não interajam, podemos supor que todas as interações sejam iguais, isto é, as de soluto-solvente são iguais às de soluto-soluto e solvente-solvente. Em tal ambiente, propriedades termodinâmicas, tais como a **pressão de vapor** podem ser expressas como funções simples da composição do sistema.

Em um compartimento, se o volume do líquido for menor que o volume do sistema, haverá um espaço "vazio". Esse espaço, na realidade, contém vapores dos componentes líquidos. Em todos os compartimentos em que o volume do líquido é menor do que o volume do sistema, o espaço remanescente será preenchido por todos os componentes na fase gasosa, conforme mostra a Figura 2.1.

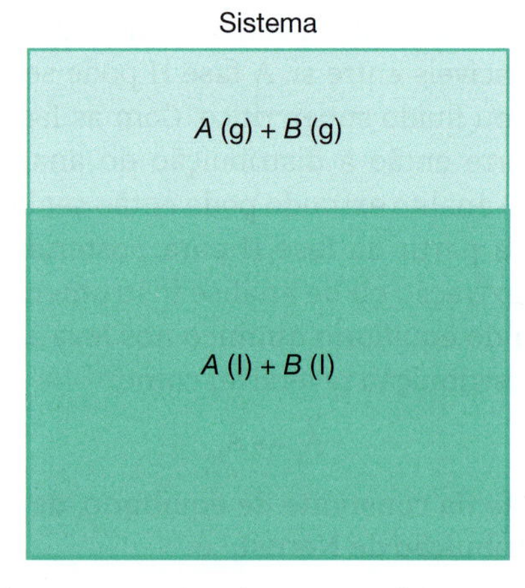

Figura 2.1 Esquema mostrando que um sistema com maior volume do que a fase condensada, sempre terá a fase de vapor em equilíbrio com ela.

Em sistemas com um só componente, a pressão parcial da fase gasosa é característica da identidade da fase líquida. Essa pressão da fase gasosa no equilíbrio é chamada **pressão de vapor do líquido puro**. Nesse sentido, o conceito de solução líquida ideal requer a consideração do equilíbrio entre a solução líquida e o vapor, o qual é tomado, a princípio, como composto apenas pelo vapor do solvente. Na temperatura determinada, o líquido puro (solvente) apresenta-se em equilíbrio com o vapor a uma pressão de vapor dita P^0_{vp}, ao passo que a solução estará em equilíbrio com o vapor a uma pressão de vapor inferior, dita P_{vp}.

Em geral, para qualquer sistema, teremos sempre que quanto mais concentrada for a solução, ou seja, quanto maior a quantidade de soluto, menor a pressão de vapor, P_1. Para soluções altamente diluídas, a dependência é linear, e a pressão de vapor decresce proporcionalmente ao acréscimo da fração molar do soluto, x_2, isto é, proporcionalmente ao decréscimo da fração molar do solvente, x_1. A Figura 2.2 mostra a dependência da pressão de vapor do solvente em uma solução ideal em relação à fração molar do soluto, x_2.

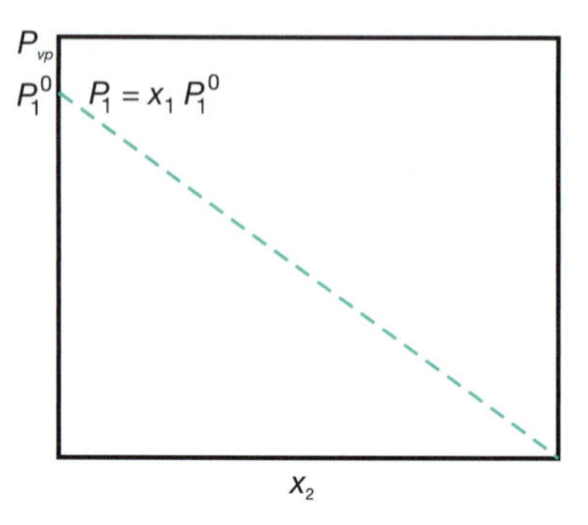

Figura 2.2 Pressão de vapor em função da fração molar.

A dependência linear da pressão de vapor do solvente é chamada de **lei de Raoult** e pode ser expressa da seguinte forma:

$$P_1 = x_1 P_1^0 \tag{2.3}$$

Considerando o caso no qual o solvente é volátil e o soluto não, podemos omitir, por questões de simplificação, o índice 1. Sendo assim, a pressão total do sistema é a própria pressão de vapor do solvente.

$$P_{vp} = x_1 P^0_{vp} \tag{2.4}$$

ou seja, a pressão de vapor sobre a solução é igual ao produto entre a fração molar do solvente na solução líquida e a **pressão de vapor do solvente puro**.

Como $x_1 + x_2 = 1$, logo, $x_1 = 1 - x_2$, portanto, podemos assim, reformular a Equação (2.3) em termos do abaixamento da pressão de vapor:

$$P^0_{vp} - P_{vp} = x_2 P_1^0 \tag{2.5}$$

Para uma solução com vários tipos de analitos, os quais apresentam comportamento ideal, o abaixamento da pressão de vapor é a soma dos abaixamentos devido a cada um dos solutos:

$$P^0_{vp} - P_{vp} = (x_2 + x_3 + x_4 + \ldots)P^0_{vp} \tag{2.6}$$

isto é, a diminuição da pressão de vapor depende apenas da quantidade de matéria dos solutos, e não da sua natureza.

Uma consequência direta da redução da pressão de vapor por meio da adição de um soluto é que a temperatura na qual a pressão de vapor da solução atinge a pressão atmosférica (ponto de ebulição) deve ser maior que aquela do solvente puro. Portanto, temos que a pressão de vapor é efetivamente dependente da temperatura.

A pressão de vapor de substâncias químicas varia amplamente de acordo com o grau de atrações intermoleculares. Nesse sentido, quanto mais forte a atração intermolecular, menor a magnitude da pressão de vapor.

Uma solução ideal é, portanto, aquela que obedece a lei de Raoult em todo intervalo de concentrações. A lei de

Raoult é importante, pois permite a obtenção da pressão de vapor desde que se conheça a composição da solução. Além disso, qualquer alteração na pressão de vapor devido à adição de soluto não volátil ao solvente pode ser determinada aplicando-se a lei de Raoult.

Algumas soluções têm comportamento completamente diferente do previsto pela lei de Raoult, porém mesmo em casos extremos, a lei é obedecida com aproximação crescente à medida que o componente em excesso (solvente) se aproxima da respectiva pureza. A lei de Raoult é, portanto, uma boa aproximação para as propriedades do solvente quando a solução é diluída.

A compreensão da lei de Raoult tem origem molecular, levando em conta as velocidades com que as moléculas escapam do líquido e retornam ao líquido. Essa lei contempla o fato de que o aparecimento de um segundo componente na fase líquida diminui a velocidade com as moléculas de um composto A, por exemplo, escapem da superfície do líquido, mas não impede a velocidade de retorno das moléculas. A velocidade com que as moléculas de A escapam da superfície do líquido é proporcional ao número de moléculas na superfície, que, por sua vez, é proporcional à fração molar de A:

$$\text{Velocidade de vaporização} = kx_A \quad (2.7)$$

em que k é uma constante de proporcionalidade de vaporização.

A velocidade com que as moléculas se condensam é proporcional à sua respectiva concentração na fase gasosa, que, por sua vez, é proporcional à sua respectiva pressão parcial.

$$\text{Velocidade de condensação} = k'P_A \quad (2.8)$$

em que k' é uma constante de proporcionalidade de condensação.

No equilíbrio, as velocidades de vaporização e de condensação são iguais, dessa forma, temos:

$$k'P_A = kx_A \quad (2.9)$$

Rearranjando a Equação (2.9), tem-se que:

$$P_A = \frac{k}{k'}x_A \quad (2.10)$$

Para o líquido puro, $x_A = 1$, de modo que para esse caso específico,

$$P_A = k/k' \quad (2.11)$$

É possível perceber claramente que a substituição dessa igualdade leva à Equação (2.3).

2.2.2 Volatilidade e a lei de Henry

Gases são capazes de se dissolver em líquidos. De fato, sistemas do tipo líquido-gás são muito importantes no cotidiano. Por exemplo, nos oceanos, a **solubilidade** do oxigênio é crucial para a vida dos peixes e de outras espécies marinhas.

A **volatilização** de uma espécie química da superfície de um líquido pode ser definida como o processo de partição pelo qual uma espécie se distribui entre duas fases, a fase líquida e a fase gasosa. Algumas moléculas orgânicas, por exemplo, são ditas voláteis, pois exibem uma grande capacidade de atravessar essa interface líquido-gás. Obviamente, quando uma espécie se volatiliza, a concentração da mesma na solução é reduzida.

A lei de Raoult não se aplica a soluções líquido-gás, pois essas soluções não são ideais. Esse fato é ilustrado na Figura 2.2, a qual mostra um intervalo de fração molar do gás, na qual a lei de Raoult faz boas previsões quando comparada a um sistema real. Porém, essa concordância é limitada a regiões em que os valores de fração de molar são grandes. Entretanto, a Figura 2.3 mostra que em regiões em que a fração molar do gás é baixa, a pressão de vapor do gás na fase gasosa em equilíbrio é proporcional à fração molar do componente gasoso. Essa proporcionalidade pode ser vista por uma linha pontilhada, quase reta, no gráfico nas frações molares mais baixas.

Uma vez que a pressão de vapor é proporcional à fração molar, podemos escrever que:

$$P_1 \propto x_1 \quad (2.12)$$

Matematicamente, a forma simples de se transformar uma proporcionalidade em uma igualdade é defi-

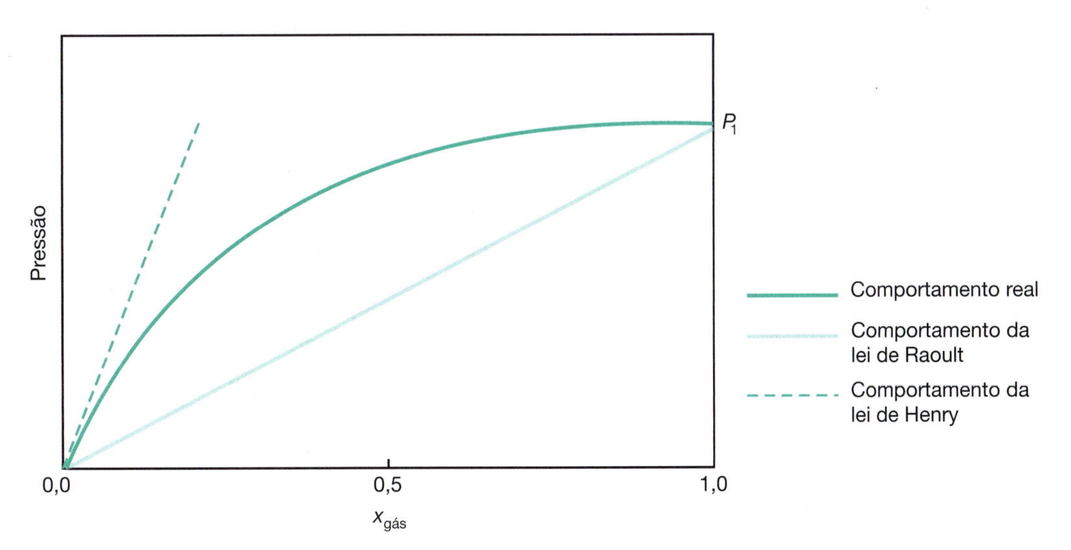

Figura 2.3 Pressão de vapor de um componente gasoso em função da fração molar.

nindo uma constante de proporcionalidade arbitrária, K_i. Dessa forma, temos:

$$P_1 = K_i x_1 \quad (2.13)$$

em que o valor da constante K_i depende da temperatura e da natureza física e química dos componentes. A Equação (2.13) é denominada **lei de Henry**, proposta pelo químico britânico William Henry, e K_i é chamada **constante da lei de Henry**.

Fazendo uma comparação direta entre a **lei de Raoult** e a **lei de Henry**, constatam-se claramente semelhanças e diferenças. Por exemplo, ambas se aplicam à pressão de vapor de componentes voláteis de uma solução. Ambas afirmam que a pressão de vapor de um componente é proporcional a fração molar do mesmo. No entanto, enquanto a lei de Raoult define a constante de proporcionalidade como a pressão de vapor do componente puro, a lei de Henry define a constante de proporcionalidade como um valor determinado experimentalmente. Além disso, é importante ressaltar que a lei de Henry define o sistema de um ponto de vista diferente. Em vez de se especificar a composição da solução, define-se a fase líquida e a pressão do componente gasoso no equilíbrio. Portanto, em sistemas líquido-gás a questão que sempre precisa ser respondida é: qual é a fração molar do gás que se concentra no equilíbrio com a solução resultante?

No que diz respeito ao processo de extração, se uma técnica, em particular, aplicada a uma solução, depende da volatilidade do soluto entre as fases gasosa e líquida, um parâmetro para prever esse comportamento é necessário para evitar erros em laboratório. Nesse caso, a **volatilidade** ou tendência de escape (fugacidade) de um soluto A qualquer, pode ser estimada por meio da razão da distribuição, K_D, do soluto na fase gasosa, G, e na fase líquida, L, também chamada de constante da **lei de Henry adimensional, H′**.

$$H' = K_D = \frac{[A]_G}{[A]_L} \quad (2.14)$$

Quanto maior for a magnitude da constante da lei de Henry, maior será a tendência de ocorrer a volatilização do solvente líquido para a fase gasosa.[3,4]

De acordo com a Equação (2.14), a constante da lei Henry pode ser estimada pela medição da concentração do soluto A nas fases gasosa e líquida em equilíbrio. Para compostos neutros diluídos, a constante da lei de Henry pode ser calculada a partir da razão entre a pressão de vapor, P_{vp}, e a solubilidade, S, levando-se em consideração o peso molecular por meio da expressão da concentração molar:

$$H = \frac{P_{vp}}{S} \quad (2.15)$$

em que P_{vp} pode ser medido em atm e S pode ser medido em mol/m^3. Dessa forma, a constante da lei de Henry, H, agora **dimensional**, terá unidade de atm·m^3/mol.

Alguns fatores podem afetar a constante da lei de Henry tais como a temperatura, a natureza do analito e da amostra, o pH, além da presença de sais e de partículas. Quanto maior a volatilidade, menor a afinidade do analito pela matriz de amostra, e, portanto, maior a quantidade do mesmo que pode ser transferida para a fase gasosa. A constante da lei de Henry é altamente dependente da temperatura usada no processo. Nesse sentido, a temperatura deve ser otimizada para cada situação e sua variação pode inclusive causar imprecisão nas medidas. Além disso, a adição de eletrólitos fortes às amostras aquosas aumenta significativamente a eficiência da transferência dos analitos para a fase gasosa, principalmente se os analitos forem pouco polares.

2.2.3 Solubilidade

A princípio, consideraremos apenas soluções cujos componentes líquidos têm a maior fração molar (solvente) e os componentes sólidos têm a menor fração molar (soluto). Assumiremos ainda, que o soluto na fase sólida é não iônico, pois a presença de íons em solução afeta as propriedades do sistema. Além disso, outra consideração implícita será que o sólido é um componente não volátil.

Na seção anterior foi mencionada a mudança de fase líquido-gás para o componente líquido. Mas o que dizer, por exemplo, sobre o processo de solidificação de uma solução, considerando uma mudança de fase líquido-sólido. Pois bem, o ponto de congelamento de uma solução não é igual ao de um líquido puro, no entanto, quando o líquido solidifica, forma-se uma fase de sólido puro. A fase líquida remanescente torna-se mais concentrada em soluto, e esse aumento na concentração continua até que a solução esteja **saturada**. Qualquer concentração, além dessa, causa a precipitação do soluto, juntamente com a solidificação do solvente. Esse processo continua até que todo o soluto esteja precipitado e todo o componente líquido seja sólido puro.

A maioria das soluções de sólidos em líquidos não forma soluções com relações sólido-líquido infinitas. Existe um limite para o quanto de sólido pode ser dissolvido em uma dada quantidade de líquido. Nesse limite, diz-se que a solução encontra-se saturada. Portanto, a **solubilidade** representa a quantidade de sólido que pode que ser dissolvida para formar uma solução **saturada**, e pode ser expressa de diferentes unidades. Uma unidade bastante utilizada é (grama do soluto/mL do solvente). Normalmente, a maioria das soluções é **insaturada**, tendo, portanto, menos do que a quantidade máxima de soluto que pode ser dissolvido. Ocasionalmente, é possível dissolver mais do que o máximo de soluto. Isso pode ser feito aquecendo o solvente, dissolvendo mais soluto e resfriando cuidadosamente a solução, de modo que o excesso de soluto não se precipite. Com isso, temos as soluções ditas **supersaturadas**. Porém, essas soluções não são estáveis termodinamicamente.

De forma geral, a solubilidade pode ser definida, portanto, como a quantidade máxima de uma substância que pode ser dissolvida em outra a uma determinada temperatura. Essa propriedade pode ser reconhecida experimentalmente ou estimada a partir da estrutura molecular.[5-7] A solubilidade pode ser também usada para se estimar a constante da lei de Henry.

A constante da lei de Henry dimensional, H, calculada pela razão entre a pressão de vapor e a solubilidade [Equação (2.15)], pode ser convertida na constante da lei de Henry adimensional, H', por meio da expressão:

$$H' = \frac{P_{vp}(MM)}{0{,}062ST} \quad (2.16)$$

em que P_{vp} é a pressão de vapor em mmHg, MM o peso molecular, S a solubilidade em água expressa em mg/L, T a temperatura em Kelvin e 0,062 é a constante universal dos gases apropriada.[8]

No âmbito dos processos de extração, é usualmente possível categorizar a tendência de escape (volatilidade) de um composto orgânico líquido para a fase gasosa como alta, média ou baixa. Conforme prevê a lei de Henry, a estimativa da tendência de volatilização requer a consideração, tanto da pressão de vapor, quanto da solubilidade do soluto orgânico. De acordo com Ney[9] pode-se classificar a pressão de vapor como:

- Baixa: 1×10^{-6} mmHg
- Média: entre 1×10^{-6} e 1×10^{-2} mmHg
- Alta: maior que 1×10^{-2} mmHg

Ainda de acordo com Ney,[9] a solubilidade pode também ser classificada como:

- Baixa: menor que 10 ppm
- Média: entre 10 e 1000 ppm
- Alta: maior que 1000 ppm

Entretanto, observe que na aproximação de Ney[9] a concentração, expressa em partes por milhão (ppm), não incorpora o peso molecular. Portanto, essa aproximação não leva em conta a identidade ou o caráter molecular da amostra.

A constante da lei de Henry, H, pode ser usada para determinar quais as técnicas de extração são mais apropriadas de acordo com a volatilidade do soluto na solução. Se H de um analito (soluto) for menor que H de um solvente, o soluto é considerado não volátil naquele determinado solvente e a concentração do soluto irá aumentar à medida que o solvente evapora. Se H do soluto for maior que H do solvente, o soluto é considerado como semivolátil e pode volatilizar-se no solvente. Em uma solução aberta para a atmosfera, a concentração do soluto irá diminuir, pois o soluto irá evaporar mais rapidamente do que o solvente.

2.2.4 Hidrofobicidade e o log *P*

Estudos sobre a natureza do **efeito hidrofóbico** apareceram pela primeira vez na literatura por meio dos trabalhos pioneiros de Traube em 1891.[10] **Efeito hidrofóbico**, **ligação hidrofóbica** e **interações hidrofóbicas** têm sido usados na literatura como sinônimos. De acordo com Tanford,[11] o efeito hidrofóbico surge quando um soluto qualquer é dissolvido em água. No entanto, com o passar do tempo, essa definição mostrou-se bem simplista.

No passado, acreditava-se que as **interações hidrofóbicas** surgiam a partir da atração entre moléculas apolares presentes em meio aquoso.[12] Embora a expressão *semelhante atrai semelhante* seja usada no contexto fenomenológico da hidrofobicidade, a opinião atual, na literatura, é de que as interações fortes estabelecidas entre as moléculas de água é a causa principal do efeito hidrofóbico. A estrutura molecular detalhada da água líquida é complexa e, até os dias hoje, não é bem compreendida. Muitas das propriedades incomuns da água são resultados de sua estrutura tridimensional formada por uma rede de moléculas de água unidas por ligações de hidrogênio.

As interações atrativas entre as moléculas de água em um líquido são fortes, e a presença de quaisquer substâncias "estranhas" em meio aquoso pode perturbar o arranjo isotrópico das moléculas de água. Por exemplo, quando um soluto apolar é dissolvido em meio aquoso, ele é incapaz de formar ligações de hidrogênio com a água, portanto, algumas ligações de hidrogênio deverão ser quebradas para "acomodar" o soluto, o qual é visto pela rede isotrópica de moléculas de água como um "intruso". A quebra de ligações de hidrogênio requer energia. Frank e Evans[13] sugeriram que as moléculas de água em torno de um soluto apolar devem se rearranjar para regenerar as ligações de hidrogênio quebradas. Tanford[11] conclui que as moléculas de água em torno de um soluto apolar não assumem um arranjo espacial único, mas são capazes de assumir vários arranjos. A primeira camada de moléculas de água circundantes à cavidade de um soluto e as camadas subsequentes são frequentemente denominadas ***flickering clusters***.[13,14]

Se um hidrocarboneto for colocado em meio aquoso, ele deverá competir com a tendência das moléculas de água de se reorganizarem em sua estrutura original, dessa forma, o hidrocarboneto é "jogado" para fora da solução. Este efeito hidrofóbico é atribuído à alta densidade de energia coesiva da água devido ao fato das interações estabelecidas entre a água e um soluto apolar serem mais fracas do que as interações das moléculas de água com elas mesmas. Leo[14] observou que parte do "custo" energético, para se criar a cavidade em cada solvente, é "devolvida" quando o solvente interage favoravelmente com as partes da superfície do soluto.

Reconhecer que o efeito hidrofóbico existe, quando solutos são dissolvidos em água, leva-nos a considerar a influência dessa propriedade físico-química sobre a distribuição de um soluto entre fases imiscíveis durante o processo de extração analítica. Nesse sentido, um parâmetro que mede a hidrofobicidade faz-se necessário. Esse parâmetro é considerado importante para descrever o transporte entre as **fases aquosa** e **orgânica** (tais como lipídios de membranas, substâncias húmicas).

A expressão geral da constante de equilíbrio mostrada na Equação (2.2) pode ser reescrita para demonstrar a distribuição de um soluto A, qualquer, entre as fases aquosa (W) e orgânica, *n*-octanol (O) como:

$$K_{OW} = P = K_D = \frac{[A]_O}{[A]_W} \quad (2.17)$$

O **coeficiente de partição *n*-octanol/água**, K_{OW} (também encontrado como P_{OW}, P ou P_{oct}) é um parâmetro adimensional e fenomenológico de definição da hidrofobicidade baseada no sistema de referência *n*-octanol.[15]

A quantidade transferida de um soluto do meio aquoso para a fase orgânica não será idêntica à transferência de massa observada no sistema *n*-octanol/água, no entanto, K_{ow} é considerado diretamente proporcional à partição de um soluto entre as fases água e diversas outras fases hidrofóbicas. Quanto maior o valor de K_{ow}, maior é a tendência do soluto para "escapar" da fase aquosa e ser transferido para a fase orgânica. Quando se comparam os valores de K_{ow} de dois solutos, o composto com o valor mais alto de K_{ow} é dito ser o mais hidrofóbico dos dois. A magnitude do coeficiente de partição *n*-octanol/água geralmente aumenta com o peso molecular.

De forma geral, o **coeficiente de partição, P**, ou taxa de partição, de uma espécie química pode ser também definido como o logaritmo do coeficiente de partição (log P), que é a razão entre as concentrações que se estabelecem nas condições de equilíbrio de uma substância química, quando dissolvidas em sistema constituído por uma fase orgânica e uma fase aquosa.

O coeficiente de distribuição refere-se à **hidrofobicidade** da molécula toda. Com o objetivo de se usar o coeficiente de distribuição entre *n*-octanol/água como um guia metodológico a ser adotado para extração de compostos orgânicos, a partir da fase aquosa, o efeito da variação no grau de hidrofobicidade precisa ser considerado. Se um soluto apresenta uma hidrofobicidade baixa, de acordo com a Equação (2.17), ele irá "preferir" permanecer na fase aquosa em vez do *n*-octanol. Por outro lado, se o soluto apresentar uma alta hidrofobicidade, ele irá "preferir" estar na fase *n*-octanol. Intuitivamente, compostos orgânicos altamente hidrofóbicos são mais fáceis de serem extraídos da água por uma segunda fase hidrofóbica imiscível, no entanto, analiticamente, eles podem ser, *a posteriori*, difíceis de serem removidos da fase imiscível. Ney[9] define valores baixos de K_{ow} como menores que 500 ($\log K_{ow} = 2{,}7$), valores médios variando entre $500 \leq K_{ow} \leq 1000$ ($2{,}7 \leq \log K_{ow} \leq 3{,}0$), e valores altos maiores que 1000 ($\log K_{ow} > 3{,}0$).

A relação entre solubilidade em água e o coeficiente de partição *n*-octanol/água deve ser abordada. Por que ambos os parâmetros são incluídos na lista de principais propriedades químicas de substâncias? Em geral, há uma tendência para uma relação inversa entre esses parâmetros, tal que a alta solubilidade em água geralmente acompanhada por uma baixa hidrofobicidade, e vice-versa. Muitos autores usam essa relação para estimar um desses parâmetros a partir do outro. Entretanto, a solubilidade em água é uma propriedade de medida da capacidade máxima ou saturação de uma solução. Já o coeficiente de partição *n*-octanol/água mede a distribuição por meio da interface. Apesar da relação entre o K_{ow} e a *solubilidade* em água poder ser correlacionada para grupos de moléculas afins, a diversidade de compostos é infinitamente grande, o que faz com que a correlação entre esses dois parâmetros seja prejudicada. Entretanto, a solubilidade deve permanecer na lista de propriedades essenciais, pois se o valor de K_{ow} for indisponível, a solubilidade em água pode ser usada. Além disso, como vimos anteriormente, a solubilidade é usada também para se estimar a constante da lei de Henry.

Referências bibliográficas

[1] BARD, A.J. **Chemical equilibrium**. New York: Harper & Row, p. 107, 138. 1966.

[2] THACKRAY, A. **John Dalton:** critical assessments of his life and science (monographs in history of science). Cambridge: Harvard University Press, 206 p. 1972.

[3] MACKAY, D.; SHIU, W.Y.; MA, K.C. Henry's law constant. In: BOETHLINGAND, R.S.; MACKAY, D. (eds.). **Handbook of property estimation methods for chemicals:** environmental and health sciences. Boca Raton: CRC Press, p. 69. 2000.

[4] THOMAS, R.G. Volatilization from water. In: LYMAN, W.J.; REEHL, W.F.; ROSENBLATT, D.H. (eds.). **Handbook of chemical property estimation methods:** environmental behavior of organic compounds. New York: McGraw-Hill, p. 15-1. 1982.

[5] LYMAN, W.J. Solubility in water. In: LYMAN, W.J.; REEHL, W.F; ROSENBLATT, D.H. (eds.). **Handbook of chemical property estimation methods:** environmental behavior of organic compounds. New York: McGraw-Hill, p. 2-1. 1982.

[6] LYMAN, W.J. Solubility in various solvents. In: LYMAN, W.J.; REEHL, W.F.; ROSENBLATT, D.H. (eds.). **Handbook of chemical property estimation methods:** environmental behavior of organic compounds. New York: McGraw-Hill, p. 3-1. 1982.

[7] MACKAY, D. Solubility in water. In: BOETHLING, R.S.; MACKAY, D. (eds.). **Handbook of property estimation methods for chemicals:** environmental and health sciences. Boca Raton: CRC Press, p. 125. 2000.

[8] VERSCHUEREN, K. **Handbook of environmental data on organic chemicals**. 3. ed. New York: Van Nostrand Reinhold, p. 4–6, 20, 22. 1996.

[9] NEY, R.E. **Where did that chemical go? A practical guide to chemical fate and transport in the environment**. New York: Van Nostrand Reinhold, p. 10, 13, 18, 32. 1990.

[10] TRAUBE, J. Ueber die capillaritätsconstanten organischer stoffe in wässerigen lösungen. **Justus Liebigs Ann. Chem.**, 265: 27–55, 1891.

[11] TANFORD, C. **The hydrophobic effect:** formation of micelles and biological membranes. New York: Wiley, p. 2-4, 10-11, 19, 20, 34. 1973.

[12] MCBAIN, J.W. **Colloid science**. Boston: D.C. Heath, 1950.

[13] FRANK, H.S.; EVANS, M.W. Free volume and entropy in condensed systems III. Entropy in binary liquid mixtures; Partial molal entropy in dilute solutions; Structure and thermodynamics in aqueous electrolytes. **J. Chem. Phys.** 13: 507, 1945.

[14] LEO, A. Octanol/water partition coefficients. In: BOETHLING, R.S.; MACKAY, D. (eds.). **Handbook of property estimation methods for chemicals:** environmental and health sciences. Boca Raton: CRC Press, p. 89. 2000.

[15] LYMAN, W.J. Octanol/water partition coefficient. In: LYMAN, W.J.; REEHL, W.F.; ROSENBLATT, D.H. (eds.). **Handbook of chemical property estimation methods:** environmental behavior of organic compounds. New York: McGraw-Hill, p. 1-1. 1982.

3 Precipitação de proteínas e hidrólise de conjugados

Isarita Martins

3.1 Precipitação de proteínas

A precipitação de proteínas é uma técnica de tratamento prévio de tecidos e plasma. É aplicável antes das tradicionais extrações líquido-líquido e em fase sólida e/ou quando se busca um **método rápido**, **simples** e de **baixo custo**. Dependendo da concentração do analito e/ou da técnica de detecção, o sobrenadante pode ser diretamente analisado uma vez que, nesse caso, somente uma etapa adicional de centrifugação pode ser requerida e suficiente.[1,2] Foi um dos primeiros processos introduzidos para liberar analitos ligados, os quais podem ficar na forma livre no sobrenadante. Na maioria das vezes, o sobrenadante passa por uma etapa de extração. Todavia, existem métodos, nos quais somente a precipitação é suficiente e o sobrenadante é diretamente analisado.[2]

É uma etapa que visa desnaturar as proteínas, destruindo a sua habilidade de ligação com o analito.[1] No entanto, na maioria das vezes, a seletividade é considerada baixa e o extrato não é puro e límpido, pois uma série de compostos não precipitados e interferentes, tais como algumas globulinas, podem estar contidas no sobrenadante e atingir o sistema de separação/detecção. Ainda, pode induzir a coprecipitação do analito ou a supressão iônica, na espectrometria de massas, o que também afeta a recuperação do método.[3,4] O efeito de ionização em *liquid chromatography-mass spectrometry/mass spectrometry* (LC-MS/MS), considerado um dos fatores que mais influencia para a inexatidão de um método, deve ser considerado quando é feita a injeção direta da solução, após a precipitação das proteínas.[1]

Vários solventes, sais e ácidos podem ser utilizados com a finalidade de precipitar as proteínas presentes nas amostras. Solventes orgânicos miscíveis em água são empregados e sua utilização é vantajosa uma vez que o processo ocorre em condições moderadas e minimiza a possibilidade de decomposição de analitos mais lábeis.[4] Se houver possibilidade de evaporação do solvente orgânico, a detectabilidade do analito pode ser aumentada e, a adição de sais facilita a separação das camadas orgânica e aquosa.[5] Os ácidos são utilizados em concentrações variadas, dependendo da matriz e do analito a ser determinado.[4]

Se os ácidos fortes forem utilizados, os analitos devem ser estáveis em valores mais baixos de pH. Para uma remoção mais completa das proteínas, uma nova alíquota de precipitante pode ser adicionada ao sobrenadante inicial. Pode ser requerida uma etapa de filtração do sobrenadante antes da análise, para evitar que partículas possam atingir o sistema de detecção.[5] Na Tabela 3.1 nota-se os diversos tipos de solventes, ácidos e sais que podem ser usados como precipitantes de proteínas, além do pH do sobrenadante e a porcentagem de proteínas precipitadas em relação ao volume de precipitante, segundo Flanagan et al. (2006).[5]

A precipitação de proteínas é uma etapa extensivamente estudada e utilizada nas análises de soro, plasma e tecidos. Muitas vezes o precipitante utilizado para uma determinada matriz biológica difere entre os trabalhos publicados, até mesmo para a análise de substâncias químicas de estrutura similar ou igual.

A **solubilidade** de uma proteína é resultante de interações polares com o solvente aquoso, interações iônicas com sais e forças eletrostáticas repulsivas entre as moléculas carregadas. No **ponto isoelétrico** (p*I*), a proteína não está carregada e, consequentemente, sua solubilidade em solventes aquosos é mínima. Acima e abaixo do p*I*, a proteína encontra-se com carga negativa e positiva, respectivamente.[1]

Os precipitantes exercem efeitos diferentes na proteína de modo a facilitar sua precipitação. Solventes orgânicos diminuem a constante dielétrica do plasma, que contém as proteínas, aumentando a atração entre as moléculas carregadas e facilitando as interações eletrostáticas entre as proteínas. Os solventes orgânicos podem também afastar as moléculas de água ordenadas em volta das regiões hidrofóbicas da superfície da proteína. **Interações hidrofóbicas** entre proteínas são minimizadas

Tabela 3.1 Precipitantes de proteínas, pH do sobrenadante e a porcentagem de proteínas precipitadas em relação ao volume de precipitante[5]

Precipitante	pH do sobrenadante*	Porcentagem de proteínas precipitadas – Volume de precipitante/volume de plasma								
		0,2	0,4	0,6	0,8	1,0	1,5	2,0	3,0	4,0
Ácido tricloroacético 10 % (p/v)	1,4-2,0	99,7	99,3	99,6	99,5	99,5	99,7	99,8	99,8	99,8
Ácido perclórico 6 % (p/v)	< 1,5	35,4	98,3	98,3	99,1	99,1	99,2	99,1	99,1	99,0
Tungstato de sódio 10 % (p/v) em H_2SO_4 concentrado	2,2-3,9	3,3	35,4	98,6	99,7	99,7	99,9	99,8	99,9	100,0
Ácido metafosfórico 5 % (p/v)	1,6-2,7	39,8	95,7	98,1	98,3	98,3	98,5	98,4	98,2	98,1
Sulfato de cobre 5 % (p/v) + tungstato de sódio 6 % (p/v)	5,3-7,3	36,5	56,1	78,1	87,1	97,5	99,8	99,9	100,0	100,0
Sulfato de zinco 10 % (p/v) em hidróxido de sódio 0,5 mol/L	6,5-7,5	41,1	91,5	93,0	92,7	94,2	97,1	99,3	98,8	99,6
Sulfato de zinco 10 % (p/v) em hidróxido de bário 0,2 mol/L	6,6-8,3	45,6	80,7	93,5	89,2	99,3	97,0	99,3	99,6	99,8
Acetonitrila	8,5-9,5	13,4	14,8	45,8	88,1	97,2	99,4	99,7	99,8	99,8
Acetona	9,0-10,0	1,5	7,4	33,6	71,0	96,2	99,1	99,4	99,2	99,1
Etanol	9,0-10,0	10,1	11,2	41,7	74,8	91,4	96,3	98,3	99,1	99,3
Metanol	8,5-9,5	17,6	17,4	32,2	49,3	73,4	97,9	98,7	98,9	99,2
Sulfato de sódio saturado	7,0-7,7	21,3	24,0	41,0	47,4	53,4	73,2	98,3	**	**

*Volume de precipitante acima de 0,4.

** Muito turvo para medir.

como resultado do solvente orgânico circunjacente, enquanto as interações eletrostáticas são predominantes e levam à agregação das proteínas. Já os precipitantes ácidos formam sais insolúveis com grupamentos amino das moléculas de proteínas, carregados positivamente quando em pH abaixo do seu pI. Proteínas são precipitadas a partir de soluções com altas concentrações de sal assim como os íons de sal tornam-se hidratados, diminuindo a disponibilidade das moléculas de água. Assim, há uma agregação de moléculas de proteínas via interações hidrofóbicas entre elas. A ligação de íons metálicos carregados positivamente reduz a solubilidade das proteínas por mudança no seu pI. Íons metálicos estão em competição com prótons em solução para ligação coordenada nos sítios expostos dos aminoácidos. A força de ligação do íon metálico substitui os prótons dos sítios ligantes, reduzindo o pH da solução. A combinação da mudança no pI da proteína e redução do pH da solução resulta na precipitação das proteínas.[1]

Em estudo conduzido por Polson et al. (2003),[1] quatro técnicas de precipitação (utilizando solvente orgânico, ácido, sal e íon metálico) foram avaliadas em plasma de diferentes espécies, dentre elas, a humana. Segundo os autores, a acetonitrila, o ácido tricloroacético e o sulfato de zinco foram os que removeram eficientemente as proteínas, em uma proporção 2:1 (precipitante: plasma). Nessa proporção, o sulfato de zinco removeu 96 % das proteínas plasmáticas, a acetonitrila removeu 92 % e o ácido tricloroacético removeu 91 %. Na Tabela 3.2, pode-se observar a eficiência dos diferentes precipitantes de proteínas, avaliados pelos autores.

3.2 Hidrólise de conjugados

As reações de β-glicuronidação de grupamentos hidroxila, carboxila, amino e tiol bem como as de sulfatação de grupamentos hidroxila e amino são as principais vias de biotransformação de fase II de substâncias químicas. A hidrólise dos produtos excretados na forma conjugada também pode ser requerida antes da etapa de extração.[6] Basicamente existem dois tipos de hidrólise: **enzimática** ou **específica**, em que são utilizadas enzimas como as β-glicuronidases e as arilsulfatases; e não específica, utilizando ácidos ou álcalis.[4]

A hidrólise ácida ou alcalina requer menos tempo e é de baixo custo. Procedimentos-padrão empregam ácido clorídrico a 37 % por 15 minutos a 100 °C, com a vantagem de ser um processo rápido. Contudo, a principal desvantagem desse tipo de hidrólise é que não há seletividade para um determinado analito, o que aumenta a possibilidade de interferentes. Além disso, devido às condições extremas de pH e temperatura, a integridade de alguns compostos pode ser afetada. Assim, recomenda-se que esse tipo de hidrólise seja realizado somente em condições emergenciais, quando resultados rápidos são requeridos.[6-10] No caso de ésteres conjugados pode ser realizada uma hidrólise alcalina.[9]

Em todos os outros casos, a hidrólise enzimática deve ser empregada. Embora esse tipo de processo seja mais lento, é mais seletivo. Por ser um processo que não utiliza condições extremas, o analito permanece em uma forma mais íntegra. Diferentes tipos de enzimas estão disponíveis comercialmente, sendo a β-glicuronidase,

Tabela 3.2 Eficiência de diferentes precipitantes de proteínas, avaliada em plasma humano[1]

Precipitante		Eficiência (%) de precipitação de proteínas[a] — Proporção precipitante/plasma 0,5:1	1:1	1,5:1	2:1	2,5:1	3:1	4:1
Ácidos	Ácido tricloroacético	91,4	91,8	91,5	91,0	91,2	91,3	91,4
	% DPR[d] (n = 3)	4,5	[b]	3,5	0,2	2,2	6,0	4,0
	Ácido m-fosfórico	89,4	90,5	90,3	90,2	90,7	90,5	90,0
	% DPR[d] (n = 3)	1,5	4,6	3,5	3,2	12,4	2,4	6,2
Íons metálicos	Sulfato de zinco	89,2	96,8	96,8	99,0	99,0	99,0	>99,9
	% DPR[d] (n = 3)	14,7	7,2	14,6	1,7	8,0	3,4	[c]
Orgânicos	Acetonitrila	3,6	88,7	91,6	92,1	93,2	93,5	94,9
	% DPR[d] (n = 3)	3,6	2,5	3,6	3,1	5,3	5,9	1,8
	Etanol	0,1	78,2	87,2	88,1	89,8	91,8	92,0
	% DPR[d] (n = 3)	2,9	2,4	1,7	9,5	9,6	2,5	1,1
	MeOH	13,4	63,8	88,2	89,7	90,0	91,1	91,5
	% DPR[d] (n = 3)	1,0	3,1	3,6	3,5	2,8	5,1	2,5
Sais	Sulfato de amônio	24,8	50,1	64,0	84,2	90,4	90,4	89,0
	% DPR[d] (n = 3)	1,8	4,4	3,6	0,5	7,1	3,7	2,5

[a]Eficiência da precipitação de proteínas = ([proteína plasmática total – proteína remanescente no sobrenadante]/proteína plasmática total) × 100; [b]Análise realizada com somente uma replicata. Perda de amostra; [c]Concentração de proteína no sobrenadante abaixo do limite de quantificação; [d]Desvio-padrão relativo.

proveniente de *Escherichia coli*, *Helix aspersa*, *Helix pomatia*, *Patella vulgata*, a enzima mais frequentemente usada. Algumas fontes de β-glicuronidases, tais como a *H. pomatia*, contém também atividade de sulfatases.[4,6,10]

A eficiência do processo é dependente da configuração da enzima, da fonte da enzima e do substrato. Há diferentes condições de incubação (pH, tempo e temperatura) e quantidade de enzima ideais para cada situação (variando com o analito e com a fonte).[4] A fim de obter resultados mais confiáveis, é crucial observar os valores ideais de **pH** e **temperatura** das diferentes preparações de enzimas purificadas. A enzima β-glicuronidase, proveniente de *E. coli*, pode ser utilizada em uma faixa maior de pH, entre 5,5 e 7,5, enquanto aquela proveniente de *H. pomatia* requer um pH entre 4,5 e 5,5 para a sua ação. A temperatura considerada ótima para a hidrólise por β-glicuronidase proveniente de *E. coli* e de *H. pomatia* é de 50 °C e 60 °C, respectivamente.[6]

A β-glicuronidase-arilsulfatase, proveniente de *H. pomatia*, apresenta a vantagem de hidrolisar, simultaneamente, glicuronídeos e conjugados de sulfato. Contudo com menor eficiência do que a enzima proveniente de *E. coli*, a qual produz um extrato com menos interferentes.[6]

Um procedimento típico para a hidrólise enzimática de glicuronídeos é adicionar a 1 mL de urina acrescido de 1 ou 2 mL de tampão, a β-glicuronidase (aproximadamente entre 1000 a 20.000 unidades por mL de urina) e, quando necessário, também a sulfatase. Incubar a 37 °C por aproximadamente 16 horas ou por 90 minutos a 50 °C. Após a incubação, o pH da solução é ajustado, de forma apropriada, para a extração líquido-líquido ou em fase sólida.[6] A atividade da enzima deve ser avaliada periodicamente pelo estudo de sua eficiência no processo de hidrólise. Além disso, a enzima pode ser inibida por componentes da matriz.[4]

Segundo Kaushik (2006),[11] o processo de hidrólise enzimática apresenta sérias limitações tais como a hidrólise incompleta devido à competição entre o analito e outros componentes da matriz, além do fato de alguns conjugados apresentarem uma configuração estável, não sendo facilmente hidrolisáveis.

A hidrólise enzimática apresenta a desvantagem de ser uma etapa demorada. Todavia, estudos demonstram que o processo pode ser acelerado pelo uso de ultrassom e micro-ondas, com desempenho satisfatório em relação aos rendimentos e à reprodutibilidade e pode ser empregado na análise rotineira de amostras de urina.[12,13]

Referências bibliográficas

[1] POLSON, C. et al. Optimization of protein precipitation based upon effectiveness of protein removal and ionization effect in liquid chromatography-tandem mass spectrometry. **J. Chromatogr. B.**, 785: 263-275, 2003.

[2] NOVÁKOVÁ, L.; VLCKOVÁ, H. A review of current trends and advances in modern bioanalytical methods: chromatography and sample preparation. **Anal. Chim. Acta**, 656: 8-35, 2009.

[3] ATSON, I.D. Clinical analytes from biological matrices. In: STEVENSON, D.; WILSON, I.D. **Sample preparation for biomedical and enviromental analysis**. New York: Plenum Press, p. 71-78, 1994.

[4] SIQUEIRA, M.E.P.B. Fundamentos do preparo de amostras. In: MOREAU, R.L.M.; SIQUEIRA, M.E.P.B. **Toxicologia analítica**. Rio de Janeiro: Guanabara Koogan, p. 135-141, 2008.

[5]FLANAGAN, R.J. et al. Microextraction techniques in analytical toxicology: short review. **Biomed. Chromatogr.**, 20:530-538, 2006.

[6]THE INTERNATIONAL ASSOCIATION OF FORENSIC TOXICOLOGISTS (TIAFT). **Recommendation on samples preparation of biological specimens for systematic toxicological analysis**. Disponível em http://www.tiaft.org/node/4696. Acessado em: 1º de março de 2013.

[7]MCDOWALL R.D. Sample preparation for biomedical analysis. **J. Chromatogr. B.**, 492:3-5, 1989.

[8]MCDOWALL, R.D. et al. Sample preparation for HPLC analysis of drugs in biological fluids. **J. Pharm. Biomed. Anal.**, 7:1087-1096, 1989.

[9]MAURER, H.H. Systematic toxicological analysis procedures for acidic drugs and/or metabolites relevant to clinical and forensic toxicology and/or doping control. **J. Chromatogr. B.**, 733:3-25, 1999.

[10]PETERS, F.T. et al. A systematic comparison of four different workup procedures for systematic toxicological analysis of urine samples using gas chromatography–mass spectrometry. **Anal. Bioanal. Chem.**, 393:735-745, 2009.

[11]KAUSHIK, R.; LEVINE, B.; LACOURSE, W. A systematic comparison of four different workup procedures for systematic toxicological analysis of urine samples using gas chromatography–mass spectrometry. **Anal. Chim. Acta**, 556:255-266, 2006.

[12]GALESIO, M. et al. Accelerated sample treatment for screening of banned doping substances by GC-MS: ultrasonication versus microwave energy. **Anal. Bioanal. Chem.**, 399:861-875, 2011.

[13]VERSACE, F. et al. Rapid sample pre-treatment prior to GC–MS and GC–MS/MS urinary toxicological screening. **Talanta**, 101:299-306, 2012.

4 Planejamento de experimentos aplicado ao preparo de amostras

Marcone Augusto Leal de Oliveira, Brenda Lee Simas Porto, Fernando Antonio Simas Vaz e Renata Takabayashi Sato

4.1 Otimização univariada *versus* otimização multivariada

Em todas as áreas da Química, é costumeiro realizar a otimização de processos em geral, principalmente quando esses são inéditos ou precisam ser adaptados à realidade de um laboratório, por exemplo. Raramente, um processo dispensa essa etapa como parte de seu desenvolvimento. Pelo contrário, uma etapa de otimização pode ser considerada uma das mais cruciais de uma metodologia, pois pode garantir resultados melhores e mais confiáveis.

Otimização significa o procedimento pelo qual se busca um resultado ótimo (não necessariamente o maior valor possível), seja ele um rendimento de reação, a magnitude de um sinal analítico, o tempo gasto e o custo de uma análise, dentre outros, diante das possibilidades oferecidas pelo sistema a ser otimizado. Isso é frequentemente feito (o que nem sempre é o correto) de duas formas: **tentativa e erro**: um método mais arcaico, em que diferentes condições experimentais são testadas, sem necessariamente uma lógica ou critério, até que um experimento tenha êxito; ou **univariada**, quando cada parâmetro (fator ou variável) do sistema é investigado separadamente enquanto os outros fatores, já avaliados ou não, são mantidos constantes. Entretanto, ambos os caminhos acima citados podem levar à obtenção de um resultado **ótimo relativo**, que pode ser diferente em outra combinação de condições ou níveis.

A Figura 4.1 mostra uma otimização univariada genérica, cuja resposta procurada pode ser um rendimento de reação química, por exemplo. As variáveis 1 e 2 podem ser temperatura do ambiente reacional e a concentração de um reagente, respectivamente. Nesse exemplo, a variável 2 foi mantida constante (no nível 3), enquanto a variável 1 foi investigada. O valor máximo (55 %) foi obtido no nível 4 da variável 1. Este nível foi mantido constante, e a variável 2 foi então investigada, o que resultou em um valor otimizado de 85 %.

Se, em vez de fixar a variável 2 no nível 3, ela fosse fixada em outro nível, ou seja, se fossem tomados outros pontos de partida, a otimização tomaria outro rumo. É possível observar na Figura 4.2 à esquerda que, para o mesmo sistema, o rendimento da reação otimizado foi 95 %, quando a variável 2 foi inicialmente mantida no nível 5. Se o ponto de partida fosse o nível 1, o rendimento ótimo seria 28 %.

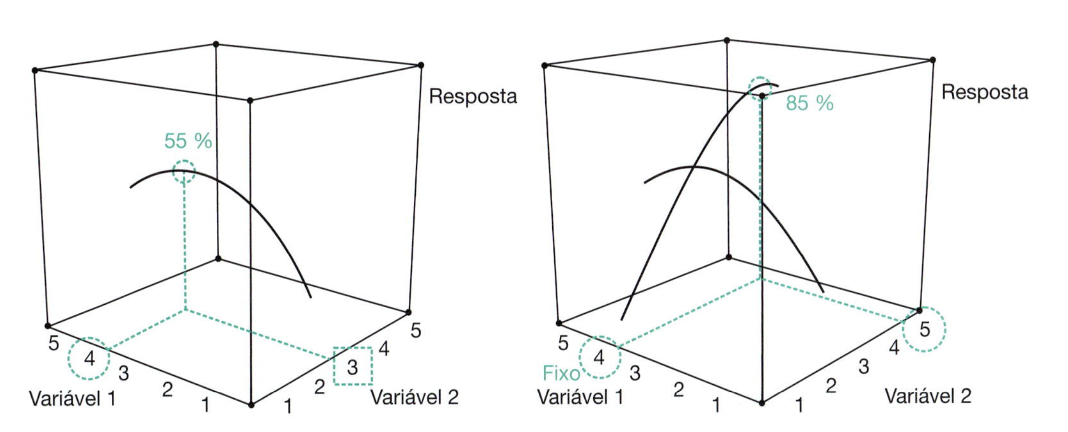

Figura 4.1 Otimização univariada das variáveis de um sistema.

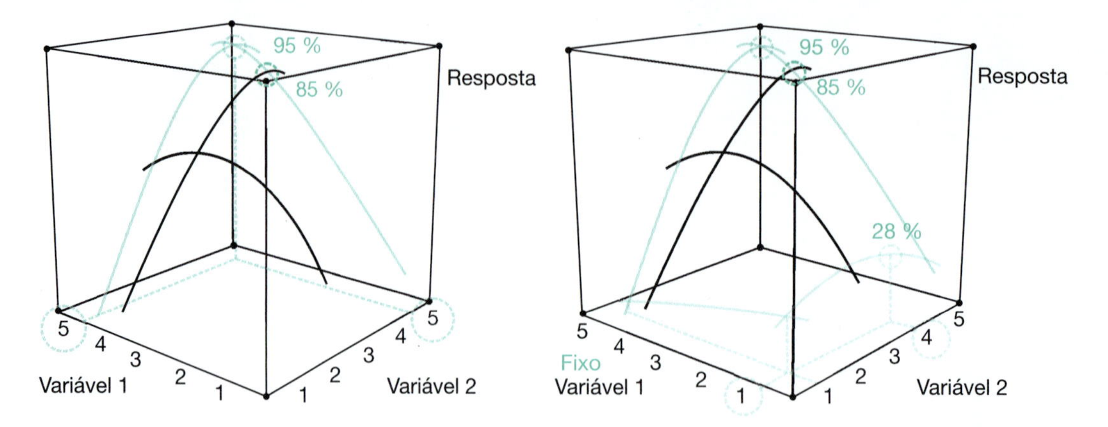

Figura 4.2 Otimizações univariadas das variáveis do mesmo sistema da Figura 4.1, porém feitas com pontos de partida diferentes. No esquema à esquerda, a variável 2 foi inicialmente mantida constante no nível 5 e, à direita, mantida no nível 1.

Esses três valores **ótimos relativos** são muito diferentes, simplesmente devido à natureza desse sistema. Existe uma forte interação entre as duas variáveis, ou seja, o efeito que uma variável causa na resposta depende da outra variável. Isso significa que elas não podem ser otimizadas de forma univariada, independentemente.

Alguém poderia sugerir de se fazer um percurso de otimização, em que mesmo começando pela condição menos favorável, seria possível chegar a um ponto de maior resposta. Começando pela fixação da variável 2 no nível 1, o ponto mais alto é o de coordenadas (1;1). Fixando-se a variável 1 no nível 1, o próximo ponto mais alto é o (1;4). Fixando-se a variável 2 no nível 4, o próximo ponto mais alto é o (5;4). Fixando-se a variável 1 no nível 5, o próximo ponto mais alto é o (5;5). Neste exemplo dado, isso pode ser possível, mas, na prática, o número de experimentos seria desnecessariamente grande (no mínimo 17) e, ainda assim, sem um critério mais rigoroso. Além disso, se a geometria formada pelas respostas for um tanto irregular, esse esforço pode ter sido um desperdício.

Por outro lado, a otimização chamada **multivariada**, como o nome sugere, consiste na realização de experimentos com diferentes combinações de níveis para mais de uma variável (fator). Tais combinações são organizadas de formas específicas, daí o nome planejamentos experimentais.

Ao contrário das otimizações univariadas, uma das principais vantagens em se desenvolver um planejamento de experimentos multivariados é que se torna possível, por meio de um número reduzido de experimentos, conhecer o sistema de maneira abrangente, isto é, os fatores são analisados simultaneamente.[1,2] Essa ferramenta estatística é muito poderosa quando se tem pouca informação sobre o sistema a ser otimizado e, ao mesmo tempo, muitas variáveis. Assim, é possível determinar, por meio de uma triagem, quais variáveis são realmente importantes, ou significativas. Com essa primeira informação sobre o sistema, é possível fazer um estudo mais aprofundado por meio de construção de modelos empíricos que ajudem a solucionar inúmeros tipos de problemas. Por essa razão, os planejamentos de experimentos vêm despertando grande interesse tanto em contexto acadêmico, quanto tecnológico e industrial.

Os autores esperam, então, que esta breve introdução sirva de impulso para demonstrar, nos próximos tópicos, os princípios dos planejamentos de experimentos, que podem ser aplicados em diversas etapas de um trabalho científico, inclusive na etapa de preparo de amostra antes da análise.

4.2 Planejamentos de experimentos

O planejamento de experimentos mais simples que existe é o planejamento fatorial 2^2, ou seja, dois fatores (expoente) e dois níveis para cada fator (base da potência). Do ponto de vista prático, para a efetivação desse planejamento, é necessária a realização de no mínimo quatro experimentos ($2^2 = 4$).

A resposta a ser avaliada estará intimamente ligada ao sistema químico em consideração. A partir daí é possível aumentar o número de fatores e níveis em função da necessidade do sistema sob investigação. É óbvio que tal ideia deve estar atrelada ao fato de que o número de experimentos a ser realizado estará associado à quantidade de fatores e níveis testados. Temos de ter em mente que os fatores selecionados, ao passarem por um sistema, poderão gerar uma ou mais respostas. Espera-se que os fatores e as respostas estejam relacionados matematicamente uns com os outros em uma função representada por:

$$y_i = f(x_i)$$

em que y_i é a variável resposta ou dependente e x_i a variável independente. Eventualmente, para cada situação existirá um modelo experimental condizente.

Por exemplo, se há pouca informação sobre o sistema, a melhor forma de se começar uma otimização é pela escolha dos fatores que, de alguma forma, possam ser considerados como pertinentes para investigação. Isso requer pesquisa e familiarização com o sistema, pois não há uma regra específica para seleção dos fatores.

Se um pesquisador deseja, por exemplo, aumentar o rendimento de uma reação orgânica, ele provavelmente terá o bom senso em escolher como fatores: a temperatura aplicada, a quantidade e proporção dos reagentes, a quantidade e diferentes tipos de catalisadores e solventes, a velocidade de agitação e daí por diante. Na etapa de triagem, o pesquisador deseja saber quais desses fatores merecem maior atenção, sem resolver o problema por completo.

Selecionados os fatores, o próximo passo é estipular os níveis (ou pelo menos os limites), considerando-se, obviamente, as possibilidades experimentais. Novamente, o bom senso é a palavra-chave. Por exemplo, 1 mL apenas de solvente não deve ser suficiente para solubilizar 100 g de reagente. Esse nível de solvente não precisa ser testado. O conhecimento prévio é muito importante para estabelecer os níveis, mas o exagero pode ser evitado fazendo-se uso do bom senso.

Níveis muito próximos ou muito afastados também não vão trazer uma informação pertinente ao pesquisador. Por exemplo, se um dos níveis é 100 g para um dos reagentes, não faz sentido testar massas de 1 e 900 g como níveis inferior e superior, pois muita informação pode ser perdida em intervalos tão grandes. Por outro lado, testar 99,9 e 100,1 g, como níveis inferior e superior, muito provavelmente seria uma forma errônea de prosseguir com o planejamento, pois a variação nesse caso, considerando a massa total, seria muito pequena. É possível que para esse experimento hipotético, um bom ponto de partida fosse 80 e 120 g.

Neste ponto devemos, então, escolher o tipo de planejamento, e tal escolha dependerá de quantos fatores pretende-se estudar. Na Figura 4.3 apresentamos uma síntese das linhas de pensamento que devemos ter ao utilizarmos os planejamentos de experimentos. Com poucos fatores, é viável se trabalhar com planejamentos fatoriais completos. Contudo, aumentando-se o número de fatores, os planejamentos fracionários são mais úteis na triagem das variáveis, pois proporcionam muita informação por meio de um número reduzido de experimentos. Se já estamos em uma condição mais avançada de conhecimento em relação ao sistema sob investigação, podemos partir para a modelagem com o intuito de obter a superfície de resposta e, dessa forma, obter um panorama mais abrangente a respeito do sistema.

Entretanto, é importante deixarmos claro que a intenção deste capítulo é oferecer uma breve ideia sobre o uso do planejamento de experimentos como ferramenta auxiliar no processo de preparo de amostras. Logo, aconselha-se aos leitores que tenham interesse em aprofundar-se no tema, que consultem referências específicas sobre o assunto.[3-8]

4.3 Estudo de caso

4.3.1 Otimização do preparo de amostra de azeite para determinação de acidez

A fim de apresentar ao leitor a praticidade do uso das ferramentas inerentes ao planejamento de experimentos,

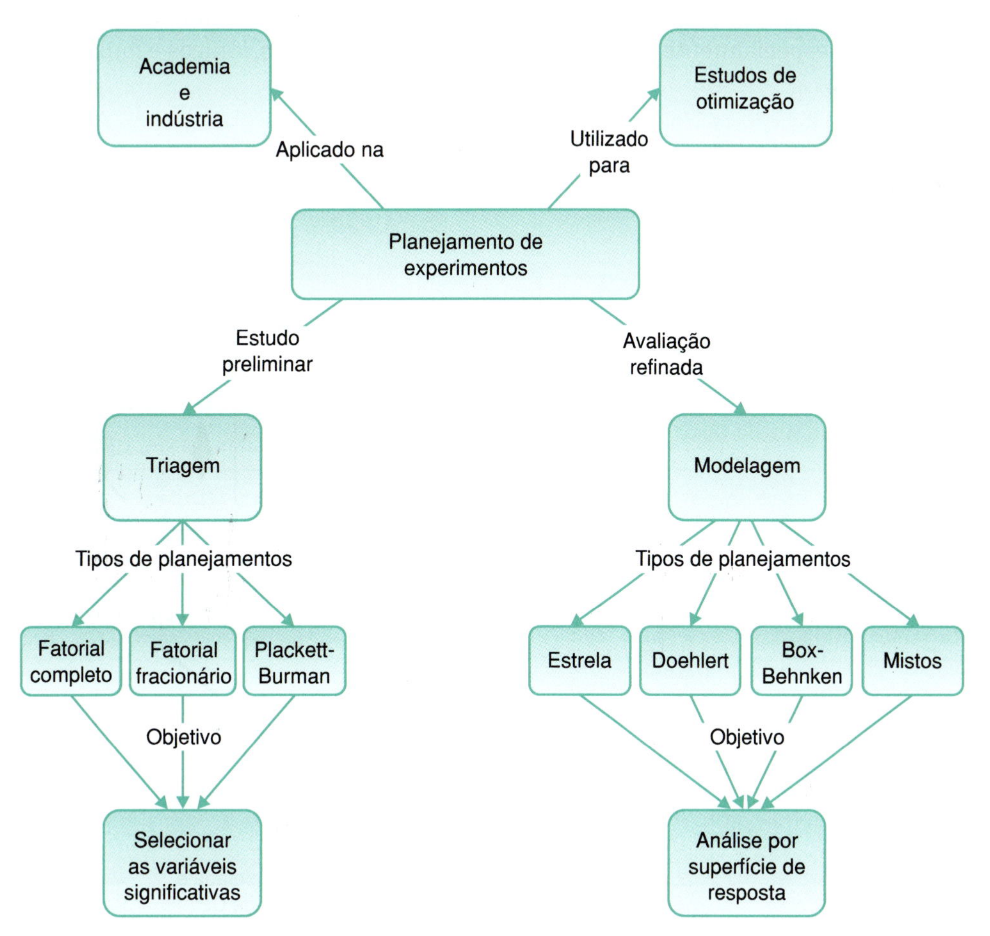

Figura 4.3 Proposta simplificada de mapa conceitual para planejamento de experimentos.

um exemplo real envolvendo o preparo da amostra para a determinação de acidez em azeite de oliva extravirgem é apresentado.

4.3.1.1 Considerações sobre o azeite e sua acidez

O azeite de oliva é um produto de grande importância para a saúde humana: inibe os radicais livres, o crescimento de tumores, lesões e substâncias inflamatórias; melhora o perfil lipídico e previne o envelhecimento de células. O azeite de melhor qualidade é o extravirgem, que é preparado a partir da primeira prensagem a frio das olivas e possui o maior preço comercial, quando comparado aos demais tipos de azeite.[9] Em muitos países, regulamentos rigorosos têm sido desenvolvidos para a proteção dos consumidores com definições e uma série de técnicas analíticas para identificar a autenticidade dos produtos. Um dos parâmetros analisados é a acidez livre, ou porcentagem de ácidos graxos livres (AGL), expressa na quantidade de ácido oleico (ácido carboxílico com 18 carbonos e uma instauração na posição 9, de configuração cis, o qual simplificamos para C18:1c). Esse parâmetro serve tanto para classificar os azeites de oliva entre extravirgem (0 a 0,8 %), virgem (0,8 a 2,0 %) e lampante (> 3,3 %), quanto para determinar a presença de ranço ou a deterioração do azeite.[10]

Os AGL resultam, naturalmente, de uma reação de hidrólise da ligação éster de triacilglicerídeos constituintes dos óleos, que são formados por três mols de AGL e um mol de glicerol em meio aquoso. Assim, também é possível deduzir se o azeite esteve em contato com água durante o processo de fabricação.

Em geral, os AGL formados são responsáveis pelo sabor e odor desagradáveis, especialmente em gorduras como a manteiga, que possui grande quantidade de ácidos graxos de baixo peso molecular. Porém, em lipídios com ácidos graxos não voláteis (como os azeites), o sabor e o odor característicos não surgem juntamente com a deterioração. Nesse caso, é muito importante a medida quantitativa de AGL para se determinar o grau de deterioração.[11]

4.3.1.2 Quantificação dos ácidos graxos livres

Extração

Para que seja possível a quantificação apenas dos AGL, esses precisam ser separados do restante da amostra, feito através de extração. Logo, foi realizado um procedimento baseado em uma extração etanólica dos AGL dos azeites.[12] A amostra pesada foi adicionada a um balão volumétrico de 5,0 mL, com 0,50 mmol/L^3 de ácido tridecanoico (C13:0), utilizado como padrão interno (P.I.) e o volume completado com etanol a 60 °C. O balão é agitado manualmente e, após o resfriamento, o volume foi completado novamente, com etanol a temperatura ambiente. O balão é novamente agitado em um vórtex e mantido por, aproximadamente, 2 minutos em repouso. Uma alíquota da fase etanólica (parte superior) foi coletada para análise posterior. A Figura 4.4 mostra o esquema do preparo de amostra.

Instrumentação

Após a extração, a técnica de eletroforese capilar (CE, *capillary electrophoresis*) foi utilizada para separar e quantificar os AGL presentes na fase etanólica. A CE é uma técnica de separação baseada na migração diferenciada de compostos neutros, iônicos e ionizáveis, mediante a apli-

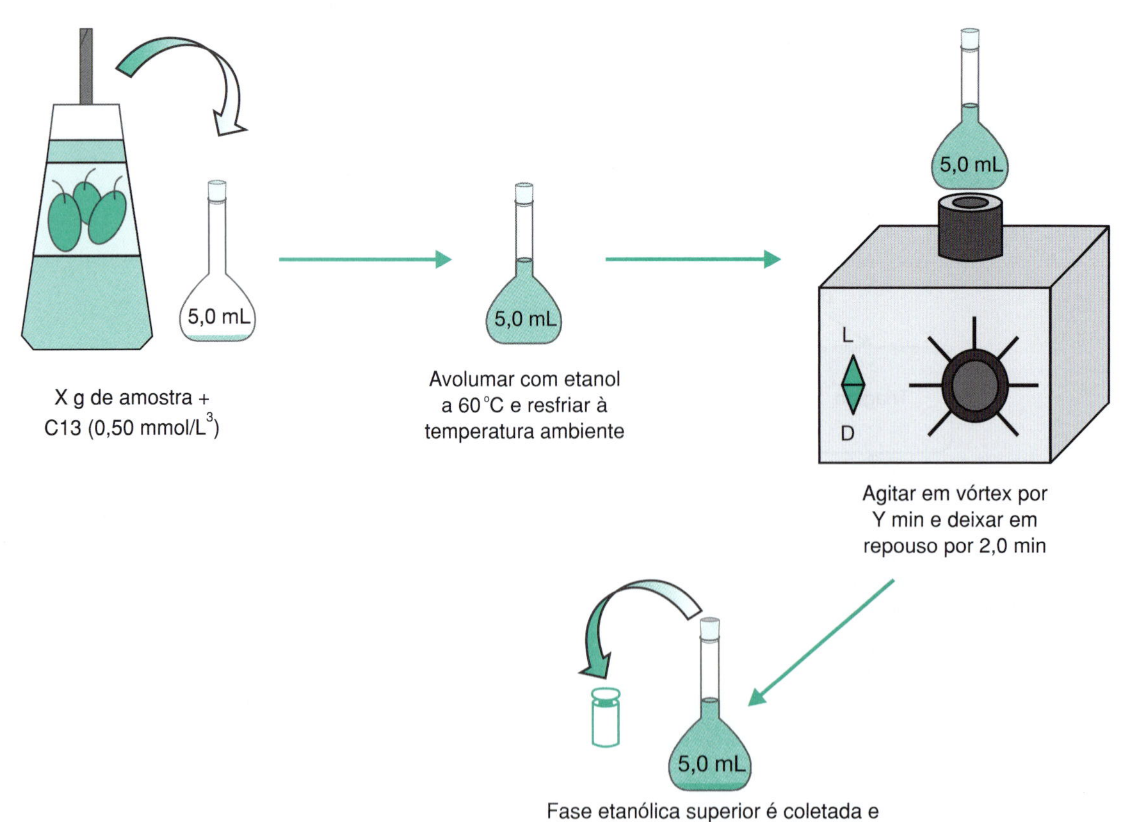

Figura 4.4 Esquema de preparo da amostra.

cação de um campo elétrico em uma solução eletrolítica conveniente contida em uma coluna capilar.[13] Como essa técnica tem potencial para separar cada constituinte de interesse em uma amostra (que nesse caso estão presentes na fração etanólica), é possível quantificar cada um sem a interferência do outro.

O eletrólito utilizado consistiu em: 15,0 mmol/L de tampão fosfato de sódio, pH $\approx$ 6,8; 8,3 mmol/L de Brij 35®; 4,0 mmol/L de dodecilbenzenossulfonato de sódio (SDBS); 2,1 % de n-octanol e 45 % de acetonitrila.[14,15] As condições operacionais consistiram em: detecção indireta por UV em 224 nm, controle de temperatura (25 °C), injeção hidrodinâmica (12,0 mbar por 4 s) e o sistema eletroforético foi conduzido por polaridade normal e voltagem constante (+19 kV). Foi utilizado um capilar de sílica fundida com revestimento externo de politetrafluoretileno (TSH) (Polymicro Technologies, Phoenix, AZ, EUA), com 48,5 de comprimento total, 40,0 cm de comprimento efetivo, 75 µm de diâmetro interno e 375 µm de diâmetro externo.

Otimização da extração

No procedimento de extração, dois fatores foram considerados para estudo: a massa de azeite e o tempo de agitação no vórtex. A massa mínima considerada, a princípio, foi de 650 mg. O tempo de agitação no vórtex está associado ao aumento da superfície de contato e interação entre a amostra e o solvente extrator. Inicialmente, foi realizado o planejamento fatorial mais simples, ou seja, um planejamento fatorial com dois níveis: um baixo (codificado como "–1") e um alto (+1); e os dois fatores mencionados. A fim de se calcular o erro experimental, realizou-se experimentos em triplicata no ponto central, codificado como "nível 0". Nunca é demais ressaltar que os experimentos foram realizados aleatoriamente a fim de evitar que erros atípicos fossem obrigatoriamente associados a determinadas combinações de níveis. A resposta do planejamento, expressa em % de acidez, foi obtida pela quantificação do ácido oleico por metodologia otimizada por CZE. A Tabela 4.1 mostra a matriz codificada com os fatores, níveis e respostas.

Tabela 4.1 Matriz codificada do planejamento 2^2 com triplicata no ponto central

Ensaio	M	X_1	X_2	X_1X_2	y
1	1	–1	–1	1	0,50
2	1	1	–1	–1	0,61
3	1	–1	1	–1	0,43
4	1	1	1	1	0,47
5	1	0	0	0	0,54
6	1	0	0	0	0,41
7	1	0	0	0	0,60

X_1: Massa (mg): (–1): 650; (0); 750; (+1): 850.
X_2: Tempo de vórtex (min): (–1): 1,5;(0): 2,0; (+1): 2,5.

A Figura 4.5 mostra a representação geométrica do conjunto experimental com os respectivos eletroferogramas (gráfico de sinal em função de tempo de migração gerado pelo equipamento de eletroforese capilar) obtidos.

As respostas obtidas, ou seja, o percentual de acidez foi calculado por meio da equação:

$$\%_{acidez} = \frac{MM_{C18:1c} \times [C13:0] \times V \times \sum A_{AGL}}{F_r \times A_{C13:0} \times m} \times 100$$

em que $\sum A_{AGL}$ é o somatório das áreas dos picos dos ácidos graxos livres, [C13:0] é a concentração do ácido tridecanoico (PI) fixo em 0,5 mmol/L, V, o volume em litros, $MM_{C18:1c}$, a massa molecular do ácido oleico, F_r é o fator de resposta do C18:1c, $A_{C13:0}$ é a área do ácido tridecanoico e m, a massa da amostra em mg.

Analisando brevemente a resposta obtida em cada ensaio, a maior resposta foi o ensaio 2, ou seja, com massa 850 mg e tempo de vórtex de 1,5 min, enquanto o ensaio com a menor resposta foi o ensaio 3, ou seja, com massa de 650 mg e tempo de vórtex de 2,5 min. A Tabela 4.2 mostra os resultados dos efeitos e erros calculados para o planejamento 2^2 com triplicata no ponto central realizado.

Tabela 4.2 Efeitos, erros e significância calculados para o planejamento fatorial 2^2 com triplicata no ponto central

Fator	Efeito	Erro	t(2)	p-valor	–95 %	95 %
Média	0,509	0,036	14,10	0,004993	0,35	0,66
X_1	0,073	0,095	0,77	0,523276	–0,34	0,48
X_2	–0,103	0,095	–1,10	0,386693	–0,52	0,31
X_1X_2	–0,038	0,095	–0,40	0,727952	–0,45	0,37

Pela Tabela 4.2 pode-se observar que nenhum dos efeitos foi significativo no intervalo de 95 % de confiança, o que pode ser constatado pelo p-valor (todos os valores foram > 0,05) e intervalo de 95 % de confiança (todos contêm o zero no intervalo). Como os efeitos calculados não apresentaram valores significativos, pode-se concluir que, dentro dos níveis investigados, em média, a resposta não varia significativamente no intervalo de confiança considerado quando passamos do nível baixo para o alto. Esse resultado, aparentemente, indica que a escolha dos fatores e dos níveis foi realizada de maneira criteriosa, ou seja, levou em consideração o conhecimento químico do experimentalista sobre o sistema. Por outro lado, se algum dos efeitos fosse significativo, por meio do cálculo dos efeitos, o experimentalista saberia se teria que ampliar (efeito significativo positivo) ou reduzir (efeito significativo negativo) os níveis experimentais sob uma nova investigação.

Bom, talvez o leitor possa notar que o resultado obtido é bem óbvio, e que seria razoável pensar que se aumentarmos a massa de amostra teremos, certamente, um aumento ainda maior na resposta, ou o contrário? Levando em consideração essa pergunta, uma informação mais detalhada do sistema pode ser alcançada ao se realizar ampliação dos níveis experimentais. Dentro desse contexto, a Tabela 4.3 mostra ampliação dos níveis, ou seja, a inserção de pontos axiais (–1,41 e 1,41), com a realização de mais quatro novos experimentos. Com

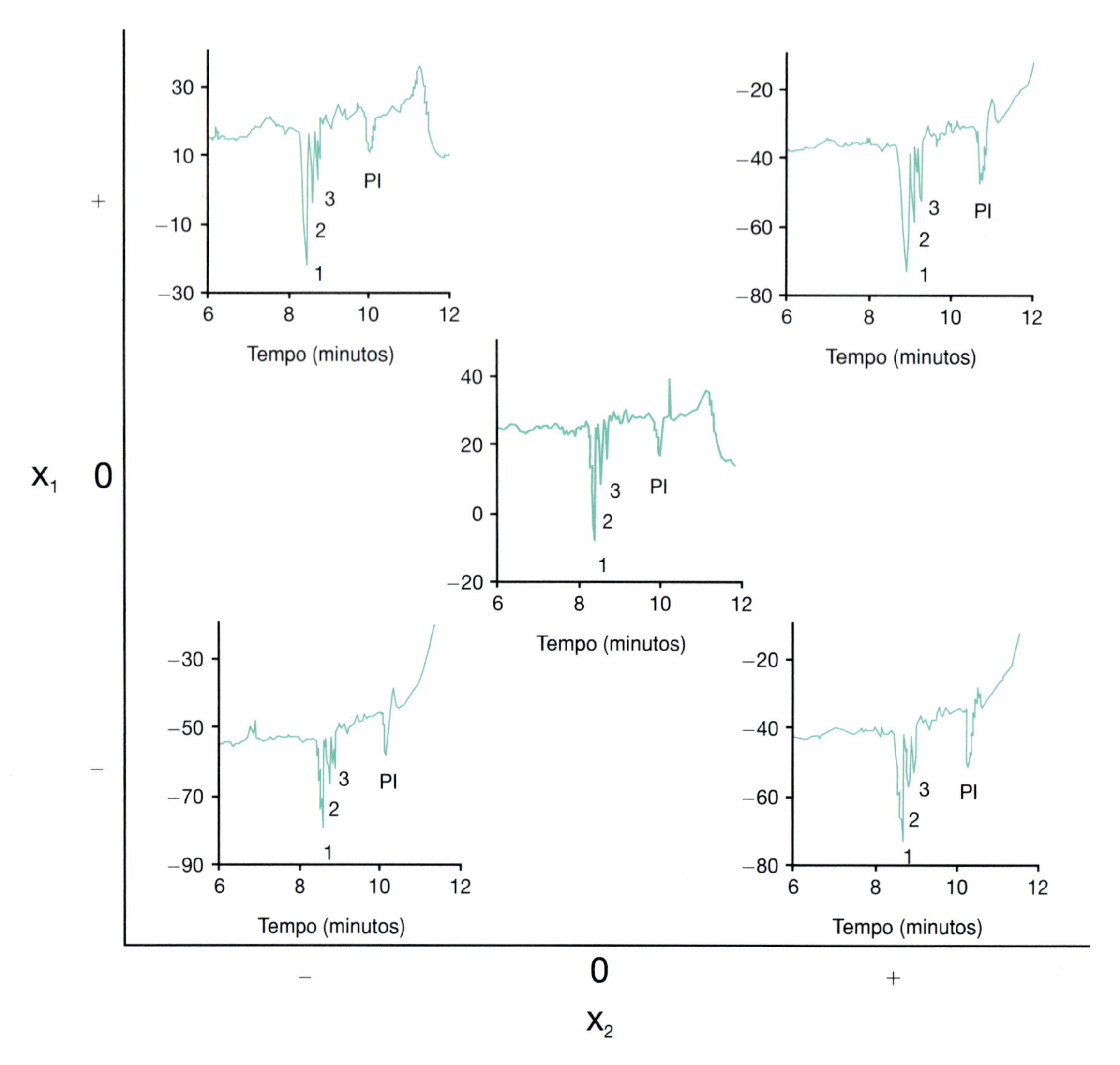

Figura 4.5 Representação geométrica do planejamento 2^2 com triplicata no ponto central. 1- C18:1c, 2- C16:0, 3- C18:2cc e PI- C13:0.

a inserção desses quatro experimentos, o novo conjunto experimental é conhecido como planejamento composto central rotacional ou planejamento estrela. Se tivermos em mente que o planejamento fatorial 2^2 pode ser representado geometricamente como um quadrado, tendo em cada vértice a combinação dos níveis dos dois fatores (vide representação na Figura 4.5), ao realizar um giro de 45° serão gerados os pontos axiais. Com esse planejamento, teremos combinações de níveis suficientes para obtermos um modelo quadrático e dessa maneira, realizar estudo por meio da obtenção da superfície de resposta. A Tabela 4.3 mostra a matriz codificada para o planejamento estrela.

Curiosamente, ao analisarmos os quatro valores nos pontos axiais (experimentos 8, 9, 10 e 11), podemos perceber que as respostas obtidas foram menores do que o ensaio 2, mesmo na condição em que houve um incremento na massa da amostra (ensaio 10). Esse resultado evidencia que, muito provavelmente, o solvente extrator ficou saturado com o aumento de massa, o que, a princípio, contradiz o que aparentemente parecia óbvio.

Tabela 4.3 Matriz codificada com fatores, níveis e respostas para o planejamento estrela com triplicata no ponto central

Ensaio	M	X_1	X_2	X_1^2	X_2^2	X_1X_2	Y
1	1	−1	−1	1	1	1	0,50
2	1	1	−1	1	1	−1	0,61
3	1	−1	1	1	1	−1	0,43
4	1	1	1	1	1	1	0,47
5	1	0	0	0	0	0	0,54
6	1	0	0	0	0	0	0,41
7	1	0	0	0	0	0	0,60
8	1	−1,41	0	2	0	0	0,45
9	1	0	1,41	0	2	0	0,45
10	1	1,41	0	2	0	0	0,47
11	1	0	−1,41	0	2	0	0,40

X_1: Massa (mg): (−1,41): 610;(−1): 650; (0); 750; (+1): 850; (+1,41): 900.
X_2: Tempo de vórtex (min): (−1,41): 2,0;(−1): 1,5;(0): 2,0; (+1): 2,5; (+1,41): 2,7.

A Tabela 4.4 mostra os coeficientes do modelo, erros e o p-valor. Pelos resultados, nenhum dos coeficientes do modelo foi significativo no intervalo de 95 % de confiança. Para esse exemplo, não houve falta de ajuste no modelo no intervalo de 95 % de confiança, pois a razão MQ_{faj}/MQ_{ep} = 0,72 é menor do que o valor de $t_{tabelado}$ (ν_1 = 3; ν_2 = 2, α = 0,05) = 19,16 (para mais detalhes, vide a referência [1], Capítulo 5). Com isso, uma superfície de resposta pode ser obtida (Figura 4.5). Pela superfície é possível observar que, de maneira geral, a maximização da resposta ocorre simultaneamente quando X_1 (a massa) está próximo do nível (+1) e X_2 (tempo de vórtex) entre os níveis (–1) e (0).

Tabela 4.4 Efeitos, erros e significância calculados para o planejamento estrela

Fator	Coeficientes	Erro	t(2)	p-valor	-95 %	95 %
b_0	0,52	0,06	9,40	0,01	0,28	0,76
b_1	0,02	0,03	0,62	0,60	–0,12	0,17
b_2	-0,02	0,03	–0,48	0,68	–0,16	0,13
b_{11}	-0,01	0,04	-0,36	0,75	–0,19	0,16
b_{22}	-0,03	0,04	-0,78	0,52	–0,21	0,14
b_{12}	-0,02	0,05	-0,40	0,73	–0,22	0,19

Normalmente, os cálculos matemáticos são realizados em programas estatísticos dedicados. Contudo, é possível elaborar esses cálculos em um programa que não seja dedicado à estatística ou à quimiometria, podendo-se utilizar um simples editor de planilhas.

O cálculo que será realizado é um cálculo matricial utilizando a solução geral (abaixo) para o ajuste de um modelo por mínimos quadrados, não importando para tanto quantos forem os experimentos ou os coeficientes necessários para descrever esse modelo.

$$b = (X^tX)^{-1}X^tY$$

em que b é a matriz composta pelos coeficientes do modelo, X é a matriz codificada dos experimentos e Y é a matriz que contém as respostas obtidas após a realização dos experimentos. O objetivo desse cálculo é encontrar uma equação do tipo:

$$\hat{y} = b_0 + b_1x_1 + b_2x_2 + b_{11}x_1^2 + b_{22}x_2^2 + b_{12}x_1x_2$$

Os valores apresentados nas colunas X_1 e X_2 já foram exibidos ao leitor anteriormente na Tabela 4.3, lembrando que X_1 e X_2 são os fatores estudados neste planejamento, a saber, massa de azeite pesada e tempo de agitação no vórtex e a coluna M (esse "M", conhecido como a média do modelo, é o coeficiente linear deste) é totalmente preenchida com "1". A coluna X_1X_2 é a interação entre os dois fatores estudados, e os valores que preenchem a coluna podem ser encontrados multiplicando os códigos apresentados nas colunas X_1 e X_2. Por exemplo, para o experimento 1 o valor de X_1X_2 deve ser "1", pois "–1" (proveniente do X_1) multiplicado por "–1" (do X_2) é igual a "1". Para o experimento 2 o valor de X_1X_2 deve ser "–1", pois "1" (proveniente do X_1) multiplicado por "–1" (do X_2) é igual a "–1". Esse mesmo cálculo deve ser feito para cada um dos experimentos na coluna X_1X_2, bem como para as colunas X_1^2 e X_2^2 que são as interações quadráticas desse modelo. E, finalmente, os coeficientes que serão calculados b_0, b_1, b_2, b_{11}, b_{22} e b_{12} são referentes, respectivamente, à média, fator X_1, fator X_2 e interações X_1^2, X_2^2 e X_1X_2.

Existem várias formas de se realizar esse cálculo, no presente caso será abordado um cálculo mais direto, que exige certa atenção, mas ao final, se apresenta de forma bastante simples. Para elaboração do cálculo é necessário selecionar o número exato de células que serão ocupadas pelos coeficientes do modelo, para esse estudo são necessárias seis células.

K	L
Modelo	
Coeficientes	
b0	=
b1	
b2	
b11	
b22	
b12	

A primeira etapa do cálculo é obter a matriz X^t, que é a transposta da matriz X. Para isso, selecione seis células em uma mesma coluna, digite "=TRANSPOR(" e selecione então os valores da matriz X. Feche os parênteses.

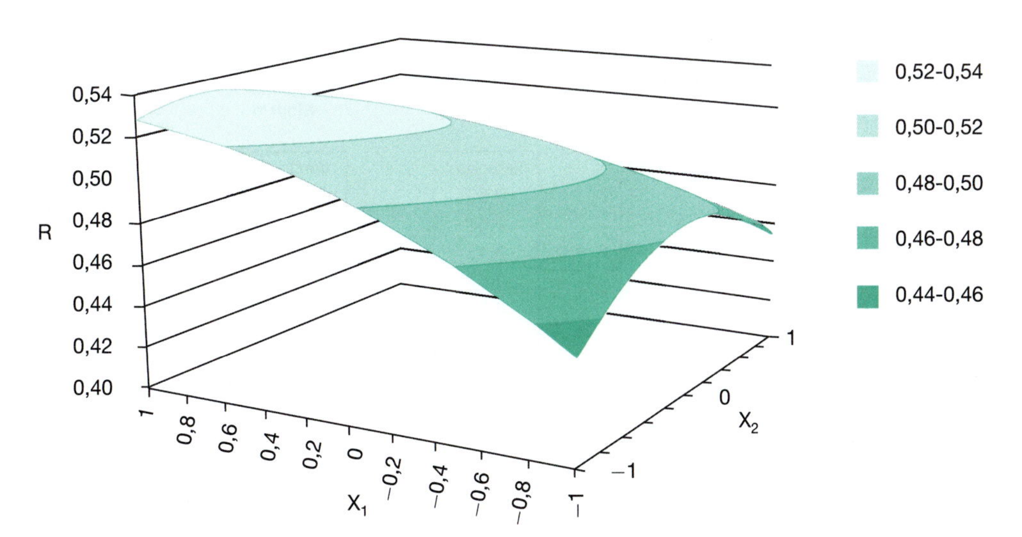

Figura 4.6 Superfície de resposta obtida para o planejamento estrela.

SOMA =TRANSPOR(B4:G14)

	A	B	C	D	E	F	G	H	I	J	K	L	M	N	O
1				Matriz X					Matriz Y		Modelo				
2															
3	Experimentos	M	X1	X2	X1X1	X2X2	X1X2		Respostas		Coeficientes				
4	1	1	-1	-1	1	1	1		0,50		b0	=TRANSPOR(B4:G14)			
5	2	1	1	-1	1	1	-1		0,61		b1				
6	3	1	-1	1	1	1	-1		0,43		b2				
7	4	1	1	1	1	1	1		0,47		b11				
8	5	1	0	0	0	0	0		0,54		b22				
9	6	1	0	0	0	0	0		0,41		b12				
10	7	1	0	0	0	0	0		0,60						
11	8	1	-1,41	0	2	0	0		0,45						
12	9	1	0	1,41	0	2	0		0,45						
13	10	1	1,41	0	2	0	0		0,47						
14	11	1	0	-1,41	0	2	0		0,40						
15															
16															

Plan1 Plan2 Plan3

O próximo passo é multiplicar essa X^t pela matriz X, para isso é necessário fazer uso da função de multiplicação de matrizes, digitando “MATRIZ.MULT(” entre o sinal de igualdade e o termo “TRANSPOR”. Acrescente uma vírgula após o último parênteses e selecione novamente a matriz X. Essa vírgula delimita os termos que sofrerão a multiplicação. Dependendo do idioma de exibição do seu computador, um “;” deve ser usado em vez de “,”. Feche um novo parênteses.

```
fx =MATRIZ.MULT(TRANSPOR(B4:G14),B4:G14)
```

Até o momento obtivemos os elementos (X^tX). Devemos agora encontrar o inverso dessa multiplicação, digitando “MATRIZ.INVERSO(” entre o sinal de igualdade e o termo “MATRIZ.MULT”. Mais um parênteses no final da sentença é necessário.

```
fx =MATRIZ.INVERSO(MATRIZ.MULT(TRANSPOR(B4:G14),B4:G14))
```

Lembrando que estamos realizando essas etapas para obtermos a equação:

$$b = (X^tX)^{-1}X^tY$$

O próximo passo é multiplicar $(X^tX)^{-1}$ por X^t. Portanto, a função de multiplicação de matrizes, “MATRIZ.MULT(“ deverá ser novamente inserida entre o sinal de igualdade e a função “MATRIZ.INVERSO”. Digite “,TRANSPOR(“ no final da expressão e selecione a matriz X novamente, fechando dois parênteses.

```
fx =MATRIZ.MULT(MATRIZ.INVERSO(MATRIZ.MULT(TRANSPOR(B4:G14),B4:G14)),TRANSPOR(B4:G14))
```

Agora, toda essa expressão deve ser multiplicada pela matriz Y, que contém as respostas obtidas nos experimentos. Para tal, basta inserir mais uma vez a função “MATRIZ.MULT(” entre o sinal de igualdade e a função “MATRIZ.MULT” recém-inserida. No final da expressão, acrescente uma vírgula e selecione a matriz Y. Insira um último parênteses.

```
fx =MATRIZ.MULT(MATRIZ.MULT(MATRIZ.INVERSO(MATRIZ.MULT(TRANSPOR(B4:G14),B4:G14)),TRANSPOR(B4:G14)),I4:I14)
```

Se a expressão exibida estiver semelhante a essa acima, agora nos resta enviar o comando para o computador. Basta segurar as teclas *Control* e *Shift* e teclar *Enter*, quando resultados são então apresentados (cálculos matriciais requerem o uso desse procedimento do “*Control+Shift+Enter*” e não apenas “*Enter*” para cálculos comuns). Esses números são os coeficientes correspondentes ao modelo alcançado pelo planejamento de experimentos elaborado.

L4 {=MATRIZ.MULT(MATRIZ.MULT(MATRIZ.INVERSO(MATRIZ.MULT(TRANSPOR(B4:G14),B14:G14)),TRANSPOR(B4:G14)),I4:I14)}

	A	B	C	D	E	F	G	H	I	J	K	L	M	N	O
1				Matriz X					Matriz Y		Modelo				
2															
3	Experimentos	M	X1	X2	X1X1	X2X2	X1X2		Respostas		Coeficientes				
4	1	1	-1	-1	1	1	1		0,50		b0	0,518004			
5	2	1	1	-1	1	1	-1		0,61		b1	0,020865			
6	3	1	-1	1	1	1	-1		0,43		b2	-0,01608			
7	4	1	1	1	1	1	1		0,47		b11	-0,01457			
8	5	1	0	0	0	0	0		0,54		b22	-0,03152			
9	6	1	0	0	0	0	0		0,41		b12	-0,01908			
10	7	1	0	0	0	0	0		0,60						
11	8	1	-1,41	0	2	0	0		0,45						
12	9	1	0	1,41	0	2	0		0,45						
13	10	1	1,41	0	2	0	0		0,47						
14	11	1	0	-1,41	0	2	0		0,40						
15															
16															

Plan1 Plan2 Plan3

É muito importante verificar se todos os parênteses necessários foram adicionados corretamente, caso contrário o cálculo não poderá ser realizado, ocorrendo um erro no *software*. Recomenda-se que o leitor utilize os valores expostos neste exemplo como uma forma de aprendizado, inserindo as matrizes em uma planilha e acompanhando passo a passo o desenvolvimento do cálculo. A princípio esse procedimento pode parecer complexo mas, com algum treino, ele revela-se bastante prático e útil.

4.4 Considerações finais

O presente capítulo teve a modesta intenção de apresentar ao leitor alguma motivação para o uso de planejamento de experimentos como ferramenta auxiliar no preparo de amostra. Logo, os modelos de planejamento de experimentos mais usuais foram citados brevemente e um exemplo envolvendo a análise de acidez em amostra de azeite de oliva foi apresentado, como motivação, em um breve estudo de caso. Pôde-se demonstrar que o uso do planejamento de experimentos apresenta como vantagem a realização sistemática dos ensaios experimentais, o que muitas vezes gera uma diminuição do número total de experimentos, do consumo de reagentes e do tempo total de experimentação, além de uma melhora na interpretação e apresentação dos resultados por meio de superfícies de resposta. Dessa forma, é possível concluir que os princípios dos planejamentos de experimentos auxiliam o pesquisador a obter informações importantes em diversas etapas de um trabalho científico, de maneira apropriada e elegante.

Referências bibliográficas

[1] BARROS NETO, B.; SCARMINIO, I.S.; BRUNS, R.E. **Como fazer experimentos:** pesquisa e desenvolvimento na ciência e na indústria. 4. ed., Bookman: Porto Alegre, Brasil, 2010.

[2] MONTGOMERY, D.C. **Design and analysis of experiments.** 6. ed., New York: Wiley, 2004.

[3] TEÓFILO, R.F.; FERREIRA, M.M.C. Quimiometria II: planilhas eletrônicas para cálculos de planejamentos experimentais, um tutorial, **Quim. Nova,** 29(2): 338-350, 2006.

[4] FERREIRA, S.L.C. et al. Statistical designs and response surface techniques for the optimization of chromatographic systems. **J. Chromatogr. A**, 1158: 2-14, 2007.

[5] FERREIRA, S.L.C. et al. Doehlert matrix: a chemometric tool for analytical chemistry-review. **Talanta**, 63:1061-1067, 2004.

[6] MAYERS, R.H.; MONTGOMERY, D.C.; ANDERSON-COOK, C.M. **Response surface methology, process and product optimization using designed experiments**. 3. ed., New Jersey: Wiley, 2009.

[7] RODRIGUES, M.I.; IEMMA, A.F. **Planejamento de experimentos e otimização de processos**. Campinas: Casa do Pão Editora, 2005.

[8] GEORGE, E.P. et al. **Statistic for experimenters, design, innovation, and discovery**. 2. ed., New Jersey: Wiley, 2009.

[9] OLIVEIRA, A.F. et al. **Azeite de oliva:** conceitos, classificação, usos e benefícios para a saúde humana. Circular Técnica – Empresa de Pesquisa Agropecuária de Minas Gerais, 40(1), 2008.

[10] EUROPEAN UNION COMMISSION REGULATION. Commission Regulation (EC) 702/2007 of 21 June 2007. Official Journal of European Communities, L 161. 2007.

[11] OSAWA, C.C.; GONÇALVES, L.A.G. Titulação potenciométrica aplicada na determinação de ácidos graxos livres de óleos e gorduras comestíveis. **Quim. Nova**, 29, 593, 2003.

[12] BALESTEROS, M.R. et al. Determination of olive oil acidity by CE. **Electrophoresis**, 28(20):3731-3736, 2007.

[13] TAVARES, M. Eletroforese capilar conceitos básicos. **Quim. Nova,** 19(2):173, 1996.

[14] BARRA, P.M.C. et al. An alternative method for rapid quantitative analysis of majority cis-trans fatty acids by CZE. **Food Res. International**, 52(1):33-41, 2013.

[15] SATO, R.T. et al. Rapid separation of free fatty acids (FFA) in vegetable oils by capillary zone electrophoresis (CZE), **Phytochem. Anal.**, 25(3):241-246, 2014.

PARTE II

Técnicas Clássicas ou Convencionais

5 Extração líquido-líquido

Thiago Barth, Leandro Augusto Calixto, Valquíria Aparecida Polisel Jabor e Keyller Bastos Borges

5.1 Introdução

Embora o desenvolvimento da instrumentação analítica tenha possibilitado avanços em muitos aspectos da Química Analítica, em muitos casos as amostras não podem ser analisadas na sua forma original. Essas podem conter espécies interferentes, serem incompatíveis com os equipamentos analíticos, e a instrumentação disponível pode não apresentar sensibilidade analítica suficiente para a determinação de traços. Para contornar tais problemas são empregados procedimentos de preparo da amostra, os quais incluem várias etapas: coleta, armazenagem, solubilização, extração, pré-concentração, isolamento dos compostos de interesse e análise qualitativa e quantitativa.[1]

A **extração líquido-líquido** (LLE), também conhecida como extração por solvente orgânico ou partição, é uma técnica amplamente empregada no preparo de amostras líquidas ou amostras solúveis. A LLE possui a vantagem de combinar várias etapas que envolvem o preparo de amostras em uma única etapa. Dentre as vantagens, destaca-se a simplicidade, o baixo custo e a possibilidade de utilizar grande variedade de solventes, puros e disponíveis comercialmente, os quais fornecem uma ampla faixa de solubilidade e seletividade.[2]

A LLE é considerada uma técnica clássica de preparo de amostras e tem sido amplamente utilizada em análises de alimentos, pesticidas, fármacos e produtos naturais, drogas de abuso e biomoléculas.

5.2 Teoria da extração líquido-líquido (LLE)

A LLE fundamenta-se na distribuição ou partição de um composto entre dois líquidos ou fases imiscíveis, nos quais este composto apresenta diferentes solubilidades. Normalmente uma das fases é aquosa e a outra um solvente orgânico. Durante o processo de extração, o composto mais polar ou hidrofílico prefere a fase aquosa e o composto menos polar ou hidrofóbico prefere o solvente orgânico.[3]

5.2.1 Coeficiente de distribuição (K_D) e razão de distribuição

A distribuição de um composto entre dois solventes imiscíveis é descrita pelo uso de dois termos, **coeficiente de distribuição** (K_D) e **razão de distribuição** (D).

O coeficiente de distribuição é uma constante de equilíbrio que descreve a disposição de um composto, aqui chamado X, entre dois solventes imiscíveis, por exemplo, uma fase aquosa e outra fase orgânica. O equilíbrio de distribuição do composto X entre a fase aquosa e orgânica (por exemplo, hexano) pode ser descrita pela Equação (5.1) abaixo:

$$X_{aq} \leftrightarrow X_{org} \tag{5.1}$$

em que (aq) é fase aquosa e (org) é a fase orgânica.[3]

A proporção de distribuição de um composto entre duas fases imiscíveis é constante e consiste na **Lei de Distribuição de Nernst** (Equação 5.2).

$$K_D = \frac{C_{org}}{C_{aq}} \tag{5.2}$$

em que K_D é a constante de distribuição, C_{org} é a concentração do composto na fase do solvente orgânico e C_{aq} é a concentração do composto na fase aquosa.

Uma equação mais útil é a fração do composto extraído (E), dado pela Equação (5.3):

$$E = \frac{C_{org}V_{org}}{C_{org}V_{org} + C_{aq}V_{aq}} = \frac{K_D\psi}{1 + K_D\psi} \tag{5.3}$$

em que V_{org} é o volume de fase orgânica, V_{aq} é o volume da fase aquosa e ψ é a razão entre as fases V_{org}/V_{aq}.[4]

Algumas extrações líquido-líquido são realizadas em funis de separação, empregando dezenas ou centenas de mililitros (mL) de cada fase, aquosa e orgânica. Em extrações empregando um passo, ou seja, uma repetição de extração, o K_D deve ser grande (por exemplo, > 10) para a obtenção de elevados valores de recuperação de um composto de uma das fases, em geral, a fase orgânica, desde que ψ seja mantida na faixa de valores de: 0,1 a 10.

Em geral, são necessárias duas ou três extrações com novas porções de solvente para a obtenção de altas recuperações e ao final a mistura dos extratos, com a presença do composto de interesse, de cada uma das repetições. Abaixo, é apresentada a Equação (5.4) empregada para determinar a quantidade extraída (recuperação) do composto após sucessivas e múltiplas extrações:

$$E = 1 - \left(\frac{1}{1 + K_D\psi}\right)^n \quad (5.4)$$

em que n é o número de repetições da extração.

Por exemplo, para um composto com valor de $K_D = 5$ e $\psi = 1$, o número de repetições deve ser 3, para que se obtenham valores de recuperação > 99 %.

Com a finalidade de melhorar o valor de K_D, diversas estratégias podem ser empregadas: (i) substituir o solvente orgânico; (ii) *salting out* pode ser usado para diminuir a concentração do composto na fase aquosa, pela adição de um sal neutro e inerte (cloreto de sódio ou sulfato de sódio) à fase aquosa; (iii) adicionar um reagente de par iônico, desde que seja garantido que o composto a ser extraído esteja ionizado; (iv) suprimir a ionização de compostos iônicos ou ionizáveis tornando-o mais solúvel na fase de solvente orgânico.[3,4]

As estratégias aqui citadas para melhorar o valor de K_D e a recuperação, consequentemente, serão discutidas na continuidade deste capítulo.

Existem situações em que a forma química (ionizada ou não ionizada) do composto na fase orgânica ou aquosa não é conhecida, e a variação do valor de pH apresenta um significativo efeito sobre ácidos ou bases fracas. Nesses casos, emprega-se o termo razão de distribuição D:

$$D = \frac{\text{(concentração de ambas formas do composto} \times \text{ na fase orgânica)}}{\text{(concentração de ambas formas do composto} \times \text{ na fase aquosa)}} \quad (5.5)$$

Em um sistema simples, em que não ocorre dissociação do composto, a razão de distribuição D é idêntica ao coeficiente de distribuição K_d.[3]

5.2.2 Teoria da extração líquido-líquido com controle de pH

Na área de análises farmacêuticas, a maioria dos fármacos são bases ou ácidos fracos, portanto, compostos ionizáveis. A extração de um ácido ou base fraca por um solvente orgânico depende do pH da fase aquosa, do pKa do analito e do coeficiente de partição, que por definição é o K_d entre as fases octanol e água. Sobre condições ideais a fração extraída, E, pode ser também descrita pela Equação (5.6):

$$E = \left[1 + \left(\frac{V_{aq}}{V_{org} \times APC}\right)\right]^{-1} \quad (5.6)$$

em que V_{aq} e V_{org} são os volumes das fases aquosas e orgânicas, respectivamente, e APC (*apparent partition coefficient*) é o **coeficiente de partição aparente do analito.** O APC é uma função do **coeficiente de partição verdadeiro** (TPC – *true partition coefficient*), que é o coeficiente de partição do analito não ionizado, ou seja, da forma extraída.

Para uma base, o TPC é dado pela Equação (5.7):

$$TPC = [1 + 10^{(pKa - pH)}] \cdot APC \quad (5.7)$$

Para um ácido, segue a Equação (5.8):

$$TPC = [1 + 10^{(pH - pKa)}] \cdot APC \quad (5.8)$$

Como podemos observar, a fração extraída pode ser calculada conhecendo-se o pH, pKa e TPC. As equações acima podem ser mais bem entendidas observando a Figura 5.1. Os dados apresentados na Figura 5.1 são provenientes de cinco analitos básicos imaginários (pKa = 8,0), porém com diferentes lipofilicidades (TPC = 0,1 – 1000) pela combinação das equações acima. Por sua vez, a fração ionizada é calculada empregando a Equação (5.9) de Henderson-Hasselbach:

$$pH = pKa + \log[\text{ácido}]/[\text{base}] \quad (5.9)$$

A fração extraída prevista é influenciada pelo TPC, assim como pela razão de volume entre a fase orgânica e aquosa (ψ). Por exemplo, para uma base com TPC = 1, o máximo que pode ser extraído é 50 %, considerando que a base esteja completamente na forma não ionizada. A quantidade extraída dessa base poderia ser aumentada pelo uso de um maior volume de solvente orgânico relativo ao volume da fase aquosa, por exemplo, 10:1, ou seja, $\psi = 10$ (Figura 5.1b). Entretanto, existem limites práticos para ampliar a fração extraída. No caso de uma base com TPC = 0,1; somente 50 % pode ser extraído, mesmo empregando uma razão fase orgânica/fase aquosa (10:1, v/v), nesses casos outros solventes devem ser avaliados. A extração de uma base com TPC = 10, a fração extraída pode ser aumentada, pelo aumento do volume da fase orgânica. Para bases mais lipofílicas, TPC = 1000, sua extração é praticamente completa, mesmo estando 99 % ionizadas, em pH 6.

Tipicamente, o pH das extrações deve ser por volta de 2 unidades maior que o pKa, no caso de analitos básicos, e 2 unidades menor, no caso de analitos ácidos. Nessas condições, tanto para bases como para ácidos, a ionização será inferior a 1 %. Como podemos observar na Figura 5.1, o ganho observado em termos de quantidade extraída ao aumentar mais de 2 unidades de pH em relação ao pKa é irrelevante. Além disso, o uso de valores extremos de pH pode aumentar o risco de degradação do analito.

Abaixo, apresentamos um exemplo de LLE empregando controle do pH:

Exemplo:

A imipramina (Figura 5.2), um fármaco antidepressivo tricíclico, pode ser extraída por LLE em pH 7, apesar de estar mais de 99,6 % ionizada nesse pH. Seus metabólitos (Figura 5.2), que são compostos mais polares, necessitam de altos valores de pH, ou seja, menor ionização dos analitos para promover uma maior extração. Isso é devido, em parte, ao maior valor de pKa e ao menor coeficiente de partição.

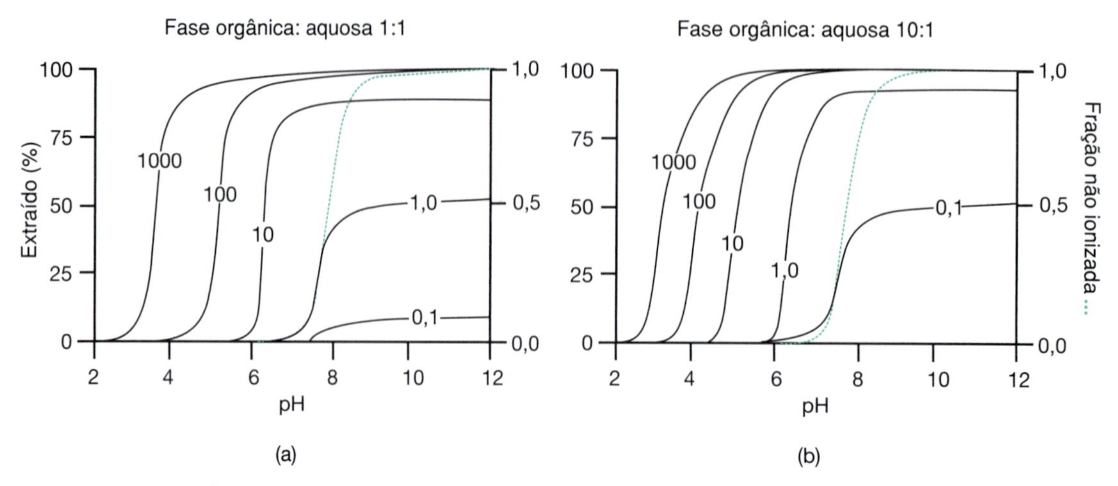

Figura 5.1 Curvas de extração simuladas para bases (pKa = 8,0) com coeficientes de partição solvente água de 0,1; 1; 10; 100 e 1000. a) volumes iguais de fase orgânica e fase aquosa; b) volume de fase orgânica 10 vezes maior.[5] Reprodução com permissão da John Wiley and Sons.

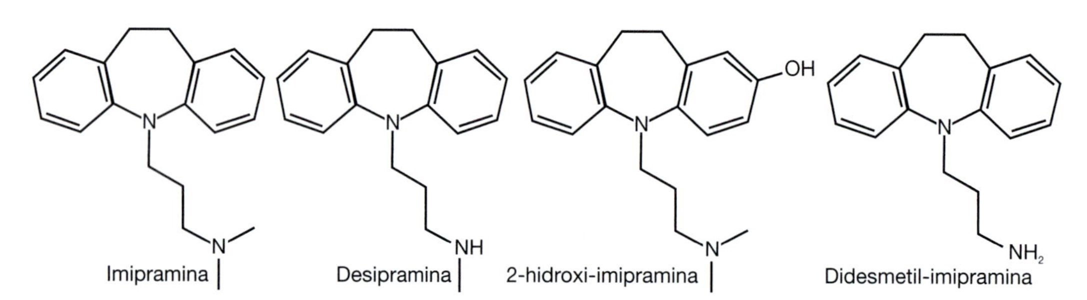

Figura 5.2 Estruturas químicas da imipramina e seus metabólitos: desipramina, 2-hidroxi-imipramina e didesmetil-imipramina.

No caso do metabólito fenólico da imipramina, a eficiência de extração reduz para valores de pH superiores a 10, devido a ionização do grupamento fenólico. Nessas situações em que se extraem compostos com estruturas químicas relacionadas, o pH deve ser ajustado a fim de se obter a melhor condição para todos os analitos (Figura 5.3).

Como observamos no exemplo, o conhecimento do pKa do analito a ser extraído é de grande importância. Os dados de pKa podem ser encontrados em bancos de dados *on-line* como o https://scifinder.cas.org/ e o chemicalize.org.

5.2.3 Teoria da extração líquido-líquido com par iônico

Uma estratégia para melhorar a recuperação, em uma extração líquido-líquido, de analitos lipofílicos ionizados pode ser a adição de um íon de carga oposta (contra íon) que manterá a neutralidade de cargas. Para um dado cátion, C^+_{aq}, pode ser extraído um par iônico com um ânion adequado, A^-_{aq}:

$$C^+_{aq} + A^-_{aq} = CA_{org} \tag{5.10}$$

A razão de distribuição D é dada pela Equação (5.11):

$$D = [CA_{org}]/[C^+_{aq}] = E_{CA}[A^-_{aq}] \tag{5.11}$$

em que E_{CA} é a constante de equilíbrio. Assim, a distribuição é uma função não somente da natureza do analito e do solvente extrator, mas também da natureza e da concentração do contra íon. Um exemplo disso é o uso de um típico agente de par iônico, octilsulfato de sódio. Esse agente pode se complexar, por exemplo, com proteínas plasmáticas, e uma etapa prévia, como a precipitação com acetonitrila, é necessária para contornar esse problema.[5]

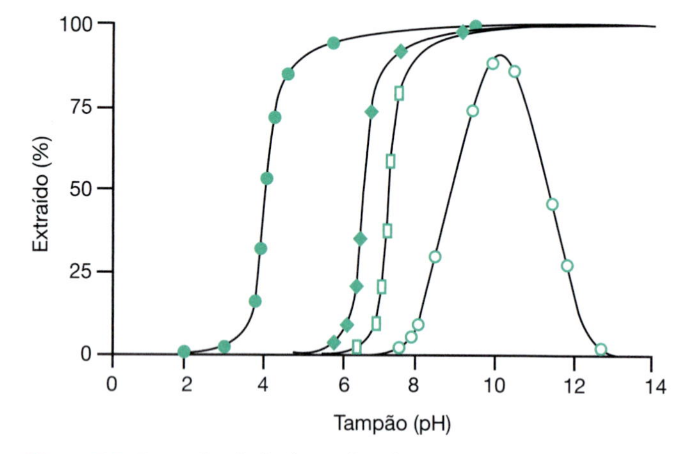

Figura 5.3 Extração da imipramina (●, pKa 9,5), desipramina (♦, pKa 10,2), didesmetil-imipramina (□, pKa 9,8), 2-hidroxi-imipramina (○, pKa 9,5 e 10,7) a partir de tampões aquosos com pH controlado em solvente orgânico heptano.[5] Reprodução com permissão da John Wiley and Sons.

5.3 Procedimento

A LLE é realizada com um solvente seletivo para o analito presente na amostra ou para os componentes da matriz que devem ser eliminados. A estratégia mais simples é a utilização de uma amostra líquida contendo os analitos, no entanto, se a amostra estiver no estado sólido, essa deverá ser dissolvida em um solvente adequado. Um solvente orgânico imiscível é adicionado à amostra, sendo posteriormente essa mistura agitada (normalmente com o uso de agitadores mecânicos). Após um curto período de tempo, as duas camadas se separam, sendo retirada a camada de interesse. Se necessário, a extração deverá ser repetida utilizando novas alíquotas de solvente orgânico. Um diagrama esquemático do procedimento da LLE é apresentado na Figura 5.4.

Usualmente, a LLE é realizada em funil de separação ou tubo de ensaio, sendo um processo rápido e simples, sobretudo quando o analito apresenta as características discutidas na Seção 5.2 (K_D deve ser maior que 10 e Ψ seja mantida na faixa de valores de: 0,1 a 10). Normalmente, o analito é preferencialmente concentrado no solvente orgânico, no entanto pode ser efetuada de maneira similar caso o analito seja extraído para a fase aquosa.

5.3.1 Fatores avaliados para o aumento da eficiência na LLE

Mesmo a LLE sendo um processo de equilíbrio com limitada eficiência (somente um "prato teórico"), quantidades significativas do analito podem ser extraídas e/ou interferentes eliminados, conforme as estratégias mencionadas na Seção 5.2 para aumentar o valor de K_D.

Além de alterações químicas no analito, há inúmeros fatores que devem ser avaliados com o propósito de aumentar a eficiência na extração, tais como: escolha do método, do solvente extrator, definição dos volumes de amostra e solvente extrator, tempo de extração, necessidade e procedimento de evaporação do solvente extrator.[6] Em relação ao método escolhido, deverá ser considerado se a extração será efetuada em uma única etapa ou com mais repetições (conforme discutido no item 5.2.1). Para extrações com baixa eficiência, o uso de padrão interno é uma boa alternativa, podem produzir resultados com erros operacionais minimizados. Nesses casos, o padrão interno deverá possuir um K_D semelhante ao analito. Por outro lado, a normalização com o uso de padrão interno poderá induzir erros sistemáticos proporcionais.[6]

Quanto ao solvente extrator para LLE, esse deverá ser:[4] (i) pouco solúvel em água (< 10 %); (ii) volátil (fácil remoção após a extração); (iii) compatível com a técnica analítica; (iv) polar com a possibilidade de realizar ligações de hidrogênio (possibilidade de aumentar a recuperação do analito na fase orgânica) e (v) altamente puro.

A segurança, inflamabilidade e toxicidade também devem ser consideradas no momento da seleção do solvente extrator.[4] A Tabela 5.1 apresenta as propriedades físico-químicas de alguns solventes, alguns deles são largamente empregados na LLE.

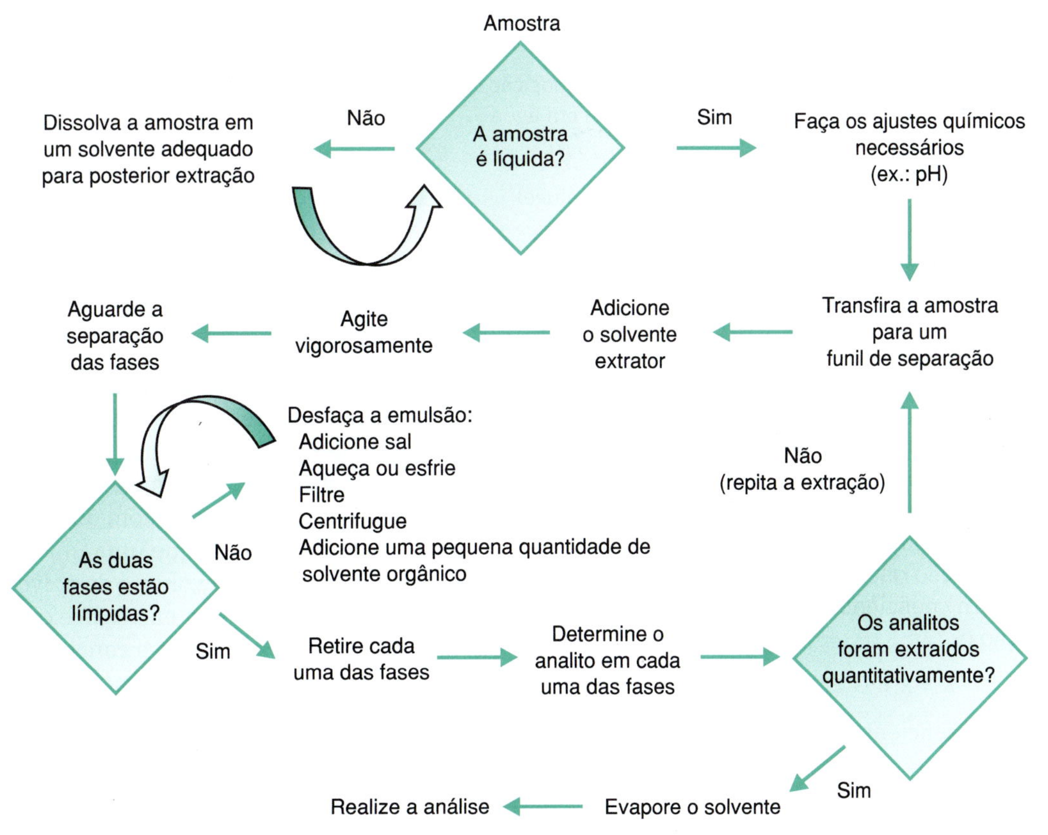

Figura 5.4 Diagrama esquemático da LLE. Adaptado da referência 6. Reprodução com permissão da John Wiley and Sons.

Tabela 5.1 Propriedades físico-químicas de alguns solventes

Solvente	Densidade (g/cm³, 20 °C)	Massa molar (g/mol)	Solubilidade em água (g/L, 20 °C)	Ponto de fusão (°C)	Ponto de ebulição (°C, 1013 hPa)	Pressão de vapor (mmHg, 20 °C)	Índice de refração
Acetona	0,79	58,08	Solúvel	-95,4	56,2	174,76	1,35868 (20 °C)
Acetonitrila	0,786	41,05	Solúvel	-45,7	81,6	72,76	1,34
1,4-Dioxano	1,03	88,11	Solúvel	12	101,5	30,75	-
Etanol	0,790 – 0,793	46,07	Solúvel	-114,5	78,3	44,25	1,36
Metanol	0,792	32,04	Solúvel	-98	64,5	96,01	1,33
1-Propanol	0,80	60,1	Solúvel	-127	96,5 – 98,0	14,25	-
2-Propanol	0,786	60,1	Solúvel	-89,5	82,4	32,25	1,378
Tetra-hidrofurano	0,89	72,11	Solúvel	-108,5	65 - 66	129,76	-
Acetato de etila	0,90	88,11	85,3	-83	77	72,76	1,37
1-Butanol	0,81	74,12	77	-89	116 - 118	5,03	1,3993 (20 °C, 589 nm)
Ciclo-hexano	0,78	84,16	0,055	6	81	77,26	1,4264 (20 °C)
1-Clorobutano	0,886	92,57	0,5	-123	79	82,51	-
Clorofórmio	1,47	119,38	8	-63	61	158,26	-
1,2-Diclorometano	1,25	98,96	8,7	-35,5	83,5 – 84,1	65,26	-
Diclorometano	1,33	84,93	20	-95	40	356,28	1,42
Tert-butil metil éter	0,74	88,15	42	-108,6	55,3	201,02	-
n-Heptano	0,68	100,20	0,05	-90,5	97 - 98	36,00	1,3876
n-Hexano	0,66	86,18	0,0095	-94,3	69	120,01	1,375
Tolueno	0,87	92,14	0,52	-95	110,6	21,75	1,4968 (20 °C)
Tetracloreto de carbono	1,5842	153,82	0,8	-22,92	76,72	89,56	-
Brometo de benzila	1,44	171,04	Decomposição lenta em água	-4	198	0,45	1,575 (20 °C)
Benzeno	0,8765	78,11	1,79 (15 °C)	5,5	80,1	75,01	1,50108
1-Undecanol	0,8298	172,31	Insolúvel	13-15	129 - 131 (16 hPa)	0,006	1,44 (20 °C, 589 nm)
1-Octanol	0,8	130,23	0,3	-16	195	0,02	-
Isoctano	0,69	114,23	0,00056	-107	99	38,25	-

Em algumas situações, é realizada uma mistura de solventes orgânicos para que se obtenham as características ideais, em que a mistura possua um melhor coeficiente de partição em relação a cada solvente, individualmente. Por exemplo, se uma solução aquosa for extraída de um solvente contendo x_1 mols da fração referente ao solvente A e 1 - x_1 mols da fração referente ao solvente B é esperado que se obtenha um coeficiente de distribuição através da seguinte Equação (5.12):

$$K = x_1 K_a + (1 - x_1) K_b \quad (5.12)$$

Se o valor do coeficiente de distribuição for diferente, um coeficiente sinérgico pode ser determinado pela Equação (5.13):

$$S = \log \frac{K_{a+b}}{K_a + K_b} \quad (5.13)$$

Outro parâmetro a ser otimizado na LLE é a razão de volumes entre o solvente orgânico e a fase aquosa. Altos volumes de solvente orgânico promovem uma maior partição para a camada orgânica. No entanto, a LLE é mais eficiente se for realizada com duas alíquotas de um volume x/2 de solvente do que uma única alíquota X daquele mesmo solvente. O volume do solvente deverá ser definido considerando uma eficiente extração e a possibilidade de evaporá-lo quando a concentração do analito na camada orgânica é baixa. A quantidade de amostra submetida à extração deverá conter quantidades adequadas de analito de acordo com a sensibilidade da técnica analítica.[6]

O tempo de extração e a velocidade de agitação são parâmetros que devem ser otimizados para que a extração esteja próxima de atingir o equilíbrio químico. Tempos longos de extração e agitação mecânica vigorosa normalmente são exigidos, porém não praticados para que o analito esteja em equilíbrio químico. Frequentemente, o solvente orgânico é separado após a extração e evaporado à secura. As condições selecionadas como o uso de um agente secante ou uma temperatura de evaporação que não afete a recuperação do analito na amostra processada, também deverá ser avaliada no desenvolvimento da LLE.[6]

5.3.2 Problemas decorrentes da LLE

Alguns problemas de ordem prática são possíveis de ocorrer, são eles: (i) formação de emulsão; (ii) analitos fortemente adsorvidos a materiais particulados; (iii) analitos ligados a compostos com alto peso molecular (por exemplo, interação fármaco-proteína); (iv) solubilidade entre as duas fases.

Uma das causas para que haja a formação de emulsão é quando a LLE é realizada em amostras gordurosas, em que a recuperação do analito é afetada negativamente. Para se quebrar a emulsão, pode-se recorrer às seguintes ações: (i) adição de sal à fase aquosa, (ii) aquecimento ou resfriamento da amostra contendo o solvente extrator, (iii) filtração, (iv) adição de uma pequena quantidade de solvente orgânico e (v) centrifugação.

Se houver presença de material particulado, poderá ocorrer a adsorção do analito, resultando em uma baixa recuperação. Nessa situação é recomendado lavar as partículas após a filtração com um solvente em que o analito é altamente solúvel, em seguida esse extrato deverá ser misturado ao solvente extrator empregado na LLE. Dentre as alternativas utilizadas no solvente utilizado para a remoção do analito adsorvido no material particulado, pode-se citar: mudança de pH, alteração da força iônica e uso de solventes mais polares.

Compostos que são extraídos por LLE podem se ligar a proteínas, resultando em baixas recuperações. Dentre as técnicas para remover essa ligação, pode-se mencionar: adição de detergente, solvente orgânico ou ácido forte, diluição com água e deslocamento através da adição de um composto com uma maior afinidade às proteínas.

Solventes imiscíveis possuem uma pequena, porém finita, solubilidade entre eles, alterando os volumes de cada uma das fases. Uma alternativa é saturar cada uma das fases com a outra, de modo que o volume da fase contendo o analito seja conhecido.[4]

5.4 Aplicação da técnica

5.4.1 Análise de alimentos

O cenário atual mundial da produção de alimentos revela o grande interesse da sociedade quanto à inocuidade do produto final a ser consumido. Afamados acontecimentos envolvendo a contaminação de alimentos, como foi o caso de benzeno na água e sucos de frutas, nitrofuranos em carne de frango, cloranfenicol no mel, entre outros, têm despertado a atenção do consumidor. Esse quadro tem forçado os países a estabelecerem normas legislativas rígidas que garantam o consumo de alimentos seguros por parte da população. Para isso, métodos analíticos têm sido desenvolvidos para a determinação de resíduos de contaminantes em alimentos como ferramenta principal para assegurar que os produtos estejam enquadrados nas determinações legais.[7]

Em alimentos, a escolha do melhor método de análise é um passo muito importante, pois o alimento é, geralmente, uma amostra muito complexa, em que vários componentes da matriz podem estar interferindo entre si. Por isso, em muitos casos, um determinado método pode ser apropriado para um tipo de alimento e não fornecer bons resultados para outro. Portanto, a escolha do método depende do produto a ser analisado. A Tabela 5.2 apresenta aplicações da extração líquido-líquido nas análises de alimentos e seus principais parâmetros.

Tabela 5.2 Emprego da LLE nas análises de alimentos

Analito	Matriz	Matriz	Solvente (proporção)	Volume de solvente (mL)	Aditivo(s)	Referência
Carbamatos[a]	Bebidas (sucos de uva e leite achocolatado)	2,0 mL	Acetonitrila[b]	4,0	0,03 g de NaCl (suco de uva)	8
Pesticidas[c]	Mel	3,0 g	Acetonitrila/acetato de etila (6,5:1,5, v/v)	8,0	0,12 g de NaCl	9
Pesticidas[d]	Água de coco	10,0 mL	Hexano/Diclorometano (1:1, v/v)	10,0	2,0 g de NaCl	10
Aflatoxina[e]	Cervejas não alcoólicas	5,0 mL	Acetato de etila	15,0	---	11
Antibióticos β-lactâmicos[f]	Leite	2,0 mL	Acetonitrila	1,0	1,0 g de NaCl	12
Fungicidas[g]	Uvas e vinhos	15 g (uvas) 15 mL (vinho)	Acetato de etila/ hexano (1:1, v/v)	15,0	1,0 g de NaCl	13
Ocratoxina A	Carne de porco	2,5 g	Acetato de etila	5,0	---	14

[a] Aldicarb, carbofuran e carbaril; [b] LLE com partição em baixa temperatura; [c] Clorpirifós, λ-cialotrina, cipermetrina e deltametrina; [d] Endossulfan, captan, tetradifom, triclorfom, malation, paration metílico e monocrotofós; [e] AFB1, AFB2, AFG1 e AFG2; [f] Ceftiofur, penicilina G, penicilina V, oxacilcina, cloxacilina e dicloxacilina; [g] Benalaxil, benalaxil-M, boscalida, ciazofamida, famoxadona, fenamidona, fluquinconazol, iprovalicarbe, piraclostrobina, trifloxistrobina e zoxamida.

5.4.2 Análise ambiental

A aplicação de agrotóxicos pode gerar resíduos no ar, no solo e na água, expondo direta ou indiretamente o ser humano. Por isso, as agências reguladoras estabelecem limites máximos de resíduo (LMR) permitido em diversas matrizes. Esses valores são estabelecidos levando em consideração vários fatores, dentre eles a toxicidade do composto para seres humanos e o limite de quantificação dos métodos instrumentais de análises. Devido à exigência da legislação e à toxicidade dessas substâncias, o consumo dessa água ou sua reutilização na agricultura pode resultar em riscos à saúde pública. O desenvolvimento da técnica de extração é o primeiro passo para análise e monitoramento dessas substâncias. Essa etapa visa remover seletivamente resíduos de agrotóxicos dessas amostras e pré-concentrá-los.[15] Dentre as principais técnicas existentes, destaca-se a LLE e alguns exemplos de sua utilização são apresentados na Tabela 5.3.

5.4.3 Análises de fármacos e produtos naturais

A análise de fármacos e seus metabólitos, produtos naturais e drogas de abuso em matrizes biológicas, tais como plasma, soro, sangue total, urina, tecidos, entre outras, são chamadas de **bioanálises** e os métodos nelas usados, de **bioanalíticos**. As matrizes, acima citadas, onde o analito de interesse está presente, apresentam natureza bioquímica bastante complexa, constituídas por sais, proteínas, células, lipídios, lipoproteínas, entre outras. O preparo de amostra, também chamado de extração da amostra é uma parte integrante do método bioanalítico que apresenta como finalidades o isolamento seletivo do analito de interesse a partir da matriz, a eliminação ou minimização da quantidade de componentes endógenos da matriz, no extrato resultante, e a concentração do analito de interesse.[23] Os métodos bioanalíticos são extensivamente empregados na área farmacêutica e toxicológica, em particular, nas fases pré-clínicas do desenvolvimento de novos fármacos (estudos farmacocinéticos, metabolismo, distribuição e excreção), em estudos de bioequivalência e monitorização terapêutica, entre outras aplicações. A Tabela 5.4 apresenta aplicações da extração líquido-líquido nas análises farmacêuticas e toxicológicas e seus principais parâmetros.

5.4.4 Análises de drogas de abuso

O interesse no desenvolvimento de técnicas analíticas para detectar e quantificar drogas de abuso ou ilícitas em diferentes amostras é explicado pelas várias informações que elas podem fornecer. Amostras consideradas convencionais, tais como urina, sangue, saliva e suor, são de fundamental importância sempre quando a investigação avalia exposição recente a drogas. Tecidos humanos queratinizados como cabelo e unhas são especialmente importantes para a obtenção de dados de exposição crônica, a longo prazo, com a grande vantagem de serem recolhidos de forma não invasiva, enquanto o mecônio pode ser uma amostra biológica útil para avaliar a exposição fetal a drogas após seu uso pela mãe.[35]

As análises de drogas de abuso são empregadas na área de toxicologia forense, análises clínicas e no controle de dopagem em atividades desportivas, em que a LLE desempenha importante papel no preparo de amostras. Na Tabela 5.5, são mostrados exemplos do uso da LLE em análises de drogas de abuso.

Tabela 5.3 Emprego da LLE na análise ambiental

Analito	Matriz	Matriz	Solvente (proporção)	Volume de solvente (mL)	Aditivo(s)	Referência
Agrotóxicos[a]	Água de irrigação	4 mL	Acetonitrila[b]	8,0	---	15
Piretroides[c]	Água de irrigação e água subterrânea	100 mL	n-Hexano	0,1	10 % NaCl (m/v)	16
Carbamatos[d]	Água potável	2 mL	Acetonitrila[b]	4,0	1,5 % NaCl (m/v)	17
Herbicidas e pesticidas[e]	Águas residuais	250 mL	Diclorometano	30,0	10 mL de solução saturada de NaCl	18
Azul de metileno e protetor solar	Águas residuais	5,5 mL	Acetonitrila[f]	4,5	2,25 g de sulfato de amônio	19
82 compostos orgânicos[g]	Água potável	400 mL	Tolueno	0,5	150 g de NaCl tamponado pH 6,5-7,0	20
Metil-kresoxima e boscalide	Frutas, vegetais e solos	10 g	Diclorometano	40	50 g de NaCl	21
Dioxano	Água potável	10 mL	Diclorometano	20	2 g de NaCl	22

[a] Clorpirifós, λ-cialotrina, permetrina e bifentrina; [b] LLE com partição em baixa temperatura, [c] Permetrina, resmetrina e cipermetrina; [d] Aldicarb, carbofuran e carbaril; [e] EPTC, propaclor, AD-67, aktinit e acetoclor, [f] LLE assistida pelo *salting out*; [g] Inseticidas organoclorados e organofosforosos, pesticidas triazinas e acetanilidas, cloroanilinas e fenóis.

Tabela 5.4 Emprego da LLE nas análises farmacêuticas e toxicológicas

Analito	Matriz	Volume de matriz (mL)	Solvente (proporção)	Volume de solvente (mL)	Aditivo(s)	Referência
Eszopiclona	Plasma humano	0,05	Éter dietílico	1,0	---	24
Celecoxibe	Plasma humano	0,2	Éter metil terc-butílico	1,5	---	25
Hidroxicloroquina e metabólitos	Plasma humano e microssomas hepáticos de ratos	0,5	Tolueno	2,0	NaOH	26
Quinapril	Plasma humano	0,01	Diclorometano	0,02	KOH e HFBA[a]	26
Donepezila e metabólitos	Meio de cultura para fungos	0,5	Acetato de etila	4,0	Tampão pH 9,0	28
Ibuprofeno e metabólitos	Meio de cultura para fungos	1,0	Hexano/acetato de etila (1:1, v/v)	4,0	Ácido acético	29
Praziquantel e metabólito	Plasma humano	1,0	Tolueno	4,0	NaCl	30
Aines[b]	Plasma Humano	0,1	Acetato de etila	0,7	Tampão pH 2,5	31
Felotaxel	Plasma, urina, fezes[c] e tecidos[d] de camundongos	0,1	Acetato de etila	0,3	---	32
Baicaleina e baicalina	Plasma, urina e bile de ratos	0,05	Acetato de etila	1,0	HCl	33
Galantamina	Plasma humano	0,2	Tolueno	5,0	NaOH e KCl	34

[a] Ácido heptafluorbutírico, reagente de par iônico; [b] Anti-inflamatórios não esteroidais: cetoprofeno, naproxeno, fenoprofeno, flurbiprofeno, ibuprofeno, diclofenaco sódico, ácido mefenâmico; [c] Homogenizado 5 %; [d] Homogenizado 10 %.

5.4.5 Análises de biomoléculas

Biomoléculas são compostos químicos sintetizados por seres vivos, e que participam da estrutura e do funcionamento da matéria viva. Os avanços biotecnológicos abriram numerosas possibilidades para a produção em grande escala de muitas biomoléculas que são importantes na área farmacêutica, por exemplo, hormônios, fatores de crescimento, enzimas, dentre outras. O desenvolvimento de técnicas e métodos para a separação, purificação e análise dessas biomoléculas é de grande importância para os avanços na biotecnologia. Os métodos tradicionais de

Tabela 5.5 Emprego da LLE nas análises de drogas de abuso

Analito	Matriz	Amostragem	Solvente (proporção)	Volume de solvente (mL)	Aditivo(s)	Referência
THC[a], CBN[b] e CBD[c]	Cabelo	50 mg	n-Hexano/acetato de etila (75:25, v/v)	5,0	---	36
Anfetaminas	Cabelo	50 mg	Clorofórmio/isopropanol (4:1, v/v)	5,0	NaOH	37
Nicotina e cotinina	Cabelo	1 mg	Diclorometano	2,0	NaOH	38
Cocaína, BE[d], EME[e], CE[f] e AEME[g]	Unhas	50 mg	Clorofórmio/isopropanol/ n-Heptano (50:17:33, v/v/v)	10,0	Tampão pH 8,4	39
Canabinoides	Saliva	1,5 mL	n-Heptano/acetato de etila (4:1, v/v)	4,0	Tampão pH 6,5 e KCl	40
Benzodiazepínicos e zolpidem	Saliva	1,0 mL	Acetato de etila	8,0	Tampão pH 9,5	41
Estricnina	Plasma humano	0,1 mL	Éter etílico/diclorometano (3:1, v/v)	2,0	NaOH	42
Esteroides anabólicos androgênicos	Urina	0,5 mL	n-Hexano	1,0	---	43

[a] Δ9-tetrahidrocanabinol; [b] Canabinol; [c] Canabidiol; [d] Benzoilecgonina; [e] Ecgonina metil éster; [f] Cocaetileno; [g] Anidroecgonina metil éster.

purificação de biomoléculas envolvem vários passos, tais como diálise, cromatografia por troca iônica e bioafinidade, dentre outros. No entanto, a LLE consiste em uma alternativa interessante na purificação de biomoléculas, uma vez que várias etapas podem ser combinadas em uma única etapa. A LLE convencional, a qual consiste em duas fases (água e solvente orgânico), geralmente não é adequada para purificação de biomoléculas, devido a problemas como a desnaturação de proteínas.[44] No entanto a LLE convencional pode ser empregada para fins analíticos, como pode ser observado na Tabela 5.6 para a determinação de biomarcadores e no controle de dopagem.

5.5 Avanços recentes da técnica

As áreas do conhecimento que apresentam interesse na análise de compostos em materiais biológicos são muitas: ambiental, farmacêutica, análises clínicas e toxicológicas, alimentos, forense, entre outras. Anteriormente à análise cromatográfica ou eletroforética, devido à complexidade das matrizes das quais os compostos são obtidos, a presença de proteínas, incompatíveis com as colunas e capilares, e também a baixa concentração dos analitos, quanto a traços, é necessária uma etapa de extração e/ou pré-concentração.[2] As técnicas mais empregadas para essa finalidade são a LLE e a extração em fase sólida (SPE).[52] A LLE apresenta as vantagens de ser simples, em termos, de configuração (funis de separação ou tubos de centrífuga) e pode utilizar um grande número de solventes, os quais fornecem ampla faixa de solubilidade e seletividade. Com relação a suas desvantagens, como já discutido, podemos listar: alto consumo de solventes orgânicos, muitos deles tóxicos, relativa dificuldade de automação e formação de emulsão o que pode elevar o tempo de extração.

Recentemente, na intenção de contornar ou minimizar estes problemas, alguns avanços vêm sendo introduzidos, os quais são apresentados a seguir.

5.5.1 Miniaturizações da técnica

A LLE convencional está entre as técnicas mais empregadas para a extração e/ou pré-concentração de compostos em matrizes biológicas. Porém, as tendências atuais apontam no sentido da utilização de menores quantidades de amostras, até mesmo para análises de traços; obtenção de maior seletividade e especificidade na extração; aumento no potencial para automação ou utilização de métodos *on-line*, reduzindo assim a operação manual; desenvolvimento de métodos menos agressivos ao meio ambiente, com menor desperdício e, o uso de quantidade mínima ou nenhuma de solventes orgânicos. Dentro deste contexto, técnicas de microextração que utilizam quantidades mínimas de solventes orgânicos e menos etapas no preparo das amostras vêm sendo desenvolvidas. Dentre as principais técnicas de microextração existentes destacam-se a microextração em fase sólida (SPME), a microextração em gota suspensa (SDME) e as extrações em membranas, como a microextração líquido-líquido com membrana microporosa (MMLLE) e a microextração líquido-líquido com membranas cilíndricas ocas (HF-LPME).[52,53]

5.5.2 Extração líquido-líquido assistida por suporte

A extração líquido-líquido assistida por suporte (ELLAS) é uma variação da extração líquido-líquido convencional. Os princípios químicos desta técnica são, na prática, idênticos ao da extração líquido-líquido, mas fisicamente apresenta diferenças. Na ELLAS uma amostra aquosa é aplicada sobre a superfície da matriz, em geral terra diatomácea, localizada no interior de uma seringa cilíndrica, semelhantemente à usada em extração em fase sólida. Na ELLAS a quantidade de matriz requerida é diretamente proporcional ao volume de amostra aquosa a ser extraída. Estas unidades extratoras, ou seja seringas recheadas com terra diatomácea, são comercialmente disponíveis, inclusive tamponadas, o que permite o ajuste adequado de pH para a extração de compostos básicos e ácidos.

Tabela 5.6 Emprego da LLE nas análises de biomoléculas

Analito	Matriz	Matriz	Solvente (proporção)	Volume de solvente (mL)	Aditivo(s)	Referência
Insulina	Plasma de rato	0,08 mL	n-Hexano/diclorometano (1:1, v/v)	3,0	---	45
Testosterona	Sangue humano	0,2 mL	Terc-butil metil éter	1,0	---	46
Aldosterona	Soro humano	0,5 mL	Terc-butil metil éter	2,5	---	47
Aldosterona	Saliva	0,2 mL	Polietilenoglicol (PEG) 1000 em diclorometano (100 mg/L)	2,0	---	48
Cortisol	Saliva	0,5 mL	Diclorometano	3,0	---	49
7 esteroides[a]	Soro humano	0,15 mL	Terc-butil metil éter	1,0		50
8 esteroides[b]	Cabelo	0,2 g	Pentano	5,0	Digestão alcalina com NaOH	51

[a] 17α-hidroxipregnenolona, 17α-hydroxiprogesterona, androstenediona, dehidroepiandrosterona, testosterona, pregnenolona e progesterona;
[b] Androstenediona, di-hidrotestosterona, dehidroepiandrosterona, testosterona, androsterona, etiocolanolona, progesterona e pregnenolona.

Os solventes orgânicos mais usados são os mesmos empregados na LLE convencional: acetato de etila, éter metil-terc-butílico, clorofórmio, hexano e suas misturas, por exemplo.

Entre as vantagens da ELLAS está a sua conformação. As seringas cilíndricas, que podemos chamar de colunas, permitem a automação da técnica com maior facilidade que a LLE convencional. Além disso, outra vantagem apresentada pela técnica é não formação de emulsões, frequentemente observada na LLE convencional.[53]

5.5.3 Extração líquido-líquido assistida por pressão

As extrações líquido-líquido assistidas por pressão são empregadas na análise de matrizes sólida. Nessas extrações empregam-se solventes orgânicos em altas temperaturas (> 200 °C), e também em altas pressões (> 20.000 kPa) com a finalidade de manter o solvente em seu estado líquido. O uso de elevadas pressões permite o uso do solvente acima de seu ponto de ebulição, quando a pressão atmosférica, aumentando a energia de solvatação e a velocidade da extração. Além disso, altas temperaturas podem romper as interações analito-matriz, o que consequentemente aumenta a eficiência de extração e simultaneamente reduz o consumo de solventes orgânicos.[53] Como desvantagens, a LLE assistida por pressão só pode ser empregada em matrizes sólidas, por exemplo, tetraciclinas em tecidos animais,[54] bem como, na caracterização de amostras ambientais, tais como solo e sedimentos e, além disso, requer o uso de equipamentos semelhantes aos usados em extrações por fluido supercrítico.[55]

Referências bibliográficas

[1] CARASEK, E.; TONJES, J.W.; SCHARF, M. **Quim. Nova**, 25: 748, 2002.

[2] QUEIROZ, S.C.N.; COLLINS, C.H.; JARDIM, I.C.S.F. **Quim. Nova**, 24: 68, 2001.

[3] DEAN, J.R. Classical approaches for aqueous extraction. In: DEAN, J.R. **Extraction Techniques in Analytical Sciences**. West Sussex: John Wiley and Sons. Cap 2, p. 39-47, 2009.

[4] MAJORS, R. Sample Preparation. In: SNYDER, L.R.; KIRKLAND, J.J.; DOLAN, J.W. (Ed.). Introduction to Modern Liquid Chromatography. 3. ed. Hoboken: John Wiley and Sons, Cap 16, p. 757-808, 2009.

[5] FLANAGAN, R.J. et al. Sample Preparation. In: FLANAGAN, R.J. **Fundamentals of analytical toxicology**. West Sussex: John Wiley and Sons, Cap. 3, p. 49-94, 2007.

[6] MOLDOVEANU, S.C.; DAVID, V. Solvent extraction. In: MOLDOVEANU, S.C.; DAVID, V. Sample preparation in chromatography. J. Chromatogr. v. 65. Elsevier, Cap. 10, p. 287-340, 2002.

[7] PASCHOAL, J.A.R. et al. **Quim. Nova**, 31: 1190, 2008.

[8] GOULART, S.M. et al. **J. Braz. Chem. Soc**. 23: 1154, 2012.

[9] DE PINHO, G.P. et al. **Food Control**. 21: 1307, 2010.

[10] BRITO, N.M. et al. **J. Chromatogr. A**, 957: 201, 2002.

[11] KHAN, M.R. et al. **J. Sep. Sci**. 36: 572, 2013.

[12] JANK, L. et al. **Food Addit. Contam., Part A** 29: 497, 2012.

[13] GONZALEZ-RODRIGUEZ, R.M.; CANCHO-GRANDE, B.; SIMAL-GANDARA, J. **J. Chromatogr. A**, 1216: 6033, 2009.

[14] MONACI, L.; TANTILLO, G.; PALMISANO, F. **Anal. Bional. Chem.**, 378: 1777, 2004.

[15] SILVÉRIO, F.O. et al. **Quim. Nova**, 35: 2052, 2012.

[16] ALBASEER, S.S. et al. **Toxicol. Environ. Chem**. 93: 1309, 2011.

[17] GOULART, S.M. et al. **Anal. Chim. Acta**, 671: 41, 2010.

[18] MAHARA, B.M.; BOROSSAY, J.; TORKOS, K. **Microchem. J**. 58: 31, 1998.

[19] RAZMARA, R.S.; DANESHFAR, A.; SAHRAI, R. **J. Ind. Eng. Chem**. 17: 533, 2011.

[20] ZAPF, A.; HEYER, R.; STAN, H. **J. Chromatogr. A**. 694: 453, 1995.

[21] LIU, X. et al. **Biomed. Chromatogr**. 24: 367, 2010.

[22] PARK, Y. et al. **Anal. Chim. Acta**, 548: 109, 2005.

[23] KOLE, P.L. et al. **Biodmed. Chromatogr**. 25: 199, 2011.

[24] HOTHA, K.K. et al. **Biomed. Chromatogr**. 26: 225, 2012.

[25] PARK, M.S. et al. **J. Chromatogr. B**, 902: 137, 2012.

[26] CARDOSO, C.D.; JABOR, V.A.P.; BONATO, P.S. **Electrophoresis**, 27: 1248, 2006.

[27] LU, C.-Y.; LIU, F.-T.; FENG, C.-H. et al. **J. Chromatogr. B**, 879: 2688, 2011.

[28] BARTH, T. et al. **Anal. Bioanal. Chem**. 404: 257, 2012.

[29] BORGES, K.B. et al. **Anal. Bioanal. Chem**. 399: 915, 2011.

[30] JABOR, V.A.P.; BONATO, P.S. **Electrophoresis**, 22: 1399, 2001.

[31] SUN, Y. et al. **J. Pharm. Biomed. Anal**. 30: 1611, 2003.

[32] DING, Y. et al. **J. Chromatogr. B**, 887–888: 61, 2012.

[33] XING, J.; CHEN, X.; ZHONG, D. **Life Sci**. 78: 140, 2005.

[34] VERHAEGHE, T. et al. **J. Chromatogr. B**, 789: 337, 2003.

[35] OLIVEIRA, C.D.R. et al. **Cur. Pharm. Anal**. 3: 95, 2007.

[36] KIM, J.Y. et al. In: PAENG, K.J.; CHUNG, B.C. **Arch. Pharmacal Res.**, 28: 1086, 2005.

[37] VILLAMOR, J.L. et al. **J. Anal. Toxicol**. 29: 135, 2005.

[38] RYU, H.J. et al. **Rapid Commun. Mass Spectrum**. 20: 2781, 2006.

[39] RAGOUCY-SENGLER, C.; KINTZ, P. **J. Anal. Toxicol**. 29: 765, 2005.

[40] FABRITIUS, M. et al. **Forensic Toxicol**. 31: 151, 2013.

[41] JANG, M. et al. **J. Pharm. Biomed. Anal**. 74: 213, 2013.

[42] DUVERNEUIL, C. et al. **Forensic Sci. Int**. 141: 17, 2004.

[43] WANG, C.-C. et al. **Anal. Bioanal. Chem**. 405: 1969, 2013.

[44] MAZZOLA, P.G. et al. **J. Chem. Technol. Biotechnol**. 83: 143, 2008.

[45] Ravi, S. et al. **Chromatographia**, 66: 805, 2007.

[46] SHI, R.Z.; VAN ROSSUM, H.H.; BOWEN, R.A.R. **Clin. Biochem**. 45: 1706, 2012.

[47] VAN DER GUGTEN, J.G. et al. **Clin. Pathol**. 65: 457, 2012.

[48] MANOLOPOULOUA, J. et al. **Steroids**, 74: 853, 2009.

[49] YAO, J.K.; MOSS, H.B.; KIRILLOVA, G.P. **Clin. Biochem**. 31: 187, 1998.

[50] KESKI-RAHKONEN, P. et al. **Steroid Biochem. Mol. Biol**. 127: 396, 2011.

[51] CHOI, M.H.; CHUNG, B.C. **Analyst**, 124: 1297, 1999.

[52] DE OLIVEIRA, A.R.M. et al. **Quim. Nova**, 31: 637, 2008.

[53] NOVÁKOVÁ, L.; VLČKOVÁ, H. **Anal. Chim. Acta**, 656: 8, 2009.

[54] BLASCO, C.; DI CORCIA, A.; PICO, Y. **Food Chem**. 116: 1005, 2009.

[55] RAYNIE, D.E. **Anal. Chem**. 78: 3997, 2006.

6 Extração por *headspace*

Antônio Felipe Felicioni Oliveira e Álvaro José dos Santos Neto

6.1 Introdução

O termo *headspace* (HS) refere-se ao espaço de ar confinado sobre uma amostra, em um frasco fechado. As extrações baseadas em *headspace* podem ser exploradas por uma série de técnicas analíticas. Em comum, no modo *headspace*, essas técnicas envolvem a extração, coleta e análise dos componentes voláteis de uma amostra. Por lidar com analitos voláteis, as análises em HS são geralmente acopladas à cromatografia em fase gasosa (*gas chromatography* – GC), como forma de separação e detecção dos constituintes voláteis da amostra.

O emprego do termo "análise do *headspace*" surgiu no início dos anos 1960 para designar a análise de substâncias com aroma ou odor a partir de alimentos, porém a HS ganhou gradativamente outras aplicações.

Diversas matrizes são adequadas ao tratamento por HS. Fluidos biológicos são facilmente analisados, incluindo sangue total, onde se pode, por exemplo, detectar etanol em amostras de motoristas embriagados. Solventes são analisados também em tintas ou polímeros; bem como aromas em diversos tipos de matrizes como plantas, alimentos e bebidas, apenas para citar algumas das muitas aplicações.

O funcionamento sucinto da técnica consiste no acondicionamento da amostra em recipiente apropriado, fazendo-se com que ocorra a migração dos analitos (parcialmente ou até mesmo totalmente) para a fase gasosa, a qual é então analisada.

As análises de *headspace* são geralmente classificadas em dois modos: estático ou dinâmico. Na HS estática uma quantidade fixa de amostra é adicionada a um frasco que será selado por um septo. Geralmente, após aquecimento e espera por equilíbrio, uma alíquota da fase gasosa é coletada e analisada. Contrastando com o modo estático, nas análises dinâmicas, a fase gasosa em contato com a amostra é renovada e os analitos arrastados por essa fase gasosa são aprisionados (geralmente em um material adsorvente). Devido a essas características, o modo HS dinâmico também é comumente chamado em inglês de *purge and trap* (P&T) (o equivalente a "*purga e aprisionamento*"). A vantagem do primeiro modo é a simplicidade, enquanto o segundo geralmente permite maior sensibilidade e, consequentemente, possibilita menores limites de detecção e quantificação ao método. Esses modos serão descritos em mais detalhes nas seções a seguir.

6.2 *Headspace* estático

A extração por *headspace* no modo estático é também conhecida por *headspace* de equilíbrio ou simplesmente *headspace*. Essa forma clássica de extração de compostos voláteis foi a primeira a ser empregada em análises dessa natureza, e continua sendo a mais utilizada, devido a sua simplicidade e baixo custo.

Nesse modo de análise as duas fases (amostra e fase gasosa) permanecem estáticas e a amostragem, normalmente, é realizada após ser atingido o equilíbrio, daí o nome. A extração dos compostos voláteis ocorre em uma única etapa, na qual a amostra (líquida ou sólida) é colocada em um frasco hermeticamente fechado, deixando espaço para a existência de uma fase gasosa (Figura 6.1). Com o aquecimento, os compostos voláteis vaporizam parcialmente da matriz para o *headspace*. Uma vez que o *headspace* passa a conter os compostos voláteis da amostra, esses compostos adquirem a capacidade de retornar à matriz original, com determinada velocidade. Após certo tempo o sistema atinge um equilíbrio dinâmico no qual a velocidade do analito passando para a fase gasosa é igual à velocidade do seu retorno à amostra, permanecendo assim constantes as concentrações do analito no *headspace* e na fase da amostra em equilíbrio.[1] A partir desse momento costuma-se retirar uma alíquota da fase gasosa para análise quantitativa dos compostos de interesse.

A análise em HS necessita de um frasco no qual a amostra é acondicionada, um sistema de aquecimento e um sistema de injeção que transfere o vapor para o instrumento de análise.

Os frascos utilizados para extração por HS devem ser de vidro resistente e passíveis de serem lacrados por uma tampa de rosca ou lacre de metal. Em análises qualitativas simples qualquer frasco de vidro com um bom sistema de vedação pode ser utilizado, porém existem hoje no mercado frascos próprios para esse tipo de extração, feitos de borossilicato com volumes nominais entre 5 e 22 mL.[1]

Para vedar o frasco hermeticamente e permitir a retirada de uma amostra do vapor com uma seringa, faz-se necessário o uso de um septo.[2] O septo pode ser de borracha ou silicone, porém, para prevenir a adsorção de substâncias de interesse em sua superfície, é usual a utilização de septos revestidos por Teflon® (politetrafluoroetileno), ou uma folha de alumínio.[3]

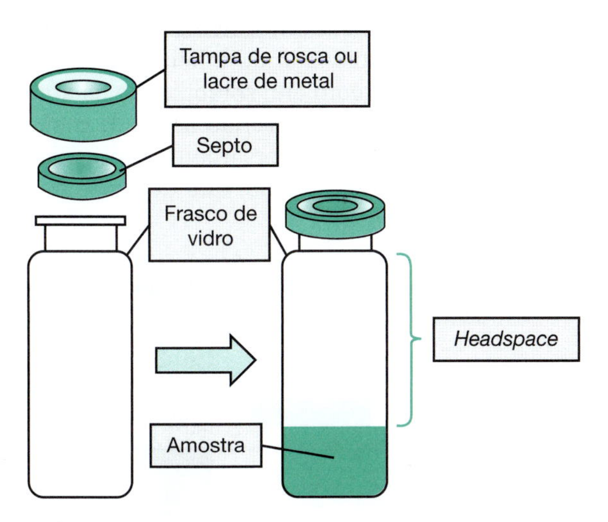

Figura 6.1 Aparato para extração por *headspace*.

A extração por *headspace* pode ocorrer tanto em modo manual quanto em modo automático, sendo a transferência e injeção da fase gasosa a única diferença entre os dois modos.

No modo automático a amostragem é condicionada ao aumento de pressão dentro do frasco de análise. Essa pressão faz com que parte do vapor passe, no tempo determinado, para uma linha de transferência aquecida que injeta essa fase gasosa no cromatógrafo a gás (GC) (Figura 6.2).

No exemplo do diagrama abaixo (Figura 6.2) o frasco de amostra é mantido à temperatura e pressão constantes, normalmente acima das condições ambientais. Uma vez atingido o equilíbrio, a amostra é transferida para a coluna, durante um período de tempo, por uma diferença

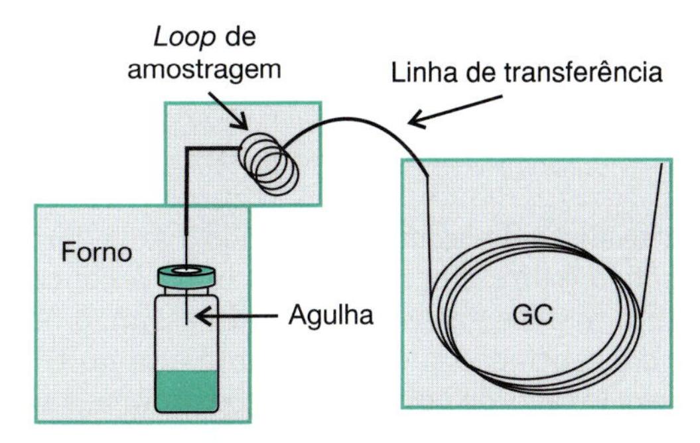

Figura 6.2 Diagrama sistemático de um amostrador automático de HS acoplado a um cromatógrafo a gás (GC).

de pressão entre o frasco e o injetor do GC. Após a transferência o frasco é novamente isolado.

Na extração manual (Figura 6.3) a amostragem da fase gasosa deve ser realizada por uma seringa apropriada para análise de gases (*gas-tight*) capaz de permitir amostragem precisa e sem perdas. Em análises quantitativas, recomenda-se o aquecimento da seringa e a sua manutenção em temperatura estável, a fim de evitar-se a condensação de analitos ou solventes e garantir-se uma transferência precisa.[2]

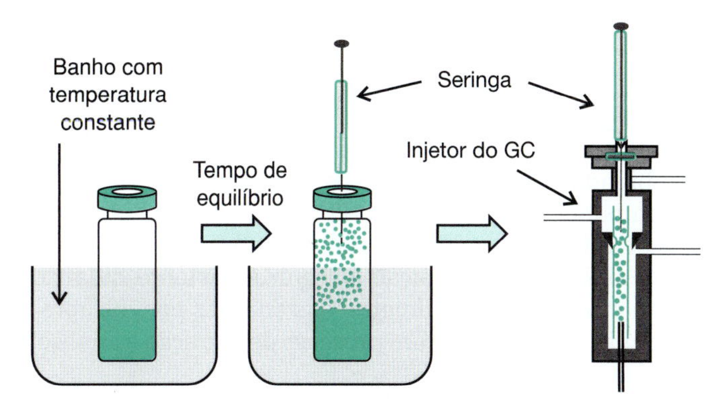

Figura 6.3 Esquema de extração por *headspace* no modo estático e manual.

6.2.1 Preparo de amostras para HS estático

A identificação e quantificação de compostos voláteis em matrizes biológicas e não biológicas têm relevância em diversas áreas, como em ciências forenses, estudos de polímeros, análises clínicas, ambientais e de alimentos. O preparo de amostras para esse tipo de análise, geralmente por técnicas que utilizam o *headspace* como base, é, a princípio, bastante simples quando comparado com outras técnicas de preparo de amostras, tendo vista a baixa complexidade do extrato final que é composto apenas da fase de vapor, estando livre de substâncias não voláteis. Essa simplicidade pode chegar ao ponto de, para análises qualitativas, a amostra ser colocada diretamente no frasco e analisada sem nenhum preparo adicional. Todavia, para análises quantitativas, pode ser necessário compreender o efeito da matriz e otimizar as condições de análise, para se obter boa sensibilidade, precisão e exatidão.[4]

Apesar de tratar-se de uma separação baseada na diferença de volatilidade entre os analitos e os demais componentes da matriz, alguns fatores no tratamento prévio da amostra para extração devem ser observados como discutido a seguir.

Amostras sólidas podem ser utilizadas para extração por HS, porém pode ser necessário algum tratamento da matriz. Dois tratamentos comuns são o esmagamento ou trituração da amostra e a dissolução ou dispersão do sólido em um líquido apropriado. A primeira opção aumenta a área de superfície disponível para a volatilização do analito; porém a partição ainda ocorre entre um sólido e o HS. A segunda opção é preferida, uma vez que o equilíbrio de partição do analito geralmente é atingido mais rapidamente.[4]

A extração por HS estático de amostras líquidas é geralmente bastante simples. Na maioria das vezes a amostra pode ser apenas transferida para o frasco de análise que é selado rapidamente para evitar perdas. Entretanto a complexidade de determinadas matrizes pode alterar o coeficiente de partição dos analitos, por conta de ligações inesperadas com interferentes. Como exemplo, a variação de conteúdos lipídicos entre amostras de sangue pode alterar o coeficiente de partição das substâncias de interesse prejudicando assim a quantificação. A diluição da amostra e o uso de um padrão interno na quantificação podem reduzir ou eliminar esse tipo de interferência.

6.2.2 Aplicação prática

A extração por *headspace* é o modo de análise mais utilizado atualmente para compostos voláteis, podendo ser combinada a outros processos. Inúmeros trabalhos já foram publicados utilizando HS para análise de incontáveis analitos nas mais diversas amostras.

O exemplo de aplicação a seguir é bastante didático e vem auxiliar o entendimento das análises por HS, apresentando passo a passo um processo de extração e análise.

6.2.3 Análise de etanol em urina por HS-GC

A análise do etanol em fluidos biológicos possui diversas aplicações como controle de alcoolemia, programas de controle e prevenção de uso de álcool e urgência toxicológica. A escolha da amostra biológica depende do objetivo da análise bem como da sua disponibilidade. Normalmente amostras de sangue ou urina são utilizadas para a detecção do consumo de etanol.

O método a seguir foi descrito por Corrêa e Pedroso[5] para análise de etanol em amostras de urina e utiliza a extração por HS estático e detecção por GC. As etapas de análise são:

1ª Em um frasco de vidro adiciona-se 1,0 mL da urina a ser testada, 1,0 mL de solução aquosa do padrão interno (n-propanol) e 2,0 g de sulfato de sódio anidro (efeito *salting-out*).

2ª O frasco é fechado com um septo de borracha e lacrado com auxílio de um anel de alumínio, a seguir é deixado em estufa preaquecida a 70 °C por 30 minutos (tempo de equilíbrio).

3ª Com auxílio de uma seringa a fase gasosa é homogeneizada e 250 µL são amostrados e injetados diretamente no GC. A seringa deve ser mantida a 50 °C para evitar a condensação de vapores nas paredes.

4ª A concentração de etanol presente na amostra é calculada com auxílio de uma curva de calibração construída a partir de soluções-padrão de etanol adicionadas em urina, submetidas ao método descrito anteriormente.

6.3 Fundamentos da análise por *headspace*

6.3.1 Parâmetros físico-químicos

Em análises por HS estático de amostras líquidas em equilíbrio, os compostos voláteis vaporizam para a fase gasosa na mesma proporção que condensam na fase líquida, produzindo assim uma pressão parcial. Esse equilíbrio permite correlacionar a concentração na fase gasosa (ou pressão parcial) com a concentração de voláteis na amostra. Essa correlação é expressa como o coeficiente de partição (*K*).[6]

O coeficiente de partição (*K*) de uma substância é determinado pela razão entre a concentração na amostra (líquida) em relação a sua concentração na fase gasosa (Equação 6.1).

$$K = \frac{C_L}{C_G} \tag{6.1}$$

Este parâmetro é fundamental para a expressão de distribuição de massas em um sistema bifásico. O valor de *K* depende da solubilidade do analito na fase líquida, ou seja, compostos com alta solubilidade na amostra possuem um alto valor de *K*. Sendo assim, o coeficiente de partição do analito é inversamente proporcional à sensibilidade de análises por HS, que depende da concentração na fase gasosa.

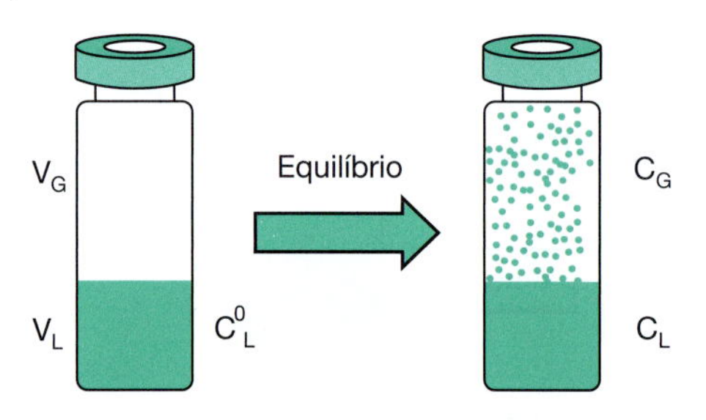

Figura 6.4 Esquema de um sistema de HS estático em equilíbrio.

Com base no balanço de massas dos analitos voláteis, ilustrado na Figura 6.4, é possível considerar a Equação 6.2, a seguir, na qual V_G corresponde ao volume da fase gasosa, V_L ao volume da fase líquida, C^0_L concentração inicial do analito na fase líquida, C_G concentração do analito na fase gasosa após o equilíbrio e C_L concentração do analito na fase líquida após o equilíbrio.

$$C^0_L \times V_L = C_L \times V_L + C_G \times V_G \tag{6.2}$$

A razão entre os volumes da fase gasosa e líquida (V_G/V_L) é definida como β. Considerando o coeficiente de partição (*K*) e a razão entre os volumes (β) a equação de balanço de massa pode ser transformada na Equação 6.3, a seguir, que demonstra a relação do coeficiente de partição (*K*) e da razão entre os volumes das fases (β) com a concentração final do analito no *headspace* C_G.

$$C_G = \frac{C^0_L}{K + \beta} \tag{6.3}$$

Em análises de *headspace* estático a área do pico cromatográfico é diretamente proporcional à concentração do analito na fase gasosa (C_G), sendo assim, o objetivo é atingir concentração suficientemente alta no HS após o equilíbrio. De acordo com as equações acima, a sensibilidade de extrações por HS depende do efeito combinado de *K* e β. Portanto, a sensibilidade de um método pode ser alterada otimizando-se esses dois parâmetros.[6]

Existem dois parâmetros que podem ser facilmente modificados em uma análise: o volume de amostra em um frasco de *headspace* e a temperatura de extração. Outras possibilidades para alterar o sistema incluem a modificação das propriedades químicas da matriz (por exemplo, adição de sal a amostras aquosas) e do analito (por exemplo, derivatização química).[1]

6.3.2 Otimização de métodos

Existem muitos fatores envolvidos na otimização de extrações por HS estático a fim de se obter eficiência de extração, sensibilidade e reprodutibilidade. Esses incluem o volume do frasco e da amostra, a temperatura e o efeito da própria matriz. A escolha apropriada de condições físicas pode depender tanto do analito quanto da matriz, e no caso de análise de múltiplos analitos alguns comprometimentos podem ser necessários.[4]

A influência dos parâmetros *K* (controlado pela temperatura de extração) e β (dependente da relação entre o volume das duas fases) na sensibilidade de extrações por HS estático é dependente da solubilidade do analito na matriz. Para analitos com alto coeficiente de partição, ou seja, bastante solúveis na matriz, a temperatura de extração exerce maior efeito na extração se comparado a alterações no volume de amostra. E para analitos voláteis com baixos coeficientes de partição (poucos solúveis na matriz) o volume da amostra em relação ao volume do *headspace* possui efeito mais pronunciado.

A seguir, a influência desses parâmetros é discutida de forma mais clara com exemplos de aplicação.

6.3.3 Temperatura

O coeficiente de partição (*K*) de um analito e sua pressão de vapor correspondente são altamente dependentes da temperatura. A Tabela 6.1 apresenta dados da partição em um sistema ar-água, aumentando-se a temperatura de extração o valor de *K* diminui, reduzindo-se a solubilidade do analito na matriz e consequentemente aumentando-se a concentração do analito na fase gasosa.[6]

Kolb e Ettre (2006), a fim de investigar o efeito da temperatura, extraíram soluções aquosas de cinco solventes com coeficientes de partição bastante diferentes: etanol, metiletilcetona, tolueno, tetracloroetileno e *n*-hexano (coeficientes de partição descritos na Tabela 6.1) alterando apenas a temperatura. O volume de amostra utilizado foi de 5 mL em um frasco de 22,3 mL (razão entre as fases β = 3,46). A Figura 6.5 mostra a resposta do detector aos analitos com o aumento da temperatura de extração, sendo possível observar que o aumento da temperatura favorece a detecção dos analitos polares, com elevados coeficientes de partição, enquanto a área dos analitos menos polares permanece praticamente a mesma.

Conforme descrito anteriormente, analitos com altos coeficientes de partição são mais suscetíveis às mudanças de temperatura de extração, isso porque a maioria desses analitos tende a ficar na fase líquida, e com o aquecimento passam para a fase gasosa. Por sua vez, analitos com baixos coeficientes de partição tendem a migrar para a fase gasosa independentemente do aquecimento, e, por isso, sofrem menor influência da temperatura.

Tabela 6.1 O efeito da temperatura (40, 60 e 80 °C) no coeficiente de partição C

	Coeficiente de partição		
Analito	40 °C	60 °C	80 °C
Etanol	1355	511	216
Metiletilcetona	139,5	68,8	35,0
Tolueno	2,82	1,77	1,27
Tetracloroetileno	1,48	1,27	0,87
n-hexano	0,14	0,04	Não disponível

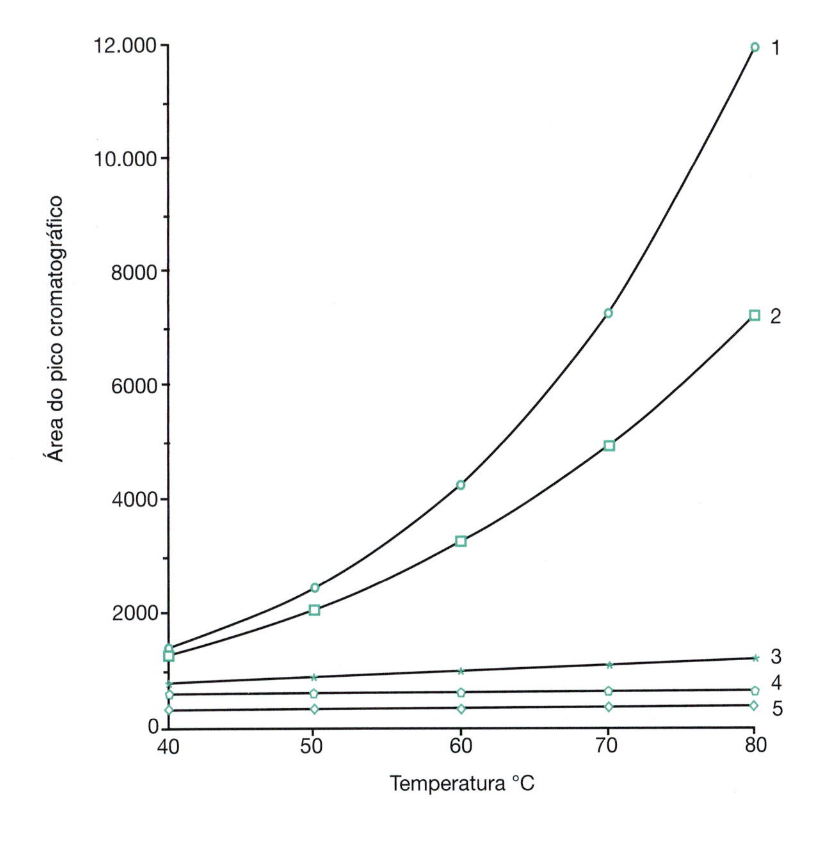

Figura 6.5 Influência da temperatura na sensibilidade de extração por *headspace* (β = 3,46) de soluções aquosas de etanol (1), metiletilcetona (2), tolueno (3), *n*-hexano (4) e tetracloroetileno (5). Com autorização de John Wiley & Sons.[1]

Considerando-se que a área do pico cromatográfico (A) é diretamente proporcional à concentração do analito no HS (C_G), e essa é função da concentração inicial de analito (C^0_L), de K e de β, como descrito na Equação 6.4, pode-se explicar o comportamento dos analitos exposto na Figura 6.5, durante a extração em diferentes temperaturas. Os analitos polares etanol (1) e metiletilcetona (2) possuem valores de K (Tabela 6.1) muito superiores ao valor de β do sistema empregado (3,46), sendo assim a sensibilidade de extrações por HS depende diretamente de K e é praticamente proporcional às mudanças no coeficiente de partição com a variação de temperatura. Já os analitos pouco polares tolueno (3) e tetracloroetileno (5), por apresentarem valores de K um pouco menores que β, sofrem apenas uma ligeira influência da mudança de temperatura sobre a sensibilidade; a resposta do n-hexano (4) que apresenta K muito menor que β não sofre influência apreciável dessas variações no valor de K, as quais são causadas pelas mudanças de temperatura.

$$A \propto C_G = \frac{C^0_L}{K + \beta} \qquad (6.4)$$

A influência da temperatura de extração é uma função específica de cada analito, e deve ser avaliada separadamente caso a caso. Porém, a menor temperatura suficiente para a análise deve ser selecionada a fim de evitar a decomposição térmica de analitos, a vaporização de interferentes ou solventes da matriz e ainda a pressurização excessiva do HS que pode prejudicar a amostragem tanto automática quanto manual.[1]

6.3.4 Volume de amostra

Ao contrário da influência da temperatura de extração, o volume de amostra representado pela razão entre o volume da fase gasosa e da fase líquida (β) somente tem influência considerável na extração para analitos pouco solúveis na matriz, ou seja, com baixos valores de coeficiente de partição (K).

O exemplo apresentado na Figura 6.6 mostra o efeito do aumento do volume de amostra de 1 (a) para 5 (b) mL na resposta de extração por HS de solução aquosa de cicloexano (K = 0,040 a 60 °C) e 1,4-dioxano (K = 642 a 60 °C).

O resultado do aumento do volume da amostra foi uma superioridade na área do cicloexano (pico 1), porém sem qualquer mudança na área de 1,4-dioxano (pico 2). Para analitos com elevados coeficientes de partição o impacto de β é insignificante na resposta analítica.

Por exemplo, o 1,4-dioxano possui um valor de K a 60 °C de 642. Para o frasco da análise preenchido com 1,0 ou 5,0 mL de amostra, $C_G = C^0/(642 + 21{,}3)$ ou $C_G = C^0/(642 + 3{,}46)$, respectivamente. A diferença nos resultados desses dois cálculos é praticamente desprezível.

Esse fenômeno é extremamente útil para a otimização de métodos químicos quando a robustez do método é mais importante que sua sensibilidade. Ao se escolher uma matriz que tem uma elevada afinidade pelos analitos voláteis, praticamente elimina-se o problema de transferência de volumes precisos de amostra e padrão para o frasco de HS. Além disso, no caso de necessidade de uma segunda análise do mesmo frasco de HS, a queda do sinal da primeira para segunda injeção será mínima.[4]

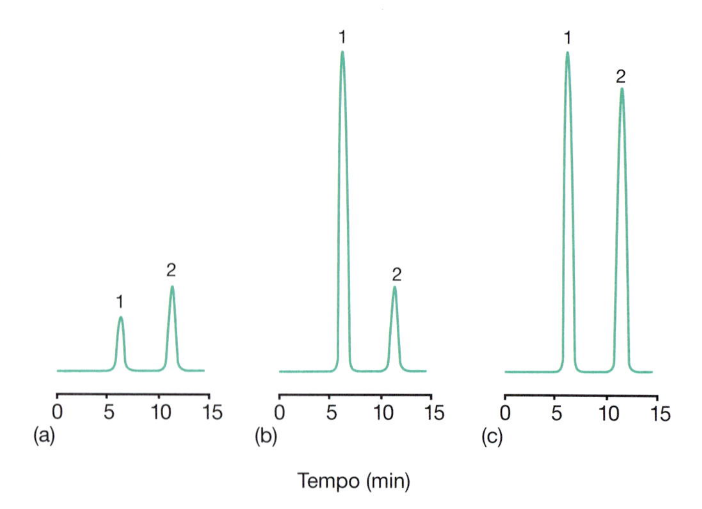

Figura 6.6 Análise de três amostras de uma solução aquosa de cicloexano (0,002 % v/v) e 1,4-dioxano (0,1 % v/v) em um frasco de 22,3 mL a 60 °C: (a) 1,0 mL de solução (β = 21,3); (b) 5,0 mL de solução (β = 3,46); (c) 5,0 mL de solução (β = 3,46) a qual foi adicionado 2 g de NaCl. Picos: 1 – cicloexano; 2 – 1,4 dioxano. Com autorização de John Wiley & Sons.[1]

A Figura 6.6 (b) e (c) também mostra o efeito da adição de sal na amostra (efeito *salting-out*), a qual é mais bem discutida a seguir.

6.3.5 Influência da matriz

A interação intermolecular entre um soluto e seu solvente é representada pelo coeficiente de atividade (δ). Ao alterar a composição da matriz de uma amostra o δ é também alterado, bem como o coeficiente de partição (K) e a sensibilidade de análises por HS. O coeficiente de atividade é inversamente proporcional ao coeficiente de partição, por isso o aumento de δ e redução de K reduz a solubilidade do analito na matriz aumentando a concentração no *headspace*.[7]

Os métodos clássicos de otimização de análises em HS incluem o ajuste da temperatura, adição de sal à solução de analitos, uso de mistura de solventes na dissolução da amostra e o ajuste do pH de extração.

A adição de sal na solução de amostra a fim de aumentar a recuperação de extrações é mais conhecida como efeito *salting-out*. Esse efeito é mostrado na Figura 6.6 (b) e (c) resultando no aumento na área do pico de 1,4-dioxano (pico 2) e nenhuma mudança no cicloexano (pico 1). Para compostos polares a adição de sal na matriz reduz a solubilidade em água, aumentando assim a sensibilidade de análises por HS. Compostos apolares com baixos coeficientes de partição não são tão afetados pela adição de sal.[7]

Na otimização de métodos, é comum o teste de quantidades e tipos diferentes de sais a fim de encontrar a melhor condição de análise. Para atingir-se a máxima eficácia é comum a saturação da amostra com sal. Como o *salting-out* pode também influenciar na faixa linear de detecção de compostos diferentes, é recomendável experimentos preliminares para investigar o seu impacto no sistema em estudo.[6]

O ajuste do pH da amostra pode ser uma importante alternativa na análise de compostos com características ácidas ou básicas relevantes. O objetivo desse ajuste é manter os analitos em sua forma molecular, reduzindo assim sua solubilidade em amostras aquosas. Por exemplo, o pH pode ser reduzido para análise de ácidos voláteis ou elevado para a determinação de aminas.

Um efeito similar ao *salting-out* pode ser obtido misturando-se solventes de diferentes polaridades na amostra a fim de reduzir a solubilidade dos analitos. Alguns autores utilizam a adição de água a solventes orgânicos hidrossolúveis. Muitos compostos orgânicos são mais solúveis em solventes orgânicos do que em água, sendo assim, a adição de água à amostra provoca a diminuição da solubilidade, e consequente redução do coeficiente de partição e aumento da sensibilidade.[1]

6.3.6 Parâmetros de amostragem

Um dos parâmetros mais importantes em análises de HS estático é o tempo necessário para se atingir o equilíbrio de volatilização dos analitos. Isso porque análises de HS quantitativas com reprodutibilidade que permitam comparação direta de extrações individuais (por exemplo, uma amostra contra um padrão) apenas são possíveis se for estabelecido o equilíbrio pelo analito volátil entre as duas fases.[1]

Porém existem casos em que o tempo necessário para que o equilíbrio seja atingido é excessivamente longo. Nesses casos, a extração pode ser feita em condições de não equilíbrio desde que o tempo de extração seja controlado precisamente. Se a extração com tempo fixo em um sistema for reproduzível, análises de HS podem ser realizadas com boa precisão, mesmo nos casos em que a concentração do analito na fase extratora está longe do valor de equilíbrio.[8]

O tempo necessário para o equilíbrio depende da difusão dos compostos voláteis da amostra. Em amostras sólidas esse tempo tende a ser maior se comparado a amostras líquidas devido à alta adsorção exercida pela superfície sólida.[9]

Para determinar esse tempo, particularmente em situações nas quais não se têm informações prévias, um estudo preliminar deve ser realizado. O estudo consiste em analisar diversos frascos de amostra na mesma condição variando-se apenas o tempo de extração (Figura 6.7). O tempo ideal de análise é definido como o tempo mais curto necessário para que se obtenham sinais constantes.[6]

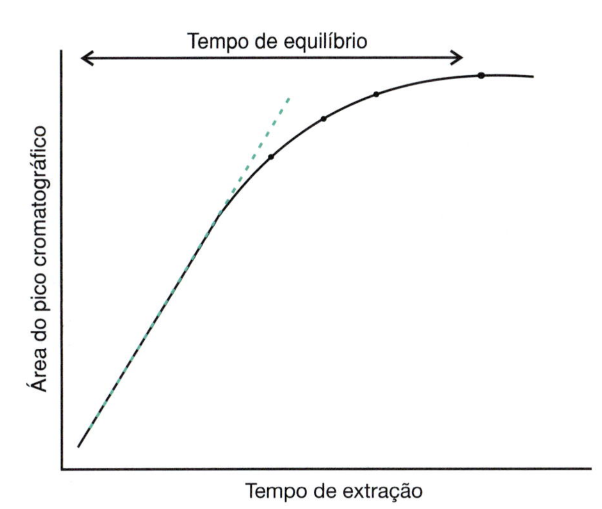

Figura 6.7 Exemplo da influência do tempo de extração na resposta cromatográfica em análises progressivas.

A agitação da amostra em extrações por HS normalmente diminui o tempo necessário para se atingir o equilíbrio,[7] pois mais moléculas de analito são colocadas em contato com o *headspace* durante a extração. A agitação mecânica pode ser feita com o auxílio de agitadores orbitais ou de barras magnéticas adicionadas à amostra e induzidas por agitadores magnéticos.

6.3.7 Cuidados gerais

No uso da técnica de HS deve-se ter a precaução de observar-se o efeito do vapor de água presente na alíquota coletada no *headspace*. Os sistemas de P&T costumam usar diferentes estratégias para reduzir a quantidade de água que chega ao sistema de GC; por sua vez, na HS estática geralmente não se utilizam muitos artifícios para reduzir-se a presença do vapor de água. Atualmente os detectores de GC possuem dimensões reduzidas (por exemplo, FID e EI-MS) e, em alguns casos, podem sofrer o efeito do excesso de vapor de água introduzido. Além dos detectores, a própria focalização e separação dos analitos sofrem esses efeitos, gerando distorções no perfil cromatográfico. O primeiro cuidado é a observação de alterações bruscas no perfil de separação e resposta do detector, em comparação à simples injeção dos padrões. Há casos em que mesmo com o uso da técnica de SPME no modo HS, em amostras aquosas, a chama do detector FID pode ser apagada. Nesses casos, os equipamentos mais modernos permitem a inserção de um comando para reacender a chama, ao longo da corrida.

Em HS-GC-MS, muitas vezes não se utiliza o atraso (*delay*) no ligamento do filamento da fonte de íons, como é usual para injeções de amostras líquidas em GC-MS. Esse procedimento permite que o detector registre os componentes separados, desde o primeiro momento de análise. Nas análises com pequena quantidade de vapor de água o procedimento não costuma ser problemático, porém em amostras com grande abundância de vapor de água, recomenda-se, se possível, aguardar a eluição do pico referente à água, para então ligar o filamento, com o intuito de garantir sua maior durabilidade. Por fim, no caso de perturbações na separação cromatográfica, ajustes nas características da coluna e na programação de temperatura podem solucionar o problema. Em última instância, a adição de uma curta coluna de aprisionamento (*trap*) antecedendo a coluna analítica de GC e associada a uma programação de temperatura (da coluna e eventualmente do injetor) deve ser capaz de mitigar o efeito da água sobre o perfil cromatográfico dos compostos de interesse.

6.4 *Headspace* dinâmico/*Purge and Trap* (P&T)

A análise de HS dinâmica possui como principal vantagem em relação ao modo estático a melhor detectabilidade, permitindo a análise de compostos orgânicos voláteis (*volatile organic compounds* – VOCs*) existentes em baixíssimas concentrações na amostra. A Figura 6.8 ilustra uma comparação entre a HS estática e dinâmica em condições análogas de análise cromatográfica, para a análise de BTEXS† em azeite de oliva, onde se observa um ganho de pelo menos 100X na resposta do modo dinâmico.[10] A HS dinâmica aplica-se também quando a análise exaustiva dos componentes voláteis da amostra é desejada. Apesar de simples e útil em muitas situações, a HS em modo estático geralmente limita-se apenas aos componentes majoritários no *headspace*. Muitas vezes a estratégia usada para superar essa limitação é a adição de uma segunda técnica de extração, sendo comumente usada, com bastante sucesso, a HS-SPME. Outra forma tida como possível de aproximar-se da capacidade extrativa do modo dinâmico é a injeção de grandes volumes de amostra obtidos no modo estático, associando-se, na etapa de análise cromatográfica, alguma forma de aprisionamento dos analitos presentes no grande volume amostrado.

Como uma alternativa para análise de componentes minoritários no *headspace*, o modo dinâmico tem sido empregado há bastante tempo e com muito sucesso. Historicamente, ainda nos anos de 1960 a P&T foi aplicada à análise de fluidos biológicos. Porém, na década de 1970 a P&T começou a ser bastante aplicada à análise de VOCs em diferentes tipos de amostras aquosas. Há métodos de P&T que permitem a detecção de níveis bastante baixos de concentração, chegando à ordem de ng/L ou menos, por exemplo, métodos para a análise ambiental de VOCs em água. Particularmente quando associada a sistemas GC-MS, a técnica garante a possibilidade de análise e identificação simultânea de múltiplos VOCs em uma grande variedade de amostras.

No processo de HS dinâmico, os componentes altamente e moderadamente voláteis são continuamente extraídos da matriz e concentrados em um dispositivo de aprisionamento (geralmente uma coluna chamada de *trap*). Ao fim do processo de amostragem, os analitos aprisionados são então dessorvidos termicamente do dispositivo de aprisionamento e destinados ao cromatógrafo a gás na forma de um plugue concentrado dos VOCs da amostra, onde são finalmente separados e detectados.

O modo mais usual de emprego da técnica dá-se pelo borbulhamento do gás inerte através da amostra, de maneira a arrastar os constituintes voláteis para o dispositivo de aprisionamento. Alguns autores diferenciam particularmente essa abordagem com a denominação de *purge and trap*, fazendo distinção em relação a outras formas de HS dinâmica. Para esses autores a técnica de P&T seria um tipo particular de HS dinâmica, diferenciando-se dela, por exemplo, a opção onde o gás é inserido diretamente no *headspace* (em vez de borbulhado através da amostra) arrastando-o para o sistema de aprisionamento. Porém, na maioria das vezes, o termo P&T é usado como um sinônimo de análise HS dinâmica, referindo-se às diferentes abordagens que podem ser usadas.

Em geral a HS reflete a possibilidade de ser automatizada, usando-se amostradores robotizados que realizam as etapas necessárias. O procedimento de automatiza-

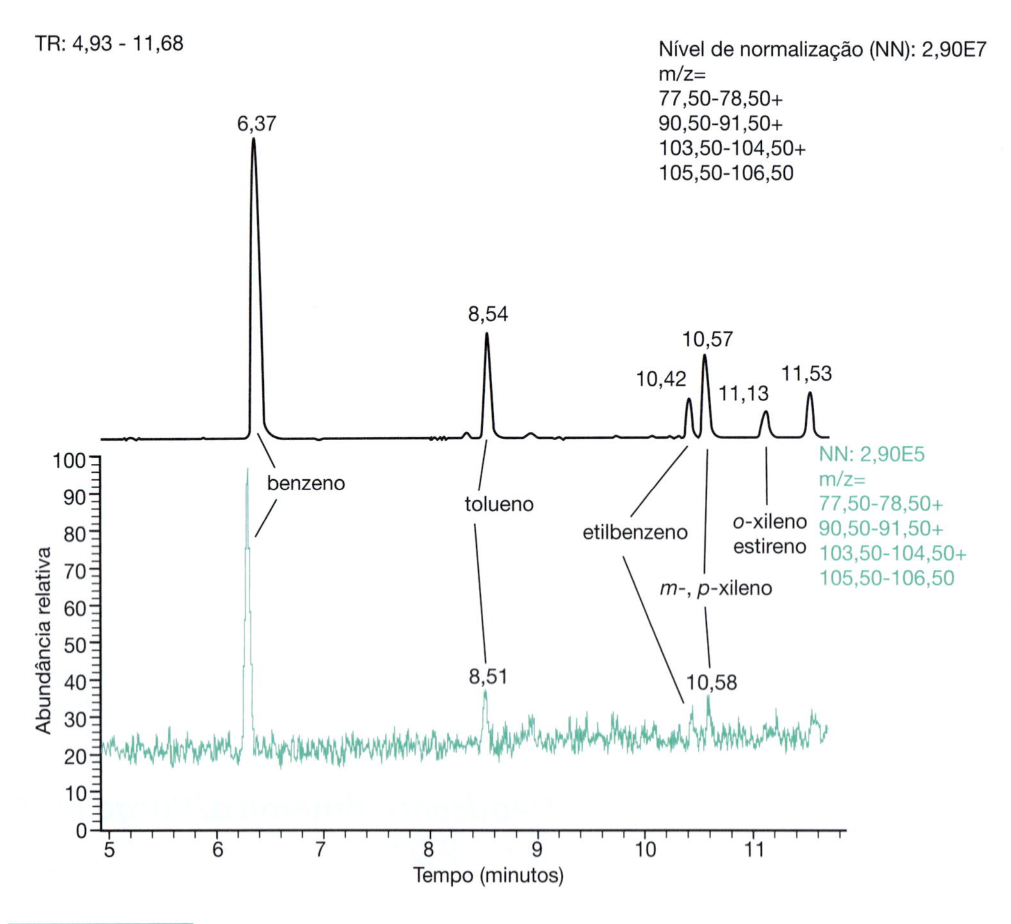

Figura 6.8 Comparação entre análises de BTEXS em azeite de oliva por HS estático e dinâmico. As condições cromatográficas são equivalentes. Observar a diferença de 100X no nível de normalização da escala. Mais informações em Teledyne (2001). Com permissão de Teledyne Tekmar.[10]

* Também chamados de COVs em português (Compostos Orgânicos Voláteis).

† BTEXS: benzeno, tolueno, etilbenzeno, xilenos e estireno.

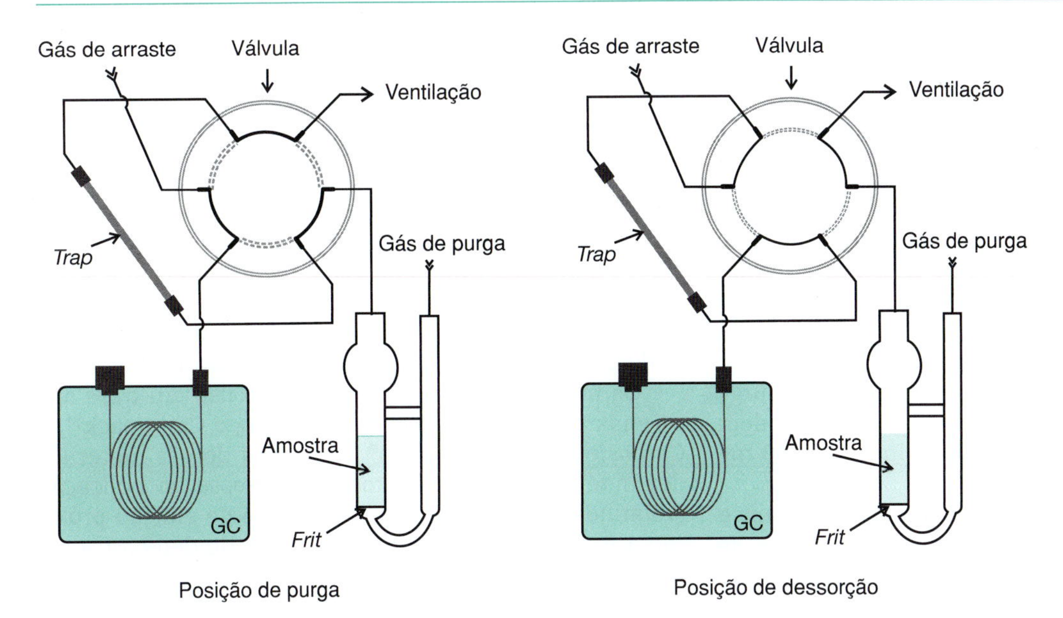

Figura 6.9 Diagrama esquemático de um sistema de P&T simples. São representados o reservatório para a amostra, o *trap* e o cromatógrafo, todos interligados pela válvula de 6 pórticos. Na posição de purga os analitos são arrastados da amostra pelo gás de purga e aprisionados no *trap*. Na posição de dessorção o gás de arraste do GC transfere os analitos do *trap* para o cromatógrafo com o sentido do fluxo do gás revertido em relação à etapa anterior (*backflush*).

ção é relativamente simples e confiável, permitindo alta produtividade, uma vez que dessa maneira o instrumento é capaz de operar 24 horas por dia. Em particular, as análises P&T são geralmente feitas em modo online em relação à separação cromatográfica. Nesse caso, a amostra tem seus VOCs arrastados por um gás, aprisionados (e pré-concentrados) e, por último, dessorvidos e direcionados ao cromatógrafo a gás, para análise.

6.4.1 Instrumentação

A Figura 6.9 mostra um diagrama esquemático de um sistema típico de P&T. Ele é constituído por um reservatório de purga, um dispositivo de aprisionamento (*trap*), uma válvula de seis pórticos e duas posições, e linhas de transferência, sendo acoplado a um instrumento de GC.

A amostra é acondicionada no recipiente (frasco) de purga e, quando a válvula encontra-se na posição de purga, um gás inerte de alta pureza (geralmente hélio, mas também nitrogênio, ambos no mínimo 99,999 %) é passado pela amostra arrastando os compostos voláteis para o dispositivo de aprisionamento (*trap*). Como um grande volume de gás é passado pela amostra e pelo *trap* (geralmente 40 mL/min por 11 minutos) é importante destacar a necessidade do uso de um filtro de hidrocarbonetos na saída da linha de gás, antes de adentrar ao equipamento, do contrário, eventuais traços de contaminantes presentes no gás também serão pré-concentrados, surgindo no cromatograma como interferentes. Uma vez que a purga está completa, o *trap* é aquecido para a dessorção dos analitos, os quais são levados ao GC pelo gás de arraste, quando a válvula é girada para a posição de dessorção (e transferência ao GC).

6.4.2 Recipientes de purga

Os recipientes de purga mais comumente utilizados estão ilustrados na Figura 6.10. Os modelos em "U" podem ser configurados com e sem um *frit*.* Os primeiros (com *frit*) permitem a aspersão do gás em bolhas finamente divididas, aumentando o arraste dos compostos voláteis; porém, podem causar a formação de muita espuma, materiais em suspensão podem entupir o *frit*, ou amostras complexas podem contaminá-lo. O mesmo dispositivo sem o *frit* não corre o risco de entupimentos e reduz as contaminações, bem como, pelo maior tamanho das bolhas de ar, sofre menos com a formação de espuma. Por outro lado, a eficiência de arraste dos VOCs é reduzida, por causa da menor área de contato entre o gás e a amostra.

A aspersão com a agulha inserida dentro da amostra pode ser usada para amostras líquidas e também contendo sólidos. Para amostras líquidas límpidas, ou com poucos particulados, prefere-se a opção de tubos em "U", porém amostras líquidas mais complexas geralmente exibem melhores resultados por meio de uso do sistema com agulha. Para amostras sólidas, geralmente ocorre a

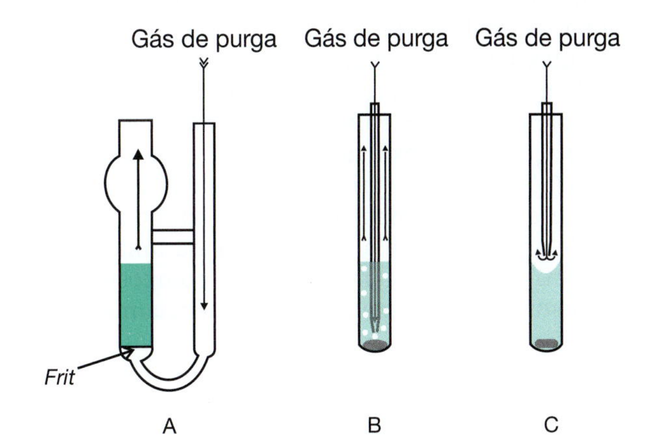

Figura 6.10 Esquema dos tipos de recipientes para purga da amostra. (A) Recipiente em "U" para amostras de água sem muitos contaminantes/particulados, a configuração com ou sem *frit* é opcional. (B) Recipiente para borbulhamento do gás com agulha, para amostras aquosas ou sólidas. (C) Recipiente para HS dinâmica sem borbulhamento do gás na amostra, opção sugerida, mas atualmente pouco utilizada, para amostras que formam espuma.

* Espécie de filtro poroso comumente utilizado em cartuchos e colunas.

adição de um líquido e também o uso de agitação, para melhorar o processo de arraste.

A opção de posicionar a agulha por sobre a amostra é sugerida por alguns autores para evitar a formação de espuma, porém é a modalidade menos eficiente para o arraste. Alguns autores sequer consideram essa modalidade como um P&T verdadeiro, uma vez que o gás não passa de fato através da amostra. Os sistemas automatizados atuais geralmente não recomendam esse tipo de arranjo e utilizam de outros artifícios para lidar com amostras que formam muita espuma.

Os tamanhos mais comuns de recipientes de purga são os de 5 e 25 mL, em formato em "U". Porém podem ser encontrados métodos utilizando volumes de 40 mL ou até maiores.

Alguns sistemas automatizados atuais permitem o controle da temperatura diretamente no recipiente de purga contendo a amostra, podendo facilitar a remoção dos analitos da matriz. Obviamente, no caso de aquecimento da matriz aquosa uma maior quantidade de água será transferida ao *trap*, exigindo um maior cuidado em sua posterior remoção. Sistemas automáticos podem fazer a transferência sequencial de inúmeras amostras para o recipiente de purga, realizando a devida lavagem e descontaminação do recipiente entre as amostragens. Além disso, também são capazes de fazer a adição de padrões internos diretamente à amostra, tornando a análise pouco laboriosa e possível de ser operada 24 h/dia, mesmo sem a assistência contínua do analista. Há também amostradores automáticos para amostras sólidas, onde a purga com agulha pode ser feita diretamente no frasco original da amostra, inclusive com agitação.

6.5 *Traps*

6.5.1 Materiais para preenchimento dos *traps*

Idealmente deseja-se que o sistema de aprisionamento retenha os analitos de interesse (VOCs), sem reter interferentes (água e metanol são os mais críticos), permitindo a rápida dessorção dos analitos para o sistema cromatográfico. O *trap* é usualmente constituído por um tubo de aço com aproximadamente 2,7 mm de diâmetro interno (1/8″ OD) e comprimento usual de 24 cm, podendo variar em comprimento de acordo com o tipo, o número de adsorventes e a finalidade. Para uma retenção mais efetiva de uma gama maior de compostos, esses *traps* costumam ser preenchidos sequencialmente com múltiplas camadas de adsorventes (Figura 6.11). O adsorvente de menor capacidade retensiva compõe a primeira camada, enquanto os mais fortes ficam ao final. Dessa maneira os componentes menos voláteis permanecem retidos na primeira camada, enquanto os mais voláteis que a ultrapassam são retidos nas camadas posteriores. No momento da dessorção (com a elevação da temperatura) o sentido do fluxo do gás é invertido (*backflush*) de maneira que aqueles compostos menos voláteis nunca entram em contato com os materiais muito retensivos, onde poderiam ficar irreversivelmente adsorvidos.

Os materiais mais comuns para o uso em *traps* são o Tenax®, a sílica-gel, o carvão ativado, o Carbopack®*, o Carbosieve®† e o Carboxen®. A escolha desses materiais depende do tipo de analitos de interesse na aplicação (volatilidade, polaridade, possibilidade de eluição próximo a interferentes) e também do tipo de detector a ser usado.

O Tenax é um polímero macroporoso baseado no óxido do 2,6-difenil-p-fenileno, com área superficial de aproximadamente 50 m^2/g. Ele é usado em *traps* normalmente na sua forma mais pura chamada de Tenax TA‡, e possui aplicações gerais com excelente retenção para compostos pouco polares. Por contar com características hidrofóbicas, apresenta pequena retenção de água. Como desvantagem, não apresenta boa retenção para compostos muito voláteis, bem como para compostos polares como os alcoóis. Adicionalmente, o seu uso em P&T é recomendado à temperatura de 180 °C, pois em temperaturas mais altas pode sofrer decomposição em benzeno, tolueno e outros aromáticos. A temperatura limite recomendada pelo fabricante é de 230 °C, mas realisticamente devem-se evitar temperaturas acima de 200 °C nos métodos desenvolvidos.

A sílica-gel é um adsorvente mais forte do que o anterior e com área superficial de 200 a 800 m^2/g. Ela é excelente para compostos polares e muito voláteis que se apresentam como gases à temperatura ambiente (gases permanentes). Por outro lado, a sílica é extremamente hidrofílica, podendo reter mais do que 10 µL de água dentro do *trap*. Com o uso de sílica-gel a etapa de purga seca (*dry purge*) geralmente aplicada nos métodos de P&T não possui efetividade e outras providências devem ser tomadas para lidar com o excesso de água. Apesar da retenção de água, é um excelente adsorvente para muitas aplicações, em combinação ao Tenax.

O carvão ativado, com área de aproximadamente 900 m^2/g é um adsorvente ainda mais forte, o qual é usa-

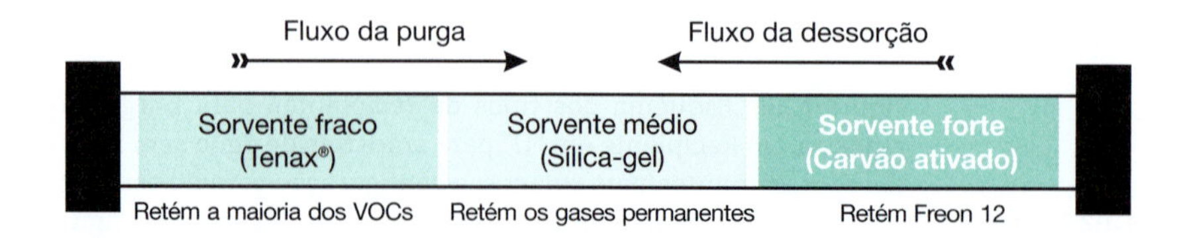

Figura 6.11 Diagrama esquemático de um *trap* constituído por múltiplas camadas de sorvente.

* Constituído por negro de fumo grafitizado (ou também chamado carbono preto grafitizado), do inglês *Graphitized Carbon Black* – GCB. É comercializado por Sigma Aldrich/Supelco® com o nome de Carbopack ou Carbotrap, a depender do tamanho das partículas.

† Constituído por peneira molecular de carbono, do inglês *Carbon Molecular Sieve* – CMS. É comercializado por Sigma Aldrich/Supelco® com o nome de Carbosieve ou Carboxen, a depender da estrutura dos poros das partículas.

‡ TA refere-se ao termo *Trapping Agent*.

do para aplicações envolvendo compostos muito voláteis, que podem escapar ao aprisionamento da sílica-gel. Ele possui características hidrofóbicas, com pequena retenção de água. Porém, aprisiona o dióxido de carbono (CO_2) arrastado da amostra, bem como é tido como fonte intrínseca de CO_2, que talvez interferira na análise de compostos pouco retidos por GC-MS.

O negro de fumo grafitizado (*graphitized carbon black* – GCB) é uma alternativa ao Tenax, sendo geralmente um material não poroso com área de 10 a 100 m²/g. Dessa forma, a sua interação superficial depende apenas de forças de dispersão (London). Também apresenta características hidrofílicas sofrendo pequena interferência da água, além de alta pureza por ser obtido a mais de 2500 °C. O GCB é capaz de reter muito bem bifenilas policloradas (PCBs) e hidrocarbonetos com moléculas relativamente pequenas. Suas formas comerciais mais usadas em *traps* são os Carbopacks B e C, o primeiro é o mais forte retendo VOCs na faixa de C5 a C12, devendo ser usado em camada posterior àquele do tipo C, que retém VOCs menos voláteis na faixa de C12 a C20. Por sua vez, moléculas altamente voláteis não são bem retidas em GCB, devendo-se usar peneiras moleculares de carbono.

As peneiras moleculares de carbono (*carbon molecular sieves* – CMSs) são materiais porosos, portanto de alta área superficial, formados pelo esqueleto carbônico obtido a partir da pirólise de precursores poliméricos. Sua estrutura permite a retenção de VOCs bem pequenos (C2 a C5), os quais são retidos de acordo com os seus tamanhos e formatos, em relação àqueles dos poros do adsorvente. Dessa forma, as CMSs podem ser diferenciadas comercialmente em Carbosieve e Carboxen.

O Carbosieve, com área de 50 a 800 m²/g, possui a estrutura de poros fechados, ou seja, os poros não se comunicam passando através de toda a estrutura da partícula. Por isso, moléculas relativamente maiores podem bloquear os poros, evitando a retenção das moléculas menores. O tipo mais usado em *traps* é o Carbosieve SIII, o qual é uma alternativa ao uso da sílica-gel e do carvão ativado. Ele é capaz de aprisionar moléculas tão pequenas quanto o clorometano e, apesar de hidrofóbico, geralmente retém um pouco mais de água em comparação ao Carboxen.

O Carboxen conta com uma área superficial de até 1200 m²/g, com poros abertos, ou seja, que em sua maioria passam através de toda a partícula. Seus poros se arranjam em estruturas que vão de macroporos, passando por mesoporos até microporos, favorecendo o processo de adsorção e também de dessorção. Quando protegido por camadas de materiais de aprisionamento mais fracos, sendo colocados ao final do *trap*, os carboxenos apresentam propriedades excelentes para a retenção de compostos bem pequenos e voláteis. Dentre os diversos carboxenos existentes, os mais usados nos *traps* são o Carboxen 1000, o qual costuma ser seguido por um leito de apenas um 1 cm de Carboxen 1001. O Carboxen 1000 apresenta as melhores características para atuar como material em P&T dispensando o uso de resfriamento criogênico para aprisionar compostos desafiadores tais como cloreto de vinila (cloroeteno), gases Freon®, e gases permanentes. O Carboxen 1001 é similar ao Carboxen 1000 e é adicionado com a finalidade de aprisionar analitos que eventualmente escapem da camada anterior. A principal desvantagem dos carboxenos é a adsorção de CO_2, que pode interferir em algumas análises. Todos os materiais à base de carbono possuem resistência térmica superior ao Tenax, mesmo que submetidos a temperaturas mais altas.

Outros materiais que podem ser encontrados na literatura são o SP-2100®, o qual é constituído de partículas de um suporte recobertas pela fase OV-1® (100 % polidimetilsiloxano – PDMS) e o Amberlite® XAD-2, porém não são mais utilizados nos *traps* atuais. O SP-2100 era uma recomendação em alguns métodos da USEPA (Agência de Proteção Ambiental Americana), sendo usada uma camada de 1 cm antecedendo ao material Tenax. Todavia, verificou-se que esse material costumava sangrar do *trap*, provocando artefatos nas análises (na forma de picos fantasmas), além de ser dispensável. O Amberlite XAD-2 possuiu características de retenção semelhantes ao Carbopack, porém o seu polímero possui baixa estabilidade térmica, iniciando a decomposição a 150 °C e sofrendo pirólise a 250 °C. Por essa desvantagem, caiu em desuso ante os demais sorventes, que são mais resistentes.

6.5.2 Combinação dos materiais e escolha do *trap*

O uso e a combinação de materiais dependem das finalidades da análise. Em análises para compostos com pontos de ebulição acima de 35 °C o Tenax sozinho, em um leito de 24 cm (*trap* tipo "A"),* é capaz de fornecer bons resultados. A adição da sílica-gel (*trap* tipo "B") estende a aplicação a compostos com menor ponto de ebulição, exceto aqueles com volatilidade similar ao diclorodifluorometano (Freon 12). A adição de carvão ativado por sua vez, compreendendo três seguimentos de 8 cm cada um (*trap* tipo "C"), possui aplicação bem versátil em um intervalo desde o Freon 12 até o naftaleno e os triclorobenzenos. Apenas compostos com ponto de ebulição muito baixos, como o etano e etileno são perdidos em condições usuais de purga (11 minutos a 40 mL/min). Outra vantagem do uso apenas do Tenax é a análise de BTEX, uma vez que o metanol que costuma ser usado como solvente nessas análises pode ser removido desse *trap* durante a etapa de purga seca.

Para uso geral, o *trap* tipo "C" é recomendado. No caso do acoplamento à GC-MS, onde o CO_2 é um interferente, pode-se substituir o carvão ativado por Carbosieve SIII (*trap* OI Analytical #10).† Todas as combinações contendo sílica-gel não respondem ao tratamento da purga seca para a remoção de água. Nos casos em que a água e também o metanol comprometem a qualidade da análise, o uso da associação entre Carbopack e Carboxen pode ser desejado, por meio dos *traps* chamados VOCARB®. Um exemplo dessa necessidade é o uso de GC-MS com analisador do tipo *ion trap*, onde o excesso de água e metanol aprisionado prejudica o desempenho da análise.

* A classificação por letras é usada tipicamente pela empresa Teledyne Tekmar®, uma das líderes no mercado.

† A classificação por números é usada por algumas empresas de maneira não consistente. O *trap* #10 referido nesse caso é proprietário da empresa OI Analytical®, porém de composição conhecida.

O VOCARB 3000 (*trap* tipo "K" ou #11*) possui a associação de Carbopack B, Carboxen 1000 e Carboxen 1001, sendo um dos mais efetivos do mercado, para a retenção de ampla gama de compostos. Já o VOCARB 4000 (*trap* tipo "I") adiciona uma camada de Carbopack C antes das demais, aumentando a resposta de compostos relativamente menos voláteis, tais como cloronaftalenos e metilnaftalenos. Uma desvantagem dos *traps* VOCARB ante àquele de Tenax e sílica-gel, é uma menor reprodutibilidade lote a lote. Dessa forma, para laboratórios que não estão buscando os menores possíveis limites de detecção para os VOCs gasosos, a opção com Tenax e sílica-gel pode ser interessante.

Em adição a esses *traps*, por diferentes motivos, outras combinações proprietárias são comercializadas (cuja composição de algumas não é divulgada). Geralmente, em substituição/analogia ao *trap* VOCARB 3000, sendo exemplos o Strat-Trap® #9[11] da Teledyne Tekmar® e o EV1 da empresa EST Analytical®.[12] Os *traps* Strat-Trap #9, EV1 e OI Analytical #10 são todos propostos em substituição ao VOCARB 3000, apresentam resultados bastante similares, apesar de algumas pequenas particularidades.[12]

Com relação ao formato dos *traps*, eles são em sua maioria lineares, porém, recentemente, a empresa Teledyne Tekmar passou a adotar *traps* no formato em "U", sob a alegação de melhoria na focalização dos analitos, resultando em picos cromatográficos mais estreitos e com menores caudas. O modelo mais atual de sistema P&T dessa empresa costuma usar o Strat-Trap #9 à frente de um *trap* secundário, geralmente o VOCARB 3000, ambos no formato em "U". Outra particularidade em relação aos *traps* dá-se em relação ao sistema de aquecimento. Enquanto a maioria das empresas utiliza uma jaqueta de aquecimento envolvendo o *trap*, a empresa OI Analytical prefere o de aquecimento resistivo diretamente no corpo metálico do *trap*. Esse aquecimento é mais efetivo energeticamente, levando a aquecimentos muito rápidos, por sua vez, ele é tido como capaz de gerar pontos de degradação no material do *trap* do tipo VOCARB 3000, daí a necessidade em limitar-se a temperatura máxima de dessorção nesse caso ou a opção da empresa em usar alternativamente o seu *trap* #10.

6.5.3 Linhas de transferência e válvulas

As linhas e eventualmente as válvulas por onde passam o gás contendo os analitos merecem cuidados primordiais para o bom funcionamento da técnica. Essas linhas devem ser resistentes e inertes quimicamente, para não sofrer o ataque de amostras agressivas (por exemplo, ácidas) ou permitir a adsorção ou reação de alguns analitos reativos a sítios ativos dessa superfície. Adicionalmente, essas linhas precisam estar aquecidas, bem como as eventuais válvulas, para evitar a recondensação das moléculas volatilizadas e do próprio vapor de água. Algumas opções de materiais para a composição das linhas de transferência são o níquel, a sílica fundida ou o aço inox recoberto por sílica. Um dos melhores tratamentos atuais para a proteção e desativação de superfícies é chamado de Siltek®†, esse tratamento é aplicável a virtualmente qualquer liga de aço, a materiais cerâmicos e a maioria dos materiais vítreos. Suas principais características são a insignificante liberação do polímero, com excelente estabilidade térmica de longo prazo, além da resistência a ataques químicos e inércia química.

6.5.4 Procedimentos operacionais dos sistemas de P&T

A técnica de P&T envolve uma série de procedimentos que devem ser ajustados e executados de maneira consistente, para que se tenham resultados precisos e exatos. Os seguintes passos são geralmente necessários e serão descritos a seguir: purga, purga seca, dessorção por preaquecimento, dessorção e recondicionamento do *trap*.

6.5.4.1 Purga

O processo inicia-se pela adição da amostra ao recipiente de purga. A seguir, com a válvula de seis pórticos na posição de purga, inicia-se a passagem de gás pela amostra. O gás arrasta as moléculas dos VOCs através do *trap* geralmente à temperatura ambiente, onde idealmente todos esses compostos ficam retidos, e o gás virtualmente livre dos analitos é liberado pela porta de ventilação da purga do instrumento.

A vazão do gás de purga é tipicamente ajustada entre 30 e 50 mL/min. Alguns sistemas permitem que essa vazão seja medida apenas na porta de ventilação da purga, porém alguns equipamentos modernos, além de controlar a pressão, também são capazes de medir o fluxo de massa de gás pela amostra. Dessa forma, conforme necessário, a vazão do gás pode ser variada e até mesmo parada, devendo ser retomada e ainda assim controlada a quantidade de gás que realmente purgou a amostra. O tempo usual de purga é de 7 a 15 minutos, na maioria dos métodos, e usualmente o *trap* é mantido à temperatura ambiente.

O caso mais usual que leva à necessidade de variação na vazão do gás é a formação de espuma. Algumas vezes é impossível prever se uma amostra formará espuma, e até mesmo a adição de um antiespumante pode não resolver por completo o problema. Sistemas com controle do fluxo de massa permitem operações com menos erros em relação à quantidade de gás purgada pela amostra. Os sistemas modernos também possuem sensores e dispositivos que indicam e combatem a formação de espuma. Os sensores geralmente informam ao sistema a existência de espuma, permitindo a tomada de ações ou até mesmo a parada da análise para evitar-se uma contaminação interna do equipamento.

Algumas alternativas para evitar a formação de espuma incluem a adição automática de um agente antiespumante (*antifoam* 1520‡), com redução da vazão do gás conforme necessário. Outras opções incluem um dispositivo mecânico aquecido, no topo do recipiente, o qual se encarrega de destruir a espuma. Em sistemas mais

* Refere-se à classificação do *trap* VOCARB 3000 adotado pela empresa OI Analytical®.
† Produto desenvolvido e registrado pela empresa Restek® (www.restek.com).
‡ Agente antiespumante à base de emulsão de silicone, o número é referente à designação usada pela empresa Dow Corning®.

simples, uma opção é o uso de um recipiente de purga de 25 mL com apenas 5 mL de amostra, de maneira que a parede aquecida do recipiente encarregue-se de reter e destruir a espuma, a inserção de um chumaço de lã de vidro ou quartzo desativada no topo do recipiente de purga para auxiliar na destruição e retenção da espuma, ou ambos.

Durante as etapas de purga e dessorção por preaquecimento, o gás de arraste do sistema cromatográfico passa pela válvula de seis pórticos e é direcionado diretamente para a porta de injeção do GC.

6.5.4.2 Purga seca ("dry purge")

Depois do tempo de purga, o mesmo gás pode ser passado diretamente através do *trap*, sem contato com a amostra, sendo essa etapa chamada de purga seca. O propósito dessa etapa é retirar a água (e eventualmente metanol) que se acumula no *trap* durante a purga. Essa purga seca é geralmente efetuada por 1 a 2 minutos e é efetiva apenas para *traps* preenchidos com materiais hidrofóbicos. Geralmente métodos usando *traps* contendo sílica-gel não contemplam a etapa de purga seca, uma vez que essa é ineficaz para esse material.

6.5.4.3 Dessorção por preaquecimento ("desorb preheat")

Nessa etapa, o gás é desligado e o *trap* é aquecido até 5 °C abaixo da temperatura definida para a etapa de dessorção. O preaquecimento facilita a liberação dos analitos aderidos no *trap*, fazendo com que sejam eluídos em uma banda mais estreita em direção ao sistema cromatográfico. No caso da existência de água, o vapor gerado pode criar um pulso de pressão, também favorecendo a focalização dos analitos.

6.5.4.4 Dessorção ("desorb")

Uma vez que o sistema atinge a temperatura desejada para o preaquecimento, a válvula é girada e o gás de arraste (e dessorção) encarrega-se de levar os analitos do *trap* em direção ao GC. Ao mesmo tempo o *trap* é rapidamente aquecido à temperatura de dessorção. O tempo de dessorção é geralmente de 1 a 4 minutos e o gás passa pelo *trap* no sentido contrário ao de purga (*backflush*). A vazão deve ser alta (> 20 mL/min). para que os picos sejam estreitos, porém a vazão precisa ser compatível às condições de análise e configuração do GC. De fato, o sistema responsável por controlar a vazão de dessorção é o próprio cromatógrafo. O valor nominal usado depende das dimensões da coluna, da espessura do filme, e do uso ou não de refocalização dos analitos (aprisionamento criogênico) ou divisão da amostra injetada (*split injection*).

A vazão típica em colunas de 0,53 mm ID é de 8 a 10 mL/min, de maneira que a vazão de dessorção precisa ser ajustada para uma transferência sem divisão (*splitless*). Atualmente, para acoplamento eficiente ao GC-MS, são requisitadas vazões de 1 a 2 mL/min, usando-se colunas de 0,18 a 0,32 mm ID. A essas vazões, uma alternativa para obter-se o máximo de sensibilidade, aproveitando toda a massa dos analitos dessorvidos, é o uso de focalização criogênica, o que requer a instalação de um acessório no cromatógrafo e faz uso de nitrogênio ou dióxido de carbono líquido, além de tornar as análises um pouco mais longas.

Com o desenvolvimento de colunas mais curtas e eficientes de GC, atualmente a condição de escolha para as análises tem sido o uso de colunas de 0,18 mm ID, 20 metros de comprimento e filme de 1 µm. Essas colunas podem ser operadas no modo *split* a uma vazão de aproximadamente 1 mL/min gerando picos cromatográficos bastante estreitos. Nessas condições pode-se ajustar uma taxa de *split* para que a vazão total de dessorção seja a ideal, em torno de 40 mL/min. Desse modo, a velocidade de dessorção e transferência resulta em picos mais estreitos e com melhor relação sinal/ruído no detector. De fato, uma comparação com um método usando a metade da taxa de *split* (ou seja, o dobro da massa transferida à coluna) geralmente resulta em picos menos intensos, uma vez que a dessorção a uma vazão mais baixa do que a ideal (aproximadamente a metade) causa um alargamento demasiado dos picos.

Outra vantagem do uso dessas colunas é que o tempo de análise em GC pode ser bastante reduzido, sem prejuízo da separação. Essa situação faz com que a etapa de P&T passe a ser a limitante no tempo total de análise. Assim, existe dispositivo no mercado que permite o acoplamento de dois sistemas automatizados de P&T a um mesmo GC. Dessa forma, o GC opera sem tempo ocioso entre as análises, enquanto os sistemas de extração alternam-se entre si.

6.5.4.5 Recondicionamento do trap ("trap bake")

Ao término do tempo de dessorção a válvula retorna à posição de purga e o GC é isolado do sistema de extração, para concluir a etapa de separação cromatográfica. Nesse momento o *trap* é aquecido a uma temperatura de recondicionamento (*trap baking*) de 10 a 20 °C acima da temperatura de dessorção. Assim o gás inerte atravessa o *trap* por 6 a 10 minutos, para a completa remoção de analitos remanescentes e eventuais contaminantes altamente retidos, de maneira a evitar-se o efeito de memória em análises subsequentes (*carryover*).

Ao findar essa etapa, o sistema tem que ser resfriado para que a próxima amostra seja analisada. É importante lembrar que em sistemas totalmente automatizados, durante essas etapas, o amostrador encarrega-se de drenar a amostra antiga, lavar o recipiente de purga e adicionar a novas amostras; de maneira que ao fim do ciclo uma nova amostra esteja pronta para ser extraída.

A Tabela 6.2 apresenta um resumo dos *traps* mais usados e as suas condições genéricas de uso.

6.5.5 Acoplamento do sistema de P&T ao GC

O acoplamento do sistema de P&T ao GC pode ser feito diretamente à coluna, ao injetor convencional, ou pela substituição por um injetor miniaturizado. A primeira opção geralmente requer que toda a massa dessorvida seja carregada na coluna. Nesse arranjo o tubo de transferência dos analitos dessorvidos é encaminhado pelo corpo do injetor até ser conectado ao início da coluna, dentro do forno. Deve-se verificar nesses casos a compatibilidade entre as dimensões da coluna, tipo de fase e a programação de dessorção. Para um adequado perfil cromatográfico

Tabela 6.2 Descrição e principais condições de uso dos *traps* mais comuns em análises por P&T

Descrição	Designação	Purga seca	Preaquecimento (°C)	Dessorção (°C)	Recondicionamento (°C)
24 cm Tenax®	A	Sim	175	180	200
15 cm Tenax® / 8 cm sílica-gel	B	Não	175	180	200
8 cm Tenax® / 7,7 cm sílica-gel / 7,7 cm carvão ativado	C	Não	175	180	200
16 cm Tenax® / 7,7 cm carvão ativado	D	Sim	175	180	200
7,6 cm Carbopack® B / 1,3 cm Carbosieve® SIII	H		245	250	260
8,5 cm Carbopack® C / 10 cm Carbopack® B / 6 cm Carboxen® 1000 / 1 cm Carboxen® 1001	I (VOCARB® 4000)	Sim	245	250	260
7,7 cm Carbopack® C / 1,2 cm Carbopack® B	J (BTEXTRAP®)	Sim	245	250	260
10 cm Carbopack® B / 6 cm Carboxen® 1000 / 1 cm Carboxen® 1001	K (VOCARB® 3000)	Sim	245	250	260

alguma estratégia de refocalização dos analitos precisa ser executada, por exemplo, coluna fria ou focalização criogênica. A conexão direta à coluna não é tão usual, até mesmo porque se perde a opção de usar-se a injeção diretamente no injetor do instrumento.

Uma opção existente para alguns modelos de GC é a possibilidade de substituição de todo o injetor convencional por outro miniaturizado, especialmente desenhado para otimizar o processo de transferência dos analitos do sistema de P&T para o GC. Nesse sistema os volumes são reduzidos, evitando-se uma exagerada dispersão da banda cromatográfica transferida. Apesar de o sistema permitir a injeção através de um septo, há certo comprometimento da operação, uma vez que o injetor não é otimizado para esse tipo de operação.

O acoplamento mais simples de ser feito, e que não depende de grandes ajustes ou acessórios especiais, é a conexão diretamente ao injetor convencional do GC. Nesse caso recomenda-se o uso de um *inlet liner* do tipo direto (*straight design*), com um diâmetro interno de aproximadamente 1 mm (não mais do que 2 mm) para evitar o alargamento dos picos. Outra sugestão oferecida por alguns especialistas seria o fechamento da purga do septo, para evitar-se a perda dos analitos mais voláteis.

6.5.6 Remoção da umidade em P&T

A adoção de cuidados quanto à redução da umidade arrastada pelo gás no processo de purga é importante, de uma maneira geral, e imprescindível em alguns casos. Sem um adequado controle, a água proveniente do *trap* poderá entrar no sistema de cromatografia gasosa em abundância, causando problemas. A presença de água traz perda da eficiência da coluna para alguns compostos, bem como interfere na resposta e desempenho de alguns detectores, tais como MS e PID (*photo ionization detector*), podendo causar picos distorcidos nos cromatogramas. O detector ECD (*electron capture detector*), por sua vez, é praticamente incompatível com a presença de umidade, podendo ter o seu funcionamento comprometido. Adicionalmente, o excesso de água em colunas capilares que fazem uso de focalização criogênica pode levar à formação de gelo no interior da coluna, causando completa obstrução e consequente falha no funcionamento do sistema de cromatografia.

A purga seca, apresentada anteriormente, consiste em uma das formas de reduzir-se a quantidade de água retida no *trap*. Apesar de reduzir efetivamente a quantidade de água em *traps* hidrofóbicos, ela é ineficaz na presença de *traps* contendo sílica-gel. Da mesma forma, alguns materiais do *trap* retêm resquícios de água em seus poros, apesar da etapa de purga seca.

Uma forma de tentar-se reduzir a transferência de umidade ao *trap*, e que pode ser adotada em qualquer sistema de P&T, consiste no emprego de um recipiente de purga de 25 mL, com apenas 5 a 10 mL de amostra. Dessa forma uma parte da água evaporada recondensa na parte superior do recipiente, ficando impedida de chegar ao *trap*.

Um dispositivo instrumental encontrado em diversos sistemas de P&T com a finalidade de reduzir a transferência de umidade ao GC é chamado de MCS (*moisture control system*) (Figura 6.12). Na prática, trata-se de um condensador de material inerte, que se comporta como um ponto resfriado ao longo da linha aquecida de transferência, fazendo com que a água seja retida na forma líquida. Durante o processo de purga o MCS é mantido aquecido a aproximadamente 110 °C, para que a água proveniente da amostra passe junto aos analitos e vá até o *trap*. No momento da dessorção o MCS é então resfriado. Se a temperatura do MCS é regulada de maneira a atingir-se o ponto de orvalho da água, o vapor de água arrastado em *backflush* rumo ao GC formará uma fase estacionária aquosa ao longo das paredes do dispositivo, por onde a maior parte dos analitos voláteis passa incólume. Por exemplo, BTEX e hidrocarbonetos halogenados voláteis não são afetados, enquanto analitos mais polares, em moderadas temperaturas, podem sofrer apenas um pequeno atraso na transferência. Todavia, a análise de cetonas e alguns outros compostos polares semelhantes têm a sua eficiência bastante prejudicada, recomendando-se evitar o uso do MCS se esses compostos forem o alvo da análise. Ao término da dessorção e transferência dos analitos, o dispositivo de condensação do MCS é novamente aquecido e a umidade retida é ventilada para fora do instrumento (simultaneamente ao processo de recondicionamento do *trap*). Atualmente existem dispositivos diferenciados, com essa finalidade de controle de umidade. Um dos dispositivos existentes baseia-se no uso de um condensador de umidade associado a um arranjo em ciclone.[13] O uso é análogo ao dos MCSs convencionais, proporcionando uma eficiente remoção do líquido, o qual é recondensado e separado do gás. Volumes inferiores a 0,25 μL são relatados como transferidos ao GC, mesmo sem o uso prévio de uma etapa de purga seca.

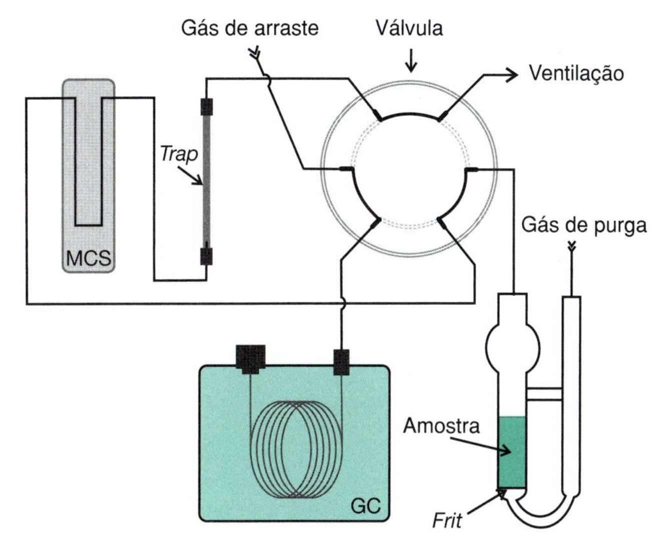

Figura 6.12 Diagrama esquemático de um sistema de P&T contendo um dispositivo MCS para a remoção da umidade proveniente do *trap*.

6.6 Considerações finais

Neste capítulo apresentaram-se as características principais da análise por *headspace*, com intuito de permitir-se algum conhecimento sobre o seu funcionamento, as suas diferentes abordagens e suas potenciais aplicações. O funcionamento e os procedimentos envolvidos na análise por *headspace* no modo estático foram relativamente detalhados, fornecendo-se uma compreensão fundamental sobre essa modalidade, a qual possui inúmeras peculiaridades e possibilidades de variação em sua aplicação. Para uma melhor compreensão sobre os fundamentos da técnica, as influências dos principais parâmetros sobre a análise foram apresentadas e discutidas. De maneira geral, esses parâmetros são válidos para a análise HS como um todo, apesar de afetarem mais a modalidade estática, em alguns casos, sendo tratados à luz dessas particularidades. Por fim, a técnica de P&T, a qual possui características mais instrumentais, também foi apresentada, destacando-se o seu princípio de funcionamento, os requisitos para um bom aprisionamento dos analitos, e os procedimentos gerais e principais cuidados envolvidos em aplicação. Literatura adicional, para maior aprofundamento nas diferentes modalidades de análise HS, pode ser encontrada na Bibliografia sugerida.

Como comentários gerais, tanto a modalidade estática quanto a dinâmica são facilmente automatizadas, existindo inúmeras soluções comerciais. Porém, a modalidade estática pode ser manualmente implantada em alguns casos usando-se apenas uma seringa e frasco apropriados à manipulação de gases; enquanto a P&T é mais dependente de alguma instrumentação dedicada, por mais que não se venha a requerer uma completa automatização da análise.

O modo estático é bastante apropriado a amostras contendo altas concentrações dos VOCs de interesse, enquanto a P&T facilita análises de concentrações bem baixas dos VOCs. Análises estáticas também podem permitir baixos limites de detecção, porém passam a requerer a injeção de grandes volumes, em uma ou múltiplas etapas, e instrumentação especial para a refocalização dos analitos. Em geral, quantificações no modo estático tendem a ser mais dependentes das características da matriz, demandando cuidados apropriados no tratamento da amostra e estratégias de calibração.

Enquanto analitos com baixa partição na matriz podem permitir alta eficiência de amostragem no modo estático, analitos com alta partição são mais complicados de analisar. Essa limitação, por conta das particularidades da P&T, é bem menos evidente nessa técnica e esses compostos são analisados com eficiência bem superior.

Apesar da técnica de P&T arrastar bastante umidade da amostra, o procedimento de purga seca e o uso de um dispositivo MCS reduz drasticamente a quantidade de água que chega ao GC. Por outro lado, geralmente nenhum cuidado para essa remoção de umidade é tomado no modo estático, podendo a água introduzida no GC causar algum problema.

Algumas das desvantagens inerentes à P&T envolvem a formação de espuma em algumas amostras, a necessidade de boa limpeza do recipiente de purga e recondicionamento adequado do *trap* para evitar efeito de memória entre as análises, e risco de perda dos analitos por saturação do *trap* em amostras altamente concentradas e muito complexas.

Referências bibliográficas

[1] KOLB, B.; ETTRE, L.S. **Static headspace-gas chromatography: theory and practice**. 2. ed. John Wiley & Sons, Inc.: Hoboken, NJ, 2006.

[2] SETO, Y. **J. Chromatogr. A**, 674: 25, 1994.

[3] OLIVEIRA, D.P. Headspace em toxicologia analítica. In: MOREAU, R.L.M.; SIQUEIRA, M.E.P.B. (Org.). **Toxicologia analítica**. Rio de Janeiro: Guanabara Koogan, 2008.

[4] SLACK, G.C.; SNOW, N.H.; KOU, D. Extraction of volatile organic compounds from solids and liquids. In: MITRA, S. (Org.) **Sample preparation techniques in analytical chemistry**, Volume 162, Hoboken, NJ: John Wiley & Sons, Inc., 2003.

[5] CORRÊA, C.L.; PEDROSO, R.C. **J. Chromatogr. B**, 704: 365, 1997.

[6] ROSS, C.F. 2.02 – Headspace analysis. In: PAWLISZYN, J. (Org.) **Comprehensive sampling and sample preparation**, Oxford: Academic Press, 2012.

[7] PENTON, Z.E. Headspace gas chromatography, In: PAWLISZYN, J.; LORD, H.L. Handbook of sample preparation, Hoboken, NJ: John Wiley & Sons, Inc., 2010.

[8] VITENBERG, A.G.; KALACHEVA, N.I. **J. Chromatogr. A**, 368: 21, 1986.

[9] ETTRE, L.S. *Headspace — gas chromatography*. In: ROUSEFF, R.; CADWALLADER, K. **Headspace analysis of foods and flavors**, Volume 488, New York: Springer, 2001.

[10] TELEDYNE TECHNOLOGIES INC. 2011. **Comparison of BTEXS in Olive Oils by Static and Dynamic HT3 Headspace**. Nota de Aplicação. 8 p., <http://www.teledyne-tekmar.com/resources/app_notes/VOC/ht3/Comparison_of_BTEXS_Olive_Oils.asp>, acesso em: 09/08/2013.

[11] TELEDYNE TECHNOLOGIES INC. 2011. **Stratum – Purge and Trap Concentrator**. Catálogo/Brochura. 6 p., http://www.teledynetekmar.com/products/VOC/Stratum/documentation/Stratum_Product_Brochure.pdf>, acesso em: 27/07/2013.

[12] SHERIFF, J. et al. **EST Analytical. Evaluation of various traps used in purge and trap systems for USEPA 8260 analysis**. Nota Técnica. <http://www.estanalytical.com/pub/docs/Evaluation%20of%20Various%20Traps%20for%208260%20Analysis.pdf>, acesso em: 27/07/2013.

[13] XYLEM INC. OI ANALYTICAL. 2005 **How does the cyclone water management fitting (WMF) work?** Apresentação. 4 p., <http://www.oico.com/documentlibrary/2360pres.pdf>, acesso em: 27/07/2013.

Bibliografia sugerida

HÜBSCHMANN, H.J. Fundamentals. In: HÜBSCHMANN, H.J. **Handbook of GC/MS**, Weinheim: Wiley-VCH Verlag GmbH & Co. KGaA, 2008.

KOLB, B., ETTRE, L.S. **Static headspace-gas chromatography: theory and practice**, 2 ed. Hoboken: John Wiley & Sons, Inc., 2006.

RESTEK CORP. 2003 **Optimizing the analysis of volatile organic compounds**. Guia Técnico. 72 p., <http://www.restek.com/Technical-Resources/Technical-Library/General-Interest/59887B.PDF>, acesso em: 27/07/2013.

ROSS, C.F. 2.02 – Headspace analysis, In: Pawliszyn, J. **Comprehensive sampling and sample preparation**, Oxford: Academic Press, 2012

Filtração e diálise

7

Vanessa Bergamin Boralli Marques

7.1 Introdução

A separação por membranas é utilizada em inúmeros processos industriais, em diferentes áreas, como química, petroquímica, ambiental, farmacêutica, tratamento de águas, entre muitas outras. As suas aplicações incluem desde a hemodiálise, osmose inversa para remoção do sal da água do mar, ultrafiltração para concentrar as proteínas presentes em diversos alimentos (como queijo, leite etc.) e microfiltração para esterilizar produtos médicos e farmacêuticos, cerveja, vinho e outros tipos de bebidas. O baixo custo associado a este tipo de separação, assim como seu baixo consumo de energia, implicam no elevado número de aplicações para separações com membranas.[1]

O processo de diálise foi referido pela primeira vez em 1881 por Graham, que utilizava papel de pergaminho como membrana. As suas experiências basearam-se nas observações efetuadas pelo professor W.G. Schmidt, que demonstrou que as membranas animais eram menos permeáveis a soluções coloidais do que a açúcar ou sal. Nos 100 anos seguintes, este processo de separação tornou-se uma técnica laboratorial muito usada para purificação de pequenas quantidades de solutos, e em alguns casos é utilizada em escala industrial.[1]

Realçando a utilização de diálises a nível laboratorial, foi nos anos 1950 que este processo de separação ganhou popularidade, e vários artigos se referiam à diálise como uma ferramenta de ponta, que os investigadores podiam utilizar em misturas complexas, como biomacromoléculas. Existem duas grandes diferenças entre a diálise aplicada hoje em dia e a de antigamente: o tempo de preparação da membrana e a quantidade de perda de amostra diminuíram consideravelmente.[2]

A escolha do processo de separação para uma finalidade sofre influência de diversos fatores, sendo estes: a natureza dos solutos, o grau de separação necessário e o volume de solução a ser tratada, sendo as vantagens das separações que utilizam membranas além do baixo consumo de energia e a ampla faixa de temperaturas nas quais o processo pode ser realizado. Estes podem ocorrer em faixas que variam de 0 a 80 °C, dependendo da resistência térmica da solução e da membrana. As baixas temperaturas de operação da ultrafiltração permitem que soluções biológicas termolábeis sejam tratadas sem que os constituintes sejam degradados ou quimicamente alterados. Isto se torna extremamente adequado para plasma (que é termolábil), além de poder ser aplicado à concentração de certas enzimas.[2,3]

Ainda, várias áreas em especial têm interesse em análises de compostos encontrados em fluidos biológicos. São estas: ambiental, farmacêutica, análises clínicas, medicina legal, entre outras. Estes analitos em questão geralmente estão muito diluídos nas matrizes em que se encontram ou há incompatibilidade das matrizes nos sistemas que analisam os analitos, sendo então requerido um pré-tratamento da amostra. As técnicas de extração e/ou pré-concentração permitem que a análise dos componentes de interesse se torne possível.[3,4] A meta final é a obtenção de uma subfração da amostra original enriquecida com as substâncias de interesse analítico, de forma que se obtenha uma separação cromatográfica livre de interferentes, com detecção adequada e um tempo razoável de análise.[5]

7.2 Fundamentação teórica

Os processos de separação com membranas são operações que utilizam membranas para separar, concentrar e/ou purificar misturas e soluções envolvendo espécies de tamanho e natureza química diferentes.

De maneira geral, uma membrana é uma barreira seletiva entre duas fases, conforme mostra a Figura 7.1, sendo que a fase 1 é chamada de doadora e a fase 2 de receptora. A separação é obtida devido à capacidade da membrana de transportar alguns componentes da fase doadora para a receptora mais rapidamente que outros.[2,3]

Em geral a membrana nunca é uma barreira semipermeável perfeita. Através de aplicação de uma força, quando tentamos fazer a separação com membranas, o fluxo

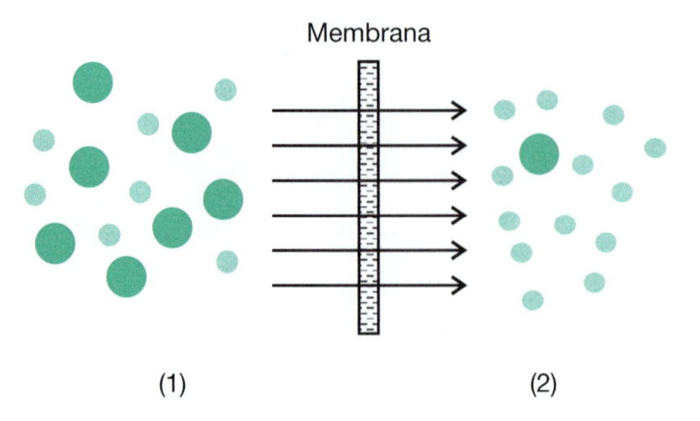

Figura 7.1 Esquema de uma membrana: (1) fase doadora; (2) fase receptora.

da amostra é separado em duas novas correntes: o permeado (que passou pela membrana) e o concentrado (parte que não passou pela membrana) conforme Figura 7.2.

No que tange à morfologia das membranas, estas podem ser porosas ou densas e, ainda, simétricas ou assimétricas. Em processos que utilizam membranas porosas, a separação está diretamente relacionada ao tamanho do analito e ao tamanho do poro na membrana. As membranas densas têm sua capacidade seletiva dada em função da afinidade dos diferentes analitos com o material da membrana e da difusão dos mesmos através do filme polimérico.[6]

O fenômeno que ocorre quando uma espécie passa através de um meio é chamado de permeação. Se existir um gradiente de concentração no sistema, o movimento individual dos solutos causa um movimento orientado dos locais de maior concentração para o de menor concentração, até ser atingido um estado de equilíbrio em que a distribuição de soluto é uniforme.[2,3,6]

Os mecanismos envolvidos na permeação baseiam-se em forças dirigidas: diferença de concentração, diferença de potencial elétrico ou diferença de pressão. Neste capítulo serão descritas apenas as técnicas que levam ao fluxo molecular baseadas em forças dirigidas de concentração (diálise) e de pressão (ultrafiltração), pois são encontradas pouquíssimas aplicações em amostras biológicas da técnica baseada em diferença de potencial elétrico (eletrodiálise) além da não aplicação para uso em análises de rotina.[7-9]

7.3 Metodologia

7.3.1 Diálise

Na diálise, os solutos difundem do lado doador para o lado receptor da membrana como resultado de um gradiente de concentração, e esse procedimento é principalmente utilizado para a separação de solutos de massa molar baixa dos de massa molar alta.

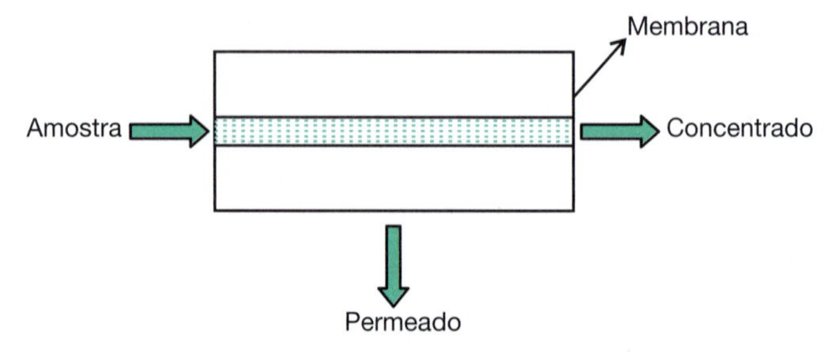

Figura 7.2 Representação de um processo de separação com membrana.

Dessa maneira, a diálise é considerada o método de escolha para avaliação de extensão de ligação a proteínas. Mesmo assim, existem várias desvantagens associadas a este método. Dentre elas podemos citar que o tempo necessário para estabelecer o equilíbrio pode levar horas. Neste caso, para não influenciar a taxa de ligação em plasma, o mesmo deve ser mantido a 37 °C, favorecendo o crescimento microbiano e possivelmente levando nas concentrações de proteína e analito e sua ligação à proteína plasmática.[8,9]

Uma grande vantagem da diálise consiste no fato que o problema da adsorção do analito à membrana de separação pode ser contornado medindo as concentrações em cada lado da membrana. Se a adsorção existir, esta reduz as concentrações em ambos os lados, mas quando o equilíbrio for alcançado, a concentração do analito não ligado será a mesma dos dois lados da membrana (Figura 7.3). Sendo assim, é possível calcular a fração livre e a fração ligada e relacioná-las à concentração inicial do analito em plasma.[9]

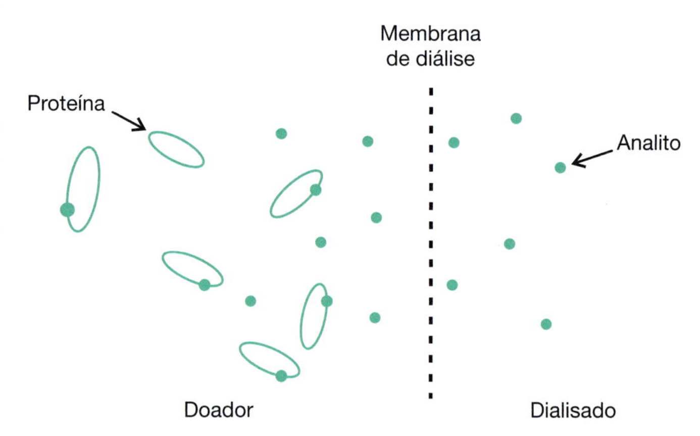

Figura 7.3 Representação esquemática do equilíbrio em ambos os lados da membrana.

Normalmente, a diálise em escala laboratorial é feita utilizando sacos de diálise, que depois de amarrado nas duas pontas, flutua em uma solução tampão (Figura 7.4). Os dois pontos principais em relação à escolha da membrana são o diâmetro desta e o tamanho nominal do poro da membrana, também denominado *cut-off* ou MWCO (*molecular weight cut-off*). O MWCO de uma membrana é baseado no tamanho das moléculas que não conseguem atravessar a membrana. Desta maneira, deve-se escolher uma membrana com *cut-off* significativamente abaixo do peso molecular da proteína presente na solução a dialisar. Membranas com cortes de 100 a 500.000 dáltons são comercialmente disponíveis. A espessura da membrana é normalmente de 10 a 200 μm.[9]

Existem métodos para pré-preparar a membrana de diálise de modo a remover os compostos químicos utilizados na sua obtenção. É adequado que esta seja lavada com a solução a ser utilizada para a diálise. O fato de dar dois nós na preparação do saco de diálise, reduz a perda das substâncias que devem ficar retidas no saco.[1,2]

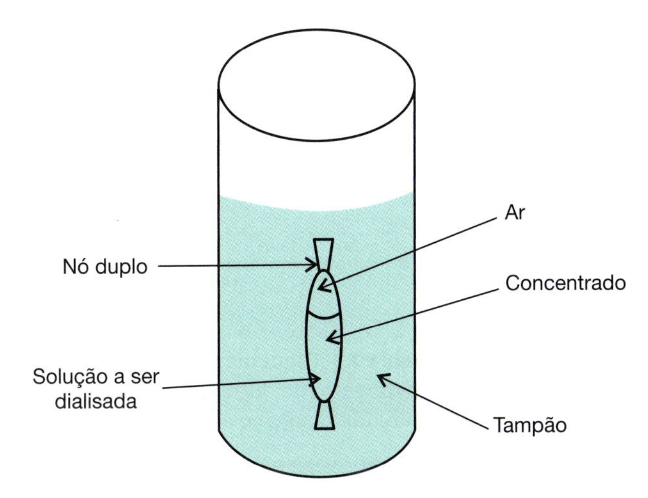

Figura 7.4 Esquema da execução experimental de diálise em saco.

É importante deixar algum ar para expansão no saco de diálise, pois haverá entrada de volume elevado da solução de diálise no saco. Se este cuidado não for tomado, a expansão pode causar danos no saco e inviabilização do processo de separação.

A relação volume de concentrado/permeado é um parâmetro importante a ser analisado, e é favorável ao processo que o volume do permeado seja consideravelmente superior. Para maior eficiência, deve-se utilizar um volume de dialisado 200 vezes maior que o volume da amostra. Ocorre a difusão dos analitos que conseguem permear a membrana de diálise devido à força motriz causada pela diferença de pressão osmótica da solução exterior e interior, ou seja, que existe nas duas interfaces da membrana. Não há transporte das macromoléculas que, devido ao seu tamanho, não conseguem permear a membrana, ficando retidas no concentrado.[12]

Para a obtenção de recuperações elevadas por unidade de tempo, deve-se ter uma membrana com grande área superficial, um grande coeficiente de difusão, uma camada fina e uma baixa tortuosidade. Entretanto, a maior desvantagem desta técnica é que, com o aumento do tempo, o gradiente de concentração e, consequentemente, o fluxo decrescem lentamente até se tornarem zero. Para resolver esta questão, trocas da solução externa ao saco de diálise podem ser realizadas, para criar novamente diferença de pressão osmótica, até que a remoção do analito atinja valores desejáveis. A agitação do sistema também aumenta a taxa de diálise, sendo que com agitação, 90 % do equilíbrio pode ser atingido em 2 a 3 horas.

No final do processo de diálise, podem-se amostrar pequenas alíquotas no dialisado para quantificação e também se pode amostrar o saco de diálise. Para isso, o mesmo deve ser cortado.

Em estudos para avaliação de porcentagem de ligação de determinado analito a proteína plasmática, dentro do saco de diálise haverá analito ligado à proteína e livre. Dessa maneira, assume que esta é a concentração C_g, e no dialisado teremos somente a fração livre, que é C_f. Podemos determinar a porcentagem de ligação à proteína através do seguinte cálculo:

$$\text{Fração livre} = \frac{C_f}{C_t}$$

A concentração total do analito ligado à proteína é $(C_t - C_f)$ e desta maneira a fração ligada, denominada β é dada por:

$$\beta = \frac{(C_t - C_f)}{C_t}$$

Na transferência do analito para o dialisado, pode ocorrer perda deste, por adsorção do mesmo na membrana. Sendo assim, C_t não será a mesma da concentração inicial em plasma. Sabe-se que a fração ligada não tem alterações significativas com estas alterações na concentração total, então a fração não ligada do analito, presente originalmente no plasma pode ser calculada pela equação acima.[12]

Amostras que tenham compostos termolábeis, como proteínas, devem ter cuidado com fatores como temperatura do processo. Um procedimento simples e eficaz para dialisar amostras proteicas com estabilidade é descrito abaixo:

1º Molhar ou preparar adequadamente a membrana segundo as instruções.
2º Colocar a amostra no saco de diálise ou dispositivo.
3º Dialisar por 1-2 horas à temperatura ambiente.
4º Trocar o tampão de diálise e manter o processo por mais 1-2 horas.
5º Trocar o tampão de diálise e manter a diálise por 12 horas a 4 °C.

Como desvantagens no método, além da baixa velocidade do processo, as recuperações são de somente 50 % para volumes iguais de doador e receptor, pelo motivo de estabelecimento de equilíbrio que rege este processo. A utilização é adequada quando a concentração do analito é alta ou quando não há problemas de detectabilidade no método final de quantificação.[2,13]

Polímeros hidrofílicos são os mais utilizados como material para diálise, especialmente celulose regenerada e acetato de celulose, que são manufaturados em diferentes configurações, são resistentes a vários modificadores orgânicos e podem ser encontrados no intervalo de pH de 2 a 8. Entretanto, estes materiais não são muito estáveis química e termicamente e estão sujeitos a ataques de bactérias. Tem sido mostrado também que essas membranas interagem com diversas classes de solutos orgânicos em soluções aquosas.[9]

7.3.2 Ultrafiltração

A ultrafiltração é um processo de separação por membranas onde a força motriz empregada na separação é a pressão. Tem as mais variadas aplicações, desde separação de macromoléculas biológicas até o tratamento das águas. A *performance* de um sistema de filtração com força motriz regida por pressão, como a ultrafiltração, é função da taxa de filtração, do fluxo na membrana e das propriedades de separação da membrana. Baseados no tamanho do poro, as membranas podem ser subdivididas em hiperfiltração ou osmose reversa (0,1-1 nm), ultrafiltração (1-100 nm) e microfiltração (100-1000 nm).[11]

A ultrafiltração é mais conveniente e rápida que a diálise de equilíbrio, mas a concentração de proteínas no

Filtração convencional

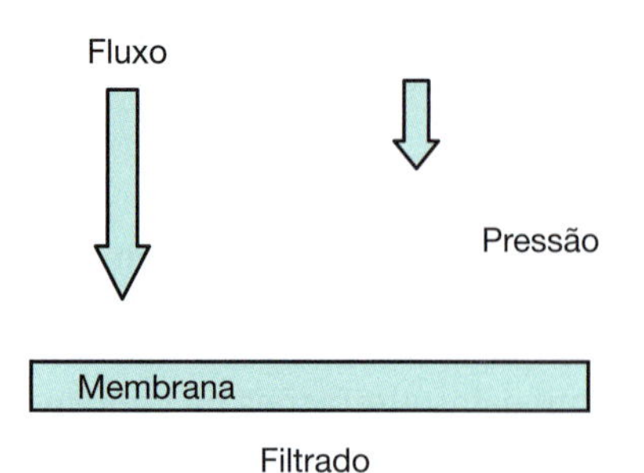

Filtração tangencial

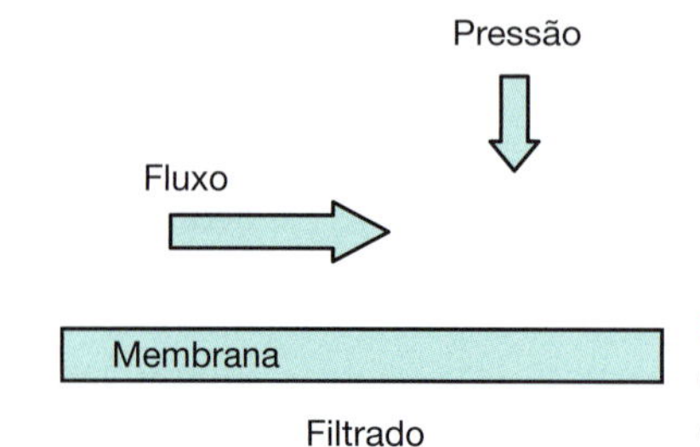

Figura 7.5 Esquema comparativo do procedimento de filtração convencional e com fluxo tangencial.

não filtrado aumenta durante a filtração, potencialmente aumentando a proporção do analito ligado.

Uma das principais características deste processo é que a filtração pode ser tanto tangencial, além da operação convencional, ou seja, com escoamento perpendicular à membrana (Figura 7.5).

Na filtração tangencial, utilizada principalmente em escala industrial, a solução escoa em paralelo à superfície da membrana. Dessa maneira, o fluido é bombeado tangencialmente ao longo da superfície da membrana, fazendo com que os componentes que serão retidos não se acumulem na sua superfície.[10]

Na filtração convencional, que é a principal utilizada em ambiente laboratorial, uma solução ou suspensão é pressionada, sendo esta força motriz dada na centrifugação, por exemplo, contra a membrana, fazendo com que os solutos se depositem sobre a sua superfície e as partículas menores e água passem livremente pela membrana.[10]

Com o passar do tempo, as partículas retidas formam uma camada mais concentrada próxima à superfície da membrana, aumentando a resistência à filtração. Este processo, que é denominado polarização por concentração aumenta a resistência da passagem da água, devido à formação de uma região de maior concentração de partículas junto à superfície da membrana, reduzindo a permeabilidade e, consequentemente, o desempenho do sistema. Esta redução provoca um aumento de pressão (consumo energético) ou redução da vazão de permeado (queda da produtividade).[10,15]

A redução no fluxo em função do tempo pode ser observada na Figura 7.6, onde se percebe o comportamento exponencial, tendendo a estabilização.[14]

A ultrafiltração tem sido largamente utilizada para a remoção de proteínas e de outras macromoléculas em análises de amostras biológicas, pois tem uma série de vantagens: é uma técnica simples, as membranas são disponíveis comercialmente e não possui problemas de diluição da amostra e nem de troca de solvente.[14]

A maioria dos dispositivos utilizados na ultrafiltração em escala laboratorial é projetada para ser utilizada em centrifugação. Dessa maneira, não se deve confundir ultrafiltração com ultracentrifugação. Nesta última, como exemplo, a fração do analito ligado a proteína e fração livre são separadas em camadas, geralmente pela diferença de densidade das substâncias que se deseja separar.[15]

Existem vários dispositivos de diferentes fabricantes para ultrafiltração. Esses são compostos pelo reservatório superior, onde se coloca a amostra que se deseja separar, reservatório inferior, onde vai ser coletado o ultrafiltrado e a interface, onde fica colocada a membrana. Estes ainda podem ser descartáveis, ou autoclaváveis, colocando uma nova membrana a cada processo. Seleciona-se, de acordo com o que se quer separar, o *cut-off* da membrana e o tamanho do dispositivos. Comercialmente encontram-se dispositivos com *cut-off* variando de 10 a 50.000 dáltons e para poucos microlitros até 50-100 mililitros. A velocidade da centrífuga varia de 3000 a 4000 *g*. Valores

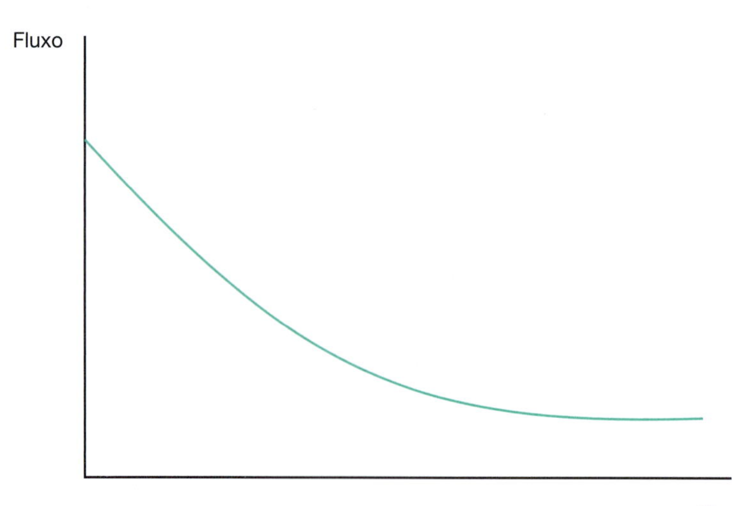

Figura 7.6 Comportamento do fluxo em função do tempo de filtração.

maiores podem levar a danos na membrana e comprometer a integridade do processo de separação.[2,3,13,14]

O uso de um rotor de ângulo fixo fornece controle ao problema da polarização. O ângulo neutraliza a acumulação de proteína retida na superfície da membrana, porque a camada densa desliza e se acumula na extremidade da membrana (Figura 7.7). No rotor em cestas, a camada de polarização é compactada ao longo de toda a superfície da membrana, restringindo o fluxo de solvente.[8]

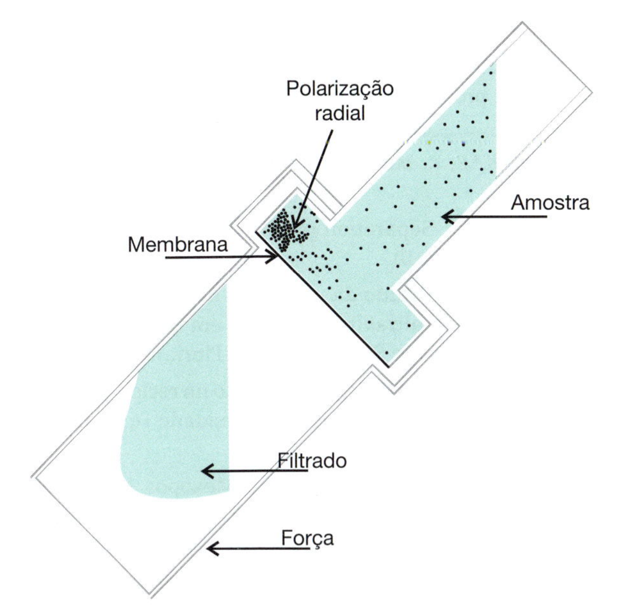

Figura 7.7 Representação de controle de polarização em dispositivo de ultrafiltração, em rotor de ângulo fixo.

Alguns solventes podem ser utilizados com a finalidade de diluir o plasma além de promover quebra de ligações entre o analito e as proteínas. Na utilização de 25 % em volume de acetonitrila, observou-se aumento de conteúdo proteico no filtrado, sem comprometer a habilidade de reter grandes proteínas. O plasma também pode ser filtrado sem diluição qualquer em condições de não desnaturação.[8]

As vantagens desse processo em comparação à diálise é que talvez seja realizado em menor tempo, e quantidades maiores do analito de interesse podem ser encontradas no filtrado, desde que aqui a força motriz seja a pressão e não o equilíbrio.[8] Além disso, as centrífugas utilizadas são simples e facilmente encontradas em vários laboratórios. A principal desvantagem se dá pelo problema da polarização. Em escala industrial, este entrave pode ser minimizado pela remoção constante destes solutos da superfície da membrana. Outro inconveniente é que pode ter interações indesejáveis das moléculas com a membrana, tais como proteína-proteína e proteína-membrana.[2]

7.4 Exemplos de aplicação da técnica

Desde seu surgimento, a diálise ganhou importância na área da saúde, e uma das suas principais aplicações hoje consiste no tratamento artificial do sangue em pacientes com insuficiência renal, denominado hemodiálise. Com isso, novos dispositivos e membranas de diálise foram desenvolvidos, e a diálise começou a ganhar relevância em outras áreas de aplicação. Hoje em dia, a diálise é um processo rotineiro usado em química de proteínas, bioquímica, biotecnologia, laboratórios de biologia molecular e indústrias que envolvem a preparação de compostos bioquímicos, por exemplo, para remover sais de soluções contendo macromoléculas como proteínas.[9,12]

A diálise tornou-se uma técnica relevante para a indústria da cerveja, no campo de redução e remoção do álcool. Existem ainda outros tipos de aplicações, como a remoção de ácidos ou bases de certos produtos. Em geral, as diálises são restritas para o uso em soluções aquosas, apesar de também poderem ser realizadas com solventes orgânicos, desde que se utilizem as membranas adequadas.[10]

A simplicidade do processo de ultrafiltração – que não conta com etapas de adição de quaisquer outros solventes, diluição da amostra, além do baixo custo das diferentes membranas comercialmente disponíveis – motiva a sua aplicação nos mais diferentes tipos de amostra. Essa técnica simples tem sido extensivamente utilizada para a separação de espécies de alto peso molecular do plasma, com base na descoberta de novos biomarcadores utilizados no diagnóstico clínico de várias patologias como tumores no pulmão, câncer em ovário, carcinoma hepatocelular, entre outros.

Uma vez que a água e os solutos de baixo peso molecular não são retidos pelas membranas utilizadas na maioria dos processos, a ultrafiltração tem sido considerada também na produção de água potável, como uma opção às metodologias clássicas.

O fato de não necessitar de temperaturas elevadas permite que a ultrafiltração seja aplicada ainda na indústria alimentícia, pois as condições do processo permitem que os alimentos mantenham suas propriedades organolépticas. É utilizada na produção de açúcar, queijos e derivados, além de ser empregada com sucesso no processamento de sucos ou polpas, pois promove a retirada de resíduos, a clarificação e concentração do produto final, dentre outras várias aplicações.

7.5 Avanços recentes da técnica

Novos avanços na nanotecnologia trazem membranas com nanoporos que separam seletivamente microrganismos e até mesmo macromoléculas de amostras complexas em uma simples filtração. Os nanoporos mais promissores são provenientes dos nanotubos de carbono, os quais permitem a formação de nanoporos controlados, permitindo filtração seletiva de pequenas moléculas, em contraste com os nanoporos tradicionais, que apresentam uma faixa grande de distribuição de forma, tamanho e superfície química.[11]

O transporte de substâncias em meios nanoporosos é de interesse tecnológico em diversas áreas. Como exemplo, podemos citar a utilização de membranas para liberação de moléculas terapêuticas como fármacos através de matrizes celulares.

Há ainda a microdiálise, uma miniaturização da técnica, que é aplicada na amostragem *in vivo* na pesquisa clínica, medicina do desenvolvimento e ciências biológicas. O sistema é composto de bomba, probe de microdiálise com membrana semipermeável na ponta e tubos coletores. Durante a amostragem o sistema é implantado dentro de algum organismo vivo, que é perfundido com soluções tampão, sendo o dialisado coletado e transferido aos tubos coletores.[18]

A microdiálise era antes empregada para análise de fármacos e neurotransmissores. Recentemente, sua aplicação foi ampliada para macromoléculas alterando a membrana, e conseguiu-se alta recuperação neste método para citocinas inflamatórias. Estas amostras depois de coletadas são diretamente transferidas para a análise em sistemas de separação por cromatografia líquida ou eletroforese capilar.[19]

Métodos de preparo de amostra robustos, simples e integrados aos equipamentos de separação, detecção e quantificação tendem a ser o alvo das pesquisas e comercialização nos próximos anos, reduzindo assim tempo de preparo e custo de processamento.

Referências bibliográficas

[1] FLANAGAN, R.J. et al. **Fundamentals of analytical toxicology**. West Sussex: John Wiley & Sons, 2007.

[2] WANKAT, P.C. **Separation process engineering**. Boston: Pearson Education, 2007.

[3] GHOSH, R. **Protein bioseparation using ultrafiltration: theory, applications and new developments**. London: Imperial College Press, 2003.

[4] LUCENA, R. et al. **J. Cromatogr. A**, 1218: 620, 2011.

[5] LUQUE-GARCIA, J.L.; NEUBERT, T.A. **J. Cromatogr. A**, 1153: 259, 2007.

[6] CHEN, Y. et al. **J. Cromatogr. A**, 1184: 191, 2008.

[7] WANG, Z. et al. **Separ. Purif. Tech**, 79:63, 2011.

[8] Application note. Millipore Technical Publications, 2000.

[9] QUEIROZ, S.C.N. et al. Quim. Nova 24:68, 2001.

[10] Pereira, I.O. **Análise e otimização do processo de ultrafiltração do soro de leite para produção de concentrado proteico**. Universidade Estadual do Sudoeste da Bahia. Itapetininga, 2009.

[11] TISHCHENKO, G. et al. Separ. Purif. Tech 30:57, 2002.

[12] FERREIRA, A.M.G. **Efeito de alta pressão na diálise de uma solução de uma proteína com sal**. Universidade de Aveiro. Aveiro, 2011.

[13] HO, W.; SIRKAR, K. **Membrane handbook**. London: Chapman & Hall, 1992.

[14] SEADER, J.E. et al. **Separation process principles**. West Sussex: John Wiley & Sons, 2010.

[15] HOFFMANN, C.M. **Estudo da utilização de concentrado proteico de soro de queijo ultrafiltrado (CPSU) em requeijão cremoso**. Universidade Federal de Santa Catarina. Florianópolis, 2003.

[16] OLIVEIRA, C.R. **Aplicação da ultrafiltração na reciclagem de água na indústria de celulose e papel**. Universidade Federal de Viçosa. Viçosa, 2003.

[17] VERMISOUGLOU, E.C. et al. **Micropor. Mesopor. Mater.** 110: 25, 2008.

[18] AO, X. et al. **Anal. Chem** 76: 2058, 2004.

[19] TORTO, N.; Mogopodi, D. **Trends Anal. Chem** 23:109, 2004.

PARTE III

Técnicas de Extração em Fase Sólida

8 Princípios da extração em fase sólida

Isabel Cristina Sales Fontes Jardim

8.1 Introdução

Embora os métodos e a instrumentação analítica tenham desfrutado grandes avanços tecnológicos nas últimas décadas, o preparo de amostra ainda permanece como uma das partes mais importantes de um protocolo analítico, sendo essencial para obtenção de resultados exatos e confiáveis. Isso ocorre devido aos fatores relacionados com a complexidade da amostra, como o seu caráter ácido, neutro ou básico; o número elevado de componentes; as estruturas químicas semelhantes; a presença de isômeros; o vasto intervalo de polaridade, altamente lipofílico até polar, e a extensa gama de concentração de analitos, que tornam difícil a eliminação de compostos indesejados presentes na matriz, os denominados interferentes. Logo, os tempos de retenção de diversos constituintes serão muito semelhantes entre si, independentemente da fase estacionária empregada, o que resultará em coeluições, as quais são, muitas vezes, impossíveis de serem detectadas e identificadas.

Uma variedade de técnicas de preparo de amostra tem sido desenvolvida, particularmente nas duas últimas décadas, com foco primário na miniaturização de tais processos.

A extração em fase sólida (SPE) é uma das técnicas mais utilizadas no preparo de amostra em análises ambientais, farmacêuticas e de alimentos, nas quais os analitos se encontram em nível de traços, μg/kg a ng/kg, sendo praticamente obrigatória a etapa de concentração dos analitos de interesse, a fim de atingir o nível de detecção do instrumento utilizado e a limpeza, para a remoção, tanto quanto possível, dos interferentes.[1] Se os interferentes não forem eliminados o resultado poderá não ser confiável. Em se tratando de determinações que fazem uso das técnicas cromatográficas, como a cromatografia gasosa (GC), a cromatografia líquida de alta eficiência (HPLC) ou a eletroforese capilar (CE), o preparo de amostra, além de evitar que os interferentes da matriz coeluam com os compostos de interesse, é importante na remoção de interferentes, para garantir a longevidade das colunas analíticas ou dos capilares, na redução das limpezas constantes no sistema de injeção e para proporcionar melhor detectabilidade.[2]

A escolha e a otimização de uma técnica adequada de preparo de amostra não são fáceis, principalmente quando matrizes altamente complexas, como os fluidos biológicos (plasma, soro, sangue total, liquor, urina), os alimentos e amostras do meio ambiente estão envolvidas. Diferentemente da microextração em fase sólida (SPME), na qual a extração se baseia em equilíbrio, a SPE é um processo exaustivo no qual, geralmente, se recupera todo o analito da matriz em uma única extração.

8.2 Fundamentação teórica

A SPE é uma técnica de extração por sorção que foi introduzida no início dos anos 1970 e está disponível comercialmente desde 1978, na forma de cartuchos descartáveis,[1,3] para suprir as desvantagens apresentadas pela extração líquido-líquido (LLE), tais como a separação incompleta das fases; as baixas porcentagens de recuperação; o uso de materiais facilmente quebráveis, como as vidrarias e o uso de grandes quantidades de solventes orgânicos. Hoje, a SPE consiste na técnica mais popular de preparo de amostra, sendo utilizada pela maioria dos cromatografistas em análises de rotina. A SPE é comumente usada para extração de amostras líquidas e fluidas e, principalmente, de analitos semivoláteis e não voláteis, porém também pode ser utilizada para amostras sólidas pré-extraídas por solventes.[4] A SPE é uma técnica de separação líquido-sólido baseada nos mecanismos de separação da cromatografia líquida de baixa pressão.

As vantagens apresentadas pela SPE em comparação com a extração líquido-líquido clássica são: menor consumo de solvente orgânico, ausência de emulsões, facilidade de automação, altas porcentagens de recuperação do analito, volumes reduzidos de resíduos tóxicos, capacidade de aumentar seletivamente a concentração do analito e disponibilidade comercial de muitos equipamentos e sorventes para SPE.[5] A SPE apresenta como desvantagens o tempo de análise elevado, os altos custos dos cartuchos e dos dispositivos comerciais multivias (*manifolds*), e, eventualmente, a dificuldade em selecionar o sorvente adequado para a aplicação desejada. Além disso, os cartuchos são utilizados uma única vez e, geralmente, há baixa reprodutibilidade entre fabricantes e também entre lotes.[6]

A SPE, na sua forma mais comum, emprega fases sólidas também denominadas sorventes, recheadas em cartuchos, nas formas de barril ou seringa.[2]

As fases sólidas ou sorventes utilizados em SPE são similares às fases estacionárias empregadas em cromatografia líquida em coluna, consequentemente, os mecanismos de separação também são similares. Os principais mecanismos são: adsorção, partição (fase normal e reversa), troca iônica e exclusão. Estes mecanismos estão associados aos processos químicos, físicos e mecânicos que atuam durante a separação.[7] Dentre as principais forças químicas e físicas que atuam entre as moléculas do analito e do sorvente destacam-se as interações de van der Waals, entre as ligações carbono-hidrogênio do analito com os grupos funcionais da superfície da sílica, no caso de fase reversa. Em fase normal, as principais interações são entre os grupos polares do analito e da fase sólida, por meio de ligações de hidrogênio, interações π-π, dipolo-dipolo, dipolo-dipolo induzido e dipolo induzido-dipolo induzido. No modo troca iônica, as interações iônicas são responsáveis pelas extrações seletivas dos analitos.[7,8]

A SPE pode ser usada para quatro importantes propósitos: extração e/ou concentração do analito, isolamento do analito, isolamento da matriz ou limpeza da amostra (*clean-up*) e estocagem da amostra.[2,7]

O primeiro propósito refere-se aos analitos que ficam retidos na fase sólida para posterior eluição. Neste caso, passa-se um volume grande de amostra pela fase sólida que retém o(s) analito(s), deixando passar o solvente e os interferentes. Em seguida, o(s) analito(s) é(são) eluído(s) com um volume reduzido de solvente, para que esteja(m) bem mais concentrado(s) que na amostra original. O fator de concentração é obtido através da razão entre o volume inicial de amostra aplicado no cartucho e o volume do extrato final. A concentração pode ser aumentada por um fator de 100 a 5000, tornando possível a análise qualitativa e quantitativa em nível de traços.[7] Esse modo de operação é muito utilizado nas análises de contaminantes emergentes em água potável, de rios, de lagos, e outras fontes, nas quais a determinação direta é inviável. Após a aplicação deste procedimento, o analito se encontrará em nível de concentração adequado para ser determinado no equipamento instrumental escolhido.[9]

O segundo modo de operação, isolamento do analito, tem como objetivo isolar o analito dos compostos interferentes presentes na matriz e não necessariamente concentrar o analito, que pode estar em uma concentração adequada para análise, como em determinações de agrotóxicos em alimentos, que são considerados matrizes complexas por conterem um número elevado de interferentes. Desta forma, a concentração e o isolamento do analito não são etapas excludentes, uma vez que podem ocorrer simultaneamente.[9]

No isolamento da matriz, os analitos são eluídos diretamente, enquanto as substâncias interferentes ficam retidas, e neste caso se tem a limpeza da amostra (*clean-up*) e não a concentração do analito.[9]

Quando a amostra a ser analisada se encontra distante do local no qual a mesma será realizada, como em análises de águas subterrânea ou superficial, emprega-se o modo de operação denominado estocagem da amostra. Neste caso, ainda no local da coleta, a amostra deve passar pelo cartucho, a fim de reter os compostos de interesse. A seguir, o cartucho contendo o(s) analito(s) é armazenado adequadamente, em temperaturas baixas, e transportado até o laboratório onde serão feitas as análises. Uma das principais vantagens deste modo de operação é evitar o transporte de volumes grandes de amostras ou de compostos lábeis e/ou voláteis, que podem ser perdidos. Neste caso, é importante realizar um estudo preliminar do tempo e da temperatura de estocagem para verificar a estabilidade dos compostos de interesse no cartucho.[9]

8.3 Metodologia

8.3.1 Formatos em SPE

Na maioria das aplicações, os dispositivos de SPE mais empregados são os cartuchos nas formas de seringa, Figura 8.1a, ou de barril, formato inicial, Figura 8.1b, devido à facilidade de manuseio, vasta disponibilidade comercial e menor custo. Um cartucho na forma de seringa típico é formado por um tubo de polipropileno ou vidro, de 1 mL a 6 mL, que contém cerca de 50 a 500 mg de fase sólida, com 40 a 60 µm de tamanho de partícula, fixa no tubo através de dois filtros de polietileno, ou de aço inoxidável, ou de politetrafluoretileno (PTFE) conhecido como Teflon, de tamanho de poros de 20 µm.[10]

Os cartuchos de SPE são oferecidos em diversos volumes e recheados com diferentes quantidades de sorventes. A escolha depende de vários fatores, como o volume de amostra, as concentrações e propriedades físico-químicas dos compostos de interesse presentes na amostra, a quantidade de interferentes e a complexidade da amostra. Entre os mais empregados estão os cartuchos contendo 200 e 500 mg de sorvente.[11]

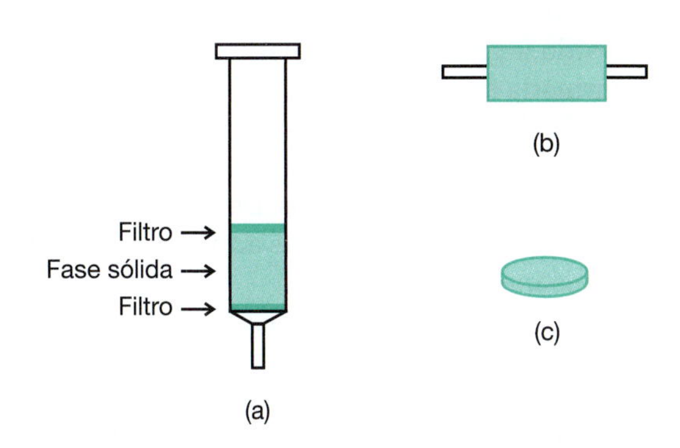

Figura 8.1 Representação dos formatos de dispositivos de extração mais empregados em SPE: (a) forma de seringa; (b) cartucho inicial na forma de barril; (c) disco.

O segundo formato de SPE mais utilizado depois do cartucho é o disco ou membrana carregada de partícula, Figura 8.1c, e o seu uso foi introduzido em meados de 1990, originalmente, para extração de compostos orgânicos de matrizes aquosas.[11]

Nos discos, as partículas ativas, com tamanho entre 5 e 12 μm e 6 nm de diâmetro de poro, são imobilizadas em uma matriz inerte e estável de microfibras de PTFE ou vidro. Um disco típico tem 47 mm de diâmetro interno, 0,5 mm de espessura e contém 500 mg de sorvente. Os diâmetros disponíveis variam de 4 a 90 mm e são definidos segundo o volume da amostra. Diâmetros de 25 a 47 mm são particularmente úteis na análise de urina, pois volumes relativamente grandes (10 a 50 mL) podem ser extraídos. Diâmetros menores são usados para a determinação de drogas em plasma e soro, na qual a evaporação não é aconselhável.[12]

Nos discos é empregada a mesma quantidade de massa extratora que nos cartuchos, 500 mg, porém, as partículas extratoras encontram-se distribuídas em uma área superficial maior, 11,34 cm^2 contra 0,95 cm^2 dos cartuchos, resultando em camadas extratoras mais delgadas, o que facilita a passagem da matriz. Além disso, os discos empregam partículas menores e mais homogêneas, o que facilita a transferência de massa do analito e deixa o leito com ausência de caminhos preferenciais, sendo as responsáveis pelo melhor desempenho dos discos. A ausência de caminhos preferenciais proporciona um fluxo uniforme, aumenta a capacidade de sorção da fase sólida, a exatidão e a precisão dos resultados. A utilização de vazões mais altas e menores volumes de solventes para remoção dos analitos, devido à espessura pequena do sorvente e sua grande área superficial, permite análises mais rápidas, com pressões menores durante a aplicação da amostra e na eluição.[12]

Entretanto, a eficiência de extração dos discos depende da etapa de condicionamento, o que torna a sua utilização mais difícil. No caso de fase reversa, o disco deve ser lavado com metanol, deixando a sua superfície úmida, pois tanto as partículas da fase sólida quanto o PTFE são hidrofóbicos. Este tratamento tende a diminuir a tensão superficial e melhorar o contato da superfície da fase sólida com a solução aquosa. A seguir, o metanol deve ser eliminado com água.[2] Como na SPE em cartuchos, a secagem dos discos na etapa de condicionamento, ou seja, antes de adicionar a amostra, deve ser evitada, pois, devido à grande área superficial, uma interface ar/água é formada facilmente, resultando em diminuição da recuperação. Devido às suas partículas serem menores, os discos estão mais sujeitos à obstrução por macromoléculas e materiais particulados. Dessa forma, é aconselhável filtrar as amostras aquosas antes da extração ou usar pré-filtros inertes.[12]

Da mesma forma que nos cartuchos, ocorre variação de desempenho entre os produtos oferecidos por fabricantes diferentes, variação entre lotes, além de possuírem custos mais elevados que os cartuchos. Para aumentar a seletividade ou a capacidade do disco, é possível utilizar a técnica de empilhamento, que consiste em empilhar vários discos de um mesmo sorvente. Assim, a capacidade aumenta e, se os sorventes forem diferentes, compostos com características diferentes serão retidos.[12]

Devido à necessidade de métodos que usem quantidades reduzidas de amostra, possuam poucas etapas de extração/concentração e não consumam um tempo excessivo, os discos estão tendo uma grande aceitação em análises biomédicas. O pequeno volume de eluição (30 a 100 μL) permite fazer a injeção direta no sistema cromatográfico.[12,10] Isso não somente elimina o tempo requerido para a evaporação do solvente, mas também evita qualquer perda devido à transferência de amostra.[5]

Na SPE, quando são empregados volumes menores de matrizes complexas, como urina, é possível utilizar os cartuchos, e para grandes volumes, como exigido nas análises de águas, os discos podem ser usados. Na área ambiental, uma das principais aplicações dos discos é a determinação de micropoluentes em água. A Agência de Proteção Ambiental dos Estados Unidos (US-EPA) aprovou o emprego da técnica de SPE, como alternativa à extração líquido-líquido, na análise de contaminantes orgânicos em água.[2]

Em ambos os formatos, a amostra, contendo os analitos, é colocada no topo do cartucho ou do disco e é pressionada levemente com uma seringa ou aspirada com vácuo, Figura 8.2a e b, respectivamente. Contudo, não é fácil controlar a vazão e é necessário tomar cuidado para impedir a secagem do cartucho ou do disco, antes da aplicação da amostra, pois pode ocorrer o problema de formação de caminhos preferenciais. Para realizar o preparo de amostra simultâneo e tornar as extrações mais rápidas, geralmente são utilizados dispositivos multivias acoplados a uma bomba de vácuo, denominados *manifolds*, conforme representado na Figura 8.2c.

O processo de extração utilizando discos também pode ser feito no mesmo sistema empregado em HPLC para filtração de solventes, no qual se passa a amostra pelo disco, sob vácuo. Os analitos são retidos e, posteriormente, são removidos com um volume adequado de solvente ou o disco é suspendido na amostra líquida, por um período de tempo controlado, sendo, em seguida seco e os analitos são dessorvidos com um solvente apropriado.[12]

Outros formatos de dispositivos estão sendo propostos com o intuito de melhorar o desempenho da SPE, principalmente facilitando a automação e diminuindo o tempo de análise, o que permite a redução de custos por análise, maior flexibilidade etc. Uma dessas variações consiste em utilizar uma mistura de cartucho e disco, Figura 8.3a. Nesse caso, o disco é colocado dentro de um cartucho de SPE e o procedimento de análise é similar àquele usado para discos, possibilitando o uso dos dispositivos e sistemas de automação empregados para cartuchos convencionais.[9] Outro formato, particularmente interessante quando análises rápidas são desejadas, uma vez que permite o uso de vazões bastante elevadas, é o cartucho contendo uma camada fina de partículas, as mesmas usadas em SPE convencional,[9] conforme mostra a Figura 8.3b.

Um formato de grande emprego nas indústrias farmacêuticas e de biotecnologia é o de placa com 96 reservatórios (96-*well SPE microliter plates*), Figura 8.3c.

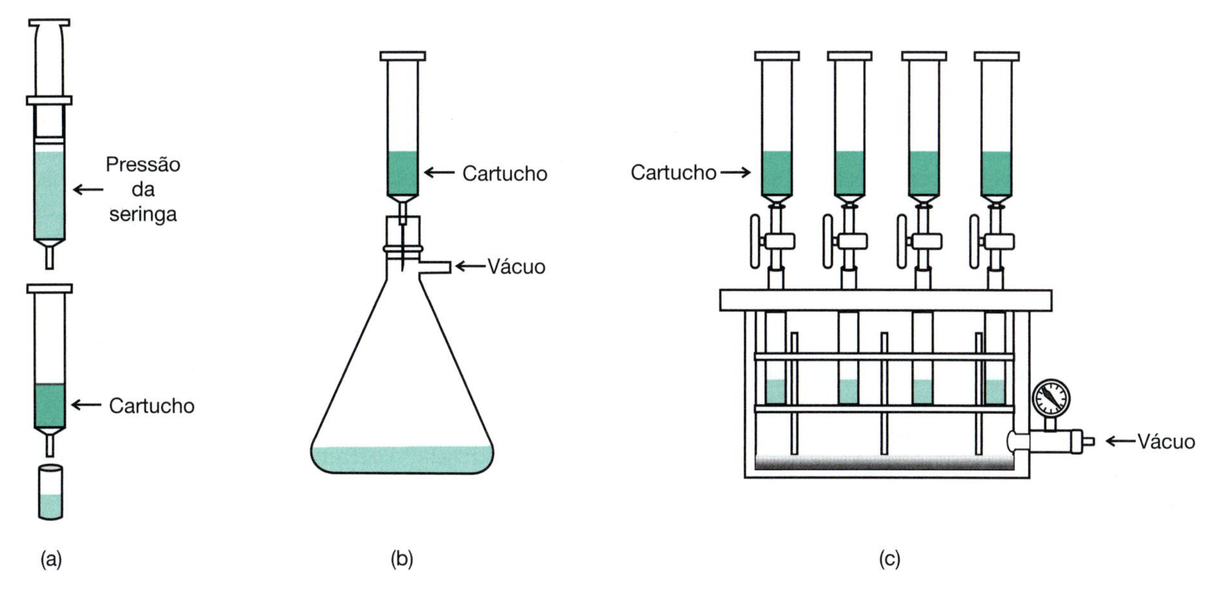

Figura 8.2 Representação das formas de passagem da amostra através do cartucho: (a) pressão de uma seringa; (b) vácuo e kitassato; (c) *manifolds*, dispositivos multivias acoplados a uma bomba de vácuo.

Elas foram mostradas pela primeira vez em 1996 e seu uso recente é atribuído a sua aceitação rápida.[10] Cada reservatório contém um cartucho recheado com camada fina de sorvente ou com um disco. Esse arranjo permite a análise simultânea de um número elevado de amostras. Uma das desvantagens deste formato é a facilidade de contaminação que pode ocorrer devido à proximidade dos reservatórios. Dessa forma, se houver vazamento ou entupimento em um deles, os demais poderão ser contaminados.

Também pode ser empregada a técnica de Extração com Pipeta Descartável (DPX – *Disposable* **P**ipette **EX**traction) que faz uso de ponteira de pipeta. A DPX consiste em um novo sistema empregado na SPE que possibilita a extração rápida de analitos a partir de soluções líquidas, combinando o uso de quantidade reduzida de solvente com recuperação elevada. A DPX é um sistema único e patenteado que foi desenvolvido pelo professor William E. Brewer, Ph.D. da Universidade da Carolina do Sul, que se tornou o dono-presidente da *DPX Labs*. A técnica DPX foi automatizada pela GERSTEL usando *Multi Purpose Sampler* MPS.[13]

A *tip*, empregada em DPX, Figura 8.3d, baseia-se em uma ponteira de pipeta volumétrica automática, contendo dois filtros e a fase sólida dispersa, ou seja, "solta" entre eles. A amostra é aspirada para o interior da ponteira da pipeta, entrando em contato direto com a fase sólida. O ar é puxado através da extremidade inferior da ponteira, assegurando um contato ótimo da amostra com a fase sólida, resultando em extração eficiente. A sucção e a expulsão da amostra e dos solventes são feitas com auxílio de uma pipeta ou seringa.

A DPX possui várias vantagens, como: não requer etapa de condicionamento, reduzindo a carga de traba-

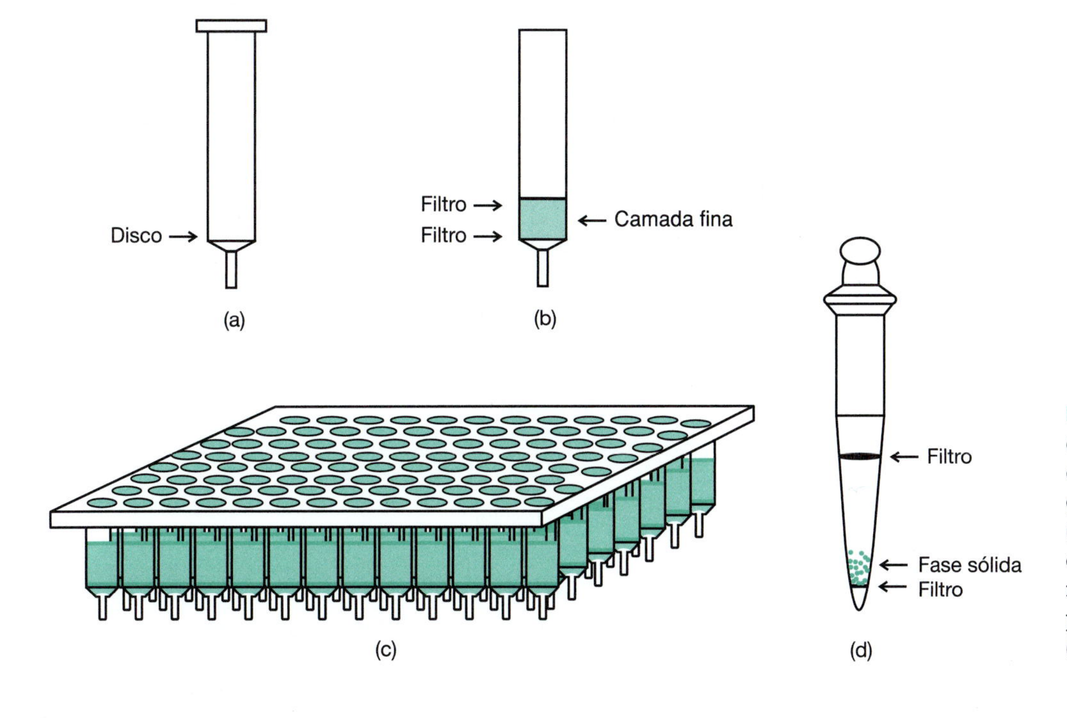

Figura 8.3 Representação dos formatos alternativos de dispositivos de extração empregados em SPE: (a) disco em cartucho; (b) cartucho recheado com camada fina de sorvente; (c) placa com 96 reservatórios; (d) *tip* DPX.

lho associada ao preparo de amostra; utiliza volumes mínimos de solvente para eluição do analito, de forma que a quantidade de resíduos de solvente gerada é menor, contribuindo com a Química Verde; e a probabilidade de ocorrer contaminação é baixa, uma vez que as ponteiras de pipeta são descartáveis. Além disso, as extrações são rápidas; de fácil execução, não necessitando de experiência prévia do operador; de alta eficiência; permite um fluxo bidirecional do solvente e da amostra, para cima e para baixo; dispensa o uso de dispositivo a vácuo e podem ser automatizadas, resultando em custos mais baixos, aumento de frequência analítica e possibilidade de hifenar o preparo de amostra com determinações por cromatografia gasosa acoplada à espectrometria de massas (GC/MS) ou cromatografia líquida acoplada à espectrometria de massas (LC/MS) ou cromatografia gasosa acoplada à espectrometria de massas sequencial (GC-MS/MS) ou cromatografia líquida acoplada à espectrometria de massas sequencial LC-MS/MS.

A eficiência da extração depende do tempo de equilíbrio, o que é fácil de ser controlado com precisão. A pequena quantidade de solvente necessária para a eluição geralmente elimina a necessidade de evaporação do solvente para concentração do analito, o que significa que DPX proporciona, efetivamente, a concentração do analito. Dependendo da aplicação, apenas 200-250 µL de amostra são necessários para atingir os limites de detecção requeridos, utilizando um processo completamente automatizado. A extração é realizada em 30-60 segundos por amostra e o processo completo, incluindo as etapas de lavagem e de eluição, consome 3-6 minutos.

A DPX possui vasta gama de aplicações, como monitoramento de drogas de abuso, de drogas terapêuticas, em estudos de farmacologia, de micotoxinas em milho, bem como de agrotóxicos em frutas e legumes.[13]

8.3.2 Modos de condução da SPE

A SPE pode ser conduzida nos modos *off-line* ou *on-line*. No modo *off-line*, o processamento das amostras e a separação cromatográfica ou eletroforética são conduzidos separadamente. Após a etapa de pré-tratamento, a amostra é introduzida de modo convencional no sistema cromatográfico. O modo *off-line* é o mais utilizado em SPE. Atualmente, existem equipamentos comerciais para extrações múltiplas. Alguns deles fazem o processo de extração mecanicamente, porém a transferência da amostra para o injetor do sistema cromatográfico é manual, similarmente, quando as extrações são realizadas nos sistemas *manifolds* (sistema mecanizado).

No sistema *on-line*, o mesmo equipamento incorpora os dispositivos para extração, *clean-up*, eluição da amostra e o cromatógrafo, sendo o cromatógrafo a líquido o mais comum, resultando em uma operação sequencial e automatizada.[7] Portanto, na configuração *on-line*, o sistema de SPE faz parte de um sistema cromatográfico e é, frequentemente, inserido na alça de amostragem, sendo, após a coleta, conectado diretamente na linha de alta pressão da fase móvel que atua como eluente dos analitos.[12] Faz parte da extração *on-line* uma técnica chamada comutação de colunas que inclui todos os métodos nos quais a direção do fluxo da fase móvel é alterada por meio de uma válvula rotatória, onde o eluente de uma coluna é desviado para outra coluna, após certo intervalo de tempo. A primeira coluna, denominada coluna de concentração ou pré-coluna, é frequentemente de eficiência baixa e faz a extração/concentração dos analitos. A fração contendo o analito é transferida para uma segunda coluna, coluna analítica, que possui eficiência alta[3,12] e é responsável pela separação dos analitos, como mostrado na Figura 8.4.

Quando o injetor está na posição "carregar" (*load*), a amostra é bombeada pela bomba 1 para a pré-coluna ou coluna de concentração, responsável pela extração dos analitos, onde os analitos são retidos. Simultaneamente, a fase móvel é bombeada pela bomba 2 passando diretamente para a coluna analítica. Quando a etapa de extração/concentração se encerra, a válvula de injeção é colocada na posição "injetar" (*inject*) e então a fase móvel passa pela pré-coluna ou coluna de concentração e carrega os analitos para a coluna cromatográfica, onde são sepa-

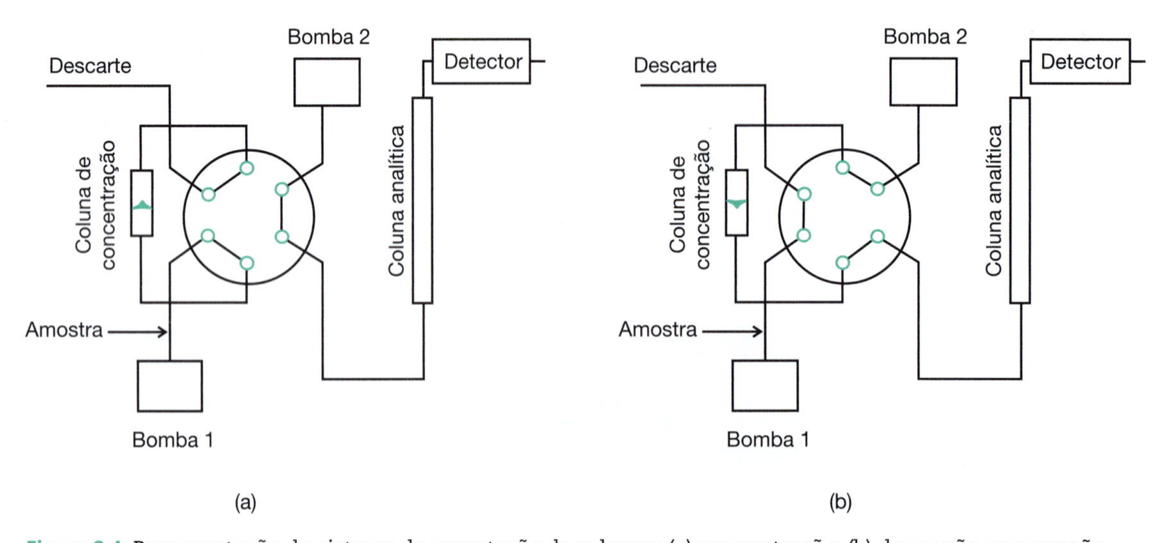

Figura 8.4 Representação do sistema de comutação de colunas: (a) concentração; (b) dessorção e separação cromatográfica.

Tabela 8.1 Comparações das características dos sistemas *on-line* e *off-line*[3]

SPE *on-line*	SPE *off-line*
Análise de todo extrato	Análise de uma alíquota do extrato
Pequenos volumes de amostra resultam em boa detectabilidade	São necessários volumes elevados de amostra para boa detectabilidade
Automação e o mínimo manuseio da amostra resultam em maior precisão e exatidão	Muitas manipulações da amostra, possibilidade de contaminação e menor precisão e exatidão
Cartuchos reutilizáveis	Cartuchos descartáveis
Rápida eluição da amostra depois da concentração, degradação mínima	Risco de degradação de alguns compostos
Não há perda do analito por evaporação	Possível perda do analito por evaporação
Consumo mínimo de solventes orgânicos (eluição com a fase móvel)	Consumo mais elevado de solventes orgânicos para eluição
Tempo de análise reduzido, logo, desenvolvimento de métodos mais rápidos	Tempo de análise mais longo
Alto processamento (extração e análise de amostras em uma sucessão)	Disponibilidade de sistema SPE portáteis para uso no local de coleta
Ausência de extratos para verificação ou análise adicional	Podem ser realizadas várias medidas com o mesmo extrato
Menor flexibilidade (a maioria dos sistemas não permite o uso combinado de cartuchos diferentes)	Extração em sequência e a possibilidade de usar combinações de diferentes cartuchos em série
Efeito matriz, supressão iônica em MS	Menor efeito matriz em MS
Sistema de custo elevado	Sistema de custo baixo

rados.[12] A limitação desta técnica é que pode ocorrer perda de eficiência com alterações na forma do pico cromatográfico e efeito de memória (*carryover*) do analito, o que é prejudicial às análises posteriores.

A automação do preparo de amostra evita problemas comuns como a contaminação da amostra, leva a um menor número de pessoas envolvidas na extração e minimiza a exposição a materiais perigosos, como solventes. O tempo necessário para processar uma amostra individual por SPE manual ou *on-line* é semelhante, contudo o sistema *on-line* pode trabalhar continuamente e realizar a extração simultânea de 4 a 8 amostras.[3] Os sistemas *on-line* são extremamente convenientes para uma rotina analítica. Na Tabela 8.1 têm-se as comparações das características dos sistemas *on-line* e *off-line*.[3]

8.3.3 Procedimento de extração em fase sólida

A instrumentação básica em SPE é extremamente simples, podendo porém ser sofisticada, dependendo do problema a ser resolvido. Em geral, os procedimentos de SPE contêm quatro etapas. Na Figura 8.5 podem ser visualizadas as principais etapas envolvidas na SPE quando o objetivo é isolar e/ou concentrar o(s) analito(s) de interesse: (1) condicionamento ou ativação do sorvente com solvente adequado, para ajustar as forças do solvente de eluição com o solvente da amostra; (2) introdução ou percolação da amostra, quando ocorre a retenção do analito e às vezes de alguns interferentes; (3) limpeza da coluna para retirar os interferentes da matriz menos retidos que o analito, etapa esta conhecida como lavagem com solvente ou *clean-up* e (4) eluição e coleta do analito.[2,12]

A escolha do tipo e quantidade de sorvente, volume da amostra e de solvente para o condicionamento do cartucho, para a eliminação dos interferentes e eluição dos analitos são alguns parâmetros que devem ser considerados. Na escolha do sorvente leva-se em consideração as propriedades dos analitos de interesse, a natureza da matriz e dos interferentes a serem eliminados. Na etapa de condicionamento do cartucho objetiva-se ativar o sorvente e também eluir alguma impureza presente no cartucho.[3] O solvente empregado no condicionamento dependerá do sorvente a ser ativado e da matriz a ser

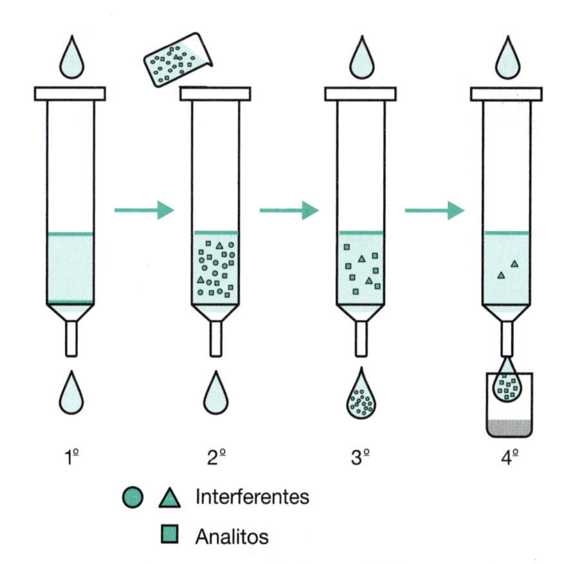

Figura 8.5 Passos da extração em fase sólida no modo de concentração ou isolamento do(s) composto(s) de interesse: (1º) condicionamento, (2º) introdução ou percolação da amostra, (3º) lavagem com solvente ou *clean-up*; (4º) eluição do analito.

processada, optando-se por um solvente com características similares ao solvente no qual a amostra está dissolvida. É importante que o sorvente não seque nesta etapa, para não haver a formação de caminhos preferenciais que compromete a extração. O volume de amostra utilizado pode variar de alguns µL a vários mL. Para que se obtenha a eficiência máxima de extração é necessário determinar o volume de *breakthrough*, ou seja, o volume máximo de amostra que pode ser processado para maximizar a recuperação do analito. A velocidade de aplicação da amostra pode ser crítica em alguns casos, sendo determinada pela velocidade desejada para análise. Idealmente, esta etapa deve ser lenta, com vazão menor que 2 mL/min. Ela pode ser ajustada, controlando-se o vácuo ou a pressão aplicada no processo.[7] Para pequenos volumes de amostra, esta etapa pode ser realizada com auxílio somente da gravidade.[3] O pH da amostra pode ser crítico para a obtenção de uma retenção adequada do analito no sorvente. Por isso, em alguns casos, o ajuste do pH da amostra é necessário para estabilizar os analitos e aumentar a sua retenção no sorvente.[3]

A etapa de limpeza (*clean-up*) é fundamental para eliminar os compostos provenientes da matriz que podem interferir no procedimento analítico. Na etapa de *clean-up*, deve-se utilizar um solvente que tenha força suficiente para arrastar os interferentes, porém não os analitos, denominado solvente de lavagem.[7] Um solvente ideal é o próprio solvente da amostra ou misturado com solvente orgânico, desde que ele não remova os analitos de interesse. Geralmente, a solução para a eluição dos interferentes contém menos solvente orgânico, menor concentração salina ou encontra-se em um pH ideal para eluição apenas dos interferentes.

Para eluir o analito deve-se utilizar um volume pequeno de eluente, de forma que a solução eluída já se encontre em concentração apropriada para análise. Neste contexto, pode-se dizer que em SPE não é necessário evaporar o solvente para alcançar o fator de concentração desejado para o analito.[14] Se isso não for possível, é necessário utilizar um solvente volátil para eluição, de modo que ele possa ser facilmente evaporado e o extrato ressuspendido em um volume pequeno de fase móvel. O eluente deve eluir os analitos, mas não permitir a eluição dos interferentes que não tenham sido eliminados na etapa anterior, por estarem muito retidos no sorvente. O solvente de eluição deve ter maior força de eluição que o solvente usado na etapa anterior, *clean-up*, o que é conseguido aumentando a quantidade de solvente orgânico, alterando a proporção dos solventes quando se emprega uma mistura de solventes orgânicos, aumentando a concentração salina ou, ainda, mudando o pH da solução de eluição.[7] Entre os solventes usados estão a acetonitrila, o metanol, a acetona, o acetato de etila, o hexano e as misturas acetonitrila-metanol, acetato de etila-diclorometano, metanol-acetona e metanol-éter metil tercbutílico. Na prática, observa-se que, de forma análoga à extração líquido-líquido, o uso de duas alíquotas do eluente, em vez de uma única em volume maior, aumenta a eficiência de extração.[2]

8.3.3.1 Procedimento de DPX usando *tip*

O procedimento de extração usando *tip* envolve quatro etapas que podem ser visualizadas na Figura 8.6.

No 1º passo, introdução da amostra, a amostra é aspirada para o interior da ponteira, entrando em contato direto com a fase sólida. É importante observar que não há contato direto da amostra com a seringa utilizada para aspirar a amostra e, portanto, não há risco de contaminação da mesma.[13]

No 2º passo, o ar é aspirado para o interior da ponteira, passando pelo filtro. As bolhas de ar provocam uma turbulência, misturando a amostra e a fase sólida, sendo formada uma suspensão. Esse procedimento assegura um contato ótimo da amostra e da fase sólida, resultando em eficiência de extração e recuperação elevadas.[13]

No 3º passo, a matriz da amostra é eliminada, geralmente após 30 segundos. Se necessário, a fase sólida pode ser lavada para eliminação de interferentes indesejados.[13]

No 4º passo, os analitos extraídos são eluídos com um solvente adequado, o qual é adicionado, a partir da extremidade superior do *tip*, para maior eficiência de eluição. O eluato é recolhido em um frasco para injeção no sistema de separação/detecção que pode ser um cromatógrafo a líquido ou a gás acoplado ao espectrômetro de massas (LC/MS ou GC/MS) ou sequencial (LC-MS/MS ou GC-MS/MS). Entretanto, os métodos DPX podem ser facilmente automatizados, introduzindo diretamente o

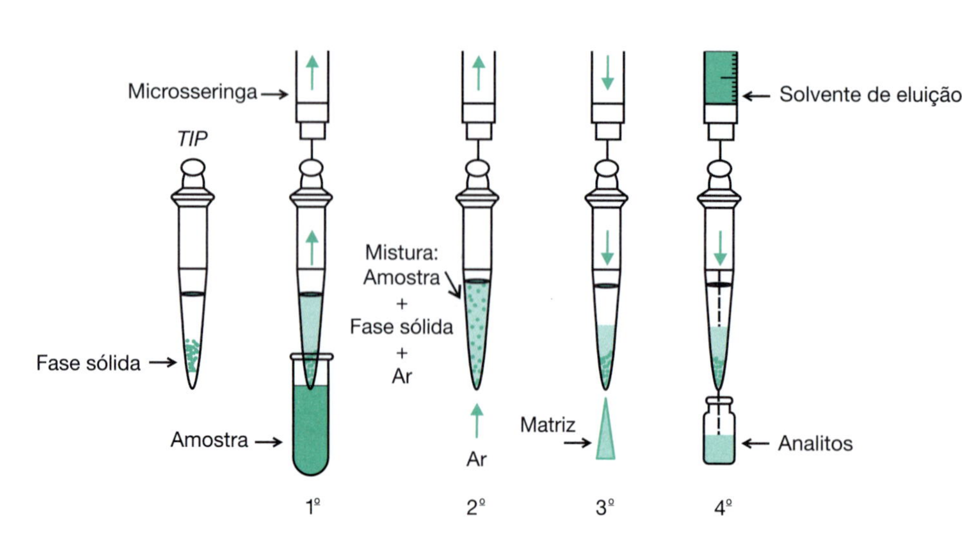

Figura 8.6 Passos de DPX utilizando *tip*: (1º) introdução da amostra; (2º) aspiração de ar com mistura amostra/fase sólida/ar; (3º) limpeza ou *clean-up*; (4º) eluição dos analitos. Imagem fornecida com permissão de GERSTEL GmbH & Co.KG.

extrato nos sistemas cromatográficos. Etapas adicionais, incluindo derivatização ou adição de padrão interno, podem ser incluídas. O analista apenas necessita colocar as amostras no amostrador automático e ativar a programação a partir de um *software*.[13]

8.3.4 Fases sólidas ou sorventes

As fases sólidas ou sorventes úteis para extração, concentração e limpeza encontram-se disponíveis em grande variedade de características químicas e tamanhos, podendo ser empregadas para extração de analitos com diversidades de estruturas químicas e polaridades. Em geral, os materiais usados como fase sólida em SPE são similares àqueles empregados em HPLC.

8.3.4.1 Fases sólidas convencionais

Os sorventes de SPE convencionais são, geralmente, divididos em três grupos: sílica quimicamente ligada, materiais de carbono e materiais poliméricos porosos.[14]

Os tipos de interações entre o composto de interesse e o centro de sorção na fase sólida incluem as forças de van der Waals, no caso de octadecil, octil, etil, fenil, cicloexil e estireno-divinilbenzeno; interações hidrofílicas como dipolo-dipolo, dipolo induzido-dipolo, para ciano, sílica, alumina e florisil; ligação de hidrogênio, para amino e diol, e interações π-π, para estireno-divinilbenzeno e carbono grafitizado poroso. Adicionalmente, entre grupos carregados no composto de interesse e na superfície do trocador catiônico ou aniônico ocorrem atrações eletrostáticas.[10]

A maioria dos sorventes disponíveis comercialmente baseia-se em grupos orgânicos como C18, C8, C2, cicloexil, fenil, cianopropil, aminopropil (NH_2), ligados quimicamente à sílica. Os sorventes baseados em grupos C18, C8, C2, cicloexil e fenil são usados para extrair analitos apolares e de média polaridade. Uma das desvantagens destes materiais de fase reversa baseados em sílica é a presença de grupos silanóis residuais. Quando uma mistura aquosa-orgânica está em contato com o sorvente, as moléculas do solvente orgânico são absorvidas nos grupos funcionais ligados à sílica, devido às interações hidrofóbicas, e a água pode ser adsorvida nos grupos silanóis residuais, devido a formação de ligação de hidrogênio. Contudo, a presença de grupos silanóis residuais pode ter uma influência negativa na separação de analitos polares, especialmente de compostos básicos ou biopolímeros, que podem ficar retidos irreversivelmente.[6,10] Para evitar estes problemas, os sorventes podem ser submetidos ao mesmo tratamento que as fases estacionárias para HPLC, que consiste no capeamento, no qual o sorvente, depois de preparado, reage com trimetilclorossilano ou hexadimetildissilazano.[10] Os sorventes à base de sílica também apresentam como desvantagem o fato de serem instáveis em 8 < pH < 2.

Uma alternativa promissora para a preparação de sorventes para SPE, em substituição aos materiais quimicamente ligados, tem sido proposta por Jardim e colaboradores, na qual um polímero é depositado sobre um suporte, como sílica, seguido de imobilização por radiação gama, tratamento térmico ou radiação micro-ondas, para aumentar a estabilidade do polímero sobre o suporte, em doses ou temperaturas e tempos predeterminados.[7] Este procedimento é simples, demanda poucas etapas, utiliza reagentes menos tóxicos e disponíveis comercialmente, é reprodutível, seu custo final é significativamente menor que os cartuchos adquiridos comercialmente e, em comum com outros procedimentos de SPE, reduz os resíduos tóxicos gerados. Entre as técnicas de imobilização empregadas, a térmica é considerada mais simples que a radiação gama devido à disponibilidade do equipamento, uma estufa, que é comum em todos os laboratórios, seguida da radiação por micro-ondas. Além disso, as fases sólidas preparadas são bastante seletivas, podendo ser aplicadas em diversos tipos de amostra como, ambientais, fluidos biológicos, alimentos, fármacos e produtos naturais.[7]

Os sorventes de fase reversa podem ser empregados para extração de analitos apolares em matrizes polares, como as matrizes biológicas, tendo aplicações em diversas áreas: medicina, farmacologia e toxicologia.[10]

As fases sólidas de adsorção incluem materiais de sorção não modificados como alumina, sílica pura, silicato de magnésio e terra diatomácea. Seus sítios de ligação de hidrogênio são bloqueados pela água, o que resulta em redução da retenção dos compostos de interesse e reprodutibilidade baixa. Enquanto isso, grupos funcionais polares como ciano, amina e diol são adicionados à superfície do sorvente, obtendo-se sorventes de fase normal que extraem analitos polares de meios apolares, por interações hidrofílicas. Eles são aplicados, principalmente, em áreas clínicas para purificação de extratos apolares como hexano em matrizes sólidas.[10]

Os sorventes de troca iônica são caracterizados por interações iônicas com analitos carregados positiva ou negativamente como em fluidos biológicos. Condições ótimas, incluindo valores adequados de pH, devem ser asseguradas. É possível selecionar o ácido carboxílico (pKa = 4,8) ou ácido sulfônico (pKa < 1) como um trocador catiônico fraco ou forte, respectivamente. Entre os trocadores aniônicos destacam-se as aminas quaternárias (pKa > 14) e os grupos funcionais aminopropil ligados à sílica (pKa = 9,8).[10]

Outros sorventes incluem as fases poliméricas macroporosas que compreendem não somente as resinas poliméricas hidrofóbicas clássicas como o copolímero poli(estireno-divinilbenzeno) (PS-DVB), que se destaca pela área superficial específica elevada (500 a 1200 m^2/g), estabilidade na faixa de pH 1–14 e retenção de compostos polares igual ou frequentemente muito maior que a das fases C18,[15] mas também as resinas poliméricas hidrofílicas como os copolímeros de poli(metacrilato-vinilbenzeno) (PMA-DVB) e poli(N-vinilpirrolidona-divinilbenzeno) (PVP-DVB) e polímeros modificados quimicamente.[16] Entretanto, até recentemente, as desvantagens dos polímeros eram o nível alto de extração e as características de intumescimento indesejáveis, como do poli(estireno-divinilbenzeno). Essas características têm impedido a sua aceitação universal na análise de traços.

Os sorventes baseados em polímeros hidrofílicos apresentam as vantagens de serem estáveis em uma extensa faixa de pH, de 1 a 14, e possuírem alta capacidade de aceitação da amostra. Um exemplo é o Strata™-X, comercializado pela Phenomenex, que possui a vantagem de não ter grupos silanóis residuais, diferentes dos sorventes de sílica modificada. A ausência de grupos silanóis residuais resulta em poucas interações secundárias e o amplo intervalo de estabilidade ao pH destes polímeros aumenta as flexibilidades no desenvolvimento de métodos. Devido à ausência de grupos silanóis residuais, ocorre somente um mecanismo de retenção, o que resulta em protocolos de extração mais simples.[10] Um novo copolímero de N-vinilpirrolidona-divinilbenzeno, comercializado pela Waters, com equilíbrio hidrofílico-lipofílico (HLB), é o OASIS® HLB. Esse sorvente possui boa retenção para um amplo espectro de analitos, ou seja, lipofílicos, hidrofóbicos, ácidos, básicos e neutros.[10,15] A característica hidrofílica da N-vinilpirrolidona aumenta a umidade do polímero e a de lipofílico do divinilbenzeno oferece a característica necessária de fase reversa para reter os analitos apolares. O sorvente mantém a retenção do analito mesmo com a secagem do leito, o que o torna adequado para aplicação em sistemas automatizados de SPE. Recentemente, diversos sorventes poliméricos com características hidrofílicas se tornaram disponíveis comercialmente.

As fases sólidas de carbono grafitizado caracterizam-se como materiais com resistência mecânica baixa, entretanto são altamente homogêneos, com área superficial específica baixa (100–200 m^2/g), possuem estrutura cristalina e têm capacidade de atuar em SPE como fases reversas, com retenções superiores às obtidas com fases C18.

Como novos materiais têm-se os nanotubos de carbono que compreendem um vasto intervalo de formas alotrópicas de carbono, incluindo nanofibras de grafite, nanodiamante, fulerenos e nanotubos de carbono (CNT). Eles podem ser usados tanto para *clean-up* como para concentração.[17]

Os fulerenos têm sido empregados como sorventes para extração *on-line* de SPE para vários compostos, desde 1994. Devido a sua grande área superficial, esses materiais de tamanho nano resultam em fator de concentração elevado e boa seletividade.[17]

Os CNT foram introduzidos em 1991 e têm despertado maior interesse que os fulerenos.[17] Eles são exemplos de nanomateriais carbonáceos e podem ser descritos como folhas de grafite enroladas em tubos de nanoescala. Existem dois tipos de CNT: de parede única (SWCNT) e de paredes múltiplas (MWCNT). Os SWCNT possuem diâmetro entre 1 e 10 nm e normalmente são capeados nas extremidades. Em contraste, os MWCNT possuem diâmetros muito maiores, a partir de 5 nm até poucas centenas de nanômetros.[14] Desde o primeiro trabalho publicado no qual foi usado CNT de paredes múltiplas (MWCNT) em SPE, em 2003, as aplicações de CNT em preparo de amostra têm aumentado, sobretudo nos últimos anos. Eles têm recebido uma atenção significativa como novos sorventes para SPE, por causa de sua grande área superficial que proporciona alta capacidade de sorção e de estabelecer interações π-π; boa estabilidade química, mecânica e térmica e aplicações em amplo intervalo de pH. A seletividade para o analito pode ocorrer por ligação covalente ou por outras interações com a superfície funcionalizada do CNT, o que lhe concede desempenho de extração excelente para uma grande variedade de analitos.[17]

O grafeno é um membro alotrópico de carbono. Desde a observação direta e caracterização de uma monocamada de carbono mecanicamente esfoliada por Novoselov *et al.*, em 2004, seu uso tem se expandido na pesquisa científica e na comunidade de engenheiros. É comum tratar grafeno como a forma pai do grafite, fulerenos e CNT, devido à semelhança na estrutura química. No preparo de amostra em analítica, o grafeno é mais atrativo que o CNT de parede única e múltiplas (SWCNT e MWCNT) e outros alótropos do carbono e também que o C18, devido a diversas razões. A folha de carbono bidimensional do grafeno com um único átomo maciço, com estrutura hexagonal de empacotamento entrelaçado, possui muitas propriedades excepcionais, como área superficial específica elevada (2630 m^2/g), sugerindo uma capacidade de sorção alta. Nos CNT e fulerenos, as paredes internas geralmente não são responsáveis pela adsorção devido ao impedimento estérico. Além do mais, a estrutura de nanofolhas do grafeno é também condutiva para a adsorção, de rápido equilíbrio e eluição do analito. Uma vantagem importante do grafeno sobre o CNT e o fulereno é que o grafeno pode ser facilmente obtido na maioria dos laboratórios, por métodos químicos simples, sem equipamentos especiais, a partir de uma série de materiais comuns e baratos, isto é, o grafite. Esta vantagem é responsável pela sua vasta aplicação e também, torna possível a sua produção em larga escala a um baixo custo. Tem sido reportado na literatura que o CNT inevitavelmente contém uma grande quantidade de impurezas metálicas residuais a partir da catálise metálica empregada na síntese. Essas impurezas metálicas são praticamente impossíveis de serem removidas e podem influenciar negativamente nas suas aplicações. Entretanto, o grafeno pode ser sintetizado a partir de grafite, sem o uso de catalisador metálico, sendo possível obter um material mais puro (a pureza do grafeno depende da qualidade do grafite usado). Os elétrons π deslocalizados do grafeno podem providenciar uma afinidade forte por estruturas de anel baseadas em carbono, que são encontradas em drogas, poluentes e biomoléculas. Para outros tipos de analitos, o grafeno pode fornecer muitos dos sítios para modificação funcional, para manipular a seletividade, devido a sua grande área superficial. Além disso, o grafeno é funcionalizado quimicamente de modo fácil usando na síntese química o óxido de grafeno que é o precursor do grafeno e possui muitos grupos reativos. As folhas de grafeno são leves e flexíveis, de modo que podem ser ligadas sobre suportes mais facilmente que o CNT e o fulereno.[17]

Embora os cientistas tenham consciência de que o grafeno é um material sorvente promissor, na teoria a aplicação de grafeno tem sido muito inferior que a de outros sorventes. Somente nos dois últimos anos, a situação começou a mudar e diversos trabalhos têm sido publicados descrevendo o emprego de grafenos modificados, como sorventes altamente eficientes em extrações analíticas e na remoção de poluentes de soluções aquosas.[17]

O sorvente de modo misto contém em sua estrutura tanto as cadeias alquila (fase reversa) como os ligantes trocadores iônicos.[16] Essas fases sólidas realizam em uma única etapa a extração e o *clean-up* de matrizes biológicas. Os analitos ionizados sofrem uma interação forte com os sítios iônicos, possibilitando que a etapa de limpeza seja eficiente e sem grandes perdas. Em um segundo momento, troca-se o solvente e utiliza-se um pH que permita o rompimento das interações iônicas entre o analito e o sorvente.

A seleção da fase sólida é fator determinante em SPE, porque ela pode controlar parâmetros como: seletividade, afinidade e capacidade de amostra.[4] Esta escolha segue, na maioria das vezes, as mesmas regras utilizadas para a seleção da fase estacionária em HPLC. Em um primeiro momento, deve-se considerar a estrutura química e as propriedades físico-químicas do analito e do sorvente e a composição da matriz da amostra. Isso deve definir o(s) tipo(s) de interação do analito com o sorvente e, consequentemente, o mecanismo de extração, auxiliando na seleção da fase sólida. Uma fase sólida com seletividade ótima, ou seja, com capacidade de discriminar entre o analito e os outros componentes, é encontrada analisando os grupos funcionais do analito que não estão presentes na matriz da amostra e em outros interferentes. A Tabela 8.2 apresenta um guia geral para escolha de uma fase sólida apropriada para extração de analitos orgânicos com massas molares inferiores a 2000 dáltons.[10,11]

Para facilitar esta seleção, na Figura 8.7[11] encontra-se um esquema geral da seleção das fases sólidas e solventes para eluição de amostras contendo analitos com massas molares inferiores a 2000 dáltons, para evitar efeitos de exclusão que possam bloquear os poros das fases sólidas. Os solventes recomendados para eluição devem ser considerados como uma primeira aproximação. A aplicabilidade de outros solventes ou misturas de solventes é determinada pela polaridade requerida para a separação. Inicialmente, as amostras são divididas em dois grandes grupos: os solúveis em água e os solúveis em solvente orgânico. As amostras solúveis em água são primeiramente divididas em iônicas e não iônicas. As amostras não iônicas solúveis em água são classificadas de acordo com a sua polaridade: apolar, moderadamente polar e polar. No caso de analitos apolares, a escolha inicial de uma fase sólida recai nas fases reversas C18, C8, C4, C2, cicloexil, fenil, cianopropil, e o solvente de eluição do analito deve apresentar características mais polares que a fase sólida, como acetonitrila, álcoois, diclorometano etc. Para analitos moderadamente polares, a fase sólida inicialmente escolhida deve ser polar, como a sílica, e o solvente de eluição do analito deve ser menos polar,

Tabela 8.2 Guia geral para seleção de sorventes e solventes de dissolução e de eluição, empregados na extração de analitos com massas molares inferiores a 2000 dáltons[10,11]

Sorvente/ mecanismo	Tipo de sorventes	Tipo de analito	Solventes de dissolução	Solventes de eluição
Apolar (fase reversa)/ partição e adsorção	C18, C8, C2, cicloexil, fenil, cianopropil polimérico	Leve-moderadamente apolar e apolar, como alquilas e aromáticos	Metanol/água, acetonitrila/água	Metanol, acetonitrila e água com pH ajustado (analitos polares) hexano, clorofórmio (analitos apolares)
Polar (fase normal ligada)/partição e adsorção	Sílica, diol, ciano, aminopropil diamino	Leve-moderado e fortemente polar, como aminas e hidroxilas	Hexano, clorofórmio, acetona	Hexano, diclorometano, clorofórmio, acetona, metanol
Polar (fase normal)/ adsorção	Sílica, florisil, alumina	Leve-moderado e fortemente polar	Hexano, clorofórmio	Metanol (depende do tipo de analito)
Troca catiônica/ eletrostática	Forte (ácido sulfônico) ou fraco (ácido carboxílico)	Grupos funcionais carregados positivamente como aminas	Água ou tampão (pH = pKa – 2)	Tampão (pH = pKa – 2) pH no qual a SP ou o analito está neutro, solvente com força iônica alta
Troca aniônica/ eletrostática	Forte (tetra-alquilamônio) ou fraco (amino)	Grupos funcionais carregados negativamente como ácidos orgânicos	Água ou tampão (pH = pKa + 2)	Tampão pH = pKa + 2) pH no qual a SP ou o analito está neutro, solvente com força iônica alta
Polimérico interação π-π	PS-DVB (Amberlite XAD, resina PLRP-S, OASIS HLB, Porapak RDX)	Fortemente polares	Metanol, água	Metanol, acetonitrila (depende do tipo de analito)
Carbono grafitizado/ eletrostática, interação π-π	GCB (*Carbopack*, *Carbograph* 1,4,5; *Envi-Carb*) PGC (CARB GR)	Compostos neutros, básicos e ácidos apolar e de massa molar alta	Metanol, acetonitrila, acetona	Acetonitrila (solventes orgânicos acidificados)

SP: fase sólida; GCB: carbono grafitizado negro; PGC: carbono grafitizado poroso.

como clorofórmio, diclorometano, acetato de etila, álcoois e água. Em se tratando de analitos polares, a fase sólida selecionada será do tipo fase normal, em que a fase sólida é mais polar que o solvente de eluição, como cianopropil, diol, aminopropil, diaminopropil e o solvente de eluição do analito menos polar, como clorofórmio, diclorometano etc.[2] As amostras iônicas solúveis em água são classificadas em catiônicas e aniônicas. Os analitos carregados positivamente são extraídos em trocadores catiônicos fortes (ácido sulfônico) ou fracos (ácido carboxílico). Os analitos carregados negativamente são extraídos em trocadores aniônicos fortes (tetra-alquilamônio) ou fracos (amino). Os solventes de eluição para troca iônica são, geralmente, soluções ácidas, alcalinas ou tampão.

Os analitos solúveis em solvente orgânico também são classificados de acordo com a sua polaridade e seguem os mesmos critérios usados na seleção da fase sólida para amostras solúveis em solventes aquosos.[2]

8.3.4.2 *Fases sólidas seletivas*

Os novos sorventes que estão sendo desenvolvidos permitem maiores capacidades de carregamento, melhores seletividades e retenções de analitos polares a partir de amostras aquosas, contribuindo para simplificação das etapas subsequentes de *clean-up* e detecção.[18] O desenvolvimento de sorventes eficientes e seletivos para SPE é muito importante para reduzir as interferências da matriz. As fases seletivas compreendem os imunossor-

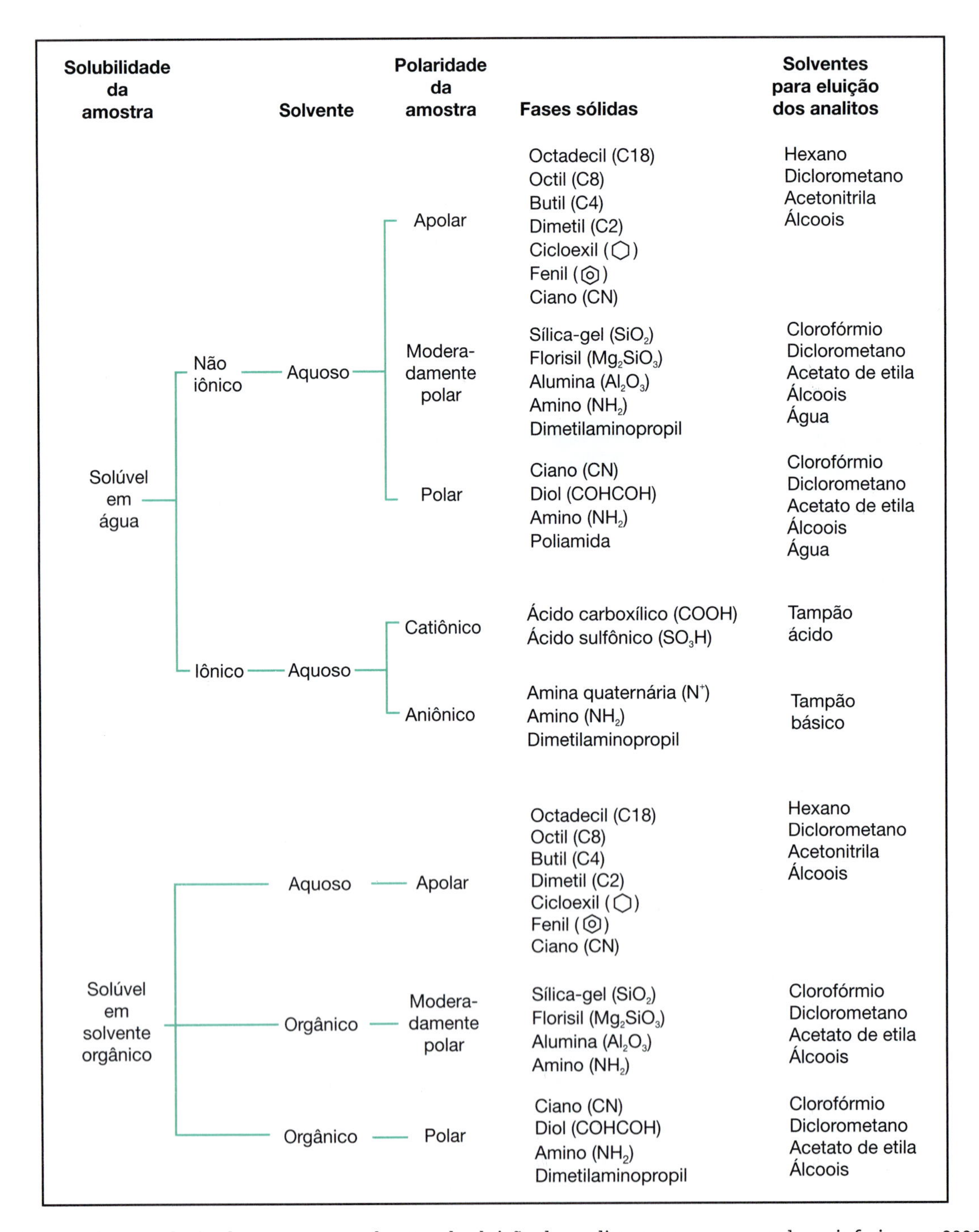

Figura 8.7 Guia geral para seleção de sorventes e solventes de eluição de analitos com massas molares inferiores a 2000 dáltons.

ventes, polímeros impressos molecularmente (MIP) e os materiais de acesso restrito (RAM).

Imunossorventes

Os imunossorventes baseiam-se nas interações específicas entre antígeno e anticorpo biológico que são ligados covalentemente à superfície de um suporte sólido, como sílica, partículas de vidro ou agarose, bem como outros tipos de géis, usando o mesmo princípio da cromatografia por afinidade.[10,12]

Os anticorpos pertencem à família das glicoproteínas relacionadas estruturalmente, chamadas de imunoglobulinas (Ig), que estão presentes no soro sanguíneo de animais vertebrados, e são produzidas pelos animais em resposta à presença de substâncias estranhas, denominadas antígeno.

Na maioria dos animais superiores, cinco classes distintas de imunoglobulinas são conhecidas: IgG, IgA, IgM, IgD e IgE, diferenciando-se uma das outras em tamanho, carga, composição de aminoácidos e conteúdo de carboidratos. A maioria das imunoglobulinas pertence à classe das IgG. As IgG, cuja estrutura básica na forma de Y pode ser visualizada na Figura 8.8, é constituída por quatro cadeias, sendo duas cadeias polipeptídicas leves e outras duas pesadas, as quais estão unidas entre si por ligações dissulfeto, e cada uma delas está ligada a uma cadeia leve, também por ligações dissulfeto e interações não covalentes. A parte amino terminal das cadeias leves é responsável pelo reconhecimento e permite o acoplamento com o antígeno, que deve possuir aminoácidos e uma superfície complementar (modelo chave-fechadura). Apenas um antígeno terá um encaixe perfeito, como pode ser visto na Figura 8.8.

A ligação do antígeno ao anticorpo através de ligações fortes, como atração iônica e ligação de hidrogênio, ou interação hidrofóbica, como atração de van der Waals, resulta na formação de um complexo denominado antígeno-anticorpo.

A preparação de imunossorventes para SPE foi descrita por Stevenson, em 2000. O imunossorvente é produzido pela imobilização do anticorpo em um suporte rígido. Tanto o material do suporte quanto o método de imobilização empregado para acoplar o anticorpo ao suporte sólido são fundamentais para a eficiência da imunoextração.

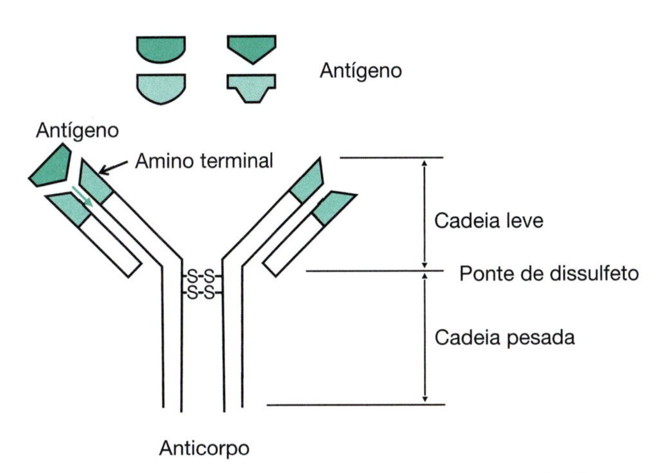

Figura 8.8 Estrutura básica de uma imunoglobulina do tipo G (IgG) e esquema de um antígeno ligando-se ao anticorpo.

O suporte sólido a ser utilizado no preparo do imunossorvente deve ter poros suficientemente grandes para permitir o acesso do anticorpo e do antígeno, a difusão livre do antígeno, a sua ligação e posterior dissociação do anticorpo. Porém, um suporte muito poroso pode perder estabilidade mecânica e, portanto, ser submetido à compactação com consequente comprometimento de sua capacidade. Os suportes não porosos também podem ser usados, mas, nestes casos, a acessibilidade do anticorpo e do antígeno é menor, entretanto, toda a superfície é acessível a ambos. O suporte sólido deve conter grupos funcionais para acoplamento adequado com os sítios apropriados,[10] dessa forma, a superfície do suporte pode ser ativada para posterior imobilização do ligante por meio de uma ligação estável. Esse suporte também deve ser quimicamente e biologicamente inerte e hidrofílico para impedir interações não específicas com os compostos de interesse e os interferentes presentes na matriz.[10] Esses requerimentos são contemplados em suportes poliméricos baseados em carboidratos, como agarose ou celulose, suportes orgânicos sintéticos, como polímeros, copolímeros e derivados de acrilamida e polimetacrilato. As principais desvantagens destes materiais são sua estabilidade baixa em vazões e pressões altas e sua baixa eficiência. Esses fatores limitam a utilização desses suportes para imunoextração empregando cromatógrafos a líquido.[15,19]

Os materiais mais rígidos e de alta eficiência, como derivados de sílica, vidro e certas matrizes orgânicas, como pérolas de azalactona ou meios de perfusão baseados em poliestireno, podem ser utilizados em LC com maior eficiência.[15,19]

As características da sílica são excelentes para imunoextração, sendo considerada um suporte ideal. Dentre as suas características destacam-se: área superficial grande, rigidez mecânica, com resistência às pressões altas, transferência de massa rápida, variedade de tamanho de partículas e de poros e alta pureza. Contudo, a superfície da sílica deve ser tratada de forma adequada para que as interações não seletivas sejam eliminadas. Uma desvantagem da sílica como imunossorvente é o intervalo de pH restrito.[15,19]

A capacidade total de um imunossorvente é determinada pelo número de sítios ativos de ligação que, em geral, correspondem a uma fração pequena do número total de sítios imobilizados.

A primeira etapa no desenvolvimento do imunossorvente é a obtenção do anticorpo específico com capacidade de reconhecimento molecular de um analito ou grupo de analitos. Entretanto, considerando que os compostos de massa molar baixa, como os fármacos, os agrotóxicos e outros poluentes do meio ambiente são incapazes de reproduzir uma resposta imune, quando introduzidos em animais utilizados para estudos em laboratório, como camundongos e coelhos, os antígenos (analitos) devem ser modificados por meio de ligação a uma molécula carreadora, como a soroalbumina bovina (BSA), ovalbumina (OVA) ou hemocianina (KLH).

O animal é imunizado com o conjugado antígeno-molécula carreadora e, após um tempo adequado, o seu sistema imune produz um número diferente de moléculas IgG contra todas as partes das moléculas do conjugado. Depois de um tempo determinado, amostras de sangue dos animais, contendo os anticorpos produzidos contra o antígeno, são coletadas.

O anticorpo pode ser poli ou monoclonal. Ambos resultam em imunossorventes eficientes, sendo os anticorpos monoclonais superiores aos policlonais, devido a sua maior especificidade, ou seja, reconhecimento de um único sítio e capacidade de ligação. Os anticorpos policlonais são mais simples de serem produzidos. Entretanto, a fonte de um anticorpo policlonal é finita e a necessidade de imunizar vários animais pode levar a variações na quantidade e qualidade do anticorpo. Já as células de hibridoma, que secretam o anticorpo monoclonal, podem ser estocadas em nitrogênio líquido, e, desta forma, pode-se ter uma fonte de anticorpo por muitos anos.

Os imunossorventes têm sido utilizados como fase extratora em SPE-LC no modo *off-line* ou *on-line*.

A extração do analito, antígeno, no modo *off-line* é realizada de modo semelhante à extração de SPE convencional, ou seja, em quatro etapas, sendo que inicialmente se adiciona no cartucho, contendo o imunossorvente apropriado, a amostra líquida. Em uma segunda etapa, por meio da seleção do solvente e do tampão adequado, normalmente no intervalo do pH fisiológico, 7,0 a 7,4, o antígeno liga-se fortemente ao anticorpo na superfície do imunossorvente, enquanto os interferentes são eluídos. Na prática, alguns interferentes podem ligar-se ao sorvente por outros mecanismos. Na terceira etapa, utiliza-se um tampão adicional para lavar o cartucho, permanecendo o analito fortemente ligado ao imunossorvente e eluindo-se alguns interferentes. Na última etapa, ajustam-se as condições para eluição do analito, de tal modo que permita o rompimento da ligação antígeno-anticorpo, usando o menor volume possível do solvente de eluição. Parâmetros como tipo do solvente de eluição, que deve ser escolhido de forma que contenha um composto que possua uma interação bioespecífica forte com o anticorpo, pH, mistura de solventes orgânicos, concentração salina, temperatura, podem ser avaliados para romper as ligações antígeno-anticorpo. Entretanto, é necessário tomar cuidado para não mudar drasticamente as condições de imobilização dos anticorpos, a fim de evitar a desnaturação dos mesmos. Após a eluição dos analitos, o imunossorvente deve ser regenerado para que possa ser empregado na extração de outra amostra. Essa regeneração é feita aplicando-se o tampão inicial no cartucho.[20]

A extração com imunossorventes tem sido empregada nas áreas farmacêutica e biomédica e, principalmente, em análises do meio ambiente.

Os imunossorventes são altamente seletivos, porém possuem baixa estabilidade térmica e química, intervalo restrito de pH, custo elevado, reprodutibilidade baixa, tempo de preparação longo e poucos deles se encontram disponíveis comercialmente.

Polímeros impressos molecularmente (MIP)

Os polímeros impressos molecularmente ou de impressão molecular (MIP), também chamados de materiais biomiméticos, são obtidos por meio da preparação de polímeros com sítios de reconhecimento sintéticos gerados artificialmente e têm seletividade predeterminada para um ou mais analitos.

A primeira aplicação do MIP em SPE foi introduzida por Sellergren, em 1994, na qual pentamidina foi determinada em urina usando uma pentamidina impressa em dispersão polimérica e no modo *on-line*.[7]

Os MIP são materiais rígidos e tridimensionais preparados ao redor de uma molécula modelo (*model molecule* – MM) que também é denominada *template*, por meio de ligações covalentes, não covalentes ou semicovalentes.[21] Esses sítios de reconhecimento são obtidos pelo arranjo de monômeros funcionais ou precursores (*functional monomer* – FM) polimerizáveis ao redor das moléculas modelo. São formados complexos, por meio de ligações covalentes, iônicas ou interações intermoleculares, entre a molécula modelo e o monômero precursor. Os complexos são fixados por meio de reações de entrecruzamento de polímeros, ou seja, pela adição de um agente reacional, que promove ligações cruzadas no polímero, e de um iniciador radicalar, iniciando a reação de polimerização, em torno da molécula modelo. Após o término desta reação, a molécula modelo é removida da matriz polimérica, por meio de solvente ou clivagem química. A remoção da molécula modelo da matriz polimérica forma lacunas, os sítios de reconhecimento ou sítios seletivos, que irão ter afinidade pelo analito ou compostos estruturalmente semelhantes,[12,21] conforme mostrado na Figura 8.9. Os locais de reconhecimento pela matriz polimérica são complementares aos compostos alvos em forma, tamanho e funcionalidade. Os polímeros ligam-se aos analitos ou aos compostos estruturalmente relacionados e ligantes adequados modelam os grupos funcionais em uma direção específica. O reconhecimento é devido à forma e às propriedades físico-químicas diferentes, como ligação de hidrogênio ou interações iônicas ou hidrofóbicas.[10]

A impressão covalente, introduzida por Wulff e Sarchan, envolve a formação de ligações covalentes reversíveis entre a molécula modelo e o monômero funcional, antes da polimerização. A molécula modelo é removida do polímero por clivagem das ligações covalentes correspondentes, que são restabelecidas para a ligação do analito. A estabilidade alta da interação molécula modelo-monômero resulta em maior população de sítios de ligação homogêneos e quantidade mínima de sítios não específicos. Além disso, a ligação forte entre a molécula modelo e o monômero funcional assegura maior seletividade ao MIP, contudo, o processo de eluição dos analitos é difícil, sendo necessário, em muitos casos, procedimentos drásticos de hidrólise.

A impressão não covalente foi introduzida por Mosbach e colaboradores e baseia-se na formação de interações não covalentes relativamente mais fracas, como ligações de hidrogênio e interações iônicas entre a molécula modelo e o monômero funcional, antes da polimerização. Essa síntese é mais usada para a preparação de MIP, principalmente devido à simplicidade experimental e a disponibilidade comercial de diferentes monômeros capazes de interagirem com quase todos os tipos de molécula modelo. Entretanto, as interações molécula modelo-monômero funcional são governadas por processo de equilíbrio e para deslocar esse equilíbrio para formar o complexo molécula modelo-monômero funcional é necessário usar uma quantidade grande de monômero e,

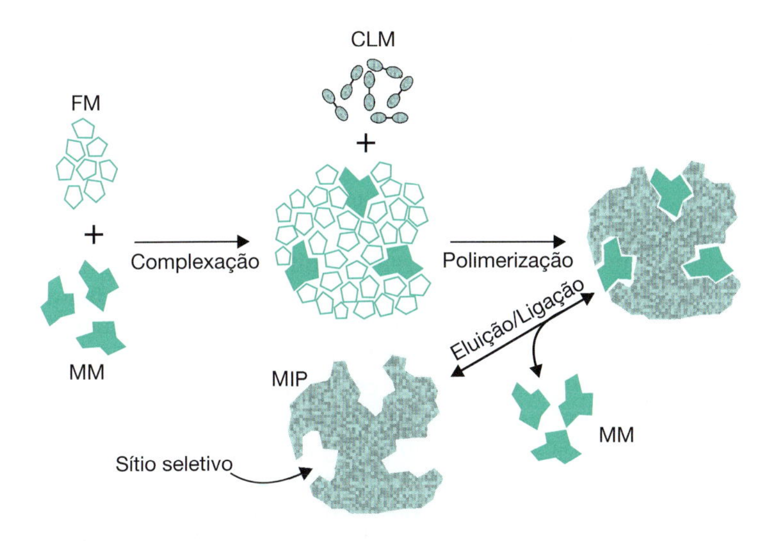

Figura 8.9 Representação esquemática do processo de formação do MIP. FM: *Functional Monomer* (monômero funcional); MM: *Model Molecule* (molécula modelo); CLM: *Cross-Linked Monomer* (monômero de ligação cruzada). Atualmente, os processos mais empregados para síntese dos MIP são a polimerização pelo processo sol-gel e, principalmente, a partir de radicais livres. A síntese a partir de radicais livres pode ser realizada por três técnicas de impressão capazes de formar o complexo *template*-monômero funcional: impressão covalente, impressão não covalente ou hibridização de ambos, denominada impressão semicovalente.

consequentemente, o excesso de monômero livre é incorporado aleatoriamente na matriz polimérica, levando à formação de sítios de ligação não seletivos. Portanto, os polímeros obtidos por impressão não covalente oferecem menor seletividade quando comparados àqueles obtidos pela impressão covalente. Por outro lado, esses MIP têm como vantagem a facilidade de eluição dos analitos, sendo bastante empregados para o preparo de amostra de compostos de mesma classe.[21]

Visando reunir em um só material as vantagens dos MIP covalentes e não covalentes, foi desenvolvida a síntese semicovalente, que estabelece que o processo de polimerização seja mediado por ligações covalentes, garantindo maior seletividade, enquanto as demais interações durante a utilização do material ocorram por ligações não covalentes, facilitando a eluição dos analitos.[21]

A síntese não covalente é a mais empregada na preparação dos MIP, devido à sua versatilidade. A síntese ocorre através da adição da molécula modelo, do monômero funcional, do agente de ligação cruzada, do iniciador radicalar e do solvente porogênico. A escolha desses reagentes deve ser bem analisada, uma vez que a qualidade do produto final é determinante para que haja seletividade. Ao definir a molécula modelo e o monômero funcional, é necessário analisar as interações intermoleculares que ocorrerão entre eles, a fim de que estas sejam favoráveis à retenção seletiva do composto de interesse. De modo geral, o ácido metacrilato e a 4-vinilpiridina são os FM mais usados. Os agentes de ligação cruzada são os responsáveis pela estrutura tridimensional dos MIP e os mais empregados são o divinilbenzeno e o etilenoglicol dimetacrilato. O iniciador radicalar é o responsável pelo início da polimerização, sendo o azoisobutironitrila o mais usado. A polimerização pode ocorrer por um processo termoquímico e/ou fotoquímico. Os solventes mais usados são o tolueno, metanol e clorofórmio, que devem solubilizar os reagentes sem que haja reação entre eles.[21]

O emprego do MIP como material sorvente em SPE, método conhecido como extração em fase sólida molecularmente impressa (*Molecularly Imprinted Solid-Phase Extraction* – MISPE), vem se destacando, pois oferece alto grau de seletividade. MISPE pode ser realizada tanto no modo *on-line* como no modo *off-line*.

O modo *off-line* não difere dos protocolos usados em SPE convencionais, no entanto, a espécie de interesse fica retida seletivamente quando se utiliza o MIP como sorvente. Normalmente, recheia-se um cartucho de polietileno com uma quantidade pequena do MIP (15-500 mg). Em seguida, realizam-se as etapas de condicionamento, carregamento da amostra, *clean-up*, se necessário, e eluição dos analitos. O solvente de condicionamento é escolhido de modo a permitir a ligação dos analitos aos sítios seletivos, enquanto o solvente de eluição deve ser selecionado baseado na sua capacidade de romper a interação analito-polímero. A etapa de *clean-up*, com solvente apropriado, é realizada com a finalidade de maximizar as interações específicas entre os analitos e o polímero impresso com eluição simultânea dos compostos interferentes, retidos no MIP por interações não seletivas, formadas devido ao excesso de monômeros no meio reacional de síntese não covalente do polímero. A consequência direta da presença de sítios de ligação não seletiva é a coextração de alguns componentes da matriz que dificultam a determinação dos analitos após o MISPE e também diminuem o desempenho do MIP, devido aos componentes da matriz que ficam fortemente ligados à matriz polimérica. Na etapa final, pela adição no cartucho de um solvente de eluição adequado, o analito é eluído. Após a extração, o eluato, idealmente sem coextrativos apenas com os analitos, é analisado em um cromatógrafo a líquido, ou a gás ou por eletroforese capilar.[22] O método MISPE garante além de *clean-up* das amostras, a concentração do analito.

O protocolo do MISPE *on-line*, baseia-se no uso de uma pré-coluna recheada com o MIP (tipicamente 50 mg) que é colocada na válvula de seis vias do sistema de injeção do cromatógrafo. Após o carregamento da amostra e a lavagem dos interferentes, os analitos são eluídos com a fase móvel e, a seguir, são separados na coluna analítica.[22] Este modo apresenta como vantagens a diminuição da manipulação da amostra entre as etapas de concentração e análise, reduzindo riscos de perda dos analitos e contaminação, a melhora da exatidão e da precisão e a redução do tempo de preparo de amostra.[21] Entretanto, pode apresentar o inconveniente da fase móvel requerida para separação na coluna analítica não ser adequada para remoção dos analitos na pré-coluna que contém o MIP.[22]

Nos últimos anos, os MIP têm sido empregados na extração de agrotóxicos, produtos farmacêuticos, compostos fenólicos, entre outros, em diversas matrizes ambientais (águas de rio, de mar, subterrânea, de esgoto e extratos de solos e sedimentos); de diversos analitos em amostras de fluidos biológicos (urina, saliva, plasma, soro e sangue) e de tecidos, como fígado, rim, músculos e cabelo. Os MIP foram largamente usados nas análises de betabloqueadores, cefalosporim (em plasma e em soro humano) e fluorquinolona (em urina humana e em tecido de suínos). Embora menos intensamente, os MIP estão sendo utilizados no campo alimentício, empregando matrizes como leite, vinho, cereais, frutas e frutos do mar, para determinar agrotóxicos, fármacos, compostos fenólicos e toxinas.[22]

O potencial do MIP é alto, por oferecer resistência mecânica à temperatura e à pressão e por apresentar inércia em condições extremas de ácidos, bases, íons metálicos e solventes orgânicos.[16] Além disso, a síntese dos MIP é relativamente fácil e barata e os mesmos podem ser reutilizados. O principal benefício do MIP é a possibilidade de preparar fases seletivas predestinadas para uma substância particular ou grupos de substâncias estruturalmente análogas. Muitas vezes, os MIP podem extrair estruturas estreitamente relacionadas à MM, geralmente compostos de mesma classe, através do efeito conhecido como seletividade cruzada, o que permite a obtenção de extratos limpos, facilitando assim a quantificação dos analitos.[21] Entretanto, alguns aspectos ainda precisam ser melhorados. Normalmente, os MIP usados em SPE são preparados pela técnica de impressão não covalente, que dá rendimentos baixos de sítios de ligação específica. Isso resulta em baixa capacidade de aceitação de amostra e ligações não seletivas altas. Outro problema é a retirada dos *templates* para preparação dos MIP. Além disso, é um método que, dependendo do volume de amostra e do extrato final, não garante baixos limites de detecção.[7]

Os imunossorventes e polímeros molecularmente impressos (MIP) são aplicados principalmente quando há um vasto número de substâncias interferentes em amostras complexas.[10]

Materiais de acesso restrito (RAM)

A técnica que emprega materiais de acesso restrito (*restricted access materials* – RAM), muitas vezes, tem sido considerada distinta da SPE, entretanto a retenção do analito ocorre de modo semelhante ao de SPE. A técnica foi introduzida em 1991 por Desilets e colaboradores, que também estabeleceram o termo RAM.[23] Os sorventes RAM representam uma classe especial de fases que são capazes de fracionar uma amostra biológica como soro, plasma, urina e leite, de tal forma, que uma fração contém as proteínas e a outra contém os analitos. Esses sorventes permitem a injeção direta e repetitiva de amostras biológicas, sem tratamento, em sistemas de cromatografia líquida de alta eficiência em fase reversa, devido à exclusão de compostos macromoleculares, como as proteínas, que interagem somente com a superfície externa do suporte, que é recoberta com grupos hidrofílicos. Isto impede a adsorção acumulativa das macromoléculas nos sítios ativos do suporte poroso, evitando o entupimento da coluna e a perda de desempenho.[23]

Nas colunas RAM ocorre simultaneamente o mecanismo de exclusão por tamanho e o de partição ou troca iônica, no interior das fases RAM, que proporciona a separação e/ou concentração de compostos de massas molares baixas.[23]

Os sorventes RAM podem ser classificados de acordo com o mecanismo de exclusão macromolecular em dois grupos, RAM com barreira de difusão física (fase reversa, alquil-diol-sílica, sílica porosa modificada com ligante), baseada no diâmetro do poro, que impede a penetração das macromoléculas e RAM com barreira de difusão química que é criada pela cobertura da superfície externa do suporte, que está em contato com os componentes da matriz biológica, como ácidos nucleicos e proteínas, com um polímero, sintético ou natural, ou uma proteína, adsorvido ou ligado covalentemente à superfície da sílica, que impede a adsorção das macromoléculas.[24] Também os sorventes podem ser classificados de acordo com a sua superfície química, em fase unimodal, quando as superfícies interna e externa são semelhantes e possuem as mesmas propriedades ou bimodal, na qual as superfícies interna e externa têm ligações diferentes. Portanto, os RAM podem ser classificados em quatro grupos: barreira de difusão física ou química, ambas com fases unimodal ou bimodal.[23,24]

O material de acesso restrito bimodal é caracterizado pela presença de superfície externa hidrofílica e superfície interna hidrofóbica. A fase hidrofílica que recobre a superfície externa é responsável pela repulsão das macromoléculas, como proteínas, lipídeos e compostos de massa molar elevada, impedindo a sua adsorção no suporte poroso, sendo eluídas com o solvente de lavagem, no volume morto. Este mecanismo é de exclusão e impede que as moléculas maiores penetrem nos poros. Somente as moléculas pequenas são capazes de penetrarem nos poros das fases RAM e interagirem com a fase hidrofóbica, por mecanismos de troca iônica ou hidrofóbico.[10,23]

Os RAM encontram-se disponíveis principalmente como recheio de colunas metálicas, apresentando, portanto, a aparência e o funcionamento das colunas cromatográficas. As colunas RAM eliminam a necessidade de preparo de amostra e podem ser utilizadas como pré-coluna tanto no modo simples de análise, com uma única coluna, como no modo bidimensional. No primeiro caso, a amostra biológica não tratada é injetada diretamente na coluna e, após a exclusão das macromoléculas, os analitos são analisados por eluição por gradiente. Na cromatografia bidimensional, a coluna RAM é usada como pré-coluna, para receber a amostra biológica, efetuar a limpeza preliminar, pré-separar e concentrar os analitos que, após a eluição das macromoléculas, são transferidos seletivamente para uma coluna analítica, utilizando válvula de comutação (*column switching*), onde são separados e determinados. Neste caso, os analitos são separados usando fase reversa, resultando em melhor resolução e cromatogramas mais limpos que o modo unimodal.[24]

Durante o desenvolvimento destes materiais foram introduzidos os RAM enantiosseletivos, nos quais se usaram antibióticos glicopeptídeos como seletor quiral ou trocadores iônicos fracos.[23]

Atualmente, vários tipos de RAM com diferentes funcionalidades e propriedades encontram-se disponíveis comercialmente ou podem ser preparados facilmente.[24]

As colunas RAM são usadas principalmente nas análises de moléculas pequenas, como fármacos, substâncias endógenas e xenobióticos em matrizes complexas, como fluidos biológicos, tecidos e leite, sendo aplicadas nas áreas farmacêutica, clínica, *antidoping* e toxicológica. Outras aplicações dos RAM incluem a determinação de resíduos de agrotóxicos, antibióticos e hormônios em animais ou leite humano. Entretanto, o leite é uma matriz mais complexa que o plasma, soro e tecidos homogêneos, porque além de possuir uma grande fração de proteínas, que necessita ser removida para evitar danificações na coluna cromatográfica, também pode conter emulsão de lipídeos. Por causa disto, são poucos os métodos empregando os RAM para determinar compostos exógenos no leite.[23]

A vantagem marcante dos RAM é permitir a injeção direta da amostra, pois erros humanos de manipulação são eliminados, manuseios de amostras perigosas ou infecciosas são evitados e o número de análises por tempo aumenta significativamente.

As desvantagens dos RAM são custo mais elevado e capacidade de receber poucos microlitros de amostra, o que muitas vezes é insuficiente para atingir o limite de detecção desejado.[7]

Como uma nova tendência, há um novo sorvente resultante da combinação de RAM com MIP (RAM-MIP), com uma camada externa hidrofílica, que é mais adequado para ser utilizado no tratamento de amostras biológicas, devido ao decréscimo de interações não específicas. Esse sorvente também mostrou resultados promissores em estudos envolvendo liberação seletiva e controlada de fármacos em simulação de fluidos gastrointestinais.[23]

A Tabela 8.3 mostra algumas vantagens e desvantagens das fases seletivas e de nanotubos de carbono, que podem ser usadas no preparo de amostras por SPE.[10]

8.4 Avanços recentes da técnica

Os avanços mais recentes da técnica de SPE seguem a tendência no campo de preparo de amostra no sentido de redução de reagentes, solventes, quantidade de amostra e tempo de análise, aliada à extração e análise do maior número possível de compostos em uma única extração e ao aumento no número de amostras que podem ser extraídas em um método analítico.[10]

O progresso alcançado nas décadas passadas na síntese de sorventes ou fases sólidas tem possibilitado a

Tabela 8.3 Vantagens e desvantagens das fases seletivas e de nanotubos de carbono para SPE[10]

Tipo de sorvente	Vantagens	Desvantagens
Imunossorvente	Seletividade alta	Requer sorventes diferentes para novos analitos
	Preferido para meio aquoso	Instável em valores extremos de pH, solventes orgânicos e temperaturas altas
	Aplicação analítica para matrizes complexas	Interações não seletivas com analitos ou componentes da matriz
		Desenvolvimento longo, produção em períodos de anos
		Custo elevado
Polímeros impressos molecularmente	Seletividade alta	Requer sorventes diferentes para novos analitos
	Preferido para meio orgânico	Problemas com remoção da molécula modelo dos polímeros
	Desenvolvimento rápido, produção em períodos de semanas	Possibilidade de lixiviamento durante a aplicação
	Estável em valores extremos de pH, solventes orgânicos e temperaturas altas	
	Custo baixo	
RAM	Seletividade alta	
	Aplicação analítica para matrizes biológicas (soro, plasma, urina, leite)	Permite a injeção de poucos microlitros da amostra, o que às vezes é insuficiente para atingir o limite de detecção do analito
	Permite a injeção direta da amostra	Custo elevado
	Fácil preparo no laboratório	
Nanotubos de carbono	Seletividade e detectabilidades altas	Requer sorventes diferentes para novos analitos
	Desenvolvimento rápido e fácil	Instável em valores extremos de pH e em temperaturas altas
	Extração rápida dos analitos	
	Acoplamento com outros métodos de preparo de amostra	
	Custo baixo	

obtenção de partículas de fases sólidas mais puras e menores, de modo reprodutível. Essas partículas pequenas, de cerca de 40 μm, proporcionam maior capacidade de retenção que as de tamanho convencional, o que permite o uso de cartuchos de SPE recheados com menor quantidade de fase sólida, sem perda significativa na eficiência de retenção, que conduzem a uma redução no volume de amostra de 0,5-1,0 L para volumes menores que 100 mL. Além disso, a eluição quantitativa dos analitos pode ser obtida empregando um volume suficientemente pequeno de solvente apropriado, o que permite o desenvolvimento de sistemas hifenados e automatizados que resultam na transferência completa da amostra para o instrumento selecionado para determinação, em técnica verde, com um consumo mínimo de amostra e solvente, gerando uma redução significativa de resíduos,[18] bem como melhor exatidão e precisão dos resultados obtidos. A redução do tamanho da amostra, requerida para realizar estes tipos de análises hifenadas, tem tornado possível, em alguns casos, a injeção direta de amostras ou extratos aquosos obtidos de frutas e vegetais, com limite de detecção suficientemente baixo para ser considerado um método apropriado para o *screening* rápido de agrotóxicos. Apesar disso, esse modo como um procedimento de economia de tempo pode fornecer efeito de memória e erro sistemático.

Os parâmetros experimentais a serem considerados nestes sistemas hifenados de SPE são os mesmos que para um sistema convencional de SPE, ou seja, a natureza e a quantidade de sorvente, a natureza dos solventes usados nas diferentes etapas de SPE e a vazão. Os principais problemas que resultam em recuperações baixas dos analitos também são semelhantes: capacidade reduzida do sorvente ou retenção extremamente forte do analito, cinética lenta do processo de sorção, ou seja, vazões muito altas da amostra e/ou do solvente e uma possível adsorção dos analitos dentro dos tubos usados para conectar as diferentes partes do sistema. Por outro lado, nestes sistemas fechados os riscos de degradação e oxidação do analito são grandemente diminuídos comparados aos sistemas convencionais (abertos), a exposição do operador a solventes tóxicos é reduzida e, devido ao tempo de análise menor, o desenvolvimento de método é muito mais rápido.[18]

A hifenização da SPE com a LC ou GC, nos dias de hoje, alcançou o sucesso esperado e, desta forma, o desenvolvimento nesta área está principalmente direcionado para redução progressiva da quantidade de amostra requerida para determinações exatas de compostos em níveis de traços e a posterior simplificação do método de preparo de amostra. Ambos os aspectos requerem o uso de fases sólidas modernas, de alta capacidade e seletividade e/ou de detectores potenciais como MS ou de preferência MS/MS. Tais tendências são úteis para determinações extremamente rápidas que podem conduzir a tempos de análises menores que os de SPE convencional.[18]

Embora a cromatografia líquida de ultra eficiência (UHPLC – *ultra high performance liquid chromatography*), usando colunas recheadas com partículas sub-2 μm, seja a perspectiva mais conveniente para cromatografia rápida e com alta eficiência, há poucos métodos na literatura acoplando a SPE *on-line* com a tecnologia de UHPLC. Alguns obstáculos necessitam ser melhorados, como as altas pressões necessárias na tecnologia UHPLC (> 9000 psi), devido ao tamanho reduzido de partículas, com as vazões > 400 μL/min, que não são compatíveis com os sistemas de SPE *on-line* que, geralmente, operam em pressões baixas (< 6000 psi); e os picos cromatográficos alargados, resultantes dos volumes de solventes orgânicos metanol e acetonitrila, usados na etapa de eluição, que interferem na retenção. Embora já exista instrumentação disponível que permite este acoplamento, mais estudos serão necessários para garantir a sua aplicabilidade em análises de alimentos e do meio ambiente.[1]

O foco atual em fases sólidas está direcionado principalmente para o desenvolvimento de novos sorventes, permitindo maiores capacidades de carregamento da amostra e maiores eficiências para retenção de analitos mais polares presentes em matrizes aquosas. Neste contexto, os sorventes clássicos de sílica ligada estão sendo substituídos por sorventes poliméricos, que são capazes de reter a maioria dos compostos polares, além de serem estáveis em um intervalo amplo de pH e não conterem os silanóis que se podem ligar irreversivelmente a alguns grupos de compostos, como os básicos. O desenvolvimento de vários polímeros funcionalizados e fases sólidas altamente entrecruzadas parece ser a próxima etapa na síntese de novos materiais para SPE. Entretanto, novos imunossorventes, polímeros impressos molecularmente e materiais de acesso restrito necessitam ser desenvolvidos, permitindo uma melhora na seletividade durante o processo de retenção e contribuindo para simplificação das etapas subsequentes de *clean-up* e/ou detecção.

Uma das mais recentes direções no desenvolvimento e benefícios da taxa de transferência de amostra da SPE, juntamente com a miniaturização,[10] é a utilização de microfluidos e sistemas analíticos *on-chip*. A tecnologia microfluídica representa um papel muito importante na biotecnologia moderna e na química analítica, principalmente pelo seu tempo de separação menor e consumo reduzido de amostra. Ela integra injeção, separação e detecção. Entre os diferentes métodos de preparo de amostra conduzidos em um dispositivo *on-chip*, SPE é uma das mais importantes tecnologias de preparo de amostra. O aspecto mais vantajoso da combinação SPE com um dispositivo microfluídico é a capacidade de imobilizar a fase sólida dentro de microcanais.[10] Adicionalmente, esses microcanais serão integrados com formatos miniaturizados, incluindo separações eletroforéticas ou por HPLC. No futuro, o emprego de técnicas baseadas em micro e nanoescala resultará em métodos analíticos rápidos e sensíveis para o preparo de amostra e análise.

Sistemas miniaturizados e automatizados, com alta taxa de transferência de amostra, usando novas fases sólidas são de interesse em diversas áreas, como clínica, farmacêutica, ambiental e de alimentos.[10]

Referências bibliográficas

[1] NÚÑEZ, O. et al. **J. Chromatogr. A**, 1228: 298, 2012.

[2] LANÇAS, F.M. **Extração em Fase Sólida (SPE)**. Rima. São Carlos, 2004.

[3] CALDAS, S.S. et al. **Quim. Nova**, 34: 1604, 2011.

[4] VIDAL, L.; RIEKKOLA, M.L.; CANALS, A. **Anal. Chim. Acta**, 715: 19, 2012.

[5] HERNÁNDEZ-BORGES, J. **J. Chromatogr. A**, 1153: 214, 2007.

[6] NOVÁKOVÁ, L.; VLCKOVÁ, H. **Anal. Chim. Acta**, 656: 8, 2009.

[7] JARDIM, I.C.S.F. **Sci. Chromatogr.** 2, 1: 15, 2010.

[8] HYÖTYLÄINEN, T. **LCGC**, 12: 6, 2009.

[9] LANÇAS, F.M. **Sci. Chromatogr.** 0: 17, 2008.

[10] BUSZEWSKI, B.; SZULTKA, M. **Crit. Rev. Anal. Chem.** 42: 198, 2012.

[11] **Guide to Sample Preparation Supplement to LC-GC**. Outubro de 2008.

[12] QUEIROZ, S.C.N.; COLLINS, C.H.; JARDIM, I.C.S.F. **Quim. Nova**, 24, n. 1: 68, 2001.

[13] GERSTEL. http://www.gerstel.com/en. Acessado em janeiro de 2013.

[14] TANKIEWICZ, M.; FENIK, J.; BIZIUK, M. **Talanta**, 86: 8, 2011.

[15] HENNION, M.C. **J. Chromatogr. A**, 856: 3, 1999.

[16] HUANG, Z.; LEE, H.K. **Trac Trend Anal. Chem.** 39: 228, 2012.

[17] LIU, Q.; SHI, J.; JIANG, G. **TRAC Trend Anal. Chem.** 37: 1, 2012.

[18] RAMOS, L. **J. Chromatogr. A**, 1221: 84, 2012.

[19] HENNION, M.C.; PICHON, V. **J. Chromatogr. A**, 1000: 29, 2003.

[20] MAJORS, R. **LG-GC North America**, 21: 10, 2008.

[21] SANTOS, M.G. et al. **Sci. Chromatogr.** 4(3): 161, 2012.

[22] TURIEL, E.; MARTÍN-ESTEBAN, A. **Anal. Chim. Acta**, 668: 87, 2010.

[23] NOVÁKOVÁ, L.; VLČKOVÁ, H. **Anal. Chim. Acta**, 656: 8, 2009.

[24] CASSIANO, N.M. et al. **Anal. Bioanal. Chem.** 384: 1462, 2006.

9 Dispersão da matriz em fase sólida

Haroldo Silveira Dórea

9.1 Introdução

Técnicas de preparo de amostras para análise de compostos orgânicos em matrizes líquidas proliferaram a partir da década de 1980 e tiveram um acentuado desenvolvimento na década seguinte, com tendência acentuada para a miniaturização. No entanto, para amostras sólidas e semissólidas, matrizes de elevada complexidade, a extração por Soxhlet continuava dominando os laboratórios de rotina. Foi nesse contexto que pesquisas foram intensificadas para o desenvolvimento de novos métodos analíticos voltados para amostras de alimentos, biológicas e ambientais, com o objetivo de determinar resíduos de contaminantes ou compostos orgânicos de interesse. Extração com líquido pressurizado (*pressurized liquid extraction* – PLE), extração com fluido supercrítico (*supercritical fluid extraction* – SFE), extração assistida por ultrassom (*ultrasonic-assisted extraction* – USE) e extração assistida por micro-ondas (*microwave assisted extraction* – ASE) foram algumas das novas técnicas surgidas nessas últimas décadas.

Em 1989, Steven Barker e colaboradores[1] publicaram o primeiro trabalho com a nova técnica de extração que, posteriormente, passou a ser conhecida por *Matrix Solid-Phase Dispersion*, abreviada como MSPD. Portanto, nesse primeiro trabalho, que descreve a extração de 14 fármacos em músculo bovino, o autor apenas fez referência a um método de dispersão em fase sólida. No Brasil, a técnica ficou conhecida como Dispersão da Matriz em Fase Sólida,[2] em trabalho publicado em 2004 para a determinação de quatro pesticidas em quiabo.

Comparando a técnica MSPD com a tradicional extração por Soxhlet, esta consome cerca de 150 a 300 mL de solvente orgânico no processo de extração para uma amostra de 10 g e, por se tratar de uma técnica robusta, com elevada capacidade de extração, torna-se fundamental uma etapa posterior para limpeza do extraído (*clean-up*) fazendo uso de colunas cromatográficas sólido-líquido contendo adsorventes adequados em grandes quantidades e elevado consumo de solventes orgânicos para fazer a limpeza dos interferentes oriundos da matriz e a posterior eluição dos compostos de interesse. Portanto, extração por Soxhlet é uma técnica que consome cerca de 250 mL de solventes orgânicos por amostra. Além disso, duas limitações da extração por Soxhlet são observadas: o tempo consumido na etapa de extração é excessivamente longo, algo em torno de 8 horas (podendo chegar a 48 horas), além do tempo necessário para a limpeza do extrato e a evaporação do solvente. A segunda limitação dessa técnica é a grande quantidade de amostra utilizada no processo.

A dispersão da matriz em fase sólida, portanto, surgiu como opção para suprir essas limitações encontradas na extração por Soxhlet, para a extração de compostos orgânicos em amostras ambientais e biológicas sólidas, semissólidas e líquidas de alta viscosidade, reduzindo drasticamente o consumo de solventes orgânicos, diminuindo a quantidade da amostra, reduzindo o tempo de extração e o número de etapas envolvidas na preparação. Quanto maior a manipulação da amostra, maior será o risco de contaminações no processo. Aliada a essas vantagens, a técnica por MSPD também tem como objetivo melhorar a seletividade, a versatilidade e a eficiência do método analítico, sem perder de vista a simplicidade e o menor custo, tornando uma técnica atrativa para as análises multirresíduos de rotina.

9.2 Princípios da técnica

A técnica consiste em misturar a amostra a um suporte sólido adsorvente até completa homogeneização. Em seguida, essa mistura é transferida para uma coluna para posterior eluição com solvente orgânico apropriado.

As forças intermoleculares fracas, tipo van der Waals ou interações dipolo-dipolo,[3] estarão atuando na etapa de homogeneização, fazendo com que o analito interaja com o adsorvente através do processo de sorção. As forças interativas de adsorção são mais fortes do que as de absorção.[3] Moléculas polares e água, presentes na amostra, podem se associar aos grupos silanóis (-Si-OH) ou se fixarem dentro dos poros da sílica. As moléculas menos polares estarão associadas a uma fase orgânica de baixa polaridade, como o grupo silanol da sílica ligado quimicamente, através de ligação covalente, com o grupo octadecil (C18-derivatizada).

Portanto, na etapa de homogeneização da mistura amostra-suporte, haverá interação do analito com a matriz, do analito com o suporte sólido, da matriz com o suporte sólido e, havendo o uso da fase quimicamente ligada, novas interações surgem: do analito e da matriz com essa fase quimicamente ligada. Na etapa de eluição, as interações serão entre o analito e o eluente, e da matriz com o eluente.

Quando mais de um adsorvente for usado na etapa de homogeneização ou uma mistura de solventes na etapa de eluição, novas interações serão formadas com o analito, a matriz e esses novos adsorventes e solventes. Vale ressaltar que todas as interações descritas acima ocorrem de forma dinâmica e muitas delas simultaneamente.

Vários equilíbrios estarão envolvidos nesse sistema dinâmico. Com relação ao analito (A), este estará distribuído entre dois materiais, a matriz que o contém e o adsorvente adicionado, formando a seguinte reação de distribuição reversível:

Reação 9.1: $A_{Matriz} \rightleftarrows A_{Adsorvente}$

A expressão da constante de equilíbrio é o coeficiente de distribuição (K_D), da lei de distribuição de Nernst,[3] que define se o analito está em maior concentração no adsorvente ou na matriz em uma determinada temperatura (Equação 9.1).

$$K_D = \frac{[A]_{adsorvente}}{[A]_{matriz}} \tag{9.1}$$

Como o objetivo da extração por MSPD é fazer a retirada exaustiva do analito com a menor concentração de interferentes, valores elevados de K_D são importantes para maior seletividade. No entanto, valores altos de K_D necessitam de um eluente com força suficiente para dessorver o analito do suporte sólido. A eficiência da extração estará relacionada com a capacidade de adsorção e de dessorção do analito no suporte sólido. A definição dos parâmetros para otimizar a extração do analito com a técnica MSPD tem como finalidade o deslocamento da Reação 9.1 para a direita e elevar o valor de K_D. Durante o processo de eluição o valor de K_D tende a zero.[3]

O suporte sólido ou adsorvente ou dispersante é a fase sólida da técnica de extração por MSPD, que tem a função descrita anteriormente, bem como realizar a quebra da arquitetura geral da amostra e fazer a dispersão da matriz, como o clássico uso da areia. Isso permite o aumento da área superficial e maior contato do adsorvente com o analito aprisionado na matriz, consequentemente elevando o poder de extração da técnica por MSPD.

Portanto, esse suporte sólido assume a dupla função de abrasivo e dispersante. Ou seja, a escolha do suporte sólido recai sobre sua capacidade de sorção com o analito ou com os compostos da matriz e seu poder abrasivo.

Devido às suas características de forma e princípios, a técnica MSPD pode ser inserida no conjunto das técnicas de extração em fase sólida. Comparando com a extração em fase sólida clássica (*Solid-Phase Extraction* – SPE), o número de interações envolvidas na técnica MSPD é maior, além de que esse processo de interações ocorre ao longo de toda a coluna MSPD, formada pela mistura da matriz com o dispersante, enquanto em SPE as interações só ocorrem nos primeiros milímetros da coluna SPE. A coluna MSPD, portanto, cria uma nova fase cromatográfica, com o analito disperso em um suporte sólido.

Alguns materiais usados como abrasivos têm como base a sílica. Para as aplicações que requerem uma fase lipofílica são recomendadas as fases octil (C8) e octadecilsilano (C18), bem como para compostos de baixa polaridade. Para compostos polares são recomendados os adsorventes polares, como a sílica.

O mecanismo que ocorre na etapa de homogeneização é diferente se o suporte for inorgânico (por exemplo, alumina, Florisil) ou com sílica quimicamente ligada (por exemplo, C18). Os materiais inorgânicos não dissolvem a matriz da amostra, mas apenas adsorvem a molécula orgânica, diferentemente do C18. No entanto, a quebra da estrutura da amostra é comum para todos esses adsorventes.

Compreende-se, portanto, que a coluna MSPD é formada pela mistura entre a matriz e o dispersante (Figura 9.1), formando um novo material cromatográfico, e que a relação de massa entre a matriz e o dispersante é um dos parâmetros que definem a eficiência da técnica de extração. Para amostras secas a relação de massa entre a matriz e o dispersante será diferente daquela usada para amostras com alto conteúdo de água. Estudos mostram que ocorrem modificações na matriz no momento da homogeneização da mistura, podendo ocasionar a ionização ou supressão dessa ionização no analito ou na matriz, afetando a natureza das interações entre esses e o solvente de eluição. Solventes miscíveis em água penetram no material homogeneizado e solubilizam os compostos orgânicos hidrofílicos, enquanto os solventes hidrofóbicos são eficientes para analitos não polares.[4]

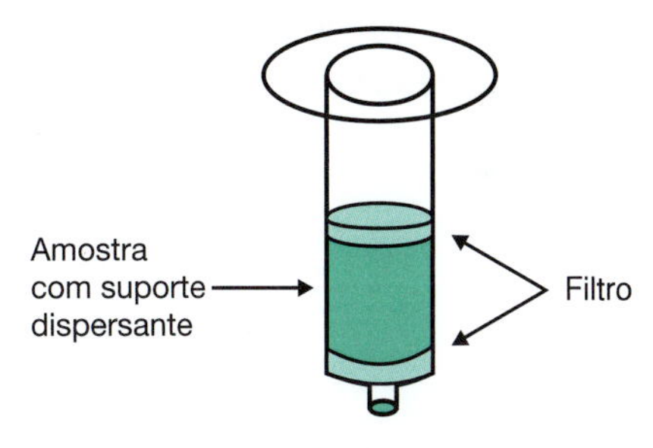

Figura 9.1 Coluna típica da técnica de extração por dispersão da matriz em fase sólida (MSPD).

9.3 Etapas da extração por MSPD

A amostra (frutas,[5,6] peixes,[7] grãos,[8,9] própolis,[10] vegetais,[11] plantas,[12] água de coco,[13,14] tecidos biológicos,[15] sangue,[16] etc.) é pesada e colocada em um almofariz de vidro ou ágata contendo o suporte sólido (dispersante). Então, o suporte sólido e a amostra são homogeneizados manualmente com o pistilo, fazendo com que a amostra fique dispersa no suporte (Figura 9.2).

O material formado é transferido para uma coluna de vidro ou de polietileno (cerca de 10 mL), contendo lã de vidro ou papel-filtro para servir como filtro (*frit*) e permitir o empacotamento da coluna MSPD. A deposição e o empacotamento desse material é um fator importante para se obter uma boa precisão do método analítico. Após a transferência quantitativa do material, colocar outro filtro no topo da coluna MSPD formada. Para empacotar o material, não é necessário pressionar fortemente com o êmbolo (Figura 9.2), isso irá interferir no processo de eluição, tornando-o muito lento. Contudo, é necessário ter atenção na formação da coluna para evitar os caminhos preferenciais, situação conhecida no empacotamento de colunas cromatográficas. Caso seja necessária uma maior limpeza do extrato, é adicionado previamente um adsorvente à coluna MSPD, geralmente de característica diversa do suporte sólido (dispersante), formando a cocoluna. Dois ou mais adsorventes podem ser usados para essa finalidade, empilhados um sobre o outro. Outras opções são: usar uma coluna separada e conectada abaixo da coluna MSPD (*on-line*) ou uma coluna SPE típica, separada da coluna MSPD (*off-line*). Esta, no entanto, tem o inconveniente de se fazer a redução do volume do solvente (eluente) antes de ser depositado na coluna SPE.

Uma segunda opção para eliminar interferentes da matriz é realizar uma lavagem, escolhendo um solvente com características diferentes do analito, para que este não seja eluído nessa etapa. Essa distribuição dos componentes da amostra nessa nova fase possibilita um caráter único no processo de fracionamento quando o eluente é adicionado. Nessa etapa reside uma das vantagens da técnica MSPD, realizando a extração e o *clean-up* em uma única etapa.

A adição do eluente tem a função de solubilizar o analito e retirá-lo do material da coluna, por fluxo gravitacional à pressão atmosférica (Figura 9.2), por ligeira pressão com um bulbo de borracha ou mesmo usando vácuo (*manifold*), para reduzir o tempo de extração. A escolha da vazão do eluente interfere na eficiência da extração do analito e está ligada a forma do empacotamento na coluna MSPD. Antes de realizar o processo de eluição, lavar o almofariz e o pistilo (béquer ou outra vidraria usada na homogeneização) com alguns mililitros do solvente orgânico (eluente) para garantir total remoção dos analitos. A lavagem da coluna MSPD pode ser realizada antes da eluição para a remoção de alguns compostos interferentes. Os lipídios, por exemplo, podem ser removidos com hexano e alguns interferentes encontrados em frutas e vegetais podem ser retirados com água ou outro solvente polar.

Se o extrato obtido estiver com pureza adequada para ser injetado no cromatógrafo, procede-se à evaporação do excesso do solvente e o extrato é analisado (Figura 9.2). Caso contrário, podem ser realizadas outras operações como filtração, derivatização, concentração, centrifugação etc. A pré-adição de ácidos, bases e agentes quelantes influencia o processo de eluição dos analitos.[17]

O tempo para a preparação da amostra pela técnica MSPD até obter o extrato para ser analisado por cromatografia é em torno de 40 minutos.[7]

9.3.1 Parâmetros a serem definidos em MSPD

Como toda técnica de extração, alguns parâmetros precisam ser definidos para se obter melhor eficiência na extração do analito contido na amostra, sem perder de vista as outras vantagens que essa técnica oferece. O sistema de análise também influenciará na escolha desses parâmetros, haja vista que os detectores em cromatografia podem ser universais, seletivos e específicos, além das fases móveis gasosa ou líquida influenciarem na escolha do solvente de eluição. A limpeza do extrato estará em função da sensibilidade e da seletividade do detector usado para identificar e quantificar os analitos. Os parâmetros a seguir são simples e fáceis para definir, podendo fazer uso do método univariado ou mesmo com os atuais métodos de planejamento de experimentos. Não havendo a necessidade da cocoluna no processo de extração, os parâme-

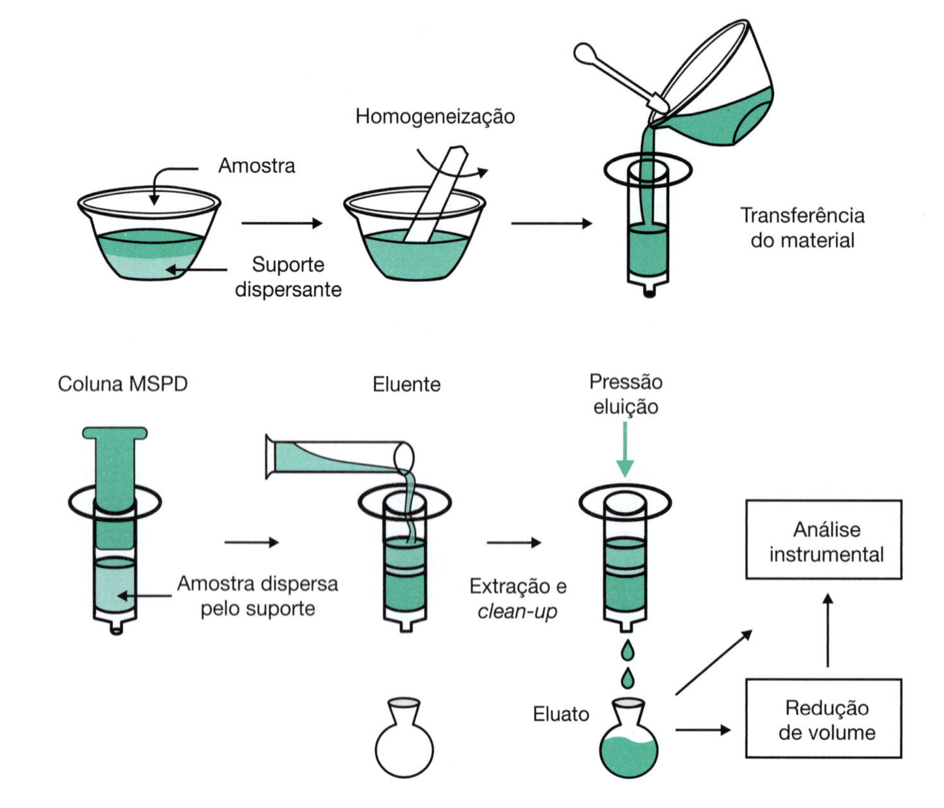

Figura 9.2 Principais etapas da técnica de extração por dispersão da matriz em fase sólida (MSPD).

tros de tipo e quantidade do adsorvente de *clean-up*, descritos nos itens "d" e "e", não devem ser observados.

a) *Suporte sólido dispersante* – a escolha desse adsorvente é o principal parâmetro a ser definido em MSPD. A distribuição dos analitos nesse novo material formado pelo suporte e pela matriz é o diferencial dessa técnica em relação a outras que também utilizam os princípios da extração em fase sólida.

Os adsorventes mais utilizados são C18, sílica $(SiO_2)_x$, alumina (Al_2O_3), cianopropil $[(SiO_2)_x$-$(CH_2)_3CN]$- e Florisil $(MgSiO_3)$. Steven Barker tem acentuado que esse novo material formado na coluna MSPD se dá pelo uso do adsorvente C18, que tem as características de ser abrasivo (sílica) e interagir diferentemente com o analito através da fase quimicamente ligada (octadecilsilano). No entanto, vários outros autores têm usado outros adsorventes para a formação da coluna MSPD com eficiência semelhante.[7]

Algumas conclusões podem ser tiradas de estudos realizados a respeito do suporte:[7,17] o tamanho dos poros (sílica com 60 Å são adequadas) e das partículas (sílica entre 40 e 100 μm) não são críticos em MSPD, no entanto, a natureza química da fase sólida é importante. Partículas de tamanhos menores normalmente aumentam o tempo de eluição e causam entupimentos na coluna. Diversas aplicações têm usado a fase sólida C18 para a extração de analitos não polares. A fase orgânica quimicamente ligada atua como solvente, que dissolve e dispersa os componentes da amostra, conforme explicado anteriormente. A fase C8 tem se mostrado equivalente a C18. Barker[18] afirma que a completa quebra celular e dispersão só ocorrem quando é empregado o adsorvente C18 e com a sílica existe apenas a formação de aglomerados da amostra na partícula. Quando os analitos e muitos compostos coextraídos são polares em matriz com alto conteúdo de água, o uso de C18 não é recomendado pelo fato de que essa fase quimicamente ligada é hidrofóbica.[5] A fase cianopropil quimicamente ligada a sílica é recomendada para analitos mais polares.[7]

O precondicionamento do adsorvente, da mesma forma como se faz com a extração em fase sólida (SPE), aumenta a recuperação do analito, além de aumentar a velocidade do processo de dispersão da amostra, quebrando a diferença de tensão superficial da amostra e o suporte sólido quimicamente ligado. Uma pré-lavagem do adsorvente também pode ser realizada para eliminar contaminações que possam estar presentes nessa fase sólida. Tanto o precondicionamento quanto a pré-lavagem, como os nomes indicam, devem ser realizados antes do suporte entrar em contato com a amostra.[7]

b) *Quantidade do suporte* – depende das características físicas da amostra (seca, úmida, pastosa) e da sua quantidade. Um critério prático a ser adotado é que a mistura sólida homogeneizada seja pulverulenta e não pastosa, o que permitirá a melhor penetração do eluente no material. Uma relação típica é que a quantidade de amostra seja 4 vezes menor que a quantidade de adsorvente, ou seja, para 0,5 g de amostra, utilizar 2 g de dispersante. Geralmente essa razão varia de 1:1 a 1:4. No entanto, essa relação depende de diversos fatores, como será mostrado mais adiante.

c) *Homogeneização* – a definição do tempo que a amostra entra em contato com o suporte sólido é fixada com o intuito de permitir maior interação do analito com o adsorvente. A amostra é pressionada pelo pistilo quando se tratar de uma amostra sólida ou apenas homogeneizada com uma espátula de inox ou teflon quando se tratar de uma amostra semissólida ou líquida de alta viscosidade.

Não é necessário realizar grande pressão para homogeneizar e dispersar a amostra, podendo até ser prejudicial. Essa diferença de força entre um e outro analista interfere na eficiência da extração.[7] Para algumas amostras de tecidos de animais, simplesmente cobrir com C18 e esperar por 1 hora foi necessário para romper e dispersar a matriz.[18]

O tempo de trituração/homogeneização de cerca 1 minuto tem se mostrado adequado, no entanto, alguns trabalhos utilizaram tempos de até 8 minutos.

Não é recomendado o almofariz e o pistilo de porcelana porque pode ocorrer perda de analito e/ou contaminação pela amostra remanescente nos poros da superfície de porcelana.[7]

Para a validação de um método analítico, a adição do padrão do analito (*spike*) para o estudo de recuperação (exatidão) deve ser feito na amostra e estabelecer um tempo para que haja a interação entre o analito e a matriz. Quando a adição da solução contendo o analito não é possível ser realizada diretamente na amostra, pela ausência de penetração, a etapa de *spike* pode ser realizada após a homogeneização. Sabe-se que o analito está mais fortemente ligado a amostra real pelo tempo que está em contato, sob determinadas condições ambientais, do que sendo adicionado a uma matriz limpa para fazer o teste de recuperação. O tempo para permitir o contato do analito com a amostra ou com o material deve ser fixado (cerca de 5 min para algumas amostras).[7] Para amostras sólidas, a interação do analito com a matriz é mais complexa do que para amostras líquidas e, tempos maiores (2 h) são necessários para um procedimento correto de recuperação.

Nesta etapa, também, pode ser feita alguma modificação da matriz ou do analito, com a adição de ácidos, bases, sais, agentes quelantes, agentes oxidantes etc.[7]

d) *Adsorvente para cocoluna* – a adição de outro adsorvente para melhorar a limpeza do extrato requer o estudo de duas variáveis: o tipo e a quantidade desse outro adsorvente. Alguns trabalhos têm utilizado um adsorvente com polaridade diferente daquele empregado como dispersante, enquanto outros repetem o mesmo. Sílica, alumina, Florisil, C18, também são usados como fase sólida nessa etapa. A análise cromatográfica do extrato é que melhor define essa escolha. Para amostras com alto conteúdo de água é recomendada a adição de agentes secantes, como sulfato de sódio anidro ou sílica na etapa de homogeneização ou mesmo na cocoluna, antes de ser adicionado o material formado pela mistura matriz-suporte. A adição desse agente secante garante a retenção da água e a não formação de duas fases no extrato. A quantidade de sulfato de sódio anidro é dependente da quantidade de água na matriz. Nessa condição, a coluna MSPD passa a ser formada pela fase sólida (*clean-up*), sulfato de sódio anidro e a mistura matriz-dispersante (Figura 9.3).

O objetivo do *clean-up* é para remover compostos interferentes e materiais de alto ponto de ebulição, que podem causar erros na quantificação, contaminar o equipamento e deteriorar a coluna cromatográfica.[4] O condicionamento do adsorvente para *clean-up*, da mesma forma que se faz com a extração em fase sólida (SPE), aumenta muito a eficiência na retenção dos coextrativos da amostra.[7]

e) *Quantidade de adsorvente para cocoluna* – tendo escolhido o tipo de adsorvente como fase sólida para *clean-up*, a massa será definida também em função da análise cromatográfica do extrato da amostra. Deve-se observar o melhor compromisso entre quantidade mínima de adsorvente e melhor limpeza do extrato. Massas entre 0,5 g e 8 g têm sido utilizadas. As típicas colunas SPE com massas de 0,5 g são usadas no modo *off-line*.

f) *Solvente de eluição* – juntamente com o suporte sólido, a escolha do eluente é fundamental na eficiência da extração e na seletividade da técnica por MSPD. O eluente tem a função de solubilizar o analito que está interagindo com o suporte sólido e/ou com a matriz. Portanto, a escolha do solvente está relacionada com as propriedades físico-químicas do analito ou dos analitos a serem extraídos da amostra, sobretudo com relação a polaridade. Não existe um solvente com características universais para todos os analitos e todas as matrizes. Dois ou mais solventes podem ser utilizados em sequência, bem como uma mistura desses para proporcionar a melhor força eluotrópica. Uma das vantagens dessa técnica de extração é a capacidade de analisar multirresíduos, com propriedades físico-químicas diferentes. A escolha de diferentes solventes, sua composição e a sequência de eluição permitem um novo fracionamento com a coluna MSPD, o que resulta na capacidade de eluição de multianalitos. Com o uso do suporte C18, a sequência de eluição é do solvente menos polar para o mais polar: n-hexano, acetato de etila, acetonitrila e metanol.[7] Além desses solventes, o diclorometano e a acetona também fazem parte dos eluentes mais utilizados.

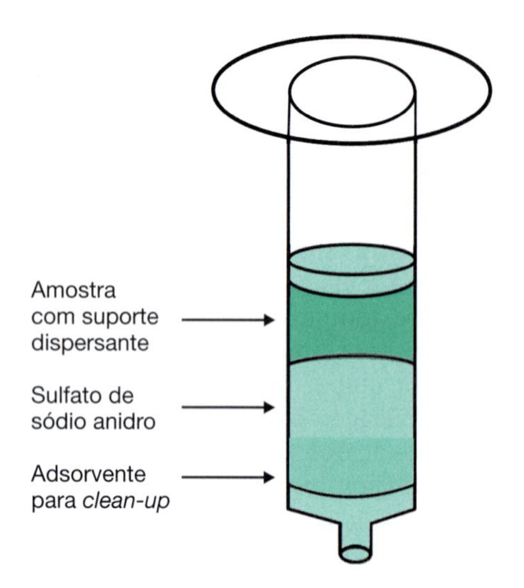

Figura 9.3 Cocoluna típica na extração por dispersão da matriz em fase sólida (MSPD). Extração e *clean-up* em uma única etapa.

g) *Volume do solvente de eluição* – será definido após a escolha dos parâmetros anteriores. Esse volume dependerá das quantidades de analito, da amostra e do dispersante, das forças de interação entre o analito e a mistura matriz-suporte, da presença da cocoluna e da solubilidade do analito no solvente escolhido. O compromisso é sempre pela busca entre a menor quantidade de solvente orgânico usado para eluição e a extração exaustiva. Apesar dos trabalhos apresentarem volumes variados de solventes para eluição, estima-se que a maioria dos analitos saem da coluna nos primeiros 4 mL, dentro das condições-padrão da técnica.

9.3.2 Aplicações e novas tendências em MSPD

Devido as suas características, a técnica por MSPD pode ser utilizada tanto na bancada do laboratório quanto no próprio local de amostragem, mostrando ser também uma técnica adequada para estocagem dos analitos por um período mínimo de tempo.

Diversas amostras e analitos foram estudados fazendo uso dessa técnica, principalmente para isolamento de medicamentos em matrizes biológicas e alimentos, bem como de pesticidas e outros poluentes em frutas, vegetais, alimentos processados e amostras ambientais.[19] Na área de segurança alimentar, o monitoramento de micotoxinas mostrou-se adequado por essa técnica e essa aplicação é importante devido à elevada toxicidade dessas substâncias. Ambientes *indoor* (como a poeira) também foram monitorados. Como desenvolvimento da técnica, materiais emergentes como nanotubos de carbono em multicamadas (*multiwalled carbon nanotubes*) estão sendo utilizados como suportes sólidos específicos, além da tendência de miniaturização do processo.[20]

Alguns autores têm testado quantidades de amostras, que variam de 25 a 100 mg.[21]

Amostras sólidas podem ser pré-tratadas em um liquidificador ou outro equipamento de trituração e, posteriormente, transferidas para o almofariz contendo o suporte.[7]

Para análise de pesticidas em amostras de sucos de frutas, solo, mel e abelhas, e de PCB em frutos do mar, o Florisil foi usado como suporte sólido. No entanto, para determinar PCB na amostra de porco, a gordura foi removida usando sílica acidificada com ácido sulfúrico. Suportes inertes como areia, Celite e terras diatomáceas também foram usados, tendo sido a água quente o eluente para determinar pesticidas em frutas e vegetais. Alumina neutra apresentou melhor desempenho do que C18 e Florisil para extrair sulfonamidas em músculo de galinha e alumina ácida foi recomendada para extrair pesticidas organoclorados de gordura animal. O adsorvente Florisil retém fortemente os analitos polares, por isso é mais usado como fase sólida para *clean-up* para pesticidas apolares e para PCB em matrizes gordurosas, devido a sua capacidade de reter lipídios.[21]

Frutas e vegetais têm usado com frequência C18, C8, Florisil e sílica-gel como suporte sólido, e este último é mais comum o uso como fase sólida da cocoluna. O volume de eluente gasto para essas amostras foi de 10 a 60 mL, sendo o acetato de etila o mais utilizado dos eluentes. Nesse trabalho, sílica-gel foi selecionada como suporte para determinar pesticidas em amostras de quiabo.[2] Em amostras de laranja, alguns pesticidas não foram recuperados quando se usou sílica como suporte.[22]

MSPD não é usada apenas para determinação de compostos exógenos, mas também para caracterização de amostras. Charutos de procedência brasileira foram comparados com charutos cubanos e os métodos quimiométricos foram aplicados para a definição dos parâmetros de otimização da técnica, para caracterização e classificação quanto a qualidade do produto.[23] A quantidade de 2 g de amostra foi definida para 0,5 g de sílica-gel, sendo a eluição com 30 mL de n-hexano:diclorometano (1:1). Foram encontrados 38 compostos orgânicos no charuto.

Sílica-gel também foi o suporte selecionado quando se determinou os constituintes de maior concentração na fruta medicinal chinesa *Arctium lappa L.*, que possui uma variedade de atividades biológicas e diversas propriedades farmacológicas. A razão amostra:suporte sólido foi estudada e não se mostrou como um fator significante. O solvente de eluição foi metanol e a análise foi realizada por HPLC. Em estudo comparativo[24] de MSPD com Soxhlet e ultrassom, a extração por Soxhlet a quantidade de amostra foi 40 vezes maior do que por MSPD, além de maior consumo de tempo (16,5 h por Soxhlet e 0,5 h por MSPD) e solvente (50 mL por Soxhlet e 10 mL por MSPD).

O detector usado no sistema cromatográfico também influencia na definição dos parâmetros usados na técnica MSPD. Para uma amostra de arroz tendo o detector captura de elétrons para determinação de três pesticidas, os autores[6] observaram que sílica e alumina fornecem cromatogramas mais limpos. Os melhores resultados estabeleceram 5 g de amostra, 1 g de alumina neutra como suporte e eluição com 40 mL de acetato de etila.

Em folhas de *Passiflora* L. (maracujá), o método MSPD foi comparado com o método oficial da farmacopeia europeia para determinar 11 pesticidas organoclorados e organofosforados.[25] O adsorvente Florisil foi usado como suporte e a cocoluna foi formada com alumina neutra e sulfato de sódio anidro. N-hexano:acetato de etila (70:30) foi usado como eluente. Os extratos com Florisil foram mais limpos do que com os adsorventes C18 e C8, sobretudo pela retenção de compostos polares, clorofilas e pigmentos.

N,N-Dimethyltryptamine (DMT)[26] foi extraído das plantas que dão origem às bebidas indígenas da ayahuasca e do vinho da jurema. Uma amostra de 0,5 g das ervas foi dispersa em 0,5 g de Florisil e 0,5 mL de NaOH 0,1 mol/L foram utilizados na extração. A mistura homogênea foi obtida em 3 minutos e na cocoluna foi usado Na_2SO_4 anidro. O eluente foi n-hexano (30 mL). Esses resultados foram obtidos após otimização multivariada. Nas condições definidas, o volume do eluente foi o fator mais significativo.

Novos suportes sólidos estão sendo desenvolvidos para ampliar as possibilidades de determinação de novos analitos e amostras. O polímero de coordenação $[Zn(BDC)(H_2O)_2]_n$ foi caracterizado e testado para a análise de sete pesticidas na planta medicinal *H. Pectinata*, conhecida como sambacaitá. Sua estrutura, interações intramoleculares e interações π-π, mostrou que esse material é útil como fase sólida adsorvente para compostos com grupos aromáticos.[12]

Amostras líquidas viscosas, como os cosméticos (xampu, creme facial, creme dental, sabão líquido etc.) e materiais de limpeza para uso doméstico (detergente, sabão para máquinas de lavar etc.) foram homogeneizadas com Florisil e sulfato de sódio anidro, tendo novamente Florisil como fase sólida na cocoluna. Isotiazolinonas foram extraídas com metanol.[27]

Liofilização como etapa anterior à adição da amostra no almofariz mostrou ser uma alternativa satisfatória para extrair pesticidas em ovo. Nove pesticidas de classes diferentes foram extraídos tendo Florisil como dispersante e C18 como adsorvente de *clean-up*. Acetonitrila foi o eluente selecionado. As amostras de ovo *in natura* apresentam menor eficiência na extração dos pesticidas do que as amostras liofilizadas.[28]

HPA e alguns metabólitos foram extraídos de microalgas usando MSPD *off-line* miniaturizado e, na sequência, SPE *on-line* com HPLC (MSPD/SPE-HPLC-FD).[29] Apenas 5 mg da biomassa seca, misturada com o modificador ácido ascórbico, foi dispersa com 100 mg de C18 (precondicionada com acetonitrila e seca sob vácuo), estabelecendo a relação 1:20. Foi realizada uma lavagem com água e acetonitrila antes da eluição. Foram obtidos dois extratos, o primeiro com 1,5 mL de acetonitrila: água (40:60) e o segundo com 1 mL da mesma mistura na proporção 85:15. Ambos foram transferidos para a coluna SPE contendo C18. O primeiro extrato contém di-hidrodióis do Benzo[a]Pireno e o segundo os hidróxis do Benzo[a]Pireno e outros HPA.

Matéria orgânica oriunda de esgoto doméstico e utilizada na agricultura foi a amostra utilizada para extrair 16 pesticidas organoclorados usando alumina como dispersante e um cartucho SPE-C18 como *clean-up*. A matriz liofilizada e dispersa na alumina foi transferida para a coluna MSPD contendo sulfato de sódio anidro. Diclorometano foi adicionado e a extração foi realizada em banho ultrassom. A sonicação melhorou a eficiência da extração. O eluato foi purificado em C18 e o eluente foi a acetonitrila. Ambas eluições foram realizadas sob vácuo. Interferências de enxofre foram retiradas com a adição de cobre.[30]

Solo corrigido com matéria orgânica de esgoto doméstico foi analisado para determinar estrógenos sintéticos e hormônios sexuais.[31] C18 foi usado como dispersante e acetonitrila:metanol (90:10) como eluente. Os analitos foram derivatizados com BSTFA e piridina antes da injeção no GC-MS/MS.

Aplicação em bioamostra para analisar esteroides também foi relatado no trabalho que determinou progesterona (8 compostos) em ovos usando C18 como suporte e carvão negro grafitizado (*graphitized carbon black* – GCB) como *clean-up off-line*.[32] Metanol foi o eluente para a coluna MSPD, enquanto no cartucho SPE GCB foi usada a mistura de solventes diclorometano:metanol (70:30). Esse método foi comparativamente melhor do que o método da União Europeia e o uso de GCB, que possui diferentes interações com o analito (interações iônicas e π-π, além de ser hidrofóbico), mostrou uma seletividade diferenciada.

Várias aplicações com MSPD têm usado combinações de técnicas, como PLE-MSPD, permitindo o uso de temperatura e pressão elevadas. Vários compostos foram extraídos em amostras de tomate, espinafre e maçã usando 3 mL de água entre 50 e 80 °C, enquanto em amostras de rim foi usado 30 % de metanol em água a 100 °C e 5 MPa. Vitamina K_1 foi extraída em alimentos medicinais usando C18 e acetato de etila a 50 °C e 10 MPa.[33]

Extração assistida por micro-ondas (*Microwave assisted extraction* – MAE), extração líquido-sólido (*solid-liquid extraction* – SLE) e QuEChERS (*quick, easy, cheap, effective, rugged and safe*) foram comparados com MSPD para extração de fungicidas em uvas.[34] Para MSPD a quantidade de amostra foi 0,5 g dispersa em 1,5 g de C18, 1 g de sílica como cocoluna e 10 mL de diclorometano:acetato de etila (1:1) como eluente. O suporte e o volume de solvente foram os parâmetros mais significativos na definição dos parâmetros da técnica. Testes estatísticos foram aplicados e nenhuma diferença foi observada para as recuperações de MSPD comparada as de MAE e QuEChERS, no entanto, o custo referente ao equipamento por MAE mostrou ser a grande diferença com relação aos demais métodos.

Ultrassom com MSPD foi usado em suco de frutas para extrair pesticidas organofosforados. Florisil foi o dispersante e o tempo de extração no ultrassom foi de 15 minutos. Na eluição foi usado vácuo.[35]

Pesticidas organofosforados foram extraídos em fígado e músculo bovino usando 0,5 g da amostra com 2 g de C18. Nesse trabalho,[36] tanto o suporte sólido (C18) quanto a coluna MSPD foram lavados e condicionados com acetonitrila e água, em proporções adequadas. Isso permitiu a eliminação da fração mais polar de amostra (normalmente constituída por pigmentos e compostos proteináceos). A eluição dos pesticidas foi com 5 mL de acetonitrila e o eluato foi transferido para uma cocoluna de sílica-gel *off-line* quando foi analisado por HPLC ou para uma cocoluna de Florisil quando foi analisado por GC-MS. O cartucho contendo o *clean-up* com sílica apresentou melhores resultados do que a sílica colocada empilhada abaixo da coluna MSPD, provavelmente devido a etapa de lavagem ter concentrado os compostos da matriz na sílica.

Em matrizes com elevado conteúdo de matéria orgânica, como solos contaminados de culturas agrícolas,[37] foi recomendado um tratamento com hidrólise (solução metanólica de KOH) para quebrar as macromoléculas das substâncias húmicas e melhorar a acessibilidade do solvente até o analito, que está fortemente associado com a matriz. Amostras de solo foram preparadas para determinação de HPA e as técnicas MSPD e extração assistida por micro-ondas (MAE) foram comparadas. Florisil foi o dispersante e o *clean-up* foi com uma camada de Florisil e outra de sílica-gel. Para os objetivos pretendidos, MSPD mostrou ser uma técnica mais vantajosa com relação a MAE.

9.3.3 Vantagens e limitações

Desde a primeira publicação sobre MSPD, diversos trabalhos têm sido realizados ao longo desses anos para descobrir ou reforçar as vantagens e as limitações da técnica. Pelo tempo e pela quantidade de trabalhos, pode-se dizer que MSPD atingiu a maturidade e sobreviveu no tempo. Alguns aspectos gerais são destacados nessa sessão, mas cada trabalho tem uma linha específica de investigação e novas conclusões podem ser obtidas.

A pequena quantidade de amostra necessária para a extração por MSPD é uma vantagem quando se deseja analisar amostras com pouca disponibilidade, bem como para a redução no uso de solventes orgânicos. No entanto, essa característica é desfavorável pela diminuição na sensibilidade do método, devido ao pequeno fator de enriquecimento ou de pré-concentração. Essa limitação tem sido compensada com o desenvolvimento de novas tecnologias instrumentais, que tem aumentado a sensibilidade para os compostos orgânicos.[18] Além disso, o volume final do extrato pode aumentar esse fator de enriquecimento. Em extração Soxhlet, 10 g de amostra é concentrada em um extrato de 1 mL (fator de pré-concentração de 10), enquanto em MSPD 0,5 g de amostra pode ser concentrada em 10 µL (fator de pré-concentração de 50).

Outra limitação é quanto à reprodutibilidade da técnica. As simples descrições passo a passo na preparação da amostra não ajudam pelo seu caráter subjetivo. Qual deve ser a pressão na etapa de homogeneização quando a amostra é triturada? Quando é que a mistura deve ser considerada suficientemente homogênea? A amostra deve ser desidratada ou a água deve fazer parte da eluição? Por essas razões, MSPD tem baixa reprodutibilidade quando é aplicado o teste interlaboratorial.[38]

Com relação à automação, esta é uma dificuldade em MSPD, devido a etapa de homogeneização no almofariz ser realizada por um operador. A dificuldade é reduzida quando se pensa em miniaturização. A redução do volume de eluição tem a vantagem de eliminar a etapa de evaporação, reduzindo contaminações e tempo na preparação da amostra. Essa tendência para uso de eluentes na escala de microlitros depende de adequação da técnica para miniaturização.

Comparando com a clássica extração em fase sólida (SPE), esta é adequada quando se tem líquidos não viscosos e líquidos sem a presença de material particulado. O material particulado, impregnado no início da fase sólida que está no cartucho SPE, atua como uma fase descontínua e cria entupimento à passagem do solvente eluente, aumentando o tempo de extração e baixando a precisão. Para amostras sólidas, SPE não é atrativa porque várias etapas anteriores e posteriores são necessárias, desde a trituração, pulverização, adição de reagentes, evaporação, centrifugação etc., tornando o processo laborioso.[3] As técnicas instrumentais por SFE, MAE e PLE são rápidas e eficientes, no entanto são equipamentos que necessitam de maior treinamento dos operadores, manutenção periódica e têm custo elevado para a aquisição e análise. As vantagens com MSPD são mais destacadas quando se compara com Soxhlet, sobretudo com relação ao tempo de extração, a quantidade de amostra e ao consumo de solventes orgânicos.

A técnica de extração por MSPD tem demonstrado ser uma alternativa para amostras sólidas, semissólidas e líquidos de alta viscosidade, mostrando eficiência igual ou melhor do que os métodos clássicos ou oficiais usados para essas amostras, além de ser mais rápido, possuir poucas etapas no processo de extração, realizar a extração e o *clean-up* em uma única etapa, ser uma extração exaustiva, ser versátil, com melhor relação custo-benefício e, devido à louvável preocupação atual nos laboratórios, utiliza pouco solvente orgânico, o que resulta em menor acúmulo de resíduos e atende às exigências ambientais atuais, tornando-se uma técnica ecoanalítica. Por todas essas vantagens, MSPD mostra-se uma técnica popular, atrativa para a rotina de diversos laboratórios de análises químicas.

Referências bibliográficas

1 BARKER, S.A.; LONG, A.R.; SHORT, C.R. **J. Chromatogr.** 475:353, 1989.

2 DÓREA, H.S.; LOPES, W.G. **Quim. Nova**, 27:892, 2004.

3 WELLS, M.J.M. Principles of extraction and the extraction of semivolatile organics from liquids. In: WINEFORDNER, J.D. (ed.) **Sample preparation techniques in analytical chemistry**, John Wiley & Sons, Chapter 2, 2003.

4 KOU, D.; MITRA, S. Extraction of semivolatile organic compounds from solid matrices. In: WINEFORDNER, J.D. (ed.) **Sample preparation techniques in analytical chemistry**, John Wiley & Sons, Chapter 3, 2003.

5 DÓREA, H.S.; LANÇAS, F.M. **J. Microcol. Sep.** 11:367, 1999.

6 FILHO, A.M.; NAVICKIENE, S.; DÓREA, H.S. **J. Braz. Chem. Soc.** 17:874, 2006.

7 BARKER, S.A. Use of matrix solid-phase dispersion for determining pesticides in fish and foods. In: WALKER, J.M. (ed.) **Methods in biotechnology: analytical protocols for pesticide analysis**, Humana Press, Chapter 22, (2005).

8 DÓREA, H.S.; SOBRINHO, L.L. **J. Braz. Chem. Soc.** 15:690, 2004.

9 LOPES, W.G.; DÓREA, H.S. **Pesticidas: Rev. Ecotoxicol. e Meio Ambiente**. 13:73, 2003.

10 dos SANTOS, T.F.S. et al. **Anal. Bioanal. Chem.** 390:1425, 2008.

11 LOZOWICKA, B.; JANKOWSKA, M.; KACZYNSKI, P. **Food Control** 25:561, 2012.

12 AQUINO, A. et al. **Talanta**, 83:631, 2010.

13 OGAWA, S. et al. **J. Liquid Chromatogr. Related Technol.** 29:1833, 2006.

14 SILVA, M.G.D. et al. **Talanta**, 76:680, 2008.

15 VALENCIA, T.; de LLASERA, M. **J. Chromatogr. A**, 1218:6869, 2011.

16 Zhang, Y. et al. **J. Chromatogr. Sci.** 50:131, 2012.

17 LANÇAS, F.M. **Extração em fase sólida**, Rima. São Carlos, 2004.

18 BARKER, S.A. **J. Chromatogr. A**, 885:115, 2000.

19 BARKER, S.A **J. Chromatogr. A**, 880:63, 2000.

20 CAPRIOTTI, A.L. et al. **J. Chromatogr. A**, 1217:2521, 2010.

21 KRISTENSON, E.M.; RAMOS, L.; BRINKMAN, U.A.T. **Trends in Anal. Chem.** 25:96, 2006.

22 KRISTENSON, E.M. et al. **J. Chromatogr. A**, 778:127, 2001.

23 PRATA, V.M.; EMÍDIO, E.S.; Dórea, H.S. **Quim. Nova**, 34:53, 2011.

24 LIU H. et al. **J. Chromatogr. B**, 878:2707, 2010.

25 ZUIN, V.G.; YARIWAKE, J.H.; LANÇAS, F.M. **J. Braz. Chem. Soc.** 14:304, 2003.

26 GAUJAC, A. et al. **J. Chromatogr. B**, 881:107, 2012.

27 ALVAREZ-RIVERA, G. et al. **J. Chromatogr. A**, 1270:41, 2012.

28 SOUZA, M.R.R. et al. **Microchemical Journal**, in press, 2013.

29 OLMOS-ESPEJEL, J.J. et al. **J. Chromatogr. A**, 1262:138, 2012.

30 SÁNCHEZ-BRUNETE, C.; MIGUEL, E.; TADEO, J.L. **Talanta**, 74:1211, 2008.

31 ALBERO, B. et al. **J. Chromatogr. A**, 1283:39, 2013.

32 YANG, Y. et al. **J. Chromatogr. B**, 870:241, 2008.

33 BOGIALLI, S. et al. **J. Agric. Food Chem.** 52:665, 2004.

34 LAGUNAS-ALLUÉ, L.; SANZ-ASENSIO, J.; MARTÍNEZ-SORIA, M.T. **J. Chromatogr. A**, 1270:62, 2012.

35 ALBERO, B.; SANCHEZ-BRUNETE, C.; TADEO, J.L. **J. Agric. Food Chem.** 51:6915, 2003.

36 de LLASERA, M.P.G.; REYES-REYES, M.L. **Food Chemistry** 114:1510, 2009.

37 PENA, M.T. et al. **J. Chromatogr. A**, 1165:32, 2007.

38 CAPRIOTTI, A.L. et al. **Trends in Analytical Chemistry**. 43:53, 2013.

10 Preparo de amostras empregando polímeros de impressão molecular

Mariane Gonçalves Santos e Eduardo Costa Figueiredo

10.1 Introdução

Os sistemas naturais de reconhecimento molecular, há muitos anos, têm despertado o interesse de diversos pesquisadores que buscam entender a essência da seletividade atribuída principalmente às interações do tipo antígeno-anticorpo. Ideias revolucionárias como as teorias de formação dos anticorpos de Paul Ehrlich[1] e Linus Pauling[2] permitiram que a criação de materiais sintéticos dotados de capacidade de reconhecimento molecular deixasse de ser um anseio até então inatingível para se tornar uma realidade que hoje é extremamente útil em diversas áreas do conhecimento.

Considerado o marco inicial da impressão molecular, o trabalho de Polyakov, publicado em 1931, relatou que a presença de aditivos durante a síntese de um polímero de sílica influenciava diretamente em sua seletividade.[3] Em outras palavras, esses aditivos podem ser considerados modelos capazes de afetar a superfície do polímero resultando em distintas capacidades adsortivas para moléculas de diferentes pesos moleculares. Em 1949, Dickey propôs a síntese de polímeros de sílica capazes de reconhecer seletivamente uma dada molécula.[4] O procedimento envolveu a polimerização de silicato de sódio na presença de diferentes corantes (alaranjado de metila, alaranjado de etila, alaranjado de n-propila ou alaranjado de n-butila). Após as sínteses, os polímeros foram lavados e submetidos a experimentos de religação, sendo observado que o polímero sintetizado na presença de um dado corante foi capaz de se religar mais a esse corante do que aos demais. Em 1972, os grupos de Wulff[5] e Klotz[6] apresentaram, concomitantemente, os primeiros trabalhos sobre impressão molecular em polímeros orgânicos. Wulff e Sarhan desenvolveram um polímero por meio da copolimerização de 2,3-O-*p*-vinilfenilborato de *D*-glicérico-(*p*-vinilanilida) e divinilbenzeno.[5] Após uma hidrólise para a retirada do grupamento glicerato, os testes de religação comprovaram que o polímero era enantiosseletivo para ácido *D*-glicérico.[5] Takagishi e Klotz empregaram tibutirolactona como monômero funcional e amarelo de metila como molécula modelo na síntese de um polímero orgânico que posteriormente apresentou maior seletividade para a adsorção de amarelo de metila em comparação com outros corantes.[6]

Os trabalhos de Wulff et al.[5] e Klotz et al.[6] marcam o início dos chamados polímeros de impressão molecular (MIP – *molecularly imprinted polymers*) como conhecemos nos dias de hoje. Os MIPs podem então ser definidos como polímeros sintéticos dotados de sítios de reconhecimento e capazes de se ligar seletivamente a uma molécula-alvo. Além de seletivos, são altamente resistentes a condições adversas como altas temperaturas, solventes orgânicos e extremos de pH, o que os torna extremamente atraentes para aplicações em preparo de amostras. Esse fato é nitidamente observado na literatura com a constatação de um crescimento exponencial no número de trabalhos publicados sobre o assunto a partir da década de 1990.

10.2 Fundamentação teórica

Os MIPs podem ser descritos como materiais rígidos e tridimensionais obtidos, basicamente, através dos processos de síntese por sol-gel ou de síntese radicalar. De forma geral e simplificada, monômeros funcionais (FM – *functional monomer*) polimerizáveis são dispostos ao redor de uma molécula modelo (MM), conferindo, por meio de interações químicas e do próprio arranjo espacial, a formação de sítios de reconhecimento. Os complexos formados são então fixados através de reações de entrecruzamento. Após a remoção da MM da matriz polimérica, os sítios seletivos de reconhecimento são expostos, exibindo afinidade à MM no processo religação.[7-13] A Figura 10.1 apresenta um esquema genérico da síntese de um MIP.

10.2.1 Síntese por sol-gel

O processo sol-gel pode ser definido como uma rota de obtenção de materiais que, durante a síntese, sofrem

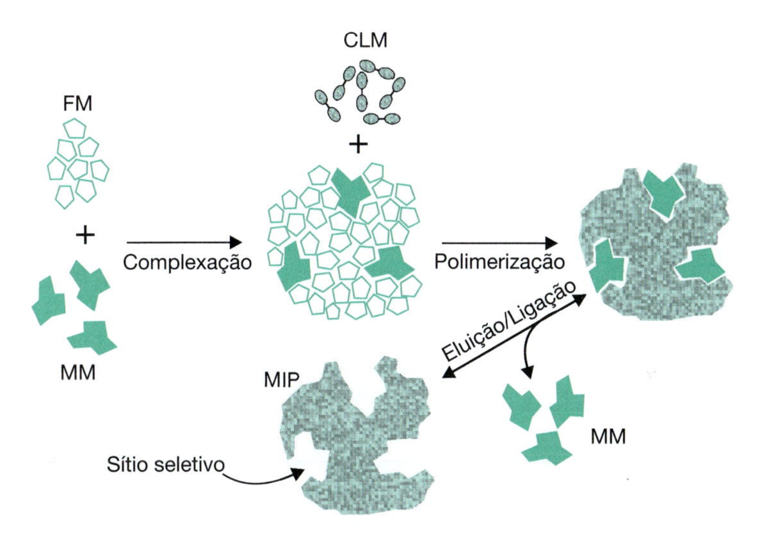

Figura 10.1 Esquema genérico da síntese de MIP. FM: *functional monomer* (monômero funcional); MM: *model molecule* (molécula modelo) e CLM: *cross-linked monomer* (monômero de ligação cruzada).

uma transição do sistema *sol* para um sistema *gel*. A terminologia *sol* é utilizada para definir uma dispersão de partículas coloidais estáveis em um fluido, enquanto a terminologia *gel* é empregada para definir um sistema formado pela estrutura rígida de partículas coloidais ou de cadeias poliméricas que imobilizam a fase líquida em seus interstícios. Este processo apresenta como atrativo a possibilidade de obtenção de materiais híbridos (inorgânico/orgânico) com muitas aplicações.[14]

No processo sol-gel, polímeros inorgânicos à base de siloxano são formados por hidrólise e condensação de uma série de monômeros de silano. O sol é formado à medida que os precursores inorgânicos sofrem hidrólise (Equação 10.1) com a formação de grupos reativos do tipo silanol, que por sua vez se condensam (Equação 10.2) para formar ligações siloxano. Com o tempo, essas partículas vão se agregando, levando à formação de um material poroso, uma rede tridimensional – o *gel*. A inclusão de uma MM neste processo resulta na formação de sítios seletivos. Durante a última década, o processo de sol-gel se tornou uma abordagem conveniente para a preparação de matrizes estáveis para o desenvolvimento de MIPs.[14-15]

$$Si(OR)_4 + nH_2O \rightarrow Si(OR)_{4-n}(OH)_n + nROH \qquad (10.1)$$

$$\equiv Si{-}OR + OH{-}Si\equiv \rightarrow \equiv Si{-}O{-}Si\equiv + ROH \qquad (10.2)$$

A síntese de compostos tridimensionais pelo processo sol-gel pode ser dividida em duas classes, de acordo com a natureza do precursor inorgânico utilizado. Esse pode ser um sal (cloretos, nitratos, sulfetos etc.) ou um alcóxido. Os alcóxidos mais conhecidos são os dos elementos silício, alumínio, zircônio e titânio, os de silício, são usados mais expressivamente e, por isso, são os mais estudados. Os tetraortoalcoxissilanos deste elemento são representados pela fórmula geral $Si(OR)_4$.

Devido à baixa reatividade dos alcóxidos de silício quando comparados aos alcóxidos metálicos, catalisadores ácidos, básicos e/ou nucleofílicos são adicionados para promover o aumento das velocidades das reações de hidrólise e condensação. O precursor tetraetilortossilicato (TEOS) e catalisadores à base de sais de alquil estanho destacam-se como os reagentes mais empregados na síntese de MIPs pelo processo sol-gel.[14-20]

10.2.2 Síntese radicalar

Sem dúvida, a polimerização por radicais livres constitui o método mais empregado para a obtenção dos MIPs. Esse processo pode ser dividido em três etapas básicas: iniciação, propagação e terminação. Na etapa de iniciação há a formação de um radical livre que é transferido ao monômero funcional (normalmente compostos que contenham o grupamento vinila), para que haja o início da reação. A geração de radicais pode ser efetuada por meio de calor ou radiação e a escolha vai depender das características das demais moléculas presentes no meio reacional, evitando-se a geração por calor para moléculas termolábeis e a incidência de radiação para moléculas fotossensíveis. Um iniciador bastante empregado para a síntese de MIPs é o 2,2-azobisisobutironitrila (AIBN). A propagação é caracterizada pela contínua adição de unidades de monômeros funcionais à cadeia que se forma. A identidade do radical formado é a mesma, sendo este somente mais longo à medida que a reação ocorre. A etapa de terminação se desenvolve quando há formação de uma ligação covalente inativa. Esta ligação pode ser oriunda da interação entre dois radicais livres, da interação de um radical livre com o iniciador radicalar ou transferência do sítio ativo para outra molécula. Um cuidado importante a ser tomado é quanto à presença de oxigênio no meio reacional. Este deve ser completamente eliminado borbulhando-se um gás inerte ou usando ultrassom, uma vez que a sua interação com o radical livre pode provocar a terminação prematura da reação.[21-25] As reações a seguir ilustram como ocorre a etapa de iniciação mediada por AIBN (Equação 10.3) e propagação (Equação 10.4) durante a formação da rede polimérica.

N=N —Δ hν→ N_2

(10.3)

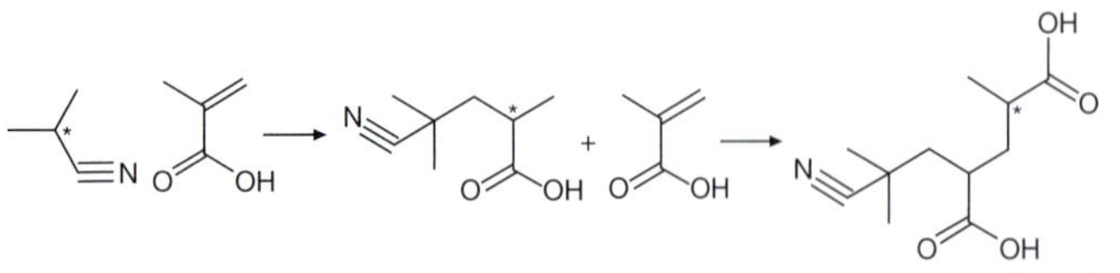

(10.4)

Quanto ao processo de síntese radicalar, é possível classificar a obtenção dos MIPs de três maneiras distintas: *in bulk*, por precipitação e por suspensão. A estratégia a ser utilizada dependerá muito da aplicação, uma vez que o tamanho, forma e natureza das partículas formadas dependerão do procedimento de síntese.

A síntese *in bulk* (sistema homogêneo) com certeza é a mais utilizada. Neste processo os reagentes de síntese (FM, MM, CLM e iniciador radicalar) são solubilizados no solvente porogênico e são acondicionados em uma ampola de síntese. Após a remoção do oxigênio, este recipiente é lacrado e a reação é então induzida por calor ou radiação para que a polimerização ocorra. Decorrido o tempo de síntese, há a formação de um monólito que é então triturado e tamisado para a padronização do tamanho das partículas. O material obtido deve ser então lavado para que a MM seja removida. Na síntese *in bulk* é importante considerar que a forma das partículas obtidas não é uniforme. Assim, dependendo da aplicação, é interessante que outros procedimentos de síntese sejam adotados.[23,25-28]

O processo de síntese por precipitação é muito similar ao processo *in bulk*. No entanto, volumes maiores de solvente são utilizados (cerca de cinco vezes mais que na síntese *in bulk*) para que não haja formação do monólito. Durante o processo são formadas microesferas de síntese que dificilmente se juntam devido a maior proporção de solvente. Partículas de tamanho e forma regulares são obtidas ao final do processo. De maneira análoga à síntese *in bulk*, MM e FM, CLM e iniciador radicalar são solubilizados no solvente porogênico. O processo deve ocorrer em ausência de oxigênio e também pode ser induzido por calor ou radiação, mas sob constante agitação. A reação normalmente é processada em um balão de síntese acoplado a um condensador e dotado de um sistema de alívio de pressão.[25,29-31]

Na polimerização por suspensão, a reação ocorre dentro de micelas do FM dispersas em uma fase contínua polar, geralmente água. Essas micelas são estabilizadas por meio do uso de um surfactante. Inicialmente, todos os componentes da síntese são solubilizados em um solvente orgânico apolar. Após essa etapa, adiciona-se a fase polar (água) juntamente com o surfactante que tem a função de estabilizar as micelas formando uma fina camada na superfície das gotas do solvente de síntese, prevenindo a coalescência. A reação de polimerização ocorre induzida por aquecimento ou incidência de radiação e constante agitação. Assim, partículas de forma e tamanho bem definidos são obtidas, apresentando sítios de ligação mais uniformes. Contudo, é importante ressaltar que o tamanho do material obtido vai depender do tamanho da micela formada, sendo este um parâmetro passível de modificação. Ao final da síntese, há a formação de uma suspensão, que é definida como um sistema heterogêneo, cuja fase contínua ou dispersante é líquida e a fase interna ou dispersa é constituída de substâncias sólidas insolúveis no meio utilizado. Devido à utilização da água como fase contínua, existe a tendência do enfraquecimento das ligações entre FM e MM, principalmente quando estas são de natureza eletrostática ou ligações de hidrogênio. Para circundar este problema, novos surfactantes, praticamente insolúveis em solventes orgânicos, têm sido empregados.[25,32,33]

Os processos de síntese ainda podem ser classificados de acordo com a natureza das ligações químicas estabelecidas entre MM e FMs, podendo ser covalente, não covalente, semicovalente ou com uso de espaçadores.

Na abordagem covalente, as interações entre FMs e MM são estabelecidas por ligações desta natureza. Após a síntese, a remoção da MM ocorre pela clivagem destas ligações, que pode ser realizada por meio de hidrólise, por exemplo. Este tipo de síntese apresenta como principais vantagens um ajuste mais efetivo e uma associação quase que completa entre MM e FM. Ademais é compatível com o uso da água como solvente porogênico, uma vez que as ligações formadas independem da presença de interações eletrostáticas e de ligações de hidrogênio. No entanto, algumas desvantagens devem ser levadas em consideração como a aplicação exclusiva para moléculas com grupos funcionais específicos, o maior tempo requerido para estabelecimento e quebra das ligações e as condições extremas (por exemplo, hidrólise ácida) necessárias para a remoção da MM. Os FMs mais empregados neste tipo de síntese são os derivados do ácido bórico, devido a maior facilidade de quebra das ligações covalentes. Os MIPs obtidos por meio deste processo são comumente empregados como sorventes para separações enantioméricas.[34,35]

Na síntese não covalente, as interações entre MM e FMs são mediadas por meio de interações relativamente fracas (interações eletrostáticas, ligações de hidrogênio, interações hidrofóbicas). A maioria dos MIPs usados na extração em fase sólida é sintetizada dessa forma. As principais vantagens observadas são: obtenção de MIPs a serem utilizados na extração de compostos de uma mesma classe, facilidade de eluição das moléculas sorvidas e o grande número de FMs disponíveis. Contudo, a síntese não covalente fornece materiais cuja população de sítios de ligação é mais heterogênea e o processo é incompatível com o uso de água como solvente, uma vez que esta aumenta a probabilidade de ocorrerem interações não específicas.[36-38]

Visando aliar as vantagens oferecidas pelas abordagens covalentes e não covalentes, desenvolveu-se então a síntese semicovalente. Nessa modalidade, o processo de polimerização ocorre mediado por ligações covalentes entre FM e MM, enquanto durante o emprego do material em processos de extração, as interações são de natureza não covalente, facilitando a eluição. Um éster de metacrilato da MM é copolimerizado com os FMs. Ao final do processo, a remoção da MM ocorre por hidrólise. No processo de religação pelo MIP a interação se dá entre os grupamentos hidroxila do analito com os grupamentos metacrilato presentes nos sítios de ligação. Contudo, algumas desvantagens devem ser abordadas como as relacionadas ao processo de hidrólise da MM, que comumente não é direto e com o fato de que no estabelecimento de ligações de hidrogênio, na etapa de religação, os requisitos estereoquímicos de um ácido e um álcool são distintos dos do éster correspondente, o que pode comprometer o processo de reconhecimento molecular.[22,40]

Com o intuito de melhorar as limitações da abordagem semicovalente, a metodologia que adota o uso de "espaçadores" descartáveis foi proposta. Neste enfoque ocorre a incorporação de um grupo de ligação ente a MM e o FM que é eliminado após a polimerização, durante o processo de remoção da MM. Este fato dá origem a uma disposição de grupos funcionais no polímero que permite que a religação ocorra baseada em ligações de hidrogênio. O grupo incorporado tem a função de ligar a MM ao FM durante a formação do polímero e de atuar como um "espaçador" entre analito e o grupo funcional do polímero a fim de se evitar o aparecimento de impedimentos estéricos na etapa de religação. Esta estratégia demonstra ser muito apropriada para aplicações em que a cinética de sorção/dessorção deve ser rápida e, portanto, é uma abordagem adequada para MIPs que serão empregados como sorventes em técnicas cromatográficas.[22,39,41]

Por fim, para que os MIPs apresentem a seletividade almejada é necessário escolher de forma criteriosa os reagentes que irão integrar o processo de síntese, levando em consideração todos os constituintes (solvente porogênico, FMs, MM, agentes de reticulação, iniciador) bem como a aplicação, para melhor relacionar o procedimento de síntese adequado.

10.3 Metodologias de síntese

Como descrito anteriormente, diversas modalidades de síntese podem ser empregadas na obtenção de MIPs seletivos a compostos orgânicos. Exemplos clássicos de algumas dessas metodologias são apresentadas a seguir e podem servir de modelo para a obtenção de MIPs inéditos, mediante pequenas modificações nas sínteses.

10.3.1 Sol-gel

Um MIP seletivo à cafeína foi sintetizado por Silva e Augusto empregando 3-aminopropiltrimetoxisilano, TEOS e hidróxido de sódio como FM, agente reticulante e catalisador, respectivamente.[17] O procedimento de síntese, seleção de tamanho de partículas e lavagem é descrito no Quadro 10.1.

Acerca do possível uso do procedimento abaixo como modelo na obtenção de novos MIPs seletivos a outras moléculas, algumas considerações importantes dever ser mencionadas: i) O APTMS foi utilizado como FM por apresentar um grupamento amina (caráter básico) que interage principalmente com as carbonilas da cafeína (caráter ácido); ii) o APTMS tem um grupamento siloxano que interage com o TEOS na formação da rede polimérica; iii) caso haja interesse em usar o procedimento na obtenção de um MIP seletivo a uma molécula de caráter ácido, sugere-se empregar um FM dotado de grupamento siloxano e com alguma terminação ácida. As proporções dos reagentes empregadas nesta síntese foram otimizadas pelos autores e, por isso, sugere-se que, para a síntese de novos MIPs, as proporções dos reagentes sejam reavaliadas.

10.3.2 Radicalar

O Quadro 10.2 apresenta modelos de síntese de MIP por *bulk*,[42] precipitação[43] e suspensão.[44] Como pode ser visto, FMs de natureza ácida são empregados na síntese de MIPs seletivos a moléculas básicas (por exemplo, ácido metacrílico para clorpromazina), enquanto FM, de natureza básica são empregados na síntese de MIPs seletivos a moléculas básicas (por exemplo, 2-vinilpiridina para diclofenaco). Essa conduta é normalmente respeitada, uma vez que moléculas ácidas e básicas tendem a es-

Quadro 10.1 Esquema de síntese de MIP por processo sol-gel

Reagentes e quantidades	Cafeína (MM) 1 mmol; APTMS (FM) 0,6 mmol; TEOS (CLM) 2,4 mmol; NaOH (catalisador) 200 μL de uma solução aquosa 1 mol/L
Metodologia	1) Adicionar em um recipiente 1 mL de água, a cafeína, o APTMS e o TEOS e agitar; 2) Adicionar o NaOH; 3) Manter a mistura 40 °C por 24 h; 4) Secar o monólito a 120 °C por 12 h; 5) Triturar o monólito e selecionar partículas entre 75 e 100 μm; 6) Lavar o MIP com metanol aquecido em sistema tipo Soxhlet por 12 h; 7) Secar o MIP e empregar na extração em fase sólida de cafeína.

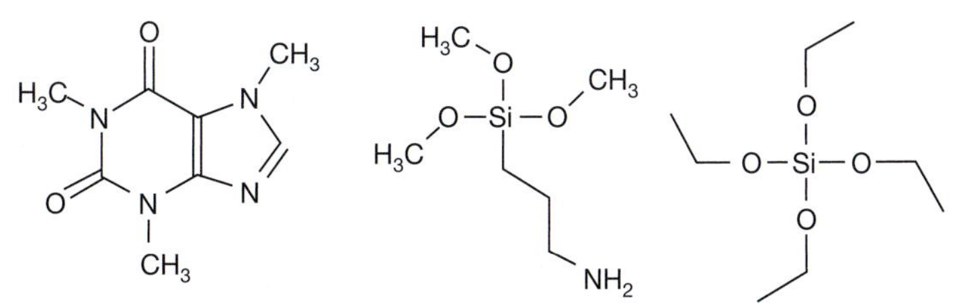

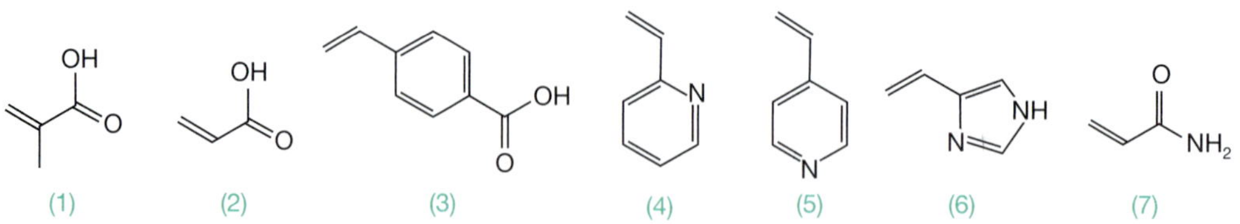

Figura 10.2 Estrutura química dos principais FMs empregados em polimerização radicalar. Monômeros ácidos: ácido metacrílico (1), ácido acrílico (2), ácido p-vinilbenzoico (3). Monômeros básicos: 2-vinilpiridina (4), 4-vinilpiridina (5), 4-vinilimidazol (6) e acrilamida (7).

tabelecer ligações intermoleculares mais estáveis, melhorando assim a seletividade dos polímeros obtidos. A Figura 10.2 apresenta alguns dos principais FMs ácidos e básicos empregados na síntese radicalar de MIPs.[22,25,45]

Outro ponto a ser destacado é a maior proporção de FM em relação à MM. Esse fato é importante para MIPs baseados em ligações não covalentes uma vez que, por se tratarem de ligações intermoleculares fracas, uma maior quantidade de FM tende a deslocar o equilíbrio no sentido de formação do complexo entre ambas as moléculas, aumentando a densidade de sítios específicos. Como regra geral, principalmente para sínteses em *bulk*, a proporção molar de 1:4 (MM:FM) é normalmente empregada.[45]

O CLM é normalmente empregado em proporções molares maiores em relação ao FM (ca. 4:1 (CLM:FM)), o que também contribui para a porosidade do polímero formado. Ressalta-se que quanto maior a proporção, maior será a densidade da rede polimérica e menor será a flexibilidade dos sítios de ligação. Os principais CLM são apresentados na Figura 10.3, com destaque para o EGDMA que é o mais usado em sínteses de MIPs por ser térmica e mecanicamente estável e por possibilitar uma rápida transferência de massa durante a reação.[45]

Quanto ao solvente, este precisa ser capaz de solubilizar todos os componentes da síntese e permitir a formação de polímeros porosos (solvente porogênico), além de não interferir na formação do complexo entre FM e MM. Nesse sentido, o ideal é empregar solventes apróticos, apolares e de baixa constante dielétrica, como o clorofórmio.[22,25,45]

O iniciador radicalar é empregado para criar radicais livres que iniciam e mantêm a reação de polimerização por meio de um estímulo físico como aumento de temperatura ou incidência de radiação ultravioleta.[22,25,45] O principal iniciador radicalar empregado em síntese de MIP é a 2,2'-azobisisobutironitrila.

10.3.3 Procedimentos de extração

Os MIPs têm sido frequentemente empregados como sorbentes seletivos em diversos procedimentos de preparo de amostras como extração em fase sólida (SPE) nos modos *online* e *offline*, microextração em fase sólida (SPME), microextração em sorbente empacotado (MEPS) e extração sortiva em barra de agitação (SBSE). Os esquemas normalmente empregados são apresentados na Figura 10.4. Mais detalhes acerca das diferentes configurações relacionadas com o emprego de MIP em SPE *offline*, SPE *online*, SPME, MEPS e SBSE são encontrados nos Capítulos 8, 19, 20, 16, 18, 17, respectivamente.

10.4 Exemplo de aplicação sugerida para aula prática

O hábito de fumar é considerado um importante problema de saúde pública. A exposição direta ou indireta ao tabaco através da inalação de sua fumaça é uma das principais causas de morbidade e mortalidade em todo mundo.

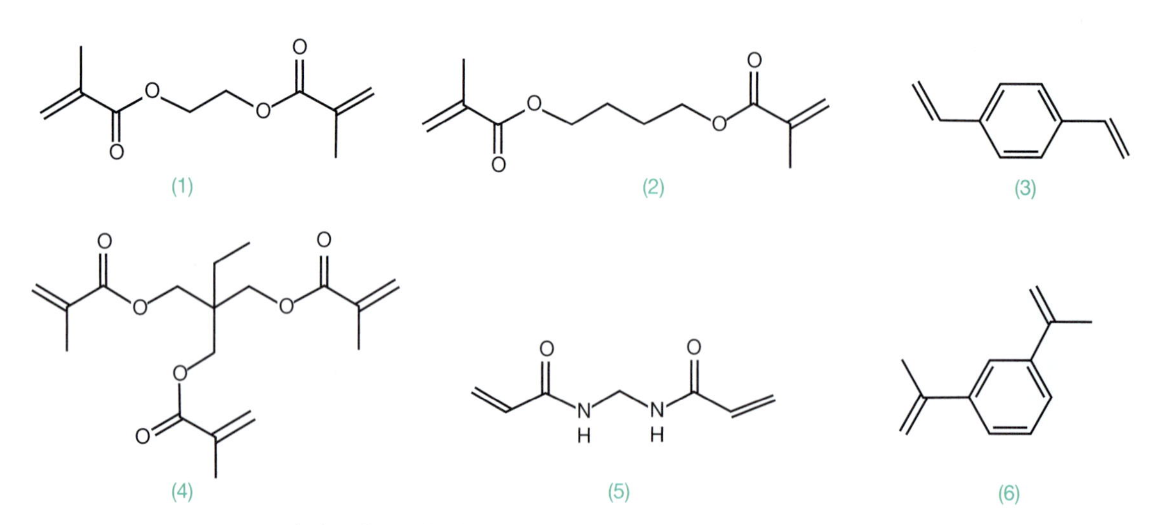

Figura 10.3 Estrutura química dos principais CLM empregados em polimerização radicalar. Etilenoglicol dimetacrilato (1), tetrametileno dimetacrilato (2), ρ-divinilbenzeno (3), trimetrilpropano trimetacrilato (4), N,N´-metileno bisacrilamida (5) e 1,3-diisopropenil benzeno (6).

Quadro 10.2 Esquemas de síntese de MIPs por meio de polimerização em bulk, por precipitação e por suspensão

Síntese em *bulk*[42]

Reagentes e quantidades

Clorpromazina (MM)	Ácido metacrílico (FM)	Etilenoglicol dimetacrilato (CLM)	Azobisiso-butironitrila (IR)	Clorofórmio (solvente)
2 mmol	8 mmol	20 mmol	0,3 mmol	12 mL

Metodologia

1) Adicionar em uma ampola de síntese a clorpromazina, o ácido metacrílico e o clorofórmio, e sonicar por 4 h;
2) Em seguida adicionar o etilenoglicol dimetacrilato e a azobisisobutironitrila;
3) Borbulhar N_2 por 10 min e manter a ampola de síntese selada em banho a 60 °C por 24 h;
4) Secar completamente o monólito em estufa (temperatura de ca. 60 °C);
5) Triturar o monólito e selecionar partículas $< 75\ \mu m$;
6) Transferir ca. 500 mg do MIP para um cartucho de extração em fase sólida e percolar ca. 10 frações de 5 mL de uma solução 4:1 (v/v) de metanol:ácido acético;
7) Secar o MIP e empregar na extração em fase sólida de clorpromazina.

Síntese por precipitação[43]

Reagentes e quantidades

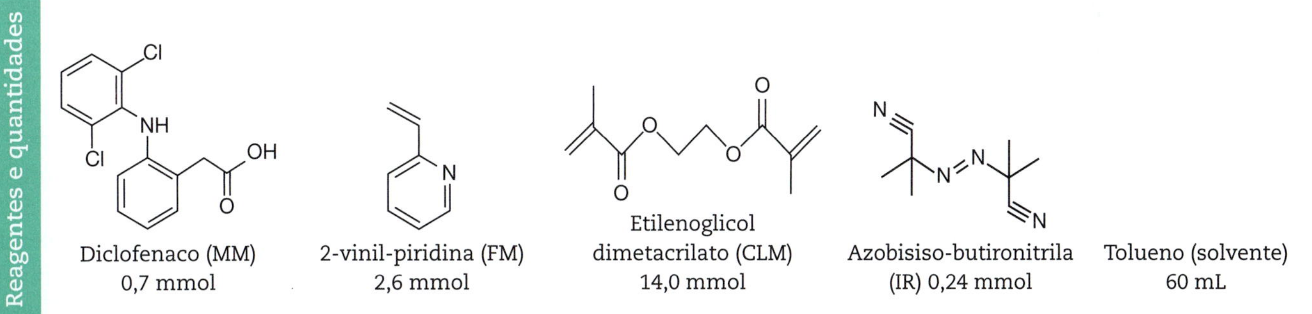

Metodologia

1) Adicionar todos os reagentes em um frasco de vidro;
2) Acomodar o frasco em um banho de gelo e borbulhar N_2 por 5 min;
3) Selar o frasco e manter o mesmo em banho a 60 °C por 24 h sob agitação constante;
4) Sonicar as microesferas resultantes empregando uma solução de metanol:ácido acético 9:1 (v/v) por 20 min;
5) Repetir o procedimento acima até que o sobrenadante não mais apresente diclofenaco;
6) Secar o MIP a vácuo e empregar na extração em fase sólida de diclofenaco.

Síntese por suspensão[44]

Reagentes e quantidades

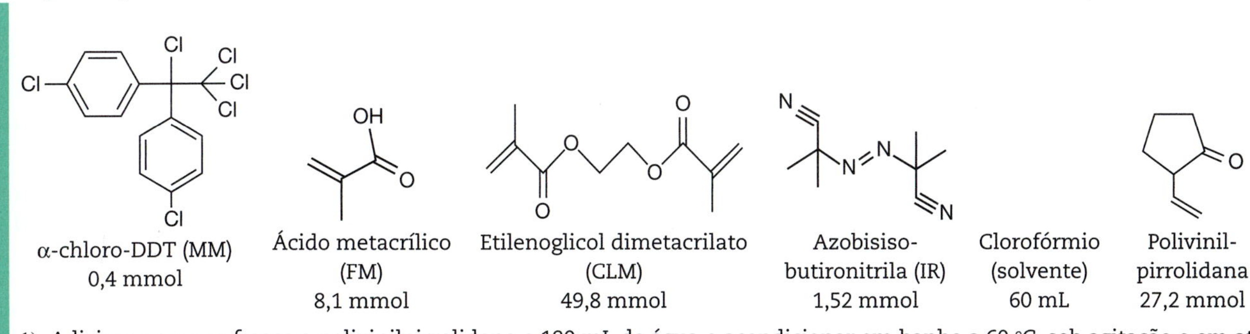

Metodologia

1) Adicionar em um frasco a polivinilpirrolidona e 120 mL de água e acondicionar em banho a 60 °C, sob agitação e em atmosfera de N_2 por 30 min;
2) Em outro frasco adicionar o clorofórmio, a MM, o FM, o CLM e IR e sonicar por 5 min;
3) Adicionar, gota a gota, da solução de síntese na solução aquosa de PVP, esta última sob agitação constante;
4) Manter a mistura em banho de água, sob agitação por 24 h a 60 °C;
5) Filtrar a suspensão obtida para separação do MIP;
6) Lavar o MIP com uma solução de metanol: ácido acético 9:1 (v/v) até remoção completa da MM;
7) Secar e empregar na extração em fase sólida de diclofenaco.

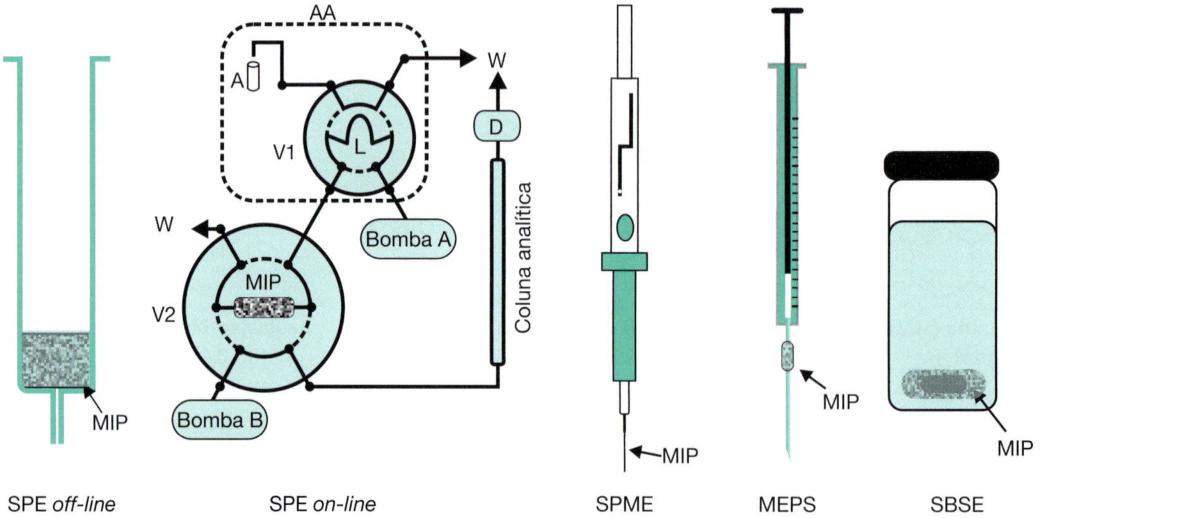

Figura 10.4 Esquemas de emprego de MIP em SPE *offline*, SPE *online* (*column switching*), SPME, MEPS e SBSE.

O fumo contém mais de 4000 substâncias, sendo que pelo menos 50 delas demonstraram potencial cancerígeno. A nicotina, alcaloide presente também no fumo, é a principal responsável por causar dependência ao cigarro. Esta é rapidamente absorvida nos seres humanos pelo tecido que reveste a mucosa da boca, do nariz e dos pulmões por meio de inalação.

A cotinina é o principal metabólito da nicotina, sendo amplamente usada como biomarcador da exposição à nicotina. Tem uma meia-vida maior em comparação com a nicotina e pode ser medida nos fluidos corporais, tais como plasma, urina e saliva.[46] O trabalho realizado por Vitor *et al.* (2011),[41] teve como principal objetivo desenvolver um método de análise de cotinina em saliva, baseado em extração em fase sólida molecularmente impressa e análise em HPLC. Os Quadros 10.3 e 10.4 abaixo indicam o procedimento de síntese e extração das amostras de saliva. Trata-se de um procedimento relativamente simples e que pode ser adotado como atividade prática, a fim de facilitar o entendimento acerca do processo de preparo de amostras que utilizam os MIPs como sorventes para extração.

Após as extrações, reconstituir os extratos em 300 µL de fase móvel 09:91 (v:v) acetonitrila:tampão fosfato (0,04 mol/L, pH 6,3). Analisar os extratos por cromatografia líquida de alta eficiência empregando a fase móvel descrita anteriormente, coluna C18, pré-coluna C18 250 × 4,6 mm (5 µm de tamanho de partícula) 10 × 4 mm (5 µm de tamanho de partícula) e detector UV a 260 nm. A vazão da fase móvel e o volume de injeção devem ser de 1,4 mL/min e 100 µL, respectivamente. Salienta-se que os tempos de retenção devem ser previamente identificados com a injeção de soluções padrão de cotinina, cafeína e teofilina.

Sugere-se que os resultados sejam discutidos pelos alunos, no contexto de preparo de amostras, de acordo com seguintes pontos:

Quadro 10.3 Esquema de síntese de MIP para cotinina

Reagentes e quantidades

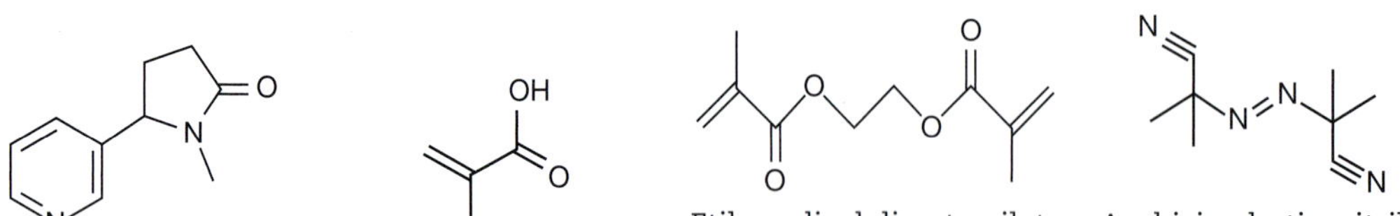

Cotinina (MM)	Ácido metacrílico (FM)	Etilenoglicol dimetacrilato (CLM)	Azobisiso-butironitrila (IR)	Diclorometano (solvente)
1 mmol	4 mmol	20 mmol	0,24 mmol	5,6 mL

Metodologia

1) Adicionar em uma ampola de síntese a cotinina, o ácido metacrílico e o cloreto de metileno.
2) Após 5 minutos adicionar o etilenoglicol dimetacrilato e a azobisisobutironitrila;
3) Borbulhar N_2 por 10 min e manter a ampola de síntese selada em banho a 35 °C por 8 h e após este período elevar a temperatura para 60 °C por mais 16 h;
4) Secar completamente o monólito em estufa (temperatura de ca. 60 °C);
5) Triturar o monólito e selecionar partículas entre 55 e 35 µm;
6) Transferir ca. 500 mg do MIP para um tubo de ensaio e adicionar 10 mL de uma solução metanol/ácido acético 9:1 e levar ao banho de ultrassom por 1,5 hora. Repetir o procedimento até que a cotinina não seja mais detectada;
7) Secar o MIP, acondicionar 250 mg em um cartucho de polipropileno e empregar na extração em fase sólida de cotinina em saliva.

Quadro 10.4 Esquema para construção da curva de calibração e extração de cotinina

MISPE

1) Preparar os padrões da curva de calibração (5 mL) nas concentrações de 30, 100, 200, 300, 400 e 500 ng/mL de cotinina em pool de saliva de não fumantes;
2) Prosseguir com a extração (n = 3) da saliva fortificada da seguinte forma:
   - Misturar 1,5 mL da saliva fortificada com os padrões com 1,5 mL tampão acetato de sódio 0,1 mol/L, pH 5,5;
   - Condicionar o cartucho contendo o MIP para cotinina percolando 2 mL de acetonitrila, 2 mL de metanol e 2 mL de tampão acetato de sódio 0,1 mol/L, pH 5,5;
   - Percolar pelo cartucho a mistura de saliva fortificada e tampão acetato de sódio 0,1 mol/L, pH 5,5 com um fluxo de 1 mL/min;
   - Lavar o cartucho com 1 mL de água deionizada, 1 mL de solução de NaOH 0,1 mol/L e 1 mL de hexano;
   - Eluir com 3 mL de uma solução metanol:água 97,5:2,5 v/v;
   - Evaporar o extrato até a secura com N_2.
3) Repetir o procedimento (no mesmo cartucho) para cada uma das amostras de saliva fortificadas, para o branco, para amostras de saliva de fumantes.
4) Repetir o procedimento de extração (no mesmo cartucho) para uma saliva fortificada com os padrões de teofilina, cafeína e cotinina na concentração de 500 ng/mL.

i. Vantagens e desvantagens do emprego de MIPs em SPE em comparação a sorventes convencionais como C18.
ii. A influência do pH de extração adotando que os pkas da cotinina e ácido metacrílico são ca. 8,8 e 3,6, respectivamente, e os possíveis motivos do emprego do pH de 5,5 como condição de trabalho.
iii. Tipos de interações intermoleculares que possivelmente prevalecem entre a cotinina e o MIP.
iv. Funções do condicionamento na MISPE.
v. Funções da lavagem na MISPE.
vi. A seletividade do MIP, avaliando o cromatograma da saliva fortificada simultaneamente com cotinina, cafeína e teofilina e um cromatograma dos padrões preparados na mesma concentração em fase móvel e não submetidos à MISPE.
vii. Emprego de curva biológica (construída em pool de saliva de não fumantes) e não uma curva em água.
viii. Efeito do uso de um padrão interno na metodologia e os benefícios relativos ao preparo de amostras.
ix. Inferência sobre a precisão e exatidão da metodologia.

10.5 Avanços recentes

Quando compostos orgânicos são analisados em matrizes complexas, alguns obstáculos são encontrados, como a presença de macromoléculas. A ocorrência de proteínas faz com que seja necessária uma etapa prévia de preparo, em que ocorrerá a eliminação destas moléculas antes da extração propriamente dita. Os materiais de acesso restrito (RAM) foram desenvolvidos com o intuito de dinamizar a análise nestes tipos de matrizes,[47] como mais bem detalhado no Capítulo 11.

Os mecanismos de eliminação de macromoléculas pelo RAM se devem à presença de cavidades que possuem grupos ligantes em seu interior (barreira física) e ao revestimento externo do sorvente comumente com grupamentos hidrofílicos (barreira química). Assim, os analitos de baixo peso molecular são retidos no interior dos poros enquanto as macromoléculas são excluídas por não penetrarem nos poros e por não se ligarem à superfície do material que encontra quimicamente protegida.[48,49]

Visando aliar as vantagens dos RAM e dos MIP, foi proposta a associação dessas tecnologias a fim de se obter um polímero seletivo para purificação de amostras complexas e ao mesmo tempo incapazes de se ligar a macromoléculas. Esses materiais foram chamados de polímeros de impressão molecular restritos à ligação com macromoléculas (RAM-MIPs), e apresentam sítios específicos de reconhecimento molecular, bem como grupos hidrofílicos/protetores externos que bloqueiam a ligação com macromoléculas.[50] No processo de obtenção mais comum, os MIPs são sintetizados pelos métodos tradicionais de síntese dos MIP e posteriormente são revestidos com monômeros hidrofílicos que se integram à superfície externa da cadeia polimérica, expondo os grupamentos hidrofílicos (barreira química).[50]

Atualmente o revestimento externo do RAM-MIP com albumina bovina (BSA) tem se tornado uma alternativa interessante no sentido de melhorar a eficiência de eliminação de macromoléculas. Nesse caso o RAM-MIP é sintetizado com monômeros hidrofílicos como descrito anteriormente, e em seguida uma capa proteica (de BSA) é quimicamente entrecruzada ao redor do RAM-MIP empregando-se glutaraldeido como agente entrecruzador, resultando em um polímero de impressão molecular restrito à ligação de macromoléculas por meio de revestimento com BSA (RAM-MIP-BSA).[51]

Outra importante tendência no emprego de MIPs em preparo de amostras é a possibilidade de conferir a esses materiais propriedades magnéticas. Nesse caso, MIPs convencionalmente sintetizados têm sido ligados quimicamente a nanopartículas com propriedades magnéticas como o Fe_2O_3. Assim, esses materiais podem ser dispersos nas amostras para extração e em seguida separados da mesma simplesmente por meio da aplicação de um campo magnético.[52,53]

Referências bibliográficas

[1]EHRLICH, P. **Proc. Royal Soc. Lond.** 66, 424, 1900.
[2]PAULING, L. **J. Am. Chem. Soc.** 62, 2643, 1940.

[3]POLYAKOV, M.V. **Zhur. Fiz. Khim.** 2, 799, 1931.

[4]DICKEY, F.H. **Proc. Natl. Acad. Sci. USA**, 35, 227, 1949.

[5]WULFF, G.; SARHAN, A. **Angew. Chem.** 84, 364, 1972.

[6]TAKAGISHI, T.; KLOTZ, I.M. **Biopolymers**, 11, 483, 1972.

[7]ANDERSSON, L.I.; PAPRICA, A.; ARVIDSSON, T. **Chromatographia**, 46, 57, 1997.

[8]ANDERSSON, H.S.; NICHOLLS, I.A. In: SELLERGREN, B. **Elsevier**, 1, 1, 2003.

[9]WALSHE, M. et al. **J. Pharm. Biom. Anal.** 16, 319, 1997.

[10]MASQUÉ, N. et al. **Anal. Chem.** 72, 4122, 2000.

[11]MAYES, A.G.; MOSBACH, K. **Trend. Anal. Chem.** 16, 321, 1997.

[12]YE, L.; MOSBACH, K. **J. Inclus. Phenom.** 41, 107, 2001.

[13]ANDERSSON, L.I. **J. Chromatogr. B**, 739, 163, 2000a.

[14]ALFAYA, A.A.S.; KUBOTA, L.T. **Quim. Nova**, 25, 835, 2002.

[15]LEE, S-C. et al. **J. Polym. Res.** 17, 737, 2010.

[16]AIROLDI, C.; FARIAS, R.F. **Quim. Nova**, 27, 84, 2004.

[17]SILVA, R.G.C.; AUGUSTO, F. **J. Chromatogr. A**, 1114, 216, 2006.

[18]LIN, C.I. et al. **Anal. Chim. Acta**, 481, 175, 2003.

[19]LI, F.; LI, J.; ZHANG, S. **Talanta**, 74, 1247, 2004.

[20]SANTOS, M.G. et al. **Scientia Chromatographica**, 4, 161, 2012.

[21]CORMACK, P.A.G.; ELORZA, A.Z. **J. Chromatogr. A**, 804, 173, 2004.

[22]SOUSA, M.D.; BARBOSA, C.M. **Quim. Nova**, 32, 1609, 2009.

[23]TURIEL, E.; MARTÍN-ESTEBAN, A. **Anal. Chim. Acta**, 668, 87, 2010.

[24]SELLERGREN, B.; HALL, A.J. In: SELLERGREN, B. **Elsevier**, 2, 21, 2003.

[25]TARLEY, C.R.T.; SOTOMAYOR, L.T.; KUBOTA, L.T. **Quim. Nova**, 28, 1076, 2005.

[26]GORMACK, P.A.G.; ELORZA, A.Z. **J. Chromatogr. B.** 804, 173, 2004.

[27]MARTÍN-ESTEBAN, A. **Fresenius J. Anal. Chem.** 370, 795, 2001.

[28]QIAO, F.X. et al. **Chromatographia**, 64, 625, 2006.

[29]YE, L.; CORNACK, P.A.G.; MOSBACH, K. **Anal. Commun.** 36, 35, 1998.

[30]NAKA, Y.; YAMAMOTO, Y. **J. Polym. Sci., Part A: Polym. Chem.** 30, 1287, 1992.

[31]LI, W.H.; STOVER, H.D.H. **Macromolecules**, 33, 4354, 2000.

[32]LI, T. et al. **Anal. Chim. Acta**, 711, 83, 2012.

[33]PANG, X.S. et al. **Anal. Chim. Acta**, 550, 13, 2005.

[34]WULFF, G.; BIFFIS, A. In: SELLERGREN, B. **Elsevier**, 4, 71, 2003.

[35]SELLERGREN, B.; ALLENDER, C. **J. Adv. Drug Delivery Rev.** 57, 1733, 2005.

[36]SELLERGREN, B. In: SELLERGREN, B. **Elsevier**, 5, 113, 2003.

[37]SPIVAK, D.A. **Adv. Drug Delivery Rev.** 57, 1779, 2005.

[38]WHITCOMBE, M.J.; VULFSON, E.N. **Adv. Mater.** 13, 467, 2001.

[39]MAYES, A.G.; WHITCOMBE, M.J., **Adv. Drug Delivery Rev.** 57, 1742, 2005.

[40]VALERO-NAVARRO, A. et al., **J. Chromatogr. A**, 1218, 7289, 2011.

[41]WHITCOMBE, M.J.; VULFSON, E.N. In: SELLERGREN, B. **Elsevier**, 7, 203, 2003.

[42]FIGUEIREDO, E.C. et al., **Analyst**, 135, 726, 2010.

[43]DAIA, C. et al. **J. Haz. Mat.** 198, 175, 2011.

[44]WANG, H. et al. **Talanta** 85 (2011) 2100.

[45]FIGUEIREDO, E.C.; DIAS, A.C.B.; ARRUDA, M.A.Z. **Rev. Bras. Cien. Farm.** 44, 361, 2008.

[46]VITOR, R.V. et al. **Anal. Bioanal. Chem.** 400, 2109, 2011.

[47]SADÍLEK, P.; SATÍNSKÝ, D.; SOLICH, P. **Trends Anal. Chem.** 26, 2007, 375.

[48]MACHTEJEVAS, E. et al. **J. Chromatogr. A**, 1123, 38, 2006.

[49]WANG, H. et al. **J. Chromatogr. A**, 1218, 1310, 2011.

[50]HAGINAKA, J. et al. **J. Chromatogr. A**, 849, 331, 1999.

[51]MORAES, G.O.I. et al. **Polímero de impressão molecular restrito à ligação com macromoléculas por meio de recobrimento com albumina (RAM-MIP-BSA)**. Patente, número do registro: PI1020120153394, data de depósito: 22/06/2012.

[52]WANG, X. et al. **Chem. Eng. J** 178, 85, 2011.

[53]WANG, X. et al. **J. Separ. Sci.** 34, 3287, 2011.

11

Preparo de amostras empregando meios de acesso restrito (RAM)

Álvaro José dos Santos Neto, Bianca Rebelo Lopes e Quezia Bezerra Cass

11.1 Introdução

Um dos desafios do preparo de amostras é conferir seletividade à análise, ante a complexidade de algumas matrizes. Nesse contexto, em última instância, deseja-se um método em que se possa proceder com a análise processando-se diretamente a amostra bruta ou nativa. No âmbito da cromatografia líquida, por meio do uso das fases denominadas meios de acesso restrito, essa demanda pode ser atendida, em sua plenitude ou com um mínimo de pré-tratamento da amostra. Essas fases, do inglês *restricted access media* – RAM, surgiram originalmente para permitir a injeção direta de fluidos biológicos no sistema cromatográfico (LC), porém mostraram-se compatíveis com outros tipos de amostras (por exemplo, alimentos e ambientais).

Os sorventes RAM são materiais biocompatíveis que permitem a injeção direta de amostras, pois excluem os componentes de alta massa molecular da matriz enquanto retêm e separam as pequenas moléculas por meio de interações hidrofóbicas, hidrofílicas, iônicas, de afinidade ou de impressão molecular. Esses sorventes previnem o acesso das macromoléculas aos sítios de retenção evitando a sorção irreversível devido à existência de uma barreira física ou química. Dessa forma, apenas as pequenas moléculas são retidas. A Figura 11.1 ilustra de maneira esquemática a diferença entre um sorvente convencional de SPE (monofásico) e um dos tipos de sorvente de RAM. A Figura 11.2 esquematiza a retenção seletiva das pequenas moléculas enquanto as macromoléculas são excluídas. A grande vantagem desse tipo de material sobre os outros sorventes para SPE é a capacidade de lidar com repetidas injeções de grandes volumes de amostras sem a alteração da capacidade de exclusão ou retenção.[1-3]

A definição mais estrita quanto ao conceito de "injeção direta" em um sistema de cromatografia líquida refere-se à introdução da amostra nativa com um mínimo de processamento (isto é, apenas uma filtração ou centrifugação para a remoção de materiais particulados da amostra).[4,5] Sob essa definição, uma diluição acima de um fator de 10 % ou o uso de aditivos para precipitação de proteínas descaracterizaria uma injeção absolutamente direta. Diante de uma situação tão desafiadora,

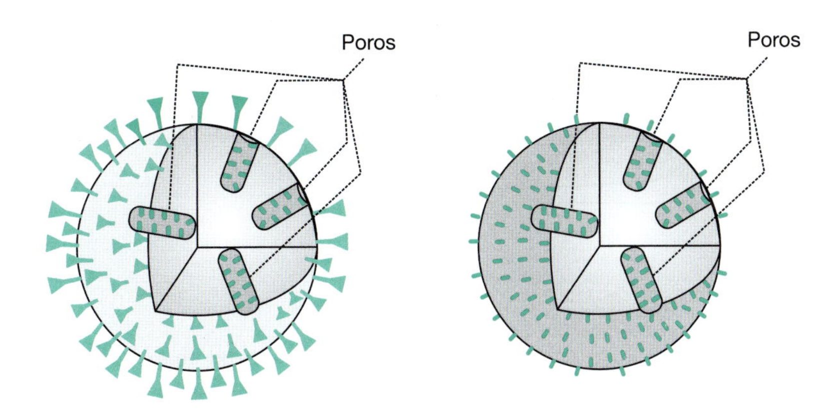

Figura 11.1 Comparação entre um sorvente de SPE convencional (não seletivo), na direita, e um dos tipos de sorvente de RAM, na esquerda.

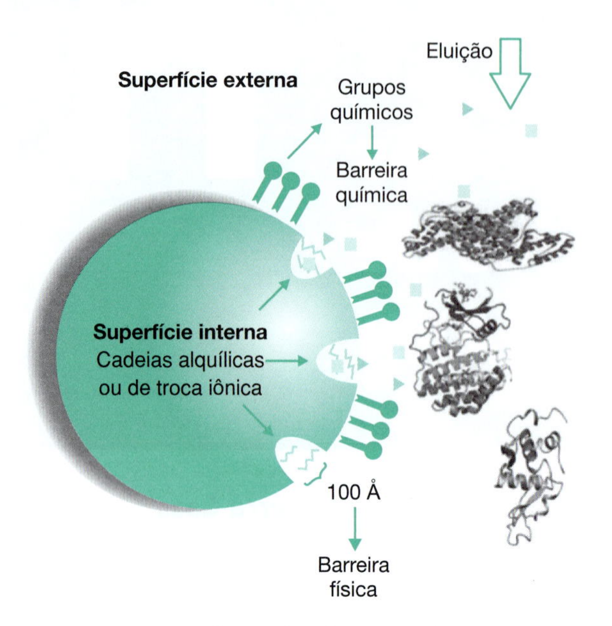

Figura 11.2 Esquema ilustrativo dos mecanismos de exclusão das fases RAM. As pequenas moléculas aparecem interagindo com a fase ligada à superfície interna e as macromoléculas são excluídas pelas barreiras química ou física.

apenas um material altamente seletivo à exclusão dos interferentes macromoleculares é capaz de permitir injeções de mais de 500 amostras, podendo totalizar um volume de plasma humano tratado superior a 100 mL, sem a perda das propriedades da coluna.[2]

De fato, existem outras abordagens que visam a um processamento simplificado e automatizado da amostra. Por exemplo, existem sistemas comerciais para a extração em fase sólida *on-line* usando fases extratoras convencionais, todavia, os microcartuchos utilizados são descartáveis e costumam ser substituídos em intervalos que variam geralmente entre uma e vinte injeções de amostra (volume total injetado de aproximadamente 200 µL).[6] Outra abordagem, como o uso de cromatografia em fluxo turbulento (*turbulent flow chromatography* – TFC) para o preparo da amostra, geralmente requer o uso de instrumentação com mais bombas e válvulas, para incluir etapas adicionais de regeneração da coluna e prolongar a sua vida.[7] Além disso, aproximadamente 50 % das aplicações de TFC faz uso de agentes de precipitação, enquanto os métodos usando RAM, quando muito utilizam diluição ou filtração no tratamento da amostra.[8]

A capacidade de exclusão das colunas RAM é geralmente avaliada injetando-se amostras nativas diretamente em modo cromatográfico, usando-se na saída da coluna um detector configurado para responder aos constituintes macromoleculares majoritários da matriz. No caso de amostras de fluidos biológicos ricos em proteínas (isto é, plasma ou soro) o uso de detecção UV em 280 nm é o mais comum. A Figura 11.3 ilustra a exclusão das macromoléculas após a injeção de 20 µL de plasma em uma coluna *semimicrobore* com 2,1 mm de diâmetro interno (ID) e vazão de água a 1,0 mL/min. Observa-se que em menos de 4 minutos o cromatograma apresenta retorno à linha de base. A Figura 11.4 ilustra o mesmo procedimento em coluna convencional de 4,6 mm ID, com vazão também de 1,0 mL/min, ou seja, com uma velocidade linear média mais baixa; ainda assim aos 5 minutos a linha de base já está estabilizada.

Além da simples monitoração da fase móvel em um detector UV após a coluna, também é possível a coleta manual e quantificação das proteínas.[9] A eficiência da depleção das proteínas pode ser medida de várias maneiras, o trabalho de Lima et al. apresenta em detalhes uma dessas formas de mensuração.[10] No caso da exclusão de proteínas plasmáticas, onde a albumina é majoritária, os resultados qualitativos das análises em 280 nm costumam ser concordantes com as avaliações quantitativas. Outra possibilidade para avaliar a capacidade de exclusão das colunas RAM, ante componentes macromoleculares diversos, é a injeção da fração coletada após

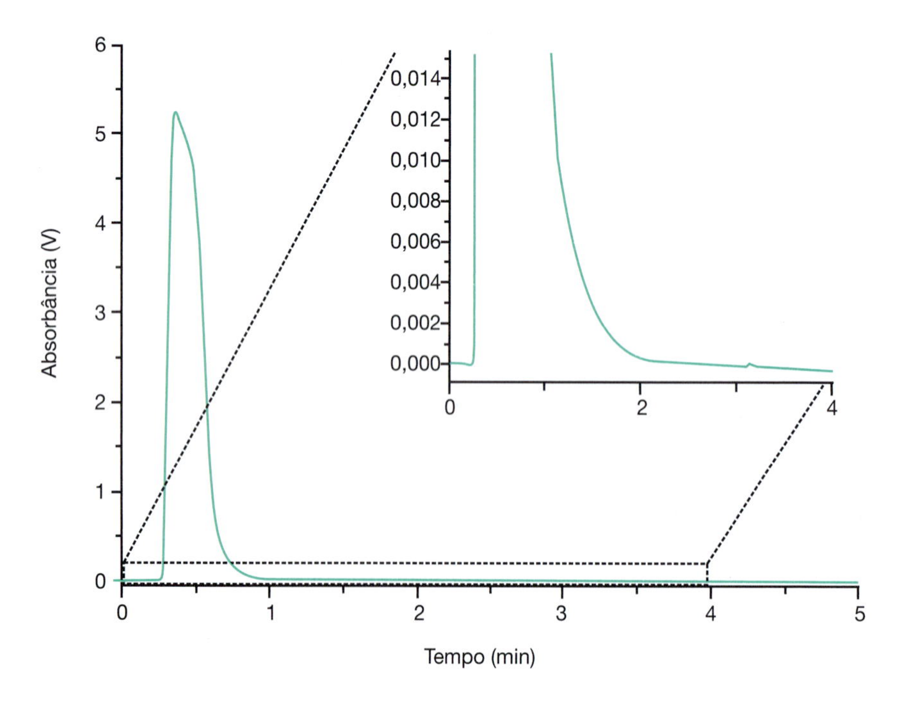

Figura 11.3 Perfil de exclusão cromatográfica obtido de uma injeção de 20 µL de plasma humano sob uma vazão de 1,0 mL/min. Detecção UV com comprimento de onda de 280 nm.

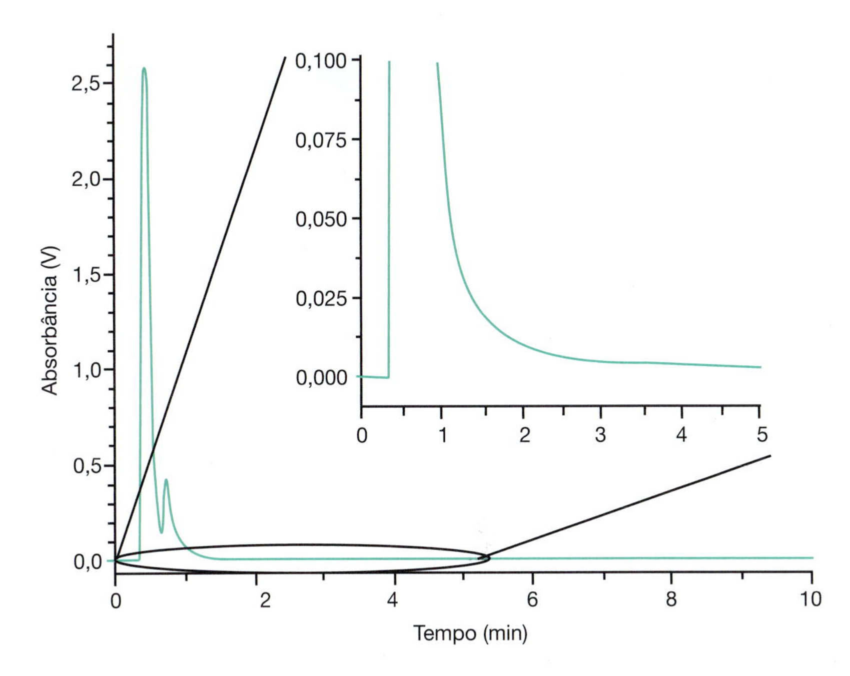

Figura 11.4 Perfil de exclusão cromatográfica obtido de uma injeção de 100 μL de plasma humano sob uma vazão de 1,0 mL/min. Detecção UV com comprimento de onda de 280 nm.

a coluna RAM em um sistema de cromatografia líquida com coluna de filtração em gel, onde os componentes macromoleculares excluídos podem ser fracionados de acordo com o seu tamanho.[11] Dessa forma, pode-se caracterizar a faixa de exclusão de diferentes tipos de colunas RAM e ante diferentes tipos de amostras.

11.2 Evolução e classificação das colunas RAM

A expressão meio de acesso restrito (RAM) foi introduzida por Desilets et al. em 1991 como um termo geral para suportes cromatográficos que permitem a injeção direta de fluidos biológicos e limitam a interação dentro dos poros apenas para as moléculas pequenas.[12] Geralmente atribui-se a criação desse novo tipo de material a Hagestam e Pinkerton que em 1985 apresentaram o conceito de *internal surface reversed-phase* (ISRP) para a análise de fármacos em fluidos biológicos.[13] Contudo, os trabalhos de Yoshida a partir de 1982 apresentam o mesmo conceito usando partículas recobertas por proteínas.[14,15] Alguns autores, contudo, questionam que esses primeiros trabalhos de Yoshida fazem parte da família dos materiais RAM de uma maneira limitada, uma vez que as colunas são obtidas apenas pela saturação de uma fase reversa convencional pelas proteínas plasmáticas. De fato, trata-se do uso de uma coluna de fase reversa convencional, a qual, após algumas injeções de plasma não tratado, terá a superfície externa das partículas recoberta por proteínas desnaturadas, deixando seus poros inalterados para a retenção das moléculas pequenas.

O uso das colunas RAM e as classificações dos diversos suportes têm sido revisados ao longo do tempo, abrangendo mais de duas décadas de trabalhos publicados.[2,3,8,16-21] Inicialmente, as fases RAM foram classificadas de acordo com o princípio de exclusão. As fases com barreira física usam o tamanho do poro para evitar a difusão das macromoléculas enquanto as de barreira química utilizam uma rede polimérica protetora para evitar o acesso dessas ao interior dos poros. Boos e Rudolphi[18] ampliaram essa classificação, considerando o tipo de grupo ligado na superfície interna e externa das partículas. Assim, subdividiu-se a classificação em fases com topoquímica homogênea (tipos A e C) e com topoquímica heterogênea (tipos B e D). Cassiano et al.[20] utilizando a classificação entre fases unimodais e bimodais, e com barreiras físicas e químicas apresentada por Boos et al.[18,22] fizeram interessante levantamento histórico do desenvolvimento de diversos sorventes RAM. A Figura 11.5 ilustra e define a classificação dos diferentes tipos de RAM desenvolvidos e cita alguns dos materiais já comercializados.

Algumas das principais fases que marcaram a evolução dos meios RAM serão discutidas a seguir. Conforme já mencionado, em 1982 surgiram as primeiras aplicações de injeção direta com os trabalhos de Yoshida, imobilizando proteínas na superfície de partículas de uma coluna cromatográfica por meio de desnaturação.[14,15]

Por outro lado, muitos autores atribuem a introdução de meios RAM autênticos a Hagestam e Pinkerton,[13] em 1985 com o desenvolvimento da fase denominada ISRP. Trata-se de uma fase do tipo B composta de sílica com tamanhos de poros de 8 nm, geralmente capaz de excluir proteínas maiores do que 20 kDa.* Essa fase possui topologia bimodal, contendo grupamentos glicil-L-fenilalanil-L-fenilalanina (interação hidrofóbica) na superfície interna dos poros e grupamentos glicil (hidrofílico) na superfície externa. O grupo tripeptídico interno, além de reter as pequenas moléculas por interação hidrofóbica, possui capacidade de troca catiônica fraca, enquanto o grupo hidrofílico externo limita a adsorção das macromoléculas hidrofílicas. Essas fases foram comercializadas inicialmente com o nome GFF, pela Regis Technologies, IL, EUA.

* Como referência, a albumina sérica humana – HSA, proteína mais abundante do plasma humano possui aproximadamente 66 kDa.

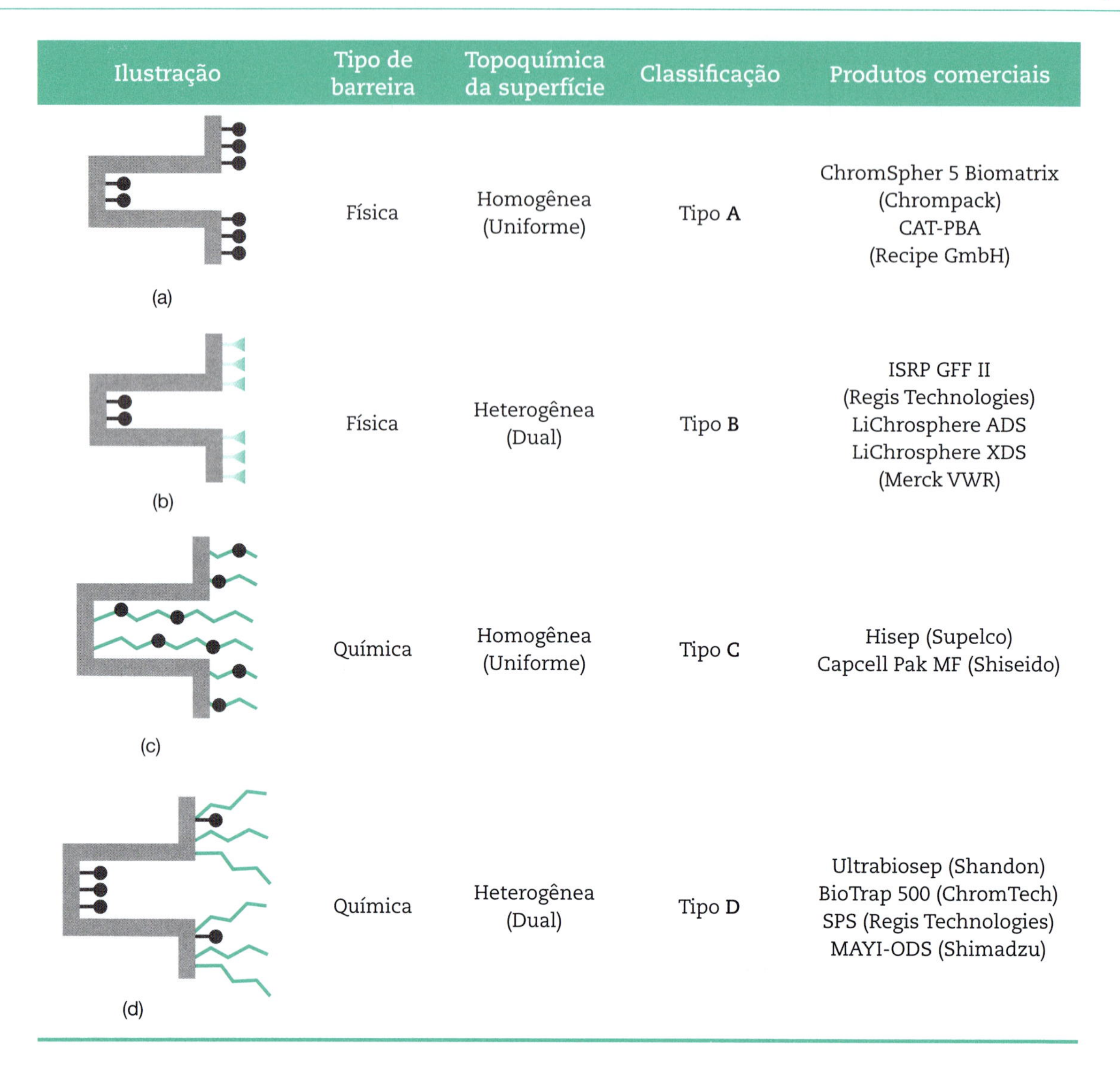

Ilustração	Tipo de barreira	Topoquímica da superfície	Classificação	Produtos comerciais
(a)	Física	Homogênea (Uniforme)	Tipo **A**	ChromSpher 5 Biomatrix (Chrompack) CAT-PBA (Recipe GmbH)
(b)	Física	Heterogênea (Dual)	Tipo **B**	ISRP GFF II (Regis Technologies) LiChrosphere ADS LiChrosphere XDS (Merck VWR)
(c)	Química	Homogênea (Uniforme)	Tipo **C**	Hisep (Supelco) Capcell Pak MF (Shiseido)
(d)	Química	Heterogênea (Dual)	Tipo **D**	Ultrabiosep (Shandon) BioTrap 500 (ChromTech) SPS (Regis Technologies) MAYI-ODS (Shimadzu)

Figura 11.5 Esquema e classificação dos suportes RAM.

Outra fase do tipo B, considerada a de maior sucesso comercial até hoje, foi desenvolvida em 1991 por Boos et al.[23] Essa fase é chamada de alquil-diol-sílica (ADS), sendo composta por sílica com poros de 6 nm contendo grupos hidrofóbicos butil, octil ou octadecil (C4, C8 ou C18) na superfície interna e grupos hidrofílicos do tipo diol na superfície externa. Posteriormente, um suporte análogo com capacidade de troca catiônica forte (contendo grupos de ácido sulfônicos na superfície interna) foi desenvolvido com o nome de XDS. Essas fases são comercializadas com o nome LiChrosphere ADS, pela Merck, Darmstadt, Alemanha.

Também em 1991, Desilets et al.[12] prepararam as fases de superfície semipermeável (*semipermeable surfase phases* – SPS). Essas fases possuem classificação do tipo D e são compostas por sílica modificada com grupos hidrofóbicos (C8 ou C18, originalmente; mas também ciano e fenil) com poros de 30 nm. No seu preparo a sílica modificada recebe o recobrimento por uma camada de um polímero hidrofílico de polioxietileno o qual é tanto adsorvido hidrofobicamente pelo uso de um surfactante não iônico quanto ligado covalentemente ao suporte. Essas fases possuem diferenciação química entre a superfície externa hidrofílica e a superfície interna hidrofóbica, de maneira que as moléculas pequenas que conseguem atravessar a rede polimérica protetora podem interagir com esta última. Essas fases foram comercializadas também por Regis Technologies com o nome de SPS.

Outra interessante fase do tipo D possui uma barreira química de difusão constituída por proteínas, em vez de um polímero convencional. Hermansson e Grahn[24] desenvolveram em 1994 a fase que posteriormente foi comercializada com o nome de BioTrap por ChromTech, Apple Valley, MN, EUA. Essa fase é constituída por sílica modificada (grupos C8 ou C18) com poros de 10 nm recoberta externamente por uma barreira proteica constituída por α1-glicoproteína ácida. Posteriormente também foi desenvolvida uma fase análoga utilizando um polímero hidrofóbico em vez da sílica modificada (BioTrap MS), estendendo a faixa de pH compatível entre 2 e 10.

Dentre as fases não comerciais uma que merece destaque é aquela desenvolvida por Menezes e Félix em 1996, a qual vem sendo utilizada com bastante sucesso desde então.[25] Também se trata de uma fase tipo D recoberta por proteínas, em analogia àquela de Hermansson e Grahn; neste caso, a proteína (albumina sérica bovina ou humana) é imobilizada por cromatografia frontal em sílicas modificadas por grupos hidrofóbicos, e são estabilizadas por entrecruzamento com glutaraldeído.

Outra possibilidade na obtenção de fases de RAM é a funcionalização dos polímeros molecularmente impressos (descritos no Cap. 10 – Preparo de amostras empregando polímeros de impressão molecular). Haginaka et al.[26] introduziram em 1999 um tratamento hidrofílico externo a um MIP, sintetizado para ser seletivo ao (S)-naproxeno. Nesse estudo, a capacidade de exclusão foi evidenciada a partir da injeção de soluções de albumina sérica bovina. Mais recentemente, Moraes et al.[27] sintetizaram um MIP para a clorpromazina e compostos análogos. Em uma primeira etapa produziu-se um tratamento hidrofílico externo; porém, para melhorar a função de exclusão das proteínas plasmáticas, criou-se secundariamente um recobrimento externo com BSA, em analogia às fases produzidas por Menezes e Félix. De fato, após esse segundo tratamento a taxa de exclusão proteica foi mais elevada, enquanto o material manteve a função seletiva do MIP.

11.2.1 Modos de uso das colunas RAM

As colunas RAM geralmente podem ser usadas em sistemas cromatográficos em uma ou duas dimensões. No modo unidimensional (1D),* a coluna RAM é responsável tanto pela exclusão das macromoléculas quanto pela separação dos analitos de interesse. No modo bidimensional (2D),† entretanto, a separação é feita na segunda dimensão enquanto a coluna RAM é usada na primeira dimensão para exclusão das macromoléculas e extração dos analitos.

As colunas RAM, de modo geral, apresentam alta capacidade de exclusão e bons fatores de retenção para as pequenas moléculas, mas baixa seletividade e, por isso mesmo, elas são majoritariamente usadas no modo 2D LC, através de comutação de colunas.

As separações em condições multidimensionais ou 2D LC são aquelas em que as colunas usadas, nas diferentes dimensões, têm mecanismos de retenção diferenciados. Diferentes seletividades podem ser alcançadas, considerando-se os múltiplos modos de separação que podem ser usados em LC.

Em tratamento de amostra, a notação 2D LC usada é a LC-LC. Neste contexto, somente a fração de interesse, retida pela coluna RAM na primeira dimensão, é transferida para a coluna analítica, na segunda dimensão.[8]

Os cromatogramas da Figura 11.6 ilustram a exclusão das proteínas do plasma (Figura 11.6a) e a separação cromatográfica (Figura 11.6b) obtida para os fármacos: prometazina, promazina e clorpromazina, em análise 1D.[28] Nesse modo de análise comumente utilizam-se colunas com partículas de tamanhos de 5 ou 10 µm. A vazão usual para colunas com 4,6 mm ID é de aproximadamente 1,0 mL/min, para que exista um equilíbrio entre velocidade de análise e eficiência. Em análises unidimensionais deve-se atentar também ao volume de amostra injetada, pois, em analogia a métodos cromatográficos convencionais, um volume muito grande pode levar a picos alargados, ou seja, redução na eficiência cromatográfica.

Uma vez que as fases estacionárias RAM são desenvolvidas com o foco principal na alta capacidade de exclusão de macromoléculas, elas acabam não possuindo alta eficiência cromatográfica.

Em geral o modo unidimensional, pela baixa eficiência, apresenta limitada capacidade de pico e, assim, menor seletividade. A fase móvel utilizada precisa ser biocompatível, requerendo eluição isocrática com baixo percentual de solvente orgânico. Se for usada eluição com gradiente, o percentual do modificador orgânico deve permanecer baixo até que as macromoléculas sejam eliminadas.

Associando-se todas essas observações, em comparação ao modo bidimensional, o unidimensional pode apresentar limitações quanto à seletividade na separação dos analitos, limites de quantificação mais altos, colunas com menor durabilidade e limitações quanto à escolha da fase móvel.

A Figura 11.7a esquematiza um arranjo usual de um sistema cromatográfico em uma dimensão. Detectores por espectrometria no UV ou fluorescência são compatíveis com esse arranjo, uma vez que os interferentes da matriz não causam problemas a eles. Outros detectores

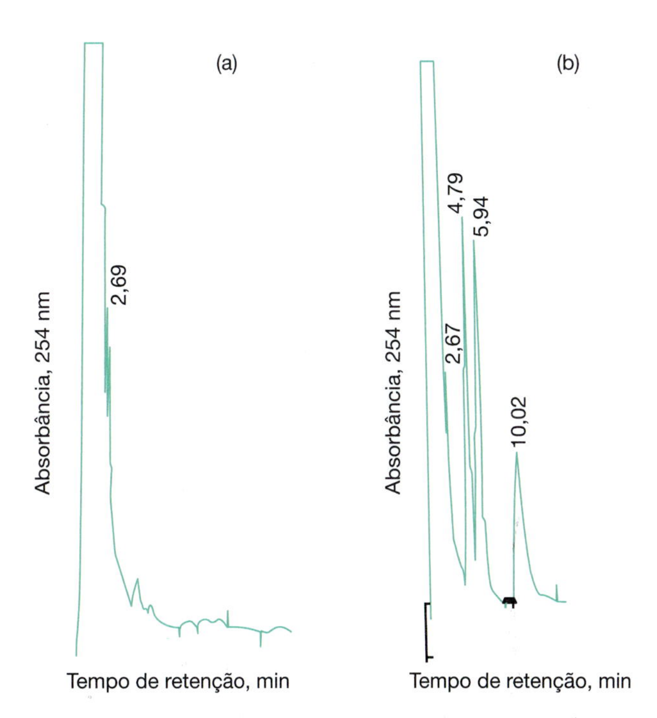

Figura 11.6 Exemplo de uma separação cromatográfica no modo unidimensional. (a) cromatograma de uma injeção de plasma branco. (b) cromatograma de uma injeção de plasma contaminado com prometazina, promazina e clorpromazina (eluídos nessa ordem). Coluna HISEP®, fase móvel 15:85 (v/v) acetonitrila-tampão (0,18 M, pH 5), vazão a 2 mL/min, detecção a 254 nm e volume de injeção 20 µL. Reproduzido com autorização de John Wiley and Sons.[28]

* Em inglês, *single-column mode*.

† Em inglês, *coupled-column mode* ou *column-switching mode*.

como o espectrômetro de massas e os eletroquímicos podem sofrer contaminações pela alta carga de compostos macromoleculares, tendo o seu desempenho rapidamente prejudicado. Nesses casos os arranjos das Figuras 11.7b e 11.7c podem ser empregados. Esses arranjos ilustram o uso de uma válvula de seis pórticos e duas posições, a qual é comumente encontrada nos sistemas de espectrometria de massas. Em um primeiro momento a válvula é mantida em uma posição A, conforme ilustrado pela linha contínua nas figuras, fazendo com que a matriz seja descartada. Após esse tempo de exclusão, o qual pode ser monitorado por um detector UV, a válvula é comutada para a posição B, ilustrada nas figuras pela linha tracejada. Nessa segunda posição os analitos podem então ser direcionados ao detector desejado, por exemplo, o espectrômetro de massas. A diferença nos arranjos das Figuras 11.7b e 11.7c é o posicionamento do detector UV, no primeiro caso ele serve para monitorar a exclusão da matriz e detectar os analitos, em complemento à detecção dos analitos por MS. No segundo caso o detector UV monitora apenas a exclusão da matriz, e pode ser o arranjo preferido para encurtar o tempo de chegada dos analitos ao MS e evitar um maior alargamento dos picos cromatográficos (com perda de detectabilidade). De maneira geral, o uso do espectrômetro de massas na separação unidimensional é bastante vantajoso. A MS confere seletividade complementar à análise, pois pela baixa eficiência as separações cromatográficas podem ser incompletas em análises unidimensionais. Além disso, a MS também pode ser útil nos casos em que o volume de injeção deve ser limitado para evitar-se perda de eficiência cromatográfica, pois nesses casos o efeito de pré-concentração dos analitos é pequeno e necessita-se de um detector com boa sensibilidade e detectabilidade.[29]

No modo bidimensional a coluna RAM é comutada a uma coluna analítica de separação por meio de uma válvula. Ele é o modo mais versátil, superando algumas das desvantagens atribuídas anteriormente à análise unidimensional.

Diferentes configurações do sistema de LC podem ser usadas para a comutação das colunas. As transferências podem ser feitas no modo direto de acoplamento, também conhecido como *forward-flush*, ou no modo inverso da vazão na primeira dimensão: *back-flush*. A configuração *back-flush* é algumas vezes preferida pelos pesquisadores, pois proporciona o estreitamento do pico. Porém, a possibilidade de transferir, para a segunda dimensão, interferentes e/ou compostos endógenos que ficaram retidos no topo da coluna é um fator que deve ser considerado.[21]

Após a seleção da configuração do sistema, para o desenvolvimento de um método por injeção direta de amostras, em configuração 2D LC, vários parâmetros devem ser cuidadosamente investigados:

i. Fase móvel e tempo de exclusão das macromoléculas;
ii. Fase móvel de limpeza e tempo de equilíbrio da coluna RAM;

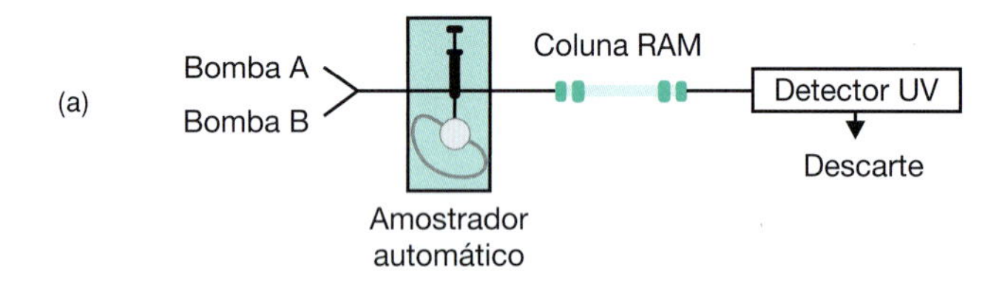

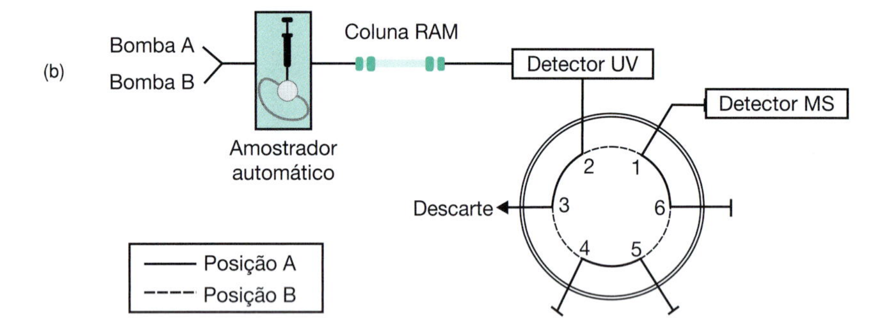

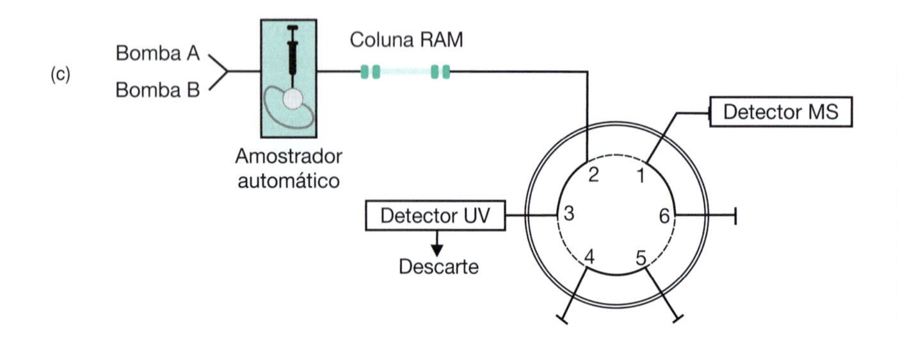

Figura 11.7 Exemplos de arranjos instrumentais para a análise unidimensional com coluna RAM. A – arranjos simples com detectores compatíveis com a matriz da amostra. B e C – arranjos para o uso de detectores não compatíveis com a matriz da amostra, por meio da comutação com uma válvula de seis pórticos e duas posições (para mais informações sobre a diferença entre ambas, vide o texto).

iii. Fase móvel e tempo de transferência;
iv. Condições cromatográficas da segunda dimensão;
v. Condições cromatográficas no acoplamento, incluído as condições de detecção.

É importante destacar que em se tratando de amostras biológicas, para exclusão das macromoléculas, o menor percentual possível de solvente orgânico deve ser usado, para evitar a precipitação de proteínas. Uma vez que proteínas possuem ponto isoelétrico em torno de 4,7 pH entre 3 – 5 não devem ser utilizados. A exclusão das proteínas é usualmente monitorada por UV a 280 nm. A vazão da fase móvel nas duas dimensões deve ser ajustada. O ideal é quando a mesma vazão é usada nas duas dimensões. Para evitar efeito memória, perda da precisão e exatidão, as condições de limpeza e o reequilíbrio da coluna RAM devem ser cuidadosamente avaliados. A largura da banda para a transferência deve ser pequena a fim de não causar efeito matriz (em detecção por MS) ou simples perda de resolução. A compatibilidade entre as fases móveis nas duas dimensões deve ser respeitada e, é um dos fatores limitantes para obtenção de alta ortogonalidade.[8]

A Figura 11.8 ilustra um dos arranjos mais simples para o acoplamento das colunas em *back-flush*, o qual faz uso de uma válvula de seis pórticos e duas posições. Mais opções para o acoplamento de colunas em sistemas multidimensionais são discutidas no Cap. 19 – Técnicas com acoplamento e comutação de colunas (*column switching*).

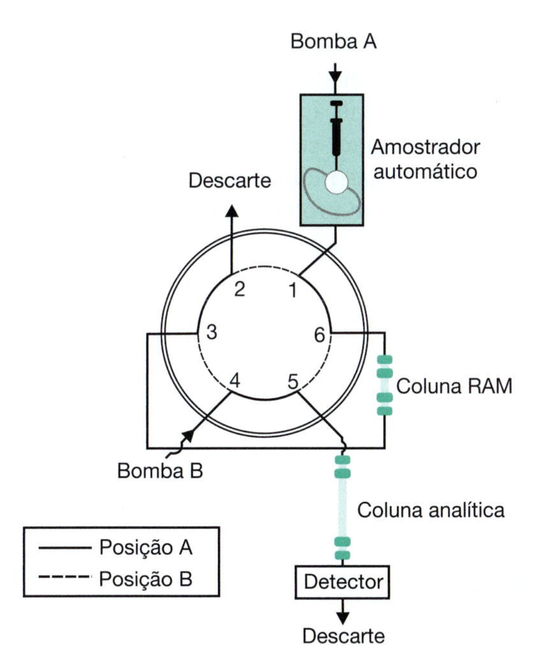

Figura 11.8 Exemplo de arranjo instrumental em *back-flush* para sistema 2D LC com coluna RAM. Posição A (linhas contínuas da válvula) – a fase móvel da bomba A direciona a amostra do injetor para a coluna RAM e promove a exclusão das macromoléculas. Posição B (linhas tracejadas da válvula) – a fase móvel da bomba B promove a eluição e transferência dos analitos da coluna RAM para a sequencial separação na coluna analítica. Após a transferência dos analitos a válvula retorna à posição A para recondicionamento da coluna RAM e aguardo por nova injeção.

De maneira resumida, na posição A (linhas contínuas da válvula), a fase móvel da bomba A direciona a amostra do injetor para a coluna RAM, promovendo a exclusão das macromoléculas.

Após o tempo necessário para a exclusão da matriz (o qual deve ter sido definido em uma dimensão, conforme a Figura 11.3) a válvula é comutada para a posição B. Nessa posição (linhas tracejadas da válvula) a fase móvel da bomba B promove a eluição dos analitos da coluna RAM em uma banda cromatográfica, a qual será separada na coluna analítica. Ao fim dessa transferência a válvula retorna à condição inicial, para que a separação cromatográfica tenha continuidade na coluna analítica e a coluna RAM seja recondicionada.

O modo bidimensional geralmente permite a injeção de centenas de microlitros da amostra, conforme a necessidade de detecção do método. Além disso, por permitir o uso de partículas maiores, resulta em colunas RAM com maior permeabilidade, o que pode contribuir para uma maior durabilidade.

Particularmente no caso de detecção por espectrometria de massas o efeito de matriz deve ser muito bem avaliado. A escolha de colunas analíticas com alta seletividade é importante, e atualmente até mesmo o uso de colunas HILIC já foi demonstrado como viável para acoplamento com colunas RAMs polares.[30] O uso de altíssimas eficiências de separação, como em UHPLC, também traz benefícios quanto ao efeito de matriz.[31] Da mesma forma, a miniaturização do sistema já demonstrou evidências de uma redução no efeito de matriz.[32,33] Por fim, em casos críticos de persistência do efeito de matriz, Georgi e Boos sugeriram um sistema em três dimensões que intercala uma coluna de modo misto entre a coluna RAM e a coluna analítica, garantindo seletividade adicional ante interferentes de baixa massa molecular.[34,35]

A Figura 11.9 ilustra um cromatograma típico de uma separação em duas dimensões. O tempo inicial, o qual

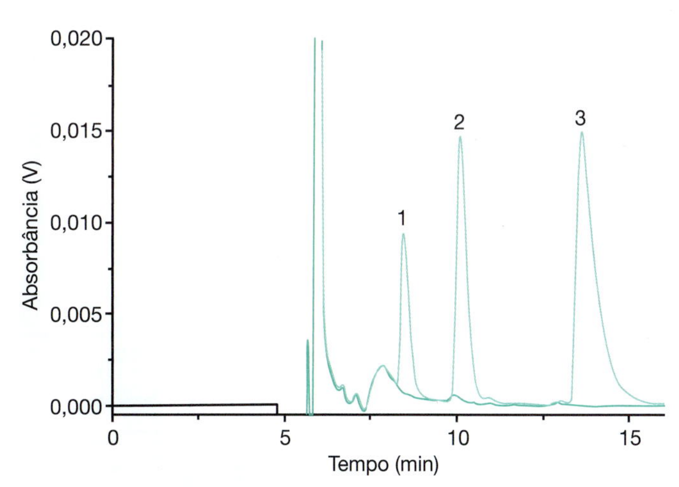

Figura 11.9 Separação de paroxetina (1), fluoxetina (2) e clomipramina (3) em análise bidimensional RAM-C18 e com detecção UV. A concentração dos analitos é 100 ng/mL. Observa-se uma sobreposição da injeção dos padrões à injeção de uma amostra de plasma branco.

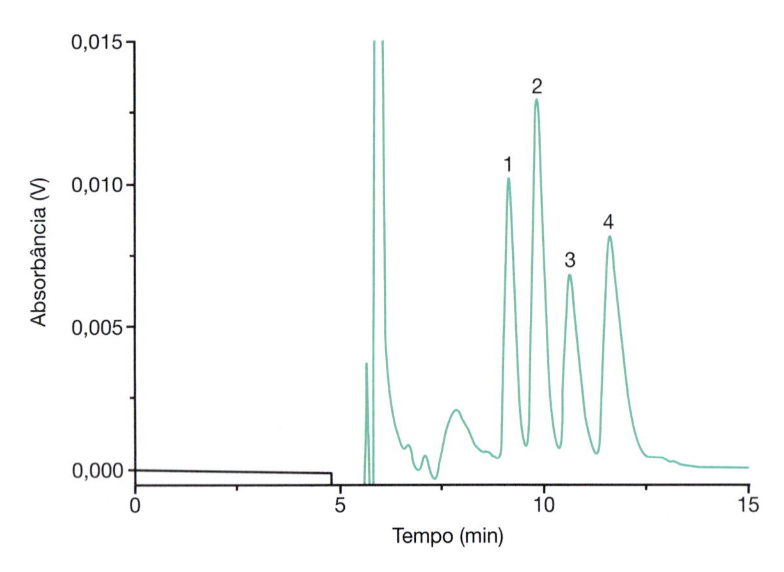

Figura 11.10 Separação de desipramina (1), nortriptilina (2), imipramina (3) e amitriptilina (4) em análise bidimensional RAM-C18 e com detecção UV. A concentração dos analitos é 100 ng/mL.

algumas vezes é suprimido do registro cromatográfico, equivale ao período em que a coluna RAM está direcionando a matriz para o descarte. Após esse tempo, e com o giro da válvula, os picos cromatográficos começam a ser registrados. Uma perturbação inicial da linha de base é comum nesse tipo de procedimento e relaciona-se ao acoplamento da coluna RAM à coluna analítica. Alguns picos de interferentes remanescentes da matriz costumam ser registrados no início do cromatograma, mas esses são separados dos analitos por conta da eficiência de separação da coluna analítica. No exemplo da Figura 11.9, os fármacos paroxetina, fluoxetina e clomipramina são separados com alta seletividade conforme pode ser observado pelos cromatogramas sobrepostos. Da mesma forma, pela Figura 11.10, observa-se que em condições idênticas, desipramina, nortriptilina, imipramina e amitriptilina também podem ser separados. Todavia, talvez se verifique que um método com detecção UV, para análise simultânea dos sete compostos não seria possível. Dessa forma, a detecção por espectrometria de massas também é extremamente vantajosa nesses casos, permitindo a quantificação de picos coeluídos em canais diferentes de detecção, conforme representado no cromatograma da Figura 11.11, com redução do tempo de análise.

11.2.2 Exemplos de aplicações de cromatografia com colunas RAM

Para ilustrar as variadas aplicações das colunas RAM apresenta-se a Tabela 11.1. Observa-se a capacidade dessas colunas RAM em analisar matrizes complexas tais como aquelas presentes em amostras biológicas de plasma, soro e urina; alimentos como leites e ovos; e amostras ambientais como águas residuais e esgoto. Dentre as finalidades, incluem-se as mais variadas aplicações de análises de pequenas moléculas, e até mesmo alguns tipos de aplicações em proteômica ou metabolômica.

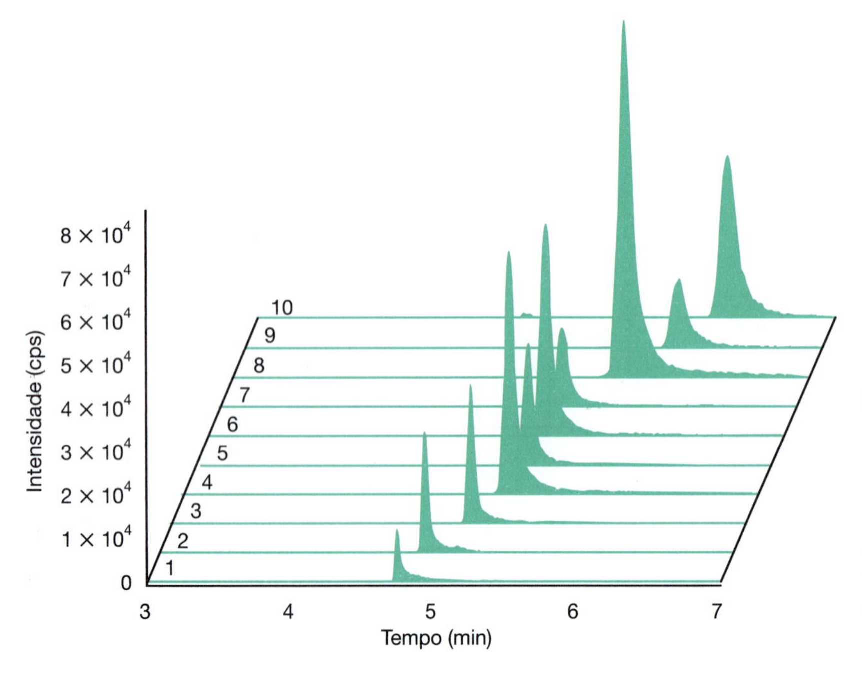

Figura 11.11 Separação de albendazol sulfóxido (1), albendazol sulfona (2), mebendazol (3), desipramina (4), fluoxetina (5), albendazol (6), nortriptilina (7), imipramina (8), amitriptilina (9) e clomipramina (10) em análise bidimensional RAM-C18 e com detecção MS/MS em modo *selected reaction monitoring* (SRM), para a injeção de plasma fortificado com os 10 fármacos e metabólitos.

Tabela 11.1 Exemplos de aplicações de cromatografia com meio de acesso restrito (RAM)

Matriz	Analito	Tipo de coluna RAM	Modo cromatográfico	Ref.
Plasma humano	Fenotiazinas	HISEP®, Supelco	1D	28
Plasma de rato	Rofecoxibe	LiChrospher® RP-18 ADS, Merck	2D	36
Soro humano	Heptâmero cíclico do ácido polilático	BSA-ODS-100V, Tosoh	1D	37
Urina	Nucleosídeos e nucleobases	MSpak® PK-4A, Shodex	2D	30
Urina e microssomos	Bisfenol A e bisfenol A catecol	LiChrospher® RP-18 ADS, Merck	2D	38
Humor aquoso	Difluprednato e metabólito	Capcell® Pak MF Ph-1, Shiseido	2D	39
Ovos				
Leite	Parabenos, triclosan e fenóis	LiChrospher® RP-18 ADS, Merck	2D	40
Águas residuárias (água de rio, estuário e esgoto)	Enantiômeros do omeprazol	RAM-BSA C8, não comercial	2D	11
Leite humano	Proteínas bioativas/proteômica	RAM-Troca aniônica forte, Tosoh	2D	41
Soro humano	Ácidos biliares/metabolômica	BioTrap® 500MS, ChromTech	2D	42

1D: modo cromatográfico unidimensional; 2D: modo cromatográfico bidimensional.

Referências bibliográficas

[1]MAJORS, R.E. et al. **LC-GC** 14: 554, 1996.

[2]SADILEK, P.; SATINSKY, D.; SOLICH, P. **Trends Anal. Chem.** 26: 375, 2007.

[3]MULLETT, W.M. **J. Biochem. Biophys. Methods** 70: 263, 2007.

[4]YU, Z.X.; WESTERLUND, D.; BOOS, K.S. **J. Chromatogr. B** 704: 53, 1997.

[5]YU, Z.X.; WESTERLUND, D. **J. Chromatogr. A** 725: 149, 1996.

[6]ALNOUTI, Y. et al. **J. Chromatogr. A** 1080: 99, 2005.

[7]KATAOKA, H.; SAITO, K. **Bioanalysis** 4: 809, 2012.

[8]CASSIANO, N.M. et al. **Bioanalysis** 4: 2737, 2012.

[9]CASSIANO, N.M. et al. **Chirality** 14: 731, 2002.

[10]LIMA, V.V.; CASSIANO, N.M.; CASS, Q.B. **Quim. Nova** 29: 72, 2006.

[11]BARREIRO, J.C. et al. **Talanta** 82: 384, 2010.

[12]DESILETS, C.P.; ROUNDS, M.A.; REGNIER, F.E.**J. Chromatogr.** 544: 25, 1991.

[13]HAGESTAM, I.H.; PINKERTON, T.C. **Anal. Chem.** 57: 1757, 1985.

[14]YOSHIDA, H. et al. **Chem. Pharm. Bull.** 30: 2287, 1982.

[15]YOSHIDA, H.; MORITA, I.; TAMAI, G. **Chromatographia** 19: 466, 1984.

[16]PINKERTON, T.C. **J. Chromatogr.** 544: 13, 1991.

[17]ANDERSON, D. J. **Anal. Chem.** 65: R434, 1993.

[18]BOOS, K.S.; RUDOLPHI, A. LC-GC 15: 602, 1997.

[19]SOUVERAIN, S.; RUDAZ, S.; VEUTHEY, J.-L. **J. Chromatogr. B** 801: 141, 2004.

[20]CASSIANO, N.M. et al. **Anal. Bioanal. Chem.** 384: 1462, 2006.

[21]CASSIANO, N.M. et al. **Bioanalysis** 1: 577, 2009.

[22]BOOS, K.-S.; GRIMM, C.-H. **Trends Anal. Chem.** 18: 175, 1999.

[23]BOOS, K.S. et al. **Fresenius J. Anal. Chem.** 352: 684, 1995.

[24]HERMANSSON, J.; GRAHN, A. **J. Chromatogr. A** 660: 119, 1994.

[25]MENEZES, M.L.; FELIX, G.J. **Liq. Chromatogr. Relat. Technol.** 19: 3221, 1996.

[26]HAGINAKA, J. **J. Chromatogr. A** 849: 331, 1999.

[27]MORAES, G.O.I. et al. **Anal. Bioanal. Chem.** 405: 7687-96, 2013

[28]PISTOS, C.; STEWART, J.T. **Biomed. Chromatogr.** 17: 465, 2003.

[29]LOPES, B.R. et al. **J. Chromatogr. B** 889–890: 17, 2012.

[30]RODRÍGUEZ-GONZALO, E.; GARCÍA-GÓMEZ, D.; CARABIAS-MARTÍNEZ, R. **J. Chromatogr. A** 1218: 9055, 2011.

[31]MOURA, F. et al. **J. Sep. Sci.** 35: 2615, 2012.

[32]SANTOS-NETO, A.J. et al. **J. Chromatogr. A** 1189: 514, 2008.

[33]SANTOS-NETO, A.J. et al. **Anal. Chem.** 79: 6359, 2007.

[34]GEORGI, K.; BOOS, K.S. **LC-GC** 23: 396, 2005.

[35]GEORGI, K.; BOOS, K. **Chromatographia** 63: 523, 2006.

[36]VINTILOIU, A. et al. **J. Chromatogr. A** 1082: 150, 2005.

[37]OSAKA, I. et al. **J. Chromatogr. B** 870: 247, 2008.

[38]YE, X. et al. **Anal. Bioanal. Chem.** 399: 1071, 2011.

[39]YASUEDA, S.-I. et al. **J. Pharm. Biomed. Anal.** 30: 1735, 2003.

[40]YE, X. et al. **Anal. Chim. Acta** 622: 150, 2008.

[41]PANCHAUD, A.; KUSSMANN, M.; AFFOLTER, M. **Proteomics** 5: 3836, 2005.

[42]BENTAYEB, K. et al. **J. Chromatogr. B** 869: 1, 2008.

PARTE IV

Técnicas Miniaturizadas

IV.I Microextração em fase líquida

12 Microextração em gota única: imersão direta, *headspace* e microextração líquido-líquido-líquido

Fernando José Malagueño de Santana e Igor Rafael dos Santos Magalhães

12.1 Introdução

Uma das primeiras tentativas de *solvent microextraction* (SME) com solvente exposto em química analítica foi descrita por Liu & Dasgupta em meados dos anos 1990.[1] Nesse trabalho, os autores desenvolveram um método de SME empregando uma gota líquida como interface na amostragem de gases para a análise de substâncias como a amônia e o dióxido de enxofre em amostras de ar atmosférico. Uma das extremidades de um tubo capilar de sílica foi usada para suportar uma gota aquosa (~5 µL) e esta, por sua vez, foi usada para coletar os analitos gasosos, seguido de uma análise espectrofotométrica automatizada.

No ano seguinte, Liu & Dasgupta introduziram um sistema de detecção e extração líquido-líquido automatizado usando microlitros (1,3 µL) de uma única gota de clorofórmio, mantida na ponta de um tubo de aço inoxidável, para a extração do dodecil sulfato de sódio (SDS) por formação de par iônico com o azul de metileno dissolvido na amostra aquosa, a qual também tinha as dimensões de uma gota (~25-45 µL).[2] Entretanto, a metodologia empregava um complexo sistema de bombeamento contínuo da fase aquosa através de uma bomba peristáltica constituída de vários canais e apresentava diversas etapas no processo de extração do analito. Além disso, um sistema de detecção de absorbância baseado em fibra óptica foi usado na quantificação desses compostos.

No mesmo período, Jeannot & Cantwell utilizaram um aparato simples, de baixo custo e compatível com as análises cromatográficas para a SME em gota única ou, simplesmente, microextração em gota única (*single drop microextraction* – SDME).[3] Esse sistema empregou uma haste de *teflon* para suportar uma gota do solvente orgânico n-octano (~8 µL) imersa em uma solução aquosa. Durante a extração, a amostra foi mantida sob agitação para favorecer a transferência dos analitos para a gota do solvente orgânico. Uma agulha de uma microsseringa comercialmente disponível e normalmente empregada nas análises cromatográficas gasosas foi usada na introdução e remoção do solvente orgânico da haste de *teflon* seguido de sua injeção e análise diretamente no instrumento analítico (GC).

Em seguida, Jeannot & Cantwell dispensaram o uso da haste de teflon usando a mesma microsseringa tanto para suportar a gota do solvente orgânico na sua extremidade quanto para introduzi-la no cromatógrafo gasoso. Após a extração, a gota (contendo o analito extraído) foi simplesmente aspirada novamente para o lúmen da microsseringa (pelo movimento ascendente do êmbolo) e, em seguida, foi transferida da amostra aquosa e introduzida diretamente na instrumentação analítica sem uma etapa intermediária.[4]

No início do século XXI, diferentes grupos de pesquisa propuseram, independentemente, o uso desse mesmo dispositivo na extração de compostos orgânicos voláteis e semivoláteis (isto é, compostos orgânicos com moderada a elevada pressão de vapor sob condições normais e que se vaporizam facilmente quando aquecidas). Nesses casos, a gota do solvente orgânico (com elevado ponto de ebulição) foi mantida em uma região acima da amostra, sem contato com a fase aquosa, e os analitos (na forma de vapor após aquecimento da amostra) foram transferidos para a gota.[5-7] Os anos seguintes foram marcados por diversas modificações no modo de operação da SDME visando melhorar a seletividade da técnica, introduzir um grau de automação, expandir sua faixa de aplicação e torná-la compatível com diferentes técnicas analíticas.

12.2 Importantes aspectos teóricos

12.2.1 Cinética de transferência de massas

Em qualquer que seja o modo de SDME empregado, a transferência dos analitos da amostra aquosa para a gota do solvente orgânico geralmente é limitada pela lenta velocidade de difusão das moléculas do analito entre as duas fases líquidas. Assim, o processo de extração segue um modelo de cinética de 1ª ordem no qual a velocidade é diretamente proporcional à concentração dos analitos nos compartimentos (fases) ao longo do tempo. Além da difusão, o processo de convecção também influencia significativamente na transferência dos analitos para o solvente orgânico. Assim, o processo de transferência de massas na SDME depende dos fenômenos de convecção-difusão dos analitos entre as fases.[4]

Embora a temperatura e a viscosidade desempenhem um importante papel no processo de difusão, o principal modo de favorecê-lo é reduzindo a distância que as moléculas dos analitos devem percorrer durante a difusão. Nesse sentido, embora algumas modalidades de SDME proponham a redução no volume da amostra aquosa e/ou na fase de *headspace*, geralmente as amostras são simplesmente agitadas por barras de agitação magnética, vibração ou movimentação do êmbolo da seringa para aumentar o movimento de suas moléculas na solução aquosa ou aumentar a área de contato interfacial e, assim, reduzir a distância entre as fases e favorecer os processos de difusão e transferência das massas.

A adição de sal (como cloreto de sódio) na amostra aquosa é outro importante parâmetro experimental tradicionalmente usado nas técnicas de extrações com solvente para reduzir a solubilidade do analito na solução aquosa e favorecer sua transferência para o solvente orgânico. Entretanto, em SDME, mostra efeitos significativamente contrários devido à reduzida difusão dos analitos nos líquidos. O aumento na concentração do sal (ou aumento da força iônica) também pode prejudicar a extração de pares iônicos e/ou dissolver a gota extratora constituída de líquidos iônicos.

12.2.2 Estabilidade da gota

Mesmo que uma vigorosa agitação seja necessária, vale lembrar que é fundamental manter a estabilidade da gota do solvente orgânico que está suportada na extremidade da agulha da microsseringa. Portanto, uma agitação moderada (menores que 800 rpm) é normalmente usada (principalmente nas modalidades em que a gota do solvente orgânico é diretamente imersa na amostra aquosa) para que a gota não seja desalojada da extremidade da agulha para a amostra durante a agitação.

Com uma melhor *performance* na agitação (acima de 1700 rpm), valores de pré-concentração (ou fatores de enriquecimento) de 540 a 830 vezes foram descritos por Ahmadi e colaboradores (2006) empregando uma microsseringa especialmente modificada que permitiu uma elevada agitação da amostra aquosa sem um aparente deslocamento da gota.[8]

Com o objetivo de manter essa estabilidade, também é importante remover qualquer substância insolúvel e partículas da amostra aquosa que possam entrar em contato com a gota, desestabilizando-a. Ainda, para garantir a estabilidade é importante escolher um solvente orgânico que seja pouco solúvel em água e com baixa pressão de vapor, entretanto, com elevada eficiência de extração e elevada viscosidade e tensão superficial.[9]

Embora a taxa de extração aumente com o volume da gota, 1-3 µL de solvente orgânico são normalmente usados uma vez que gotas maiores são difíceis de manipular, podem prejudicar a reprodutibilidade das extrações, e mais facilmente se desprendem da extremidade da agulha da microsseringa. Soma-se a isso que gotas maiores exigem mais tempo para alcançar as condições de equilíbrio de distribuição.

Por sua vez, embora a temperatura aumente o coeficiente de difusão e diminua o tempo necessário para que as condições de equilíbrio sejam alcançadas, altas temperaturas podem levar à formação de bolhas de ar no solvente orgânico e a dissolução da gota. Assim, as modalidades de SDME com solvente orgânico imerso são preferencialmente realizadas em temperatura ambiente.[10]

12.2.3 Constante de equilíbrio

Diferente da LLE convencional e semelhante à SPME, a distribuição dos analitos da amostra aquosa para a gota do solvente orgânico na SDME raramente é um processo exaustivo e tende a alcançar um equilíbrio termodinâmico ao longo de um determinado tempo, após o qual a quantidade extraída não mais aumenta ou aumenta lentamente. Esse fenômeno ocorre porque o volume da amostra aquosa (V_{aq} ~500-5.000 µL), geralmente, é muito maior que o volume da gota do solvente orgânica (V_o~1-10 µL). Devido à pequena razão volumétrica (V_o/V_{aq}) normalmente usada na SDME uma fração significativa do analito normalmente permanece na matriz aquosa no estado de equilíbrio e, em alguns casos, somente uma quantidade muito pequena do analito é extraída da amostra. Essa característica evita que haja interferência significativamente em outros equilíbrios existentes entre os analitos e os componentes da amostra aquosa (como equilíbrio de ligação das proteínas plasmáticas) o que favorece a determinação dos analitos (principalmente na sua forma livre), diretamente nas matrizes complexas (por exemplo, sangue). Além disso, fora do estado de equilíbrio, essa característica confere maior capacidade de *clean-up*, quando comparado com a LLE tradicional.[11]

A adequada exclusão das substâncias interferentes da amostra (processo denominado *clean-up*) e a elevada seletividade dos analitos pelo solvente orgânico diminuem o ruído nas análises e, consequentemente, aumentam sua razão sinal/ruído. Nessas condições, elevados valores de pré-concentração podem ser alcançados mesmo para aqueles compostos encontrados em baixas concentrações na amostra aquosa, o que aumenta a sensibilidade dos métodos favorecendo as análises em nível de traço e ultratraço.

Uma vez que o processo de transferência dos analitos para a gota do solvente orgânico depende do tempo, é necessário um tempo suficiente de extração para alcançar as condições de equilíbrio, e este pode variar de poucos segundos a algumas horas, dependendo da taxa de agitação, volume das fases, área de contato interfacial, coeficiente de partição, coeficiente de difusão e constante de distribuição. Em muitos casos, o equilíbrio não é alcançado nos primeiros 30 minutos, mas o incremento na extração está sujeito a erros experimentais após 15-20 minutos. Após esse período a gota do solvente orgânico está mais sujeita à dissolução ou deslocamento para a solução aquosa. Então, para evitar o deslocamento da gota ou um tempo excessivo da análise ou ainda porque a transferência de massas é um processo de elevada reprodutibilidade, a SDME é normalmente realizada fora das condições de equilíbrio sob condições cineticamente controladas.

Outras informações sobre a cinética de transferência de massas, os modelos de difusão-convecção, a teoria dos filmes, teoria da penetração, constante de distribuição nas condições de equilíbrio, eficiência de extração (ou recuperação) e fator de enriquecimento serão discutidos ao longo dessa seção. Informações complementares podem ser encontradas em diversos artigos científicos destinados a esse assunto.[2-4,6,9-12]

12.3 Principais parâmetros experimentais que influenciam na SDME

Como mostrado anteriormente, a gota do solvente orgânico suportada na extremidade da agulha de uma microsseringa limita significativamente alguns importantes parâmetros experimentais citados a seguir:

- Propriedades do analito (volatilidade, polaridade e ionização);
- Propriedades do solvente extrator;
- Pureza do solvente extrator;
- Tipo de seringa;
- Volume da gota;
- Tempo de extração;
- Agitação;
- Força iônica (efeito *salting out*);
- Temperatura;
- Volume da amostra e volume do *headspace*.

Todos esses são fundamentais para aumentar a capacidade de extração dos analitos nas técnicas com solvente. Então, a eficiência de extração nos métodos que empregam uma gota única (SDME) é amplamente limitada principalmente devido a esses parâmetros experimentais. Para uma adequada aplicação da SDME é necessário um completo e minucioso ajuste (ou otimização) desses fatores individuais.

Desde a introdução da SDME na química analítica, muitos esforços têm sido feitos no sentido de otimizar essas variáveis. Nos últimos anos, os métodos de otimização multifatorial (ou multivariada, ou ainda, a avaliação de diferentes fatores ao mesmo tempo) tem sido recomendado para definir os procedimentos de extração, em vez da clássica abordagem unifatorial (ou univariada, ou ainda, um fator de cada vez). Essa medida é necessária para compreender possíveis interações entre as variáveis. Informações detalhadas sobre cada um desses parâmetros podem ser encontradas no próximo capítulo e ao longo dessa seção.

12.3.1 Os modos de SDME e suas aplicações

Atualmente, existe uma variedade de métodos de SME com diferentes modos de operação que empregam o solvente orgânico extrator na forma de uma gota e, portanto, são todos denominados SDME. Segundo alguns autores,[8] apesar dos diferentes modos de operação, as técnicas podem ser classificadas em duas categorias: sistema de duas fases e sistema de três fases, dependendo do número de fases coexistentes em condições de equilíbrio. Essa classificação está representada na Figura 12.1.

O sistema de duas fases consiste nos modos: i) imersão direta (*direct immersion* – DI); ii) fluxo contínuo (*continuous flow* – CF); iii) gota a gota (*drop-to-drop* – DD); iv) gota diretamente suspensa (*directly-suspended droplet* – DSD); v) gota sólida (*solidification of floating drop* – SFDME). Por sua vez, o sistema de três fases inclui os modos: i) *headspace* (HS), ii) líquido-líquido-líquido (*liquid-liquid-liquid* – LLL) e iii) uma combinação de LLL e DSD, recentemente introduzida.[13]

De acordo com um levantamento recente,[8] os sistemas de duas fases foram usados em 48 % dos procedimentos de SDME descritos na literatura, e os sistemas de três fases foram responsáveis pelos casos restantes (52 %). Além disso, a DI-SDME (responsável por 38 % de todos os casos descritos) e, principalmente, a HS-SDME (responsável por 41 % desses casos) são consideradas, ainda hoje, as modalidades de SME em gota única mais comumente usadas em química analítica. Esse comportamento pode ser justificado não só devido à simplicidade e ao baixo custo dos equipamentos necessários para sua implementação, mas também, por serem estes os primeiros procedimentos de SME descritos na literatura. Os demais modos apresentam uso limitado, tanto devido à necessidade de equipamentos adicionais (como bombas de infusão no modo CF) quanto à limitada aplicabilidade para uma pequena classe de compostos (por exemplo, a LLLME, *liquid-liquid-liquid microextraction*, é usada preferencialmente para compostos ionizáveis), ou ainda, porque eles não oferecem nenhum avanço significativo comparado aos modos mais comumente usados. Diante

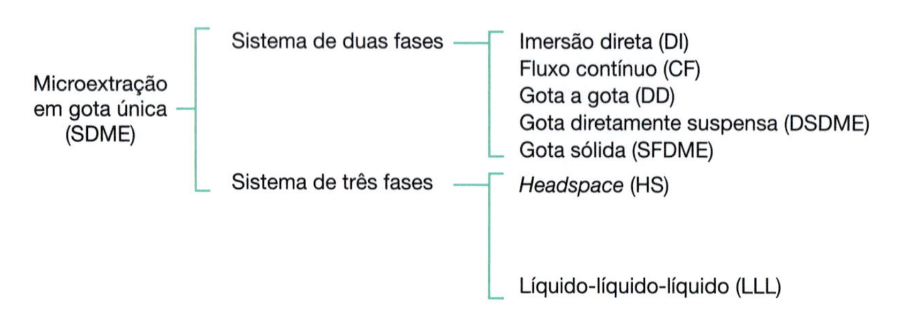

Figura 12.1 Classificação da microextração em gota única, SDME.

do exposto, neste capítulo serão apresentadas algumas variações significativas da SDME sendo discutidas principalmente as técnicas de DI-SDME e HS-SDME. A LLLME também será detalhada neste capítulo devido a sua grande aplicabilidade no preparo de amostras nas análises de compostos orgânicos ionizáveis (compostos fracamente e moderadamente ácidos e básicos) amplamente distribuídos nas amostras biológicas e não biológicas. Os demais aperfeiçoamentos da SDME serão discutidos em outro capítulo.

12.3.2 Sistemas de duas fases (aquosa-orgânica)

12.3.2.1 Imersão direta (DI)

A DI-SDME, no mesmo formato que o sistema atualmente usado, foi originalmente proposta por Jeannot & Cantwell (1997).[4]

Sendo considerado um sistema atrativo em termos de sensibilidade, precisão, tempo de análise, relativa simplicidade e de baixo custo rapidamente assumiu um papel de destaque entre as técnicas de SME propostas até aquele momento. Nesse modo, a extremidade de uma agulha de uma microsseringa comercialmente disponível e normalmente empregada nas análises cromatográficas é usada para suportar microlitros (~1-20 µL) de um solvente orgânico imiscível em água. Antes da extração, a microsseringa é imersa no solvente orgânico e o lúmen é preenchido com a fase extratora após movimento ascendente do êmbolo. Em seguida, a agulha da microsseringa contendo o solvente orgânico é introduzida no frasco contendo a amostra aquosa (~500-5.000 µL) até que a extremidade esteja abaixo do menisco da solução aquosa. Nesse momento, o êmbolo da microsseringa é pressionado para formar uma gota do solvente orgânico extrator na extremidade da agulha. Durante a extração, a amostra aquosa é mantida continuamente sob agitação (por exemplo, com o auxílio de uma barra de agitação magnética, vórtex ou banho ultrassônico). Após um determinado período de tempo (no estado de equilíbrio ou não) a gota é aspirada para o lúmen da microsseringa, sendo imediatamente introduzida e analisada na instrumentação analítica. Um sistema típico de DI-SDME está descrito na Figura 12.2b.

Nos sistemas de duas fases (incluindo o modo DI-SDME), o processo de extração do analito da amostra aquosa (*aq*), denominada fase doadora, para a fase orgânica (o), denominada fase aceptora, pode ser ilustrado como segue:

$$C^{aq} \leftrightarrow C^{o}$$

A razão de distribuição ($k_{C^{o}_{eq}/C^{aq}_{eq}}$) é definida como a razão entre as concentrações do analito na fase orgânica (C^{o}_{eq}) e aquosa (C^{aq}_{eq}) em condições de equilíbrio.

Uma vez que os analitos são transferidos para uma fase orgânica, os sistemas de duas fases são diretamente compatíveis com técnicas analíticas como GC ou HPLC de fase normal. Embora menos compatível, a cromatografia líquida no modo fase reversa também vem sendo usada em associação a DI-SDME. Nesse caso, o solvente orgânico apolar (contendo o analito extraído) é evaporado e o resíduo é ressuspendido na fase móvel usada no modo reverso. Uma alternativa é o uso de solventes orgânicos moderadamente polares mais compatíveis com as fases reversas (como o dibutilfitalato).[14]

Em geral, os solventes usados na DI-SDME são voláteis (hexano, tolueno ou clorofórmio) tornando-o diretamente compatível com as análises cromatográficas gasosas. Consequentemente, o GC tem sido a instrumentação analítica predominante associada à DI-SDME (62 % dos procedimentos descritos na literatura) enquanto o HPLC foi usado em 21 % dos procedimentos de análise de compostos polares semivoláteis (por exemplo, fenol).[15]

Embora menos frequente, outras modernas instrumentações analíticas como a espectrometria de massas com ionização/dessorção a laser assistida por matriz à pressão atmosférica (*atmospheric pressure matrixassisted laser desorption/ionization mass spectrometry*, AP-MALDI-MS),[16] espectrometria de absorção atômica (*absorption spectrometry*, AAS) e a espectrometria de massas por plasma indutivamente acoplado (*inductively coupled plasma-mass spectrometry*, ICP-MS)[17] vêm sendo usadas em associação a DI-SDME sem a necessidade de uma prévia separação cromatográfica. Essa direta combinação entre DI-SDME e os métodos espectrofotométricos provou ser fácil e adequada para a determinação de íons metálicos (AAS e ICP-MS), como metilmercúrio, e analitos de elevado peso molecular (AP-MALDI-MS) como peptídeos, fármacos e surfactantes, com elevados valores de pré-concentração e sem o risco de contaminação cruzada entre análises consecutivas (denominado *carryover*).

Para obter sucesso na DI-SDME, é necessário que o analito tenha elevado $k_{C^{o}_{eq}/C^{aq}_{eq}}$. Além disso, o fácil desalojamento da gota diretamente na solução aquosa (principal desvantagem relacionada à DI-SDME) limita a escolha dos solventes orgânicos àqueles apolares ou ligeiramente polares (exceção aos líquidos iônicos) e a escolha das amostras aquosas àquelas matrizes preferencialmente simples e menos sujas (ausentes de partículas).

Embora existam grupos de analitos que tenham sido determinados usando mais de uma modalidade de SDME na etapa de preparação das amostras, os modos de SDME têm, geralmente, diferentes campos de aplicação.

Assim, as características anteriores tornam a DI-SDME mais adequada para o isolamento e pré-concentração de analitos neutros (como compostos aromáticos e nitroaromáticos), moderadamente básicos (como aminas e alcaloides), ou ácidos (como pesticidas organofosforados e fitalatos), apolares e ligeiramente polares, voláteis e semivoláteis em amostras líquidas relativamente limpas como água de torneira ou águas subterrâneas. Visto que os compostos voláteis são mais bem concentrados por HS-SDME, a DI-SDME é preferencialmente usada na extração de analitos semivoláteis (como fármacos).

Para os analitos altamente polares, a adição de agentes derivatizantes (substâncias químicas que interagem com os analitos transformando-os em espécies capazes de serem extraídas na gota do solvente orgânico) antes e durante a DI-SDME tem sido proposta para melhorar sua extração. A aplicabilidade da SDME também tem sido ampliada com a adição de agentes derivatizantes após a extração que melhoram a separação cromatográfica e a detecção de alguns compostos.[18]

Vale lembrar que o risco de desalojamento da gota limita a taxa de agitação que juntamente com a lenta difusão dos analitos nos líquidos tornam a DI-SDME mais prolongada que nas outras modalidades de SDME.[19]

12.3.2.2 Gota a gota (DD)

Os grandes avanços na área de instrumentação analítica permitiram um melhoramento significativo na capacidade de detecção dos novos sistemas, como cromatografia gasosa acoplada à espectrometria de massas (*gas chromatography-mass spectrometry* – GC-MS) ou AP-MALDI-MS, e levaram a uma busca pela máxima pré-concentração dos analitos através da redução dos volumes e miniaturização de todo o sistema analítico. Com esse objetivo o modo DD-SDME foi desenvolvido por Jeannot & Cantwell (1996)[2] e propõe um procedimento semelhante à DI-SDME com o emprego de um reduzido volume de amostra (≥ 30 µL) juntamente com um pequeno volume de solvente orgânico (normalmente entre 0,5 e 3 µL) na pré-concentração e isolamento dos analitos na ordem de microescala. Esse modo é adequado nos casos em que a quantidade de amostra aquosa disponível é pequena (como plasma).

A DD-SDME apresenta algumas vantagens e desvantagens. Primeiramente, a miniaturização das condições experimentais aumenta a área de contato entre as fases e favorece a constante de distribuição fazendo com que as condições de equilíbrio termodinâmico sejam rapidamente alcançadas. Consequentemente, a agitação da amostra torna-se desnecessária, contribuindo com a estabilidade da gota e a simplicidade do sistema. Por outro lado, as razões volumétricas entre as fases (V_o/V_{aq}) são relativamente maiores que em DI-SDME e os valores de pré-concentração relativamente menores (cerca de 20 vezes). Assim, o modo DD-SDME caracteriza-se por uma menor capacidade de pré-concentração em relação às principais modalidades de SDME, mas, com valores de limites de detecção dos analitos comparáveis aos de outros métodos de SDME. Apesar de favorecer a pré-concentração nos sistemas na ordem de microescala (como a DD-SDME), as extrações empregando gotas do solvente orgânico com maiores diâmetros devem ser evitadas visto que qualquer contato com a superfície do frasco pode desestabilizá-la.

Então, as principais vantagens deste modo, além do pequeno volume da amostra aquosa são a elevada velocidade de extração, a elevada simplicidade do sistema, o reduzido tempo total das análises e a elevada seletividade, a qual é favorecida pelo extensivo *clean-up* da amostra.[20,21]

12.3.2.3 SDME dinâmica

Este modo de SDME não tem o inconveniente da "queda" acidental da gota durante a agitação da amostra e, portanto, permite elevados valores de pré-concentração dos analitos (maiores que à DI-SDME convencional) e extrações muito mais rápidas, mesmo que a extração não seja exaustiva. Existem dois procedimentos de SDME dinâmico, denominados gota não exposta (ou na seringa) e gota exposta.

Na SDME dinâmica com gota não exposta, uma gota do solvente orgânico (~1-5 µL) é aspirada para o lúmen da microsseringa. Em seguida, a mesma microsseringa (contendo o solvente orgânico) é imersa na amostra aquosa e microlitros (~3-10 µL) dessa solução também são aspirados. O movimento ascendente do êmbolo da microsseringa leva à formação de um microfilme orgânico (renovável em cada ciclo de aspiração) ao longo da superfície interna da microsseringa para onde os analitos da amostra aquosa são rapidamente transferidos. Após alguns segundos (~2 s), as condições de equilíbrio são alcançadas e a solução aquosa é descartada por movimento descendente do êmbolo. Este procedimento é repetido várias vezes com novas frações da solução aquosa, sempre mantendo o solvente orgânico no lúmen da microsseringa (processo denominado de ciclos de amostragem ou ciclos de aspiração). Em cada ciclo, a amostra aquosa e o microfilme orgânico são misturados favorecendo a pré-concentração dos analitos. Finalmente, a gota do solvente orgânico é transferida para a instrumentação analítica e analisada. A eficiência na extração aumenta com o número de ciclos de amostragem (~15 a 80 ciclos).

No sistema de SDME dinâmico com gota exposta, a gota do solvente orgânico suportada na extremidade da microsseringa é exposta na amostra aquosa (ou *headspace* em HS-SDME) seguida da sua aspirada novamente para o lúmen da microsseringa após alguns segundos. Esse procedimento é repetido várias vezes com novas frações da solução aquosa, sem que a amostra aquosa também seja aspirada.

Essa modalidade de SDME aumenta a área superficial de contato e diminui o volume das fases aquosa e orgânica favorecendo sua constante de distribuição.[11] Uma vez que no modo dinâmico com gota exposta o solvente orgânico permanece no lúmen da microsseringa, esta modalidade de SDME permite o uso de vários solventes imiscíveis em água e instáveis na gota (por exemplo, clorofórmio). Essa característica confere elevada seletividade e aplicabilidade ao método de extração. Por outro lado, todo o procedimento de SDME dinâmico geralmente é manual, o que resulta em menor reprodutibilidade e precisão que à DI-SDME.

Ao contrário da SDME convencional, o modo dinâmico com gota não exposta confere elevada estabilidade à fase extratora, protegida no interior da microsseringa, com elevados valores de pré-concentração e menores tempos de análise. Entretanto, essa medida exige elevada precisão no movimento do êmbolo da microsseringa a fim de garantir uma adequada receptibilidade entre as extrações.

Normalmente a quantidade de analito extraído aumenta com o aumento do volume da solução aquosa, mas isso causa ainda mais dificuldade no movimento manual do êmbolo da microsseringa e resulta em uma precisão ainda menor. Para solucionar esses inconvenientes, sistemas semiautomatizados e/ou automatizados têm sido propostos com claras vantagens em termos de facilidade de operação, rapidez, sensibilidade e precisão em relação ao procedimento manual tradicional.[22] Recentemente, o modo dinâmico foi testado com sucesso na análise de compostos orgânicos voláteis em amostras de solo empregando um sistema de três fases de HS-SDME seguido de GC,[23] bem como, empregando um sistema de LLLME automatizado na extração de compostos orgânicos ionizáveis.[24]

12.3.2.4 Fluxo contínuo (CFME)

Outra modalidade de SDME no modo duas fases que merece atenção é a *continuous friction measuring equipment* (CFME). Nesse modo, a gota do solvente orgânico permanece continuamente em contato com novas frações da amostra aquosa, semelhante ao modo dinâmico, mas com um mecanismo de extração diferente e baseado na difusão e convecção em um sistema de fluxo contínuo. Nessa técnica, a solução aquosa é continuamente circulada, via tubo de PEEK (polímero termoplástico de poliéter éter cetona) em uma câmara de extração usando uma bomba de HPLC com uma vazão constante (~1 mL/min). Após o preenchimento da câmara de extração com a amostra aquosa, microlitros do solvente orgânico (~1-5 µL) são introduzidos no sistema através de uma válvula para injeção manual tradicionalmente empregado em HPLC com o uso de uma microsseringa contendo a fase extratora. A gota do solvente orgânico injetada na câmara de extração atinge a extremidade do tubo de PEEK, enquanto a amostra aquosa continua circulando ao redor da gota. Esse procedimento de fluxo contínuo permite que os analitos da amostra aquosa sejam extraídos eficientemente. Após a extração, a gota do solvente orgânico é removida do sistema com o auxílio de uma agulha de microsseringa introduzida na câmara de extração. Em seguida a gota (contendo o analito) é transferida e analisada em uma instrumentação analítica apropriada.

Uma alternativa ao sistema de injeção e ao tubo de PEEK é o uso de uma microsseringa para suportar a gota do solvente extrator. Por sua vez, outra variação da CFME emprega um sistema de recirculação para reduzir o volume da amostra aquosa.

A presença dos mecanismos de difusão e convecção resultante dessas forças mecânicas (circulação contínua à vazão constante) contribui com uma elevada eficiência na extração, elevados valores de pré-concentração (260-1600 vezes têm sido descrito na literatura) e menor tempo para alcançar as condições de equilíbrio de distribuição.[25]

A CFME tem sua aplicação limitada à extração de compostos semivoláteis não polares ou levemente polares (como pesticidas, hidrocarbonetos policíclicos aromáticos ou outros compostos aromáticos) porque somente solventes orgânicos não polares são estáveis no sistema de vazão constante e apresentam apenas uma pequena dissolução na amostra aquosa circulante.

Outra desvantagem é a necessidade de equipamentos adicionais como uma bomba de microinfusão. Por outro lado, o modo CFME proporciona elevada precisão e detecção em níveis de fentograma/mL quando combinado com GC e detector de captura de elétrons (*electron capture detector* – ECD).

12.3.2.5 Sistema de três fases (doadora-interface-aceptora)

Líquido-líquido-líquido (LLME) - aquosa-orgânica-aquosa

A *liquid-liquid-liquid microextraction* (LLLME) é um modo de SDME de três fases mais adequado para a extração de compostos orgânicos hidrofílicos principalmente semi-

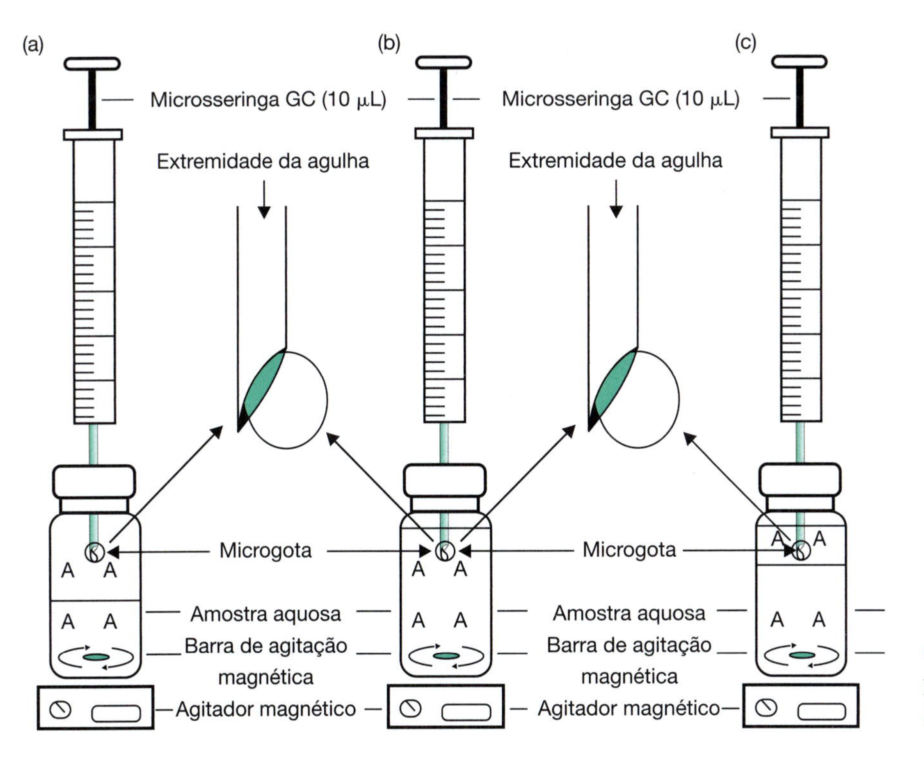

Figura 12.2 Sistemas típicos das principais modalidades de SDME. (a) HS-SDME; (b) DI-SDME e (c) LLLME.

voláteis polares, como fenóis ácidos graxos ou aminas. Essa técnica (também denominada SDME *with back-extraction*) é considerada uma miniaturização da LLE seguida de outra extração. Nesse modo, os analitos são transferidos da amostra aquosa (fase doadora) para o solvente orgânico e novamente para uma solução aquosa (fase aceptora). Portanto, em LLME, o solvente orgânico constitui uma interface entre as soluções aquosas servindo como uma barreira entre essas fases e prevenindo possíveis interações entre elas.

Geralmente, nesse caso, o processo de extração do analito pode ser ilustrado como segue:

$$C^{aq} \leftrightarrow C^{o} \leftrightarrow C^{aq}$$

A sua taxa de extração é caracterizada pela $k_{C^{o}_{eq}/C^{aq}_{eq}}$ e $k_{C^{aq}_{eq}/C^{o}_{eq}}$ e a razão de distribuição $k_{C^{aq}_{eq}/C^{aq}_{eq}}$ pode ser ilustrada como segue:

$$k_{C^{aq}_{eq}/C^{aq}_{eq}} = k_{C^{o}_{eq}/C^{aq}_{eq}} \cdot k_{C^{aq}_{eq}/C^{o}_{eq}}$$

Esse modo é mais facilmente interligado à cromatografia líquida de fase reversa ou eletroforese capilar (*capillary electrophoresis* – CE), uma vez que o extrato é aquoso. Além disso, a transferência da gota da solução aquosa (contendo o analito) diretamente para a instrumentação analítica elimina a prática de evaporação seguida de ressuspensão do analito na fase móvel, processo considerado trabalhoso e suscetível a perdas do analito.

A associação da LLLME com a CE deve-se também aos fatores de enriquecimento característicos da LLLME que melhoraram a sensibilidade da CE. Esse parâmetro é limitado pelo pequeno volume de injeção e curto caminho óptico característicos das técnicas eletroforéticas. Nessa combinação, a gota aquosa é suportada diretamente na extremidade do capilar de CE e é imersa na interface orgânica que está em contato com a fase doadora aquosa. A formação da gota e a sua injeção na instrumentação analítica são feitas pela variação no sentido da pressão no sistema analítico.

Ajustes na composição das fases doadora e aceptora são críticos para o sucesso da SDME no modo três fases (incluindo LLLME e HS-SDME). Elevadas razões de distribuição (>> 1) e *clean-up* podem ser alcançadas quando os analitos na fase aceptora são convertidos, por reações químicas (tais como protonação ou complexação) a outras espécies com afinidade muito menor pela interface. Dessa forma, previne-se que o analito seja extraído novamente para a interface o que favorece sua pré-concentração e eleva os fatores de enriquecimento. Em LLLME, a conversão dos compostos orgânicos ionizáveis a outras espécies segue a equação de Henderson-Hasselbalch e pode ser conseguida através de ajustes no pH da fase aceptora tornando os analitos espécies iônicas pouco compatíveis com os solventes orgânicos. Por sua vez, a complexação dos analitos com outras substâncias químicas na fase aceptora pode diminuir a solubilidade do analito na interface orgânica.

Ao mesmo tempo, a conversão do analito a uma espécie não iônica através do ajuste do pH da fase doadora e sua complexação com substâncias "carregadoras" (como as espécies formadoras de pares iônicos) na fase doadora favorecem a transferência de massas do analito para a interface.

Portanto, os sistemas de três fases são adequados para extrações de compostos ácidos ou básicos (LLLME), voláteis (HS-SDME), com baixos valores de k entre a solução aquosa e a interface, bem como, elevados valores de k entre a fase aceptora e a interface.[25,26]

Na prática, um solvente orgânico (~30-400 μL) imiscível em água, com menor densidade e elevada solubilidade para o analito não iônico é normalmente adicionado em um suporte polimérico na forma de um anel de Teflon e/ou PTFE (altamente resistente a diversos produtos químicos e elevadas temperaturas) sobre uma solução aquosa (~5 mL) formando uma camada acima da amostra. Uma gota aquosa (~0,5-1 μL) suportada na extremidade da agulha de uma microsseringa é imersa na camada do solvente orgânico enquanto a amostra aquosa (fase doadora) é mantida sob agitação vigorosa (1500 a 2000 rpm). Ao final da extração, a gota da solução aquosa é aspirada para o lúmen da microsseringa e injetada na instrumentação para análise.

Uma tentativa de simplificar o procedimento de LLLME e evitar o uso de PTFE é o emprego de uma seringa de HPLC (com capacidade para 50 μL) juntamente com o aumento no volume do solvente orgânico que garante uma espessura suficiente para acomodar uma gota aquosa de maior tamanho (~1-7 μL). Fatores de enriquecimento ≥ 500 vezes foram descritos para fármacos e seus metabólitos extraídos de amostras de urina com esse aparato (Figura 12.2c).[27] Em outro estudo, um balão volumétrico pequeno de 5 mL permitiu o uso de menores volumes do solvente orgânico com elevada estabilidade da gota aquosa sob vigorosa agitação da amostra aquosa (fase doadora) sem a necessidade do suporte polimérico de PTFE.[28]

Outra tentativa de minimizar a baixa instabilidade da gota aquosa e a baixa eficiência na LLLME convencional, quando uma microsseringa é usada, é a miniaturização dos volumes das fases (doadora/interface/aceptora). Esse caso dispensa o uso da microsseringa e valores de 10 a 47 vezes maiores na eficiência do método de extração são obtidos em relação ao procedimento convencional de LLLME.[29] O uso de sistemas miniaturizados aumenta significativamente a transferência de massas do analito para a gota aquosa e sua associação com a CE já promoveu fatores de enriquecimento ≥ 2000 vezes para analitos ácidos (como fenóis).

12.3.2.6 Headspace *(HS-SDME) – aquosa*-headspace-*orgânica*

Nessa modalidade, 1 a 2 μL de uma gota do solvente orgânico (fase aceptora) é mantida na extremidade da agulha de uma microsseringa localizada logo acima do menisco da amostra aquosa (fase doadora), mas sem contato com esta fase. Este espaço ou fase de vapor é denominado *headspace* (ou espaço confinante) e é considerada uma interface entre a fase doadora e a fase aceptora.[30] Na HS-SDME convencional, a agulha de uma microsseringa comercialmente disponível e normalmente usada em cromatografia gasosa é previamente preenchida com o solvente orgânico e inserida em um frasco vedado contendo a amostra aquosa. Em seguida, o êmbolo da microsseringa é pressionado para formar a gota do solvente orgânico logo acima da amostra aquosa a qual é aquecida durante determinado tempo. Nessas condições, os analitos voláteis na amostra aquosa vaporizam e migram para o *headspace* e, em seguida, para a gota do solvente orgânico até que sejam alcançadas as condições de equilíbrio termodinâmico de distribuição entre os três compartimentos (ou fases). Após a extração, a gota é aspirada para o lúmen da microsseringa sendo diretamente introduzida na instrumentação analítica para análise. Um sistema típico de HS-SDME está descrito na Figura 12.2a.

O processo de extração do analito nesse sistema de três fases pode ser ilustrado como segue:

$$C^{aq} \leftrightarrow C^{g} \leftrightarrow C^{o}$$

Uma vez que o extrato também é orgânico, o modo HS-SDME é normalmente usado com uma instrumentação analítica semelhante àquela descrita para os sistemas de duas fases. Entre essas, destaca-se a técnica de GC a qual vem sendo usada em combinação com HS-SDME na maioria dos procedimentos analíticos (75 % dos casos) enquanto o equipamento de HPLC é usado em apenas 10 % dos casos. O uso de outras técnicas, como AAS e CE, tem sido ainda mais limitado, e igual a 5 % e 3 %, respectivamente.

O modo HS-SDME é o método de preparação de amostra de escolha para analitos voláteis e semivoláteis, polares e não polares. Nessa modalidade, as matrizes complexas e/ou "sujas" não interferem com o isolamento/pré-concentração dos analitos.

Embora normalmente usado na análise de compostos voláteis em amostras líquidas, matrizes gasosas também têm sido adequadamente associadas a essa modalidade.[31] Quanto às análises em matrizes sólidas (como resíduo de solventes orgânicos em formas farmacêuticas sólidas), um procedimento com múltiplas extrações contribui com aplicabilidade da HS-SDME na determinação de compostos voláteis nessas matrizes. Esse procedimento baseia-se nos princípios cinéticos das extrações exaustivas quando extrações consecutivas usando o modo HS-SDME são feitas na mesma amostra e elimina o efeito da matriz na análise quantitativa desses sólidos.[32]

O campo de aplicação da HS-SDME inclui uma grande variedade de analitos, uma vez que virtualmente não existe restrição no solvente orgânico extrator além da baixa volatilidade. Alguns exemplos de analitos normalmente extraídos por HS-SDME incluem hidrocarbonetos, fenóis, compostos orgânicos voláteis e espécies inorgânicas e organometálicas. Muitas vezes, a extração dos compostos semivoláteis e voláteis (como organometálicos) só é possível com o emprego de agentes derivatizantes na fase doadora e/ou na fase aceptora.

Além disso, a distribuição do analito nesse sistema é caracterizada tanto pela $k_{C^{g}_{eq}/C^{aq}_{eq}}$ quanto pela $k_{C^{o}_{eq}/C^{g}_{eq}}$ e a razão de distribuição $k_{C^{aq}_{eq}/C^{o}_{eq}}$ pode ser escrita como:

$$k_{C^{aq}_{eq}/C^{o}_{eq}} = k_{C^{g}_{eq}/C^{aq}_{eq}} \cdot k_{C^{o}_{eq}/C^{g}_{eq}}$$

O modo HS-SDME é o procedimento mais comumente usado em SDME, sendo mais popular até que a DI-SDME.

Nas condições de equilíbrio, não faz diferença como as fases estão dispostas, isto é, se a gota está imersa na solução aquosa (como no modo DI-SDME) ou no *headspace* (como no modo HS-SDME), mas a cinética do processo de extração (como a difusão e a convecção) e outros processos podem ser significativamente afetados.

Nesse sentido, a ausência de contato direto entre a amostra aquosa e a gota do solvente orgânico em HS-SDME apresenta muitas vantagens.

Uma delas é a maior estabilidade da gota, pois não há risco da interferência (ou colisão) diretamente dos contaminantes (ou "sujeira") e/ou componentes da matriz complexa (como partículas em suspensão) com a gota do solvente orgânico durante a agitação.

Adicionalmente, a HS-SDME permite vigorosa agitação (> 800 rpm) da amostra aquosa sem o risco de desestabilização da gota do solvente orgânico. Ainda, quanto à polaridade da fase aceptora, há uma menor restrição na escolha do solvente orgânico permitindo o uso de fases aceptoras hidrofílicas que aumentam a seletividade e aplicabilidade da SDME. O uso de solventes hidrofílicos em HS-SDME é bastante interessante uma vez que elimina totalmente o uso de solventes orgânicos apolares de elevada toxicidade (como hexano e tolueno).

No entanto, o solvente não deve ter elevada volatilidade uma vez que o processo de evaporação da gota orgânica ocorre mais rapidamente no *headspace* que imersa diretamente na solução aquosa.[33,34] Nesse sentido, o n-octanol que tem baixa pressão de vapor resulta em mínima evaporação durante a extração e é considerado um solvente ideal para HS-SDME. Outros solventes como n-decanol, hexadecano, tridecano, tolueno, etileno glicol, álcool butílico e metanol também já foram adequadamente testados na análise de diferentes compostos orgânicos voláteis.

Outra vantagem da HS-SDME refere-se ao tempo necessário para alcançar as condições de equilíbrio de distribuição. Como os coeficientes de difusão na fase gasosa (interface) são normalmente 10^4 vezes maiores que nas fases líquidas, a transferência de massas em HS-SDME é um processo mais rápido que nas demais modalidades de SDME.

Adicionalmente ao elevado *clean-up*, a pré-concentração dos analitos pode ser favorecida pelo ajuste no pH das fases (doadora/aceptora), análogo à LLLME.

Para a máxima sensibilidade do método e elevado $k_{C^{aq}_{eq}/C^{o}_{eq}}$, o volume do *headspace* (V_g) deve ser consideravelmente diminuído, pois os analitos estão uniformemente distribuídos entre os compartimentos (ou fases) nas condições de equilíbrio. Essa redução no espaço disponível diminui a quantidade de analito na interface (C^{g}_{eq}) e, consequentemente, aumenta a razão de distribuição no solvente orgânico $k_{C^{o}_{eq}/C^{g}_{eq}}$.

Por outro lado, o tempo de extração é consideravelmente diminuído com o aumento da capacidade do *headspace* (C^{g}_{eq} em função das variáveis V_g e $k_{C^{aq}_{eq}/C^{g}_{eq}}$). Se a quantidade de analito extraído para o solvente orgânico é pequena em relação à capacidade do *headspace* (menor que 5 %), a extração do analito depende quase que exclusivamente dessa capacidade e esta pode ser melhorada modificando as variáveis V_g (referente ao espaço disponível na interface) e $k_{C^{aq}_{eq}/C^{g}_{eq}}$. Assumindo que a extração depende da capacidade do *headspace* e que os coeficientes de difusão na fase gasosa são significativamente maiores que na fase líquida (amostra aquosa), rápidas extrações são esperadas nesse processo.

Diante do exposto, um V_g ideal deve conciliar uma adequada sensibilidade e $k_{C^{aq}_{eq}/C^{o}_{eq}}$ com um menor tempo de extração.

Alguns autores sugerem ainda que a transferência de massa no modo HS-SDME segue a mesma cinética de 1ª ordem observada nos sistemas de duas fases e que uma maior eficiência na extração possa ser alcançada quando o grau de convecção é maximizado tanto na solução aquosa quanto no solvente orgânico.[6]

Na busca pela máxima extração dos analitos e a mínima extração dos componentes interferentes da amostra com adequados valores de figuras de mérito (como sensibilidade, recuperação, precisão, exatidão e seletividade) para o método analítico, algumas modificações vêm sendo propostas no sistema convencional de HS-SDME e estão listadas abaixo.

1. Automatização total no sistema, que confere elevada precisão ao método de análise.
2. Equipamentos de ultrassom na agitação da amostra aquosa, que confere eficiência de extração 21 vezes maiores.
3. O aumento no volume do solvente orgânico (acima de 20 µL) em sistemas modificados, que confere elevada sensibilidade ao método.
4. Sistema de HS-SDME dinâmico (semelhante à DI-SDME) – gota exposta e gota não exposta, que confere elevados valores de pré-concentração dependente do número de ciclos de amostragem.
5. Controle de temperatura no sistema de HS-SDME com aquecimento da amostra aquosa e resfriamento da gota do solvente orgânico, que confere maior velocidade na transferência de massas dos analitos da amostra aquosa para o *headspace* e aumenta a quantidade do analito transferido para essa interface.

Outras aplicações das principais modalidades de SDME em combinação com diferentes técnicas analíticas e suas particularidades, bem como, sua associação com outras técnicas de preparo de amostra, melhoramentos da SDME e informações complementares podem ser encontradas em diversos artigos científicos de revisão destinados a esse assunto.[18,34,35]

12.4 Avanços recentes

Na última década, o uso de líquidos iônicos (*ionic liquids* – IL) tem sido largamente proposto nos métodos de SDME como uma alternativa potencialmente atrativa aos solventes orgânicos.[36] Estes são geralmente considerados solventes menos agressivos ao meio ambiente com propriedades únicas como: i) baixa pressão de vapor; ii) estabilidade térmica; iii) elevada viscosidade e insolubilidade em água e outros solventes orgânicos que pode ser ajustado através da seleção de ânions e cátions apropriados. Todas essas características permitem o uso de gotas maiores, estáveis e reprodutíveis, aumentando assim o rendimento das extrações e a seletividade e a versatilidade da técnica de SDME. Embora o HPLC seja a técnica de escolha para a análise de IL, estes são compatíveis com um grande número de técnicas analíticas como a espectroscopia de absorção atômica e espectroscopia atômica de florescência com vapor frio, mas é inadequado ao GC, devido a sua baixa volatilidade. Para tornar possível a combinação dos ILs com GC, uma interface removível pode ser usada na introdução direta dos analitos no instrumento analítico sem o risco de injeção dos ILs na coluna cromatográfica, devido à baixa volatilidade desses líquidos.[37] Outra opção é a desorção térmica dos analitos extraídos na gota de IL e sua introdução no GC. O uso de ILs como fase aceptora nas análises por GC amplia significativamente a aplicabilidade das técnicas de SME em gota única devido ao grande número de métodos de preparo das amostras que empregam o modo *headspace* seguidos da análise cromatográfica gasosa.

A associação do SDME com a técnica de CE usando líquidos iônicos ou solventes orgânicos também vem sendo considerada uma alternativa promissora uma vez que a gota extratora pode ser suportada diretamente na extremidade do capilar e os analitos são extraídos diretamente de forma mais reprodutível.

12.5 Considerações finais

A maior liberdade na seleção do solvente orgânico extrator (semelhante à LLE) e dos modos de operação de acordo com a natureza dos analitos fazem das modalidades de SDME promissoras técnicas de preparação das amostras e métodos de escolha em muitos casos devido à simplicidade do procedimento e menor volume de solvente orgânico, tendo sido aplicada em um grande número de analitos orgânicos e inorgânicos, voláteis e semivoláteis, em matrizes simples e complexas (líquidas, sólidas e gasosas) em diferentes áreas do conhecimento (como nas análises ambientais, farmacêuticas, forense e de alimentos).

Além disso, a SDME permite que processos de isolamento, pré-concentração, reações químicas (como protonação e complexação) sejam conduzidos simultaneamente em uma única etapa. Outras razões sendo a medição dos analitos extraídos diretamente na instrumentação analítica (sem a necessidade de outras etapas, como a desorção da fibra de SPME), o baixo custo de operação, o menor risco de *carryover* e efeito memória (a fase aceptora [ou unidade de extração] é substituída em cada procedimento de extração), possibilidade de automação, elevada sensibilidade e viabilidade na análise de extratos usando diversas técnicas instrumentais, sem a necessidade de pré-condicionamento da unidade de extração (como na SPE, LPME, SPME) e modificações instrumentais. A SDME é semelhante à SPME e a outras técnicas de preparo de amostras miniaturizadas com respeito à eficiência na extração dos analitos, precisão e exatidão, e em alguns casos apresenta melhores limites de detecção.

Referências bibliográficas

[1]LIU, H.; DASGUPTA, P.K. Liquid droplet. A renewable gas sampling interface, **Analytical Chemistry**, v. 67, pp. 2042-2049, 1995.

[2]LIU, H.; DASGUPTA, P.K. Analytical chemistry in a drop. Solvent extraction in a microdrop. **Analytical Chemistry**, v. 68, pp. 1817-1821, 1996.

[3]JEANNOT, M.A.; CANTWELL, F.F. Solvent microextraction into a single drop. **Analytical Chemistry**, v. 68, pp. 2236-2240, 1996.

[4]JEANNOT, M.A.; CANTWELL, F.F. Mass transfer characteristics of solvent extraction into a single drop at the tip of a syringe needle. **Analytical Chemistry**, v. 69, pp. 235-239, 1997.

[5]PRZYJAZNY, A.; KOKOSA, J.M. Analytical characteristics of the determination of benzene, toluene, ethylbenzene and xylenes in water by headspace solvent microextraction. **Journal of Chromatography A**, v. 977, pp. 143-153, 2002.

[6]THEIS, A.L. et al. Headspace solvent microextraction. **Analytical Chemistry**, v. 73, pp. 5651-5654, 2001.

[7]TANKEVICIUTE, A.; KAZLAUSKAS, R.; VICKACKAITE, V. Headspace extraction of alcohols into a single drop. **Analyst**, v. 126, pp. 1674-1677, 2001.

[8]JEANNOT, M.A.; PRZYJAZNY, A.; KOKOSA, J.M. Single drop microextraction-development, applications and future trends. **Journal of Chromatography A**, v. 1217, pp. 2326-2336, 2010.

[9]JEANNOT, M.A.; CANTWELL, F.F. Solvent microextraction as a speciation tool: determination of free progesterone in a protein solution. **Analytical Chemistry**, v. 69, pp. 2935-2940, 1997.

[10]CARDOSO, A.A.; DASGUPTA, P.K. Analytical chemistry in a liquid film/droplet. **Analytical Chemistry**, v. 67, pp. 2562-2566, 1995.

[11]HE, Y.; LEE, H.K. Liquid-phase microextraction in a single drop of organic solvent by using a conventional microserynge. **Analytical Chemistry**, v. 69, pp. 4634-4640, 1997.

[12]SARAFRAZ-YAZDI, A.; MOFAZZELI, F.; ES'HAGHI, Z. Determination of 3-nitroaniline in water samples by directly suspended droplet three-phase liquid-phase microextraction using 18-crown-6 ether and high-performance liquid chromatography. **Journal of Chromatography A**, v. 1216, pp. 5086-5091, 2009.

[13]MA, M. et al. Liquid-phase microextraction combined with high-performance liquid chromatography for the determination of local anaesthetics in human urine. **Journal of Pharmacology and Biomedical Analysis**, v. 40, pp. 128-135, 2006.

[14]DARIAS, J.L. et al. Dispersive liquid-liquid microextraction versus single-drop microextraction for the determination of several endocrine-disrupting phenols from seawaters. **Talanta**, v. 80, pp. 1611-1618, 2010.

[15]SARAJI, M.; KHAJE, N. Recent advances in liquid microextraction techniques coupled with MS for determination of small-molecule drugs in biological samples. **Bioanalysis**, v. 4, pp. 725-739, 2012.

[16]DADFARNIA, S.; SHABANI, A.M.H. Recent development in liquid phase microextraction for determination of trace level concentration of metals-A review. **Analytica Chimica Acta**, v. 658, pp. 107-119, 2010.

[17]NUHU, A.A.; BASHEER, C.; SAAD, B. Liquid-phase and dispersive liquid-liquid microextraction techniques with derivatization: Recent applications in bioanalysis, **Journal of Chromatography B**, v. 879, pp. 1180-1188, 2011.

[18]JAIN, A.; VERMA, K.K. Recent advances in applications of single drop. **Analytica Chimica Acta**, v. 706, pp. 37-65, 2011.

[19]WU, H.-F.; YEN, J.-H.; CHIN, C.-C. Combining drop-to-drop solvent microextraction with gas chromatography/mass spectrometry using electronic Ionization and self-ion/molecule reaction method to determine methoxyacetophenone isomers in one drop of water. **Analytical Chemistry**, v. 78, pp. 1707-1712, 2006.

[20]AGRAWAL, K.; WU, H.F. Drop-to-drop solvent microextraction coupled with gas chromatography/mass spectrometry for rapid determination of trimeprazine in urine and blood of rats: application to pharmacokinetic studies. **Rapid Communication Mass Spectrometry**, v. 21, pp. 3352-3356, 2007.

[21]HOU, L.; LEE, H.K. Application of static and dynamic liquid-phase microextraction in the determination of polycyclic aromatic hydrocarbons. **Journal of Chromatography A**, v. 976 pp. 377-385, 2002.

[22]SHEN, G.; LEE, H.K. headspace liquid-phase microextraction of chlorobenzenes in soil with gas chromatography-electron capture detection. **Analytical Chemistry**, v 75, pp. 98-103, 2003.

[23]WU, J.; EE, K.H.; LEE, H.K. Automated dynamic liquid-liquid-liquid microextraction followed by high-performance liquid chromatography-ultraviolet detection for the determination of phenoxy acid herbicides in environmental waters. **Journal of Chromatography A**, v. 1082, pp. 121-127, 2005.

[24]LIU, W.; LEE, H.K. Continuous-flow microextraction exceeding 1000-fold concentration of dilute analytes. **Analytical Chemistry**, v. 72, pp. 4462-4467, 2000.

[25]HO, T.S.; PEDERSEN-BJERGAARD, S.; RASMUSSEN, K.E. Recovery, enrichment and selectivity in liquid-phase microextraction Comparison with conventional liquid–liquid extraction. **Journal of Chromatography A**, v. 963, pp. 3-17, 2002.

[26]PSILLAKIS, E.; KALOGERAKIS, N. Developments in single-drop microextraction. **Trends in Analytical Chemistry**, v. 21, pp. 53-63, 2002.

[27]HE, Y.; KANG, Y.J. Single drop liquid–liquid–liquid microextraction of methamphetamine and amphetamine in urine. **Journal of Chromatography A**, v. 1133, pp. 35-40, 2006.

[28]SARAFRAZ-YAZDI, A.; BEIKNEJAD, D.; ES'HAGHI, Z. LC Determination of mono-substituted phenols in water using liquid–liquid-liquid phase microextraction. **Chromatography**, v. 62, pp. 49-54, 2005.

[29]PAN, W. et al. Improved liquid–liquid–liquid microextraction method and its application to analysis of four phenolic compounds in water samples. **Journal of Chromatography A**, v. 1203, pp. 7-12, 2008.

[30]SETO, Y. Determination of volatile substance in biological samples by headspace gas chromatography. **Journal of Cromatography A**, v. 674, p. 25-62, 1994.

[31]BATLLE, R. et al. Active single-drop microextraction for the determination of gaseous diisocyanates. **Journal of Chromatography A**, v. 1185, pp. 155-160, 2008.

[32]YU, Y. et al. Multiple headspace single-drop microextraction coupled with gas chromatography for direct determination of residual solvents in solid drug product. **Journal of Chromatogra-**

phy A, v. 1217, 5158-5164, 2010.

[33]ZHANG, J.; SU, T.; LEE, H.K. Headspace water-based liquid-phase microextraction. **Analytical Chemistry**, v. 77, p. 1988-1992, 2005.

[34]HE, Y.; VARGAS, A.; KANG, Y.J. Headspace liquid-phase microextraction of methamphetamine and amphetamine in urine by an aqueous drop. **Analytica Chimica Acta**, v. 589, pp. 225-230, 2007.

[35]KOKOSA, J.M. Advances in solvent-microextraction techniques. **Trends in Analytical Chemistry**, v. 43, pp. 2-13, 2013.

[36]XU, L.; BASHEER, C.; LEE, H.K. Developments in single-drop microextraction. **Journal of Chromatography A**, v. 1152, pp. 184-192, 2007.

[37]LIU, J.-F. et al. Use of ionic liquids for liquid-phase microextraction of polycyclic aromatic hydrocarbons. **Analytical Chemistry**, v. 75, pp. 5870-5876, 2003.

Microextração em gota diretamente suspensa e microextração em gota sólida

13

Igor Rafael dos Santos Magalhães e Fernando José Malagueño de Santana

13.1 Introdução

De maneira geral, os compostos orgânicos presentes nas diferentes amostras de interesse analítico (por exemplo, ambientais, alimentícias, biológicas, dentre outras) não podem ser determinados diretamente sem a realização do processo denominado preparo de amostras. Dentre as diferentes etapas do processo analítico, o preparo das amostras é considerado um passo crucial para a determinação dos analitos com exatidão e precisão necessárias, especialmente tratando-se de amostras complexas, as quais contêm inúmeros interferentes.[1] De forma simples, o preparo das amostras objetiva isolar o composto de interesse das outras substâncias que podem prejudicar a análise, pré-concentrar o extrato para a obtenção de melhores limites de detecção e/ou quantificação e adequar a amostra para a injeção no sistema analítico.

As técnicas de extração consideradas tradicionais, como extração líquido-líquido (*liquid-liquid extraction* – LLE) e extração em fase sólida (*solid phase extraction* – SPE), demandam tempo, são trabalhosas e difíceis de automatizar e, finalmente, promovem o consumo elevado de solventes orgânicos, tornando-as dispendiosas e de alto custo.[2] Dessa forma, o interesse por técnicas alternativas de extração têm crescido bastante nos últimos anos, em detrimento das metodologias convencionais acima citadas.[3]

A microextração em fase líquida (*liquid phase microextraction* – LPME), a qual agrupa várias modalidades, surgiu neste contexto e tem como principal objetivo a redução da razão solvente orgânico/fase aquosa. Dentre esses formatos, a LPME baseada em gotículas estáticas foi relatada há aproximadamente 20 anos e apresenta alguns inconvenientes que prejudicam o desempenho final dessa técnica. Por exemplo, a ação das forças de gravidade e de cisalhamento bem como o efeito da turbulência gerada pelo fluxo de líquidos podem promover a perda do microextrato. Consequentemente, há restrições com relação à velocidade de agitação do sistema, o que limita a eficiência da extração. Além disso, o volume máximo das gotículas empregado é 5 microlitros, o que prejudica a análise direta do extrato em equipamentos que requerem quantidades maiores de líquidos para injeção (por exemplo, cromatografia líquida de alta eficiência, *high-performance liquid chromatography* – HPLC).[4]

Na tentativa de superar estas dificuldades, a microextração em gota diretamente suspensa (*directly-suspended droplet microextraction* – DSDME) foi descrita na década passada.[5] Na DSDME, a barra de agitação magnética é colocada no fundo do frasco que contém a amostra aquosa a ser processada. Em seguida, o sistema é colocado sob agitação em uma velocidade capaz de gerar um vórtice suave. Se um pequeno volume de um solvente orgânico imiscível é adicionado na superfície da amostra aquosa, o efeito do vórtice resulta na formação de uma gotícula localizada no centro de rotação do sistema. Adicionalmente, esta gotícula também pode sofrer o movimento de rotação na superfície da amostra aquosa, o que potencializa a transferência de massas.

Comparada com outras técnicas de LPME (por exemplo, a *single drop microextraction* – SDME), a DSDME apresenta maior flexibilidade na escolha dos parâmetros operacionais, principalmente na quantidade de solvente orgânico e da velocidade de agitação. A possibilidade de emprego de volumes maiores de solventes nesta técnica também permite maior compatibilidade com as técnicas analíticas, principalmente HPLC.

Com relação às vantagens da DSDME, pode-se afirmar que é uma técnica simples e livre de contaminação cruzada; o equilíbrio de extração é alcançado rapidamente, o que diminui o tempo necessário para realizar o procedimento e, consequentemente, aumenta a capacidade de processamento das amostras; nenhum aparato ou dispositivo específico é necessário para executar a técnica, tornando-a bastante acessível. Por outro lado, a principal desvantagem da DSDME é a dificuldade para remover a gotícula de solvente orgânico suspensa na superfície da amostra aquosa (< 5 microlitros). Embora uma microsseringa possa ser utilizada, a retirada exata do volume presente é praticamente impossível e uma pequena quantidade de amostra aquosa também pode ser coletada e, dessa forma, contaminar o extrato e prejudicar a análise direta em determinados instrumentos (por exemplo, cromatografia gasosa – GC).

A microextração em gota sólida (*solidification of floating drop microextraction* – SFDME), a qual é considerada um aperfeiçoamento da DSDME, foi descrita mais recentemente.[6] Nessa técnica, um pequeno volume de solvente orgânico com ponto de fusão próximo à temperatura ambiente (ou seja, no intervalo entre 10-30 °C) é colocado na superfície da amostra aquosa. Em seguida, o sistema é agitado por um período de tempo predeterminado para ocorrer a extração. Logo após, o frasco é transferido para um banho de gelo e mantido em baixas temperaturas durante aproximadamente cinco minutos para possibilitar a solidificação do extrato. Terminado este período, o solvente congelado é coletado manualmente com uma microespátula e transferido para um frasco cônico pequeno para permitir a fusão do solvente orgânico à temperatura ambiente, o qual é analisado pela técnica de escolha.

13.2 Fundamentação teórica

13.2.1 Equilíbrio e cinética da DSDME

Na DSDME, a qual pode ser considerada um tipo especial de LLE, a concentração da fase orgânica no equilíbrio de extração ocorre de acordo com a equação abaixo:[5]

$$C_{eq}^{o} = \kappa C_{eq}^{aq} \frac{\kappa C_0^{aq}}{1 + \frac{V^o}{V^{aq}}} \quad (13.1)$$

em que C_{eq}^{aq} e C_{eq}^{o} correspondem a concentração das fases aquosa e orgânica no equilíbrio, respectivamente C_0^{aq} é concentração inicial da fase aquosa e κ é o coeficente de distribuição.

A relação C^o/C^{aq} no tempo t é definida como κ_t e o fator de enriquecimento E é expresso por:

$$E = \frac{C^o}{C_0^{aq}} = \frac{\kappa_t}{1 + \kappa \frac{V^o}{V^{aq}}} \quad (13.2)$$

A equação geral de LLE pode ser escrita da seguinte forma:

$$\frac{dC^o}{dt} = \frac{A}{V^o} \beta^o (\kappa C^{aq} - C^o) \quad (13.3)$$

em que A é a área superficial e β^o é o coeficiente de transferência de massas da fase orgânica. O termo C^{aq} pode ser reescrito em termos de C^o de acordo com o balanço de massas, gerando:

$$C^{aq} = \frac{C_0^{aq} V^{aq} - C^o V^o}{V^{aq}} \quad (13.4)$$

Após a substituição da Equação 13.4, a Equação 13.3 é integrada para obter a relação entre o tempo de extração e a concentração na fase orgânica:

$$C^o = \frac{C_0^{aq}}{\frac{V^o}{V^{aq}} + \frac{1}{\kappa}} (1 - e^{-\kappa t}) = C_{eq}^{o} (1 - e^{-\kappa t}) \quad (13.5)$$

em que κ é a constante de velocidade observada:

$$\kappa = \frac{A}{V^o} \beta^o = \left(1 + \kappa \frac{V^o}{V^{aq}}\right) \quad (13.6)$$

Os termos C_{eq}^{o} e κ podem ser obtidos com a inserção dos dados experimentais na Equação 13.5. O tempo de equilíbrio (t_{eq}), definido como o tempo de extração em que a relação C^o/C_{eq}^{o} alcança 0,99, é obtido através:

$$t_{eq} = \frac{\ln 0{,}01}{\kappa} \quad (13.7)$$

As duas técnicas abordadas neste capítulo possuem vários pontos em comum e, portanto, os parâmetros que influenciam a DSDME e a SFDME serão discutidos em conjunto. No entanto, as informações específicas para cada técnica de extração estão incluídas, quando pertinente.

13.2.2 Seleção do solvente orgânico

Geralmente, a escolha do solvente orgânico é a primeira etapa do desenvolvimento de métodos. Nestas técnicas abordadas, o solvente orgânico de escolha deve: ter alto coeficiente de partição para o analito de interesse; baixa solubilidade aquosa para evitar a dissolução na amostra; baixa pressão de vapor para reduzir o risco de evaporação e prevenir perdas durante a extração e, finalmente, ser *eco-friendly* para atender os requisitos da química verde atual. Com relação à SFDME, o solvente orgânico também deve apresentar um ponto de fusão próximo à temperatura ambiente (em torno de 10-30 °C).

13.2.3 Volume de solvente orgânico

De acordo com a teoria da LLE, a taxa de transporte dos analitos para a microgota é diretamente relacionada à área superficial entre as duas fases líquidas e inversamente proporcional ao volume de fase orgânica. Portanto, ao aumentar o volume da microgota, o efeito da área interfacial predomina e a eficiência da extração é aumentada.

13.2.4 Tempo de extração

A DSDME e a SFDME não são técnicas de extração exaustivas nas condições reais. Portanto, é necessário selecionar o tempo de exposição para garantir que o equilíbrio de extração entre as fases aquosa e orgânica tenha sido alcançado e, desta forma, garantir a precisão e a sensibilidade do método. No entanto, tempos de extração mais prolongados podem prejudicar o processamento de muitas amostras ao mesmo tempo, ao menos que extrações em paralelo sejam conduzidas.

13.2.5 Velocidade de agitação da amostra

Da mesma forma que em outras técnicas de microextração, a agitação da amostra aumenta a extração das substâncias de interesse. Na DSDME, a velocidade de agitação tem influência direta em dois aspectos fundamentais. Primeiro, a agitação da amostra intensifica a transferência de massas através da diminuição da espessura do filme de difusão da fase aquosa e, portanto, aumenta o rendimento da extração. No entanto, taxas de agitação mais elevadas interferem no formato da microgota de solvente orgânico, promovendo o alongamento da mesma e, consequentemente, a ruptura e a dispersão do extrato na fase aquosa. Além disso, o fluxo gerado torna-se mais instável, o que prejudica a reprodutibilidade do método. Dessa forma, a velocidade de agitação constitui um parâmetro crucial e deve ser escolhido cuidadosamente. Em geral, o emprego de velocidades de agitação até 1000 rpm é preferível.

13.2.6 pH da amostra

O pH da amostra possui papel decisivo na extração de analitos ionizáveis (ácidos e bases fracas). Por exemplo, deve-se alcalinizar a amostra caso seja necessário realizar a extração de substâncias de caráter básico e vice-versa.

13.2.7 Adição de sais

A adição de sais na amostra aquosa, principalmente de cloreto de sódio, é uma estratégia bastante comum nas técnicas de extração. Esta abordagem visa obter o efeito *salting-out*, o qual aumenta a extração de determinadas substâncias, particularmente as mais hidrossolúveis. No entanto, a adição de sais pode promover o efeito inverso (*salting-in*), principalmente pela maior viscosidade da amostra, o que prejudica o equilíbrio de extração.

13.2.8 Temperatura de extração

Embora a temperatura possa elevar a transferência de massas e, consequentemente, aumentar a eficiência da extração dos analitos, o emprego deste artifício em demasiado (> 60 °C) promove maior solubilidade do solvente orgânico na fase aquosa e posterior perda do extrato, além do aumento da pressão no interior do frasco de extração provocada pela evaporação. Portanto, alguns autores têm empregado sistemas para o controle da temperatura do processo de extração, como banhos aquecidos.

13.3 Metodologia

13.3.1 Microextração em gota diretamente suspensa

A execução da DSDME é bastante simples (Figura 13.1). De maneira resumida, o procedimento ocorre da seguinte maneira: coloque a amostra em um frasco cilíndrico (*vial*) com tampa nas dimensões adequadas ao tamanho da amostra a ser analisada e, logo após, adicione a barra de agitação, preferencialmente de PTFE, compatível com o frasco de escolha. Ligue o agitador magnético na velocidade necessária para a extração. Aspire a quantidade exata do solvente de extração utilizando uma microsseringa. Remova a tampa do frasco e posicione a agulha da microsseringa um pouco acima do nível de líquido. Cuidadosamente, despeje o solvente no centro da superfície de líquido e inicie a contagem do tempo de extração. Terminado este período, com o agitador magnético ainda ligado, colete rapidamente a gota de extrato utilizando a microsseringa e analise conforme o recomendado.

13.3.2 Microextração em gota sólida

O procedimento de execução da SFDME é similar ao da DSDME, porém com alguns passos adicionais que caracterizam esta técnica de extração. Didaticamente, a maioria dos métodos descritos na literatura apresenta as seguintes etapas (Figura 13.2): coloque a amostra em um frasco cilíndrico (*vial*) com tampa nas dimensões adequadas ao tamanho da amostra a ser analisada e, logo após, adicione a barra de agitação, preferencialmente de PTFE, compatível com o frasco de escolha. Aspire a quantidade exata do solvente de extração utilizando uma microsseringa. Remova a tampa do frasco e posicione a agulha da microsseringa um pouco acima do nível de líquido. Cuidadosamente, despeje o solvente no centro da superfície de líquido e ligue o agitador magnético na velocidade necessária para a extração. Terminado este período, trans-

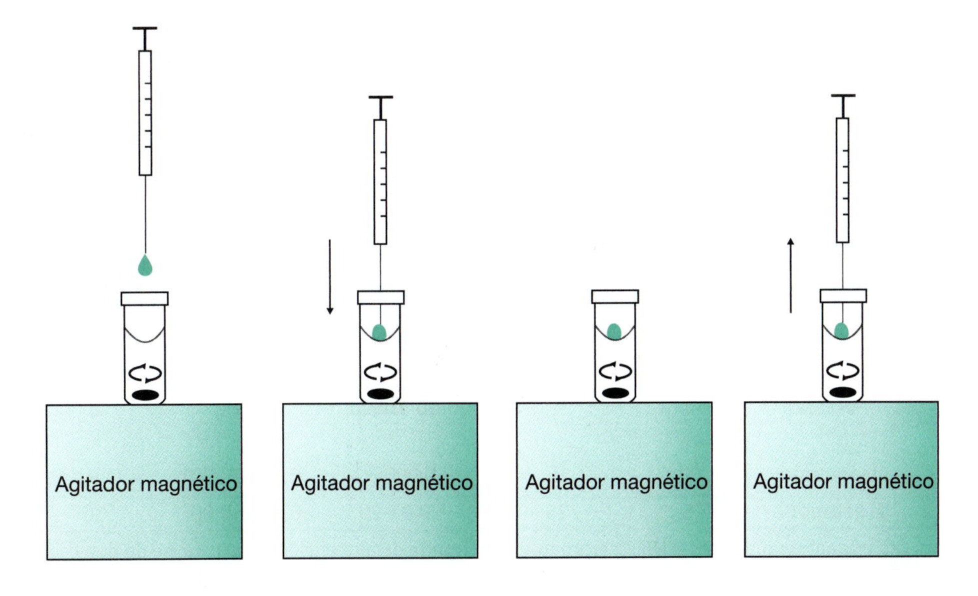

Figura 13.1 Representação esquemática da microextração em gota suspensa (DSDME).

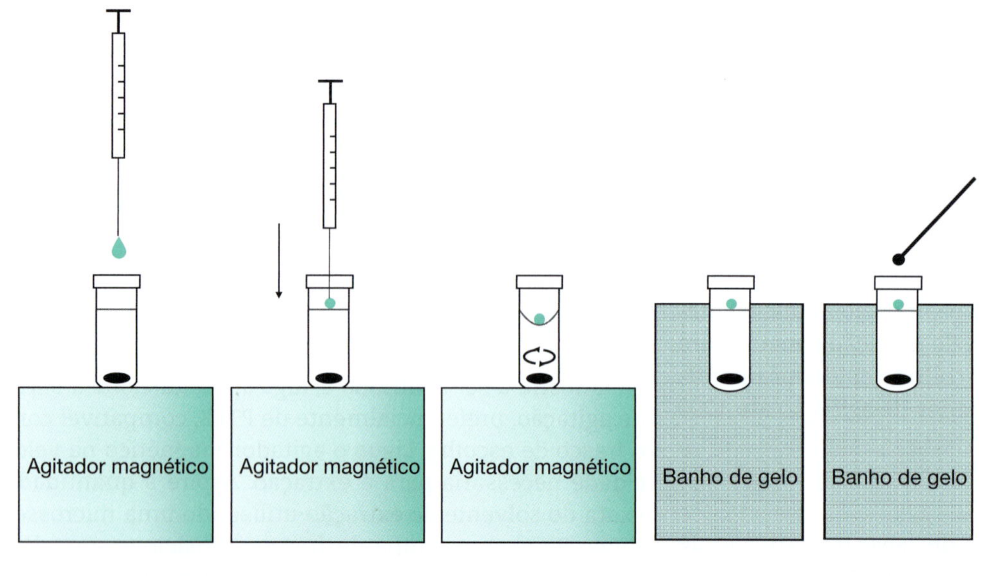

Figura 13.2 Representação esquemática da microextração em gota sólida (SFDME).

fira o frasco para um béquer contendo pedras de gelo e mantenha-o por aproximadamente cinco minutos para que o solvente congele. Após, com o auxílio de uma espátula, o solvente solidificado é transferido para um microtubo para que ocorra a fusão do solvente à temperatura ambiente. Finalmente, uma alíquota do extrato obtido é analisada conforme a técnica analítica de escolha.

13.4 Aplicações das técnicas descritas na literatura

Tanto a DSDME quanto a SFDME têm sido aplicadas na análise de inúmeras substâncias orgânicas nas mais diversas matrizes, incluindo amostras ambientais, biológicas, dentre outras. Com o intuito de demonstrar a grande aplicabilidade dessas técnicas, alguns exemplos selecionados estão dispostos a seguir (Tabelas 13.1 e 13.2).

13.5 Avanços recentes

13.5.1 Microextração em gota diretamente suspensa

Os primeiros trabalhos publicados sobre a DSDME tratavam da extração de substâncias para uma gota de solvente orgânico na superfície de amostras aquosas.

No entanto, a eficiência da extração de analitos menos lipossolúveis, ou seja, os que possuem menor afinidade pela fase orgânica, é prejudicada neste formato. Com isso, determinados autores propuseram o emprego da DSDME em três fases (amostra aquosa – fase orgânica – fase aquosa), a qual é bastante atrativa para a extração de compostos ionizáveis.

Nesta nova modalidade de DSDME, uma gotícula de solução aquosa ácida ou básica é injetada na gota de solvente orgânico enquanto a amostra é agitada.

Terminado o tempo de extração, a solução aquosa é coletada com o auxílio de uma microsseringa e processada utilizando a técnica analítica de preferência. Nesta versão, a escolha dos valores de pH da amostra e da solução aquosa dependerão basicamente do pKa do analito de interesse. Por exemplo, ao extrair um ácido orgânico fraco, o pH da amostra deverá estar na faixa ácida para que o analito permaneça na forma neutra, a qual apresenta maior afinidade pela fase aquosa. Por outro lado, o pH da solução contida no interior da gota de solvente orgânico necessariamente deve estar na faixa alcalina para que o analito permaneça na forma ionizada e, portanto, aprisionado nesta fase aquosa (*ion-trapping*).

Embora as etapas de aplicação e coleta da fase aquosa exijam bastante cuidado e perícia do analista, a DSDME neste formato apresenta algumas vantagens: maior seletividade e limpeza do extrato, pois as substâncias neutras tendem a ficar retidas na fase orgânica; menor tempo para atingir o equilíbrio de extração e melhor compatibilidade com eletroforese capilar (capillary electrophoresis – CE) e

Tabela 13.1 Exemplos de aplicação da DSDME

Analito	Amostra	Técnica analítica	Solvente empregado	Volume (µL)	Tempo de extração (min)	Faixa linear (µg/mL)	LD (µg/mL)	Referência
Antidepressivos tricíclicos	Urina	GC	Tolueno	10	20	0,04/0,05-20	0,03-0,04	7
Acetaldeído	Líquido dialítico	HPLC	1-octanol	50	4	10-10000	1,12	8
Praguicidas	Chá	GC	Isooctano	100	15	0,0005-2	0,0004/0,001	9
BTEX	Água	GC	2-octanona	7,5	25	0,01-20	0,0008-0,007	10

BTEX: benzeno, tolueno, etilbenzeno e xileno; GC: cromatografia gasosa; HPLC: cromatografia líquida de alta eficiência; LD: limite de detecção.

Tabela 13.2 Exemplos de aplicação da SFDME

Analito	Amostra	Técnica analítica	Solvente empregado	Volume (μL)	Tempo de extração (min)	Faixa linear (μg/mL)	LD (μg/mL)	Referência
Antifúngicos azólicos	Plasma e urina	HPLC	1-dodecanol	10	35	0,1-300	0,01-0,1	11
Compostos fenólicos	Água	GC	1-undecanol	9	15	0,02-300	0,005-0,68	12
Praguicidas organoclorados	Água	GC	1-dodecanol	8	30	0,025-2	0,007-0,019	13
PBDEs	Água e urina	HPLC	2-dodecanol	25	25	0,5-75	0,01-0,04	14
Vitaminas lipossolúveis	Água	HPLC	1-undecanol	15	60	5-500	1-3,5	15

GC: cromatografia gasosa; HPLC: cromatografia líquida de alta eficiência; LD: limite de detecção; PBDEs: éteres de difenila polibromados.

HPLC em fase reversa devido à natureza aquosa do extrato obtido. A Tabela 13.3 contém alguns exemplos de métodos empregando a DSDME em três fases.

13.5.2 Microextração em gota sólida

Dentre as desvantagens da SFDME, pode-se citar a necessidade de períodos de extração mais prolongados (por exemplo, 30 minutos), o que prejudica o emprego da técnica na análise de muitas amostras. Além disso, somente solventes orgânicos mais leves que a água e com pontos de fusão na faixa da temperatura ambiente podem ser utilizados, o que restringe a aplicação da metodologia.

Dessa forma, esforços têm sido descritos na literatura no sentido de melhorar a técnica, especialmente para diminuir o tempo necessário para a extração dos analitos.

Dentro deste contexto, duas alternativas foram relatadas recentemente e ambas consistem na formação de soluções turvas decorrentes da dispersão de gotículas finas do solvente extrator, uma estratégia similar à vista na LLE, porém com o uso de solventes menos densos que a água. As gotículas são coalescidas por centrifugação e o extrato flutuante gerado é solidificado após banho de gelo para posterior análise.

Na primeira alternativa, a qual incorpora princípios da microextração por emulsificação assistida por ultrassom (*ultrasound-assisted emulsification microextraction*), a mistura é colocada em banho ultrassônico para dispersão do solvente orgânico na amostra. Diferentemente da SFDME original, a qual emprega a agitação magnética, esta abordagem da técnica utiliza o grande poder da radiação ultrassônica para agitar a amostra e acelerar a transferência de massas. Dessa maneira, ocorre a formação de uma emulsão, a qual é centrifugada para a separação das fases. Com isso, o solvente orgânico permanece no sobrenadante e, posteriormente, é congelado conforme visto na SFDME pioneira. Finalmente, esta abordagem promoveu a redução do tempo de extração de ftalatos e de fármacos antidepressivos (Tabela 13.4).

Na segunda alternativa, a estratégia é mais semelhante à LLE dispersiva, em que o solvente extrator é dissolvido em um solvente orgânico miscível em água (solvente dispersor) e a mistura resultante é rapidamente colocada em contato com a amostra aquosa, promovendo o surgimento de uma solução turva. Desta forma, diversas substâncias orgânicas foram extraídas com rapidez e eficiência devido à grande área de contato entre as fases aquosa e orgânica e, portanto, uma nova técnica foi criada e denominada SFDME dispersiva (Tabela 13.4). Neste caso, a escolha do tipo e do volume de solvente dispersor é fundamental para o aumento da área de con-

Tabela 13.3 Exemplos de métodos empregando a DSDME em três fases

Analito	Amostra	Técnica analítica	Solvente empregado	Volume (μL)	Tempo de extração (min)	Faixa linear (μg/mL)	LD (μg/mL)	Referência
Alcaloides	Água	CE	1-octanol/ HCl 0,02 M	50/1	8/10	20-1000	8,1-14,1	16
Atorvastatina	Plasma	HPLC	1-octanol/ Na_2HPO_4 0,05 M	400/5,5	4,5/7,5	1-500	0,4	17
Diclofenaco	Água	HPLC	Tolueno: 1-octanol (9:1)/NaOH 0,001 M	400/5	1/5	0,5-2000	0,1	18
MDMA	Cabelo	HPLC	1-octanol/ NaOH 0,1M	350/10	3/20	1-15000	0,1	19

CE: eletroforese capilar; HPLC: cromatografia líquida de alta eficiência; LD: limite de detecção; MDMA: metilenodioximetanfetamina

Tabela 13.4 Exemplos de métodos empregando avanços recentes da SFDME

Analito	Amostra	Técnica analítica	Solvente empregado	Volume (µL)	Tempo de extração (min)	Faixa linear (µg/mL)	LD (µg/mL)	Referência
Antidepressivos	Plasma e urina	HPLC	1-undecanol	30	20	10-1000	3	20
Ftalatos	Água e cosméticos	HPLC	1-undecanol	20	12	0,05-1000	0,005-0,01	21
Herbicidas triazínicos	Água e suco de cana	GC	1-undecanol	10	3	0,01/0,05-100	0,008-0,037	22
Hormônios esteroides	Água	UPLC	1-undecanol	10	0	5-1000	0,8-3,1	23

GC: cromatografia gasosa; HPLC: cromatografia líquida de alta eficiência; LD: limite de detecção; UPLC = cromatografia líquida de ultraeficiência.

tato entre as duas fases e, portanto, maior transferência de massas da amostra aquosa para o solvente extrator. Metanol, acetonitrila e acetona são os solventes dispersores mais citados na literatura.

Conforme verificado neste capítulo, a DSDME e a SFDME são técnicas simples, acessíveis e de fácil execução. Desta forma, são bastante promissoras e apresentam um grande potencial para a extração de substâncias orgânicas presentes em diversas amostras. No entanto, não há relatos de automação destas técnicas até o momento, o que pode limitar a implantação das mesmas em laboratórios que demandam o elevado processamento de amostras.

Referências bibliográficas

[1]HAN, D.; ROW, K.H. **Microchim. Acta**, 176:1, 2012.

[2]PENA-PEREIRA, F.; LAVILLA, I.; BENDICHO, C. **Trens Anal. Chem.** 29:617, 2010.

[3]JAIN, A.; VERMA, K.K. **Anal. Chim. Acta**, 706:37, 2011.

[4]SARAFRAZ-YAZDI, A.; AMIRI, A. **Trens Anal. Chem.** 29:1, 2010.

[5]YANGCHENG, L. et al. **Anal. Chim. Acta**, 566:259, 2006.

[6]ZANJANI, M.R.K. et al. **Anal. Chim. Acta**, 585:286, 2007.

[7]SARAFRAZ-YAZDI, A.; RAOUF-YAZDINEJAD, S.; ES'HAGHI, Z. **Chromatographia**, 66:613, 2007.

[8]ES'HAGHI, Z.; BABAZADEH, F. **J. Chromatogr. B**, 891-892:52, 2012.

[9]LIU, D.; MIN, S. **J. Chromatogr. A**, 1235:166, 2012.

[10]SARAFRAZ-YAZDI, A.; MOFAZZELI, F.; ES'HAGHI, Z. **Talanta**, 78:936, 2009.

[11]ADLNASAB, L. et al. **Talanta** 83:370, 2010.

[12]FARAJI, H.; TEHRANI, M.S.; HUSAIN, S.W. **J. Chromatogr. A**, 1216:8569, 2009.

[13]FARAHANI, H. et al. **Anal. Chim. Acta**, 626:166, 2008.

[14]LIU, H. et al. **Microchim. Acta**, 176:303, 2012.

[15]SOBHI, H.R. et al. **J. Chromatogr. A**, 1196-1197:28, 2008.

[16]GAO, W. et al. **Talanta**, 83:1673, 2011.

[17]FARAHANI, H. et al. **Talanta**, 80:1001, 2009.

[18]SARAFRAZ-YAZDI, A.; MOFAZZELI, F.; ES'HAGHI, Z. **Chromatographia**, 67:49, 2008.

[19]ES'HAGHI, Z. et al. **J. Chromatogr. B**, 878:903, 2010.

[20]EBRAHIMZADEH, H. et al. **J. Sep. Sci.** 34:1275, 2011.

[21]KAMAREI, F.; EBRAHIMZADEH, H.; YAMINI, Y. **Microchem. J.** 99:26, 2011.

[22]SANAGI, M.M. et al. **Food Chem.** 133:557, 2012.

[23]CHANG, C.C.; HUANG, S.D. **Anal. Chim. Acta**, 662:39, 2010.

14 Microextração líquido-líquido dispersiva

Renato Zanella, Martha B. Adaime, Manoel L. Martins, Osmar D. Prestes e Ednei G. Primel

14.1 Introdução

O preparo de amostra é uma das etapas críticas do processo analítico e diferentes técnicas têm sido propostas em substituição às técnicas clássicas de extração que demandam mais tempo para execução, grandes volumes de solventes orgânicos, além de envolver várias etapas que estão associadas com perdas de analito e ocorrência de contaminação.[1] Dessa forma, métodos baseados em microextração vêm sendo desenvolvidos como alternativas para o preparo de amostras.

A microextração líquido-líquido dispersiva (*dispersive liquid-liquid microextraction* - DLLME) foi proposta em 2006 por Rezaee et al.[2] baseada em um sistema ternário de solventes, de forma semelhante ao que ocorre na extração líquido-líquido homogênea (*homogeneous liquid-liquid extraction* – HLLE) e na extração em ponto de nuvem (*cloud point extraction* – CPE).[3] A DLLME é uma alternativa interessante para o preparo de amostra visando a determinação de compostos orgânicos em diferentes matrizes.

A DLLME utiliza a partição dos analitos de interesse empregando pequenos volumes de uma mistura formada por solvente dispersor e solvente extrator para extrair e concentrar os analitos. As etapas da DLLME estão apresentadas na Figura 14.1. O solvente dispersor deve ser miscível na amostra (fase aquosa) e no solvente extrator (fase orgânica) constituindo um sistema ternário de fases. Assim, irá promover a concentração dos analitos no solvente extrator que, após algum tempo, geralmente com auxílio de centrifugação, será separado no frasco de extração e recolhido para ser analisado. A mistura obtida pela injeção rápida de um jato da mistura de solventes extrator e dispersor na amostra promove a dispersão do solvente extrator na forma de microgotas com grande área superficial, onde ocorre a partição. A grande área superficial entre o solvente de extração e a fase aquosa promove uma rápida e eficiente transferência dos analitos da fase aquosa para a fase extratora.

O processo de extração ocorre de forma semelhante à extração líquido-líquido (*liquid-liquid extraction* - LLE) convencional, e, nesta última, a mistura do solvente orgânico com a amostra aquosa é promovida por agitação, e a formação de bolhas ou gotas de solvente orgânico garante o aumento da superfície de contato para favorecer a partição dos analitos entre as fases.[3] Outra diferença entre a LLE e a DLLME é que na primeira geralmente são realizadas etapas sucessivas de extração, para aumento da eficiência, enquanto na DLLME a extração ocorre em

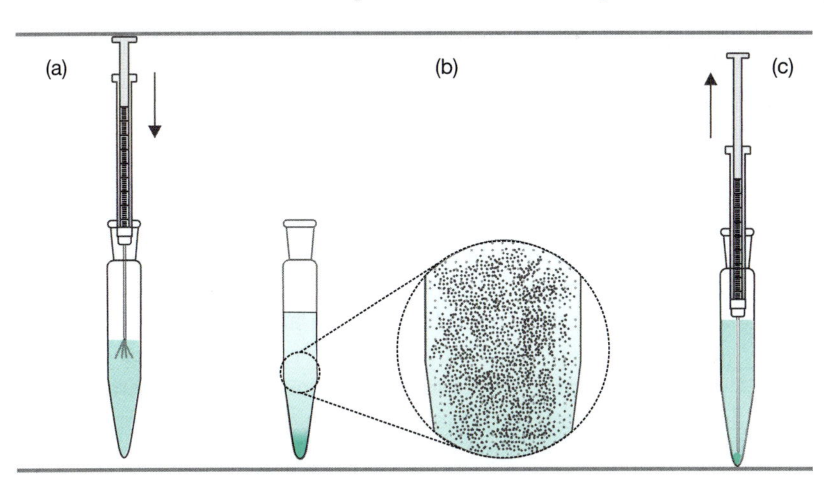

Figura 14.1 Diagrama simplificado das etapas da DLLME: (a) injeção rápida de um jato da mistura de solventes extrator e dispersor na amostra, (b) dispersão do solvente extrator na forma de microgotas e (c) separação e retirada do solvente extrator para análise.

uma única etapa. A DLLME é uma técnica de extração que atende aos requisitos de miniaturização, baixo custo, rapidez e eficiência de extração e com alto potencial para aplicação a campo.[4] O baixo volume de solvente extrator utilizado, geralmente entre 25 e 300 µL, permite a concentração dos analitos durante a etapa de extração, tornando a DLLME bastante atrativa em termos de aplicações.

14.2 Fundamentação teórica

A DLLME baseia-se no processo de partição dos analitos entre duas fases líquidas imiscíveis, sendo uma delas a fase aquosa (a amostra) e a outra uma fase orgânica (solvente orgânico). A solubilização dos analitos em qualquer uma das fases depende da polaridade relativa do sistema, e os analitos são geralmente apolares apresentando maior afinidade pela fase orgânica, composta por um solvente orgânico apolar, em comparação com a fase aquosa, que é por sua vez, altamente polar.[7]

A polaridade de uma molécula refere-se às concentrações de cargas da nuvem eletrônica da molécula. Moléculas polares possuem maior concentração de carga negativa numa parte da nuvem e maior concentração positiva em outro extremo. Nas moléculas apolares, a carga eletrônica está uniformemente distribuída. As diferenças de cargas elétricas entre as moléculas dos analitos, da fase aquosa (polar) e da fase orgânica (apolar), é que determinam o equilíbrio resultante,[7] que pode ser representado por:

$$A_{aq} \leftrightarrow A_{org} \qquad (14.1)$$

No caso ideal, a razão das atividades do analito A nas duas fases é uma constante e independe da quantidade de A, e para uma dada temperatura, a constante de equilíbrio (K_D) é o coeficiente de partição ou distribuição,[7] sendo representado como:

$$K_D = \frac{[A_{org}]}{[A_{aq}]} \qquad (14.2)$$

em que A: Analito; aq: fase aquosa; org: fase orgânica; K_D: coeficiente de distribuição ou partição; [ ]: concentração.

Após o tempo necessário para que seja atingido o equilíbrio de partição do analito, as fases são separadas. Alguns fatores afetam a polaridade relativa do sistema, tais como presença de sais, alterações no pH da fase aquosa, adição de modificadores químicos ou misturas de solventes solúveis ou parcialmente solúveis na fase aquosa.[2] Caso a quantidade de analito contida na fase orgânica for próxima a 100 %, a DLLME pode ser considerada uma técnica de extração exaustiva e a exatidão do método, expressa em termos de recuperação, pode ser calculada através da seguinte equação:

$$R(\%) = \frac{C_1 - C_2}{C_3} \cdot 100 \qquad (14.3)$$

em que: C_1 = concentração do analito determinada na amostra fortificada; C_2 = concentração do analito na amostra não fortificada; C_3 = concentração do analito adicionada na amostra fortificada.

Por outro lado, caso a transferência do analito entre a fase aquosa e a fase orgânica for parcial, a extração por DLLME será considerada uma técnica de equilíbrio.[6] Neste caso, a recuperação (R) pode ser definida como a quantidade total de analito, em porcentagem, que é transferida para a fase orgânica ao final da extração. A razão entre o volume da fase aquosa e a fase orgânica governa a recuperação (R) do analito, de acordo com a expressão.[8]

$$R(\%) = \frac{K_D V_{org}}{K_D V_{org} + V_d} \cdot 100 \qquad (14.4)$$

Em que: K_D: coeficiente de distribuição ou partição; V_{org} = volume da fase orgânica; V_d = volume da fase aquosa.

Portanto, a extração em duas fases é favorecida para analitos hidrofóbicos, ou seja, com elevados coeficientes de partição (entre 500 e 1000 ou maiores).[8] Adicionalmente a recuperação pode ser favorecida aumentando-se a razão entre as fases orgânica e aquosa.[6]

Outro parâmetro comumente utilizado para demonstrar a eficiência dos processos de microextração em fase líquida, como no caso da DLLME, é o fator de enriquecimento (E) ou fator de concentração (FC), que informa o grau de concentração do analito obtido na extração e pode ser calculado pela Equação 14.5:

$$E = \frac{V_d R}{100 V_{org}} \qquad (14.5)$$

Como os valores da relação V_d/V_{org} são normalmente elevados, altos fatores de concentração são obtidos.[6,9]

14.3 Metodologia

Normalmente, a DLLME é realizada em duas etapas conforme representado na Figura 14.2. A primeira etapa consiste na injeção de uma mistura adequada dos solventes extrator e dispersor na amostra aquosa contendo os analitos. Em geral utiliza-se a mistura de 10 a 500 µL de solvente extrator e 0,5 a 2,0 mL de solvente dispersor para um volume de 5 a 10 mL de amostra. Na etapa de extração o solvente extrator é disperso na fase aquosa em gotas muito finas extraindo os analitos. Esta dispersão do solvente extrator é favorecida pelo solvente dispersor, que deve ser solúvel na amostra aquosa e na fase orgânica. Devido a grande área superficial entre o solvente extrator e a amostra aquosa, o equilíbrio é atingido rapidamente e a extração é independente do tempo, sendo esta a principal vantagem desta técnica.[3] Na etapa de centrifugação da solução turva a fase orgânica sedimentará no fundo do tubo extrator e, posteriormente, será transferida para um frasco (*microvial*) para posterior determinação dos analitos.

Os principais fatores que afetam a eficiência da extração por DLLME são o tipo e o volume dos solventes extrator e dispersor. O volume da fase sedimentada é afetado pela solubilidade do solvente extrator em água, volume e características da amostra e pelos volumes do

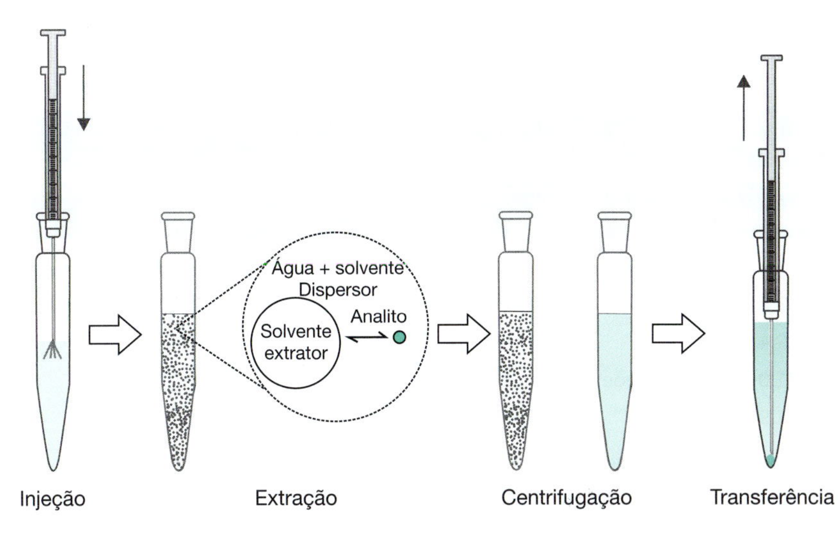

Figura 14.2 Diagrama simplificado demonstrando as etapas da DLLME, adaptado de Berijani et al.[5]

solvente dispersor e do solvente extrator. Do ponto de vista experimental, para obter um volume adequado de fase sedimentada, alguns parâmetros devem ser avaliados antes do início da otimização.[10,11] O principal parâmetro a ser definido é o tipo de solvente extrator que deve ser escolhido com base na sua densidade, capacidade de extração dos analitos de interesse e adequação à técnica analítica escolhida.[12] Na Tabela 14.1 estão listadas as propriedades físico-químicas de solventes (extrator e dispersor) frequentemente utilizados na DLLME.

O solvente extrator geralmente apresenta densidade maior que a água, de forma a permitir a formação da fase sedimentada.[14] Por outro lado, algumas aplicações descrevem a utilização de solventes extratores com densidade menor que a da água.[15,16] Os solventes extrator e dispersor devem apresentar pressão de vapor relativamente baixa e temperatura de ebulição relativamente alta, para evitar perdas significativas de solvente durante o processo de extração.[17] Outra característica importante do solvente extrator é ter baixa solubilidade em água, permitindo a separação adequada do extrato orgânico.[18]

As massas moleculares dos solventes utilizados devem ser consideradas para evitar interferências espectrais quando se utilizam técnicas cromatográficas acopladas à espectrometria de massas. O ponto de fusão do solvente extrator pode ser importante, no caso de aplicação de resfriamento para congelamento da fase sedimentada (gota) e posterior separação da fase aquosa.[15] Caso seja utilizada a cromatografia gasosa para a determinação dos analitos, o ponto de ebulição do solvente extrator será determinante na transferência do analito para a coluna cromatográfica e na etapa separação do mesmo.[3]

O solvente dispersor deve ser selecionado com base na solubilidade tanto na fase orgânica quanto na fase aquosa. O volume de solvente dispersor afeta diretamente a formação das microgotas na mistura água/solvente dispersor/solvente dispersor, o grau de dispersão do solvente na fase aquosa e, consequentemente, a eficiência da extração.[14] O volume do solvente extrator determina o fator de concentração da DLLME. Aumentando o volume do solvente extrator, o volume da fase sedimentada obtido com a centrifugação aumenta, resultando em um menor fator de concentração. Portanto, o volume ótimo de solvente extrator deve garantir tanto um alto fator de concentração quanto permitir a obtenção de um volume de fase sedimentada suficiente para as análises necessárias.[19]

Variações no volume do solvente dispersor causam variações no volume da fase sedimentada, tornando necessário modificar simultaneamente o volume do solvente extrator e o volume do solvente dispersor para manter constante o volume da fase sedimentada. O volume adequado de solvente dispersor para uma boa formação das microgotas depende tanto do volume da fase aquosa quanto do volume do solvente extrator.[18]

Na DLLME, o equilíbrio de partição dos analitos entre a fase orgânica e a fase aquosa é atingido muito rapidamente. Na prática, o tempo de extração é definido como o intervalo entre a injeção da mistura dos solventes extrator e dispersor na fase aquosa e o final da centrifugação. Este deve ser otimizado, sendo um dos parâmetros mais importantes em técnicas de microextração.[3,20,21]

A influência da força iônica também deve ser considerada na separação das fases. A adição de sais (como NaCl) promove um aumento do volume de fase sedimentada, devido à diminuição da solubilidade do solvente extrator na presença de um sal. Esta influência será de acordo com as características de cada analito. Observa-se nos trabalhos publicados uma grande variação da adição de NaCl, desde a não utilização até a adição de 0,5 a 30 %.

Outro parâmetro que deve ser levado em consideração é o pH. O ajuste do pH do meio permite que os analitos permaneçam na forma neutra, facilitando a partição dos analitos nas microgotas do solvente extrator.[21] No trabalho desenvolvido por Farhadi et al.[22] o pH da amostra foi ajustado em 1,5 para extração de herbicidas da classe dos clorofenoxiacéticos em amostras de água. A amostra com pH ajustado em 1,5 e com 10 % NaCl foi extraída com 1 mL acetona (como solvente dispersor) e com 25 μL de clorobenzeno (como solvente extrator). Recuperações entre 94 e 103 % foram obtidas em águas de poço e de torneira.

Assim como outros métodos analíticos, a DLLME deve atender certos requisitos, que são resultado das ca-

Tabela 14.1 Propriedades físico-químicas de alguns solventes passíveis de serem utilizados como solventes extratores e dispersores

Solvente	Densidade	Massa molar	Solubilidade em água	Ponto de fusão	Ponto de ebulição	Pressão de vapor
	(g/cm³, 20 °C)	(g/mol)	(g/L, 20 °C)	(°C)	(°C, 1013 hPa)	(mmHg, 20 °C)
			Extratores			
Tetracloreto de carbono	1,59	153,8	0,8	–23	76,7	90
Clorofórmio	1,47	119,4	8	–63	61	158
Brometo de benzila	1,44	171,0	decompõe	–4	198	5,1
Diclorometano	1,33	84,9	20	–95	40	356
1,2-Dicloroetano	1,25	99,0	8,7	–35,5	83,5-84,1	65
Acetato de etila	0,90	88,1	85,3	–83	77	73
1-Clorobutano	0,89	92,6	0,5	–123	79	83
Benzeno	0,88	78,1	1,8	5,5	80,1	76
Tolueno	0,87	92,1	0,52	–95	110,6	22
1-Undecanol	0,83	172,3	insolúvel	13-15	129-131	0,006
1-Octanol	0,83	130,2	0,3	–16	195	0,32
1-Butanol	0,81	74,1	77	–89	116-118	5
Ciclo-hexano	0,78	84,2	0,055	6	81	77
Éter metil-terc-butílico	0,74	88,2	42	–108,6	55,3	201
Iso-octano	0,69	114,2	0,00056	–107	99	38
n-Heptano	0,68	100,2	0,05	–90,5	97-98	36
n-Hexano	0,66	86,2	0,0095	–94,3	69	120
			Dispersores			
Tetra-hidrofurano	0,89	72,1	solúvel	–108,5	65-66	176
1,4-Dioxano	1,03	88,1	solúvel	12	101,5	31
1-Propanol	0,80	60,1	solúvel	–127	96,5-98	14
Metanol	0,79	32,0	solúvel	–98	64,5	96
Etanol	0,79	46,1	solúvel	–114,5	78,3	44
Acetona	0,79	58,1	solúvel	–95,4	56,2	175
Acetonitrila	0,786	41,5	solúvel	–45,7	81,6	73
2-Propanol	0,786	60,1	solúvel	–89,5	82,4	32

Fonte: Merck, 2013 (http://www.merckmillipore.com/brazil/chemicals/).[13]

racterísticas requeridas para o solvente extrator e para o solvente dispersor. Estas características são:

- O solvente extrator deve ser capaz de extrair os analitos da amostra;
- A solubilidade do solvente extrator na fase aquosa deve ser baixa;
- O solvente extrator deve ser compatível com o instrumento analítico utilizado para quantificação dos analitos;
- Deve ser capaz de formar a dispersão na forma microgotas (*cloudy solution*) na presença do solvente dispersor.

Visando melhorar a eficiência ou ampliar o escopo da DLLME muitas estratégias de aplicação podem ser utilizadas, destacando-se o uso de solventes com densidade menor que a da água, extração sem o uso de solvente dispersor e separação da fase orgânica sem o uso de centrifugação. Estas estratégias de aplicação da DLLME podem ser divididas inicialmente pelo uso de solvente extrator com densidade menor ou maior que a da água. Algumas técnicas empregam meios auxiliares para formação da emulsão ou para melhorar a eficiência da extração, assim como para automatização da DLLME, e podem ser aplicadas para solventes mais densos ou menos densos que a água, conforme representado na Figura 14.3.

Em comparação com a DLLME clássica, com o emprego de solventes menos densos a fase orgânica ficará na parte superior, podendo ser recolhida pelo auxílio de uma microsseringa. A Figura 14.4 apresenta um esquema de aplicação da DLLME empregando ultrassom como meio auxiliar na formação da dispersão das microgotas

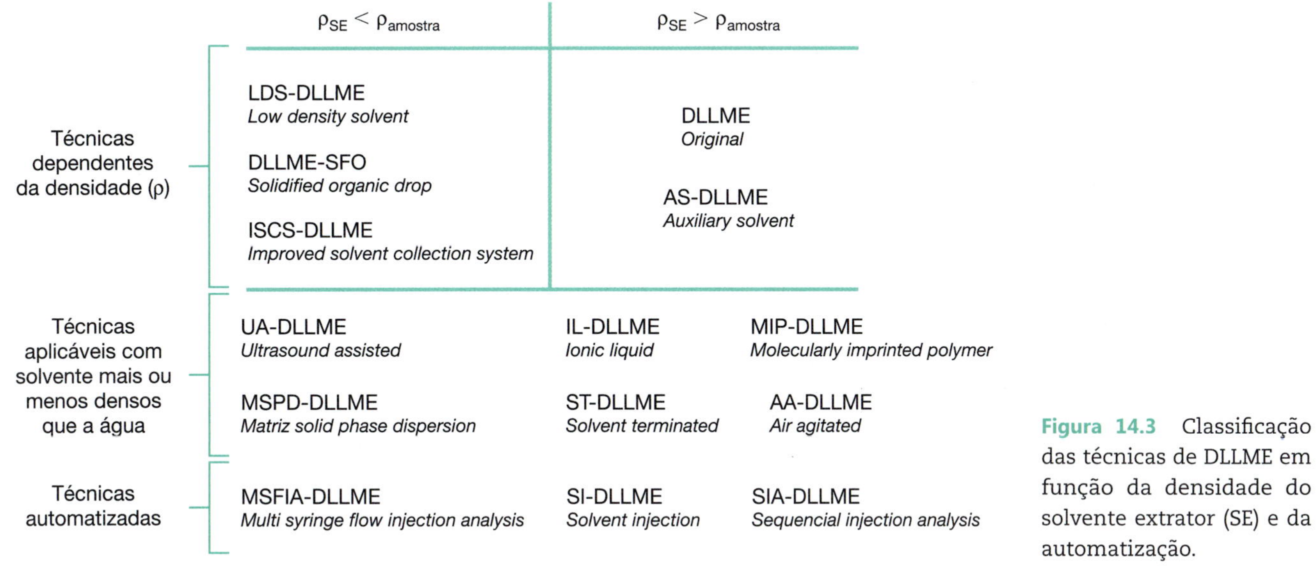

Figura 14.3 Classificação das técnicas de DLLME em função da densidade do solvente extrator (SE) e da automatização.

na amostra e também do emprego de solvente com densidade menor que a da água, que é recolhido da parte superior da solução após a centrifugação.

A Figura 14.5 apresenta o esquema de aplicação da DLLME combinando a agitação com ar para formação da dispersão das microgotas na amostra e de um solvente extrator com densidade menor que a da água. Esta agitação ocorre pela sucção da mistura da amostra mais solventes dispersor extrator com uma seringa e reinjeção rápida no tubo de extração. Neste momento, o ar entra em contato com a mistura e aumenta a dispersão do solvente extrator na amostra. Este ciclo é repetido tantas vezes quanto necessário, sendo otimizado em função da combinação de solventes utilizada e do tipo de analito presente na amostra.

A escolha de um solvente extrator com ponto de fusão adequado, usualmente entre 10 e 30 °C permite que, com resfriamento da amostra durante a etapa de centrifugação, ocorra a solidificação da gota de solvente extrator, que pode ser recolhida com o auxílio de uma pinça. Ao retornar à temperatura ambiente, o solvente extrator funde-se formando uma solução dos analitos extraídos da amostra que pode ser analisada.

Conforme representado na Figura 14.6, em alguns casos a etapa de centrifugação pode ser dispensada pela adição de uma porção adicional do solvente dispersor que provocará a quebra da emulsão ou dispersão das microgotas formadas na etapa de extração. Por terem baixa tensão e alta atividade superficial, usualmente metanol ou acetonitrila são empregados para desfazer a emulsão, formando rapidamente duas fases, dispensando o uso de centrifugação. Adicionalmente poderá ocorrer uma melhor separação da gota ou fase orgânica, porém um excesso de solvente dispersor pode levar à solubilização do solvente extrator na fase aquosa com consequente redução na eficiência de extração dos analitos.

A quantidade de solvente extrator deve ser pequena para permitir a obtenção de um fator de concentração adequado. Assim, com o uso de solventes menos densos que a fase aquosa, a fase orgânica forma um fino filme sobre a superfície da fase aquosa, tornando muito difícil o recolhimento do solvente extrator após a etapa de extração. Uma forma de tornar possível a aplicação de solventes menos densos que água é o uso de frascos de extração especialmente construídos para otimizar esta separação. Estes permitem uma separação mais simples e fácil da fase orgânica de baixa densidade, porém com

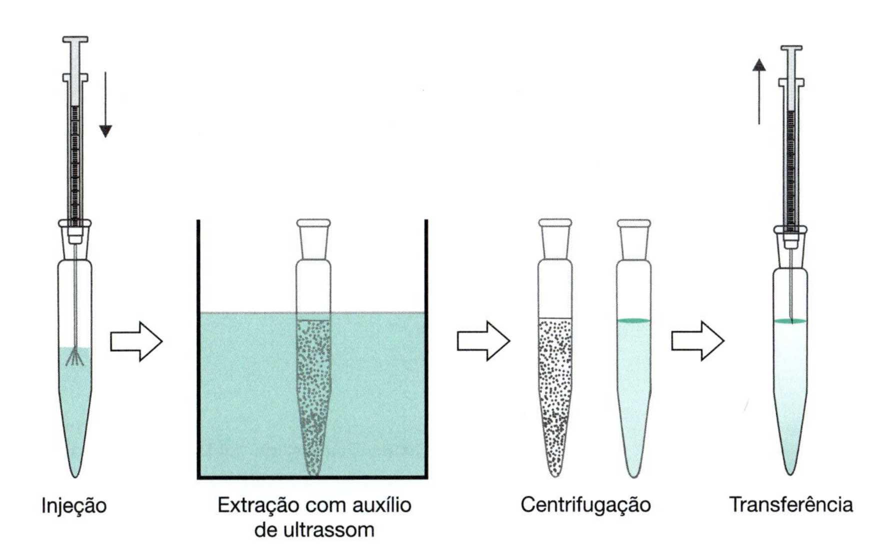

Figura 14.4 Etapas da DLLME assistida por ultrassom empregando solvente de baixa densidade (*ultrasound assisted dispersive liquid-liquid microextraction with low density solvent* – UA-DLLME-LDS).

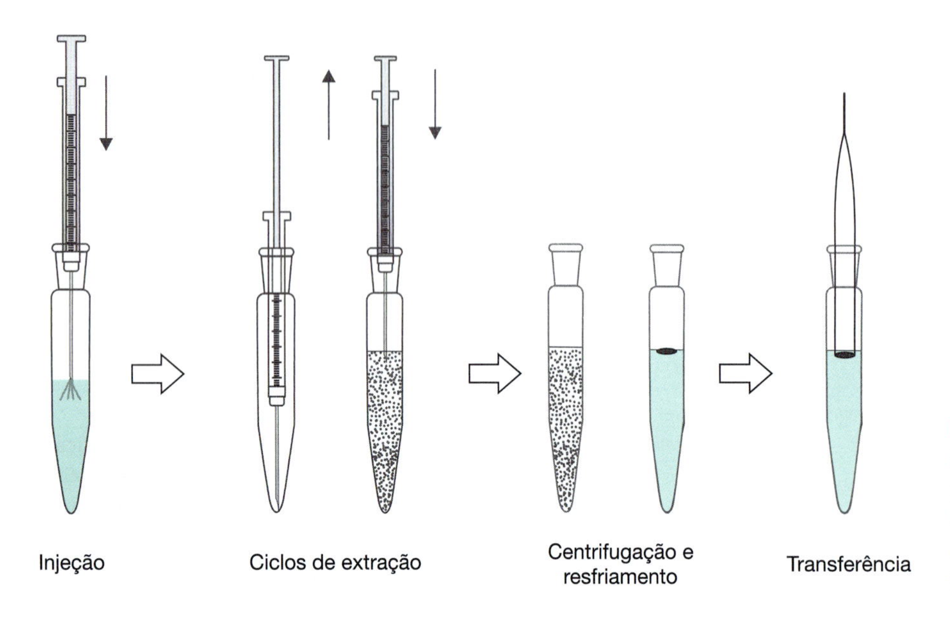

Figura 14.5 Etapas da DLLME com agitação por ar e solidificação da gota orgânica flutuante (*air agitated dispersive liquid-liquid microextraction solidification of a floating organic drop* – AA-DLLME-SFOD).

a desvantagem destes frascos serem fabricados artesanalmente para cada aplicação, não havendo disponíveis comercialmente, até o momento, para aplicação em larga escala.

Na Figura 14.7 está representado um esquema de aplicação de um frasco confeccionado com polímero flexível, que, após a separação das fases por centrifugação, é submetido à pressão nas paredes laterais, elevando o nível do líquido interno, deslocando a fase orgânica para a região de menor diâmetro interno, o que aumenta a altura da camada de fase orgânica e, com isso facilita o recolhimento da mesma.

14.4 Exemplos de aplicação da técnica

A DLLME tem sido aplicada com sucesso nas etapas de extração e concentração de uma grande variedade de compostos orgânicos. Esta técnica também pode ser empregada para determinação de íons metálicos com o auxílio de agentes complexantes.[23] A Tabela 14.2 apresenta detalhes de aplicações da DLLME para amostras ambientais. Entre os analitos avaliados nestas aplicações destacam-se agrotóxicos, fármacos e outros poluentes orgânicos. Como pode ser observado, a DLLME é uma técnica de preparo de amostra bastante versátil, uma vez que os extratos obtidos podem ser empregados com sucesso em diversos métodos de análise.

A determinação de compostos orgânicos em alimentos é bastante complexa devido à presença de coextrativos que podem afetar o resultado final. Entre os problemas que podem ser observados estão: baixa robustez do método, diminuição da detectabilidade e quantificação imprecisa, uma vez que resultados falsos positivos ou falsos negativos podem ser obtidos. Dessa maneira, atenção especial vem sendo dada a métodos de preparo de amostra que minimizem o efeito desses coextrativos. Como pode ser observado na Tabela 14.3, a DLLME tem sido aplicada com sucesso na análise de diferentes compostos orgânicos em alimentos.

Na maioria das aplicações apresentadas nas Tabelas 14.2 e 14.3 os solventes de extração empregados são clorados. O emprego desses solventes é criticado devido a sua toxicidade. Entretanto a quantidade do solvente usa-

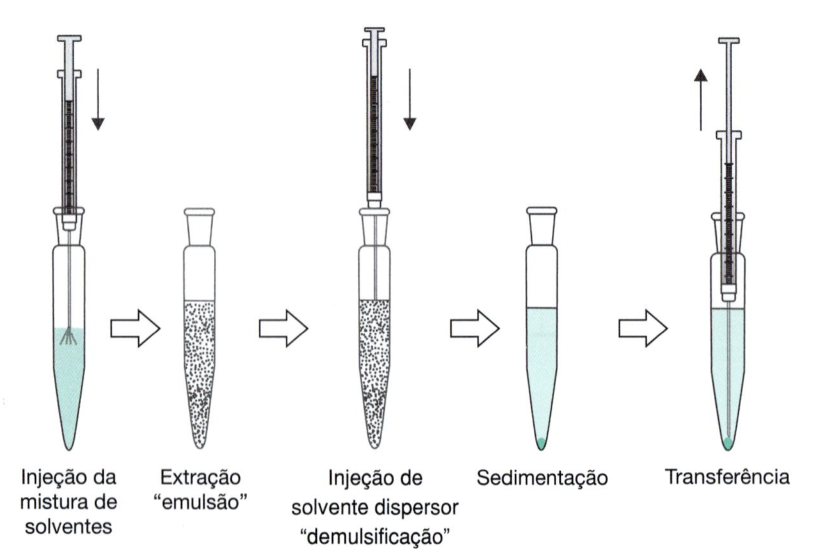

Figura 14.6 Etapas da DLLME encerrada por solvente (*solvent terminated dispersive liquid-liquid microextraction* – ST-DLLME).

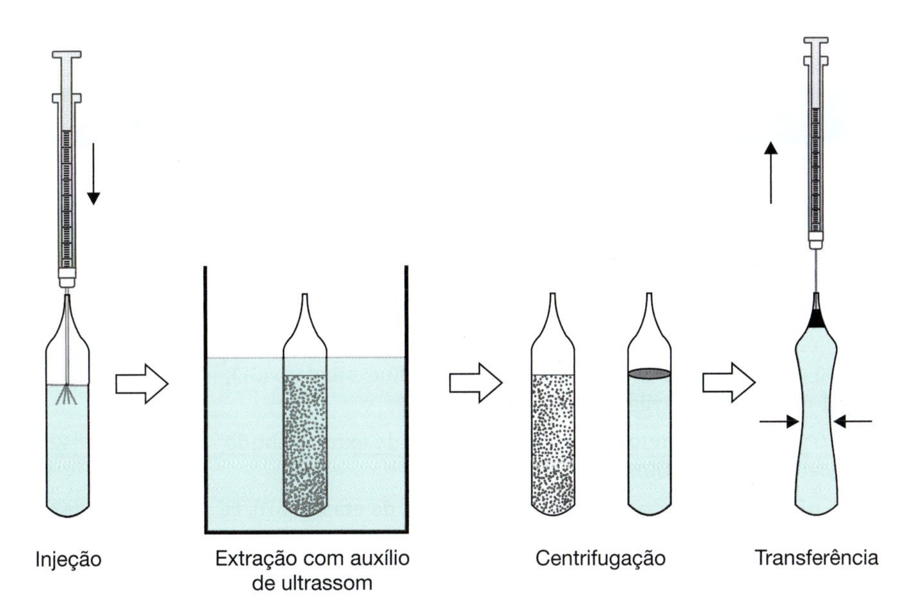

Figura 14.7 Etapas da DLLME com auxílio de um sistema aperfeiçoado de coleta do solvente (*dispersive liquid-liquid microextraction with improved solvent collection system* – ISCS-DLLME).

do em DLLME é muito reduzida. Embora a DLLME tenha sido proposta para solventes mais densos do que a água, Rodriguéz-Cabo et al.[45] desenvolveram uma nova proposta para a determinação de resíduos de fungicidas em vinho, empregando 50 µL de 1-undecanol como solvente de extração. Este solvente caracteriza-se por ser não clorado e de menor densidade que a água. Os 10 analitos de interesse foram analisados por cromatografia gasosa acoplada à espectrometria de massas. O método apresentou valores de recuperação na faixa de 81 e 120 %, RSD % inferiores a 13 % e fatores de concentração entre 8 e 86 vezes, resultando em valores de LOQ entre 0,2 e 3,2 µg/L.

Os excelentes resultados obtidos com a utilização da DLLME também podem ser observados quando esta é combinada a outras técnicas de preparo de amostra. Yan et al.[53] empregaram DDLME combinada com a técnica de dispersão da matriz em fase sólida (*matrix solid phase dis-*

Tabela 14.2 Aplicações de DLLME em amostras ambientais

Matriz	Analitos	Preparo da amostra	Ref.
Água	Hormônios	80 µL de tetracloreto de carbono (SE); 1,25 mL de acetona (SD), FC: 71,0 a 78,5	[19]
Água	Disruptores endócrinos	38 µL de cloreto de 1-butil-3-metilimidazolium, FC: 140 a 989	[24]
Água	Aldeídos	20 µL de clorobenzeno (SE), 1,0 mL de etanol (SD), FC: não informado	[25]
Água	orto-, meta- e para-mononitrotoluno	11 µL de tetracloroetileno (SE), 1,0 mL de acetonitrila (SD), FC: 4141 a 4570	[26]
Água, efluente	Estatinas	50 µL de clorobenzeno (SE), 0,5 mL de acetona (SD), FC: não informado	[27]
Água	Triclosan, triclocarban e metil-triclosan	15 µL de diclorobenzeno (SE), 1,0 mL de tetra-hidrofurano (SD), FC: 210 a 234	[28]
Água	Fuoroquinolonas	685 µL de clorofórmio (SE), 1250 µL de acetonitrila (SD), FC: não informado	[29]
Água, fluidos biológicos	Analgésicos	162 µL de clorofórmio (SE), 2,0 mL de metanol (SD), FC: 275 a 325	[30]
Água	Sulfonamidas	400 µL de clorobenzeno (SE), 800 µL de dimetilsulfóxido (SD). FC: não informado	[31]
Água	Carbofuran, clomazone e tebuconazole	60 µL de tetracloreto de carbono (SE), 2,0 mL de acetonitrila (SD), FC: 50	[32]
Água	Carbamatos	15 µL de tolueno (SE), (0,5 mL) de acetonitrila (SD). FC: não informado	[33]
Água	Organofosforados	0,062 g de [BBim][PF_6] (SE), 500 µL de metanol (SD). FC: 300	[34]
Água	Piretroides	300 µL de [C_4MIM][BF_4] (SE), 50 µL de [C_8MIM][PF_6] (SD), FC: não informado.	[35]
Água	Herbicidas do grupo das fenilureias	60 µL de diclorometano (SE); 1 mL de tetra-hidrofurano (SD), FC: 68 a 126	[36]
Solo	Agrotóxicos e metabólitos	117,5 mg de hexil-3-metilimidazolium hexafluorofosfato (SE), 418 µL de metanol (SD). FC: não informado	[37]

SE: solvente extrator; SD: solvente dispersor; FC: fator de concentração; [C_4MIM][BF_4]: 1-butil-3-metilimidazolium tetrafluoroborato; [C_8MIM][PF_6]: 1-octil-3-metilimidazolium hexafluorofosfato; [BBim][PF_6]: 1,3-dibutilimidazolium hexafluorofosfato.

Tabela 14.3 Aplicações de DLLME em amostras de alimentos

Matriz	Analitos	Preparo da amostra	Ref.
Leite	Bifenilas policloradas e éteres difenílicos polibromados	19 µL clorobenzeno (SE), 1 mL de acetona (SD), FC: 274-554	[38]
Peixe	Bifenilas policloradas	30 µL de clorobenzeno (SE), 1 mL de acetona (SD), FC: 87-123	[39]
Chá	Agrotóxicos organo-fosforados	24 µL de hexano (SE), 2 mL de acetonitrila (SD), FC: não informado	[40]
Panquecas	Parabenos	100 µL de 1-octil-3-metil-imidazolium hexafluorofosfato (SE), 0,1 mL de acetonitrila (SD), FC: 68-90	[41]
Milho	Agrotóxicos multiclasse	100 µL de tetracloreto de carbono (SE), 1 mL de extrato obtido (acetonitrila) por QuEChERS (SD), FC 10	[42]
Leite, ovos, azeite de oliva	Colesterol	35 µL de tetracloreto de carbono (SE), 800 µL de etanol (SD), FC: não informado	[43]
Melancia, pepino	Agrotóxicos organofosforados	27 µL de clorobenzeno (SE), 1,0 mL de acetonitrila (SD), FC: 41-50	[44]
Vinho	Agrotóxicos multiclasse	50 µL de 1-undecanol (SE), 0,5 mL de acetona (SD), FC: 8-86	[45]
Vinho	Clorofenóis e haloanisóis	30 µL de tetracloreto de carbono (SE), 1,0 mL de acetona (SD), FC: não informado	[46]
Suco de maçã	Agrotóxicos multiclasse	100 µL de tetracloreto de carbono (SE), 0,4 mL de acetona (SD), FC: não informado	[47]
Água, suco de frutas	Triazofós e carbaril	100 µL de tetracloetano (SE), 1 mL de acetonitrila (SD), FC: 87-276	[48]
Água, folhas de chá verde, chá verde	Parabenos	13 µL de clorobenzeno (SE), 0,5 mL de acetona (SD), FC: 46-240	[49]
Mel	Agrotóxicos triazínicos	0,05 % de triton X 114 (SE), 175 µL de 1-hexil-3-metil imidazolium hexa-fluorofosfato (SD), FC: não informado	[50]
Leite, água	Agrotóxicos triazóis	40 µL de clorofórmio (SE), 1 mL de acetonitrila (SD), FC: 156-435	[51]
Vinho	Fenóis	50 µL de tetracloreto de carbono (SE), 1 mL de acetona (SD), FC: não informado	[52]

SE: solvente extrator; SD: solvente dispersor; FC: fator de concentração.

persion – MSPD) para a determinação de corantes do tipo Sudão em amostras de gema de ovo por cromatografia líquida de alta eficiência com detecção no ultravioleta. Durante o procedimento de MSPD a amostra foi diretamente misturada com um polímero de impressão molecular (*molecularly imprinted polymer* – MIP) formado por anilina e naftol. Uma mistura de acetona: ácido acético (95:5, v/v) foi empregada como solvente de eluição na MSPD e após como solvente de dispersão na DLLME. O método apresentou boa linearidade, suas recuperações em três níveis de fortificação variaram entre 87,2 e 103,5 %, com RSD % ≤ 6,1. Os valores de LODs do método variaram entre 2,9 e 6,7 µg/kg, demonstrando o bom desempenho da combinação entre as técnicas de MIPs-MSPD e DLLME.

O uso de ultrassom para facilitar a extração também tem sido empregado. Os estudos relatam que seu uso aumenta a eficiência de extração, uma vez que microgotas menores são produzidas quando a vibração ultrassônica é empregada. A UA-DLLME (*ultrasound-assisted*-DLLME) foi utilizada no trabalho desenvolvido por Chen et al.[54] que descreve um método simples e com baixo consumo de solventes para a determinação de fulerenos em amostras de água. Os compostos foram determinados por cromatografia líquida acoplada à espectrometria de massas em série (*liquid chromatography tandem mass spectrometry* – LC-MS-MS). O método consistiu na injeção de 1 mL de 2-propanol (dispersor) e 10 µL de brometo de benzila (extrator) em 10 mL da amostra pH 10, contendo 1 % de NaCl. As amostras foram submetidas ao ultrassom por 1 min, centrifugadas e 5 µL da fase sedimentada foram injetadas no sistema cromatográfico. O método apresentou valores de LOD entre 3 e 40 ng/L, com RSD % < 12 e exatidão entre 70 e 86 %.

Apesar das importantes vantagens da técnica DLLME anteriormente citadas, a dificuldade de automação devido à necessidade de etapas de separação de fases e centrifugação é considerada uma desvantagem. A fim de minimizar este problema, Andruch et al.[55] propuseram a combinação entre um sistema de injeção sequencial de análise (*sequencial injection analysis* – SIA) e a técnica de DLLME para a determinação de tiocianato em saliva empregando detector espectrofotométrico. Os resultados obtidos demonstram a eficiência do sistema proposto, sendo que a combinação SIA-DLLME apresentou LOD de

17,0 µg/L. O método convencional por DLLME apresentou LOD de 100,0 µg/L. Outra grande vantagem desta combinação foi o tempo de 3 s para a realização da etapa de extração por DLLME.

A completa automação da técnica foi proposta por Maya et al.[56] empregando injeção em fluxo com multisseringas (*multi syringe flow injection analysis* – MSFIA) e solventes extratores menos densos que a água. Quando hifenado com a cromatografia líquida, o método é simples, fácil de operar e rápido. A aplicação foi demonstrada para extração de benzopireno utilizando 1-octanol (extrator) e acetonitrila (dispersor) na proporção (7,5/92,5, v/v).

14.5 Avanços recentes da técnica

Apesar de ser uma técnica de preparo de amostra relativamente nova, muitas modificações têm sido introduzidas desde sua proposição em 2006.[2] Inicialmente foi utilizada para preparo de amostras para GC e posteriormente para LC e outras técnicas analíticas. As modificações em relação ao procedimento original incluem a utilização de líquidos iônicos[57,58] e de solventes extratores com densidade menor que a da água.[59] Algumas publicações relatam o desenvolvimento de DLLME com derivatização e/ou complexação simultânea e extração de íons metálicos com o auxílio de agentes quelantes.[60]

A DLLME tem sido utilizada com maior frequência para extração e concentração de agrotóxicos em amostras aquosas,[61] bem como de compostos orgânicos como fármacos, aminas, fenóis e outros em amostras aquosas e em alimentos.[62,63]

A DLLME quando combinada a outras técnicas visando a concentração dos analitos de interesse é uma alternativa à etapa de evaporação do extrato. Desta forma, diminui a variação da eficiência do processo de extração, principal fonte de incerteza do preparo de amostras. Em conjunto com outras técnicas de preparo de amostra a DLLME pode ser utilizada para a extração de analitos de amostras sólidas. Algumas publicações relatam este tipo de aplicação, onde os analitos são extraídos da matriz utilizando a extração sólido-líquido empregando a técnica QuEChERS,[42] ou, no caso de metais, a mineralização.[23] Neste caso, a DLLME é utilizada para concentrar os analitos. Outra tendência que pode ser observada em publicações recentes é o uso da DLLME em conjunto com a extração em fase sólida (*solid phase extraction* – SPE), extração por fluido supercrítico e extração sortiva em barra de agitação (*stir bar sorptive extraction* – SBSE). Essas modificações permitem a obtenção de maior seletividade e menores valores de LOD.[62]

Uma tendência da DLLME, ainda com poucas aplicações descritas na literatura é a utilização de sorventes em suspensão em amostras submetidas à DLLME. Um exemplo deste tipo de aplicação é o emprego de polímero de impressão molecular[53,64] que são posteriormente removidos da amostra por filtração e o emprego de nanopartículas magnéticas quimicamente modificadas,[65] que são removidas por um campo magnético. Conforme sugerido por Grzeskowiak & Grzeskowiak[57] a combinação destas duas ideias, ou seja, nanopartículas de MIP com núcleos magnéticos pode trazer alta seletividade e facilidade de uso à DLLME com utilização de sorventes sólidos em suspensão.

A automação da DLLME deve ser uma tendência no futuro, porém atualmente poucos artigos relatam o desenvolvimento de um procedimento analítico utilizando DLLME *on-line*.[55,56] As considerações descritas neste capítulo sugerem uma perspectiva promissora nas aplicações da DLLME. A versatilidade desta técnica permite sua aplicação para a extração de diferentes tipos de analitos nas mais variadas amostras.

Referências bibliográficas

[1]OJEDA, C.B.; ROJAS, F.S. **Chromatographia**, 74: 651, 2011.

[2]REZAEE, M. et al. **J. Chromatogr. A**, 1116:1, 2006.

[3]REZAEE, M.; YAMINI, Y.; FARAJI, M. **J. Chromatogr. A**, 1217: 2342, 2010.

[4]YAZDI, A. S., AMIRI, A. **TrAC, Trends Anal. Chem.** 29: 1, 2010.

[5]BERIJANI, S. et al. **J. Chromatogr. A**, 1123: 1, 2006.

[6]OLIVEIRA, A.R.M. et al. **Quím. Nova**, 31: 637, 2008.

[7]HARRIS, D.C. **Análise química quantitativa**. Rio de Janeiro: LTC, 2012.

[8]BJERGAARD, S.P.; RASMUSSEN, K.E. **J. Chromatogr. A**, 1184: 132, 2008.

[9]HO, T.S. et al. **Anal. Chim. Acta**, 592: 1, 2007.

[10]KOZANI, R.R. et al. **Talanta**, 72: 387, 2007.

[11]HERRERA-HERRERA, A.V. et al. **TrAC, Trends Anal. Chem.** 29: 728, 2010.

[12]ZANG, X.H. et al. **Chin. J. Anal. Chem.** 37: 161, 2009.

[13]MERCK CHEMICALS. **Solventes para cromatografia líquida**, [mar 2013]. Disponível em: http://www.merckmillipore.com/brazil/chemicals/.

[14]ANTHEMIDIS, A.N.; IOANNOU, K.I.G. **Talanta**, 80: 413, 2009.

[15]LIU, L. et al. **Chromatographia**, 72: 1017, 2010.

[16]LEONG, M.; HUANG, S. **J. Chromatogr. A**, 1211: 8, 2008.

[17]LEONG, M.I. et al. **J. Chromatogr. A**, 1217: 5455, 2010.

[18]KRYLOV, V. A. et al. **J. Anal. Chem.** 66: 331, 2011.

[19]HADJMOHAMMADI, M.R.; GHOREISHI, S. S. **Acta Chim. Slov.** 58: 765, 2011.

[20]NAGARAJU, D.; HUANG, S.D. **J. Chromatogr. A**, 1161: 89, 2007.

[21]CALDAS, S.S. et al. **Quím. Nova**, 34: 1604, 2011.

[22]FARHADI, K., MATIN, A.A., HASHEMI, P. **Chromatographia**, 69: 45, 2009.

[23]FARAJZADEH, M.A.; BAHRAM, M.; VARDAST, M.R. **Clean – soil, air, water**, 38: 466, 2010.

[24]LÓPEZ-DARIAS, J. et al. **Microchim. Acta**, 174: 213, 2011.

[25]YE, Q. et al. **J. Sep. Sci.** 34: 1607, 2011.

[26]SOBHI, H.R. et al. **J. Sep. Sci.** 34: 1035, 2011.

[27]MARTÍN, J. et al. **Talanta**, 85: 607, 2011.

[28]GUO, J. et al. **J. Chromatogr. A**, 1216: 3038, 2009.

[29]HERRERA-HERRERA, A.V. et al. **Electrophoresis**, 31: 3457, 2010.

[30]SARAJI, M.; BOROUJENI, M.K.; BIDGOLI, A.A. H. **Anal. Bioanal. Chem.** 400: 2149, 2011.

[31]WEN, Y. et al. **Electrophoresis**, 32: 2131, 2011.

[32]CALDAS, S.S.; COSTA, F.P.; PRIMEL, E.G. **Anal. Chim. Acta**, 32: 55, 2010.

[33]CHEN, H.; CHEN, R.; LI, S. **J. Chromatogr. A**, 1217: 1244, 2010.

[34]HE, L. et al. **J. Chromatogr. A**, 1217: 5013, 2010.

[35]ZHAO, R. et al. **J. Sep. Sci.** 34: 830, 2011.

[36]CHOU, T.; LIN, S.; FUH, M. **Talanta**, 80: 493, 2009.

[37]ASENSIO-RAMOS, M. et al. **J. Chromatogr. A**, 1218: 4808, 2011.

[38]LIU, X. et al. **J. Sep. Sci.** 34: 1084, 2011.

[39]HU, Y. et al. **J. Sep. Sci.** 32: 2103, 2009.

[40]MOINFAR, S.; HOSSEINI, M.R.M. **J. Hazard. Mater.** 169: 907, 2009.

[41]YANG, P. et al. **Chem. Pap.** 747: 753, 2011.

[42]CUNHA, S.C.; FERNANDES, J.O. **J. Chromatogr. A**, 1218: 7748, 2011.

[43]DANESHFAR, A.; KHEZELI, T.; LOTFI, H.J. **J. Chromatogr. B**, 877: 456, 2009.

[44]ZHAO, E. et al. **J. Chromatogr. A**, 1175: 137, 2007.

[45]RODRIGUEZ-CABO, T. et al. **J. Chromatogr. A**, 1217: 6603, 2011.

[46]CAMPILLO, N. et al. **J. Chromatogr. A**, 1217: 7323, 2010.

[47]CUNHA, S.C.; FERNANDES, J.O.; OLIVEIRA, M.B.P.P. **J. Chromatogr. A**, 1216: 8835, 2009.

[48]FU, L. et al. **Anal. Chim. Acta**, 632: 289, 2008.

[49]HAN, Y. et al. **Chromatographia**, 72: 351, 2010.

[50]WANG, Y. et al. **J. Chromatogr. A**, 1217: 4241, 2010.

[51]FARAJZADEH, M.A.; DJOZAN, D.; MOGADDAN, M.R.A. **J. Sep. Sci.** 34: 1309, 2011.

[52]FARIÑA, L. et al. **J. Chromatogr. A**, 1157: 46, 2007.

[53]YAN, H. et al. **J. Chromatogr. A**, 1218: 2182, 2011.

[54]CHEN, H.; DING, W. **Journal of Chromatogr. A**, 1223: 15, 2012.

[55]ANDRUCH, V. et al. **Microchem. J.** 100: 77, 2012.

[56]MAYA, F.; ESTELA, J.M.; CERDÀ, V. **Anal. Bioanal. Chem.** 402: 1383, 2012.

[57]LIU, Y. et al. **J. Chromatogr. A**, 1216: 885, 2009.

[58]PARRILLA VÁZQUEZ, M. M. et al. **Anal. Chim. Acta**, 748: 20, 2012.

[59]CHEN, H, CHEN, R, LI, S **J. Chromatogr. A**, 1217: 1244, 2010.

[60]GRZESKOWIAK, A.Z.; GRZESKOWIAK, T. **TrAC, Trends Anal. Chem.** 30: 1382, 2011.

[61]MARTINS, M.L. et al. **Anal. Methods**, 6:5020, 2014.

[62]ASENSIO-RAMOS, M. et al. **J. Chromatogr. A**, 1218: 7415, 2011.

[63]MARTINS, M.L. et al. **Scientia Chromatographica**, 4:29, 2012.

[64]EBRAHIMZADEH, H. et al. **J. Sep. Sci.** 33: 3759, 2010.

[65]LUO, Y. B. et al. **J. Chromatogr. A**, 1218: 1353, 2011.

15 Microextração em fase líquida com fibras ocas

Eduardo Carasek da Rocha

15.1 Introdução

A microextração em fase líquida (*liquid-phase microextraction* – LPME) foi introduzida em 1996[1] e trata da miniaturização da tradicional técnica de extração líquido-líquido (*liquid-liquid extraction* – LLE). Em LPME, os analitos são extraídos da amostra aquosa (denominada fase doadora) para uma pequena quantidade de solvente imiscível em água (denominado fase ou solução receptora ou extratora), sendo o volume da fase receptora da ordem de microlitros.

Devido à elevada razão entre os volumes de fase doadora (mL) e fase receptora (µL), altos fatores de enriquecimento são obtidos em LPME. A extração por imersão direta da fase receptora na fase doadora (*direct immersion* – DI) ou o posicionamento da fase receptora no *headspace* da fase doadora (HS) são os principais modos de extração em LPME. A configuração mais simples em LPME pode ser representada por uma gotícula de solvente orgânico suspensa na extremidade de uma agulha de uma microsseringa, a qual é exposta a uma amostra aquosa nos modos de extração DI ou HS.[2] Nesta configuração a LPME é denominada microextração em gota única (*single drop microextraction* – SDME).

Apesar da simplicidade de operação da SDME, esta configuração apresenta algumas deficiências quanto à sua robustez, especialmente quanto à instabilidade da gota de solvente que pode desprender facilmente da ponta da agulha durante o procedimento de extração. Além disso, a SDME não é adequada para amostras contaminadas com materiais inorgânicos e orgânicos insolúveis, bem como materiais de alta massa molecular (por exemplo, proteínas), pois há um aumento na possibilidade de desprendimento da gota de solvente extrator, além de ser potencialmente prejudicial à instrumentação analítica.

Com o avanço em LPME, em 1999, Pedersen-Bjergaard e Rasmussen[3,4] introduziram uma nova configuração para LPME que levou a melhorias na questão da estabilidade e confiabilidade da técnica. Esta nova configuração denominada microextração em fase líquida com fibra (ou membrana) oca (*hollow fiber*-LPME – HF-LPME) é baseada no uso de fibra tubular oca, sendo a fibra de polipropileno a mais utilizada, que funciona como uma barreira porosa entre a amostra e a fase extratora (solução receptora). A fase extratora preenche o lúmen (interior da fibra) de uma membrana oca de polipropileno porosa e os poros da fibra oca são preenchidos com solvente orgânico formando uma fina camada líquida (*supported liquid membrane* – SLM). Desse modo, a fase extratora é mecanicamente protegida dentro da fibra oca e é separada da amostra pela SLM. Nesta configuração a dissolução da fase extratora na amostra é evitada. Assim, em HF-LPME os analitos são extraídos da amostra aquosa para dentro do solvente orgânico imobilizado como uma SLM, e então, para dentro da fase receptora localizada no interior da fibra oca tubular. Posteriormente, a solução receptora é removida por uma microsseringa e transferida para a análise instrumental. Tal configuração torna a LPME uma alternativa mais robusta e confiável, e ao mesmo tempo permite agitação ou vibração vigorosa da solução da amostra, sem que ocorra perda do solvente extrator. Além disto, a HF-LPME garante uma adequada limpeza da amostra (*clean-up*), permitindo que matrizes "sujas" possam ser analisadas. Outra característica interessante deste dispositivo é a sua simplicidade e baixo custo, o que permite que se utilize a membrana uma única vez, evitando um possível efeito de memória.

15.2 Princípios e fundamentação teórica

O procedimento de HF-LPME poder ser realizado em duas fases, a qual denominaremos HF(2)-LPME, ou em três fases, a qual denominaremos HF(3)-LPME, de acordo com o tipo de solução receptora adicionada no lúmen da fibra oca. A Figura 15.1 ilustra as duas configurações (2 e 3 fases) para o sistema de HF-LPME.

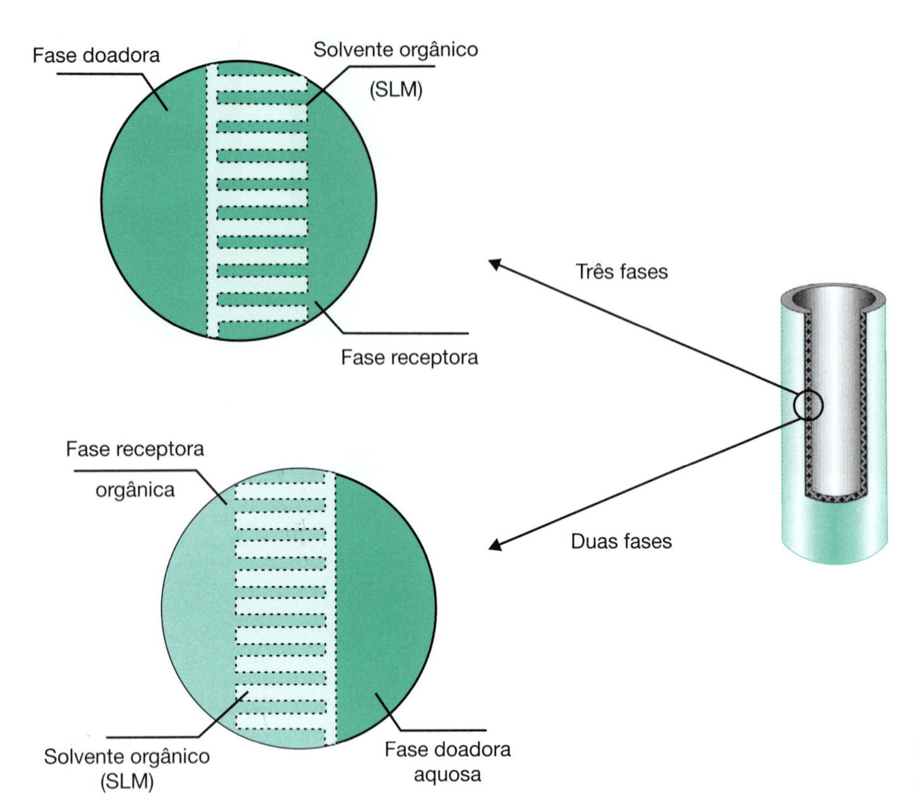

Figura 15.1 Configurações (2 e 3 fases) para o sistema de HF-LPME.

O sistema em duas fases consiste em uma fase aquosa, uma membrana e um líquido orgânico. A fase aquosa é normalmente a solução doadora (amostra) e o solvente orgânico é a fase receptora (extratora). Os poros da membrana oca são impregnados com um solvente orgânico imiscível na fase aquosa. O mesmo solvente orgânico que compõe a SLM preenche o lúmen da membrana tubular oca atuando como solvente receptor. Assim, a HF(2)-LPME consiste em apenas duas fases, a amostra aquosa (fase doadora) e o solvente orgânico que atua tanto como SLM quanto na fase receptora. O processo de extração em um sistema de duas fases envolve a partição dos analitos da amostra para o líquido orgânico impregnado nos poros da membrana oca e difusão através da membrana para a solução receptora orgânica. Portanto, para que o processo de extração ocorra, o analito deve dissolver no líquido orgânico impregnado nos poros da membrana e difundir para o seio da solução receptora. Assim, a extração depende da diferença do coeficiente de partição do analito entre a água e o solvente orgânico. A HF(2)-LPME é, portanto, adequada para compostos com elevado coeficiente de partição na fase orgânica. Este processo de extração pode ser ilustrado pela Equação 15.1, a qual retrata o equilíbrio químico de um analito A entre as fases, uma aquosa (amostra) e a outra receptora (orgânica).

O coeficiente de partição para A é definido conforme a Equação 15.2, sendo C_{eq} fase receptora a concentração de A na solução receptora em equilíbrio (fase orgânica) e C_{eq} amostra a concentração de A na amostra em equilíbrio (fase aquosa).[5,6]

$$A_{\text{amostra}} \leftrightarrows A_{\text{fase receptora}} \tag{15.1}$$

$$K_{\text{fase receptora/amostra}} = \frac{C_{\text{eq fase receptora}}}{C_{\text{eq amostra}}} \tag{15.2}$$

Baseado na Equação 15.2 e no balanço de massas do sistema em duas fases, a recuperação (*R*) de A no equilíbrio pode ser calculada de acordo com a Equação 15.3.

$$R = \frac{K_{\text{fase receptora/amostra}} V_{\text{fase orgânica}}}{K_{\text{fase receptora/amostra}} V_{\text{fase orgânica}} + V_{\text{amostra}}} \times 100\% \tag{15.3}$$

Em que $V_{org.}$ é o volume total da fase orgânica no sistema em duas fases (ou seja, a soma dos volumes de solvente orgânico imobilizado nos poros da fibra oca e no lúmen da membrana) e $V_{amostra}$ é o volume da amostra. De acordo com a Equação 15.3 a recuperação é dependente do coeficiente de partição do analito, do volume de solvente orgânico e do volume da amostra. Altas taxas de recuperação são obtidas para compostos com elevado coeficiente de partição, o qual depende da adequada escolha do solvente extrator, do pH da amostra para os casos de analitos ácidos ou básicos que devem estar na forma não ionizada, e em alguns casos da adição de altas concentrações de sais na amostra (efeito *salting-out*). Além disso, o uso de pequenos volumes de amostra também favorece o aumento da taxa de recuperação do analito para extrações baseadas no equilíbrio químico.

Em relação à cinética de extração para sistemas baseados na HF(2)-LPME, a mesma pode ser descrita pela Equação 15.4, em que *k* é a constante de velocidade (s^{-1}) definida de acordo com a Equação 15.5.

$$C_{\text{fase receptora}} = C_{\text{fase receptora}}(1 - e^{-kt}) \tag{15.4}$$

$$k = \frac{A_i}{V_{\text{fase org.}}} \beta_0 \left(K_{\text{fase receptora/amostra}} \frac{V_{\text{fase org.}}}{V_{\text{amostra}}} + 1 \right) \tag{15.5}$$

Em que $C_{\text{fase receptora}}$ é a concentração de A na fase receptora no tempo *t*, A_i a área interfacial, e β_0 é o coeficiente de transferência de massa global em relação à fase orgânica. De acordo com a Equação 15.5, para se obter uma extração rápida A_i e β_0 devem ser maximizados e $V_{amostra}$ deve ser minimizado. Além disso, o coeficiente de transferência de massas global deve ser maximizado por meio de forte agitação do sistema em duas fases.

No caso do sistema em três fases, há duas fases aquosas separadas pela parede da membrana tubular oca, sendo uma das fases a solução doadora (amostra) e a outra a solução receptora (extratora). Nesse sistema, assim como na HF(2)-LPME, os poros da parede da membrana oca são impregnados com um adequado solvente orgânico (SLM) imiscível nas fases aquosas. Assim, neste sistema há duas fases aquosas (doadora e receptora) e uma terceira fase orgânica impregnada nos poros da membrana.

O processo de extração no sistema em três fases envolve a partição do analito da amostra para a camada de solvente orgânico impregnado na membrana, difusão através da membrana para o interior da fibra oca, ionização e difusão para o meio da solução receptora. O processo de ionização e difusão para o seio da solução extratora é conhecido como extração de retorno. Para que esta sequência do processo de extração tenha êxito, alguns parâmetros críticos, tais como pH da amostra e da fase extratora, devem ser cuidadosamente otimizados. Para que um analito seja extraído da amostra para a solução extratora no sistema HF(3)-LPME, o mesmo deve dissolver no filme líquido orgânico impregnado nos poros da fibra oca. Portanto, para o caso de analitos ácidos ou básicos, os mesmos devem estar em sua forma não ionizada. Por outro lado, para que ocorra enriquecimento da concentração do analito na solução extratora, o analito deve estar na forma ionizada, o que previne que se difunda de volta para a solução doadora. A ionização do analito na fase receptora muda sua forma e mantém um gradiente de concentração na difusão da forma não ionizada para a solução extratora. Portanto, em HF(3)-LPME um aumento do enriquecimento de concentração é dependente das condições de aprisionamento do analito na fase receptora e do tempo de extração. O processo de extração no sistema em três fases pode ser visto segundo a Equação 15.6, a qual mostra o processo de equilíbrio de um analito A entre as fases aquosas (amostra e extratora) e o filme orgânico impregnado nos poros da membrana (SLM) e seus respectivos coeficientes de partição. A recuperação no equilíbrio de um analito no sistema em três fases deve considerar os coeficientes de partição do analito entre a amostra e a SLM, bem como entre a fase receptora e a SLM, conforme mostrado nas Equações 15.7 e 15.8, respectivamente.[5,6]

$$A_{amostra} \underset{K_3}{\overset{K_1}{\rightleftarrows}} A_{org.} \underset{K_4}{\overset{K_2}{\rightleftarrows}} A_{fase\ receptora}$$

$$A_{amostra} \leftrightarrows A_{org.} \leftrightarrows A_{fase\ receptora} \tag{15.6}$$

$$K_{org./amostra} = \frac{C_{eq\ org.}}{C_{eq\ amostra}} \tag{15.7}$$

$$K_{fase\ receptora/org.} = \frac{C_{eq\ fase\ receptora}}{C_{eq\ org.}} \tag{15.8}$$

Tendo como base as Equações 15.7 e 15.8, e o balanço de massas total para o sistema em três fases, a Equação 15.9 pode ser obtida para o cálculo da recuperação (R) em HF(3)-LPME.

$$R = \frac{K_{org./amostra} K_{fase\ receptora/org.} V_{fase\ receptora}}{K_{org./amostra} K_{fase\ receptora/org.} V_{fase\ receptora} + K_{org./amostra} V_{org.} + V_{amostra}} \times 100\% \tag{15.9}$$

Sendo $V_{fase\ receptora}$ o volume da solução receptora aquosa e $V_{org.}$ o volume da fase orgânica imobilizada nos poros da fibra oca (SLM). A partir da Equação 15.9 pode-se concluir que recuperações em HF(3)-LPME são controladas pelos dois coeficientes de partição, e pelos volumes de amostra e fase orgânica e fase receptora. Em termos gerais, valores elevados de coeficientes de partição são favoráveis, sendo esta variável otimizada pela adequada escolha do solvente orgânico (SLM) e seleção das condições de pH das soluções aquosas. Para analitos básicos o pH da solução amostra deve ser alto (preferencialmente 3 unidades abaixo do valor de pKa dos analitos) para manter os analitos na forma neutra, enquanto o pH da fase receptora deve ser mantido baixo para que ocorra a ionização dos analitos. O contrário deve ser feito para analitos ácidos. Também, de acordo com a Equação 15.9, os volumes de amostra e fase orgânica devem ser tão baixos quanto possível.

15.3 Metodologia

Para ambos os modos de HF-LPME (2 e 3 fases), antes da extração propriamente dita o frasco de amostragem é preenchido com a amostra, e se necessário um padrão interno é adicionado. No caso da determinação de compostos ácidos ou básicos, o pH da amostra deve ser ajustado para suprimir a ionização dos analitos de interesse. Um pedaço de fibra oca porosa (1 a 25 cm, de acordo com cada caso) é usado para a extração e sua configuração pode ser em forma de haste[7] ou em forma de U,[3] conforme ilustrado na Figura 15.2. No caso da configuração em haste, uma extremidade da membrana tubular oca é fechada (o que pode ser feito por aquecimento) e a outra extremidade é conectada à agulha de uma microsseringa. Normalmente a configuração em haste é utilizada para análise por cromatografia a gás (*gas chromatography* – GC). Para a extração no modo DI, utiliza-se de 1 a 11 cm de fibra oca de polipropileno (correspondendo a um volume de solvente orgânico no lúmen da fibra oca entre 3 e 33 µL). Para a extração no modo HS, 1 a 6 cm de fibra oca são normalmente utilizados, sendo o lúmen da fibra oca preenchida com 3 a 18 µL de solvente orgânico. No caso da configuração em U, as extremidades da fibra oca são conectadas a agulhas de microsseringas. Essa configuração é mais adequada para análise via cromatografia líquida (*liquid chromatography* – LC) ou eletroforese capilar (*capillary electrophoresis* – CE). Nesse caso, o modo de extração é DI e utiliza entre 1 e 25 cm de fibra oca (3 a 75 µL de fase receptora). Para cada 1 cm de fibra oca de polipropileno são impregnados aproximadamente 5 µL de solvente orgânico em seus poros para formar a SLM e cerca de 3 µL preenchem o lúmen da fibra. A Figura 15.3 mostra

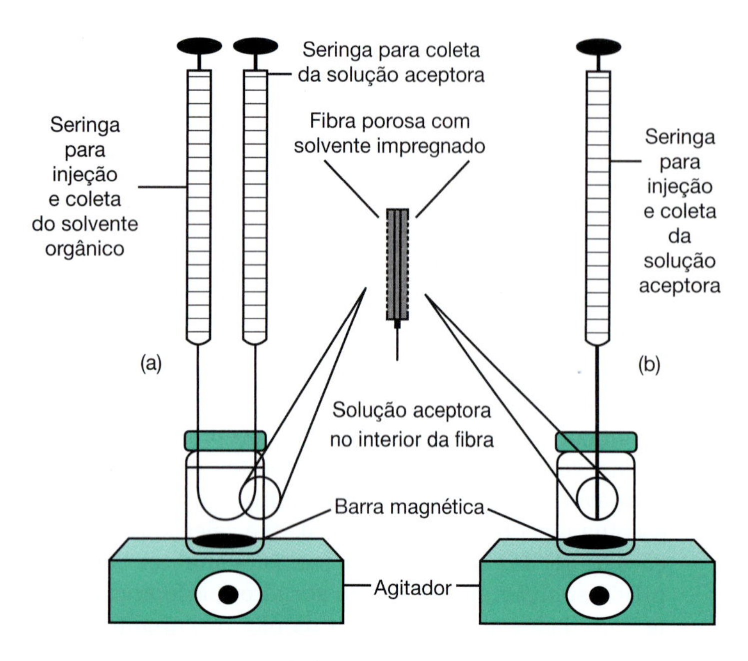

Figura 15.2 Configurações da HF-LPME em (a) U e (b) em haste.

uma fotografia da configuração em U. Na Figura 15.3a é exibido separadamente cada componente deste arranjo (2 microsseringas, pedaço de membrana, frasco de vidro com tampa de rosca e uma barra de agitação), enquanto na Figura 15.3b é mostrado o sistema HF(3)-LPME montado. Antes da montagem final do sistema, a SLM é formada nos poros na parede da fibra oca. Isso pode ser feito mergulhando a fibra oca dentro de um solvente orgânico apropriado por alguns segundos. Alternativamente, uma pequena porção do solvente orgânico pode ser injetada no lúmen da fibra oca para que a imobilização nos poros da membrana ocorra por dentro da fibra. A membrana de polipropileno tem sido a preferida em HF-LPME, pois a mesma é resistente a solventes orgânicos, com adequadas flexibilidade e força mecânica, e as fases orgânicas usadas em HF-LPME são fortemente imobilizadas em seus poros. Além disso, nenhum problema sério de adsorção entre os analitos e a fibra é conhecido.

A fibra oca de polipropileno Q 3/2 Accurel da Membrana (Alemanha) é a mais utilizada em HF-LPME, possuindo diâmetro interno de 600 μm e espessura de parede de 200 μm, com tamanho de poros de 0,2 μm e 70 % de porosidade. Com este diâmetro interno, agulhas estreitas de microsseringas podem ser inseridas dentro do lúmen da fibra oca para injeção e remoção da fase receptora. Além disso, estas especificações da fibra de polipropileno são importantes para a obtenção de uma alta área superficial de contato da fibra com a solução da amostra e uma pequena distância de difusão para a fibra, levando a altas velocidades de extração. Espessura de parede de 200 μm tem sido um padrão entre as fibras comerciais para HF-LPME. Valores abaixo de 200 μm apresentam pobre estabilidade mecânica, enquanto valores superiores resultam em longos tempos de extração e reduzidas recuperações devido ao aumento no volume e espessura da fase orgânica. Tamanho de poros de 0,2 μm também

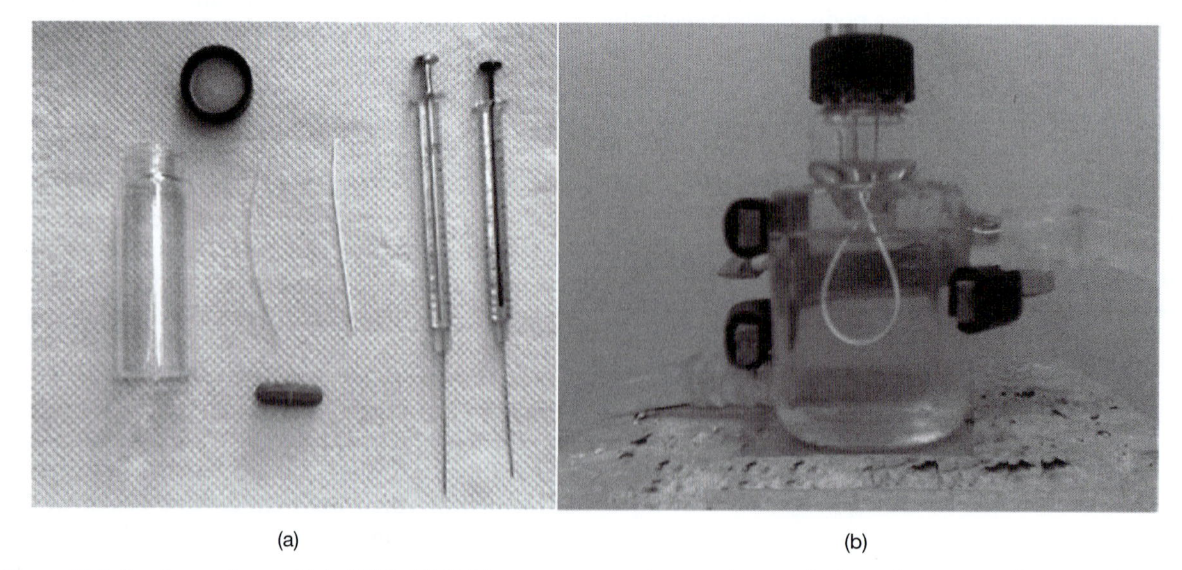

Figura 15.3 Configuração em U da HF(3)-LPME (a) componentes do arranjo em três fases (2 microsseringas, pedaço de membrana, frasco de vidro com tampa de rosca e uma barra de agitação) (b) sistema montado.

é apropriado, pois os solventes orgânicos usados como SLM ficam fortemente imobilizados neste tipo de estrutura porosa, e a estrutura relativamente aberta garante eficiente difusão dos analitos.

Em relação ao solvente orgânico usado como SLM, alguns critérios de escolha devem ser considerados. O solvente orgânico deve ser imiscível em água e estar fortemente imobilizado nos poros da fibra para prevenir vazamentos, bem como apresentar baixa polaridade para encharcar as paredes dos poros da fibra oca. O solvente deve apresentar um alto coeficiente de partição em relação ao analito para garantir eficiente extração e baixa volatilidade a fim de prevenir evaporação do mesmo durante o processo de extração, especialmente no modo HS. Um solvente com baixa viscosidade é desejável, pois assegura um elevado coeficiente de difusão do analito no solvente aumentando a cinética de transferência de massas através da SLM. Além disso, o pico cromatográfico do solvente não deve sobrepor com os dos analitos e deve apresentar alto fator de enriquecimento. Para o sistema em duas fases os solventes mais utilizados são 1-octanol, tolueno e ciclo-hexano, enquanto para o de três fases são 1-octanol e di-hexil éter. A Figura 15.4 relaciona a volatilidade e polaridade do analito com o modo de extração (DI ou HS), bem como fornece informações do tipo de solvente, analito e matriz que podem ser analisados.

Após a formação da SLM, a solução extratora é adicionada com o auxílio da microsseringa ao lúmen da fibra oca até seu completo preenchimento. Essa solução extratora pode ser o mesmo solvente orgânico usado como SLM resultando em um sistema de extração em duas fases, ou a solução extratora pode ser uma solução aquosa ácida ou alcalina resultando em um sistema de extração em três fases (nesse caso, uma segunda microsseringa está conectada a outra extremidade da fibra).

Finalmente, o pedaço de fibra oca com os poros impregnados com a SLM e o interior preenchido com a fase receptora conectada com a(s) microsseringa(s) é exposto à amostra no modo DI ou HS, de acordo com o procedimento escolhido. A extração pode ocorrer no modo estático, que é o mais utilizado e também facilmente aplicado em amostragens em campo, ou no modo dinâmico.[8] O termo estático é utilizado quando a fase receptora é introduzida no lúmen da fibra oca e então, a fibra oca é exposta à amostra. No caso do modo dinâmico, uma microsseringa conectada a uma bomba programável faz com que o solvente extrator entre e saia do lúmen da fibra oca durante o processo de extração, renovando constantemente a fase receptora.

Entretanto, o modo dinâmico tem sido pouco utilizado, somente para análise de amostras de alimentos.[9,10] Após um período predeterminado de tempo (tempo de extração) onde a fibra oca é mantida em contato com a amostra nas condições previamente otimizadas (agitação, adição de sal, temperatura etc.), o conjunto fibra oca–microsseringa(s) é removido da amostra. A seguir, um determinado volume de fase extratora é removido, utilizando uma das microsseringas, e o extrato diretamente injetado no instrumento analítico.

15.4 Exemplos de aplicação da técnica

Trabalhos com microextração em fase líquida com membrana oca em duas ou três fases são diversos, e aplicações/inovações dessa técnica ainda estão sendo realizadas. Esses trabalhos podem ser facilmente encontrados na literatura. A Tabela 15.1 mostra apenas alguns exemplos da aplicação da HF-LPME. Como pode ser visto, muitas aplicações da HF-LPME têm sido propostas para análises ambientais (sistema em duas fases) e análises de drogas/produtos farmacêuticos principalmente em amostras biológicas (sistema em três fases). Além disso, mais recentemente a análise de alimentos, bebidas e peptídeos

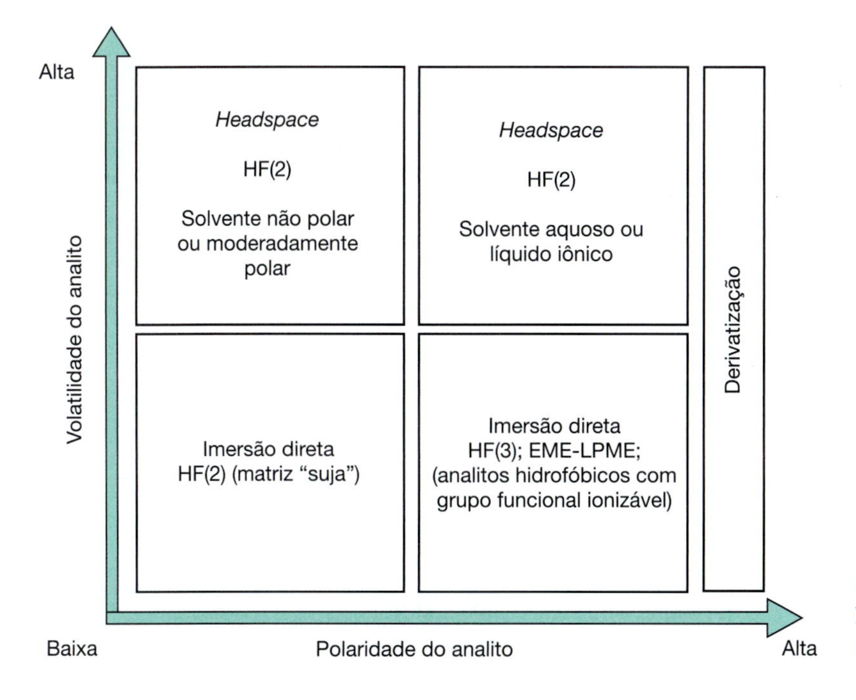

Figura 15.4 Relação entre a volatilidade e polaridade do analito com o modo de extração (DI ou HS) em HF-LPME.

tem sido alvo de interesse. Como regra geral, os trabalhos envolvendo o sistema em duas fases utilizam tolueno ou η-octanol como solvente extrator e aproximadamente 80 % das aplicações desse sistema envolvem o uso da GC e da GC acoplada ao espectrômetro de massas (*gas chromatography-mass spectrometry* – GC-MS) como método analítico de análise. No caso do sistema em três fases η-octanol ou di-hexil éter são utilizados como SLM, e ácido clorídrico e hidróxido de sódio são os mais utilizados para ajustar o pH da amostra e da solução receptora. Nesse caso, a instrumentação analítica preferencial é a LC-MS, a cromatografia líquida de alta eficiência (*high performance liquid chromatography* – HPLC) e a eletroforese capilar.

15.5 Avanços recentes da técnica

Como a HF-LPME é baseada na difusão passiva do analito da solução de amostra para a solução receptora, o fluxo de analitos através da SLM é basicamente controlado pelas razões de distribuição do analito entre a amostra e a fase extratora, tornando o processo de extração relativamente lento. Um avanço para contornar esse problema foi proposto por Pedersen-Bjergaard e Rasmussen[39] em 2006 e trata da extração por eletromembrana (*electromembrane extraction* – EME). Nesse sistema, assim como na HF(3)-LPME, os analitos são extraídos da amostra aquosa por meio de um solvente orgânico imobilizado nos poros da fibra oca (SLM) para uma solução aquosa receptora loca-

Tabela 15.1 Exemplos da aplicação da HF-LPME na determinação de diversos analitos em várias matrizes

Analito	Matriz	SLM	Fase receptora	Sistema analítico	Ref
		HF(2)-LPME			
Herbicidas	Água	1-octanol	1-octanol	GC-MS	[11]
Analgésico	Água	1-octanol	1-octanol	GC-MS	[12]
BTEX	Água	1-octanol	1-octanol	GC-MS	[13]
Carbamatos	Água da torneira	1-octanol	1-octanol	GC-MS	[14]
Poluentes orgânicos	Sedimento marinho	tolueno	tolueno	GC-MS	[15]
Pesticidas organoclorados	Água do mar	tolueno	tolueno	GC-MS	[16]
Pesticidas organoclorados	Solo	tolueno	tolueno	GC-MS	[17]
HPA	Solo	1-octanol	1-octanol	GC-MS	[18]
Fenóis	Água do mar	tolueno	tolueno	GC-MS	[19]
Ésteres de ftalato	Água potável	tolueno	tolueno	GC-MS	[20]
Drogas básicas	Plasma	1-octanol	1-octanol	GC-NPD	[21]
Cocaína	Saliva	clorofórmio	clorofórmio	GC	[22]
Pesticidas organoclorados	Chá	1-octanol	1-octanol	GC-ECD	[23]
Ácidos graxos	Óleo vegetal	η-tridecano	η-tridecano	GC-FID	[24]
		HF(3)-LPME			
Drogas anti-inflamatórias	Água residual	1-octanol	0,05M NaOH	HPLC	[25]
Anfetaminas	Urina/sangue	1-octanol	1M NaOH	FIA-MS-MS	[26]
Resíduos de antibióticos	Água	Di-hexil éter	pH 4 (CH_3COOH)	UHPLC-MS-MS	[27]
Antidepressivos	Leite materno	polifenilmetilsiloxano	0,01M HCl	CE-UV	[28]
Drogas básicas	Plasma/urina	1-octanol	0,1M HCl	HPLC, CE-UV	[21]
Metanfetamina	Plasma/urina	1-octanol	0,1M HCl	CE-UV	[3]
Drogas polares	Plasma	1-octanol	0,05M HCl	LC-MS	[29]
Antibióticos de tetraciclina	Leite, plasma, água	1-octanol	0,1M (ácido fosfórico)	HPLC	[30]
Fungicidas	Suco de laranja	2-octanona	10 mM HCl	LC-MS	[31]
Clorofenóis	Solo, arroz, mel	η-dodecano	acetonitrila	GC-ECD	[32]
HPA	Água, solo	η-dodecano	acetonitrila	GC-FID	[33]
Dextrometofan	Plasma, urina	η-dodecano	metanol	IMS	[34]
		EME			
Drogas ácidas	Água	1-heptanol	pH 12 (NaOH)	CE	[35]
Anfetaminas	Urina	2-nitrofenil octil éter	100 mM HCl	HPLC	[36]
Bloqueadores	Saliva	2-nitrofenil octil éter	100 mM HCl	HPLC	[37]
Peptídeo	Plasma	1-octanol	50 mM HCl	HPLC	[38]

lizada no lúmen da fibra. Entretanto, o processo de extração dos analitos através da SLM é baseado na aplicação de uma diferença de potencial elétrico (corrente contínua) obtida pelo posicionamento de dois eletrodos (fios de platina) colocados fora da fibra oca (solução amostra) e dentro do lúmen da fibra oca (solução receptora), respectivamente. Nesse processo é fundamental um ajuste criterioso do pH da solução amostra e fase receptora que garanta total ionização dos analitos para assegurar uma eficiente mobilidade eletrocinética no sistema EME. A composição química da SLM é muito importante para a extração por EME e deve apresentar certa polaridade ou conteúdo de água em sua composição para fornecer suficiente condutância elétrica. Solventes nitroaromáticos (como o 2-nitrofenil octil éter) é adequado para determinação de drogas básicas. Por outro lado, álcoois de cadeia longa (como 1-octanol) são úteis como SLM para determinação de drogas ácidas. Além disso, a diferença de potência elétrica aplicada entre os eletrodos deve ser cuidadosamente escolhida, e valores entre 9 V[40,41] e 300 V[42,43] foram utilizados em trabalhos recentes. A EME tem sido principalmente utilizada para determinação de drogas em matriz biológica necessitando de tempos de extração inferiores a 5 min, contrastando com tempos superiores a 45 min quando utilizada a HF(3)-LPME. A Tabela 15.1 também apresenta alguns exemplos da aplicação da EME.

No que diz respeito à análise de drogas, a quase totalidade dos trabalhos tem sido feita com o sistema em três fases com posterior determinação por LC-MS, HPLC ou CE, devido às características da fase extratora. Nesse caso, para o uso da GC e GC-MS há necessidade de uma etapa de evaporação da fase receptora aquosa e posterior reconstituição em um solvente orgânico adequado. Assim, há um aumento na manipulação da amostra podendo levar a perdas e/ou contaminação da amostra. Dessa forma, para permitir o uso direto da HF(3)-LPME também com cromatografia a gás, foi proposto o uso de solvente orgânico, em vez de solução aquosa, como fase extratora imiscível com o solvente utilizado como SLM.[44] Nesse caso, os solventes acetonitrila e metanol são os utilizados como fase receptora por serem compatíveis com os instrumentos analíticos (GC e LC) e por serem imiscíveis em η-dodecano, que é o solvente utilizado como SLM. O transporte dos analitos do solvente orgânico da SLM para a acetonitrila (ou metanol) é baseado no gradiente de concentração entre os dois solventes orgânicos imiscíveis. Esse sistema permite a extração de analitos ionizáveis e analitos polares que têm como mecanismo de extração o gradiente de pH e transporte ativo, respectivamente.

Outra possibilidade de trabalhos com a HF é a modificação do modo de extração em duas fases denominado microextração líquido-líquido com membrana microporosa (*microporous membrane LLE* – MMLLE). Nesse caso, o solvente orgânico contido nos poros da fibra oca atua por si só como extrator dos analitos da amostra aquosa. Posteriormente, os analitos são dessorvidos em um pequeno volume (μL) de um solvente orgânico adequado. Nesse modo de extração, a fibra oca é completamente encaixada em uma haste cilíndrica metálica restando apenas os poros da fibra oca para realizar a extração. Diversas aplicações da MMLLE foram feitas para a análise de alimentos.[45-47] Alternativamente, o solvente extrator (μL) pode ser adicionado diretamente na matriz da amostra para a extração dos analitos. Posteriormente, a fibra oca de polipropileno com os poros vazios (previamente encaixada em uma haste metálica) é introduzida na matriz para extração do solvente contendo os analitos.[48] Após o encerramento do processo de extração, a fibra oca é submersa em um solvente orgânico (μL) para dessorção líquida e injeção no cromatógrafo a gás.

Referências bibliográficas

[1]LIU, H.; DASGUPTA, P.K. **Anal. Chem.** 68: 2236, 1996.

[2]JEANNOT, M.A.; CANTWELL, F.F. **Anal. Chem.** 69:235, 1997.

[3]PEDERSEN-BJERGAARD, S.; RASMUSSEN, K.E. **Anal. Chem.** 71:2650, 1999.

[4]RASMUSSEN, K.E. et al. **J. Chromatogr. A** 873:3, 2000.

[5]GHAMBARIAN, M.; YAMINI, Y.; ESRAFILI, A. **Microchim. Acta** 177:271, 2012.

[6]PEDERSEN-BJERGAARD, S.; RASMUSSEN, K.E. **J. Chromatogr. A** 1184:132, 2008.

[7]DE JAGER, L.S.; ANDREWS, A.R.J. **Analyst** 126:1298, 2001.

[8]LEE, J. et al. **Anal. Chim. Acta** 624:253, 2008.

[9]HUANG, S.P.; HUANG, S.D. **J. Chromatogr. A** 1135:6, 2006.

[10]GHASEMI, E.; SILLANPÄÄ, M.; NAJAFI, N.M. **J. Chromatogr. A** 1218: 380, 2011.

[11]WU, J.; LEE, H.K. **J. Chromatogr. A** 1133:13-20, 2006.

[12]MÜLLER, S. et al. **J. Chromatogr. A** 985:99-106, 2003.

[13]OUYANG, G.; ZHAO, W.; PAWLISZYN, J. **J. Chromatogr. A** 1138:47-54, 2007.

[14]ZHANG, J.; LEE, K. **J. Chromatogr. A** 1117:31-37, 2006.

[15]BASHEER, C.; OBBARD, J.P.; LEE, H.K. **J. Chromatogr. A** 1068:221-228, 2005.

[16]BASHEER, C.; LEE, H.K.; OBBARD, J.P. **J. Chromatogr. A** 968:191-199, 2002.

[17]HOU, L.; LEE, H.K. **J. Chromatogr. A** 1038:37-42, 2004.

[18]JIANG, X. et al. **J. Chromatogr. A** 1087:289-294, 2005.

[19]BASHEER, C.; LEE, H.K. **J. Chromatogr. A** 1057:163, 2004.

[20]PSILLAKIS, E.; KALOGERAKIS, N. **J. Chromatogr. A** 999:145, 2003.

[21]RASMUSSEN, K.E. et al. **J. Chromatogr. A** 873:3, 2000.

[22]DE JAGER, L.S.; ANDREWS, A.R.J. **Anal. Chim. Acta** 458:311, 2002.

[23]HUANG, S.P.; HUANG, S.D. **J. Chromatogr. A** 1135:6, 2006.

[24]SIANG, G.H. et al. **J. Chromatogr. A** 1217:8073, 2010.

[25]WEN, X.; TU, C.; LEE, H.K. **Anal. Chem.** 76:228, 2004.

[26]HALVORSEN, T.G. et al. **J. Sep. Sci.** 24:615, 2001.

[27]YUDTHAVORASIT, S.; CHIAOCHAN, C.; LEEPIPATPIBOON, N. **Microchim. Acta** 172:39, 2011.

[28]BJØRHOVDE, A. et al. **Anal. Chim. Acta** 491:155, 2003.

[29]HO, T.S. et al. **J. Chromatogr. A** 1072:29, 2005.

[30]SHARIATI, S.; YAMINI, Y.; ESRAFILI, A. **J. Chromatogr. B** 877:393, 2009.

[31]BARAHONA, F. et al. **J. Chromatogr. A** 1217:1989, 2010.

[32]GHAMBARIAN, M. et al. **J. Chromatogr. A** 1217:5652, 2010.

[33]ESRAFILI, A. et al. **J. Sep. Sci.** 34:98, 2011.

[34]MIRMAHDIEH, S.; KHAYAMIAN, T.; SARAJI, M. **Microchim. Acta** 176:471, 2012.

[35]BALCHEN, M. et al. **J. Chromatogr. A** 1152:220, 2007.

[36]SEIDI, S. et al. **J. Chromatogr. A** 1218:3958-3965, 2011.

[37]SEIDI, S.; YAMINI, Y.; REZAZADEH, M. **J. Pharm. Biomed. Anal.** 56:859-866, 2011.

[38]ALCHEN, M.; REUBSAET, L.; PEDERSEN-BJERGAARD, S. **J. Chromatogr. A** 1194:143-149, 2008.

[39]PEDERSEN-BJERGAARD, S.; RASMUSSEN, K.E. **J. Chromatogr A** 1109:183, 2006.

[40]EIBAK, L.L.E. et al. **J. Chromatogr. A** 1217:5050, 2010.

[41]KJELSEN, I.J.O. et al. **J. Chromatogr. A** 1180:1, 2008.

[42]GJELSTAD, A.; RASMUSSEN, K.E.; PEDERSEN-BJERGAARD, S. **J. Chromatogr. A** 1124:29, 2006.

[43]BASHEER, C.; TAN, S.H.; LEE, H.K. **J. Chromatogr. A** 1213:14, 2008.

[44]GHAMBARIAN, M et al. **J. Chromatogr. A** 1217:5652, 2010.

[45]BEDENDO, G.C.; JARDIM, I.C.S.F.; CARASEK, E. **J. Chromatogr. A** 1217:6449, 2010.

[46]ROMERO-GONZÁLEZ, R. et al. **Talanta** 82:171, 2010.

[47]SHRIVAS, K.; PATEL, D.K. **Food Chem.** 122:314, 2010.

[48]BEDENDO, G.C.; CARASEK, E. **J. Chromatogr. A** 1217:7, 2010.

PARTE IV

Técnicas Miniaturizadas

IV.II Microextração em fase sólida

16 Microextração em fase sólida: princípios, métodos, sorventes e acoplamento com a cromatografia gasosa

Fabio Augusto, Bruna Regina de Toledo Sampaio, Fabiana de Alves Lima Ribeiro, Helga Gabriela Aleme, Leandro Wang Hantao, Mayra Fontes Furlan Noroska, Gabriela Salazar Mogollon, Paloma Santana Prata, Paula Feliciano de Lima e Soraia Cristina Gonzaga Neves Braga

16.1 Introdução

A viabilidade de um método analítico é determinada pela qualidade de suas etapas:

i. amostragem,
ii. preparo da amostra,
iii. identificação,
iv. quantificação,
v. avaliação estatística e
vi. tomada de decisão.

É incomum se analisar quimicamente matrizes na forma bruta, pois elas costumam ter e gerar interferentes que são incompatíveis com os equipamentos analíticos. Para contornar tais adversidades são empregados procedimentos de preparo da amostra, com os quais se procura isolar e concentrar as espécies de interesse em níveis adequados e obter um nível de limpeza da amostra que não comprometa a sua análise química bem como seu equipamento. Portanto, o preparo da amostra também inclui a sua compatibilização com a técnica que fornecerá os dados químicos.

Quando a cromatografia gasosa (*gas chromatography* – GC) é usada nas etapas de separação, detecção e identificação, algumas demandas específicas são impostas sobre as técnicas de *clean-up* e pré-concentração adotadas. Em especial, GC é adequada à separação de espécies voláteis e semivoláteis. Nas matrizes onde esses analitos serão determinados podem estar presentes interferentes incompatíveis com as colunas cromatográficas e detectores, em especial materiais particulados em suspensão, compostos não voláteis ou umidade (prejudicial a muitas fases estacionárias e detectores). Um grande número de técnicas de preparo de amostra tem sido usado em métodos analíticos envolvendo GC. Idealmente, essas técnicas devem possuir algumas características desejáveis – em especial, a capacidade de sorver seletivamente e quantitativamente espécies químicas voláteis e semivoláteis de matrizes aquosas e contendo interferentes não voláteis ou em suspensão. Além disso, ela deve permitir a introdução rápida das espécies extraídas na coluna cromatográfica, sem que haja alargamento da banda cromatográfica decorrente do espalhamento dos analitos dessorvidos em decorrência de cinética de dessorção incompatível com de GC. Dentre as diversas técnicas disponíveis, a microextração em fase sólida (*solid phase microextraction* – SPME) tem sido empregada para essas operações que criam o elo entre a matriz química e o instrumento analítico. Essa microtécnica foi descrita e introduzida ao meio acadêmico na década de 1990 por Arthur e Pawliszyn,[1] desde então o seu emprego tem sido crescente, em função de uma série de características bastante interessantes:

- Ela é mais rápida e operacionalmente mais simples que muitas das técnicas tradicionais; além disso, não exige equipamento analítico especialmente modificado e dedicado a esta finalidade[2] (ao contrário de algumas das outras técnicas, como os métodos de manipulação dinâmica do *headspace* de amostras).
- O manuseio reduzido das amostras em comparação às técnicas convencionais minimiza a possibilidade de formação de artefatos e introdução de erros.
- A princípio é possível que as espécies de interesse sejam extraídas e transferidas diretamente ao equipamento sem intervenção de solventes, eliminando possíveis fontes de contaminação e simplificando o gerenciamento dos resíduos de um laboratório.[3,4]
- Além disso, é observado o incremento na detectabilidade do analito, obtido pela razão favorável entre o volume da amostra e o volume da fase extratora (β) – adequando-se com as sensibilidades dos detectores de GC.

16.2 Microextração em fase sólida

A SPME é uma microtécnica em que os processos de extração e pré-concentração de analitos ocorrem numa escala dimensional comparativamente reduzida. O dispositivo básico de SPME consiste em um suporte na forma de um bastão (10 mm ou 20 mm de comprimento, diâmetro de 110 a 160 μm) recoberto com filmes de espessura de até 100 μm de polímeros sorventes (por exemplo, polidimetilsiloxano – PDMS, poliacrilato – PA ou polietilenoglicol – CW) ou sólidos adsorventes (por exemplo, Carboxen® – CAR, carvão ativo microparticulado e resina poliestireno-divinilbenzeno – DVB) dispersos em polímeros ou misturas destes materiais: CAR-PDMS, CW-DVB.[4,5] O suporte tradicionalmente utilizado tem sido uma fibra de sílica fundida (pedaço de fibra óptica). Em vista de sua fragilidade, o uso de materiais mais resistentes e flexíveis foi introduzido no mercado. As fibras comercializadas como "Stableflex®" (Supelco Inc., Bellefonte, PA – EUA) são preparadas sobre um suporte de sílica fundida mais flexível e menos rígido (e, portanto, menos suscetível à quebra). Mais recentemente foram introduzidas fibras de SPME usando como suporte fios de ligas metálicas superelásticas (em que o chamado efeito de memória faz com que a fibra mantenha sua integridade mesmo após aplicação de força mecânica excessiva). A durabilidade dessas fibras Stableflex® e de núcleo metálico é bastante superior à das fibras convencionais; seu custo, entretanto, é maior (ca. 30 % – 40 % a mais).

O detalhe da Figura 16.1b representa uma fibra comercial em que o recobrimento tem espessura de 100 μm.

Na SPME ocorre a sorção das espécies de interesse presentes na amostra por um filme fino de sorvente depositado sobre o suporte. Na etapa de extração, a seção recoberta com o material sorvente é colocada diretamente em contato com a amostra (modo de extração direta) ou ao seu espaço confinante na fase vapor – o *headspace* (modo de extração através do *headspace*). A extensão da extração depende da partição ou adsorção da espécie de interesse entre a fase extratora e a matriz (água, ar etc.) que contém a espécie.[6]

Realizada a extração, a fibra é retirada da amostra e inserida no injetor do cromatógrafo a gás, onde os analitos são termicamente dessorvidos sob fluxo do gás de arraste e carregados para a coluna cromatográfica. Em vista das suas dimensões, tipicamente as fibras extraem pequenas quantidades de analitos, o que somado à pequena espessura dos filmes sorventes facilita sua dessorção rápida, sem prejuízo da eficiência do sistema cromatográfico.

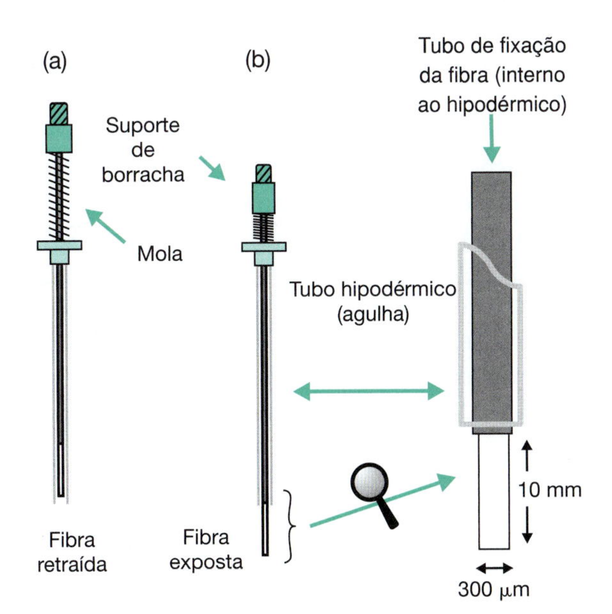

Figura 16.1 Dispositivo comercial da fibra de SPME: (a) Posição com a fibra retraída na agulha (tubo hipodérmico de diâmetro externo 0,56 mm), (b) posição com a fibra exposta. No detalhe são mostradas as dimensões típicas da fibra comercial com recobrimento de PDMS com 100 μm de espessura.

16.3 Dispositivos para SPME

As fibras disponíveis comercialmente são fornecidas montadas em uma agulha hipodérmica (Figura 16.1a), e esse conjunto é rosqueado no aplicador (Figura 16.2). Dessa forma o aplicador é reutilizável, bastando trocar o conjunto (fibra + agulha) quando necessário. O aplicador (*holder*), mostrado na Figura 16.2 permite que a fibra possa ser retraída para dentro do tubo hipodérmico durante operações que possam danificá-las (Figura 16.1A), tais como a de transporte e a de perfuração do septo tanto do frasco de amostra e do injetor do cromatógrafo.

Este arranjo é adequado para a maior parte dos trabalhos de rotina e o principal fornecedor desses dispositivos é a Supelco Inc. (Bellefont, PA – EUA).

Existem, também, outros formatos de aplicadores que têm sido utilizados na amostragem em campo e na amostragem passiva de compostos voláteis, no qual o fenômeno de transferência de massa é governado pelo mecanismo de difusão molecular.

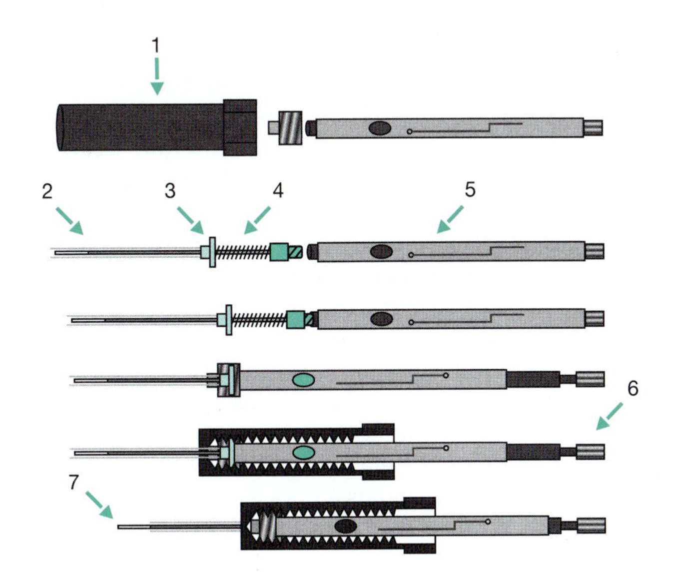

Figura 16.2 Dispositivo comercial para SPME: 1: corpo do aplicador; 2: agulha hipodérmica de aço; 3: peça metálica com septo de silicone; 4: guia do aplicador; 5: guia do êmbolo; 6: êmbolo e 7: fibra extratora de PDMS 100 μm.

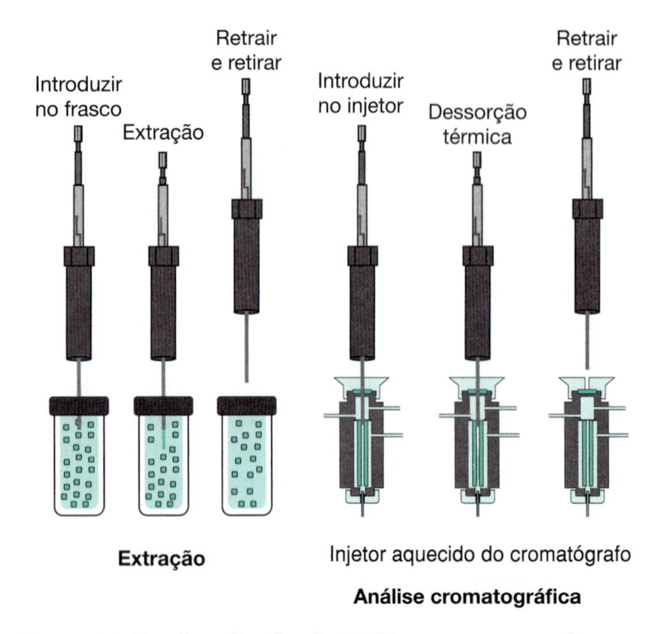

Figura 16.3 Uso do aplicador de SPME para o processo de extração e o de dessorção do material extraído para análise por GC.

A sequência de procedimentos para realizar a extração, no modo direto, e a dessorção no injetor do cromatógrafo é mostrada na Figura 16.3.

Com a fibra retraída na agulha, o septo do frasco de amostra é perfurado e, posteriormente, a fibra é exposta à amostra. Terminado o tempo de extração a fibra é novamente retraída, a agulha é retirada do septo e levada para inserção no GC. Com a fibra retraída o septo do injetor é perfurado, a fibra é exposta para dessorção térmica e, terminada essa etapa, ela é retraída e a agulha retirada do equipamento. Após o procedimento é recomendável vedar a ponta da agulha; por exemplo, com um septo – para evitar contaminação.

16.4 Fundamentos teóricos

Ao se colocar a fibra de SPME em contato com a amostra, moléculas dos analitos migram pela matriz até o recobrimento da fibra. Para recobrimentos em que o processo de extração se faz preferencialmente por adsorção (Carboxen®, PDMS-DVB) essas moléculas são retidas por sítios ativos na superfície do recobrimento ou no interior dos seus poros, onde penetram por difusão. Caso o mecanismo seja predominantemente partição (PDMS, PA), as moléculas devem cruzar a interface sorvente/matriz, se dissolvendo e se difundindo pelo filme de recobrimento. Em ambos os casos, o processo prossegue até que aconteça equilíbrio entre analito remanescente na amostra, presente no *headspace* em contato com a amostra e sorvido sobre ou pela fibra. Note-se que mesmo em extrações diretas (nas quais a fibra é diretamente imersa na amostra), é quase inevitável que por questões de ordem prática haja *headspace* em contato com a matriz – a menos que os frascos de extração sejam completamente preenchidos, o que raramente acontece. Assim, independente do modo de extração o modelamento teórico de SPME deve considerar a distribuição dos analitos entre três fases em contato – fase sorvente, amostra e *headspace*. A posição desses equilíbrios depende de parâmetros dimensionais do sistema (espessura e natureza do recobrimento, volume de amostra, temperatura etc.) e das constantes de distribuição do analito entre o sorvente, matriz e *headspace*. A compreensão dos aspectos teóricos da SPME envolve o estudo da cinética dos processos de transferência de massas pré-equilíbrio, e da termodinâmica do equilíbrio de fases quando este é estabelecido. A seguir esses fundamentos teóricos serão brevemente apresentados; uma discussão formal detalhada pode ser encontrada na literatura.[6]

16.4.1 Equilíbrio de extração em SPME

Na SPME acontecem equilíbrios simultâneos em um sistema multifásico. Um sistema trifásico ideal simples pode ser considerado como uma fibra mergulhada numa matriz aquosa em contato com um espaço confinado (*headspace*). Sistemas reais são mais complexos: os analitos podem interagir entre si, com as paredes do frasco e mesmo com suporte da fibra. Além disso, a presença de materiais em suspensão – que constituem uma fase separada, competindo pelos analitos presentes, e de macromoléculas como proteínas e ácidos húmicos que podem complexar moléculas de analitos, alteram a posição dos equilíbrios de extração. Assim, a situação real é mais complexa do que o quadro simplificado aqui apresentado.

Supondo um sistema ideal trifásico, antes da extração – seja ela direta ou através do *headspace* – uma quantidade n_0 do analito estaria presente em concentração C_0 em um volume V_m da matriz.[9] Completada a extração, no equilíbrio, essa quantidade n_0 de analito estará distribuída entre as fases presentes, restando n_m^e na matriz aquosa ($^e \equiv$ equilíbrio), n_h^e no *headspace* e sendo a quantidade sorvida no recobrimento da fibra igual a n_f^e. Havendo conservação de massa no processo, pode-se escrever que:

$$n_0 = n_m^e + n_h^e + n_f^e \qquad (16.1)$$

As relações entre as concentrações em cada fase dependem das respectivas constantes de distribuição (partição fibra-matriz: $K_{fm} = C_f^e/C_m^e$; distribuição fibra-*headspace*: $K_{fh} = C_f^e/C_h^e$ e distribuição *headspace*-matriz: $K_{hm} = C_h^e/C_m^e$) em que C_f^e, C_m^e e C_h^e são respectivamente as concentrações de analito em equilíbrio na fibra, na matriz e no *headspace*. Sendo os volumes dessas fases respectivamente, V_f^e, V_m^e e V_h^e, as concentrações em cada fase podem ser expressas em função das quantidades de analito ($C^e = n^e/V^e$). Além disso, essas constantes de equilíbrio não são algebricamente independentes, e K_{fm} pode ser expressa como o produto das demais (Equação 16.2):[10]

$$K_{fm} = \frac{C_f^e}{C_h^e} \times \frac{C_h^e}{C_m^e} = \frac{C_f^e}{C_m^e} = K_{fh} K_{hm} \qquad (16.2)$$

Combinando-se Equação 16.2 e Equação 16.1 e rearranjando a expressão resultante obtém-se a Equação 16.3, que relaciona a quantidade extraída de analito n_f^e no equilíbrio com a concentração inicial na amostra C_0:

$$n_f^e = \frac{K_{fm}V_fC_0V_m}{K_{fm}V_f + K_{hm}V_h + V_m} = Q \times C_0 \quad (16.3)$$

Atingido o equilíbrio, a quantidade extraída é diretamente proporcional à sua concentração inicial na amostra – ou seja, *em condições ideais e em equilíbrio, SPME é uma técnica de preparo de amostras quantitativa*. A constante global de proporcionalidade Q na Equação 16.3 é uma combinação de variáveis operacionais (volumes de amostra, fase extratora e *headspace*) que podem ser fixadas pelo usuário e das constantes de distribuição do analito entre as fases, que nas condições de trabalho habituais podem ser assumidos como constantes. Note-se que o fato de SPME ser uma técnica quantitativa NÃO significa que ocorre extração exaustiva – isto é, que a totalidade do analito presente na alíquota de amostra processada é transferida para a fase sorvente. Pelo contrário, via de regra e exceto em casos específicos, as massas extraídas são quase sempre uma fração negligenciável da quantidade disponível na alíquota de amostra processada, podendo-se frequentemente supor que a operação de extração não altera significativamente as concentrações das espécies presentes na amostra processada. Desse modo, em SPME (e em qualquer microtécnica de extração, onde as mesmas condições estão presentes) e ao contrário de técnicas exaustivas como extração líquido-líquido convencional, o sucesso do processo não pode ser definido pela mera eficiência de extração, definida como a fração efetivamente isolada do analito e idealmente igual a 100 % – mas sim pela exatidão da concentração estimada para amostras sintéticas ou não, similares às amostras-alvo e contendo concentrações conhecidas do analito.

Além disso, em SPME, uma vez atingido o equilíbrio, a relação entre quantidade extraída e concentração na amostra não depende de como as fases se dispõe no sistema: a quantidade extraída por extração direta (mergulhando-se a fibra em uma amostra aquosa, por exemplo) é *exatamente a mesma* que seria extraída através do *headspace*, caso os volumes de amostra, fase extratora, *headspace* em contato com amostra ou fibra e demais condições sejam as mesmas. Esse aspecto da teoria de SPME tem implicações práticas importantes: isso implica que, se o analito tiver pressão de vapor suficientemente alta para que pelo menos uma pequena quantidade dele possa se volatilizar ao *headspace* da amostra (e, para espécies passíveis de serem analisadas por GC, isso é quase universalmente válido), a eficiência de extrações através do *headspace* é a mesma de extrações diretas. Considerando a extrema fragilidade das fibras de SPME e o fato de que a eficiência de extração através do *headspace* é a mesma de extrações diretas, a menos que seja absolutamente impossível, sempre deve ser priorizado inicialmente o primeiro modo.

16.4.2 A cinética de SPME

Seja qual for o mecanismo físico-químico relevante na extração – partição ou adsorção – o tempo necessário para que sejam atingidos os equilíbrios de distribuição dos analitos entre amostra, fibra e *headspace* depende da velocidade com que as moléculas dos analitos são transportadas por essas fases e atravessam as interfaces fibra – *headspace*, fibra – matriz e matriz – *headspace*.

Em uma primeira aproximação, na ausência de perturbação mecânica da amostra (isto é, agitação), esses processos de transferência de massas são essencialmente *difusivos*: moléculas de analito presentes no interior da amostra se difundem através dela, e quando atingem a interface com o recobrimento da fibra ou *headspace*, cruzam essa interface e penetram na outra fase e se espalham nela, também por difusão. As taxas de difusão do analitos **A** em cada fase – matriz, *headspace* e no interior do recobrimento da fibra – dependem dos respectivos coeficientes de difusão da Lei de Fick, D_m, D_h e D_f, os quais por sua vez são função (dentre outros) do volume molar do analito (moléculas pequenas tendem a difundir mais rapidamente), da temperatura (a taxa de difusão aumenta com a temperatura) e viscosidade da fase, no caso de filmes poliméricos (quanto mais viscosa a fase, mais lenta a difusão). Para adsorventes como Carboxen ou DVB, a maioria dos sítios ativos disponíveis se encontra dentro de poros nos filmes de recobrimento, e o acesso a eles depende da difusão do analito através desses poros, de modo análogo ao que ocorreria num recobrimento polimérico. O atingimento do equilíbrio de distribuição do analito entre as fases dependeria, portanto, da sua difusão por elas – que são processos essencialmente lentos e levariam, na prática, em tempos de extração excessivamente longos.

O processo pode ser consideravelmente acelerado por agitação mecânica vigorosa da amostra e do *headspace*. Nessas condições, o transporte de moléculas de analito do interior da amostra e do *headspace* para as interfaces amostra/*headspace*, amostra/fibra e/ou fibra/*headspace* ocorre por convexão, que é muito mais rápido que a difusão. Quanto mais intensa a agitação mecânica do meio, mais rápida é a convexão e mais rapidamente é atingido o equilíbrio de extração entre as fases. Numa primeira aproximação, pode-se supor que a agitação da amostra e do seu *headspace* seja intensa, e a convecção suficientemente rápida para o tempo de trânsito dos analitos por essa fase ser desprezível: a chamada **agitação perfeita**. O fator limitante passa a ser a difusão dos analitos pelo filme de recobrimento da fibra: as moléculas têm de se espalhar uniformemente por toda a extensão do recobrimento (ou pelos poros do mesmo, no caso de adsorventes) para que o equilíbrio seja alcançado. Em teoria, o equilíbrio entre fases somente seria alcançado após um intervalo infinito de tempo. Na prática, como isso é impossível, define-se o *tempo de equilíbrio* t_{eq} como aquele necessário para que sejam sorvidos 95 % da quantidade máxima teórica extraível de analito após um suposto tempo de extração infinito. O tempo de equilíbrio é proporcional ao quadrado da espessura L_f do filme sorvente – quanto mais espesso o filme, mais lento o equilíbrio – e inversamente proporcional ao coeficiente de difusão do analito na fase sortiva (Equação 16.4):[11]

$$t_{eq} \approx t_{95} = \frac{L_f^2}{2D_f} \quad (16.4)$$

Por exemplo, para benzeno extraído por uma fibra recoberta com um filme de 100 µm de PDMS, onde esse analito tem um coeficiente de difusão igual a D_f = 2,8 × 10^{-6} cm/s, pode-se estimar um tempo de equilíbrio de aproximadamente 20 s.[2]

Na prática, as condições para que tempos de equilíbrio tão curtos possam ser atingidos são raramente encontradas, conforme pode ser visto na Figura 16.4, que compara os perfis de extração (gráficos da massa extraída em função do tempo de extração) para benzeno de soluções aquosas com fibra de 100 µm de PDMS sob várias condições.

Pode-se observar que o tempo de equilíbrio, a partir do qual a massa extraída permaneceria constante com o incremento do tempo de extração e seria maximizada, é bem maior que o valor calculado pela Equação 16.4. Essa equação só é totalmente válida quando a extração é feita de uma matriz gasosa,[13] na qual a difusão e a convecção são muito rápidas. Em matrizes aquosas, o tempo necessário para o transporte do analito pela amostra até a superfície da fibra ou até a interface amostra/*headspace*, mesmo com agitação vigorosa, não é desprezível e os t_{eq} experimentais (curvas B a E) são muito maiores que o calculado (curva A). Além disso, observa-se que o t_{eq} diminui consideravelmente com o incremento da intensidade de agitação da matriz, aproximando-se paulatinamente do valor teórico. Por causa da sua viscosidade, a porção de amostra em contato imediato com a superfície da fibra fica estagnada e não é agitada com a mesma intensidade que o restante da matriz. Essa região é a chamada *camada-limite* (*boundary layer*) com espessura δ; o transporte de analitos através dela se faz exclusivamente pela difusão (Figura 16.5), sendo mais lenta que no restante da amostra, em que o transporte se dá por convecção.

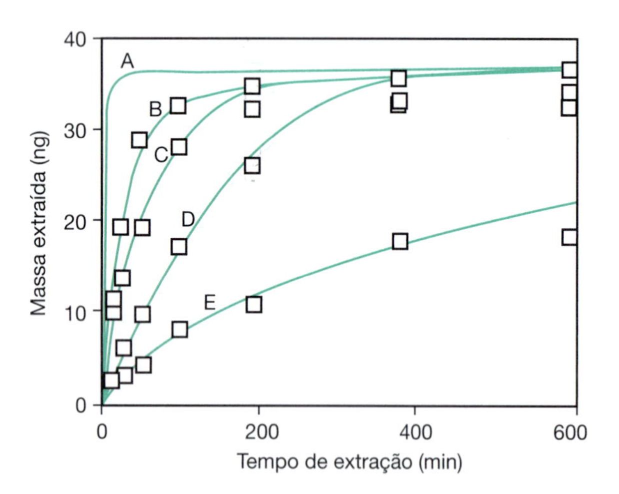

Figura 16.4 Perfis de extração para 1 ppm de benzeno em água, (A) segundo o modelamento pela Equação 16.4 (usando-se K_{fm} = 125, D_f = 2,8 × 10^{-6} cm/s e D_m = 1,08 × 10^{-5}cm/s) e sob três condições de agitação: (B) agitação magnética a 2500 rpm, (C) 1800 rpm, (D) 400 rpm, (E) sem agitação. Agitador magnético de 7 mm de comprimento, frasco de 7,4 mL, fibra de L_f = 0,56 mm, colocada no centro do frasco. Adaptado com permissão de D. Louch, S. Motlagh, J. Pawliszyn (1992) *Anal. Chem.* 64:1552. Copyright 2014 American Chemical Society.

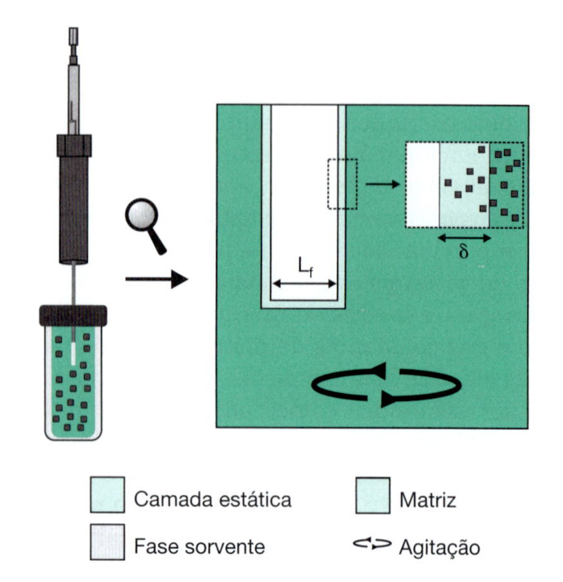

Figura 16.5 Extração por SPME direta com agitação prática. δ = espessura da camada estática (não agitada).

A etapa limitante no transporte de moléculas do analito do corpo da amostra para a interface fibra/amostra é a difusão através da camada-limite; quanto menor a espessura δ dessa camada, mais rápida é a difusão e mais o tempo de equilíbrio observado se aproxima do ideal, calculado pela Equação 16.4. A espessura da camada-limite depende de uma série de fatores, especialmente da velocidade de agitação: quanto mais intensa for a agitação da amostra, menos espessa a camada-limite e mais rápida a difusão do analito por ela. Assim, para o rápido equilíbrio é essencial que a amostra seja agitada o mais vigorosamente possível.

A Equação 16.4 pode ser modificada para incluir o tempo de migração do analito pela camada-limite no tempo de equilíbrio, resultando uma expressão mais próxima da realidade (Equação 16.5):

$$t_{eq} \approx 3\delta \frac{K_{fm} L_f}{D_m} \qquad (16.5)$$

A Equação 16.5 tem implicações experimentais importantes: t_{eq} é mais dependente da difusão do soluto na camada aquosa estacionária (D_m) do que na fibra. Além disso, fibras com recobrimentos finos levam a extrações mais rápidas; porém, a quantidade de material extraído é menor, o que limita a detectabilidade. Além da espessura da camada-limite e do filme de recobrimento da fibra, a constante de distribuição fibra/matriz K_{fm} também afeta t_{eq}: o aumento em K_{fm} aumenta a quantidade de analito sorvida, o que naturalmente resulta em um maior tempo para atingir o equilíbrio.[14] Essa equação aplicada ao problema mencionado leva a t_{eq} = 190 s,[15] próximo ao valor experimental.

As discussões acima se referem a extrações em modo direto. Para extrações pelo *headspace*, as considerações sobre a cinética são bastante similares e não serão estendidas aqui; t_{eq} neste caso depende dos coeficientes de difusão nas fases e das constantes de equilíbrio de partição e volatilização (Figura 16.6).

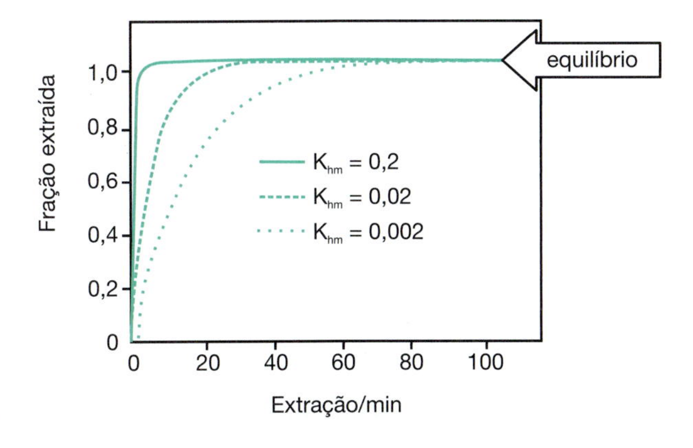

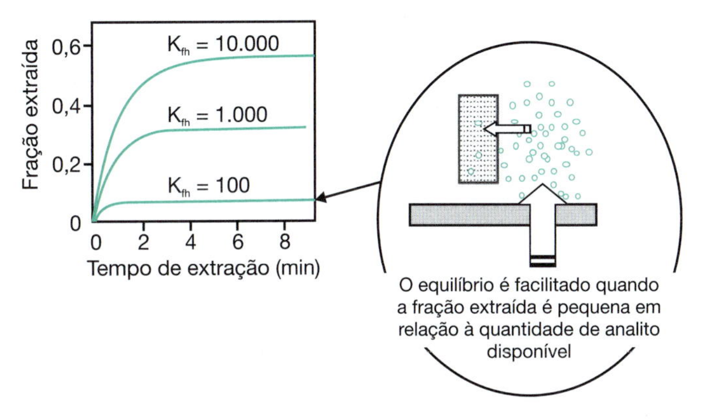

Figura 16.6 Correlações entre os K_{hm} e K_{fh} e os perfis de extração para analitos extraídos num sistema hipotético (detalhes no texto). Adaptado com permissão de J. Pawliszyn (1997) *Solid Phase Microextraction: Theory and Practice*. Wiley-VHC. New York. p. 82. Copyright 2014 John Wiley and Sons.

O equilíbrio é atingido mais rapidamente com incremento em K_{hm} (isto é, para analitos mais voláteis, com maior pressão de vapor sobre suas soluções) e com diminuição em K_{fh}.[17] Isso é confirmado experimentalmente, conforme pode ser visto na Figura 16.7.

Na Figura 16.7, o tempo de extração do benzeno é de cerca de 20 s e o do *o*-xileno, aproximadamente 100 s. Eles têm, respectivamente, pontos de ebulição iguais a

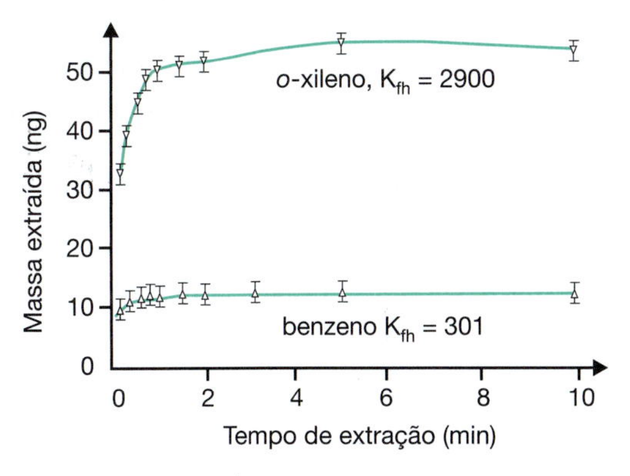

Figura 16.7 Perfis de extração obtidos para SPME do *headspace* com boa agitação de solução aquosa com 1 ppm de benzeno e *o*-xileno. Adaptado com permissão de Z. Zhang, J. Pawliszyn (1993) *Anal. Chem.* 65:1843. Copyright 2014 American Chemical Society.

80 °C e 144 °C; a maior velocidade de extração do benzeno decorre de sua maior pressão de vapor. Ao mesmo tempo, a quantidade de benzeno extraída no equilíbrio é menor (K_{fh} = 301, benzeno e 2900, *o*-xileno), o que também contribui para atingir rapidamente essa condição.[18]

16.5 Desenvolvimento de métodos de SPME

O desenvolvimento de um método de análise em que SPME é usada na etapa de extração e pré-concentração envolve essencialmente a seleção de condições experimentais e a otimização dos principais parâmetros operacionais, visando maximizar a seletividade e sensibilidade, se possível simultaneamente minimizando tempo de operação, manipulação de amostra e consumo de reagentes.

São possíveis duas abordagens experimentais básicas; a mais empregada (embora não seja a mais adequada, como discutido adiante) é a otimização univariada: os parâmetros operacionais são otimizados separadamente e sequencialmente, em séries de extrações onde um deles é variado e os outros mantidos fixos, e usando amostras de teste o mais similar possível às que serão analisadas pelo método desenvolvido.

As principais condições operacionais que devem ser selecionadas ou otimizadas no desenvolvimento de um método usando SPME são:

- *Seleção da fibra de SPME*. A seleção da fibra deve levar em consideração a seletividade do recobrimento para os analitos-alvo da análise, a sua compatibilidade com a matriz e a espessura do filme extrator. As fibras disponíveis comercialmente estão relacionadas na Tabela 16.1. Algu-

Tabela 16.1 Fibras de SPME disponíveis comercialmente (Supelco, Bellefonte, PA)

Recobrimento	d_f/µm	ΔT (°C)*	Aplicação típica
Polidimetilsiloxano (PDMS)	100	200-270	Apolar, volátil
	30	200-270	Apolar, volátil e semivolátil
	7	220-320	Apolar, semivolátil e não volátil
Poliacrilato (PA)	85	220-310	Polar, uso geral
Carbowax/ divinilbenzeno** (CW/DVB)	65	200-260	Polar, volátil
PDMS/DVB**	65	200-270	Polar
	60	----	HPLC
Carboxen/PDMS** (CAR/PDMS)	75	240-300	Volátil, gasosos, análise de traços
Carbowax/ templated resin (CW/TPR)	50	----	Polar (HPLC)
PDMS/DVB/CAR	50/30	----	Ampla faixa de polaridade (C_3 a C_{20})

*ΔT: faixa e temperatura indicada para dessorção; **mecanismo de extração predominante: adsorção.

mas dessas fibras são disponíveis com suportes tipo Stableflex ou metálico; o comprimento-padrão é 10 mm, sendo o recobrimento PDMS/DVB/CAR oferecido em fibras com 10 mm e 20 mm de comprimento (para maior eficiência de extração).

O fator mais importante a ser considerado é a afinidade dos analitos pelo material de recobrimento: a princípio, para análises onde o alvo são espécies químicas hidrofóbicas, com reduzida polaridade, fibras recobertas com filmes pouco polares (PDMS) são preferidas, enquanto poliacrilato (PA) seria um sorvente mais adequado para compostos com maior polaridade. Em fibras com recobrimentos mistos como Carboxen/PDMS e PDMS/DVB algumas vezes o mecanismo de extração é referido como sendo simultaneamente partição e adsorção, já que elas são dispersões de um sólido adsorvente em um polímero que, a princípio, atuaria como sorvente. Porém, na prática se observa que a contribuição do componente polimérico dos recobrimentos dessas fibras sobre a massa extraída é marginal, sendo a extração preponderantemente feita pelo adsorvente sólido presente. As eficiências de extração dessas fibras são geralmente maiores que as de fibras com recobrimentos poliméricos puros, sendo elas efetivas para analitos polares e apolares (em especial, fibras recobertas com Carboxen são bastante efetivas para o isolamento de compostos orgânicos leves). As fibras PDMS/DVB/CAR têm duas camadas concêntricas de recobrimento: o suporte é recoberto com um filme de 25 µm de Carboxen 1006 (um carvão ativo macroporoso), sobre o qual é depositado um segundo filme de 15 µm de DVB, ambos dispersos em PDMS. Esse recobrimento é capaz de sorver efetivamente analitos em uma gama enorme de polaridades e volatilidades, sendo especialmente indicadas para análises de *screening* (varredura) de amostras complexas.

Quanto à espessura do recobrimento, quanto mais espesso for o filme mais lento é o atingimento do equilíbrio e a dessorção (o que pode levar a picos cromatográficos deformados), mas maior a eficiência de extração no equilíbrio. Assim, se sensibilidade e detectabilidade altas forem imperativas, fibras com filmes espessos serão preferidas; por outro lado, análises mais rápidas, mas com limites de detecção mais altos, serão possíveis com fibras de filme sortivo fino.

- *Seleção do modo de operação.* Como discutido anteriormente, sempre que possível em SPME é preferido o modo de operação pelo *headspace*: obtém-se boas eficiências de extração, mesmo para espécies classificadas como pouco voláteis sem expor a fibra a condições agressivas. Isso é especialmente relevante para amostras biológicas e ambientais, em que a exposição direta da fibra à amostra pode causar sorção irreversível de interferentes polares e pesados, inutilizando a fibra. Extrações diretas só serão recomendáveis para analitos com pressões de vapor excessivamente baixas (quando o equilíbrio será muito lento ou mesmo inatingível).
- *Tempo de extração.* Em tese, o tempo de extração deve ser ajustado para ser igual ou ligeiramente superior ao tempo de equilíbrio, em que a quantidade extraída seria maximizada e proporcional à concentração do analito na amostra. Sua determinação envolve o estabelecimento dos perfis de extração: curvas relacionando o tempo de extração com a massa extraída ou área do pico cromatográfico (Figura 16.8).

Porém, nem sempre é possível ou recomendável trabalhar em condição de equilíbrio. Muitas vezes o tempo de equilíbrio pode ser excessivo, o que tornaria o procedimento inviável na prática. Além disso, muitas vezes mesmo após tempos muito longos de extração, em alguns casos ocorre até decréscimo nas massas extraídas. Em algumas operações usando fibras com recobrimentos adsorventes, isso pode ser atribuído à competição entre moléculas dos analitos pelos sítios ativos,[20,21] o que além de impedir o alcance do equilíbrio faz com que as massas extraídas não possam ser correlacionadas às concentrações. Porém, na maior parte das vezes em que este decréscimo na quantidade extraída é observado com quaisquer tipo de fibras expostas por tempos muito longos às amostras, a causa é simplesmente a perda de analitos por difusão através de septos e tampas dos frascos de extração ou por adsorção sobre superfícies em contato com a amostra.

- *Temperaturas de extração.* A variação da temperatura de extração afeta tanto a posição dos equilíbrios envolvidos quanto a velocidade com que eles são atingidos. Quanto à cinética das extrações, o efeito do incremento da temperatura é simples: a taxa de transferência de massas entre as fases envolvidas aumenta, e, portanto, os equilíbrios são mais rapidamente atingidos. Quanto ao efeito sobre as posições do equilíbrio, e, por conseguinte, sobre a eficiência de extração, a discussão é um pouco mais complexa. Supondo que uma extração pelo *headspace* ocorre simultaneamente aos equilíbrios de distribuição (volatilização) do analito entre a amostra e seu *headspace*, e entre o *headspace* e o recobrimento da fibra. Via de regra, a entalpia da vaporização do analito da amostra para o *headspace* é positiva (processo endotérmico), enquanto a entalpia da transferência do *headspace* para a fibra é negativa (processo exotérmico). Assim, o aumento de temperatura favorece a transferência de analito para o *headspace*, mas simultaneamente reduz a massa transferida do *headspace* para a fibra. Seja para extrações através do *headspace* quanto diretas, o efeito global é de difícil previsão *a priori*, e mesmo espécies com estruturas químicas similares podem ter comportamentos absolutamente diferentes (Figura 16.9). Desse modo, é imprescindível que a otimização da temperatura de trabalho seja feita empiricamente.
- *Condicionamento do meio.* Em amostras aquosas a presença de eletrólitos fortes e o pH do meio podem afetar a posição dos equilíbrios de extração. A adição de eletrólitos (por exemplo, NaCl ou KNO_3) pode causar o chamado efeito de *salting out*: a presença de cátions e ânions inertes causa

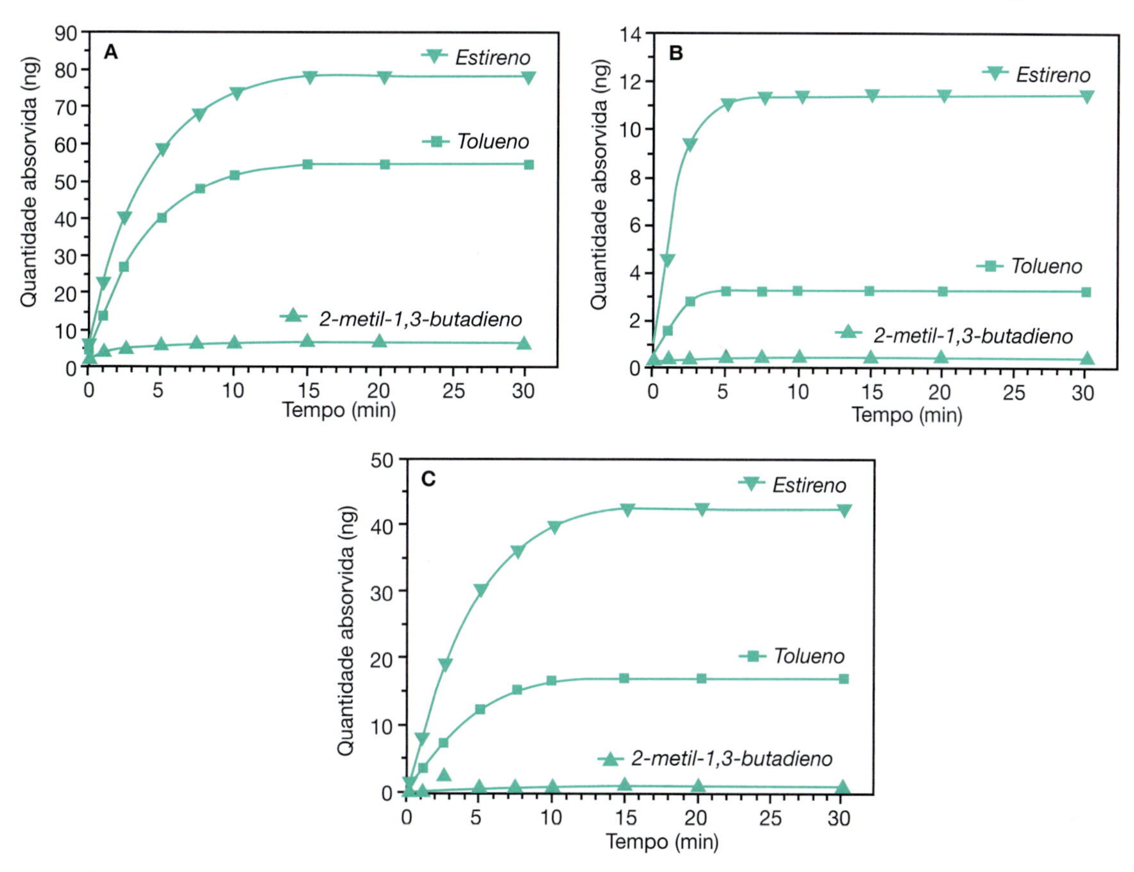

Figura 16.8 Perfis de extração obtidos para extrações de estireno, tolueno e 2-metil-1,3-butadieno em soluções aquosas, usando fibras de PDMS com fimes de 100 µm (A), 7 µm (B) e poliacrilato de 85 µm (C). Adaptado de *Journal of Chromatography A*, 742/1-2, F. J. Santos, M. T. Galceran, D. Fraisse, Application of solid-phase microextraction to the analysis of volatile organic compounds in water, 181-189. Copyright 2014, com permissão da Elsevier.

uma diminuição da atividade do solvente (água), aumentando a atividade de quaisquer solutos presentes na amostra. Isso desloca os equilíbrios de volatilização ou de sorção pela fibra no sentido do aumento da eficiência de extração (Figura 16.10).

É recomendável que a otimização dos métodos de SPME contemplem a avaliação do efeito de adição de eletrólitos

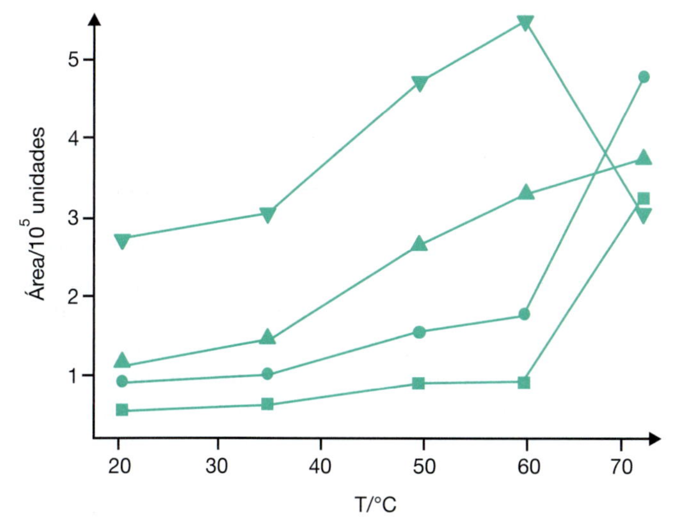

Figura 16.9 Efeito da variação de temperatura sobre as massas extraídas de diversas alquilpirazinas (dimetilpirazinas, trimetilpirazina e tetrametilpirazina) de suspensões aquosas de *liquor* de cacau por fibras 65 µm Carbowax/DVB. Adaptado com permissão de G. F. Pini, E. S. Brito, N. H. P. Garcia, A. L. P. Valente, F. Augusto (2004) *J. Braz. Chem. Soc.* 15:267-271. Copyright 2014 Sociedade Brasileira de Química.

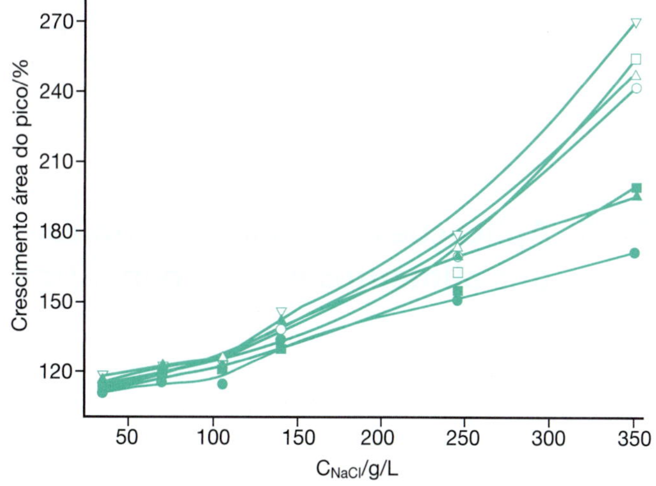

Figura 16.10 Efeito da adição de NaCl sobre as massas extraídas de alquilpirazinas (dimetilpirazinas, trimetilpirazina e tetrametilpirazina) de suspensões aquosas de *liquor* de cacau por fibras 65 µm Carbowax/DVB. Adaptado com permissão de G. F. Pini, E. S. Brito, N. H. P. Garcia, A. L. P. Valente, F. Augusto (2004) *J. Braz. Chem. Soc.* 15:267-271. Copyright 2014 Sociedade Brasileira de Química.

ao meio (usualmente NaCl é empregado), já que é possível um incremento significativo na eficiência de extração.

Quanto à dependência entre eficiência de extração e pH do meio, ela é notável em extrações de substâncias que sejam ácidas ou básicas em solução aquosa. As formas ionizadas de substâncias orgânicas nem são solúveis nas fases sorventes usadas em SPME, nem são volatilizáveis; assim, elas não são passíveis de extração. Em decorrência disso, para que um analito que se comporte como ácido em solução aquosa seja extraído por SPME, o pH do meio deve ser ajustado de modo a que o seu equilíbrio de dissociação seja deslocado no sentido de favorecer sua forma protonada, não iônica – ou seja, o meio deve estar ácido, com seu pH ajustado para valores menores que 7. O inverso vale para analitos básicos, cuja extração é favorecida para amostras com pH superior a 7.

- *Otimização simultânea multivariada de métodos por SPME.* A estratégia convencional para determinação dos valores ótimos para os principais parâmetros operacionais em SPME é feita univariadamente, estudando-se o efeito de cada condição de modo separado e sequencial. Porém, é muito frequente que o conjunto de parâmetros operacionais assim determinados seja bastante diferente daquele que levaria à maior eficiência de extração, devido à interdependência entre os efeitos de variação de condições operacionais sobre a cinética e termodinâmica dos processos de transferência de massas. Por exemplo, o tempo de equilíbrio depende da temperatura do meio; assim, o tempo de extração otimizado a uma temperatura qualquer pode ser consideravelmente diferente do tempo de extração de máxima eficiência para a temperatura ótima de trabalho. Desse modo, em SPME é mais conveniente efetuar o desenvolvimento dos métodos analíticos aprimorando de modo simultâneo todos os parâmetros operacionais relevantes, usando estratégias de otimização multivariada, desde planejamentos fatoriais simples[22] até abordagens mais sofisticadas, de otimização simultânea da resposta para vários analitos.[23]

16.6 Aplicações na área de química dos alimentos e em bioanalítica

Mais recentemente, grande atenção tem sido dada à área de química dos alimentos e à bioanalítica. Apesar dessa grande abrangência, todas essas aplicações demandam por resultados analíticos confiáveis. Nesse sentido, com a evolução das técnicas instrumentais de análise, a sensibilidade e a detectabilidade dos instrumentos analíticos têm sido aprimoradas. Consequentemente, as técnicas empregadas no preparo de amostra devem ser adequadas para minimizar a formação/introdução de artefatos durante a sua manipulação (outrora não detectados), pois interpretações errôneas podem ser formuladas. Naturalmente, a SPME tem sido uma alternativa bastante interessante para esses estudos, pois o manuseio da amostra é mínimo e o isolamento do analito pode ser feito em condições relativamente brandas.

- Química dos Alimentos. A extração de aldeídos, pirazinas, piridinas e tiazóis (produtos da reação de Maillard) por PDMS 100 μm e CBW/DVB 65 μm, incluindo avaliação do efeito salino, foi objeto de avaliação sistemática, em que se discutem vários fatores experimentais que afetam as extrações tanto para fins quantitativos quanto para qualitativos.[24] Num estudo sobre extração de pirazinas de cacau torrado foi evidenciado que o rendimento de extração é maior quando feita no *headspace* do sólido em vez de no *headspace* de sua suspensão aquosa.[25] As condições de injeção *splitless* no GC foram exploradas, demonstrando-se, por exemplo, que o tempo de dessorção no GC é importante na recuperação de analitos de diferentes volatilidades.[26,27] Em aromas de maçãs, 29 componentes foram extraídos e quantificados por PDMS 100 μm e GC-MS;[28] menciona-se um efeito de matriz devido à competição dos analitos pela fibra, que pode afetar a condição de saturação da fibra. Para a otimização de um método para quantificação de 31 aromatizantes típicos de tabaco foram testadas as fibras PDMS 100 μm, PA 65 μm, PDMS/DVB 65 μm, CBX/DVB 65 μm,[29] observou-se pronunciado efeito de matriz; fibras polares se mostraram as mais adequadas. No mesmo trabalho, determinou-se que o efeito salino afeta de modo diferente a extração dos diversos analitos testados. A SPME em *headspace* foi aplicada com resultados melhores do que a SPME direta, para análise quantitativa de componentes de aroma produzidos por bactérias derivados de carne;[30] as extrações com fibra PA foram melhores do que com PDMS, devido ao caráter polar (ácidos orgânicos) desses analitos.

Várias descrições de aplicação da SPME incluem valiosas informações sobre a comparação desta técnica com outras. Para a análise de constituintes dos aromas de refrigerantes tipo "cola", a SPME em *headspace* é comparada com o *headspace* dinâmico convencional seguido de adsorção em Tenax.[31]

Ainda que usando *headspace* dinâmico convencional tenha sido obtida maior sensibilidade e extração de uma variedade maior de compostos, a SPME é um método mais rápido. Doze álcoois e estéres foram analisados em cerveja por SPME em *headspace*, usando fibra PA; na comparação com o *headspace* estático convencional houve boa correlação entre os dois métodos e maiores sensibilidades com SPME.[32]

Para identificação e quantificação por GC-MS de componentes de aromas de maçãs, a SPME em *headspace*[33,34] foi comparada com o método convencional de *headspace* dinâmico.[35] O *headspace* de sucos de laranja foi estudado por SPME-CG-MS.[36] Para identificar e quantificar 17 analitos; tradicionalmente essas análises são realizadas[37-39] por *headspace* estático ou dinâmico, arraste gasoso (*gas stripping*) ou purga e aprisionamento (*purge and trap*). A

SPME em *headspace* para análise de aromas de queijos foi avaliada e comparada com o *headspace* estático convencional, demonstrando-se que a SPME extrai maior número de componentes dos aromas.[40] A SPME em *headspace* permitiu a extração de 11 pirazinas em 10 min, mostrando-se mais favorável que os tempos de extração de 17 horas de outros métodos.[41]

A SPME tem sido utilizada em alimentos tanto para detecção de compostos alvo quanto na determinação dos componentes voláteis e semivoláteis, como o contaminante tetrametileno dissulfotetramina, conhecido também como tetramina (TETS). Altamente tóxica, sem cheiro ou sabor, a TETS se acumula em diversos alimentos e têm sido relatados inúmeros casos de contaminação na China, inclusive com casos de mortes por intoxicação.[42] Esses mesmos autores desenvolveram uma metodologia capaz de identificar e quantificar este contaminante em diversas matrizes alimentares como batata *chips*, iogurte e suco utilizando como técnica de extração a SPME. Neste trabalho foram comparadas extrações do contaminante pelo modo direto e por *headspace* sendo esse último mais eficaz exibindo sensibilidade de detecção do analito mesmo em baixas concentrações, em virtude do efeito de matriz ser pronunciado. Os mesmos autores concluíram que devido ao fato do efeito de matriz ser pronunciado de forma diferente em relação aos alimentos analisados o uso de adição de padrão para quantificação do contaminante se faz necessário.

Outro contaminante alimentar com possível ação carcinogênica é o furano (*International Agency for Research on Cancer* – IARC), um líquido de alta volatilidade produzido em decorrência da reação de Maillard. Kim et al.[43] apresentaram um método para determinação deste composto baseado na extração através de SPME aliada à GC-MS utilizando alimentos enlatados como carnes, sopas, sucos e peixes e também alimentos armazenados em frascos de vidro como sucos, vegetais, papinha de bebê e molhos. Os autores reportaram o bom desempenho da técnica de extração através do modo *headspace* que levou a redução no tempo de análise aliada à sensibilidade da identificação do contaminante em diversos alimentos testados, como no caso das carnes enlatadas, sucos e papinhas para bebê. Bianchi et al.[44] avaliando a contaminação de formaldeído em 12 espécies de peixe também empregaram a SPME como ferramenta de extração desse contaminante. De acordo com a IARC, o formaldeído é um composto carcinogênico para humanos e tende a se acumular em peixes durante seu resfriamento e armazenamento. Como o método padrão utilizado na análise de formaldeído é um teste colorimétrico de baixa sensibilidade, os autores avaliaram o uso da SPME para identificação do contaminante em diferentes formas de armazenamento e preparo do produto, sendo avaliados peixes frescos, congelados e cozidos. Utilizando método de derivatização, a extração do *headspace* das amostras evidenciou elevada contaminação de formaldeído em umas das espécies analisadas sendo discriminante para peixes oriundos de água doce e crustáceos. Quanto ao efeito do cozimento, os autores concluíram que esse tipo de processamento foi capaz de reduzir a quantidade do contaminante na amostra.

Outro viés da SPME na análise de alimentos é a determinação do perfil dos voláteis responsáveis pelos flavores dos alimentos. Os vinhos são ricos em flavores e vários compostos voláteis de diferentes classes já foram identificados e são amplamente conhecidos.[45,46] Setkova et al.[47] estudando os flavores de *ice wine*, o vinho mais caro do mundo devido a sua rara composição e baixa produção, desenvolveram um método rápido e simples para a determinação dos compostos voláteis e semivoláteis por extração do *headspace* das amostras e posterior identificação desses compostos através de GC-TOFMS (*time of flight mass spectrometry* – TOFMS). Diversos tipos de fibras foram avaliados para extração de 17 compostos presentes no vinho e aplicadas a extrações nos modos direto e por *headspace*. O melhor desempenho de extração foi por meio do *headspace* quando utilizado fibra de DBV/CAR/PDMS. De forma análoga, Delgado et al.[48] avaliaram os flavores do amadurecimento de queijos produzidos no sudoeste da Espanha (Torta del Casar) por meio de SPME no modo *headspace* aliada a GC-MS. Os flavores do queijo são um fator determinante na escolha do consumidor e são oriundos principalmente do metabolismo da lactose e lactato, da lipólise e da proteólise. Ao empregarem fibra DVB/CAR/PDMS durante as extrações, os autores puderam observar a flutuação na produção dos compostos responsáveis pelo flavores e concluíram que neste caso os queijos produzidos na região de Torta del Casar podem ser diferenciados dos demais em virtude da produção de ácidos graxos de origem microbial (acido acético e propiônico), de degradação de aminoácido e aqueles advindos da lipólise. Mais recentemente, Augusto e colaboradores relataram a correlação dos cromatogramas, obtidos por SPME-GC-MS, da fração volátil e semivolátil de cervejas com diversos parâmetros sensoriais. [49] Analogamente, Ribeiro et al. analisaram diversas amostras de café Arabica por SPME-GC-FID para correlacionar a qualidade dos cafés com seus perfis voláteis.[50]

Referências bibliográficas

[1]ARTHUR, C.L.; PAWLISZYN, J. **Anal. Chem.** 62:2145, 1990.

[2]JAILLAIS, B.; ANGER, V. B. **Talanta**, 48:747, 1999.

[3]AUGUSTO, F. et al. **J. Chromatogr. A** 873:117, 2000.

[4]MESTER, Z.; STURGEON, R.; PAWLISZYN, J. **Spectrochim. Acta Part B**, 56:233, 2001.

[5]DATA SHEET Nº T198923 **Solid phase microextraction: theory and optimization of conditions**. Supelco. Bellefonte, 1998.

[6]PAWLISZYN, J. **Solid phase microextraction: theory and practice**. New York: Wiley-VHC, p. 3, 1997.

[7]________. *op. cit.*; p. 98.

[8]________. *op. cit.*; p. 118.

[9]ALEXANDROU, N.; PAWLISZYN, J. **Anal. Chem.** 61:2770, 1989.

[10]ZHANG, Z.; PAWLISZYN, J. **Anal. Chem.** 65:1843, 1993.

[11]PAWLISZYN, J. *op. cit.*; p. 212.

[12]LOUCH, D.; MOTLAGH, S.; PAWLISZYN, J. **Anal. Chem.** 64:1552, 1992.

[13]MARTOS, P.A.; PAWLISZYN, J. **Anal. Chem.** 69:206, 1997.

[14]CASTELLAN, G.W. **Physical chemistry**. Addison-Wesley. Reading. p. 689, 1972.

[15]PAWLISZYN, J. *op. cit.*; p. 66.

[16]________. *op. cit.*; p. 82.

[17]________. *op. cit.*; p. 80.

[18]ZHANG, Z.; PAWLISZYN, J. **J. Phys. Chem.** 100:17648, 1996.

[19]SANTOS, F.J.; GALCERAN, M.T.; FRAISSE, D. **J. Chromatogr. A**, 742:181, 1996.

[20]AUGUSTO, F.; KOZIEL, J.; PAWLISZYN, J. **Anal. Chem.** 73:481, 2001.

[21]SUKOLA, K. et al. **Anal. Chem.** 73:13, 2001.

[22]TOMBESI, N.B.; FREIJE, R.H.; AUGUSTO, F. **J. Braz. Chem. Soc.** 15:658, 2004.

[23]RIBEIRO, J.S. et al. **Chem. Intell. Lab. Sys.** 102:45, 2010.

[24]COLLEMAN III, W.M. **J. Chromatogr. Sci.** 35:245, 1997.

[25]PINI, G.F. et al. **J. Braz. Chem. Soc.** 15:267-271, 2004.

[26]OKEYO, P.; SNOW, N.H. **LC-GC**, 15:1130, 1997.

[27]________. **J. High Resolut. Chromatogr.** 20:77, 1997.

[28]SONG, J. et al. **J. Agric. Food Chem.** 45:1801, 1997.

[29]CLARK, T.J.; BUNCH, J.E. **J. Agric. Food Chem.** 45:844, 1997.

[30]VERGNAIS, L. et al. **J. Agric. Food. Chem.** 46:228, 1998.

[31]ELMORE, J.S.; ERBAHADIR, M.A.; MOTLRAN, D.S. **J. Agric. Food Chem.** 45:2638, 1997.

[32]JELÉN, H.H. et al. **J. Agric. Food Chem.** 46:1469, 1998.

[33]SONG, J. et al. **J. Agric. Food Chem.** 45:1801, 1997.

[34]MATICH, A.J.; ROWAN, D.D.; BANKS, N.H. **Anal. Chem.** 68:4114, 1996.

[35]PINNEL, V.; ROSSELS, P.; VANDEGANS, J. **J. High Resolut. Chromatogr.** 18:309, 1995.

[36]STEFFEN, A.; PAWLISZYN, J. **J. Agric. Food Chem.** 44:2187, 1996.

[37]MOSHONAS, M.G.; SHAW, P.E. **J. Agric. Food Chem.** 42:1525, 1994.

[38]PAIK, J.S.; VENABLES, A.C. **J. Chromatogr. A**, 540:456, 1991.

[39]SHAW, E.P.; BUSLIG, B.S.; MOSHONAS, M.G. **J. Agric. Food Chem.** 41:809, 1993.

[40]CHIN, H.W.; BERNHARD, R.A.; ROSEMBERG, M. **J. Food Sci.** 61:1118, 1996.

[41]IBAÑEZ, E.; BERNHARDT, R.A. **J. Sci. Food Agric.** 72:91, 1996.

[42]DE JAGER, L.S.; PERFETTI, G.A.; DIACHENKO, G.W. **J. Chromatogr. A**, 1192:36, 2008.

[43]KIM, T.; KIM, S.; LEE, K. **Food Chem.** 123:1328, 2010.

[44]BIANCHI, F. et al. **Food Chem.** 100:1049, 2007.

[45]LEE, S. et al. **Food Chem.** 94:385, 2006.

[46]LOSCOS, N. et al. **Food Chem.** 120:205, 2010.

[47]SETKOVA, L.; RISTICEVIC, S.; PAWLISZYN, J. **J. Chromatogr. A**, 1147:213, 2007.

[48]DELGADO, F.J. et al. **Food Chem.** 118:182, 2010.

[49]DA SILVA, G.A. et al. **Food Chem.** 134:1673, 2012.

[50]RIBEIRO, J.S. et al. **Talanta**, 101:253, 2012.

17 Microextração sortiva em barra de agitação

José Manuel F. Nogueira

17.1 Introdução

Face à grande complexidade que muitas amostras evidenciam, torna-se, na maioria dos casos, difícil ou mesmo impraticável efetuar a análise direta dos seus constituintes orgânicos, quer com recurso a técnicas cromatográficas quer mesmo hifenadas. Neste contexto, as técnicas de preparo ou preparação de amostras desempenham um papel decisivo e relevante criando condições de seletividade e exequibilidade únicas, capazes de exaltar todo o potencial da instrumentação analítica.

Em qualquer esquema analítico, a etapa de extração ou enriquecimento dos analitos da matriz original, prévia à análise cromatográfica, fundamentalmente com recurso às técnicas convencionais de extração líquido-líquido ou por solventes, é por regra um dos principais passos a contemplar, tendo como primordial objetivo a concentração e transferência dos solutos com interesse da matriz original numa forma mais adequada para introdução nos sistemas analíticos. Nessa perspectiva, e uma vez que a química verde tenha se tornado um novo paradigma desde o início da década de 1990, as técnicas de preparo de amostras direcionaram-se para a simplificação, miniaturização e fácil manipulação dos dispositivos analíticos, exigindo pequena quantidade de volume de amostra e redução drástica ou completa eliminação de solventes orgânicos tóxicos.

Foi com esta filosofia que surgiram as inovadoras técnicas baseadas em sorção, isentas de solventes (*solventless*) e ambientalmente mais favoráveis, fundamentalmente vocacionadas para análise vestigial, permitindo ainda redução da manipulação analítica, elevadas seletividade e sensibilidade, grande reprodutibilidade, rapidez, baixo custo e até facilidade de automatização, de acordo com os princípios gerais da química analítica verde.[1] Os métodos baseados em sorção têm demonstrado ser uma escolha essencial possibilitando a microextração direta, principalmente de compostos voláteis e semivoláteis de quase todo o tipo de matrizes. Algumas das metodologias baseadas em sorção mais comuns e já bem estabelecidas recorrem a modos de amostragem exaustivos ou dinâmicos, como é o caso da largamente difundida extração em fase sólida, mas também a modos de amostragem não exaustivos ou estáticos, com particular incidência para a microextração em fase sólida (SPME)[2] e extração sortiva em barra de agitação (*stir bar sorptive extraction* – SBSE).[3] Essas técnicas de enriquecimento, para além de terem ganhado grande aceitação em toda a comunidade científica, por serem pouco dispendiosas e de fácil manipulação, combinam simultaneamente a microextração e a concentração dos analitos em um único passo, permitindo ainda o recurso aos modos de amostragem quer por imersão quer por espaço de cabeça (*headspace* – HS). Por outro lado, as mesmas técnicas reduzem o tempo global requerido para o preparo da amostra, sendo ideais para serem combinadas com a grande sensibilidade da instrumentação analítica atual. Do ponto de vista histórico, a SBSE é um método de sorção proposto em 1999,[4] emergido casualmente da SPME, tendo-se então naquela época verificado que a inclusão de uma fase polimérica em uma barra de agitação convencional promovia grande capacidade de sorção, melhor facilidade de manipulação, maior robustez e, fundamentalmente, grande sensibilidade. Devido ao fato da microextração ser baseada em um processo de agitação que fomenta um remoinho que sugere um tornado, a SBSE foi comercialmente registrada com a marca Twister®.

Um bom indicador das vantagens objetivas comparativamente com outros métodos baseados em sorção é o fato do número de publicações relacionadas com SBSE ter aumentado significativamente nos últimos anos, alcançando diversas centenas de artigos científicos que cobrem uma alargada gama de conceitos associados aos seus fundamentos, metodologia experimental e aplicações. Por outro lado, a SBSE tem igualmente fomentado a concepção e o desenvolvimento de outras técnicas inovadoras de microextração sortiva, conforme são testemunhas os diversos artigos publicados de âmbito de revisão.[5-9]

17.2 Fundamentação teórica

A técnica de SBSE integra o grupo de sorventes baseados em silicone, dado envolver o uso de polidimetilsiloxano (PDMS) como fase polimérica. A Figura 17.1a representa esquematicamente o dispositivo analítico de SBSE, contendo geometria com formato de barra de agitação, constituído por material magnético incorporado dentro de vidro inerte (10 a 20 mm de comprimento), revestido no exterior com uma camisa de PDMS contendo um volume compreendido entre 24 e 126 μL (0,3 a 1,0 mm de espessura). Esta fase polimérica caracteriza-se por apresentar propriedades apolares que promovem interações hidrofóbicas com os analitos-alvo por meio de fenômenos de sorção, ocorrendo o mecanismo de partição principalmente por forças de Van der Waals, embora ligações de hidrogênio também possam ter lugar.

Por outro lado, este polímero apresenta propriedades muito interessantes de difusão, termoestablidade e até mecânicas, permitindo operar numa alargada gama de temperaturas. A SBSE foi, em uma primeira fase, concebida para operar como técnica *solventless*, tendo sido inicialmente proposta para ser associada com dessorção térmica (TD) seguida de análise por cromatografia em fase gasosa (GC). Como a retenção ou interação dos solutos durante os processos de absorção é mais fraca, comparativamente à observada nos processos de sorção, o PDMS permite rápida TD dos solutos com minimização da perda de compostos termolábeis. O volume substancial envolvido de PDMS, comparativamente às fibras de SPME (até 0,5 μL para espessuras de filme com 100 μm), promove uma razão de fase menor entre a fase polimérica e o volume da amostra, favorecendo o aumento da capacidade, podendo-se alcançar recuperações quantitativas por SBSE, em particular para solutos de polaridade intermédia até apolar.

Essa abordagem torna possível incrementar a sensibilidade em um fator que pode ir até 250 vezes mais comparativamente à SPME, conseguindo-se diminuir muitas vezes os limites de detecção para níveis dos subtraços (partes por trilhão). Do ponto de vista teórico,[3,4] a SBSE baseia-se nos mesmos princípios da SPME, e o coeficiente de partição para um dado analito entre a fase de PDMS da barra de agitação e a amostra de água (W), durante o equilíbrio estático, apresenta um comportamento similar à distribuição descrita pelos coeficientes de partição octanol-água ($K_{PDMS/W} \approx K_{O/W}$); tal fato constitui uma medida da polaridade dos compostos orgânicos, e permite retirar boa indicação relativamente à eficiência de extração para cada soluto em particular. Ainda que de forma aproximada, analitos apolares podem ser caracterizados por apresentarem valores de log $K_{O/W}$ superiores ou iguais a 3, sendo os polares normalmente inferiores. Nesse sentido, o coeficiente de partição de um soluto ($K_{PDMS/W}$) é por definição a razão entre a respectiva concentração na fase de PDMS (C_{PDMS}) e na fase aquosa (C_W), após o equilíbrio ser alcançado, podendo este parâmetro ser calculado por meio da razão entre a massa de analito na fase de PDMS (m_{PDMS}) e na fase aquosa (m_W), multiplicada pela razão de fase ($\beta = V_W/V_{PDMS}$) que relaciona o volume de amostra aquosa (V_W) e da fase polimérica (V_{PDMS}), respectivamente, conforme é expresso na Equação 17.1:

$$K_{PDMS/W} \approx K_{O/W} = \frac{C_{PDMS}}{C_W} = \frac{m_{PDMS}}{m_W} \times \frac{V_W}{V_{PDMS}} = \frac{m_{PDMS}}{m_W} \times \beta \quad (17.1)$$

Por outro lado, a eficiência ou taxa de recuperação teórica de um processo por SBSE pode ser estimada pela razão entre a massa de soluto extraído pela fase de PDMS (m_{PDMS}) e a massa inicial na amostra ($m_0 = m_{PDMS} + m_W$), podendo a expressão anterior ser transformada na Equação 17.2:

$$\text{Recuperação} = \frac{m_{PDMS}}{m_0} \times 100\ \% = \frac{K_{O/W}/\beta}{1 + K_{O/W}/\beta} \times 100\ \% \quad (17.2)$$

que relaciona diretamente os parâmetros $K_{O/W}$ e β. Dessa expressão, deduz-se que quanto maior for o grau de hidrofobicidade dos analitos-alvo ou o volume de PDMS (menor o valor β), maior rendimento de extração será expectável por SBSE. A Equação 17.2 apresenta a grande vantagem prática de prever, com relativa facilidade, a eficiência de recuperação teórica, conhecendo-se somente β e $K_{O/W}$, podendo este último ser retirado de tabelas ou calculado com recurso de *software* disponível.

Exemplificando, se 50 mL de uma amostra contendo um soluto com uma dada polaridade (por exemplo, log $K_{O/W} = 4$) for analisada por SBSE, usando-se uma barra de agitação com 50 μL em PDMS, isto é, $\beta = 1000$, será expectável uma recuperação teórica média de 90,9 %. Poder-se-á igualmente depreender da Equação 17.2 que, para processos por SBSE que apresentem $K_{O/W}/\beta = 1$, a recuperação dos solutos será de 50 %, e que para valores de log $K_{O/W}$ superiores a 5 a extração será considerada quantitativa ou mesmo completa. Uma vez o valor de $K_{O/W}$ ser constante para cada soluto, β poderá ser otimizado para cada aplicação em particular, assim como outros parâmetros experimentais que poderão ainda influenciar o fenômeno de microextração, quer do ponto de vista cinético quer termodinâmico. O aumento do volume da amostra e em PDMS resultará em maior tempo de extração para alcançar o equilíbrio de partição, sendo a quantidade de soluto extraído diretamente proporcional ao aumento do volume da amostra. Refira-se ainda que o equilíbrio de partição ou a capacidade de retenção do PDMS para um dado analito não ser influenciado pela presença de outros compostos ou interferentes da matriz. Solutos que apresentem diferentes equilíbrios de partição com a fase de PDMS não influenciam os solutos que apresentam menor constante de partição com a fase polimérica, o que torna a SBSE capaz de operar em gamas lineares dinâmicas muito alargadas. A Figura 17.2 reproduz a tipologia da curva de recuperação teórica em função do log $K_{O/W}$, em que se pode observar que quanto mais polar for um dado composto menor será a correspondente recuperação teó-

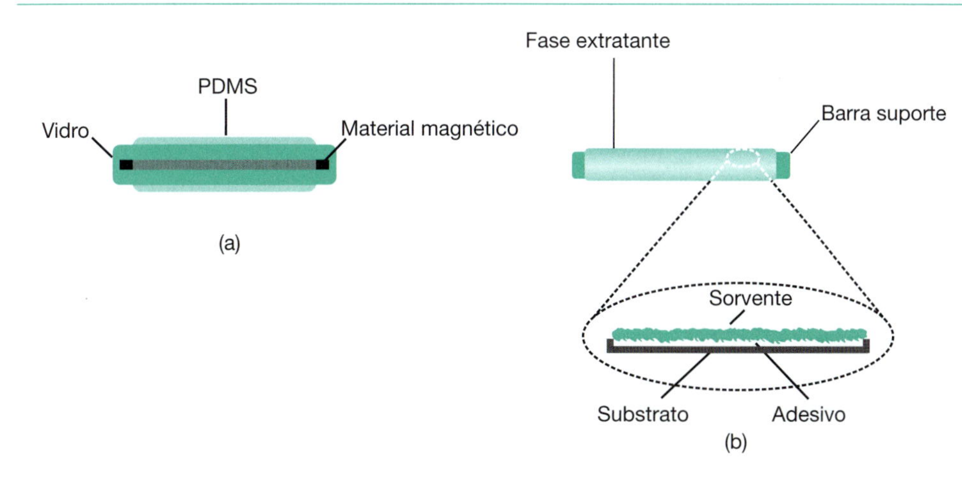

Figura 17.1 Representação esquemática dos dispositivos analíticos usados nas técnicas de SBSE (a) e BAµE (b).[8, 9]

rica. Verifica-se igualmente a influência de β na eficiência teórica por SBSE, dado que à medida que o seu valor diminui (menor volume de amostra), a curva tenderá a deslocar-se para a esquerda, conseguindo-se uma capacidade extrativa superior e, portanto, maior recuperação.

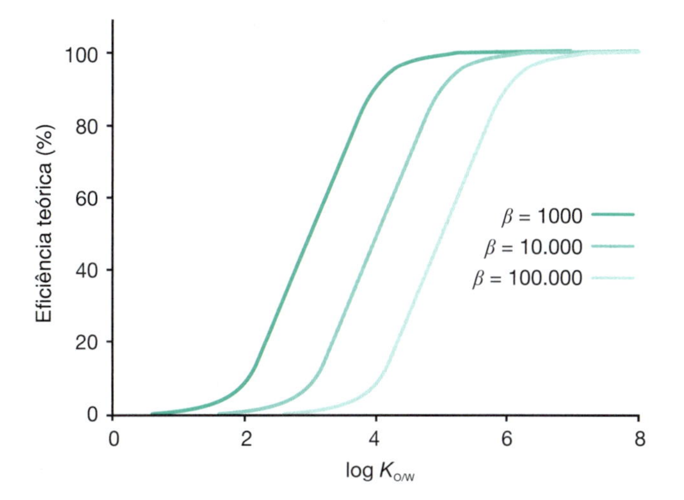

Figura 17.2 Influência da relação de fase (β) na eficiência teórica por SBSE em função do log $K_{O/W}$.

17.3 Metodologia

O princípio de operação da SBSE consiste em duas etapas fundamentais, nomeadamente, a extração ou o enriquecimento dos analitos do seio da amostra para o polímero de PDMS, seguida de retroextração ou dessorção dos solutos da fase extratante para o sistema cromatográfico. Qualquer esquema analítico que envolva SBSE requer que a ordem da metodologia experimental deva começar por se otimizar o sistema instrumental, isto é, as condições de detecção e separação, seguida do passo de retroextração e, finalmente, os parâmetros críticos da extração. Nessa perspectiva, ensaios sistematizados costumam ser implementados usando estratégias de otimização univariante ou multivariante, no sentido de encontrar os parâmetros experimentais ideais para os sistemas analíticos em estudo.[10] Desenhos de experiências têm sido igualmente propostos tornando possível a identificação das principais interações conjuntas entre diferentes variáveis, quer nas etapas de extração quer de retroextração por SBSE.[11] Após otimização dos parâmetros críticos, uma etapa de validação com aplicação a amostras é recomendável, no sentido de se avaliar o desempenho e a eficácia da metodologia analítica desenvolvida a matrizes reais.

17.3.1 Etapa de extração

Durante a etapa de extração, as barras de agitação podem ser colocadas em contato com os solutos e ser usados os modos de amostragem quer por HS quer por imersão, conforme é exemplificado na Figura 17.3a, a primeira mais indicada para a análise de compostos voláteis. No modo HS-SBSE, a amostragem é efetuada suspendendo a barra de agitação no topo do frasco, ficando o polímero em contato estático direto com a fase de vapor proveniente da matriz líquida ou sólida. Essa abordagem apresenta a vantagem de preservar o polímero de PDMS de possíveis contaminações com interferentes não voláteis, aumentando igualmente o tempo de vida do dispositivo analítico. O passo de extração por SBSE é geralmente levado a cabo sob condições de equilíbrio no sentido de se obter máxima eficiência, sendo sempre obrigatório o controle de diversos parâmetros experimentais. Genericamente são efetuados ensaios sistematizados para otimizar as mais importantes variáveis que influenciam ou condicionam a etapa de microextração, nomeadamente, a sua cinética (tempo de equilíbrio e velocidade de agitação), bem como a interação dos analitos com a fase de PDMS (pH, polaridade e força iônica da amostra).[8,9,12] Outros parâmetros como o volume da amostra ou em PDMS, isto é, β, fator de diluição, etc. são igualmente muito importantes em particular para se alcançar elevada sensibilidade, fundamentalmente em análise vestigial. O desenvolvimento de qualquer método que envolva SBSE deve iniciar-se pelo processo de otimização, efetuando-se ensaios em matrizes de água ultrapura, fortificada com o(s) composto(s)-alvo ou modelo que se pretendam estudar, no sentido de avaliar o comportamento e a eficiência analítica. Em uma primeira abordagem, o tempo de equilíbrio depende da velocidade das interações entre os analitos e a fase de PDMS, que garantam máxima sensibilidade e precisão conveniente. Assim, no sentido de minimizar o tempo de análise, a sensibilidade e a precisão podem ser sacrificadas, trabalhando-se sob condições de não equilíbrio igualmente com elevado desempenho. A velocidade de agitação costuma igualmente ser controlada uma vez que se acelera o processo de difusão e, por conseguinte, a microextração dos analitos, diminuindo a espessura da camada fronteira entre o PDMS e o seio da solução. No entanto, velocidades de agitação muito elevadas, além de terem muito pouco ou quase nenhum efeito no processo de microextração, podem causar danos físicos à fase polimérica, devido ao contato direto com o fundo do frasco de amostragem. Conforme discutido anteriormente, a totalidade dos solutos extraídos pela fase de PDMS depende de β, isto é, volumes de amostra superiores decrescem a eficiência de recuperação, apesar da resposta instrumental poder aumentar devido ao incremento de conteúdo em massa dos analitos extraídos. Por outro lado, o volume em PDMS influencia igualmente o rendimento de recuperação, em particular dos compostos mais polares. Genericamente, o pH da matriz é uma variável muito importante durante a operação por SBSE, principalmente para os analitos que contenham características de dissociação, ou seja, propriedades ácidas ou básicas, uma vez ser sempre requerida ausência de carga para que ocorra interação com a fase de PDMS. Além disso, condições muito ácidas (pH < 2) ou básicas (pH > 9) não são recomendadas, no sentido de evitar a degradação química do PDMS, incrementando-se assim o respectivo tempo de vida. Conforme é bem conhecido para compostos hidrofílicos ou polares (log $K_{O/W}$ < 3), a adição de um eletrólito favorece a migração dos solutos para a fase polimérica, fenômeno vulgarmente designado por efeito *salting-out*. Assim, a adição de um sal (por exemplo, cloreto de sódio) aumenta a recuperação dos compostos mais polares, uma vez este efeito ser baseado na diminuição da solubilidade dos mesmos, forçando-os a migrarem para a fase de PDMS e, consequentemente, melhorando-se o rendimento de extração. No entanto, se após a adição de sal for observada menor resposta, este fenômeno pode ser explicado pelo *oil-effect*, no qual a migração dos analitos para a superfície da matriz aquosa é favorecida, diminuindo a cinética de extração da fase de PDMS. Refira-se ainda que adição de sal é muito mais eficaz para o enriquecimento de compostos voláteis, em particular quando é adaptado o modo de amostragem por HS. Álcoois (por exemplo, metanol) têm sido igualmente propostos como modificadores da polaridade da matriz durante o processo de SBSE, no sentido de se minimizar a adsorção dos analitos às paredes de vidro dos frascos de amostragem, principalmente se os solutos são apolares ou mais hidrofóbicos (log $K_{O/W} \geq 3$), fenômeno designado por *wall-effect*. Contudo, a adição de modificadores deve de ser cautelosa, uma vez que promove o aumento da solubilidade dos solutos na matriz da amostra, podendo minimizar dessa forma a eficiência de extração, especialmente dos compostos mais polares. Finalmente, a temperatura é outro parâmetro-chave durante qualquer processo analítico envolvendo SBSE, em particular para os solutos mais voláteis, permitindo que o equilíbrio de extração seja alcançado mais rapidamente. Na generalidade, a SBSE opera à temperatura ambiente, em particular quando o modo de amostragem ocorre por imersão, tendo um efeito significativo na pressão de vapor dos solutos envolvidos no modo por HS.

17.3.2 Etapa de retroextração

Após o passo de extração, as barras de agitação são removidas, lavadas com um pouco de água destilada para limpeza de potenciais interferentes (por exemplo, sais, açúcares, proteínas ou outros constituintes não desejáveis da amostra), evitando-se a contaminação com compostos não voláteis, secas em papel absorvente para remover eventuais resíduos de água e submetidas para a etapa de retroextração com recurso aos modos de TD ou dessorção líquida (LD),[8,9,12] conforme é reproduzido na Figura 17.4. Apesar da TD ser o modo de retroextração mais direto, é limitada aos compostos voláteis e semivoláteis, sendo a LD mais abrangente e, fundamentalmente, indicada para solutos termoestáveis, desde semivoláteis a não voláteis. A abordagem por TD exige um tubo de vidro inerte apropriado e uma unidade dedicada à operação de aquecimento rápido (até 350 °C), sendo somente compatível com análise por GC, como se exemplifica na Figura 17.4a. Durante a TD, há que considerar diversos parâmetros instrumentais que influenciam o processo de retroextração, nomeadamente, o tempo e a temperatura de dessorção, fluxo da purga, temperatura do injetor de GC, sendo obrigatório o recurso a um vaporizador com temperatura programada (PTV). O PTV tem por função criofocar, a temperaturas baixas, os solutos que são dessorvidos do PDMS, recorrendo a arrefecimento com nitrogênio líquido, seguindo-se a vaporização dos mesmos por aquecimento balístico para introdução na coluna cromatográfica, evitando-se desta forma o alargamento das bandas. Em oposição, a LD pode ser combinada com qualquer tipo de sistema de separação incluindo GC, cro-

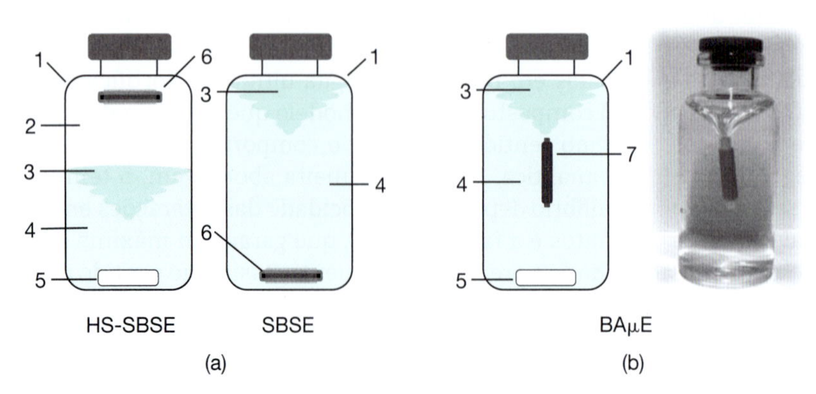

Figura 17.3 Representação esquemática e imagem exemplificando os modos de extração por HS e por imersão em SBSE (a) e por flutuação em BAμE (b).[8,9] 1: frasco de amostragem; 2: HS; 3: vórtex; 4: amostra; 5: barra de agitação magnética em Teflon; 6: dispositivo de SBSE; 7: dispositivo de BAμE.

matografia líquida de alta eficiência (HPLC)[13,14] ou mesmo eletroforese capilar (CE),[15,16] recorrendo a condições instrumentais convenientes. Por outro lado, o tipo de solvente (por exemplo, metanol, acetonitrila, misturas etc.), tempo e número de dessorções são variáveis importantes durante a LD. Esse procedimento exige imersão completa da barra de agitação dentro de *vials* ou *inserts* em vidro, sob tratamento ultrassônico, no sentido de melhorar a eficiência de retroextração, conforme é exemplificado na Figura 17.4b. Do ponto de vista conceptual, a TD é uma abordagem em linha (*on-line*) uma vez tornar possível a introdução dos solutos totalmente extraídos diretamente no sistema de GC, promovendo elevada sensibilidade e possibilitando o recurso a amostradores automáticos em análise de rotina. A LD é uma abordagem fora de linha (*off-line*); apesar de muito simples e pouco onerosa, requer muitas vezes um passo de concentração e/ou troca de solvente, mais compatível com a instrumentação em causa, sendo sempre recomendável injeções de grande volume (LVI) para ganho de sensibilidade, principalmente durante a análise por GC. Por outro lado, a LD oferece outras possibilidades interessantes durante a etapa de validação e aplicação a amostras reais, nomeadamente, a oportunidade de reanálise.

17.3.3 Etapa de validação

Após o processo de otimização, toma lugar a etapa de validação, onde devem ser estimados parâmetros convencionais como os limiares analíticos, gama linear dinâmica, exatidão e precisão do método desenvolvido. Para análise vestigial em particular, a validação deve ainda demonstrar reprodutibilidade em conformidade com os requerimentos da Diretiva 98/83/EC para a determinação de compostos orgânicos.[17] Após validação, a aplicação a amostras reais deve igualmente ser testada, no sentido de demonstrar todas as vantagens analíticas como técnica alternativa e fiável relativamente a outras metodologias convencionais, sobretudo se estão envolvidas matrizes complexas. A eficiência da SBSE pode ser substancialmente afetada pela complexidade das matrizes envolvidas uma vez potenciais interferentes poderem influenciar o rendimento de recuperação. Assim, a aplicação a amostras reais de qualquer método de SBSE, otimizado e validado, é uma obrigação, no sentido de se verificar o comportamento analítico do sistema em estudo, bem como a influência que potenciais interferentes possam causar, designados por efeitos de matriz. Uma forma de minimizar potenciais efeitos de matriz poderá ser o recurso ao método da adição de padrão. Esta abordagem fornece o nível de exatidão requerido para análise vestigial numa grande variedade de sistemas, apesar de poder ser tediosa em análise de rotina, quando estão envolvidos um alargado número de amostras. Uma das características mais interessantes da SBSE reside nas barras de agitação poderem ser usadas centenas de vezes sem mostrar degradação física do revestimento em PDMS. A única condição prática a ser implementada é que, antes de serem reutilizadas, as barras de agitação devem ser limpas com solventes adequados (por exemplo, acetonitrilo) ou condicionadas (por exemplo, 320 °C) com recurso a tratamento por TD. Outra vantagem, comparativamente com diversas abordagens de enriquecimento (por exemplo, técnicas dinâmicas) reside na SBSE permitir que a operação de microextração possa ter lugar durante a noite, em particular se for necessário mais tempo para alcançar as condições de equilíbrio necessárias, sem nenhum requisito especial.

17.4 Exemplos de aplicação técnica

Em geral, a maioria das aplicações por SBSE tem o propósito de substituir outras técnicas de enriquecimento dedicadas devido a: i) apresentar facilidade de manipulação como técnica de amostragem passiva, para além

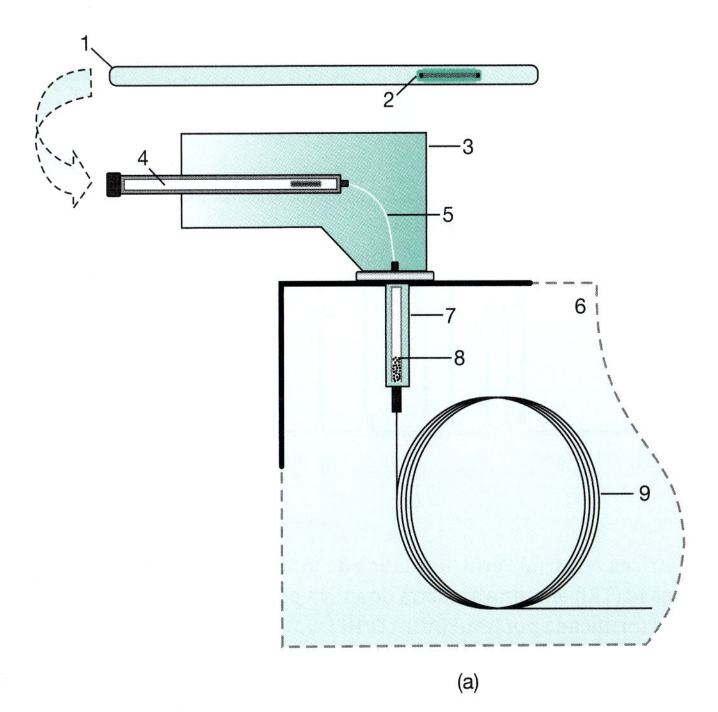

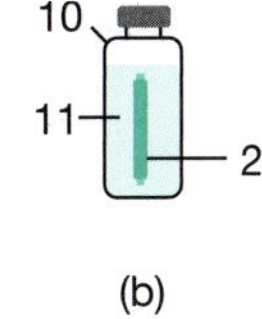

Figura 17.4 Representação esquemática exemplificando os modos por TD (a) e LD (b) usados para retroextração em SBSE.[8, 9] 1: tubo de vidro para TD; 2: dispositivo de SBSE; 3: unidade de TD; 4: tubo de TD com o dispositivo de SBSE; 5: capilar de transferência aquecido; 6: cromatógrafo de fase gasosa; 7: injetor PTV; 8: *liner* com lã de vidro; 9: coluna capilar; 10: *vial*; 11: solvente para LD.

de ser uma abordagem *solventless*; ii) maior facilidade na monitorização vestigial de compostos nos aspectos que outras técnicas baseadas em sorção demonstrem limitações; iii) poder ser usada como metodologia multirresíduo para monitorar simultaneamente diferentes classes de solutos em diversos tipos de amostras reais.

A maioria das aplicações por SBSE tem sido desenvolvida tanto nos modos de amostragem por HS como por imersão envolvendo fundamentalmente a análise vestigial de compostos prioritários, quer com origem natural quer antropogênica, em áreas com reconhecido impacto na sociedade, principalmente, ambiente, alimentar, aromas e fragrâncias, biomédica, forense, farmacêutica etc. A literatura referencia bons exemplos de aplicação, principalmente na determinação de compostos orgânicos voláteis e semivoláteis em amostras de ar,[18] poluentes orgânicos persistentes (por exemplo, pesticidas) em matrizes de água,[10,19-21] contaminantes e compostos aromáticos em bebidas,[22-24] fruta e vegetais,[25,26] assim como de metabolitos (por exemplo, hormônios sexuais, drogas, produtos farmacêuticos e de higiene e cuidado pessoal – PPCPs) em amostras ambientais e biológicas, nomeadamente águas residuais, urina, saliva etc.[14,27,28,29] Em resumo, a SBSE (PDMS) é uma técnica de sorção muito eficiente indicada para análise vestigial de compostos prioritários, com características desde hidrofóbicas a polaridade intermédia, fundamentalmente em matrizes aquosas. A Figura 17.5a exemplifica a aplicação da SBSE/TD-GC-MS a uma amostra de vinho da Madeira (Verdelho-99), em que é possível observar o perfil aromático complexo constituído por diversas classes de compostos no nível vestigial; na Figura 17.5.b observa-se a presença de triclosão, desinfectante vulgarmente usado na pasta de dentes, em uma amostra de saliva obtida por SBSE-LD/HPLC-DAD.

17.5 Avanços recentes da técnica

17.5.1 Limitações da SBSE

Apesar de os recentes desenvolvimentos por SBSE (PDMS) terem provado características interessantes e inovadoras como técnica baseada em sorção, em muitos casos evidencia limitações na microextração de diversos tipos de solutos. Assim, se focarmos a nossa atenção no alargado

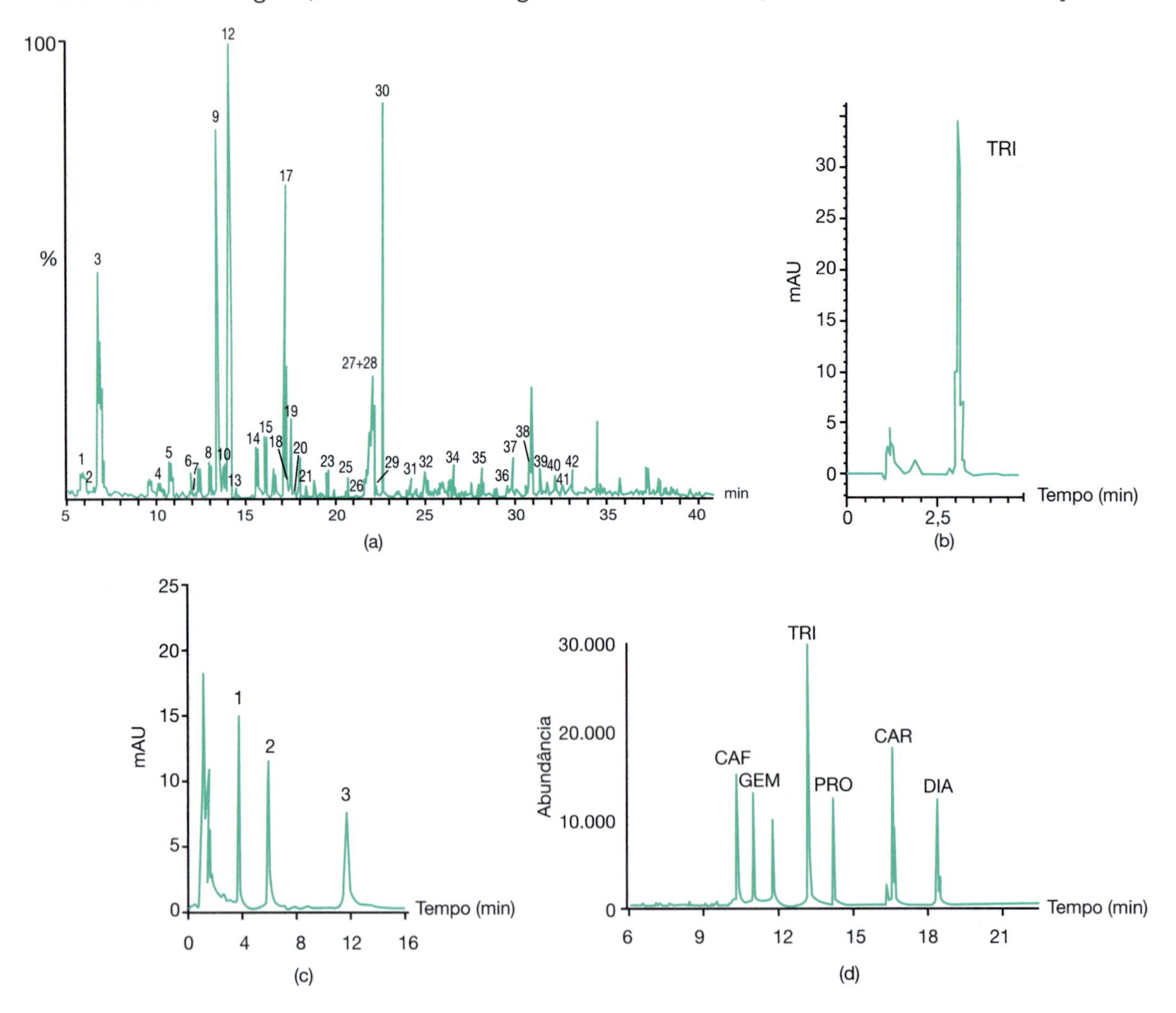

Figura 17.5 Exemplo de cromatogramas obtidos por aplicação a matrizes reais. (a) Perfil aromático de uma amostra de vinho da Madeira (Verdelho-99) por SBSE/TD-GC-MS.[22] (b) Determinação de triclosão (TRI) em uma amostra de saliva por SBSE-LD/HPLC-DAD.[29] (c) Análise de herbicidas triazínicos em uma amostra de água superficial fortificada por BAμE(AC)-LD/HPLC-DAD.[33] 1 – Simazina; 2 – Atrazina; 3 – Terbutilazina. (d) Monitorização de diversos PPCPs em uma amostra de água residual por BAμE (PS-DVB)-LD/LVI-GC-MS.[35] CAF – Cafeína; GEM – Gemfibrosil; TRI – Triclosão; PRO – Propanolol; CAR – Carbamazepina; DIA – Diazepam.

grupo de analitos com características polares, a técnica de SBSE (PDMS) tem demonstrado ineficácia devido às fracas interações hidrofóbicas que se estabelecem. Por essa razão, diversas estratégias têm sido propostas para ultrapassar esta limitação, que incluem ensaios multimodo, procedimentos de derivatização, recurso a diferentes fases poliméricas e ainda, conceitos inovadores baseados em sorção.[9,12]

Quando estão envolvidas análises multirresíduo, surgem normalmente dificuldades, uma vez que se está em presença de famílias de compostos com propriedades físico-químicas diferenciadas. Nesta perspectiva, pode recorrer-se ao modo-dual, no qual são usadas simultaneamente duas ou mais barras de agitação por amostra, ou analisadas diversas amostras contendo uma barra de agitação cada, para ganho global de sensibilidade na ocasião do passo conjunto de retroextração.

Alternativamente pode recorrer-se ao modo sequencial, alterando-se as condições experimentais da matriz da amostra (por exemplo, pH) em uma mesma amostragem, usando duas ou mais barras de agitação individualmente, no sentido de se criarem condições para recuperar classes diferenciadas de compostos com e sem alteração das variáveis. Outra possibilidade reside em usar procedimentos para derivatização dos compostos mais polares, recorrendo a agentes específicos de alquilação, acetilação, acilação e sililação, entre outros. Nessa abordagem, podem implementar-se diversos modos, nomeadamente, por adição do agente à matriz da amostra (*in situ*), na barra de agitação (*on-stir bar*) ou após extração (*post-extraction*). Apesar dessa abordagem ser correntemente usada para muitos solutos, encontra-se limitada a agentes de derivatização específicos não sendo, por isso mesmo, abrangente. Outra forma de solucionar a limitação da SBSE (PDMS) para compostos polares reside na utilização de fases poliméricas mais adequadas e que apresentem maior afinidade sortiva. Nesse contexto, têm sido propostas diversas fases mistas com PDMS, nomeadamente, carvão ativado (AC), β-ciclodextrinas, divinilbenzeno, álcool polivinílico, polietileno glicol etc., mas também fases individuais como é o caso do polipirrolo, poliacrilato e até poliuretano.[30] No entanto, apesar das limitações que evidencia para compostos mais polares, a SBSE (PDMS) continua a ser uma das técnicas mais aplicadas, uma vez que apresenta grande reprodutibilidade, robustez e abrangência, face a outros métodos de microextração analítica. Recentemente foi proposta uma nova técnica para solucionar a limitação da SBSE (PDMS) na análise de compostos com características mais polares, designada por microextração adsortiva em barra (BAμE), que tem demonstrado grande potencial e complementaridade relativamente à primeira.[9,31,32] A abordagem dessa nova técnica envolve o uso de dispositivos contendo materiais alternativos com grande capacidade sortiva, e que operam com recurso à tecnologia de amostragem por flutuação, como será discutido na seção seguinte. A Figura 17.6 propõe um diagrama guia que resume a melhor estratégia analítica para aplicação da SBSE de acordo com as características de polaridade dos compostos orgânicos-alvo, o atual estado da arte e os sistemas instrumentais compatíveis.

17.5.2 Microextração adsortiva em barra (BAμE)

Essa nova abordagem analítica surgiu uma vez que os materiais sólidos apresentassem áreas superficiais elevadas e nanoestruturas porosas, com centros ativos onde podem ocorrer interações eletrostáticas e dispersivas (propriedades de "adsorção-dessorção"), estes são ideais para adsorverem facilmente moléculas com características mais polares. Bons exemplos desse tipo de materiais são os ACs que na forma de pó apresentam partículas (< 30 μm) nanoestruturadas com áreas superficiais que podem ir até 1500 m^2/g e, natureza desde microporosa (largura de poro < 2 nm) a mesoporosa (2 nm < largura de poro < 50 nm), que facilita a difusidade das moléculas-alvo na porosidade interna sem sofrerem restrições estéreas.[31] Para além da textura, o pH_{pcz} (pH do ponto de carga zero) tem uma grande influência no tipo de mecanismos de interação, sendo que as características básicas ou ácidas condicionam o fenômeno eletrostático e/ou dispersivo, dado serem dependentes da existência de heteroátomos, geralmente em pequena porcentagem na rede sólida do AC. No entanto, esses heteroátomos formam espécies superficiais que influenciam as propriedades adsortivas do material em fase líquida, situação ideal para reter compostos orgânicos com características polares em meio aquoso. Para análise vestigial em particular, os ACs são sorventes ideais para microextração, uma vez que apresentam grande capacidade de enriquecimento (≈ 100 – 500 μg/mg) e não são aplicáveis às considerações teóricas de Langmuir e Freundlich, uma vez que estão claramente abaixo dos correspondentes patamares isotérmicos. Por outro lado, outras fases, nomeadamente materiais baseados em polímeros (por exemplo, poliestireno-divinilbenzeno (PS-DVB), pirrolidona modificada, alumina e derivados de sílica etc.) e que tenham propriedades de sorção fortes, podem ser alternativos sempre que os ACs não apresentem seletividade ou a capacidade adequada para reter os analitos-alvo. Muitos dos materiais baseados em polímeros são do tipo de fase reversa, retendo os solutos por meio de interações π-π, dipolo-dipolo, ligações de hidrogênio e iônicas, mas também por meio de mecanismos múltiplos. Genericamente, o tamanho da partícula, área superficial, microporosidade e pH são propriedades importantes que evidenciam grande influência nos mecanismos de interação entre as moléculas-alvo e a rede dos sorventes, sendo esses materiais usados para microextrair compostos orgânicos polares e, dessa forma, solucionar as limitações demonstradas pela técnica SBSE (PDMS). Uma das configurações propostas[31] apresenta geometria em formato de barra (microextração adsortiva em barra, BAμE), sendo os sorventes em pó finamente divididos (até 5 mg) fixados com adesivos a suportes (1,8 cm em comprimento e 3 mm em largura) à base de polipropileno, como é reproduzido na Figura 17.1b. Devido ao suporte apresentar baixa densidade, o

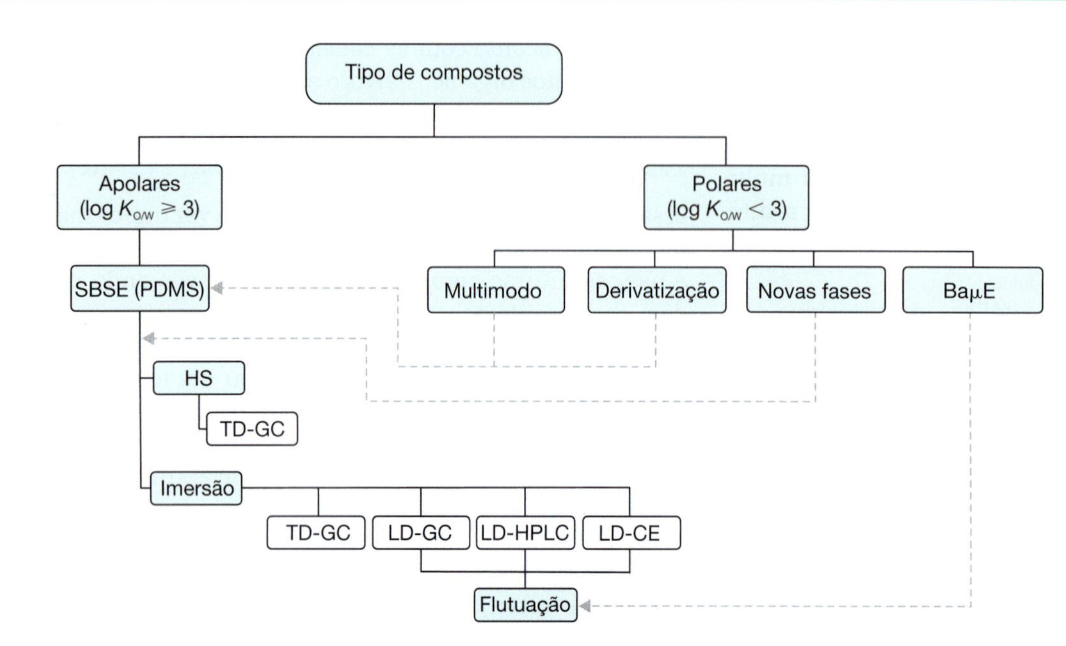

Figura 17.6 Diagrama guia que propõe a melhor estratégia analítica para aplicação da SBSE de acordo com as características de polaridade dos compostos orgânicos-alvo, o estado da arte e os sistemas instrumentais compatíveis.[8,9]

processo de microextração torna-se inovador, uma vez que opera por meio da tecnologia de amostragem por flutuação, como é representado esquematicamente e por imagem na Figura 17.3b. Essa nova abordagem apresenta a grande vantagem do dispositivo analítico flutuar imediatamente abaixo do vórtex formado pela agitação, evitando o contato direto quer com as paredes quer com o fundo do frasco de amostragem, negligenciando-se dessa forma a desagregação mecânica das partículas de sorvente e aumentando-se o tempo de vida médio. A reutilização desses dispositivos é possível dependendo apenas da complexidade da matriz da amostra, dos solutos envolvidos, das condições experimentais, assim como das fases extratantes envolvidas. O desenvolvimento experimental da BAμE é em tudo idêntico à SBSE, sendo obrigatória a otimização da cinética de extração (tempo de equilíbrio e velocidade de agitação), bem como da termodinâmica de interação entre os analitos e a fase extratante (pH, polaridade e força iônica da amostra). Por outro lado, a escolha do sorvente é igualmente crítica, no sentido de ser o mais seletivo para cada aplicação em particular. Uma vez a BAμE ser mais vocacionada para solutos com características semivoláteis a não voláteis, apresentando muitos deles propriedades termolábeis, LD seguida de HPLC ou por hifenação a espectrometria de massa (LC-MS) é a combinação ideal, sendo o procedimento em tudo semelhante à abordagem discutida para SBSE, incluindo as subsequentes etapas de validação e aplicação a matrizes reais. A BAμE tem sido aplicada para determinação vestigial de compostos emergentes e prioritários em áreas fundamentais, por exemplo, ambiental, alimentar, farmacêutica, forense, biomédica etc. Exemplos de aplicação da BAμE incluem a determinação vestigial de herbicidas (por exemplo, triazínicos), fungicidas, subprodutos da desinfecção (por exemplo, de cadeia curta), PPCPs, hormônios sexuais, antibióticos, ibuprofeno, ácido clofíbrico, acetaminofeno, cafeína, drogas de abuso (morfina e codeína), benzofenonas, polifenóis etc., em amostras de água para consumo humano, água superficial, águas residuais, fluidos biológicos (por exemplo, urina), bebidas (por exemplo, vinho), e muitas outras matrizes complexas.[9,33-38] A Figura 17.5c exemplifica a aplicação da BAμE (AC)-LD/HPLC-DAD na análise de herbicidas triazínicos em uma amostra de água superficial fortificada; na Figura 17.5d é possível observar a monitorização de diversos compostos pertencentes à classe dos PPCPs em uma amostra de água residual por BAμE (PS-DVB)-LD/LVI-GC-MS. Refira-se que, para além do excelente desempenho observado da BAμE para compostos polares, mostra-se uma alternativa muito promissora e complementar relativamente à SBSE, conforme é proposto no diagrama guia da Figura 17.6. Em resumo, a BAμE é uma técnica de microextração inovadora baseada em sorção que recorre a materiais nanoestruturados e à tecnologia de amostragem por flutuação, sendo de fácil operação e possibilitando a escolha da fase sorvente mais adequada para cada aplicação em particular.

Agradecimentos

O autor agradece o suporte da Fundação para a Ciência e a Tecnologia (PEst-OE/QUI/UI0612/2013).

Referências bibliográficas

[1] RAYNIE, D.E. **Anal. Chem.** 82: 4911, 2010.

[2] ARTHUR, C.L.; PAWLIZYN, J. **Anal. Chem.** 62: 2145, 1990.

[3] BALTUSSEN, E.; CRAMERS, C.A.; SANDRA, P.J.F. **Anal. Bioanal. Chem.** 373: 3, 2002.

[4] BALTUSSEN, E. et al. **J. Microcol. Sep.** 11: 737, 1999.

[5] DAVID, F.; SANDRA, P. **J. Chromatogr. A**, 1152: 54, 2007.

[6] SÁNCHEZ-ROJAS, F.; BOSCH-OJEDA, C.; CANO-PAVÓN, J.M. **Chromatographia**, 69: S79, 2008.

[7] LANÇAS, F.M. et al. **J. Sep. Sci.** 32: 813, 2009.

[8] NOGUEIRA, J.M.F. **Scientia Chromatographica**, 4:1, 2012.

[9] __________. **Anal. Chimica Acta**, 757: 1, 2012.

[10] SERÔDIO, P.; NOGUEIRA, J.M.F. **Anal. Chim. Acta**, 517: 21, 2004.

[11] SERÔDIO, P.; CABRAL, M.S.; NOGUEIRA, J.M.F. **J. Chromatogr. A**, 1141: 259, 2007.

[12]PRIETO, A. et al. **J. Chromatogr. A**, 1217: 2642, 2010.

[13]POPP, P.; BAUER, C.; WENNRICH, L. **Anal. Chim. Acta**, 436: 1, 2001.

[14]ALMEIDA, C.; NOGUEIRA, J.M.F. **J. Pharm. Biomed. Anal.** 41: 1303, 2006.

[15]JUAN-GARCÍA, A.; PICÓ, Y.; FONT, G. **J. Chromatogr. A**, 1073: 229, 2005.

[16]ROSÁRIO, P.; NOGUEIRA, J.M.F. **Electrophoresis**, 27: 4694, 2006.

[17]EUROPEAN COMMISSION, Council Directive 98/83/EC Off J 608, **Eur Commun**, L330:32, 1998.

[18]WOOLFENDEN, E. **J. Chromatogr. A**, 1217: 2674, 2010.

[19]SERÔDIO, P.; NOGUEIRA, J.M.F. **Anal. Bioanal. Chem.** 382: 1141, 2005.

[20]PEÑALVER, A. et al. **J. Chromatogr. A**, 1007: 1, 2007.

[21]LACORTE, S. et al. **J. Chromatogr. A**, 1216: 8581, 2009.

[22]ALVES, R.F.; NASCIMENTO, A.M.D.; NOGUEIRA, J.M.F. **Anal. Chim. Acta**, 546: 11, 2005.

[23]WELDEGERGIS, B.T.; TREDOUX, A.G.J.; CROUCH, A.M. **J. Agric. Food Chem.** 55: 8696, 2007.

[24]BARLETTA, J.Y. et al. **J. Sep. Sci.** 34: 1317, 2011.

[25]PEREIRA, M.B. et al. **J. Chromatogr. A**, 1217: 119, 2010.

[26]MADRERA, R.R.; VALLES, B.S. **J. Food Sci.** 76: C1326, 2011.

[27]SOINI, H.A. et al. **J. Chem. Ecol.** 31: 377, 2005.

[28]CHAVES, A.R.; QUEIROZ, M.E.C. **Quimica Nova**, 31: 1814, 2008.

[29]SILVA, A.R.M.; NOGUEIRA, J.M.F. **Talanta**, 74: 1498, 2008.

[30]NENG, N.R. et al. **J. Chromatogr. A**, 1171: 8, 2007.

[31]NENG, N.R.; SILVA, A.R.M.; NOGUEIRA, J.M.F. **J. Chromatogr. A**, 1217: 7303, 2010.

[32]NOGUEIRA, J.M.F. **Scientia Chromatographica**, 5:275, 2013.

[33]NENG, N.R.; NOGUEIRA, J.M.F. **Anal. Bioanal. Chem.** 398: 3155, 2010.

[34]NENG, N.R. et al. **Talanta**, 83: 1643, 2011.

[35]________. **J. Chromatogr. A**, 1218: 6263, 2011.

[36]NENG, N.R.; NOGUEIRA, J.M.F. **Anal. Bioanal. Chem.** 402: 1355, 2012.

[37]ALMEIDA, C.; NOGUEIRA, J.M.F. **J. Chromatogr. A**, 1265: 7, 2012.

[38]GONÇALVES, A.F.P. et al. **J. Chromatogr. Sci.** 50: 574, 2012.

18 Microextração em sorvente empacotado (MEPS)

Maria Eugênia Costa Queiroz

18.1 Introdução[1,20]

Todas as etapas de um método analítico, iniciando pela amostragem (coleta de uma fração representativa da amostra), preparo da amostra, separação, detecção, validação analítica e, por fim, a interpretação dos dados é fundamental para assegurar a exatidão, precisão e sensibilidade analítica das análises de espécies químicas presentes em amostras complexas. Dentre essas etapas, as mais suscetíveis a erros são aquelas que a intervenção humana é direta, tais como: a coleta, o armazenamento e o preparo da amostra.

O preparo da amostra tem sido requerido para aumentar a seletividade e sensibilidade analítica, por meio da remoção dos interferentes da amostra e concentração dos solutos (quase sempre presentes em níveis de traços), em fase líquida ou sólida.

Em razão da complexidade da maioria das amostras, em sistemas cromatográficos, estas não podem ser introduzidas diretamente no seu estado *in natura*, pois apresentam interferentes que podem suprimir a ionização dos solutos durante o processo de ionização nas análises por cromatografia líquida com detector de espectrometria de massas (LC-MS), coeluir com os solutos durante a separação cromatográfica ou adsorver de forma irreversível junto à coluna analítica, modificando a retenção dos solutos, causando a morte da coluna e, consequentemente aumento dos custos das análises.

As extrações clássicas, embora sejam simples, trazem consigo alguns inconvenientes como o uso de grandes quantidades de solventes orgânicos tóxicos e dispendiosos. Várias subetapas são realizadas, aumentando a probabilidade de erros e o tempo da análise. A utilização de tais solventes orgânicos, por si só, gera problemas ambientais e, frequentemente, resultam em baixa seletividade analítica, fato que dificulta bastante a análise de amostras complexas.

A química analítica moderna tem sido direcionada para a simplificação pela miniaturização dos sistemas analíticos. Esse procedimento facilita a hifenação de técnicas, a minimização do consumo de solvente orgânico, do volume da amostra, do tempo da análise, e a utilização de tecnologias ambientalmente corretas, em direção ao cuidado preventivo do meio ambiente.

Neste contexto, podemos destacar a microextração em sorvente empacotado (*microextraction by packed sorbent* – MEPS), a qual integra a extração e concentração do soluto em única etapa e permite a introdução do soluto extraído no sistema cromatográfico, utilizando o mesmo dispositivo empregado na extração, reduzindo a perda do soluto e o tempo da análise.

18.2 Microextração em sorvente empacotado[1,20]

A microextração em sorvente empacotado, recente técnica de preparo de amostra, foi introduzida pelo Prof. Mohamed Abdel-Rehim et al. (AstraZeneca, Suécia) em 2003. Essa técnica consiste na miniaturização do sistema de extração em fase sólida (SPE) convencional. Os volumes da amostra e do solvente (eluente) foram reduzidos a algumas ordens de magnitude (10 a 100 vezes), de mililitros para microlitros (10–1000 μL). A técnica MEPS é adequada tanto para pequenos volumes de amostra (10 μL, fluidos biológicos), quanto para grandes volumes de amostra (alguns mililitros, amostras ambientais).

Na MEPS, uma microcoluna (≈1 cm × 0,2 mm d.i.) recheada, com aproximadamente, 1–4 mg de material sólido é conectada à agulha de uma microsseringa (*gas-tight*, 100–250 μL), ou seja, integrada à microsseringa, como um *plug* com filtros polietileno em ambos os lados, Figura 18.1.

Fases seletivas com diferentes mecanismos de extração (adsorção ou partição) estão disponíveis no comércio, tais como: sílica (fase normal), dissilano (C2), octilsilano (C8), octadecilsilano (C18) – fases reversas, trocador de cátions forte (ácido sulfônico ligado à sílica – SCX), trocador de ânions forte (amina quaternária ligada à sí-

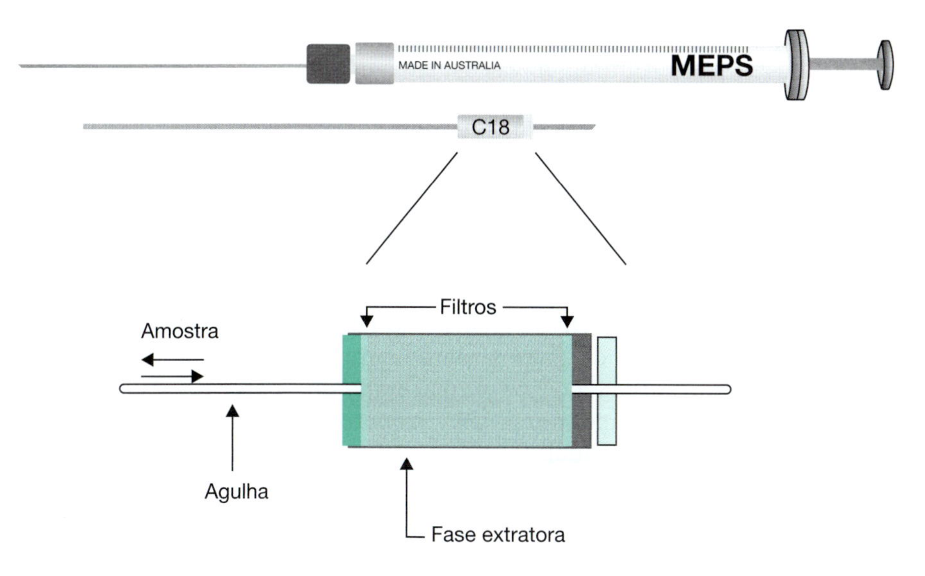

Figura 18.1 (a) Esquema da microsseringa MEPS com microcoluna recheada com a fase extratora (adaptado da referência [1]).

lica – SAX) e fase mista M1 (C8 + SCX). No entanto, a diversidade de fases extratoras para MEPS, disponíveis no comércio, é muito inferior à variabilidade de fases para a SPE. Os materiais sorventes para MEPS, geralmente, apresentam partículas irregulares de aproximadamente 50 μm e porosidade 60 Å.

Em razão da miniaturização do sistema de extração, na MEPS, em uma única etapa, os solutos sorvidos na microcoluna são eluídos (dessorvidos) da fase extratora com alguns microlitros de solvente orgânico ou de fase móvel e diretamente injetados no sistema analítico. Esta etapa do processo de extração (eluição/injeção) é o grande destaque da técnica de MEPS, ou seja, a ordem de magnitude do volume do solvente de dessorção (μL) é adequada para introdução (injeção) direta em sistemas cromatográficos. Dessa forma, a técnica de MEPS tem sido hifenada às técnicas de separação, tais como: a cromatografia líquida de alta eficiência (HPLC), cromatografia gasosa (*gas chromatography* – GC) ou à eletroforese capilar (CE).

Podemos também destacar a hifenação das técnicas, MEPS e espectrometria de massas para *screening* de drogas de abuso. A técnica de MEPS foi utilizada para a pré-concentração de drogas de abuso (cocaína e seus metabólitos) de amostras de urina para análise direta em espectrômetro de massas com detector *time-of-flight* (DART-TOF). Dentre os vários sorventes avaliados (C8: octilsilano; ENV: poliestireno – divinilbenzeno hidroxilado; MCX: [divinilbeneno-N-polivinil-pirrolidona] polissulfônico; DAU: trocador iônico), a fase DAU apresentou os melhores resultados, ou seja, extrações mais eficientes que resultaram em espectros de massas com excelente razão sinal/ruído. A combinação das técnicas de MEPS/DART-TOF (Figura 18.2) resultou em análise rápida e grande confiabilidade na identificação das drogas de abuso e seus isótopos.[8]

As técnicas de microextração facilitam a automação dos procedimentos analíticos. O processo de MEPS (extração e introdução da amostra nos sistemas analíticos), pode ser realizado manualmente ou com auxílio do autoinjetor, por exemplo: *CombiPal autosampler*, procedimento em linha com GC, totalmente automatizado.

A microsseringa MEPS pode também ser fixada ao dispensador automático (por exemplo: *eVol® XR hand-held automated analytical syringe*), o qual pode ser programado para aspirar/dispensar volumes exatos e precisos de 200 nL a 1 mL, com vazão controlada.

As extrações (MEPS) automatizadas diminuem os coeficientes de variação interensaios (precisão analítica) e o

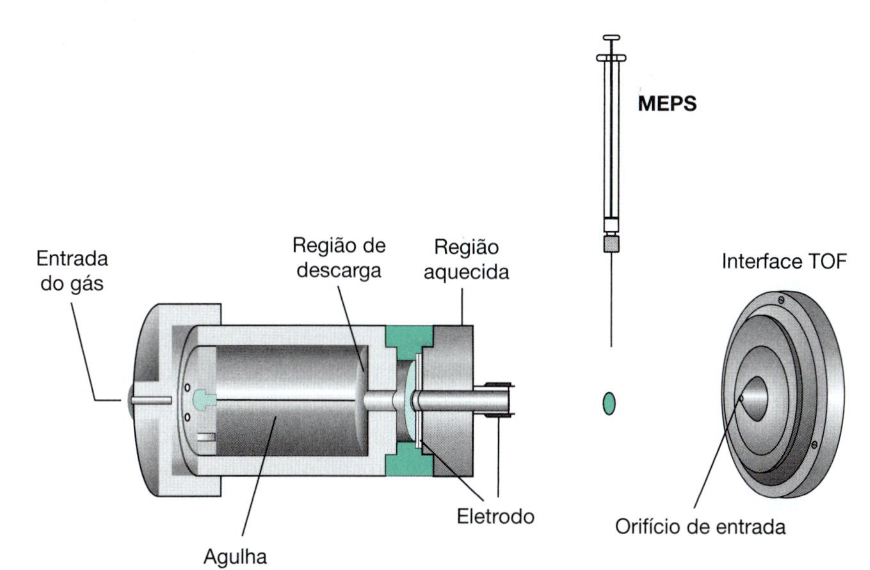

Figura 18.2 Esquema da associação da MEPS com análise direta em espectrômetro de massas DART-TOF (adaptado da referência [8]).

tempo de extração para alguns minutos (1-2 min). O procedimento repetitivo de aspirar/dispensar a amostra por vários ciclos, para a pré-concentração dos solutos, quando realizado manualmente, tem sido descrito por alguns autores como uma desvantagem da técnica de MEPS.

Os *cartuchos* de SPE, geralmente são utilizados uma única vez e descartados, já as microcolunas de MEPS, dependendo da complexidade da amostra e dos cuidados do analista, podem ser reutilizadas de 40 a 100 vezes.

Os ensaios realizados com microcolunas (MEPS) de diferentes lotes (reprodutibilidade dos ensaios interlotes), com mesma fase extratora, para análises de antidepressivos em amostras de plasma, apresentam adequados valores de exatidão e precisão analítica.[10] No entanto, para as análises de MEPS, recomenda-se a adição de padrão interno para compensar a variabilidade interensaios durante o procedimento de extração.

A MEPS é uma técnica de preparo de amostra muita atrativa para a análise de fármacos em fluidos biológicos, em razão do pequeno volume de amostra requerido (10–250 µL). Esse fato contribui para a diminuição do tempo da coleta das amostras biológicas e do desconforto do paciente, principalmente de crianças ou de recém-nascidos. Consequentemente, a maioria dos trabalhos descritos na literatura emprega a técnica MEPS para a análise de fármacos em fluidos biológicos.

18.3 Procedimento da MEPS para a determinação de fármacos em amostras biológicas[1,13]

18.3.1 Pré-preparo das amostras biológicas

Inicialmente, as amostras biológicas, tais como plasma, sangue total, soro e urina (10–250 µL) são diluídos em solução-tampão, para que os fármacos, geralmente, ácidos fracos ou bases fracas, estejam na forma não ionizada (extração em fase reversa ou normal) ou ionizada (extração por troca iônica), favorecendo o processo de MEPS. As soluções-tampão com valores de pH em intervalos extremos (pH < 2 ou pH > 8) deverão ser evitadas, pois poderão danificar as fases sorventes à base de sílica.

Os fluidos biológicos são amostras complexas que apresentam vários compostos endógenos, principalmente as proteínas. Anterior ao procedimento de diluição da amostra, a precipitação das proteínas das amostras biológicas, com solventes orgânicos (acetonitrila ou metanol) ou com soluções ácidas aquosas, tem sido outro procedimento realizado no pré-preparo das amostras biológicas. Após a precipitação das proteínas, etapa geralmente realizada com acetonitrila, o sobrenadante é coletado, evaporado à secura e o extrato seco é reconstituído com solução-tampão para o ajuste do pH.

Estes procedimentos não somente minimizam o efeito da matriz biológica no procedimento de MEPS, ou seja, adsorção (algumas vezes irreversível) dos compostos endógenos na fase extratora, como também geram cromatogramas mais limpos, com menores ruídos na linha de base e aumentam a robustez (número de vezes de reutilização) das microcolunas de MEPS.

A diluição da amostra biológica com solução-tampão diminui a viscosidade da amostra, consequentemente, favorece a transferência de massas dos solutos para a fase extratora e evita o bloqueio das microcolunas de MEPS.

A adição de reagente de par iônico, como o hidróxido de tetrabutilamônio (TBAH), também tem sido utilizada para favorecer a extração (MEPS – C18) de solutos mais polares, como os ácidos fenólicos em amostras de plasma.[13] Nessa análise,[13] o TBAH também atuou como doador de grupos metila para o processo de derivatização *online* no *liner* empacotado do injetor (GC-MS) em altas temperaturas (PTV: vaporizador com temperatura programada).

Em nosso ponto de vista, a maior desvantagem da MEPS, quando comparada à convencional SPE está relacionada à adicional etapa de pré-preparo da amostra.

18.3.2 Pré-concentração dos fármacos

A seleção do sorvente é um fator importante para a obtenção de altas taxas de recuperação, por exemplo: as fases C2-C18 são adequadas para extração de solutos lipofílicos, já as fases poliméricas, tais como o poliestireno-divilnilbenzeno com grupos iônicos quimicamente ligados (troca iônica), ou as fases mistas (C8 + SCX) são adequadas para as determinações de solutos ácidos ou básicos.

Anterior ao procedimento de extração, a fase extratora é ativada ou condicionada com alíquotas de solvente orgânico. O excesso de solvente orgânico é removido do sorvente por meio da percolação de um solvente mais polar (geralmente, água ou solução-tampão), preparando a fase para receber a amostra aquosa. Este procedimento também é utilizado para a limpeza da fase sólida (Seção 18.3.5), na reutilização das microcolunas.

Após este procedimento de condicionamento, os fármacos são sorvidos na fase extratora da microcoluna, por meio de ciclos aspirar/dispensar alíquotas da amostra (10–250 µL), no mesmo frasco contendo o fluido biológico, ou aspirar a amostra do frasco e dispensar no descarte.

A pré-concentração dos solutos tem sido realizada em um único ciclo aspirar/dispensar ou em vários. O aumento do número de ciclos resulta em aumento linear das taxas de recuperação dos solutos. Geralmente, as extrações de MEPS são realizadas com quatro ciclos aspirar/dispensar de 50 µL de amostra. A vazão dos ciclos aspirar/dispensar de 10 a 20 µL/s favorece a percolação da amostra e a interação soluto/sorvente.

18.3.3 Eliminação dos interferentes

Para remoção dos compostos endógenos, após a pré-concentração dos fármacos, a fase sólida é lavada com solvente (50–100 µL), como água, solução ácida (exemplo, 0,1 % ácido fórmico), soluções-tampão ou misturas de solução aquosa com solvente orgânico (5–10 % metanol, acetonitrila ou isopropanol). Esse procedimento resulta em extratos mais puros e aumenta a seletividade da técnica de extração. Nessa etapa de limpeza, a concentração de solvente orgânico, assim como o pH das soluções-tampão deverão ser considerados para evitar ou minimizar a perda do soluto. O aumento da porcentagem de solvente orgânico na solução, geralmente, aumenta a perda do soluto.

18.3.4 Eluição dos fármacos

Alguns autores recomendam a secagem do sorvente (aspirar/dispensar ar), antes da eluição dos fármacos para as análises GC. No entanto, outros autores não consideram essa etapa necessária, em razão da pequena quantidade de sorvente (1 a 4 mg).

Os fármacos sorvidos na fase sólida são eluídos com uma alíquota (20–100 µL) de fase móvel (LC) ou de solvente orgânico compatível para direta injeção no sistema analítico, ou seja, a técnica de MEPS, geralmente, não requer as etapas de evaporação e redissolução do extrato. Quanto maior a massa do sorvente, maiores serão os volumes de solvente para os procedimentos de eluição (dessorção), limpeza e condicionamento da fase extratora.

O ajuste do pH da solução eluente (ionização dos solutos) é um fator importante para a obtenção de altas taxas de extração. O aumento do volume do eluente e da concentração de solvente orgânico na solução favorece a dessorção dos fármacos, no entanto, o aumento do volume do eluente resulta em extrato mais diluído. Para definir o volume do eluente, a eficácia do processo de dessorção dos solutos e o volume da alça de amostragem (LC) deverão ser considerados.

O injetor com temperatura programada (GC-PTV) permite a introdução de maiores volumes do extrato (40–50 µL) no sistema cromatográfico, favorecendo a dessorção dos analitos da fase extratora e menores limites de detecção.

18.3.5 Limpeza da fase sólida

Para reutilizar as microcolunas de MEPS, estas são lavadas (interensaios) em duas etapas. Na primeira etapa (forte lavagem), o sorvente é lavado com solvente orgânico (metanol ou acetonitrila), podendo incluir (10–20 %) de isopropanol ou ácido ou base (0,2 % ácido fórmico/0,2 % hidróxido de amônio, v/v), dependendo da natureza do soluto; já a segunda lavagem (recondicionar o sorvente) com água ou 5 % metanol em água. Ambas as etapas são repetidas 3–4 vezes. Este procedimento minimiza o efeito de memória (*carryover*) para valores inferiores a 0,1 %, fato que favorece a reutilização das microcolunas MEPS.

A Figura 18.3 ilustra o processo de MEPS com suas diferentes etapas, pré-concentração dos fármacos, eliminação dos interferentes, eluição e introdução do extrato no sistema analítico.

As variáveis da técnica de MEPS (volume de amostra, pH da amostra, número de ciclos aspirar/dispensar, composição e volume dos solventes das etapas de limpeza e eluição dos analitos) têm sido otimizadas não somente para aumentar a sensibilidade analítica, mas também para minimizar o volume da amostra, o consumo de solventes orgânicos, o efeito de memória e o tempo de análise.

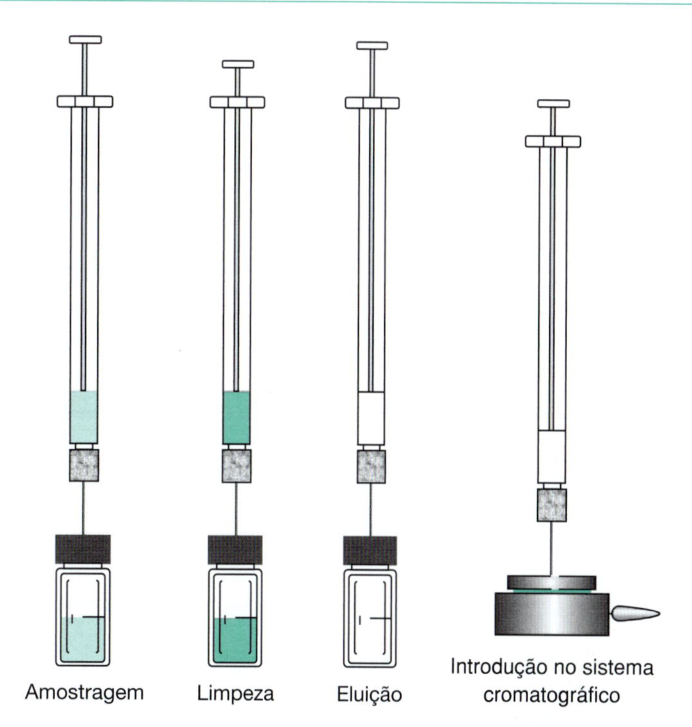

Figura 18.3 Processo MEPS com suas diferentes etapas, amostragem (pré-concentração dos solutos), limpeza (eliminação dos interferentes), eluição dos solutos e introdução do extrato no sistema analítico.

A Figura 18.4 ilustra o procedimento de MEPS para análise de fármacos em amostras biológicas com os sorventes de troca iônica (SCX e SAX).

Diluição da amostra Amostras de sangue: 20-25 vezes (análise forense) Amostras de plasma: 4-5 vezes (Solução-tampão ácida ou básica para obter analitos na forma ionizada)
Condicionamento do sorvente -50 µL MeOH -50 µL (2 % HCOOH ou 2 % NH_4OH)
Pré-concentração 4 × 100 µL amostra (ciclos aspirar/dispensar)
Limpeza do sorvente 100 µL (5 % isopropanol em 1 % HCOOH), para bases 100 µL (5 % isopropanol em 1 % NH_4OH), para ácidos
Eluição Bases: 20-50 µL (3 % NH_4OH em ACN + MeOH, 6:4 v/v) Ácidos: 20-50 µL (3 % HCOOH em ACN + MeOH, 6:4 v/v) ou 50 µL MeOH
Limpeza interensaios 4 × 100 µL (1 % NH_4OH em MeOH + ACN, 1:1 v/v) 4 × 100 µL (1 % HCOOH em 10 % isopropanol em água)

Figura 18.4 Procedimento de MEPS para análises de fármacos ácidos ou bases em amostras biológicas com os sorbentes de troca iônica (SCX e SAX) (adaptado da referência [4]).

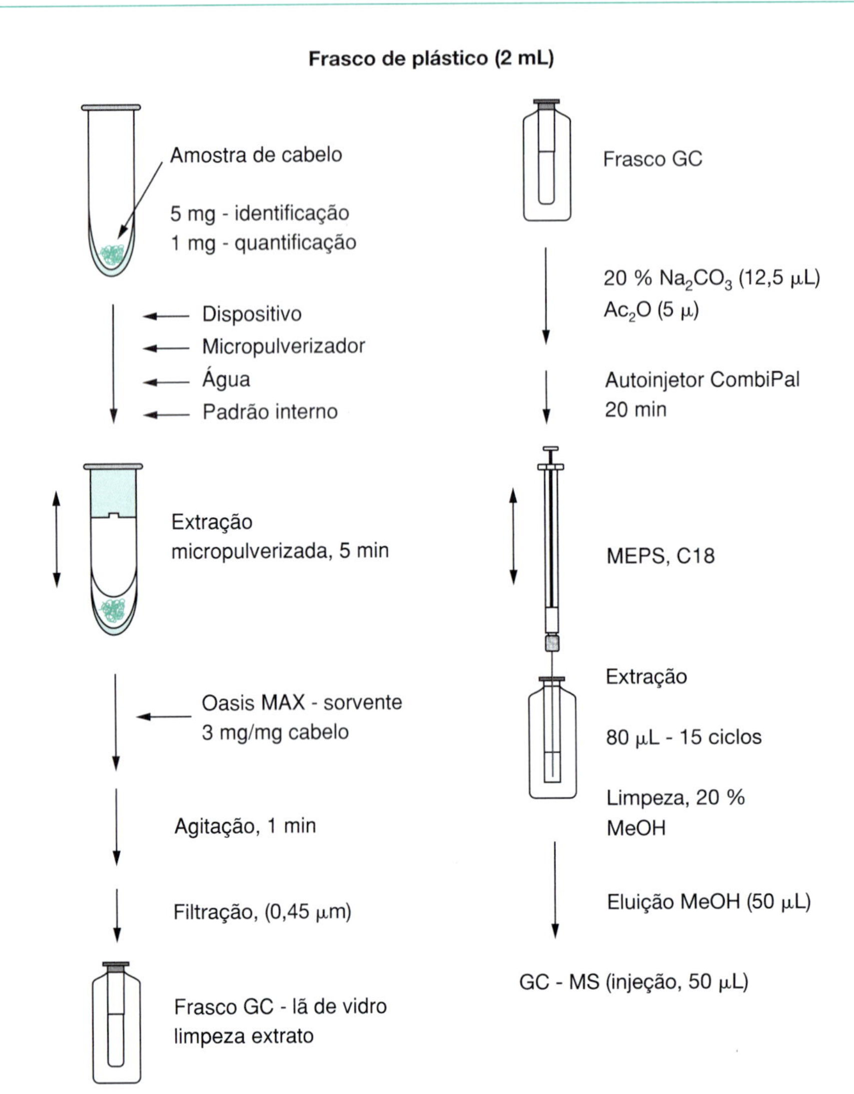

Figura 18.5 Procedimento analítico (MEPS-GC-MS) para análises de drogas de abuso (anfetaminas) em amostras de cabelo (adaptado da referência [6]).

A técnica de MEPS também tem sido utilizada para análises de amostras biológicas não aquosas, como o cabelo, após extração micropulverizada e acetilação em meio aquoso, Figura 18.5.[6]

18.4 Procedimentos de derivatização[6,13,15]

Os procedimentos de derivatização, *in situ* (amostra aquosa)[6,14] ou no injetor GC-MS (*liner*)[13,15] têm sido associados à técnica MEPS para as análises de moléculas polares ou termolábeis por GC-MS. Por exemplo, fármacos anti-inflamatórios não esteroides, compostos polares com grupos carboxílicos em sua estrutura, foram derivatizados em meio aquoso com N-(-3-dimetilaminopropil-)-N-etilcarbodiimida e 2,2,2-trifluoroetilamina. Esse procedimento foi realizado *in situ*, anterior à MEPS para análises de amostras de água. Os derivados formados (amidas) apresentaram estáveis em solução aquosa até três dias à temperatura ambiente.[14]

Compostos desreguladores endócrinos (alquilfenois, bisfenol A, hormônios sintéticos e naturais) foram determinados em amostras de águas (rio e águas residuárias) após derivatização com os reagentes N,O-bis(trimetilsilil) triufloroacetamida com 1 % de trimetilclorosilano no injetor (*in port* PTV, GC-MS).[15]

A derivatização (*in port* PTV, GC-MS) consistiu em várias etapas: inicialmente, injeção do extrato da amostra (40–50 μL) e do reagente de derivatização (10 μL) a baixa temperatura (40 °C), a seguir a temperatura do PTV foi rapidamente aquecida para vaporizar o solvente com a válvula *split* aberta (50 mL/min, 5 min), na sequência o modo *splitless* foi programada para 1,5 min com o aumento da temperatura (12 °C/min até 300 °C), permanecendo a 300 °C (etapa de limpeza) e finalmente o derivado foi transferido para a coluna à alta temperatura.[15]

18.5 Aplicações da MEPS

A técnica MEPS, embora recentemente desenvolvida, tem sido utilizada para análise de uma diversidade de solutos em amostras biológicas, ambientais e alimentos. Alguns exemplos são apresentados na Tabela 18.1, com grande destaque às análises de fármacos em fluidos biológicos com aplicações na área clínica.

Na área de alimentos e bebidas, além das aplicações ilustradas na Tabela 18.1, podemos destacar também as análises de bioflavonoides em vinho tinto, glicosídeos diterpenos em chá, agrotóxicos e bifenilos policlorados (PCB) em gordura, traços de aflatoxinas em leite, micotoxina em cereais, ésteres metílicos de ácidos graxos em processo de fermentação, ômega-6 (ácido graxo) em malte, antocianidina em vinho, atrazina em cereais e sulfonamidas em carne.[16]

18.6 Considerações finais

A pré-concentração dos solutos em microcolunas (MEPS) e a associação das etapas de eluição dos solutos e injeção do extrato nos sistemas analíticos resultam não somente na minimização do volume da amostra e do consumo de solvente orgânicos (µL), mas também em rápido procedimento de preparo de amostra, adequado para análises de rotina. Podemos também destacar a minimização da exposição dos analistas às amostras (principalmente os fluidos biológicos), redução ou eliminação de resíduos de solventes orgânicos gerados no processo de extração e a reutilização das microcolunas que diminuem os custos da análise.

Segundo os trabalhos da literatura apresentados (Tabela 18.1), os métodos desenvolvidos com as associações da MEPS com as técnicas analíticas, HPLC, UHPLC, GC, CE e DART-TOPF, mesmo com detectores convencionais (HPLC-UV ou HPLC-DAD), apresentaram seletividade, alta sensibilidade analítica e linearidade adequada para análises de amostras biológicas, ambientais, de bebidas e alimentos para diferentes fins.

Tabela 18.1 Aplicações da MEPS associada a diferentes técnicas analíticas para a análise de amostras ambientais, bebidas e fluidos biológicos

Analitos (amostra)	Procedimento MEPS	Técnica analítica	Linearidade ou LOQ/LOD (Observações)	Referências
Amostras ambientais				
Anti-inflamatórios (amostras de água: torneira, rio, mar e residuárias)	- FE: C18 - Água: 250 µL (3x), 10 µL/s - Limpeza: 250 µL água - Secagem da fase - Eluição/injeção: 25 µL acetato de etila PTV (GC-MS)	GC-MS (PTV)	LOQ: 38–360 ng/L (derivatização aquosa *in situ*, C18 (BIN) – reutilizado: 250 vezes)	[14]
Compostos estrogênicos (amostras de água: rio e residuárias)	- FE: C18 e MIP - Água: 800 µL, 10 µL/s - Limpeza: 2 × 100 µL água - Secagem da fase - Eluição: 50 µL acetato de etila: diclorometano (70:30, v/v)	GC-MS	LOD: C18 0,02–87 ng/L e MIP 1,3–22 ng/L. (derivatização injetor *in-port* GC-MS)	[15]
Bebidas e alimentos				
Ácido L ascórbico (bebidas não alcoólicas)	FE: Sílica 300 µL 60 µL metanol: H_2O (10 %, v/v)	HPLC-UV	LOD: 7,2 µg/mL LOQ = 24 µg/mL	[17]
Ácidos fenólicos: hidroxibenzoico e hidroxicinâmico (Vinho)	- FE: C8 (4 mg) - Vinho: 5 × 250 µL -Limpeza: 100 µL água contendo 0,1 % ácido fórmico -Eluição: 50 µL MeOH:H_2O (95:5 v/v)	UHPLC-PDA	LOD: 0,01–0,2 µg/mL LOQ = 0,03–0,7 µg/mL	[18]
Sulfonamidas (ovos)	- Ovos: 0,5 g – ppt acetonitrila + 500 µL tampão fosfato pH 3 - FE: C8/SCX Amostra diluída: 4 × 250 µL - Eluição: 100 µL fase móvel	HPLC-UV	LOQ: 30 ng/g	[19]
22 agrotóxicos (mel)	- Mel: 3 g – acetato de etila Extrato seco – tampão (diluição) - FE: C8/SCX - Amostra diluída: (4 × 250 µL) - Limpeza: 20 µL metanol - Eluição: acetato de etila (20 µL)	GC-MS	LOQ: 2–10 ng/g	[20]
Amostras biológicas				
Ciclofosfamida (sangue total – rato)	FE: poliestireno Plasma: 20 µL (diluição 5× – 0,1 % HCOOH)	LC-MS/MS	0,5–150 µg/mL	[7]

(continua)

Tabela 18.1 Aplicações da MEPS associada a diferentes técnicas analíticas para a análise de amostras ambientais, bebidas e fluidos biológicos *(continuação)*

Analitos (amostra)	Procedimento MEPS	Técnica analítica	Linearidade ou LOQ/LOD (Observações)	Referências
Amostras biológicas				
Cocaína e metabólitos (urina)	FE: C8 (apolares-moderadamene polares), ENV (alifáticos e aromáticos) MCX, DAU (básicos e ácidos) Urina: 100 µL	DART-TOF	65–1200 ng/mL	[8]
Fluoroquinolonas (Urina)	FE: C18 Urina: 48 µL – diluída 2,5 % ác. fórmico Eluição: 5 % ác. fórmico em metanol	CE-MS	6,3–10,6 µg/L	[9]
Antidepressivos (Plasma)	FE: (C8 + SCE) Plasma: 250 µL (3x) Lavagem: 100 µL sol. ác. fórmico 0,1 % Eluição: fase móvel (150 µL)	HPLC-UV	10–1000 ng/mL	[10]
Atorvastatin e metabólitos (Soro)	FE: C8 Soro: 50 µL Lavagem: acetato amônio pH 4,5 (100 µL) Eluição: acetonitrila: Acetato amônio pH 4,5 (100 µL) PTFE filtro 0,20 µm	UHPLC-MS/MS	0,5–100 nM	[11]
Ácidos fenólicos (plasma)	FE: C18 Plasma: 100 µL/adição TBAH – (5x) Lavagem – 100 µL sol. ácida (pH < 2) Etapa secagem – ar sorvente (100 µL) Eluição e etapa de injeção: 45 µL metanol GC-MS (PTV)	GC-MS	10–5000 ng/mL (derivatização no injetor)	[13]

FE: fase extratora, PTV: vaporizador com programa de temperatura, C8: octilsilano, BIN: *barrel insert and needle assemblies*, ENV: poliestireno – divinilbenzeno hidroxilado, MCX: (divinilbeneno-N-polivinil-pirrolidona) polissulfônico, DAU (trocador iônico), DART-TOF: análise direta em tempo real em espectrômetro de massas *time-of-flight*, SCE: forte trocador de cátions, MIP: polímero molecularmente impresso – 17 β estradiol (molécula molde), Anti-inflamatórios: Ácido clofíbrico, ibuprofeno, naproxeno, diclofenaco e ketoprofeno. Compostos estrogênicos (alquil fenóis, bisfenol A, hormônios sintéticos e naturais), UHPLC-PDA: cromatografia líquida de ultraperformance – detector de arranjo de diodos, agrotóxicos (permetrina, fempropatina, aldrin, α – HCH, β- HCH, lindano, vinclozolina, endossulfam, endrin, heptacloro, dodecacloro, tetradifona, 4,4 – DDD, 4,4 – DDE, carbofurano, carbaril, pirimifós metil, clorpirifós, dimetoato, dissulfotom, fenamifós, terbufós e profenofós).

Referências bibliográficas

[1]ABDEL-REHIM, M. J. **Chromatogr. A.** 1217: 2569, 2010.

[2]ABDEL-REHIM, M., ALTUN, Z., BLOMBERG, L. J. **Mass Spectrom.** 39: 1488, 2004.

[3]ABDEL-REHIM, M. et al. **J. Liq. Relat. Technol.** 30: 3029, 2007.

[4]ABDEL-REHIM, M. **Anal. Chim. Acta.** 701:119, 2011.

[5]EL-BEQQALI, A., KUSSAK, A., ABDEL-REHIM, M. **J. Sep. Sci.** 30: 421, 2007.

[6]MIYAGUCHI, H. et al. **J. Chromatogr. A.** 1216: 4063, 2009.

[7]SAID, R. et al. **J. Liq. Chromatogr. Relat. Technol.** 31: 683, 2008.

[8]JAGERDEO, E., ABDEL-REHIM, M. **J. Am. Soc. Mass Spectrom.** 20: 891, 2009.

[9]MORALES-CID, G. et al. **Anal. Chem.**, 81, 3188, 2009.

[10]CHAVES, A.R. et al. **J. Chromatogr. B.**, 878, 2123, 2010.

[11]VIČKOVÁ, H. et al. **J. Pharm. Biomed. Anal.**, 55, 301, 2011.

[12]SARACINO, M.A. et al. **J. Chromatogr. A.**, 1218, 2153, 2011.

[13]PETERS, S. et al. **J. Chromatogr. A**, 1226, 71, 2012.

[14]NOCHE, G.G., et al. **J. Chromatogr. A**, 1218, 9390, 2011.

[15]VALLEJO, P.A. et al. **Anal. Chim. Acta.**, 703, 41, 2011.

[16]MICROEXTRACTION PACKED SORBENT (MEPS) ANALYSIS OF FOOD AND BEVERAGES. Disponível em http://www.sge.com/LC/sge/meps.pdf (Acessado em 4 de março de 2013).

[17]ADAM, M. et al. **Food Chem.**, 135, 1613, 2012.

[18]GONÇALVES, J. et al. **Microchem. J.**, 106, 129, 2012.

[19]SALAMI, F.H., QUEIROZ, M.E.C. **J. Braz. Chem. Soc.**, 22, 1656, 2011.

[20]SALAMI, F.H., QUEIROZ, M.E.C. **J Chromatogr Sci.**, 28,1, 2012.

PARTE V

Técnicas Mecanizadas/ Automatizadas de Preparo de Amostras

19 Técnicas com acoplamento e comutação de colunas (*column switching*)

Álvaro José dos Santos Neto

19.1 Introdução

A demanda pela análise de um grande número de amostras e em curto prazo (*high throughput*) tem impulsionado o desenvolvimento de técnicas em que as etapas de preparo de amostra e separação analítica são integradas. Dentre as estratégias empregadas, a utilização de cromatografia líquida multidimensional no modo denominado *column switching* permite análises *on-line* com excelente pré-concentração e produtividade. Em última instância, com o uso dessa técnica deseja-se que:

1. A amostra seja automaticamente carregada na coluna de extração.
2. Os interferentes sejam eliminados em uma etapa de lavagem.
3. Os analitos sejam dessorvidos e, em linha, separados na coluna analítica.
4. A coluna de extração seja regenerada e condicionada para nova análise.

O termo multidimensional quando referente à técnica de *column switching* deve-se à característica de haver a comutação de duas ou mais colunas nesse tipo de sistema. Na maioria das aplicações são utilizadas duas colunas acopladas, sendo esse modo cromatográfico representado como LC-LC. Em geral a técnica de *column switching* em LC também tem sido denominada cromatografia líquida com acoplamento de colunas.*

Esse tipo de técnica hifenada (LC-LC) geralmente baseia-se em um dos seguintes modos: *front*, *heart*, ou *end-cut*; os quais se referem à fração da amostra que é selecionada a partir da separação que ocorre na primeira coluna e que é direcionada à segunda, usualmente por meio de uma válvula. Como o próprio termo em inglês permite deduzir, a análise *heart-cut* transfere uma fração central (isto é, intermediária) do cromatograma da primeira dimensão, sendo esta a modalidade mais usada para a finalidade de preparo de amostra. Em *front-cut* apenas a fração inicial eluída da primeira dimensão é transferida para a segunda, enquanto em *end-cut* é a fração final do cromatograma a única a ser transferida para a segunda coluna.[1]

Para fins de preparo de amostra, usualmente a primeira coluna possui a capacidade de extrair e pré-concentrar os compostos de interesse da amostra, permitindo que eles sejam transferidos e separados na segunda coluna, que possui características analíticas. Assim, ao injetar-se a amostra, aguarda-se determinado tempo para a eluição dos compostos pouco retidos indesejados. A seguir, com a comutação da válvula, as colunas das duas dimensões são acopladas para que os analitos sejam transferidos. Por fim, após essa transferência, as colunas são desacopladas para que o restante dos compostos que não são de interesse possam ser eliminados da primeira coluna, enquanto os analitos são separados na segunda dimensão.

Diversos tipos de sorventes podem ser preenchidos na coluna da primeira dimensão com a finalidade de atuar como um tipo de extração em fase sólida (SPE). Dessa forma, encontra-se referência a esse tipo de acoplamento de colunas também como SPE-LC, em especificação ao termo LC-LC, o qual é mais genérico. Adicionalmente, para enfatizar que a análise envolve a comutação de colunas interligadas (geralmente por uma válvula), são usuais os termos *column switching* SPE-LC ou SPE-LC *on-line*. Uma definição bastante detalhada do conceito de análise *on-line*, ante os termos *off-line*, *at-line* e *in-line* é apresentada por Veraart et al. no âmbito de separações em fase líquida.[2]

Vale ressaltar que existem sistemas comerciais com soluções instrumentais completas e dedicadas para o

* Em inglês, *coupled column* LC.

preparo de amostras por SPE-LC *on-line*, inclusive contando com a possibilidade de substituição e descarte automatizado das microcolunas utilizadas a cada extração.[3] Todavia, um grande interesse pela técnica de *column switching* em LC deve-se ao fato de ela ser facilmente incrementada em um instrumento de LC convencional; bastando-se nos seus arranjos mais simples, a inclusão de uma válvula de seis pórticos e duas posições ao sistema.

No caso de um sistema de LC com amostrador automático, análises com injeção direta de amostra podem ser conseguidas de maneira totalmente automatizada com a inclusão dessa válvula e com a escolha de uma coluna de extração apropriada.

Apesar de as colunas de extração não serem substituídas a cada injeção (requerendo operação manual para troca), a escolha adequada do material de extração e o desenvolvimento apropriado do método de análise permitem inúmeras injeções na mesma coluna.

Em algumas situações, podem-se encontrar o uso de termos bastante específicos fazendo referência ao tipo de material de extração ou estratégia de separação usada na coluna da primeira dimensão, sendo empregadas expressões como RAM-LC,* MIP-LC,† TFC-LC‡ para esse tipo de análise com acoplamento de colunas.[4,5]

Quando as fases utilizadas nas duas dimensões são iguais, por exemplo, fase reversa do tipo C18 em ambas as colunas, a análise LC-LC é denominada homomodal. Por outro lado, em acoplamentos em que as fases possuem mecanismos diferentes, como em RAM-LC ou MIP-LC, utiliza-se a denominação multimodal. Por fim, vale destacar que acoplamentos com mais do que duas colunas podem ser realizados. Como exemplo, no trabalho desenvolvido por Georgi e Boss visando à remoção do efeito de matriz na análise de fármacos em fluidos biológicos, além da coluna analítica, foram utilizadas uma coluna RAM e uma coluna com fase de modo misto (MMP¥).[6]

Além do acoplamento em LC convencional, a técnica de *column switching* também é compatível com a miniaturização total, por exemplo, em técnicas capilares como a eletroforese capilar (CE) e cromatografia líquida capilar (CLC).[5,7,8] Nesses casos de miniaturização da técnica de acoplamento de colunas, a capacidade de pré-concentração é bastante valorizada, e baixos limites de detecção e quantificação podem ser atingidos com pequeno consumo de amostra.[8,9]

As colunas mais empregadas na primeira dimensão em *column switching* para preparo de amostras são constituídas por sorventes particulados densamente recheados no interior da coluna. Geralmente o tamanho dessas partículas é um pouco maior do que o daquelas comumente encontradas em colunas para separação analítica (10 a 30 µm), conferindo permeabilidade um pouco maior às colunas de extração. Ainda assim, conforme mencionado anteriormente, colunas de extração densamente recheadas em formatos miniaturizados, pela compatibilidade, geralmente são acopladas apenas a técnicas miniaturizadas de separação (CE ou CLC).

Por outro lado, a técnica de *column switching* também pode ser usada com colunas capilares tubulares abertas, ou com colunas monolíticas capilares de altíssima permeabilidade, sem comprometer o uso com vazões compatíveis a separações em LC *semimicrobore* ou convencional (geralmente entre 0,2 e 1,0 mL/min). O uso dessa última modalidade, compreendendo colunas de extração capilares altamente permeáveis, geralmente é denominado *in tube* SPME.[10] Além de poder ser operada em *column switching*, a *in tube* SPME muitas vezes tem o seu capilar de extração ligado diretamente ao amostrador automático do sistema LC, por onde a amostra pode ser aspirada e devolvida ao seu frasco de origem em diversos ciclos aspirar/dispensar, potencializando a extração. O Capítulo 21 deste livro trata da técnica *in tube* SPME.

Nas próximas seções, a instrumentação, os procedimentos gerais e alguns dos diferentes arranjos instrumentais para acoplamento de colunas serão apresentados e discutidos. Um dos critérios para a classificação dos sistemas de *column switching* é a inversão ou não do sentido do fluxo da fase móvel por meio da coluna de extração, no momento da transferência para a coluna analítica. A dessorção da coluna de extração no modo direto, ou seja, sem inversão, é geralmente denominada *forward-flush* ou *straight-flush*; enquanto a dessorção com fluxo reverso é denominada *back-flush*.

19.2 Instrumentação básica para *column switching*

Uma das vantagens do uso de um sistema de SPE *online* em cromatografia líquida é a possibilidade de ele ser facilmente implantado com base na instrumentação já existente nos laboratórios. Um sistema de LC bastante simples, contando com uma bomba binária, ou com duas bombas unitárias§ é capaz de permitir algumas aplicações de *column switching* a partir do incremento de uma válvula de seis pórticos e duas posições.

As válvulas usadas devem resistir a pressões típicas de cromatografia líquida, e para aplicações em UHPLC existem válvulas capazes de suportar mais do que 1000 bar. Outro cuidado com relação à seleção das válvulas consiste na atenção ao volume morto existente na conexão interna entre os seus pórticos. Para aplicações em

* O termo RAM refere-se a fases extratoras de meios de acesso restrito (*restricted access media*), as quais foram discutidas no Capítulo 11 deste livro.

† O termo MIP refere-se a polímeros molecularmente impressos (*molecularly imprinted polymers*), os quais foram discutidos no Capítulo 10 deste livro.

‡ O termo TFC refere-se à cromatografia em fluxo turbulento (*turbulent flow chromatography*), a qual é explicada neste capítulo.

¥ O termo MMP refere-se à fase estacionária denominada, em inglês, *mixed-mode phase*.

§ Bomba unitária é aquela capaz de impulsionar apenas um tipo de solvente, ou seja, incapaz de gerar gradientes de composição da fase móvel, por meio da mistura programável de diferentes solventes.

UHPLC ou em cromatografia em escala miniaturizada esse volume morto deve ser mínimo (geralmente da ordem de poucas centenas de nanolitros) para que a eficiência cromatográfica não seja comprometida.

Adicionalmente, para que a comutação entre as colunas seja executada de maneira automática, a válvula deve ser automatizada por meio de um motor elétrico ou pneumático, o qual deve ser eletronicamente controlado pelo sistema cromatográfico. Nos sistemas cromatográficos atuais essa tarefa é simples, pois na maioria dos equipamentos existem portas eletrônicas para a conexão de dispositivos externos, os quais são controlados por eventos temporalmente programados no próprio *software* de controle do instrumento de cromatografia. Além disso, existem modelos de equipamentos que podem ser configurados de fábrica com válvulas para atender à finalidade de *column switching* (geralmente instaladas dentro do forno do sistema cromatográfico).

A técnica de *column switching* pode ser vantajosa mesmo em sistemas com injeção manual de amostras, apesar de geralmente ser usada em sistemas de LC com amostrador automático. Uma vez que a técnica automatiza parcial ou totalmente a etapa de preparo de amostras, por meio da comutação de colunas, mesmo que sejam feitas injeções manuais ainda haverá ganho significativo no manuseio das amostras em relação a técnicas clássicas como SPE *off-line* e extração líquido-líquido (LLE).

Instrumentalmente, tomando-se por base um sistema de LC convencional para a montagem de um sistema de *column switching*, o principal procedimento consiste na reconfiguração das conexões entre os diferentes módulos existentes (bombas, misturadores, amostrador, colunas, válvulas, detectores), incrementando-se com os dispositivos adicionais que se fizerem necessários à configuração desejada.

Apesar de potencialmente um sistema com única bomba unitária ser capaz de proporcionar análise por *front*, *heart* ou *end-cut* (veja a Seção 19.4); esse tipo de aplicação seria bastante limitado uma vez que a composição da fase móvel não poderia ser alterada durante toda a análise. Para aplicações em preparo de amostra, essa limitação praticamente inviabiliza o uso de apenas uma bomba unitária (fase móvel isocrática). O uso de bombas binárias, ternárias ou quaternárias, por sua vez, torna o sistema bem mais versátil.

Para a maioria das aplicações é suficiente um sistema contendo dois conjuntos de bombeamento* capazes de gerar gradientes de fases móveis binários ou superiores. O acoplamento dessas bombas às colunas (analítica e de extração), amostrador automático e detector, por meio da válvula de comutação resulta em diferentes possibilidades de configuração para aplicações de *column switching*, as quais são apresentadas nas seções a seguir.

A última consideração instrumental acerca da montagem de um sistema de *column switching* implica ressaltar a importância de uma conexão fluídica apropriada entre os diferentes módulos do instrumento. O primeiro passo consiste em organizar espacialmente esses módulos, de maneira a garantir as conexões mais curtas possíveis entre eles. A Figura 19.1 ilustra um sistema LC para *column switching*, o qual tem seus módulos organizados para reduzir a distância entre as conexões e também permitir a aproximação entre o sistema e a fonte de ionização de um espectrômetro de massas (MS).

Para que as conexões sejam perfeitas, deve-se atentar à escolha e montagem adequadas dos conectores, bem como dimensionamento das tubulações usadas. Respeitadas as exigências de pressão, usualmente são utilizados tubos e conectores de polieteretercetona (PEEK) ou de metal (aço inoxidável), com o menor diâmetro interno e comprimento possível, de modo a minimizar-se o volume extracoluna do sistema; sem, contudo, comprometer o sistema com pressões elevadas provocadas por tubos demasiadamente estreitos.

Apesar de não ser o escopo deste capítulo, convém salientar a existência de outras formas instrumentais para multicomutação de colunas também baseadas em válvulas, as quais podem ser usadas para acoplar o preparo de amostras *on-line* à separação em cromatografia líquida. Esses sistemas geralmente utilizam o conceito de *lab-on-valve* (LOV) e podem ser consultados em inúmeros artigos dos grupos de pesquisa de Miró e Segundo.[10,11]

19.3 Procedimentos gerais

Quanto aos procedimentos gerais para operação de um sistema de *column switching*, são dois os principais focos que afetam o sucesso do método e que devem ser cuidadosamente otimizados. Primeiro, os analitos precisam ser adequadamente extraídos pela primeira coluna, implicando na exigência por uma retenção suficiente, sob as condições empregadas na análise. Segundo, os analitos devem ser adequadamente dessorvidos da coluna de extração e transferidos em uma banda estreita para a coluna analítica (onde ocorrerá a separação).

A eficiência nas duas etapas, em conjunto, resulta em um método com excelente recuperação dos analitos. Alguns cuidados envolvem a escolha de uma fase móvel de carregamento da amostra na coluna de extração, a qual seja compatível com a matriz da amostra, não provoque a eluição dos analitos (*breakthrough*) e, preferencialmente, garanta boa limpeza/eluição dos interferentes. Dessa forma, são necessários experimentos para otimizar a composição da fase móvel. Como alguns exemplos, citam-se: (i) adequada escolha de pH, força iônica e percentual de solvente orgânico para evitar-se a precipitação das proteínas e demais componentes da matriz; (ii) uso de força de eluição do solvente, volume e composição de amostra compatíveis com a coluna de extração, evitando-se que os analitos sejam perdidos; (iii) escolha de sorvente capaz de reter os analitos e eliminar o maior número de interferentes da matriz, apresentan-

* O cuidado com o uso do termo "conjunto de bombeamento" (em vez de bomba) deve-se ao fato de a combinação de duas ou mais bombas unitárias ligadas a um misturador resultar em um conjunto capaz de fornecer gradientes binários ou superiores de fase móvel.

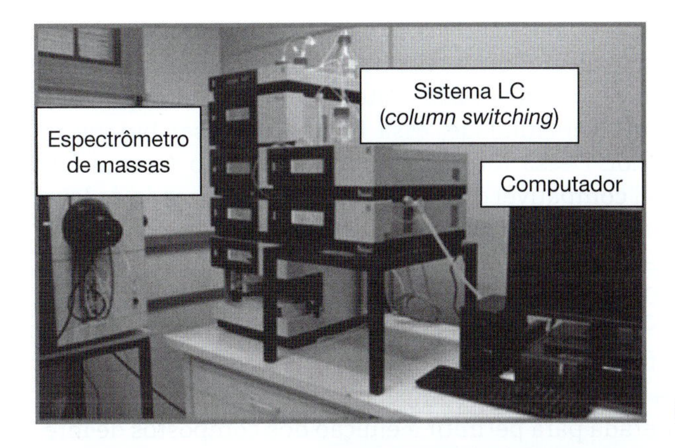

(a)

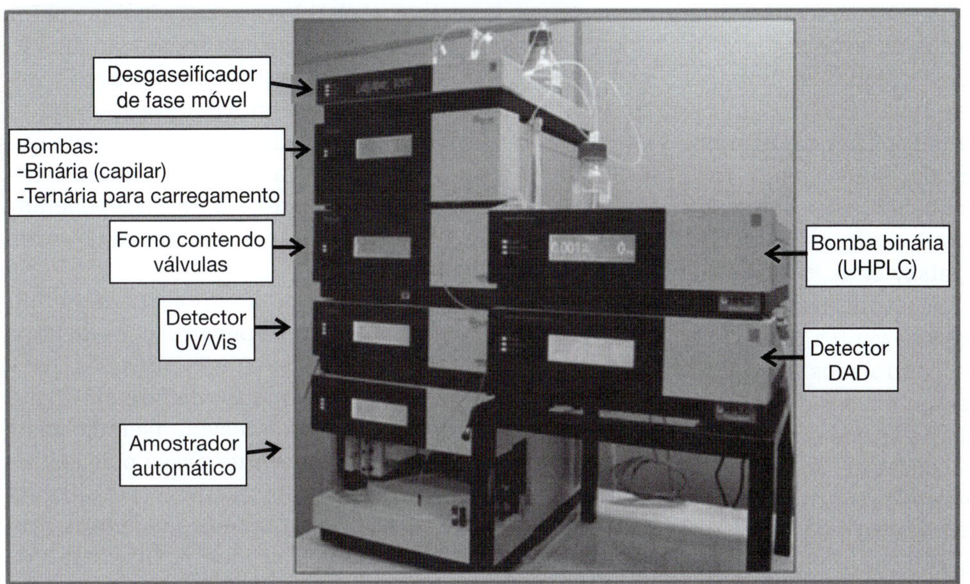

(b)

Figura 19.1 (a) Fotografia de um sistema de cromatografia líquida para *column switching*. (b) Fotografia com detalhamento do arranjo dos diferentes módulos utilizados.

do ainda durabilidade, repetitividade e reprodutibilidade nas condições de análise.

Adicionalmente, no momento da dessorção dos analitos, idealmente as condições de eluição devem garantir a transferência de uma banda estreita à coluna cromatográfica, para que ocorra a mínima perda de eficiência. Essas condições geralmente envolvem a escolha adequada de pH, força iônica e composição orgânica da fase móvel, além de poder contar com o efeito da temperatura. Para que essa rápida dessorção ocorra, as condições de eluição devem ser fortes; todavia, a separação na coluna analítica idealmente não deve ser prejudicada pela força de eluição exigida na primeira dimensão. Para que isso ocorra, recomenda-se o uso de uma coluna de extração com fator de retenção igual ou inferior àquele da coluna analítica, para os analitos de interesse e nas condições de análise. No caso desse critério não ser factível, a estratégia de diluição da força de eluição antes da coluna analítica pode ser adotada, e será ilustrada adiante. Por fim, vale salientar que no caso das análises em *forward-flush* algumas vezes a seletividade da coluna de extração pode contribuir para a separação analítica, e nesse caso a banda transferida não é tão estreita como em *back-flush*.

Evidentemente, a precisão e a exatidão do controle temporal da válvula comutadora podem ser imprescindíveis para uma boa análise. Felizmente, os sistemas atuais permitem uma excelente temporização eletrônica desses eventos. Resta ao analista otimizar os momentos em que os eventos de comutação deverão ocorrer, bem como otimizar os demais parâmetros temporais, por exemplo, composição e vazão das fases móveis.

O tempo de carregamento e de limpeza da amostra, bem como a vazão e composição da fase móvel deve ser suficiente para transferir toda a amostra do amostrador para a coluna de extração, garantir a eliminação dos principais interferentes da matriz, e assegurar que um percentual satisfatório dos analitos ainda permaneça na coluna.

Após a comutação da válvula, a nova fase móvel em contato com a coluna de extração deverá ser capaz de remover os analitos e transferi-los para a separação na coluna analítica. Idealmente, essa banda deve ser estreita, e o tempo de acoplamento entre as colunas suficiente para que toda ela seja transferida à coluna analítica. Solventes mais fortes do que o necessário para a transferência devem ser evitados, para não prejudicar a separação na coluna analítica, e também para não eluir interferentes fortemente retidos na coluna junto aos analitos. Ao final, a válvula retorna à sua posição inicial para que a coluna de extração possa eventualmente ter os interferentes fortemente retidos removidos e então ser recondicionada para a próxima análise.

Em situações não ideais, em que a banda a ser transferida é muito alargada ou possui cauda, o tempo de acoplamento entre as colunas pode ser avaliado, de maneira a transferir uma fração que resulte em picos com intensidade e perfil cromatográfico adequado. A suficiente limpeza de todo o caminho que tem contato com a amostra é imprescindível em toda aplicação quantitativa e qualitativa envolvendo *column switching*; todavia, no caso de transferência parcial descrito acima, a garantia de completa limpeza da coluna de extração é fundamental para que o método produza figuras de mérito apropriadas. Geralmente essa limpeza é feita selecionando-se fases móveis com alto poder de eluição, as quais são passadas através da coluna de extração e em direção ao descarte, antes que ela possa ser recondicionada às condições iniciais de análise.

Como última consideração deve-se mencionar uma característica intrínseca às técnicas de acoplamento de colunas. Quando duas colunas são acopladas em linha, as pressões exigidas para que a fase móvel flua por ambas, com determinada vazão, são somadas. Essa característica provoca flutuações de pressão em praticamente todo o sistema cromatográfico, em sequência aos eventos de comutação da válvula. Por sua vez, conforme discutido extensivamente no artigo de Rogatsky et al.,[18] essas flutuações podem provocar problemas à robustez do método desenvolvido. Porém, se todos os eventos envolvidos na análise forem absolutamente controlados no tempo, a resposta da análise, apesar das flutuações de pressão, pode ser altamente reprodutível, desde que a amplitude dessas pulsações mantenha-se constante ao longo do tempo. Para isso, torna-se importante o registro das pressões, bem como a tomada de providências para que as colunas não tenham as suas permeabilidades prejudicadas ao longo da sequência de análises. Por fim, o uso de padronização interna, idealmente com compostos isotópicos, ou então com analitos muito similares, também auxilia na eliminação desse problema relacionado com robustez.

19.4 Configurações em *forward-flush*

Os sistemas de *column switching* no modo denominado *forward-flush* são caracterizados por usar a fase móvel no mesmo sentido pela coluna de extração, tanto no carregamento da amostra quanto na dessorção dos analitos. Ou seja, os analitos carregados precisam ser eluídos por todo o leito cromatográfico da coluna de extração, para que possa ocorrer a transferência à coluna analítica. Por um lado, essa característica faz com que picos mais alargados sejam esperados, em contraste com uma melhor focalização dos analitos típica da configuração *back-flush*; apesar de nem sempre uma diferença significativa mostrar-se evidente.[9] Geralmente, em escalas reduzidas ou em análises com alta eficiência cromatográfica (UHPLC) a diferença entre *forward-* e *back-flush* torna-se mais evidente.[19] Por outro lado, nessa configuração da Figura 19.2 a coluna de extração permanece o tempo todo exercendo uma proteção à coluna analítica, prevenindo-se, por exemplo, que materiais particulados venham a entupir a coluna analítica.

A configuração apresentada na Figura 19.2 ilustra a mais simples das possibilidades de montagem de um sistema de *column switching*. Um único conjunto de bombeamento é utilizado, representado na figura como "bomba". Conforme mencionado anteriormente, para que haja mínima versatilidade, essa bomba deve ser binária ou superior. Dessa forma, quando na posição A, uma fase móvel compatível com a matriz fica encarregada de levar a amostra até a coluna de extração, a qual é conectada entre o amostrador e a válvula.

Durante o processo inicial de extração, a coluna analítica encontra-se isolada e sem ser alimentada em fluxo por fase móvel. Após essa etapa, a válvula é comutada para a posição B, e a composição da fase móvel da bomba é alterada para permitir a eluição dos compostos de interesse, os quais serão transferidos e separados na coluna analítica. Durante todo o processo de separação analítica e detecção as colunas devem permanecer acopladas. Ao término da separação a fase móvel deve retornar às condições iniciais de transferência dos analitos, para que seja feito o desacoplamento. Em seguida, conforme necessário, a coluna de extração pode ser limpa/regenerada e, então, condicionada com a fase móvel inicial de carregamento da amostra.

A vantagem desse sistema é a simplicidade de implantação. Por outro lado, maiores perturbações da linha de base são esperadas no cromatograma, uma vez que a coluna analítica encontra-se sem fluxo de fase móvel durante uma parte do tempo. Outra desvantagem consiste na conexão permanente da linha que passa pela coluna de extração ao detector. Dessa forma, detectores incompatíveis com a matriz da amostra precisam de uma configuração adicional para serem usados. A Figura 11.7 do Capítulo 11 ilustra algumas possibilidades para lidar com um problema análogo de incompatibilidade entre a matriz e o detector. Um exemplo típico de detector incompatível é o espectrômetro de massas; todavia, por meio de uma válvula de seis pórticos e duas posições que costuma fazer parte do sistema de MS, pode-se direcionar

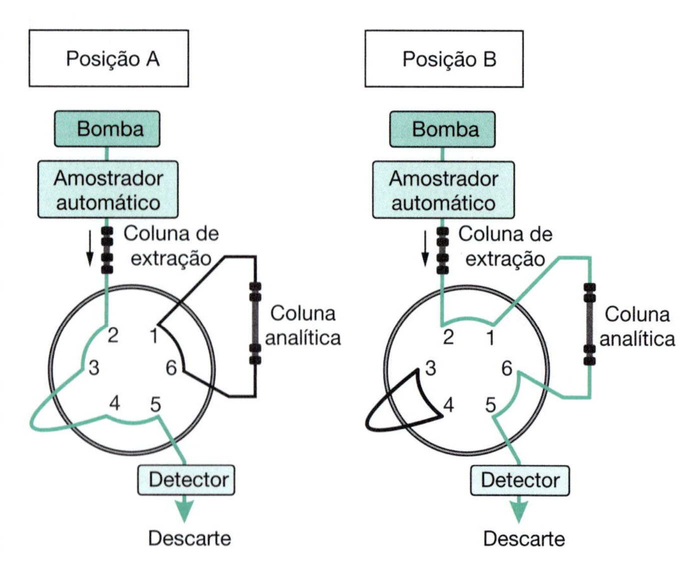

Figura 19.2 Configuração *forward-flush* com apenas uma bomba. Observa-se que a bomba precisa ser ao menos binária para conferir versatilidade na escolha de diferentes composições de fase móvel.

a fase móvel para o descarte, durante o tempo em que os interferentes pouco retidos da matriz são eliminados.

A Figura 19.3 ilustra uma configuração mais completa do que a anterior, onde se observa a existência de dois conjuntos de bombeamento, os quais são representados como bomba A e bomba B. O posicionamento da coluna de extração é o mesmo da anterior, todavia, durante a etapa de carregamento da amostra a coluna analítica está sendo condicionada com a fase móvel impulsionada pela bomba B. Nesse arranjo, as colunas apenas necessitam ficar conectadas durante a transferência dos analitos, e após esse evento a bomba B assume o papel de separar os analitos, enquanto a coluna de extração pode ser recondicionada pela bomba A. É importante destacar que para uma versatilidade mínima o conjunto de bombeamento representado como bomba A deve, ao menos, ser binário. No caso de aplicações mais simples a bomba B pode ser tranquilamente uma bomba unitária, para proporcionar separações apenas isocráticas. Contudo, uma configuração binária aumenta muito as possibilidades de separação. Uma vantagem adicional dos sistemas com duas bombas é o ajuste independente das vazões, permitindo que colunas com dimensões diferentes (uma em cada bomba) sejam usadas em condições ideais.

Outra opção para uma configuração com dois conjuntos de bombeamento pode ser observada na Figura 19.4. Nesse caso, a coluna de extração está posicionada entre dois pórticos opostos da válvula comutadora. A diferença nesse caso consiste na bomba responsável por eluir e transferir os analitos da coluna de extração para a analítica. No esquema anterior, a bomba A era encarregada dessa etapa, todavia na configuração da Figura 19.4 a bomba B encarrega-se dessa função. No caso de uma das bombas utilizadas no sistema ser unitária, este último arranjo (Figura 19.4) é mais versátil, permitindo que ela seja posicionada tanto como bomba A quanto como bomba B. Na primeira opção, os interferentes mais retidos do que os analitos devem ser eluídos através da coluna analítica, usando-se uma fase móvel com maior força impulsionada pela própria bomba B. Dessa forma, a bomba A pode usar composição isocrática para a fase móvel, a qual deve encarregar-se apenas de levar a amostra até a coluna de extração e eliminar os interferentes pouco retidos da matriz.

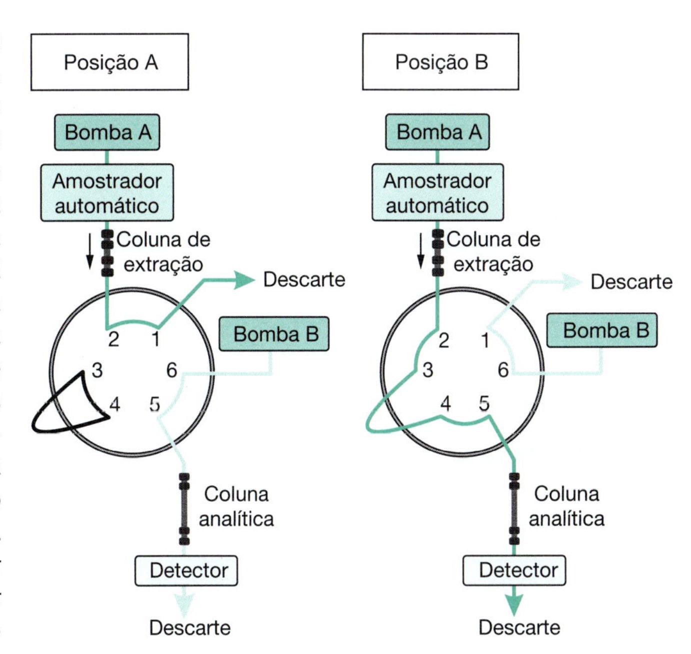

Figura 19.3 Configuração *forward-flush* com duas bombas e coluna de extração posicionada entre o amostrador e a válvula.

Na segunda opção, em analogia à situação da Figura 19.3, a bomba B pode usar fase móvel isocrática, enquanto a bomba A fica responsável por promover a limpeza e o recondicionamento da coluna de extração, por meio de gradientes. Uma vantagem adicional da configuração da Figura 19.4 (em contraste à Figura 19.3) consiste

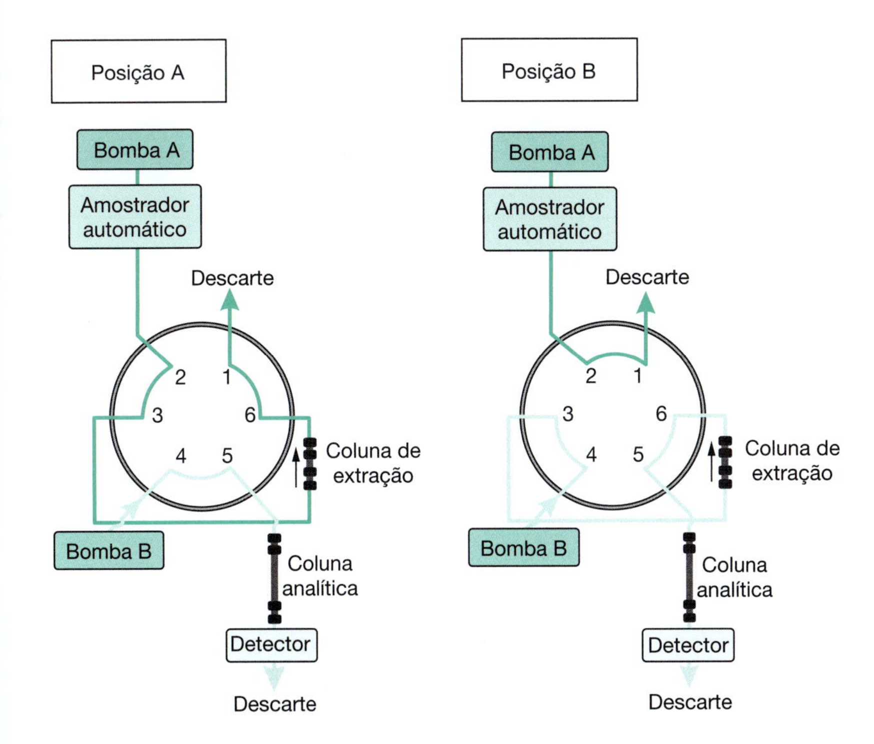

Figura 19.4 Configuração *forward-flush* com duas bombas e coluna de extração posicionada entre dois pórticos opostos da válvula. Observa-se que as posições das conexões nos pórticos 1 e 2 é que definem se o arranjo estará em *forward-flush* ou em *back-flush* (conforme a Figura 19.5).

na facilidade que se tem em convertê-la a um arranjo do tipo *back-flush*. Conforme observado na comparação com a Figura 19.5, basta inverterem-se as conexões dos pórticos 1 e 2 que o sistema passa a operar no modo de inversão de fluxo.

19.5 Configurações em *back-flush*

Os sistemas de *column switching* no modo denominado *back-flush* são caracterizados por ter a amostra carregada na coluna de extração passando-se à fase móvel em determinado sentido, e, posteriormente, usando-se o fluxo de fase móvel em sentido reverso para promover a eluição dos analitos em direção à coluna analítica. Ou seja, os analitos carregados na coluna ficam retidos idealmente em um segmento estreito do leito cromatográfico no topo da coluna de extração, sendo então eluídos com maior facilidade em uma estreita banda cromatográfica que rapidamente é transferida à coluna analítica. Esse comportamento faz com que essa configuração seja a ideal para obter-se a máxima sensibilidade de análise, devido à melhor eficiência na focalização e consequente pré-concentração dos analitos, especialmente no caso de injeções de grandes volumes de amostra.

Por outro lado, essa característica faz com que eventuais materiais particulados da amostra, os quais podem ficar presos na entrada da coluna de extração, sejam deslocados para a entrada da coluna analítica no momento da reversão do fluxo, podendo causar entupimentos dessa coluna analítica (geralmente mais cara). Como forma de prevenir esse tipo de problema, recomenda-se a inserção de um filtro pré-coluna, de uma coluna de guarda antes da coluna analítica.

Na Figura 19.5 as possibilidades de uso são as mesmas apresentadas para a Figura 19.4, exceto pelas características intrínsecas ao modo *back-flush*. Idealmente, dois sistemas de bombeamento para gradientes deveriam ser usados como bomba A e bomba B, de acordo com a Figura 19.5. Todavia, no caso de uma das bombas disponíveis ser unitária (fase móvel isocrática), ela pode ser posicionada tanto em A quanto em B, conforme já discutido.

Outra característica interessante dos sistemas de *column switching* é a possibilidade do uso de duas colunas de extração em paralelo para aumentar-se a frequência analítica do método (Figura 19.6). Dessa forma, enquanto uma coluna de extração está acoplada à coluna analítica a outra pode estar sendo condicionada e carregada com uma nova amostra. Assim, ao fim da separação dos analitos de interesse da corrida anterior, a comutação da válvula já leva ao início de outra etapa de dessorção e transferência dos analitos, a qual culmina com nova separação cromatográfica. Em geral, o emprego de colunas de extração em paralelo elimina a influência do tempo gasto no preparo *on-line* da amostra sobre a frequência analítica, tornando a duração da corrida cromatográfica o fator limitante ao tempo total de análise. Para máxima versatilidade e produtividade (*high throughput*) desse arranjo instrumental, recomenda-se que os sistemas de bombeamento das duas dimensões sejam ao menos binários. Conforme observado na Figura 19.6, em vez de usar-se uma válvula de seis pórticos e duas posições, para a configuração com duas colunas de extração em paralelo requer-se uma válvula de dez pórticos e duas posições. É importante mencionar que esse arranjo com colunas de extração em paralelo também pode ser operado no modo *forward-flush*. A partir da Figura 19.6, para que o sistema passe a operar no modo direto (*forward-flush*), apenas as conexões do amostrador e do descarte precisam ser invertidas (pórticos 1 e 6).

Conforme mencionado anteriormente, recomenda-se que a retenção dos analitos na coluna de extração seja

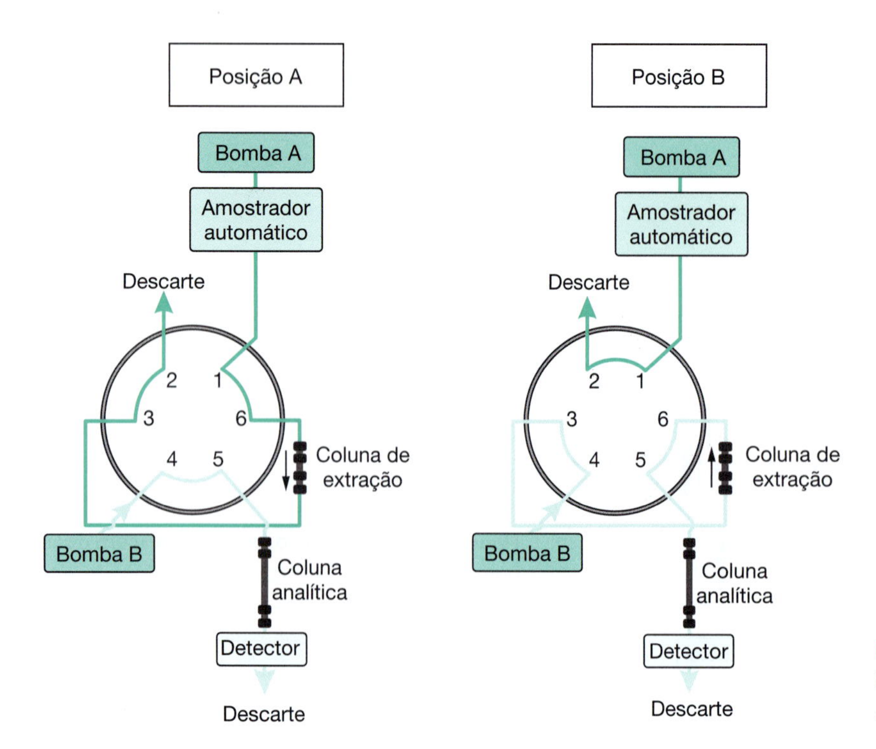

Figura 19.5 Configuração *back-flush* com duas bombas e coluna de extração posicionada entre dois pórticos opostos da válvula.

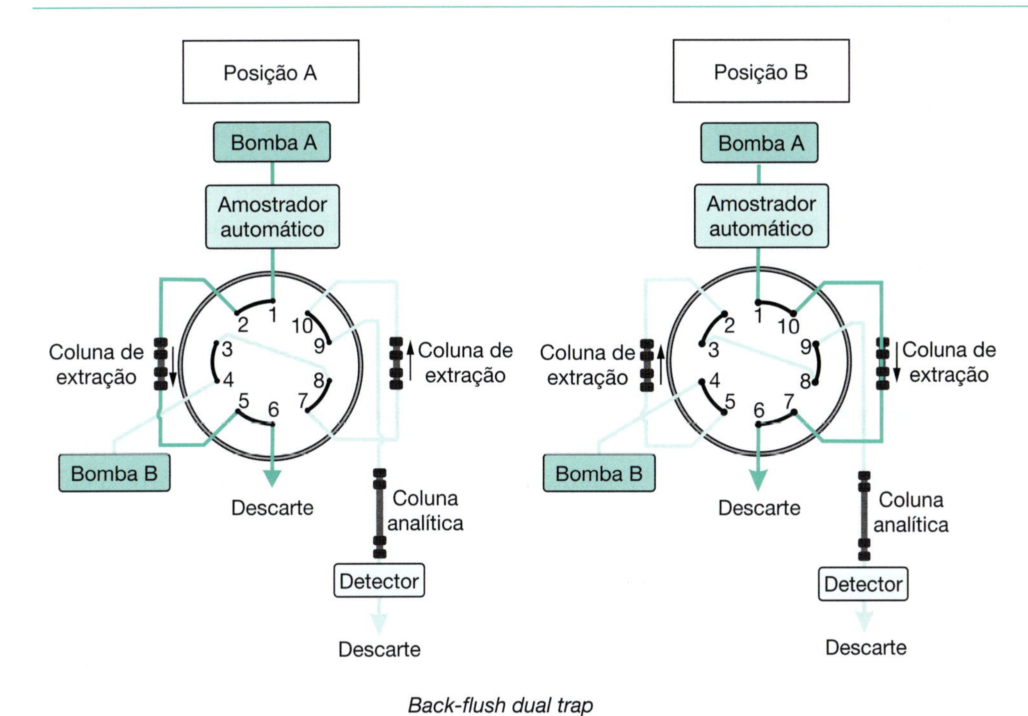

Figura 19.6 Configuração *back-flush* com duas colunas de extração em paralelo.

menor do que aquela existente na coluna analítica. Se essa recomendação é seguida, a dessorção da coluna de extração será obtida com fase móvel mais fraca do que aquela necessária para a eluição na segunda dimensão, fazendo com que o máximo de compatibilidade entre as dimensões seja obtido. Isso significa a melhor taxa de pré-concentração possível, evidenciada por picos estreitos e altos ao longo de todo o cromatograma. Por outro lado, há situações em que o *breakthrough* de alguns analitos tende a ocorrer com pequeno volume de eluição, requerendo-se fases de extração mais retensivas inclusive do que as usadas na coluna analítica. Em consequência, a força de eluição dos solventes também necessita ser mais alta para promover adequada dessorção dos analitos.

Se essa força do solvente supera aquela adequada à segunda dimensão, os picos menos retidos do cromatograma vão ser afetados, tornando-se alargados, distorcidos e, consequentemente, mal resolvidos. Para contornar-se essa situação, diversas estratégias de diluição após a coluna de extração podem ser adotadas, de maneira a enfraquecer a fase móvel que chega à coluna analítica.[5] A Figura 19.7 ilustra uma das possíveis configurações para esse tipo de diluição. Conforme pode ser observado, uma bomba adicional faz-se necessária, a qual pode ser unitária, uma vez que introduzirá apenas uma fase móvel totalmente aquosa para enfraquecer a fase móvel usada na eluição. A conexão ao sistema dá-se por meio de um misturador em formado de “T”, inserido antes da colu-

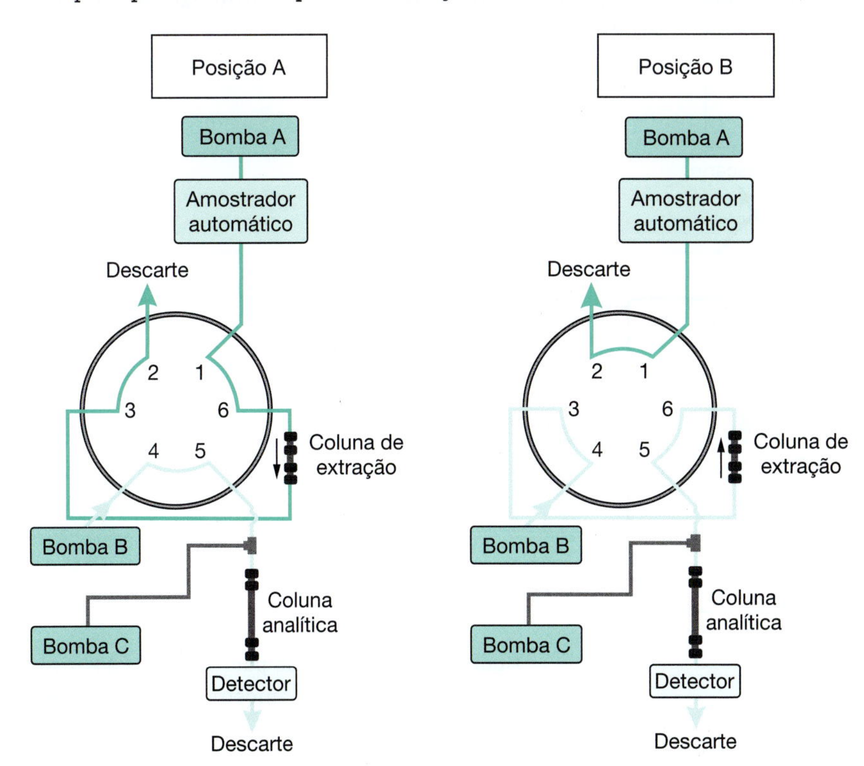

Figura 19.7 Configuração *back-flush* com diluição da força de eluição antes da coluna analítica.

na analítica. De acordo com a vazão desejada na coluna analítica, a composição da fase móvel necessária para dessorção da coluna de extração e o percentual máximo de solvente orgânico tolerado para uma separação razoável ajustam-se à vazão da bomba C, melhorando-se assim o perfil de separação dos picos menos retidos do cromatograma. Para outras opções mais complexas de configurações para diluição em *column switching*, visando-se a melhoria do perfil cromatográfico, pode-se consultar a revisão de Kataoka e Saito.[5]

19.6 Configuração para TFC-LC

Um tipo em particular de análise baseada em *column switching* que tem atraído bastante atenção no preparo de amostras biológicas denomina-se cromatografia em fluxo turbulento (*turbulent flow chromatography* – TFC). Na TFC um fluxo turbulento é gerado no interior da coluna de extração, em substituição ao fluxo laminar típico da cromatografia. Esse comportamento turbulento é conseguido elevando-se a vazão da fase móvel aplicada em uma coluna de extração em fase sólida preenchida com partículas relativamente grandes (entre 25 e 60 µm). Vazões típicas variam na faixa de 1,25 a 5 mL/min, as quais são usadas geralmente em colunas com diâmetro interno entre 0,5 e 2 mm. A partir da formação de um fluxo turbulento, analitos de baixa massa molecular são capazes de difundir rapidamente, conseguindo ficar retidos nos poros das partículas de SPE. Por outro lado, interferentes macromoleculares, por terem difusão mais lenta, não conseguem atingir os poros das partículas para ficar retidos, consequentemente sendo eliminados imediatamente através da coluna junto à fase móvel. Muitas aplicações envolvem a injeção direta de fluidos biológicos, ou então a injeção após um tratamento mínimo como filtração, centrifugação, diluição ou precipitação de proteínas com acetonitrila.[5] A maioria das aplicações relaciona-se com fármacos e metabólitos em fluidos biológicos, mas também são encontradas aplicações em alimentos como leite e mel, águas residuais e tecidos animais.[21,28]

Uma das configurações usadas nesse tipo de análise pode ser observada na Figura 19.8. São usadas duas válvulas de seis pórticos, a primeira com a função de conectar a coluna de extração à coluna analítica e a segunda selecionando o sentido da vazão da fase móvel através da coluna de extração.

Com ambas as válvulas na posição A, conforme representado na Figura 19.8a, carrega-se a amostra na coluna de extração usando-se fluxo turbulento, com base no uso de uma vazão altíssima da fase móvel da bomba A. Enquanto a exclusão dos interferentes ocorre, a coluna analítica é condicionada pela bomba B usando-se um fluxo laminar. Em um segundo momento, ambas as válvulas são comutadas para a posição B (Figura 19.8b), de maneira com que a fase móvel da bomba B faça a eluição dos analitos de interesse em *back-flush* em fluxo laminar, direcionando-os à separação na coluna analítica.

Ao término da transferência dos analitos, a primeira válvula retorna à posição A (Figura 19.8c), permitindo-se que a bomba A seja utilizada para lavar e recuperar a coluna de extração, da maneira que se fizer necessária. Geralmente na etapa de recuperação da coluna de extração, utiliza-se em *back-flush* uma fase móvel com fluxo turbulento e com alta força de eluição, antes de retornar-se a segunda válvula à posição de *forward-flush*, para o condicionamento final da coluna antes da próxima injeção de amostra.

19.7 Considerações finais

Os métodos desenvolvidos a partir de técnicas de *column switching* geralmente são aplicáveis à análise de amostras complexas que requerem uma boa limpeza dos interferentes da matriz associada à alta taxa de pré-concentra-

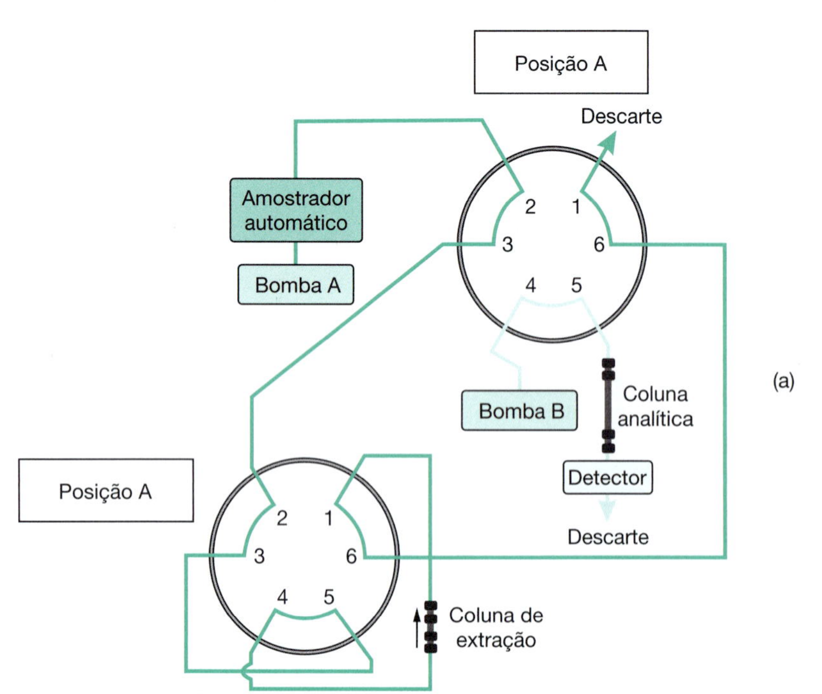

Figura 19.8 Configuração para TFC-LC. (a) Posição para carregamento da amostra na coluna de extração. *(Continua)*

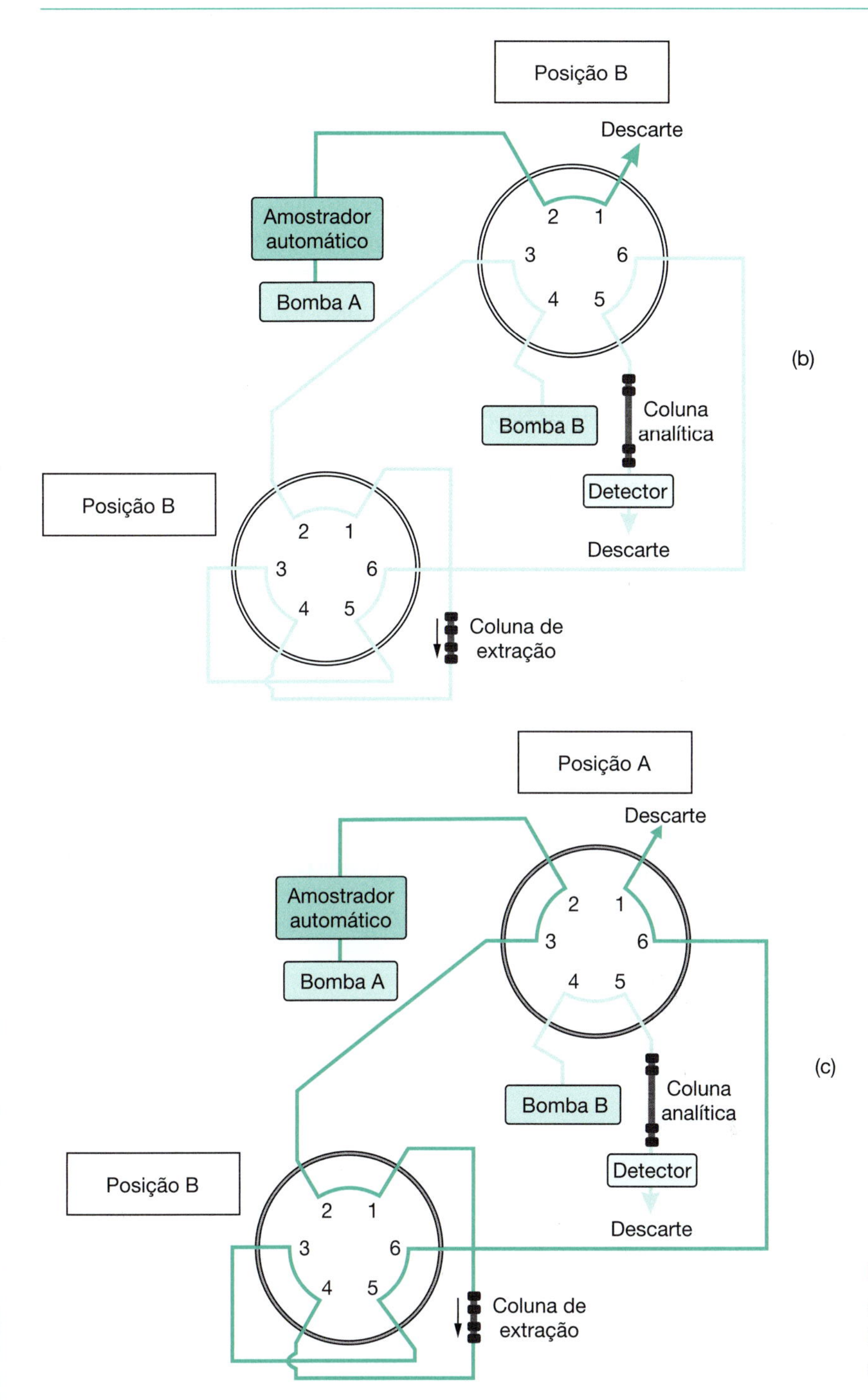

Figura 19.8 (*Continuação*) (b) Posição para eluição dos analitos retidos na coluna de extração. (c) Posição para limpeza/recuperação da coluna de extração.

ção, de modo a garantirem-se melhorias na sensibilidade analítica. Como são usadas colunas diferentes, algumas das vezes em combinação multimodal, espera-se uma seletividade mais alta do que aquela tipicamente vista em análises unidimensionais. De fato são muitos os sorventes que podem ser usados, inclusive materiais altamente seletivos como os imunossorventes. Particularmente em análises quantitativas de matrizes complexas e usando-se a espectrometria de massas, um aumento de seletividade é sempre desejado como meio para reduzir-se a incidência ou a extensão do efeito de matriz.

As configurações para *column switching* são bastante versáteis, podendo-se desenvolver métodos rápidos, com alto grau de automatização, exigindo-se pouca manipulação da amostra, baixa exposição do analista aos riscos ocupacionais e garantindo-se excelente produtividade. Ademais, o procedimento inicial de análise é a simples injeção feita a partir do amostrador do sistema de LC; portanto, etapas preliminares de processamento da amostra, apesar de pouco necessárias, podem ser introduzidas sem nenhum problema.

Conforme mencionado na introdução, a técnica de *column switching* já se mostrou plenamente compatível com a miniaturização das etapas de extração, de separação cromatográfica, ou de ambas. Nesse âmbito ela pode ser considerada como uma forma de praticar-se a Química Analítica Verde, reduzindo-se o consumo de sorventes, solventes, amostras e demais insumos químicos, bem como a geração de resíduos.

Apesar de todas as características positivas apresentadas, algumas considerações são necessárias. Obviamente a técnica é menos trivial do que a LC em configuração convencional, por utilizar diversas bombas e válvulas, além de vários procedimentos *on-line* de sorção e dessorção. Apesar de ser desprezível o risco de ocorrerem contaminações cruzadas entre as amostras, no caso de um método bem desenvolvido e executado; uma vez que se reutilizam as colunas de extração e válvulas de comutação, sempre haverá um risco eventual para que isso ocorra.

Por fim, a escolha de colunas, fases móveis e configurações instrumentais deve ser bem avaliada no desenvolvimento do método, pois condições pouco robustas podem levar a problemas como o entupimento de colunas ou tubulações do sistema, ou até mesmo a figuras de mérito inaceitáveis ao tipo de aplicação desejada.

Referências bibliográficas

[1]HOGENDOORN, E.; VAN ZOONEN, P.; HERNANDEZ, F. **LC-GC** 16: 44, 2003.

[2]VERAART, J.R.; LINGEMAN, H.; BRINKMAN, U.A. **J. Chromatogr. A** 856: 483, 1999.

[3]SCHELLEN, A. et al. **J. Chromatogr. B** 788: 251, 2003.

[4]CASSIANO, N.M. et al. **Bioanalysis** 4: 2737, 2012.

[5]KATAOKA, H.; SAITO, K. **Bioanalysis** 4: 809, 2012.

[6]GEORGI, K.; BOOS, K. **Chromatographia** 63: 523, 2006.

[7]PITARCH, E. et al. **J. Chromatogr. A** 1031: 1, 2004.

[8]SANTOS-NETO, A.J. et al. **Anal. Chem.** 79: 6359, 2007.

[9]___________. **J. Chromatogr. A** 1189: 514, 2008.

[10]MULLETT, W.M. et al. **J. Chromatogr. A** 963: 325, 2002.

[11]QUINTANA, J.B. et al. **Anal. Chem.** 78: 2832, 2006.

[12]BOONJOB, W. et al. **Anal. Chem.** 82: 3052, 2010.

[13]OLIVEIRA, H.M. et al. **J. Chromatogr. A** 1217: 3575, 2010.

[14]_______. **Anal. Bioanal. Chem.** 397: 77, 2010.

[15]MIRÓ, M.; OLIVEIRA, H.M.; SEGUNDO, M.A. **Trends Anal. Chem.** 30: 153, 2011.

[16]OLIVEIRA, H.M. et al. **Talanta** 84: 846, 2011.

[17]MIRÓ, M.; HANSEN, E.H. **Anal. Chim. Acta** 782: 1, 2013.

[18]ROGATSKY, E. et al. **J. Chromatogr. A** 1216: 7721, 2009.

[19]SANTOS-NETO, A.J. et al. **J. Sep. Sci.** 31: 78, 2008.

[20]_______. **J. Chromatogr. A** 1105: 71, 2006.

[21]KOUSOULOS, C.; DOTSIKAS, Y.; LOUKAS, Y.L. **Talanta** 72: 360, 2007.

[22]MULLETT, W.M. **J. Biochem. Biophys. Methods** 70: 263, 2007.

[23]VINTILOIU, A. et al. **J. Chromatogr. A** 1082: 150, 2005.

[24]CHASSAING, C. et al. **Chromatographia** 53: 122, 2001.

[25]STOLKER, A.M. et al. **Anal. Bioanal. Chem.** 397: 2841, 2010.

[26]MOTTIER, P. et al. **J. Agric. Food Chem.** 56: 35, 2007.

[27]SEGURA, P.; GAGNON, C.; SAUVÉ, S. **Chromatographia** 70: 239, 2009.

[28]KREBBER, R.; HOFFEND, F.-J.; RUTTMANN, F. **Anal. Chim. Acta** 637: 208, 2009.

20 Automação do preparo de amostras em sistemas de análises em fluxo

Ana Cristi Basile Dias, Alexandre Fonseca e Fernando Fabriz Sodré

20.1 Introdução aos princípios da análise em fluxo

A análise de uma amostra para fins de identificação e quantificação de seus componentes orgânicos pode incluir procedimentos de preparo da amostra que envolvem desde etapas simples de diluição, dissolução, secagem ou filtração até etapas mais complexas e morosas, como extração, digestão, liofilização e derivatização. O número de etapas irá depender da espécie química a ser determinada, de sua concentração, da composição da matriz, além da quantidade de amostra disponível. Procedimentos complexos e morosos, se realizados manualmente pelo analista, ou seja, *em batelada*, podem gerar resultados pouco confiáveis. Geralmente, procedimentos manuais demandam a intervenção do analista em todas as etapas do preparo de amostra. O uso concomitante de instrumentos de medida pouco precisos pode resultar ainda em grande consumo de amostra e reagentes, contaminações externas, perda de amostra ou analito, degradação do analito, tempo de análise muito longo e custo elevado por determinação.

Muitos estudos realizados ao longo dos últimos anos evidenciam que a maioria das condições associadas a um resultado não fidedigno está relacionada com a intervenção humana durante a análise. Nesse sentido, torna-se necessária a busca por procedimentos que reduzam a participação do analista e que, ao mesmo tempo, sejam gerenciados por instrumentos de medida mais precisos e robustos.

A obtenção de resultados analíticos mais confiáveis, rápidos e baratos, tem sido conseguida por meio da substituição de procedimentos manuais por procedimentos automatizados que minimizam a intervenção humana por meios mecânicos ou robóticos. A automação do preparo de amostra está associada ao controle de todos os processos de forma reprodutível e com mínimo contato humano.

De acordo com seu nível de programação, instrumentação e tecnologia exigida, os sistemas automatizados podem ser classificados como sistemas robotizados, sistemas em microchip e sistemas de análises em fluxo. Em análises químicas que envolvem o preparo de amostras, os sistemas de análises em fluxo têm sido amplamente aplicados em laboratórios de rotina e pesquisa devido à simplicidade operacional, versatilidade, além de fácil acesso e baixo custo dos componentes em comparação àqueles baseados em robótica e microchip. Deve-se salientar que sistemas robotizados e em microchips possuem uma importância significativa no desenvolvimento de instrumentos modernos, incluindo analisadores *in situ* e *in vivo*. Entretanto, tais sistemas não fazem parte do escopo deste capítulo. Dessa forma, serão explorados apenas os sistemas de análises em fluxo para automação do preparo de amostras.

A simplicidade dos sistemas de análises em fluxo remete às primeiras configurações[1] capazes de realizar a automação por meios exclusivamente mecânicos. Embora essa configuração ainda seja encontrada em laboratórios de pesquisa, atualmente, grande parte dos componentes clássicos vem sendo substituída por componentes eletrônicos que atuam como gerenciadores das etapas de inserção de amostra e reagentes, mistura de soluções, entre outras etapas. Estes sistemas gerenciados eletronicamente promovem um controle mecânico de todas as etapas da análise, desde o preparo de amostra até a detecção do analito, em um ambiente fechado, sem interveniência do analista, o que promove a redução de contaminações externas. Além disso, tais sistemas permitem o controle dos volumes de amostras e reagentes, sob quantidades diminutas e reprodutíveis, o que promove menor geração de resíduos e elevada precisão.

Os sistemas de análises em fluxo têm como princípio a injeção de uma alíquota definida de amostra em um fluxo com movimento contínuo dentro de tubos de diâmetro interno reduzido (0,3 a 0,8 mm), onde são realizadas as reações pertinentes ao método analítico, sejam elas químicas ou físicas. No interior desses tubos, as soluções de amostra e dos reagentes são conduzidas por um fluxo transportador até uma bobina reacional e, em seguida, seguem a um sistema de detecção para geração do sinal analítico. A Figura 20.1 mostra um esquema representativo de um sistema de análises em fluxo típico, no qual são evidenciadas as diferentes posições de uma alíquota de amostra dentro do sistema, desde a injeção, passando pela mistura com um reagente e pelo transporte por meio da bobina reacional, até a passagem pelo detector.

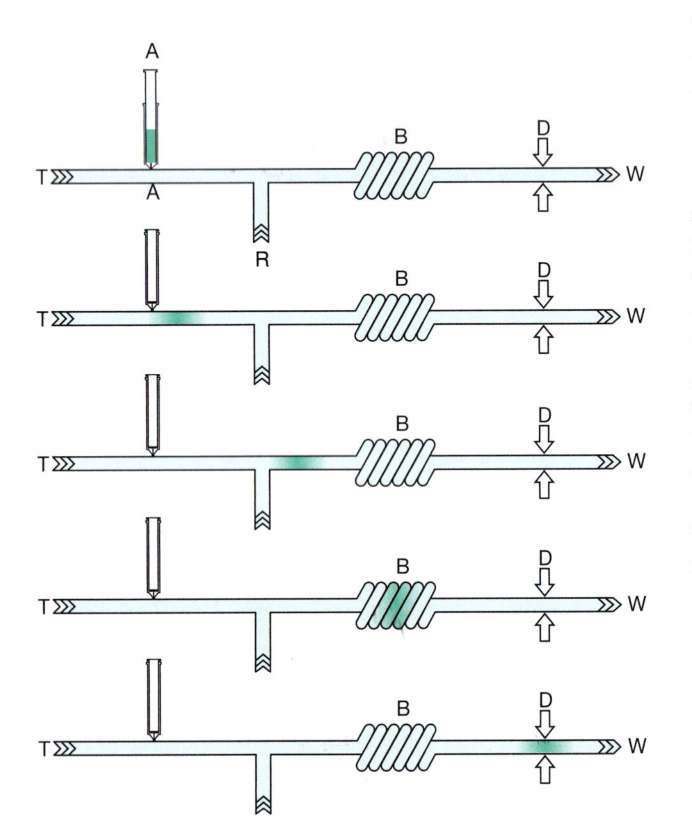

Figura 20.1 Representação do percurso de uma amostra (em verde) em um sistema de análises por injeção em fluxo. A: injeção de alíquota de amostra, T: solução transportadora, R: solução reagente, B: bobina reacional, D: detector, W: descarte.

Em um sistema de análises em fluxo, a passagem da amostra pelo detector gera um sinal analítico transiente característico devido à dispersão dos componentes da amostra durante o percurso analítico. O fenômeno de dispersão, que será bastante explorado neste capítulo, é intrínseco a esses sistemas, uma vez que a amostra é transportada por outra solução, e mistura nas interfaces ocorrerá de acordo com o tipo de fluxo imposto. A Figura 20.2 apresenta o fenômeno de dispersão considerando a alíquota de amostra como um corante que é transportado em meio aquoso por todo o sistema até um detector espectrofotométrico. O detector monitora os gradientes de concentração em todos os instantes nos quais a amostra passa por ele, resultando em um pico transiente cuja altura, largura e área são proporcionais à quantidade do analito. A intensidade do pico e sua forma também estão diretamente associadas à velocidade do fluxo transportador, ao tamanho da bobina reacional, à geometria do tubo e ao tipo de fluxo impelido.

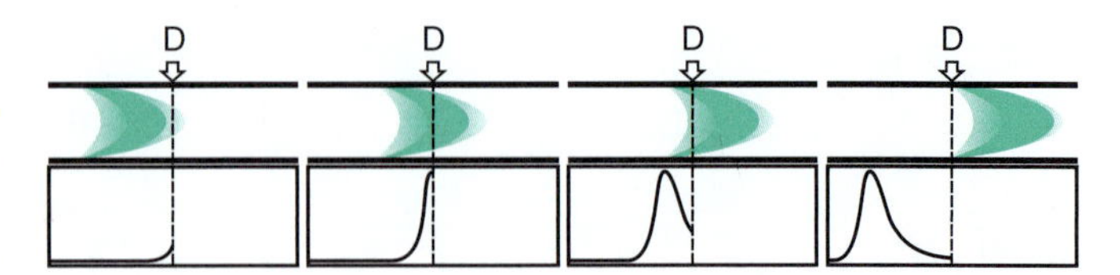

Figura 20.2 Aquisição do sinal transiente em um sistema de análises em fluxo considerando uma solução corante como amostra. D: detector espectrofotométrico.

Na maioria dos sistemas, o regime de fluxo é laminar, o qual é estabelecido pelo deslocamento, em paralelo, das diferentes seções do fluido, como se fossem lâminas ou camadas, com um vetor de velocidade maior ao centro e quase nulo nas extremidades, conforme é mostrado na Figura 20.3. Durante esse deslocamento, ocorre a dispersão da amostra, como resultado da ação de dois tipos de fenômenos de transporte: difusão e convecção. A difusão implica o transporte do analito de uma região mais concentrada para outra menos concentrada, de forma espontânea, enquanto a convecção envolve o transporte do analito em função do movimento dos fluidos imposto pelo sistema em fluxo. Ambos os fenômenos podem ser explorados de forma a maximizar ou minimizar a dispersão do analito. Por exemplo, ao considerar a parada do fluxo, há predominância do fenômeno de difusão, enquanto ao aplicar um fluxo turbulento, as seções do fluido se misturam de forma caótica promovendo a formação de vórtices e a predominância da convecção.

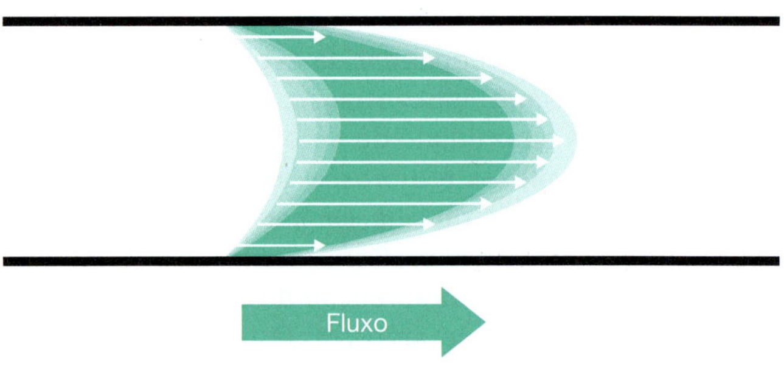

Figura 20.3 Representação gráfica da dispersão da amostra em regime de fluxo laminar.

A importância do conhecimento dos fenômenos de dispersão da amostra está diretamente relacionada com a ocorrência de reações químicas e processos físicos pertinentes às diferentes etapas de preparo de amostra que podem ser incluídas em sistemas de análises em fluxo. Etapas envolvendo reações químicas, separações do analito e de interferentes, extração líquido-líquido e difusão gasosa, por exemplo, podem ser exploradas empregando-se dispersão controlada da amostra.

20.2 Tipos de sistemas de análises em fluxo e seus componentes

Sistemas típicos de análises em fluxo são constituídos por unidades de propulsão de fluidos, dispositivos de injeção de amostra, reatores e confluências – que propiciam a mistura de soluções – e um sistema de detecção.

O acoplamento de módulos de preparo de amostra, objeto de estudo deste capítulo, depende de um conhecimento detalhado das unidades de propulsão de fluidos e de injeção da amostra, de forma a permitir um controle maior sobre a dispersão do analito em um fluido em movimento. Os sistemas de detecção, embora façam parte do módulo de análises em fluxo, não estão diretamente relacionados ao processo de automação do preparo de amostras. Informações complementares sobre os tipos de detectores comumente empregados em sistemas de análises em fluxo podem ser acessadas por meio de inúmeras publicações e livros especializados na área.[1,5]

Os componentes básicos, encontrados em qualquer sistema, incluem as confluências e as bobinas reacionais, comumente utilizadas como ferramentas para a inserção, diluição e homogeneização de soluções reagentes. Geralmente, esses componentes são confeccionados especificamente para a aplicação envolvida. A confluência em forma de "T" e as bobinas reacionais helicoidais são os componentes básicos mais utilizados. As bobinas helicoidais são geralmente construídas enrolando-se tubos de 0,8 mm de diâmetro interno em torno de um objeto cilíndrico, como um bastão de vidro ou uma caneta.

20.2.1 Unidades de propulsão de fluidos

O transporte da amostra e de soluções reagentes dentro dos pequenos tubos se dá pelo movimento mecânico de unidades propulsoras que promovem o bombeamento ou a aspiração das soluções. Dependendo do princípio de funcionamento, estas unidades podem fornecer fluxo laminar ou turbulento. Para obtenção de um fluxo laminar, as unidades mais utilizadas são as bombas peristálticas e as bombas de seringa tipo pistão, enquanto para um fluxo turbulento, são empregadas minibombas solenoides. A bomba peristáltica, ilustrada na Figura 20.4a possui roletes sobre os quais são afixados tubos propulsores facilmente comprimíveis. O acionamento dos roletes implica em movimentos rotacionais e translacionais que, sob um determinado sentido, promovem a compressão dos tubos, empurrando o fluido contido em seu interior, gerando o fluxo desejado. Bombas peristálticas podem comportar até 24 tubos, são robustas e podem produzir fluxos laminares com vazões de 0,0015 a 40 mL/min e com mínimas pulsações. Essas características fazem da bomba peristáltica a unidade propulsora mais aplicada para o preparo de amostras em sistemas de análises em fluxo. As bombas de seringa (Figura 20.4b) também promovem fluxo laminar e boa precisão no bombeamento de soluções a vazões muito baixas, sendo praticamente livres de pulsações devido ao movimento contínuo do pistão. Entretanto, sua aplicabilidade em sistemas de análises em fluxo está condicionada ao reabastecimento de soluções toda vez em que são esvaziadas durante a análise. Para isso, uma válvula seletora é normalmente acoplada à sua extremidade, interrompendo o fluxo através do sistema enquanto a solução reagente é aspirada para o interior da seringa.

Para promover um fluxo não laminar, minibombas operadas por solenoide (Figura 20.4c) propulsionam volumes fixos de solução de maneira consecutiva. Seu mecanismo de funcionamento envolve o acionamento do solenoide que aspira um volume fixo de solução – definido pelo volume do compartimento interno da bomba – que, ao ser desligado, empurra o volume aspirado para fora, promovendo o bombeamento da solução. A vazão do fluxo corresponde à frequência de pulsação da bomba,

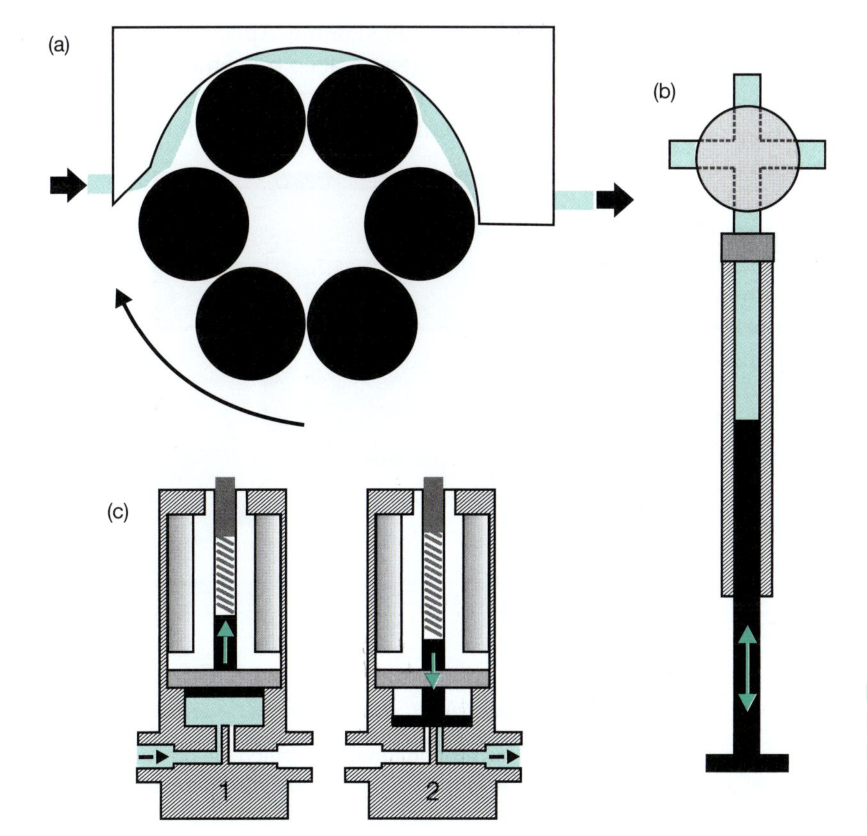

Figura 20.4 Unidades propulsoras utilizadas em sistemas de análises em fluxo. (a) Bomba peristáltica, (b) seringa, (c) minibomba solenoide em dois momentos, 1: aspiração e 2: bombeamento de solução.

em pulsos por segundo, e pode ser convertida para mL/min considerando o volume interno fixo da minibomba. O mecanismo de funcionamento da minibomba produz um fluxo denominado *pulsado*, o que também lhe confere características de um fluxo turbulento.[5] Por esse motivo, esse tipo de bomba tem sido pouco utilizado para o preparo de amostras em sistemas de análises em fluxo.

20.2.2 Unidades de injeção da amostra

Desde as primeiras concepções de sistemas de análises em fluxo, suas denominações relacionavam-se ao mecanismo de injeção da amostra. À medida que novos componentes de injeção e unidades propulsoras foram incorporados aos sistemas, pequenas alterações nestas denominações foram necessárias para diferenciá-los. Atualmente, existem diversos tipos de sistemas de análises em fluxo, os quais possuem diferentes componentes de injeção de amostra e/ou unidades propulsoras.

Historicamente, os primeiros sistemas de análises em fluxo não possuíam injetor de volumes definidos de amostra, sendo a mesma transportada infinitamente pelo percurso analítico até o momento em que recebia um fluxo composto por ar, conforme mostra a Figura 20.5. A partir desse ponto de mistura, havia a formação de segmentos contendo alíquotas de amostra separadas por volumes definidos de ar, o que permitia o controle da dispersão da amostra. Esse tipo de sistema, denominado *segmentado*, foi um dos primeiros sistemas de análises em fluxo, sendo então empregado para análises clínicas voltadas à determinação de ureia em sangue. Este sistema pioneiro já incluía um módulo exclusivo para o preparo de amostra em linha, voltado à separação do analito por diálise.[6,7] É importante destacar que o termo *segmentado* também é empregado quando há formação de fase heterogênea entre líquidos imiscíveis dentro de módulos de preparo de amostra voltados à extração líquido-líquido, a qual será discutida mais adiante neste capítulo.

A simplificação do sistema *segmentado* veio com o estabelecimento do sistema de análises por injeção em fluxo, mundialmente conhecido como FIA (do inglês, *flow injection analysis*).[8] Esse sistema foi inovador ao empregar uma simples seringa de plástico com agulha hipodérmica para injetar um volume definido e pequeno de amostra em um fluxo transportador *não segmentado*, conforme ilustrado na Figura 20.1. A injeção era manual e dependia da precisão do analista e, igualmente, da graduação da seringa. Mesmo considerando a injeção manual de 0,5 mL de amostra, o sistema apresentava elevada frequência analítica (cerca de 200 amostras por hora), enaltecendo sua rapidez e baixo consumo de amostra.

Apesar dos resultados promissores, os sistemas de análise em fluxo baseados em injeção por seringa foram, com o tempo, substituídos por válvulas de injeção e por injetores proporcionais à base de alça de amostragem,[9] de maneira a minimizar a intervenção humana. Nesse tipo de injeção, uma alça de amostragem de tamanho fixo é totalmente preenchida com a amostra que é, em seguida, injetada no fluxo transportador por ação mecânica. Nessa estratégia, o volume de amostra é definido pelo diâmetro interno e pelo comprimento do tubo que compõe a alça. Deve-se salientar que as válvulas de injeção à base de alça de amostragem são as mesmas encontradas comercialmente para equipamentos de cromatografia líquida, enquanto os injetores proporcionais não são comercializados, sendo comumente manufaturados por pessoas especializadas em serviços de ferramentaria.

A Figura 20.6 mostra um injetor proporcional de acrílico construído, sob medida, em uma oficina mecânica. Ele é composto por uma barra móvel entre duas barras fixas presas em um suporte. As conexões tubulares entre a parte móvel e fixa devem estar alinhadas para que não ocorram vazamentos ou obstruções da passagem do fluxo, causando um aumento na pressão hidrodinâmica. A parte móvel possui uma alavanca de metal alocada na sua superfície que auxilia no deslocamento/deslizamento entre duas posições distintas, uma voltada para a amostragem e outra voltada à injeção da amostra no fluxo transportador, conforme é ilustrado na Figura 20.7.

Na posição 1 da Figura 20.7, denominada posição de amostragem, a amostra preenche toda a alça de amostragem, enquanto o fluxo transportador, sem contato com a amostra e em outro canal do injetor, flui livremente por todo o percurso do sistema. Após o preenchimento da alça de amostragem, a ação mecânica da alavanca do injetor permite a movimentação da parte móvel do injetor e o consequente alinhamento da porção conten-

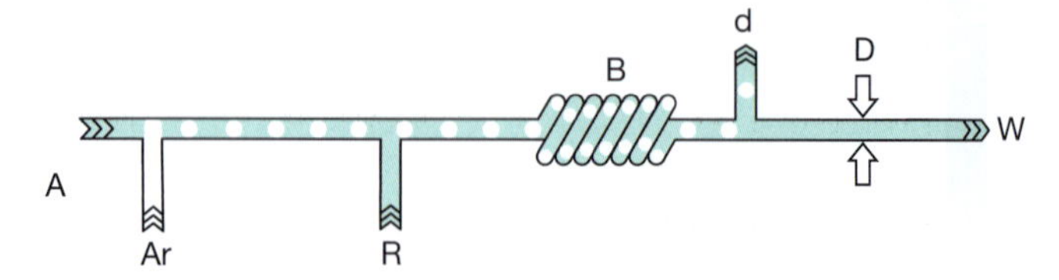

Figura 20.5 Diagrama do sistema de análises com fluxo segmentado. A: injeção contínua de amostra, R: solução reagente, B: bobina reacional, d: desborbulhador, D: detector, W: descarte.

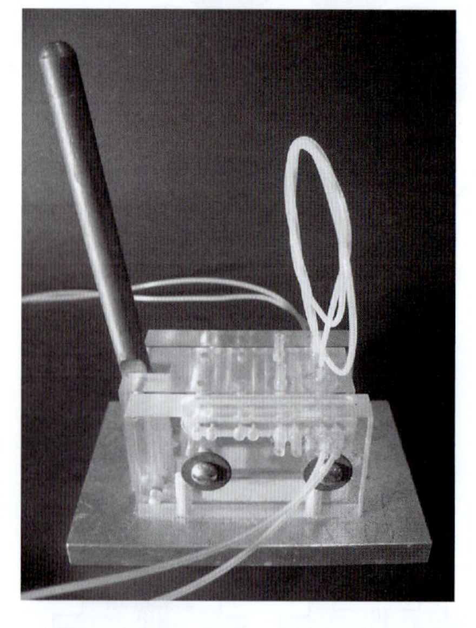

Figura 20.6 Injetor proporcional de acrílico idealizado pelo Prof. Boaventura Freire dos Reis, do Centro de Energia Nuclear na Agricultura da Universidade de São Paulo (CENA-USP).

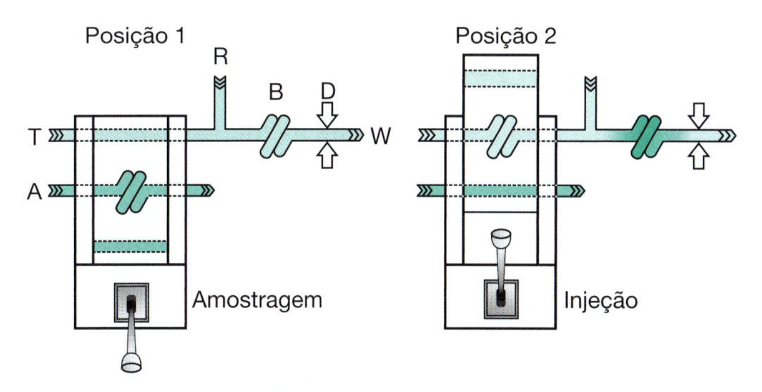

Figura 20.7 Mecanismo de acionamento de um injetor proporcional. A: solução da amostra, T: solução transportadora, R: solução reagente, B: bobina reacional, D: detector, W: descarte.

do a amostra ao fluxo transportador. Esta movimentação resulta na posição 2 da Figura 20.7, que permite a injeção e o transporte de um volume fixo da amostra para o percurso analítico. Esse tipo de injetor tem sido bastante utilizado em laboratórios de ensino para aulas experimentais de automação, uma vez que é capaz de injetar precisamente volumes pequenos de amostra e, ao mesmo tempo, permitir que o estudante faça parte do processo de injeção da amostra.

Atualmente, todas as operações realizadas com sistemas de análises em fluxo são frequentemente gerenciadas por um microcomputador. Os programas utilizados permitem controlar vários aspectos inerentes aos sistemas em fluxo, tais como a vazão e o sentido de bombeamento da unidade propulsora, a direção dos fluxos via acionamento de válvulas, a injeção de volumes definidos da amostra, o tempo exato requerido para cada etapa, além da aquisição do sinal analítico. A fim de possibilitar este elevado grau de automação, diversos componentes eletromecânicos devem ser utilizados nos sistemas em fluxo, como as válvulas seletoras multiportas, as válvulas solenoides de três vias e as minibombas solenoides.

Válvulas solenoides de três vias são empregadas para o direcionamento dos fluxos no sistema automatizado. Elas são constituídas de uma via de entrada comum e de duas vias de saída independentes, as quais são selecionadas pelo acionamento elétrico do solenoide. Quando a válvula está desligada, a solução flui da via comum para uma das vias de saída, geralmente aquela que se encontra normalmente aberta. Ao ligar o solenoide a via normalmente aberta é fechada e o fluxo se desenvolve da via de entrada para a outra via (normalmente fechada). Com o acionamento das válvulas é possível minimizar o consumo de reagentes, uma vez que as soluções que não estão sendo utilizadas em um determinado momento da análise podem ser redirecionadas para seus respectivos frascos sem risco de contaminações.

A Figura 20.8 ilustra um sistema de análises em fluxo contendo três válvulas solenoides, as válvulas V_1 e V_3 encontram-se no modo desligado e V_2 no modo ligado. Esta configuração permite que a amostra seja transportada para o percurso analítico enquanto as outras soluções podem ser redirecionadas aos seus respectivos frascos. É importante mencionar que o esquema mostrado na Figura 20.8 implica o uso de uma válvula e de um canal da bomba peristáltica para cada solução participante do processo. O volume das soluções direcionadas é definido pelo tempo de abertura da válvula e pela vazão do fluxo. O sistema que emprega essas válvulas para gerenciamento dos processos é conhecido como *multicomutação* MCFS (do inglês, *multicommutated flow system*).[10]

Em uma configuração bastante similar ao sistema MCFS, o sistema *multisseringas* MSFS (do inglês, *multisyringe flow system*)[11] explora o uso de seringas individuais para cada solução em vez de uma bomba peristáltica, o que permite uma melhor precisão dos volumes aspirados ou bombeados. Como visto anteriormente, ambos os sistemas apresentam fluxo contínuo de regime laminar com ampla versatilidade em comportar módulos de preparo de amostra.

O uso de válvulas seletoras multiportas caracteriza o sistema de análises por injeção sequencial, SIA (do inglês, *sequential injection analysis*).[12] A Figura 20.9 ilustra um sistema SIA que possui como princípio a aspiração sequencial de porções definidas de soluções (A, R_1) para uma bobina de retenção e, em seguida, o fluxo é invertido e essa mistura é conduzida para um módulo de processamento de amostra (M_1, M_2), para o descarte (W_1) ou para o detector em linha. As válvulas seletoras possuem de seis a oito portas conectadas a um canal central que é responsável pela aspiração e bombeamento das soluções por ação da unidade de propulsão. Como o canal cen-

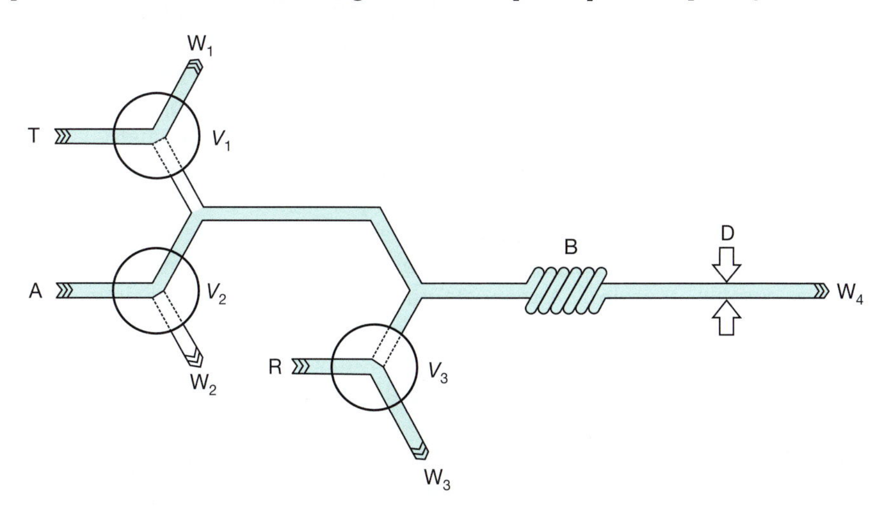

Figura 20.8 Diagrama do sistema de análises por multicomutação. A: amostra, T: solução transportadora, R: solução reagente, V_i: válvulas solenoides de três vias, B: bobina reacional, D: detector, W_{1-3}: reciclagem das soluções, W_4: descarte.

tral faz comunicação com as demais portas da válvula seletora, apenas um canal da bomba peristáltica ou uma seringa é suficiente para gerenciar o fluxo de amostras e soluções por todo o sistema. Devido às multiportas, é possível gerenciar diferentes soluções reagentes ou acoplar diferentes módulos de preparo de amostras, sistemas de detecção e bobinas reacionais, além de válvulas multiportas adicionais. Esta facilidade de integração e gerenciamento confere ao SIA uma maior versatilidade dentre os sistemas de análises em fluxo.

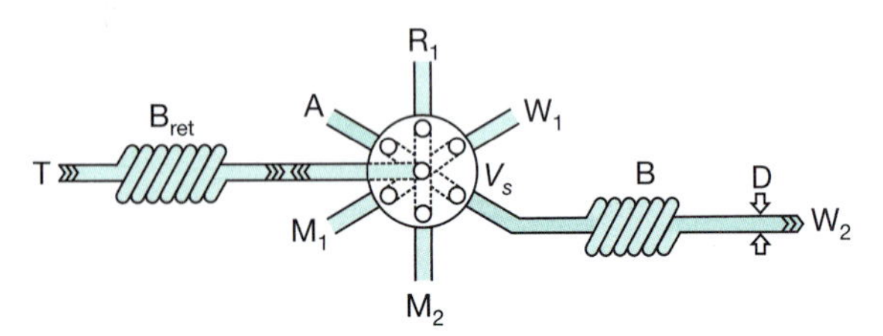

Figura 20.9 Diagrama do sistema de análises por injeção sequencial. A: amostra, T: solução transportadora, R_1: solução reagente, M_1 e M_2: módulos de preparo de amostras, V_S: válvula seletora multiportas, B_{ret}: bobina de retenção, B: bobina reacional, D: detector, W_1: descarte.

A utilização de um fluxo turbulento pode ser explorada nos sistemas denominados *multi-impulsão*, MPFS (do inglês, *multi-pumping flow system*),[13] que se baseia no acionamento independente de minibombas solenoides exclusivas para cada solução participante do processo, conforme é ilustrado na Figura 20.10. Devido às características inerentes das minibombas, que realizam tanto o bombeamento das soluções quanto o direcionamento de volumes definidos, esses sistemas geralmente são mais simplificados.

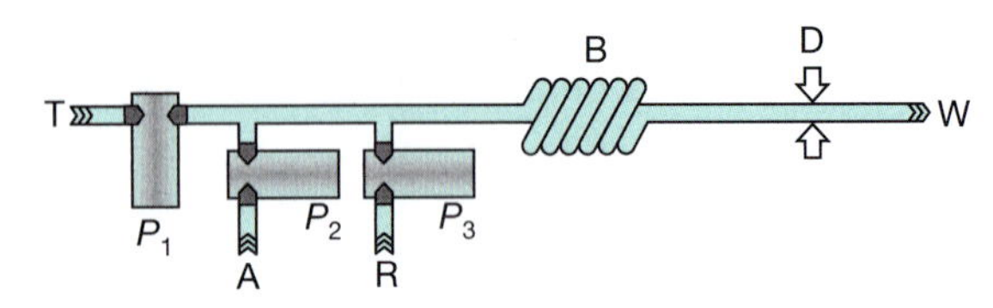

Figura 20.10 Diagrama do sistema de análises por *multi-impulsão*. A: amostra, T: solução transportadora, R: solução reagente, P_i: minibombas solenoides, B: bobina reacional, D: detector, W: descarte.

Todos os sistemas de análises em fluxo descritos anteriormente podem ser construídos por meio da aquisição de componentes eletroeletrônicos, tubulações e acessórios comercializados por diferentes empresas nacionais e internacionais ou, em alguns casos, por meio da confecção de módulos e componentes em seu próprio laboratório, tal qual ilustrado para o injetor-comutador da Figura 20.6. Atualmente, existem duas empresas que comercializam sistemas de análises em fluxos completos, mostrados na Figura 20.11, contendo injetores, reatores e sistemas de detecção em um único módulo. O sistema FIALab® (Figura 20.11a) é comercializado com duas unidades propulsoras independentes, um sistema de detecção miniaturizado e uma válvula seletora multiportas que permite o acoplamento de diferentes módulos para FIA. O sistema FloPro®, mostrado na Figura 20.11b, é comercializado pela empresa Global FIA® e também possui uma válvula multiportas para o gerenciamento de soluções e para o acoplamento de unidades propulsoras e sistemas de detecção variados. Geralmente, ambos os sistemas apresentam um custo mais elevado frente àqueles montados em laboratório, mas, por outro lado, oferecem algumas vantagens como robustez, portabilidade e simplicidade operacional do software.

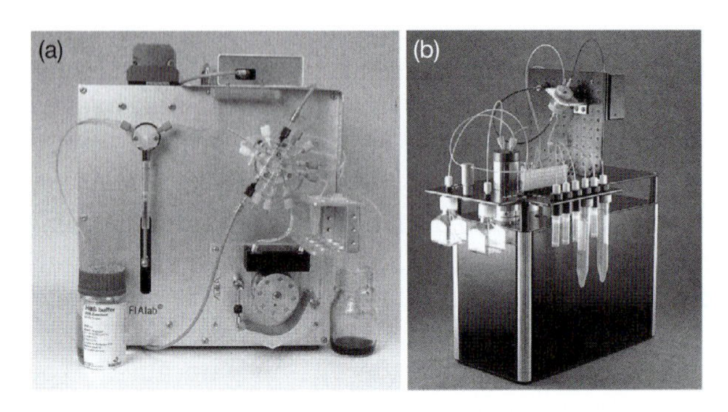

Figura 20.11 Sistemas de análises em fluxo comerciais. (a) Sistema FIALab®, com permissão do autor e da FIAlab Inc (www.flowinjection.com). (b) Sistema FloPro®, imagem usada com permissão da Global FIA® (www.globalfia.com).

20.3 Módulos de preparo de amostras em sistemas de análises em fluxo

As características e vantagens dos principais sistemas de análises em fluxo, elucidadas nas seções anteriores, evidenciaram a flexibilidade na adaptação de diferentes componentes para o gerenciamento de todas as etapas de uma análise química. Considerando que o preparo de amostra é, geralmente, a etapa mais crítica para a obtenção de um resultado fidedigno, os sistemas de análise em fluxo surgem como uma excelente alternativa à realização de diferentes procedimentos em um ambiente fechado e reprodutível. De modo geral, todos os sistemas de análises em fluxo podem ser aplicados a diferentes procedimentos de preparo de amostra. A escolha do sistema irá depender do tipo de processo químico ou físico envolvido, do tipo de amostra (sólida, líquida ou gasosa), das quantidades de etapas envolvidas, do acoplamento em linha com a detecção, da quantidade de amostra disponível, do nível de automação pretendido, da disponibilidade de equipamentos e, obviamente, do custo.

Ao considerar a determinação de substâncias orgânicas em matrizes complexas, as principais questões a serem respondidas, antes de tudo, devem ser: "Qual o objetivo do preparo de amostra?" e "Como automatizá-lo?". A resposta para ambas as perguntas deve se basear em conhecimentos prévios sobre o analito orgânico presente na amostra e como ele pode ser disponibilizado em um dos sistemas de análise em fluxo existentes. A maioria dos trabalhos envolvendo automação do preparo de amostras em sistemas de análises em fluxo explora a extração dos analitos ou a remoção dos interferentes

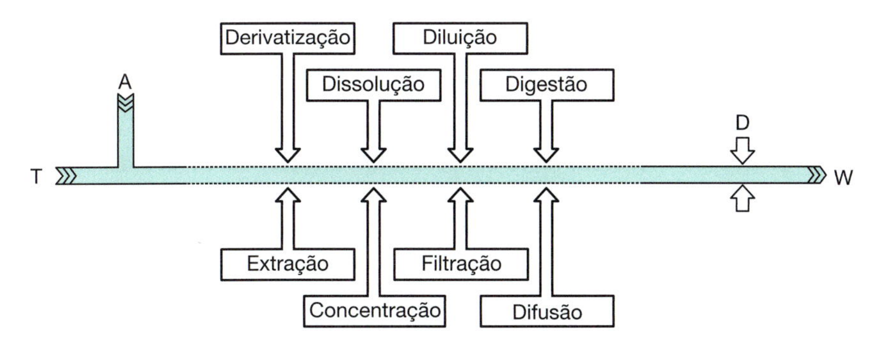

Figura 20.12 Esquema representativo de um sistema de análises em fluxo com diferentes módulos de preparo de amostra. A: amostra, T: solução transportadora, D: detector, W: descarte.

de uma matriz empregando uma fase sólida ou mesmo líquida. O uso de interfaces físicas como resinas, polímeros, filtros e membranas também é bastante explorado nesses sistemas devido a facilidade em se adaptarem às condições de fluxo. Para amostras sólidas e muito viscosas, são adotadas estratégias unindo automação e procedimentos em bateladas.

O diagrama da Figura 20.12 apresenta todos os procedimentos de preparo de amostra que são passíveis de serem acoplados em sistemas de análises em fluxo.

Dentre os procedimentos mostrados na Figura 20.12, apenas a diluição é inerente ao próprio sistema analítico, não necessitando de um módulo externo para sua realização. Para os demais procedimentos, módulos e componentes específicos podem ser acoplados em linha no percurso analítico do sistema escolhido. A concepção de cada módulo está associada tanto ao processo físico-químico envolvido no preparo da amostra quanto com o tipo de movimento dos fluidos, seja ele contínuo, pulsado ou reverso. Os módulos mais explorados para determinação de analitos orgânicos são extração em fase sólida, extração líquido-líquido e separação por membranas, os quais serão abordados nas próximas seções.

20.3.1 Sistemas automatizados para extração em fase sólida de analitos orgânicos

A extração em fase sólida (do inglês *solid phase extraction*, SPE) tem como princípio a interação das espécies químicas de interesse, presentes em uma fase líquida, com a superfície de uma fase sólida utilizada como extratora. Os fundamentos da técnica, bem como os tipos de fase sólida e suas interações com diferentes analitos são abordados no Capítulo 3. Neste capítulo, serão discutidas as estratégias para automação da SPE. Esta técnica de separação combina a passagem da amostra líquida pelos poros de um material sólido adsorvente – geralmente contido em um suporte (cartucho, coluna ou seringa) – e a posterior retirada do analito retido na fase sólida por meio da passagem de outra solução reagente. Um procedimento típico de extração em fase sólida, realizado em batelada, envolve etapas de condicionamento da fase sólida (ativação da coluna), passagem da amostra, lavagem para retirada de interferentes e eluição do analito. Essas etapas são geralmente realizadas manualmente pelo analista, tornando o procedimento moroso, passível de contaminações externas e erros pessoais, os quais podem comprometer a precisão e a exatidão dos resultados.

O acoplamento de módulos para SPE em sistemas de análises em fluxo contribuem para um controle mais preciso, rápido e seguro das etapas envolvidas durante a extração. Adicionalmente, devido à realização dos procedimentos em um ambiente fechado, as contaminações externas e a perda de solventes orgânicos por volatilização são minimizadas. Deve-se salientar ainda que, devido às dimensões diminutas dos sistemas de análises em fluxo, pequenas quantidades de fase sólida são geralmente utilizadas o que reduz o volume necessário de amostra e reagentes na análise. Finalmente, ao contrário dos procedimentos em batelada, muitos estudos evidenciam a possibilidade de reúso da fase sólida empregada em sistemas de fluxo mediante um simples recondicionamento, o que geralmente é realizado de maneira bastante rápida.

De maneira similar ao procedimento em batelada, a automação da SPE necessita de um suporte para a fase sólida, o qual deve ser pequeno o suficiente para se adaptar às tubulações de diâmetro interno reduzido dos sistemas de análises em fluxo. Para este fim, minicolunas cilíndricas com orifícios destinados à entrada e saída de soluções tem sido os suportes mais utilizados. Estas minicolunas podem ser acopladas em qualquer um dos sistemas de análise em fluxo apresentados neste capítulo, sendo os sistemas FIA e SIA os mais empregados.[14] A Figura 20.13 mostra as possíveis configurações desse acoplamento explorando a inserção da minicoluna antes da unidade de injeção, na unidade de injeção, no lugar da bo-

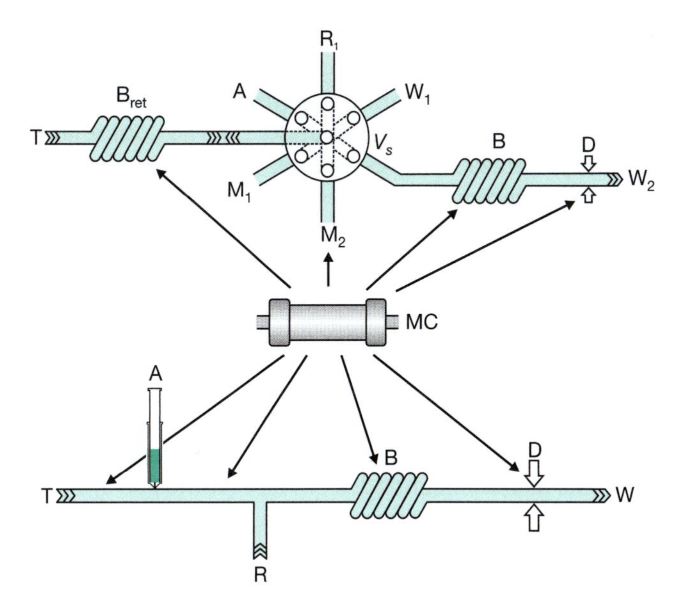

Figura 20.13 Diagramas de automação da extração em fase sólida empregando minicolunas (MC) em sistemas SIA (superior) e FIA (inferior).

bina reacional ou dentro do detector. Cada configuração de acoplamento remete a um tipo diferente de aplicação da SPE, tais como pré-concentração do analito, eliminação de interferentes (*clean-up*), uso da fase sólida como meio reacional e uso da fase sólida como sensor analítico.

A escolha do sistema de análises em fluxo e o posicionamento da minicoluna de SPE devem levar em consideração o objetivo da análise, o número de etapas envolvidas durante o procedimento de extração, a quantidade disponível de amostra, a concentração do analito, a dispersão da amostra, o nível de automação, o tipo de detecção e a adição de outros módulos de preparo de amostra.

As aplicações mais comuns da SPE em sistemas de análises em fluxo incluem o *clean-up* da amostra e a pré-concentração do analito. A realização destas etapas demanda o posicionamento da minicoluna antes da unidade de injeção e na própria unidade, respectivamente. O uso da minicoluna na região da bobina reacional ou no interior do sistema de detecção remete a procedimentos específicos de derivatização de analitos e extração simultânea à detecção fluorimétrica ou eletroquímica. Para informações adicionais sobre essas abordagens específicas, consulte a referência.[15]

O dimensionamento correto da minicoluna em um sistema de análise em fluxo é essencial para o sucesso do procedimento de extração. O tamanho pode variar em comprimento e diâmetro interno o que resulta em diferentes quantidades necessárias de fase sólida para preenchimento da minicoluna. Por outro lado, a quantidade de fase sólida requerida em uma análise deverá ser selecionada considerando-se o volume da amostra e os níveis prováveis de concentração do analito. O preenchimento da minicoluna com a fase sólida deve ser realizado de forma coerente para que não haja resistência elevada à passagem do fluxo (impedância hidrodinâmica), o que poderá proporcionar o rompimento das conexões do sistema em fluxo ou mesmo da própria minicoluna. Além disso, se o material sólido estiver demasiadamente compactado, o fluxo não conseguirá percorrer toda a fase sólida, formando caminhos preferenciais pouco efetivos para extração. Dessa forma, recomenda-se um volume um pouco maior do compartimento interno com relação ao volume utilizado de fase sólida, o que promoverá certa movimentação da fase sólida durante a passagem do fluxo. Assim, haverá uma melhor interação da fase sólida com o analito e um consequente aumento na eficiência de extração.[16] Por outro lado, o volume do compartimento também não deve ser muito maior que aquele ocupado pelo sólido para que não haja uma elevada diluição da amostra e a passagem do fluxo pela solução excedente e não através da fase sólida.

A confecção das minicolunas pode ser realizada com materiais usuais encontrados em laboratórios de química analítica, tais como seringas, tubos de vidro, acrílico ou silicone, lã de vidro, filtros, entre outros materiais e componentes. O uso de filtros físicos nas suas extremidades é indispensável para que a fase sólida não seja levada às adjacências da coluna durante a passagem do fluxo. Entretanto, estes filtros devem permitir a passagem contínua das soluções sem diminuição da vazão. Os materiais comumente usados como filtros incluem lã de vidro, algodão, filtros comerciais de polietileno poroso, vidros sinterizados e placas porosas. O material empregado na confecção da minicoluna deve ser resistente a solventes orgânicos, ácidos e bases, não apresentar poros e ser rígido o suficiente para suportar pressões moderadas do fluxo.

A Figura 20.14 mostra uma minicoluna comercial empregada para extração SPE em sistemas de análises em fluxo. O compartimento de fase sólida possui 2,0 cm de comprimento e um volume interno de 27 µL. Filtros de titânio ou polietileno porosos, com tamanho de poro de 20 µm, são fixados às extremidades e conectores com rosca são usados para interligar a minicoluna com os tubos do sistema. Alternativamente, outros materiais disponíveis em laboratórios podem ser utilizados para a confecção de minicolunas como mostra o exemplo a seguir.

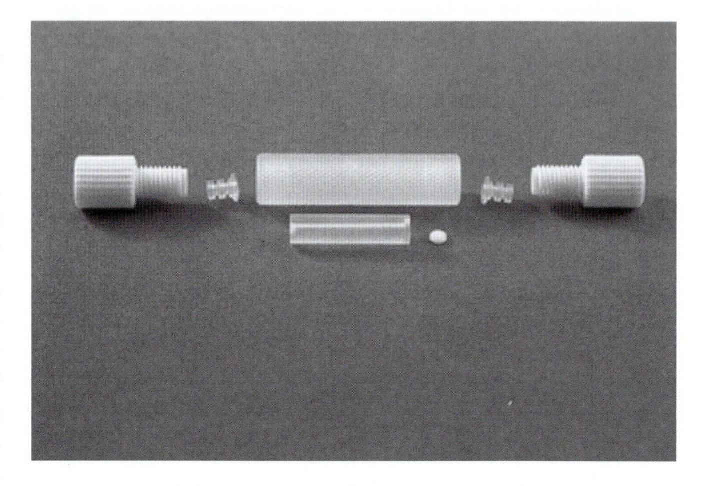

Figura 20.14 Minicoluna comercial para automação de SPE. Conjunto de conectores de tubos, filtros e compartimento de fase sólida. Imagem usada com permissão da Global FIA.

Exemplo:

Confecção de uma minicoluna com ponteiras de micropipeta.

- Materiais: duas ponteiras amarelas de micropipetas (100 ou 200 mL), fase sólida, lã de vidro, tubo de silicone e cola de secagem instantânea.
- Procedimento: remova a porção superior de uma das ponteiras com uma tesoura, conforme é mostrado na Figura 20.15. Preencha com lã de vidro a extremidade de saída de cada ponteira e, com o auxílio de uma espátula pequena, transfira a quantidade necessária de fase sólida (50 a 100 mg) dentro de cada uma das ponteiras. Aplique um pouco de cola na superfície externa da ponteira cortada, tomando o cuidado para que a mesma não escorra para o interior. Em seguida, encaixe a ponteira cortada dentro da outra ponteira até que o sistema fique firme. Para acoplar a minicoluna ao sistema de análises em fluxo adapte pequenos tubos de silicone ou Tygon® nas suas extremidades. Esta minicoluna pode ser fabricada sob vários tamanhos, variando-se o volume das ponteiras utilizadas e dimensão desejada da ponteira cortada.

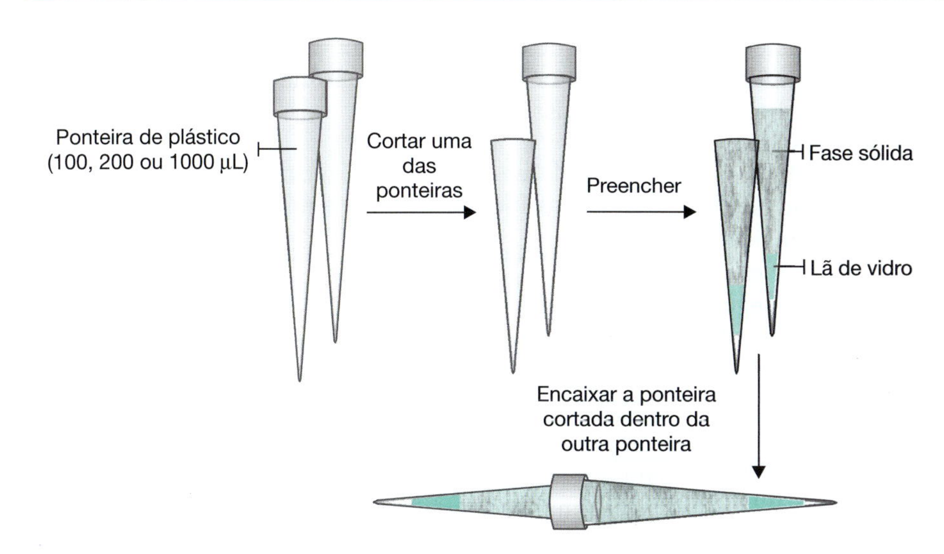

Figura 20.15 Esquema de montagem de uma minicoluna para SPE utilizando ponteiras de micropipeta.

Atualmente, a automação da SPE tem sido largamente aplicada para a determinação de analitos orgânicos em diferentes matrizes. Devido à grande demanda por análises de amostras ambientais, alimentícias e biológicas, as quais geralmente apresentam concentrações baixas dos analitos de interesse, a maior aplicação da SPE em sistemas em fluxo consiste na pré-concentração do analito. Para atingir esse objetivo, as etapas envolvidas no procedimento de extração devem ser totalmente controladas em função das características das soluções reagentes, da vazão das soluções que passam pela minicoluna, da sequência e do procedimento.

A condição mais importante na automação da SPE é garantir que todas as soluções reagentes correspondentes a cada etapa do procedimento sejam inseridas na ordem correta e de maneira precisa na minicoluna. Os sistemas mais utilizados para esse objetivo têm sido os sistemas FIA, com diferentes unidades de injeção, e o sistema SIA. A seleção do sistema mais adequado para automatizar o preparo de amostras irá depender primeiramente da disponibilidade dos componentes, da necessidade do uso de componentes manuais ou controlados por microcomputador, da condição física da amostra, dos níveis de concentração do analito e da complexidade do procedimento. Deve-se ainda levar em consideração as características intrínsecas dos sistemas FIA e SIA, como efeitos de dispersão, independência do fluxo das soluções, tipo de fluxo, velocidade no processamento operacional e os custos.

As principais vantagens dos sistemas FIA na automação da SPE relacionam-se com a simplicidade operacional e o baixo custo dos componentes usados para acoplamento da minicoluna. No injetor-comutador, a minicoluna pode ser acoplada tanto no lugar da alça de amostragem quanto em uma via adicional, em paralelo à alça de amostragem, para que um volume definido de amostra seja processado. Nas válvulas de seis vias, a alça de amostragem também pode ser substituída pela minicoluna, permitindo que fluxos de diferentes soluções sejam direcionados para a fase sólida em diferentes momentos do procedimento. Neste caso, se a injeção de um volume definido de amostra for requerida, deve-se acoplar outro componente de injeção da amostra antes da minicoluna. Com esta configuração, as etapas de lavagem, eluição e condicionamento podem ser realizadas por meio de movimentos simples do injetor ou pelo acionamento controlado da válvula.

O acoplamento da minicoluna em uma válvula de seis vias é ilustrado na Figura 20.16. Na posição de amostragem, a amostra é conduzida até a minicoluna, seja por meio de um canal conectado ao recipiente contendo a amostra, ou pela injeção da amostra em um fluxo transportador. A solução transportadora que leva a amostra também pode servir de solução de condicionamento ou lavagem da fase sólida. Na segunda posição, a fase sólida recebe a solução eluente que remove o analito e o conduz até o sistema de detecção. Dependendo da complexidade da matriz e do analito, há a necessidade de inserir diferentes tipos de soluções de lavagem, eluição e condicionamento, o que pode ser conseguido adicionando-se mais válvulas ou injetores-proporcionais com um número maior de posições. O uso da SPE em sistemas de análise em fluxo é bastante extenso e diversificado, sendo útil para determinação de fenóis,[17] surfactantes[18] e substâncias húmicas[19] em amostras de águas, bem como para a quantificação de fármacos em amostras biológicas e alimentícias[20,21] e de surfactantes em amostras de diesel.[22] Muitas aplicações utilizam ainda duas minicolunas ligadas à mesma válvula de injeção para permitir a realização da etapa de eluição concomitantemente ao condicionamento da fase sólida e, assim, dobrar a frequência analítica.

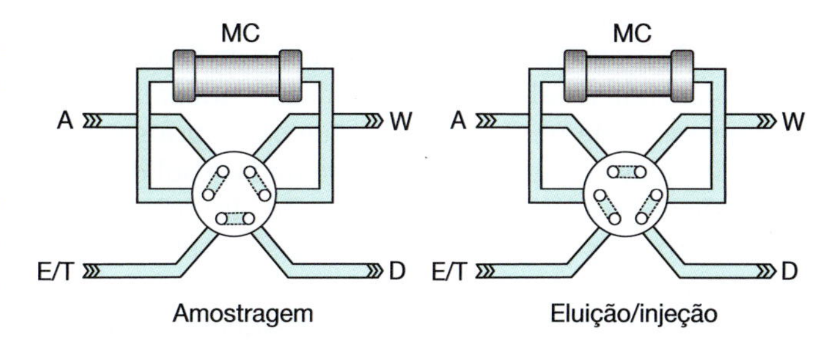

Figura 20.16 Acoplamento de minicoluna (MC) em válvula de seis vias. A: amostra, E: solução eluente, T: solução transportadora, D: detector, W: descarte.

Conforme mostrado na Figura 20.13, em sistemas SIA, a minicoluna pode ser acoplada no lugar da bobina reacional ou após ela e também no lugar da bobina de retenção ou em uma das portas da válvula seletora. A amostra, bem como as soluções de lavagem, eluição e condicionamento, quando presentes, são colocadas em portas individuais ligadas à válvula seletora. Por meio do programa computacional, seleciona-se a solução e o volume a ser aspirado para a bobina de retenção. Em seguida, o fluxo é revertido e o volume aspirado é então levado à minicoluna. Dessa maneira, todas as etapas da SPE são realizadas sequencialmente com volume e tempo precisos e dispersão controlada.

A maior desvantagem do sistema SIA, em comparação ao FIA, é a baixa frequência analítica em função da necessidade de realização de cada uma das etapas de maneira individual e em sequência. A operação simultânea de diferentes etapas do procedimento de extração no sistema SIA só é possível quando duas válvulas e duas unidades propulsoras estão operando em conjunto. A grande vantagem do sistema SIA é a menor geração de resíduos em comparação aos sistemas FIA. Geralmente, o sistema SIA opera com volumes bastante reduzidos de amostra (menores que 50 µL) durante a extração de analitos orgânicos. Esta característica é notadamente importante em análises de amostras de pequeno volume, como plasma sanguíneo, urina e outros fluidos corpóreos. Sob esta perspectiva, é possível aliar o baixo consumo de amostras e reagentes, característico dos sistemas SIA, com os baixos limites de detecção comumente obtidos a partir de procedimentos de extração em fase sólida. Na literatura especializada, este acoplamento tem sido particularmente empregado para a determinação de inúmeros analitos em amostras biológicas, tais como drogas consideradas *doping*,[23] princípios ativos de filtros solares[24] e estimulantes[25] em amostras de urina.

Considerando a forte tendência em química verde e a boa precisão do sistema SIA na aspiração e bombeamento de pequenos volumes de soluções, foi criado um módulo miniaturizado denominado LOV® (do inglês *Lab-On-Valve®*) para ser acoplado a esse tipo de sistema.[26] Este módulo consiste em um único bloco sólido com canais que permitem a realização de diversos tipos de operações, tais como aspiração e mistura de soluções, reações e determinação analítica por meio de diferentes sistemas de detecção em tamanho miniaturizado. O sistema FIALab®, mostrado na Figura 20.11, apresenta um módulo LOV® ocupando o lugar da válvula seletora, resultando assim no mesmo mecanismo de fluxo do sistema SIA tradicional. A automação da SPE utilizando LOV não necessita de minicolunas, já que os próprios canais são utilizados como compartimento da fase sólida. Essa condição é possível quando a fase sólida encontra-se como partículas pequenas em suspensão. Sob esta forma, a fase sólida pode ser aspirada e bombeada para um canal que contenha um aparador de partículas, capaz de reter as partículas e deixar passar as soluções. Uma particularidade dessa técnica é a reutilização da fase sólida de forma mais simples e controlada para cada amostra a ser analisada.

20.3.2 Sistemas automatizados para extração líquido-líquido de analitos orgânicos

Uma das técnicas de preparo de amostras mais tradicionais para extração e pré-concentração de analitos orgânicos em amostras líquidas é a extração líquido-líquido (do inglês, *liquid-liquid extraction*, LLE). Esta técnica baseia-se na transferência do analito presente em uma fase líquida para outra fase líquida na qual o analito apresente maior solubilidade ou afinidade. A condição primordial para a realização da LLE é que as diferentes fases líquidas sejam imiscíveis. Os conceitos fundamentais envolvendo essa técnica são mostrados no Capítulo 4.

Na LLE em batelada, utiliza-se um funil de separação onde são colocados volumes definidos de amostra, geralmente aquosa, e de um solvente orgânico imiscível em água e que ofereça maior afinidade ao analito de interesse. A transferência do analito para a fase orgânica ocorre mediante a agitação das soluções envolvidas para que a área de contato entre as fases seja aumentada. Esta transferência é mediada por um equilíbrio de partição do analito entre as duas fases líquidas. Após um determinado período de contato, suficiente para que o equilíbrio seja virtualmente alcançado, o sistema é mantido sob repouso para permitir uma melhor separação física das fases. Este procedimento é particularmente importante para a coleta da fase orgânica contendo o analito mediante a abertura controlada da torneira do funil de separação.

Em situações nas quais a fase orgânica não é seletiva para a extração do analito, é possível adicionar um reagente químico de modo que haja interações mais específicas entre a fase orgânica e o analito.

Geralmente, os procedimentos realizados em batelada são morosos e demandam a participação do analista em todas as etapas da extração. Além disso, há um considerável aumento na geração de resíduos, e riscos de contaminação externa e de exposição humana e ambiental frente aos solventes utilizados. A automação da LLE em sistemas de análises em fluxo permite a redução nos volumes dos solventes utilizados e a realização da extração em tubos fechados. Dessa forma, os resultados podem ser produzidos de maneira robusta e precisa, gerando menos resíduos em um ambiente mais salutar.

O acoplamento da extração LLE em sistemas em fluxo deve garantir a transferência eficiente do analito entre as fases imiscíveis. Nesse sentido, além dos componentes mais comuns, os sistemas voltados à extração LLE devem incluir um segmentador de fases, uma bobina de extração e um separador de fases acoplados entre a injeção da amostra e o sistema de detecção.

A Figura 20.17 ilustra um sistema em fluxo contendo todos os componentes básicos para realização da LLE. Para a visualização da automação da extração de

* Fabricado pela empresa FIALab Inc.

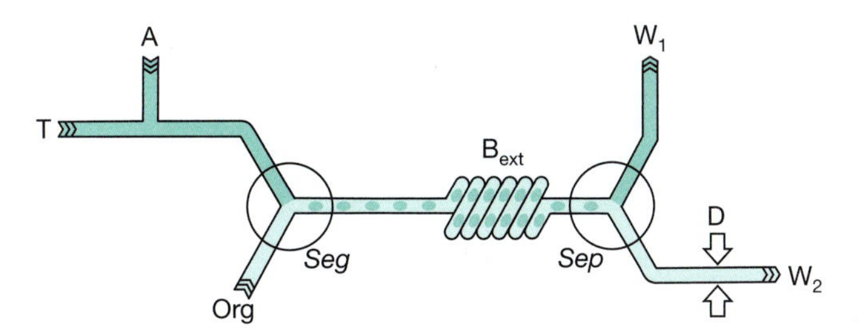

Figura 20.17 Diagrama do sistema de análises em fluxo para automação da LLE. A: amostra aquosa, T: solução transportadora, Org: solvente orgânico, *Seg*: segmentador de fases, B_{ext}: bobina de extração, *Sep*: separador de fases, D: detector, W_1: descarte.

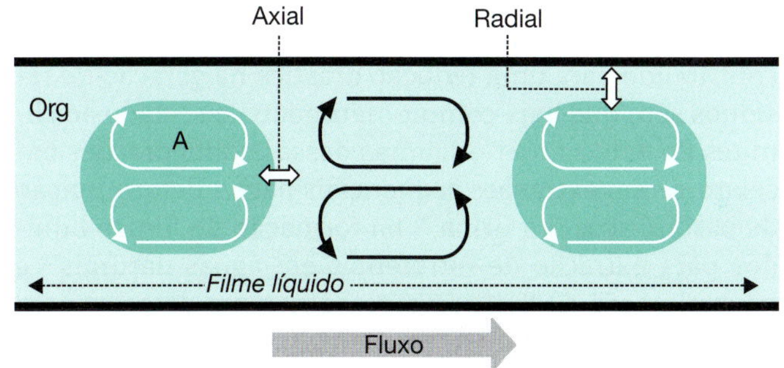

Figura 20.18 Processos de transferência do analito entre duas fases líquidas imiscíveis dentro do tubo da bobina de extração dos sistemas de análises em fluxo. A: amostra aquosa, Org: solvente orgânico.

um analito orgânico em uma amostra aquosa, vamos considerar a utilização de um solvente orgânico com densidade maior que a da amostra aquosa. Ao ser injetado, o volume definido da amostra é levado pelo fluxo transportador até o segmentador de fases que também recebe um fluxo de solvente orgânico. Nesse módulo, há formação de segmentos entre as fases aquosa e orgânica. Em seguida, os segmentos são conduzidos à bobina de extração que promoverá as condições necessárias ao processo de transferência do analito entre as fases. Por fim, os segmentos da fase aquosa, sem o analito, devem ser retirados do percurso por um separador de fases, para que apenas os segmentos da fase orgânica, contendo o analito, sejam levados até o sistema de detecção.

Na etapa de segmentação devem-se utilizar componentes que permitam a fluidez de ambas as fases e a formação de segmentos reprodutíveis.[27] Geralmente, as proporções volumétricas entre a amostra aquosa e o solvente orgânico são diferentes para cada aplicação, o que demanda um controle adequado da vazão do fluxo e do tipo do segmentador. O tipo mais usado tem sido o conector em "T", o qual permite que os fluxos confluam em um único canal, sendo a melhor configuração aquela na qual a entrada da fase orgânica é perpendicular ao fluxo principal. Válvulas rotatórias com alças de amostragem também podem ser usadas para gerar um segmento mais preciso mediante a injeção de volumes definidos.[27] A eficiência da extração está diretamente relacionada com a precisão do volume dos segmentos, pois pequenas variações na proporção entre a amostra aquosa e o solvente orgânico durante a extração podem promover um contato inadequado entre as fases diminuindo a eficiência da extração.

Dentro da bobina de extração ocorre a transferência do analito, influenciada pela vazão do fluxo transportador, pelo diâmetro interno do tubo, pelo formato da bobina e pelo volume dos segmentos.

Para o melhor entendimento do processo de transferência do analito entre as fases em movimento, considere que cada segmento da amostra aquosa encontra-se envolto pelo solvente orgânico, conforme ilustrado na Figura 20.18. Como os tubos de transmissão são geralmente confeccionados em politetrafluoretileno (PTFE), que possui características hidrofóbicas, há grande interação entre as moléculas do solvente orgânico com as paredes internas. Esta característica resulta na formação de um filme líquido de solvente orgânico entre os segmentos de água e a parede interna do tubo, levando à formação de bolsões de amostra aquosa. Por esse motivo, durante o movimento dos segmentos de amostra através da bobina de extração pode ocorrer transferência do analito tanto no sentido radial quanto no axial, predominando, nestes casos, interações segmento aquoso-filme líquido ou segmento aquoso-segmento orgânico, respectivamente.

A transferência do analito no sentido axial depende principalmente do tamanho do segmento aquoso, enquanto no sentido radial, há predominância de fenômenos de difusão.[27] As interações radiais são favorecidas com o formato da bobina de extração, sendo o formato helicoidal aquele que apresenta melhores resultados, pois favorece a força centrífuga. Já as interações axiais são favorecidas pelo tamanho do segmento, vazão do fluxo transportador e tempo de passagem pela bobina.

O separador de fases deve ser acoplado antes do sistema de detecção, a fim de promover a separação adequada das fases após a extração. Nesse sentido, algumas configurações foram desenvolvidas em função da diferença de densidade entre as fases. Nesses dispositivos, denominados câmaras gravitacionais, a fase aquosa de menor densidade se concentra na superfície, sendo removida por aspiração na parte superior. Na parte inferior, a fase orgânica mais densa é direcionada ao detector.[27] Outras configurações envolvendo módulos com membranas,[28] também vêm sendo empregadas e serão mostradas ao longo deste capítulo. Algumas estratégias de automação da LLE envolvem ainda sistemas sem segmentadores de fases e/ou separadores de fases. Essas configurações são bastante específicas, mas podem ser encontradas em várias publicações especializadas.[4,5,15,27,29]

A automação da LLE tem sido empregada como artifício para redução do consumo de solventes orgânicos com a consequente minimização dos resíduos gerados.[30] Desde o primeiro sistema com automação da LLE, desenvolvido para determinação de cafeína em amostras de medicamentos à base de ácido acetilsalicílico, a preocupação com a redução de solventes já era salientada.[31] Mais recentemente, a concepção de novas configurações, o desenvolvimento de programas de aquisição de dados e o uso de sistemas em fluxo computadorizados têm contribuído para uma redução drástica na geração de resíduos sem que haja comprometimento associado aos limites de detecção.[29,30] Algumas dessas configurações baseiam-se em extrações sequenciais para a determinação de barbitúricos em urina,[32] na formação de filmes líquidos para extração de nitrofenóis em águas naturais[33] e na exploração de fluxo reverso no sistema detector para extração de surfactantes em águas naturais.[34] De maneira geral, as abordagens da LLE têm se diferenciado principalmente em função das características operacionais de cada sistema, resultando em maior versatilidade quanto às aplicações para extração de analitos orgânicos.

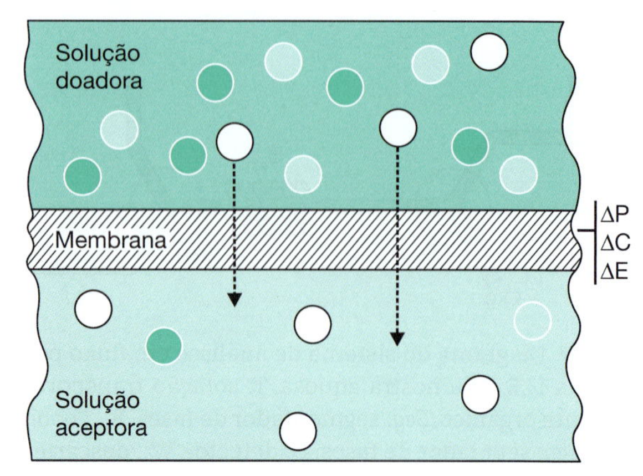

Figura 20.19 Ilustração para o processo geral de extração por membranas no qual os círculos brancos representam o analito. ΔP, ΔC e ΔE representam a existência de gradientes de pressão, concentração e potencial elétrico, respectivamente.

20.3.3 Sistemas automatizados para a extração e pré-concentração de analitos orgânicos através de membranas

A extração de analitos orgânicos presentes em matrizes complexas pode ser realizada de forma eficiente a partir de procedimentos baseados em membranas seletivas ou parcialmente seletivas. Nessa estratégia, ilustrada na Figura 20.19, a amostra líquida ou uma solução que contém a amostra, chamada de solução doadora, é separada fisicamente da solução que receberá o analito (solução aceptora) por uma membrana constituída usualmente por um filme fino de material polimérico. Gradientes de concentração, pressão ou potencial elétrico devem ser estabelecidos através da membrana para favorecer o transporte de massa de soluto (analito) da solução doadora para a solução aceptora. Durante esse processo, a membrana, dependendo de suas características físicas e químicas, limita ou mesmo impede a transferência de algumas substâncias interferentes e favorece passagem de outras, notadamente aquelas consideradas objetos da determinação. Assim, a membrana pode ser caracterizada como uma barreira seletiva para a extração.[35,37]

Em análises quantitativas, a automação deste procedimento é quase sempre requerida, uma vez que parâmetros importantes para a extração, como o volume de amostra submetido ao processo, o intervalo de tempo em que ocorre a transferência e a sua temperatura, são finamente controlados, levando a resultados mais precisos e exatos do que aqueles obtidos manualmente.[4,15,38,39]

Em sistemas de análise em fluxo, a extração por membranas é realizada a partir de módulos específicos que permitem que as soluções aceptoras e doadoras fluam paralelamente sobre superfícies opostas de uma membrana plana ou tubular. Como será visto, esses módulos podem também ser utilizados nos casos em que a amostra ou a fase aceptora se encontra na forma de um gás, possibilitando transferências de gás para gás, de gás para líquido ou de líquido para gás.

Para as membranas planas, são utilizados os módulos mostrados na Figura 20.20 nos quais dois blocos de materiais poliméricos ou metálicos são usinados para produzir pequenas ranhuras, com profundidades da or-

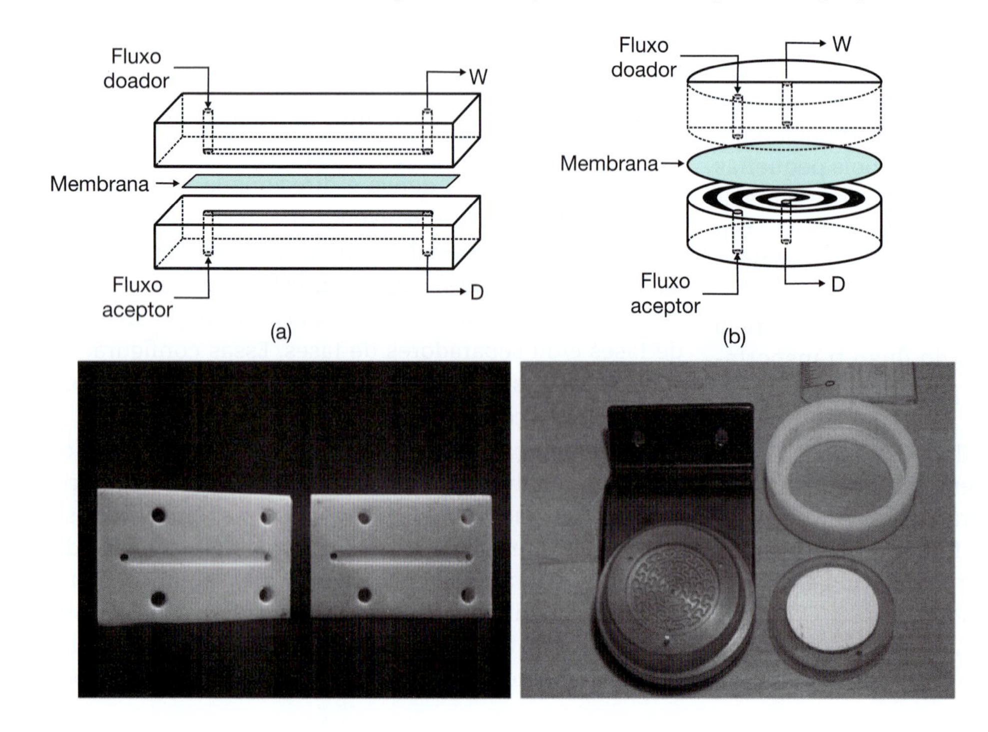

Figura 20.20 Módulos de extração por membrana (membranas planas) utilizados em sistemas de análise em fluxo. D: detector, W: descarte. Imagem à esquerda usada com permissão da Global FIA.

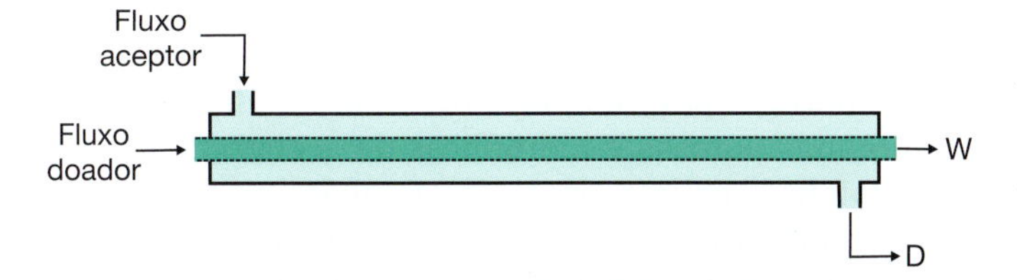

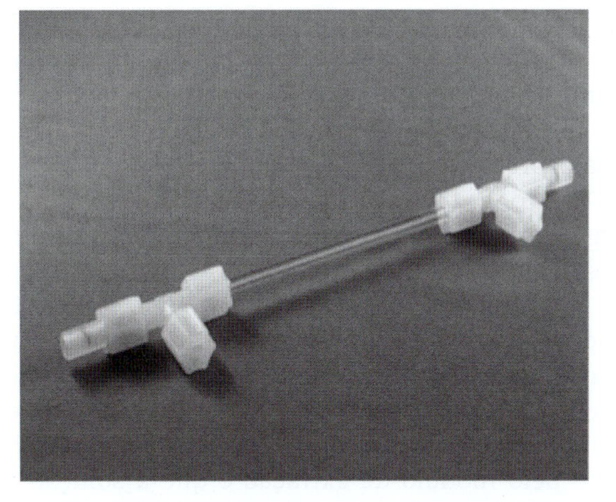

Figura 20.21 Módulo de extração por membrana tubular utilizado em sistemas de análise em fluxo. D: detector, W: descarte. Imagem usada com permissão da Global FIA.

dem de 0,5 mm, por onde fluem as soluções. A membrana é fixada entre os dois blocos, em uma configuração do tipo sanduíche, mantendo-se as ranhuras perfeitamente alinhadas e utilizando-se porcas e parafusos para a união firme dos blocos contra a membrana. Vale destacar também que, dependendo da aplicação, módulos com ranhuras retas (Figura 20.20a), ou em espiral (Figura 20.20b) podem ser utilizados para proporcionar menores ou maiores superfícies de contato da membrana com as soluções, respectivamente.

Módulos para membranas tubulares costumam seguir a geometria ilustrada na Figura 20.21, na qual a membrana é fixada de forma concêntrica a um tubo de metal, plástico ou vidro, permitindo que uma das soluções (doadora ou aceptora) flua pelo interior da membrana, enquanto a outra é impulsionada externamente à membrana.

Embora existam alternativas comerciais para os módulos ilustrados nas Figuras 20.20 e 20.21, uma opção quase sempre escolhida pelos usuários de sistemas em fluxo é projetar e construir o módulo desejado com materiais como o politetrafluoretileno (PTFE, Teflon®), o polimetilmetacrilato (PMMA, Plexiglas®), as poliamidas (Nylon®) e o alumínio, utilizando serviços especializados de tornearia e/ou usinagem mecânica. Uma vez que a geometria do módulo de extração mantém uma relação direta com a eficiência do processo, o sucesso da extração por membrana passa pela aquisição de um módulo adequado às necessidades do analista.

A implementação do módulo de extração ao sistema em fluxo poderá ser realizada de diferentes maneiras, conforme ilustrado na Figura 20.22, as quais deverão considerar, entre outros aspectos, a quantidade de amostra disponível e o nível de concentração do analito na amostra. Na Figura 20.22a, um volume conhecido da amostra líquida (ou sua solução) é injetado em um fluxo transportador que o conduzirá até o módulo de extração. Nesse procedimento, o fluxo transportador pode ser constituído de uma solução reagente que irá favorecer a extração. Em outra configuração possível, este reagente auxiliar pode ser adicionado, através de uma confluência, à solução transportadora. Em ambos os casos, deve-se observar que a amostra sofrerá uma diluição considerável durante o percurso até o módulo de extração, de modo que tal procedimento não é recomendado para amostras contendo baixa concentração do analito.

Para amostras pouco concentradas, a configuração ilustrada na Figura 20.22b se torna mais adequada, pois minimiza ou mesmo elimina a diluição da amostra no sistema. Como pode ser observado, isto é possível, pois a amostra é bombeada continuamente como um fluxo único — ou confluindo com um reagente auxiliar — até o módulo de extração. Nesse caso, o volume de amostra que flui através do módulo de extração é determinado considerando-se a vazão de bombeamento e o tempo total pelo qual a amostra é bombeada.

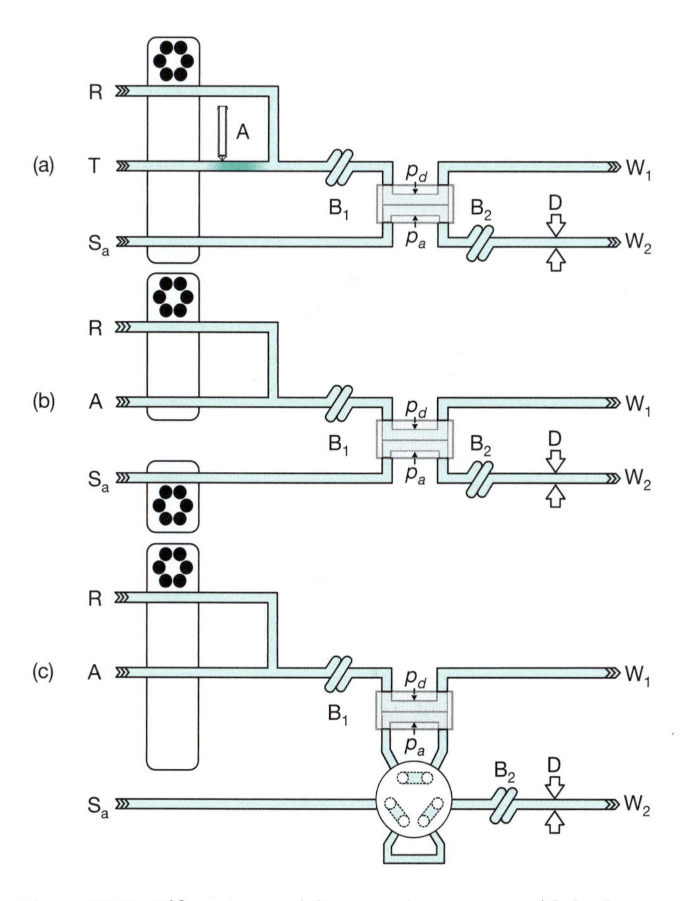

Figura 20.22 Diferentes posicionamentos para o módulo de extração por membranas em sistemas de análises em fluxo. Com injeção de volume definido da amostra em fluxo carregador (a), com bombeamento contínuo da amostra (b) e com porção aceptora do módulo conectada diretamente ao injetor (c). A: amostra, T: solução transportadora, R: solução reagente, S_a: solução aceptora, B_1: bobinas reacionais, p_a: porção aceptora do módulo de extração, p_d: porção doadora do módulo de extração, D: detector, W_1: descarte.

Entretanto, deve-se salientar que, embora esta estratégia garanta que uma maior quantidade de analito seja transferida para a solução aceptora, um volume considerável de amostra deve estar disponível para o procedimento, o que nem sempre é possível. Nestas situações, pode-se utilizar ainda a configuração mostrada na Figura 20.22b, interrompendo-se o fluxo aceptor (*stopped flow*) e mantendo a da recirculação de um volume finito da amostra na linha de fluxo da solução doadora.

Uma terceira alternativa para a implementação do módulo de extração nos sistemas em fluxo consiste na interligação do sistema de injeção diretamente à porção aceptora do módulo (Figura 20.22c). Nessa conformação, um volume fixo do extrato pré-concentrado é injetado em uma linha de fluxo que permitirá a sua posterior derivatização e/ou detecção. Deve-se destacar que este tipo de configuração pode também ser utilizado combinando-se o sistema em fluxo para o preparo da amostra (módulo com membrana) com o sistema de injeção de um cromatógrafo que realizará a separação dos componentes recém-extraídos, permitindo sua posterior detecção.

Configurações alternativas às mostradas na Figura 20.22 podem também ser realizadas levando-se em consideração outros objetivos. Um exemplo é a integração de um sistema de detecção fotométrico diretamente à porção aceptora do módulo de extração, o qual possibilita o monitoramento, em tempo real, da transferência do analito através da membrana, permitindo uma avaliação cinética do processo. Desse modo, é possível observar a velocidade com que o analito é transferido sob determinadas condições experimentais e/ou quando a transferência atinge um estado estacionário com concentração constante do analito na solução aceptora.

Devido à sua inerente versatilidade, sistemas de análise em fluxo são utilizados para a implementação de diferentes estratégias de extração por membranas, como a diálise, difusão gasosa, extração com membrana líquida, pervaporação, entre outras. A escolha do procedimento mais adequado às necessidades do analista deve considerar as características físicas e químicas do analito como sua volatilidade, propriedades ácido/base e tamanho das moléculas, além das características da própria membrana que incluem a composição do material de fabricação, a porosidade, a hidrofobicidade e as resistências física e química. A seguir, algumas dessas estratégias de extração serão apresentadas e discutidas em termos da sua capacidade em isolar o analito de interesse (seletividade) e da sua eficiência no processo de transferência do analito entre as fases doadora e aceptora.

20.3.3.1 Diálise

No Capítulo 6 foi discutido o uso da diálise como ferramenta para o pré-tratamento de amostras visando à determinação de substâncias orgânicas. Nesta seção, apenas algumas considerações adicionais serão realizadas, com o objetivo de discutir o seu uso em sistemas em fluxo.

Uma constatação inicial é que a diálise passiva, aquela que envolve apenas o gradiente de concentração do analito através da membrana, tem sido quase que exclusivamente utilizada em sistemas em fluxo, comparando-se aos outros tipos de diálise (Donnan ou eletrodiálise). Membranas porosas e hidrofílicas de acetato de celulose, celofane e policarbonato são também preferidas em detrimento às membranas densas e homogêneas (sem poros), embora a seletividade destas últimas membranas seja marcadamente maior. As principais justificativas para essas observações estão na maior simplicidade do sistema empregando diálise passiva e na maior velocidade de transferência de massa conseguida com as membranas porosas.

De fato, a diálise pode ser considerada uma estratégia de extração lenta em que a transferência de uma massa considerável do analito para a solução aceptora só é atingida após um longo intervalo de tempo. Desse modo, a sua utilização em sistemas com fluxos contínuos da amostra e da solução aceptora, tal qual o mostrado na Figura 20.22a, pode não ser suficientemente adequada, uma vez que a solução da amostra passaria rapidamente pelo módulo de extração e que a solução aceptora, também em fluxo contínuo, causaria uma elevada diluição do analito recém-extraído. Para contornar esses problemas, é possível fazer uso de um fluxo lento da solução doadora e/ou a parada de fluxo da solução aceptora (*stopped flow*) utilizando-se a configuração ilustrada na Figura 20.22b. Com isso, além da transferência de uma massa considerável do analito para a fase aceptora, é possível também promover a pré-concentração do mesmo na solução aceptora.

Apesar da notável melhora na eficiência da extração, obtida com a parada do fluxo da solução aceptora, é importante observar que a pré-concentração do analito nem sempre é possível quando se utiliza apenas este procedimento. Sabe-se que o aumento da concentração de espécies químicas na interface membrana/solução aceptora pode ultrapassar um valor limite, o que causaria até mesmo o retorno do analito para a fase doadora, dificultando sua pré-concentração. Para evitar esse problema, pode-se empregar ainda a recirculação de um volume finito da solução aceptora, o que proporcionará uma melhor homogeneização do meio, restabelecendo o gradiente de concentração necessário para a transferência de massa da solução doadora para a aceptora, aumentado assim as chances de pré-concentração do analito.

Devido à sua baixa seletividade, a extração por diálise com posterior detecção em linha de analitos orgânicos é pouco utilizada em sistemas de análise em fluxo. Na realidade, módulos de extração para a diálise em fluxo podem ser acoplados a sistemas cromatográficos que realizam a separação dos componentes recém-extraídos e a sua posterior detecção. Estudos mostram que esse tipo de acoplamento permite a análise de amostras ambientais, biológicas e alimentícias, uma vez que as substâncias húmicas, as partículas suspensas e o material celular presente nestas amostras são completamente eliminados com a diálise, evitando o entupimento e/ou a perda de eficiência da coluna cromatográfica. Exemplos de aplicação desta estratégia englobam a determinação de antibióticos e outros medicamentos em plasma sanguíneo,[40-42] açúcares e ácidos orgânicos em alimentos[43,44] e herbicidas em águas.[45]

Sistemas de análise em fluxo têm sido também empregados para a realização da chamada microdiálise, na qual uma pequena sonda, como a ilustrada na Figura 20.23, é utilizada na diálise *in situ* e em modo estático, no qual a amostra ou solução da amostra permanece estagnada durante todo o procedimento. Esse tipo de estratégia é normalmente utilizado para o monitoramento da concentração das espécies químicas em fluidos biológicos (usualmente do cérebro) de animais vivos e, menos comumente, para o monitoramento de analitos ou propriedades de interesse ambiental. A pequena sonda, com alguns milímetros de comprimento e menos que 0,5 mm de diâmetro, é constituída de uma membrana tubular, que apresenta uma de suas extremidades fechadas, e de um tubo capilar (usualmente de sílica fundida), o qual é posicionado concentricamente no interior da membrana e por onde flui a solução aceptora.

Esta sonda é inserida no local desejado, por exemplo, no tecido biológico, com o auxílio de um aplicador e a solução aceptora circula a região interna da membrana, a qual está em contato direto com a amostra através da sua superfície externa. Normalmente, a solução aceptora (interna) apresenta uma composição eletrolítica similar a da amostra líquida (externa) de forma a mimetizar as condições naturais do sistema, permitindo assim uma avaliação mais realista do mesmo.

Assim como nos outros módulos de extração, a sonda pode ser conectada a um sistema de detecção em linha ou, alternativamente, o fluido aceptor pode ser recolhido e submetido a uma análise posterior. O acoplamento com equipamentos de cromatografia liquida e eletroforese é também utilizado e aplicado para a determinação de muitas substâncias de interesse farmacêutico e biomédico *in vivo*.[46-48]

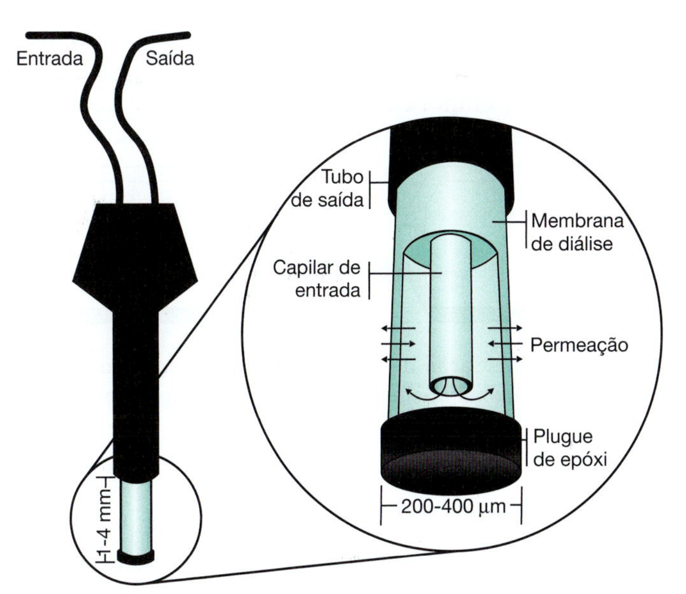

Figura 20.23 Esquema de uma sonda utilizada para microdiálise.

20.3.3.2 Difusão gasosa

Como o próprio nome sugere, este procedimento é utilizado para a extração de gases dissolvidos, analitos voláteis ou substâncias não voláteis que possam ser transformadas em espécies gasosas ou voláteis à temperatura ambiente. Aminas de cadeia curta, derivados fenólicos e analitos orgânicos voláteis (isto é, clorofórmio, hexano e metanol) são exemplos de substâncias orgânicas que podem ser extraídas de suas respectivas matrizes por meio dessa estratégia.[49,50]

Em uma extração por difusão gasosa, uma membrana fabricada com material hidrofóbico e microporoso, como o PTFE ou o polipropileno, é usualmente empregada como barreira seletiva entre as soluções doadora e aceptora, geralmente aquosas. Conforme ilustrado na Figura 20.24, essas características levam ao aprisionamento de ar nos poros da membrana, evitando o contato direto das soluções doadora e aceptora pela formação do que se pode chamar de membrana gasosa. Como resultado, apenas substâncias em sua forma de vapor são capazes de permear a membrana e serem recolhidas no fluxo aceptor, eliminando potenciais interferentes não voláteis e evitando o entupimento da membrana por moléculas de elevada massa molar. Além disso, o ar aprisionado também evita o contato direto da membrana com solventes, ácidos ou outras substâncias que poderiam danificá-la, aumentando assim a sua vida útil.

A difusão gasosa pode ser considerada uma estratégia de extração de elevada seletividade, uma vez que o número de substâncias que apresentam pressões de vapor apreciáveis à temperatura ambiente é bastante reduzido. Outro aspecto que contribui para a elevada seletividade da difusão gasosa relaciona-se com o tamanho dos poros da membrana que, eventualmente, podem selecionar moléculas gasosas em função do seu tamanho. Adicionalmente, o processo é controlado cineticamente, o que significa que cada substância volátil irá apresentar diferentes velocidades de transferência de massa através da membrana, contribuindo ainda mais para a seletividade do processo. De fato, para algumas aplicações, detectores de baixa seletividade, como condutivímetros, podem ser integrados aos sistemas em fluxo para realizar a quantificação do analito sem que seja necessária uma separação dos componentes do extrato por procedimentos cromatográficos.

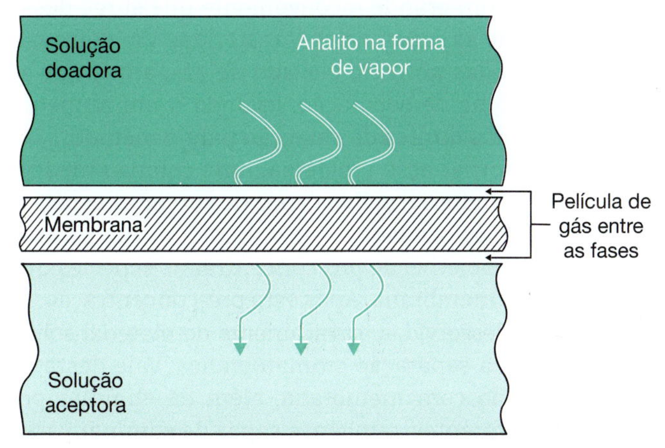

Figura 20.24 Ilustração do mecanismo de extração realizada por difusão gasosa através de membrana hidrofóbica e porosa.

Por proporcionarem seletividades ainda maiores, membranas hidrofóbicas e não porosas, como as de polidimetilsiloxano (PDMS), também são utilizadas em sistemas de análise em fluxo com módulos de difusão gasosa. Assim como no caso das membranas porosas, películas de ar se formam em suas superfícies. Porém, devido à ausência de poros, o analito será solubilizado no material sólido da membrana (partição gás-sólido) para, em seguida, se difundir através desse material antes de ser, finalmente, transferido para a porção aceptora do módulo (partição sólido-gás). Devido a esse mecanismo relativamente mais complexo, a seletividade do processo é aumentada de forma significativa, pois as solubilidades dos gases da amostra no material da membrana e os seus respectivos coeficientes de difusão através do filme serão bastante diferentes.

Apesar desta excelente característica, uma grande desvantagem do uso de membranas não porosas relaciona-se com uma menor velocidade de transferência do analito, o que impõe certas restrições ao seu uso em sistemas de fluxo contínuo, tornando as membranas porosas ainda mais atrativas para a automação do processo.

A difusão gasosa também pode ser utilizada para a extração de analitos presentes em uma mistura gasosa como o ar atmosférico. Nesse caso, a solução doadora é a própria amostra gasosa que deve ser continuamente impulsionada para o módulo de extração e a fase aceptora pode ser constituída por um líquido (partição gás-líquido) ou por um gás inerte (partição gás-gás). Como todas as espécies presentes na amostra se encontram em sua forma gasosa, o uso de membranas porosas não permitirá uma extração seletiva do analito, eliminando apenas os materiais particulados suspensos na amostra. Por esse motivo, membranas não porosas devem ser utilizadas, nestas aplicações específicas, embora a transferência do analito ocorra, conforme mencionado, sob velocidades menores.

Quando um fluxo de gás inerte é utilizado na porção aceptora do módulo de extração (partição gás-gás), surge a possibilidade de acoplamento do sistema de extração por membrana a um cromatógrafo a gás, o qual permitirá a separação dos componentes recém-extraídos da amostra e a sua determinação de forma praticamente direta. Apesar disso, um grande inconveniente que surge dessa proposta é que as substâncias transferidas são demasiadamente diluídas no fluxo elevado de gás, antes que se alcance a coluna de separação, levando a um aumento significativo dos limites de detecção para o método.

Para contornar esse problema, uma coluna empacotada com um material sólido capaz de sorver as espécies de interesse é colocada logo após do módulo de difusão gasosa com o objetivo de pré-concentrar as espécies que permearam a membrana. Após esta pré-concentração, as espécies são dessorvidas termicamente do material sólido e submetidas à separação cromatográfica. Vale destacar que a extração com membrana, além de eliminar potenciais interferentes, também é capaz de eliminar vapores de água presente na amostra, indesejáveis nas análises por cromatografia a gás.

Se a porção aceptora do módulo de extração for operada com um fluxo de líquido (partição gás-líquido), haverá a possibilidade de realizar a determinação do analito em linha, a partir de operações de derivatização e detecção da espécie no próprio sistema de análises em fluxo.

20.3.3.3 Pervaporação

A pervaporação é uma estratégia de extração que envolve o aquecimento de uma amostra líquida e a difusão gasosa de seus analitos voláteis por uma membrana hidrofóbica até a fase aceptora, usualmente gasosa. Conforme ilustrado na Figura 20.25, o módulo para a extração por pervaporação apresenta uma configuração específica, permitindo que a solução doadora esteja separada da membrana por uma pequena camada de ar (*gap*), constituindo o chamado *headspace*. O processo de extração tem sua eficiência controlada pelo volume do *headspace*, definido pelo desenho da célula, assim como pela temperatura e a agitação da solução doadora, a qual pode ser efetuada com o uso de um pequeno agitador magnético inserido na própria câmara em que flui esta solução.

As vantagens no uso da pervaporação em comparação às extrações convencionais com *headspace* estão relacionadas com a obtenção de uma fina camada de ar para a extração, o que permite um aumento da velocidade no qual o processo atinge o equilíbrio e a eliminação contínua das espécies recém-permeadas, por ação do fluxo aceptor, que desloca o equilíbrio no sentido de um maior transporte de massa através da membrana, aumentando a eficiência de extração.

Além dessas vantagens, o módulo de pervaporação pode ser acoplado ao sistema de injeção de um cromatógrafo a gás sem que haja a necessidade de condensadores ou pré-colunas para eliminação de vapor de água. De fato, a característica hidrofóbica da membrana de extração impede que vapores de água atinjam porção aceptora do módulo, livrando o gás de arraste da umidade.

Exemplos de aplicação da pervaporação incluem a determinação de fenol em águas,[51] determinação de etanol,[52] metanol e acetato de etila em vinhos e determinação do teor de etanol em bebidas alcoólicas.[53]

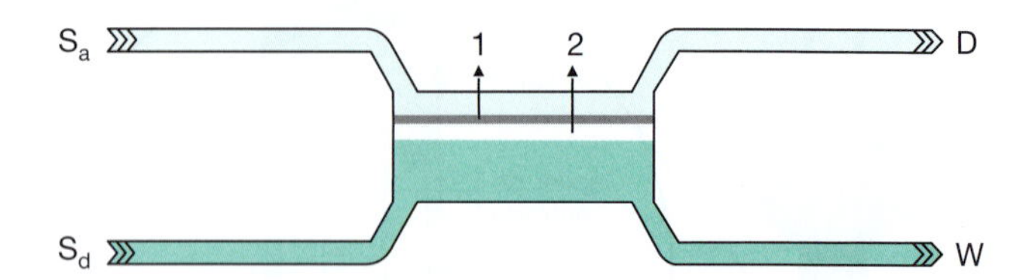

Figura 20.25 Ilustração de um módulo de extração por pervaporação em fluxo. S_a: Solução aceptora, S_d: Solução doadora, 1: membrana, 2: *headspace*.

20.3.3.4 Extração com membranas líquidas

Nesta estratégia, os poros de um filme polimérico e hidrofóbico (politetrafluoretileno ou polipropileno) são preenchidos, por capilaridade, com líquidos orgânicos como o *n*-undecano, éter diexílico ou tri-octilfosfato pela simples imersão dos filmes nestes líquidos.[54,55] Este procedimento resulta nas chamadas "membranas líquidas", as quais são utilizadas para a extração de substâncias orgânicas presentes sob níveis traço em águas em um processo conhecido como extração por membranas com suporte líquido ou, do inglês, *supported liquid membrane extraction* (SLME). Na Figura 20.26 é mostrada uma membrana líquida incorporada a um módulo de extração por membranas.

Em sistemas de análise em fluxo, a solução aquosa doadora, que contém o analito, flui continuamente por meio de uma das faces dessa membrana, enquanto a solução aquosa aceptora, livre de interferentes, é mantida estática para proporcionar a pré-concentração do analito recém-extraído. Após a extração, a fase aceptora pode ser recolhida para a determinação em batelada ou então mantida no sistema em fluxo para a sua derivatização e/ou detecção em linha.

É importante notar que a extração do analito de uma fase aquosa para a outra envolve duas extrações líquido-líquido, da solução doadora para a membrana líquida e da membrana líquida para a solução aceptora, e uma diálise, gradiente de concentração na própria fase orgânica líquida com exclusão por tamanho pelos poros da membrana, o que contribui grandemente para a sua seletividade.

Observa-se também que aplicações desse procedimento de extração são mais usuais para substâncias orgânicas com propriedades ácido/base. Nesses casos, o controle do pH das soluções doadora e aceptora permite que o processo de transferência ocorra exclusivamente em uma direção, ou seja, da solução doadora para a solução aceptora, proporcionando uma elevada eficiência para a extração. Conforme exemplificado na Figura 20.26, a extração de um analito com propriedades ácidas é realizada mantendo-se o pH da solução doadora suficientemente ácido, o que mantém os ácidos orgânicos em sua forma não ionizada e neutra (sem cargas) e as bases orgânicas protonadas e carregadas. Os ácidos não ionizados são então transferidos para a fase orgânica, devido a sua maior solubilidade na membrana líquida. Em seguida, a transferência dos ácidos da fase orgânica para a fase aceptora é favorecida pelo ajuste do pH dessa solução, o qual deve ser suficientemente básico para provocar a desprotonação do ácido e impedir o seu retorno para a fase doadora.

A principal vantagem dessa abordagem em comparação às outras descritas até aqui se relaciona à menor quantidade de solvente, o que pode levar a uma redução drástica dos custos dos procedimentos e da geração de resíduos. Apesar disso, a extração com membranas líquidas é limitada apenas a substâncias orgânicas ionizáveis em solução aquosa.

A determinação de fenóis clorados[56] e triazina[57] em águas naturais, ácidos graxos de cadeia curta em soro[58] e resíduos de pesticidas em vegetais[59] são exemplos de aplicação deste tipo de extração para a determinação de analitos orgânicos.

20.3.3.5 *Extração líquido-líquido com membrana microporosa*

Outra alternativa para a extração líquido-líquido em sistemas de análise em fluxo consiste no uso de uma membrana microporosa e inerte separando fisicamente o fluxo de uma solução doadora aquosa do fluxo da solução aceptora orgânica. Nessa estratégia, uma das fases líquidas é parcialmente imobilizada nos poros da membrana ao mesmo tempo em que flui paralelamente à fase de polaridade oposta. Desse modo, a partição de compostos apolares da fase aquosa para a fase orgânica ocorre apenas nas pequenas regiões de contato entre os dois líquidos, delimitadas pelos poros da membrana (Figura 20.27).

Este tipo de extração é recomendado para analitos altamente hidrofóbicos presentes em amostras aquosas, todavia a sua utilização, em conjunto com sistemas de cromatografia gasosa, surge como método alternativo para análise direta destas substâncias. Uma vantagem deste procedimento em relação à extração com membranas líquidas está na possibilidade de acoplamento com cromatógrafos a gás devido a ausência de água nos ex-

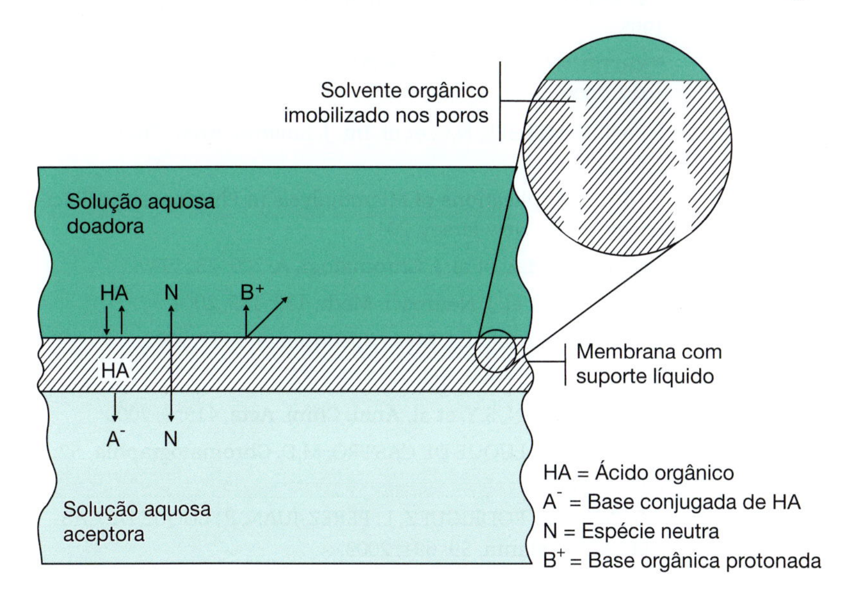

Figura 20.26 Ilustração de uma membrana líquida composta por um líquido orgânico imobilizado nos poros de um suporte polimérico hidrofóbico e mecanismo para a extração de ácidos orgânicos de uma fase doadora ácida para a fase aceptora básica.

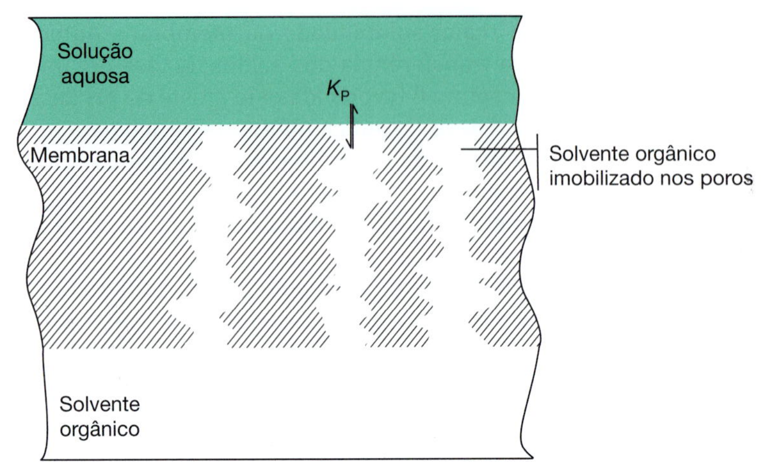

Figura 20.27 Ilustração do procedimento de extração líquido-líquido com membrana microporosa.

tratos. Exemplos de aplicação dessa estratégia de extração incluem a determinação de bifenilas policloradas,[60] compostos organoestânicos[61] e compostos dinitrofenólicos[62] em água.

Referências bibliográficas

[1] RUZICKA, J.; HANSEN, E.H. **Flow injection analysis**. John Wiley & Sons, 1988.

[2] KARLBERG, B.; PACEY, G.E. **Flow injection analysis: a practical guide**. Elsevier Science, 1989.

[3] TROJANOWIC, M. **Flow injection analysis: instrumentation and applications**. World Scientific Pub Co. 2000.

[4] KOLEV, S.D.; MCKELVIE, I.D. **Advances in flow injection analysis and related techniques**. Volume 54 (Comprehensive Analytical Chemistry). Elsevier Science, 2008.

[5] ZAGATTO, E.A.G. et al. **Flow analysis with spectrophotometric and luminometric detection**. Elsevier, 2012.

[6] SKEGGS JUNIOR, L.T. **Am. J. Clin. Pathol**. 28: 311, 1957.

[7] SKEGGS JUNIOR, L.T. **Clin. Chem**. 46: 1425, 2000.

[8] RUZICKA, J.; HANSEN, E.H. **Anal. Chim. Acta**, 78: 145, 1975.

[9] BERGAMIN FILHO, H. et al. **Anal. Chim. Acta**, 101: 9, 1978.

[10] REIS, B.F. et al. **Anal. Chim. Acta**, 293: 129, 1994.

[11] CERDÀ, V. et al. **Talanta**, 50: 695, 1999.

[12] RUZICKA, J.; MARSHALL, G.D. **Anal. Chim. Acta**, 237: 329, 1990.

[13] LAPA, R.A.S. et al. **Anal. Chim. Acta**, 466: 125, 2002.

[14] THEODORIDIS, G.A.; ZACHARIS, C.K.; VOULGAROPOULOS, A.N. **J. Biochem. Biophys. Methods**, 70: 243, 2007.

[15] ZAGATTO, E.A.G.; DIAS, A.C.B. In-line sample preparation in flow analysis. In: ARRUDA, M.A.Z. (Editor) **Trends in sample preparation**. Cap. VII. Nova Publisher, 2007.

[16] RIBEIRO, M.F.T. et al. **Anal. Bioanal. Chem**. 384: 1019, 2006.

[17] SONG, W.; ZHI, Z.; WANG, L. **Talanta**, 44: 1423, 1997.

[18] MARTÍNEZ-BARRACHINA, S. et al. **Anal. Chem**. 71: 3684, 1999.

[19] QU, J. et al. **Analyst**, 137: 1824, 2012.

[20] EL-SHAHAT, M.F.; BURHAM, N.; AZEEM, S.M.A. **J. Hazard. Mater**. 177: 1054, 2010.

[21] WANG, C.C.; SOMBRA, L.; FERNÁNDEZ, L. **Talanta**, 98: 247, 2012.

[22] FLETCHER, P.J. et al. **Anal. Chem**. 75: 2618, 2003.

[23] HUCLOVÁ, J. et al. **Anal. Bioanal. Chem**. 376: 448, 2003.

[24] BALAGUER, A.; CHISVERT, A.; SALVADOR, A. **J. Pharm. Biomed. Anal**. 40: 922, 2006.

[25] THEODORIDIS, G. et al. **J. Chromatogr. A**, 1030: 69, 2004.

[26] RUZICKA, J. **Analyst**, 125: 1053, 2000.

[27] FACCHIN, I., PASQUINI, C. **Quim. Nova**, 21: 60, 1998.

[28] GALLIGNANI, M. et al. **Talanta**, 68: 470, 2005.

[29] SILVESTRE, C.I.C. et al. **Anal. Chim. Acta**, 652: 54, 2009.

[30] MELCHERT, W.R.; REIS, B.F.; ROCHA, F.R.P. **Anal. Chim. Acta**, 714: 8, 2012.

[31] KARLBERG, B.; THELANDER, S. **Anal. Chim. Acta**, 98: l, 1978.

[32] PETERSON, K.L. et al. **Anal. Chim. Acta**, 337: 99, 1997.

[33] MIRÓ, M. et al. **Anal. Chim. Acta**, 438: 103, 2001.

[34] CAIIETE, F. et al. **Anal. Chem**. 60: 2354, 1988.

[35] HABERT, A.C.; BORGES, C.P.; NOBREGA, R. **Processos de separação por membranas**. E-Papers: Rio de Janeiro, 2006.

[36] JONSSON, J.A.; MATHIASSON, L. **J. Sep. Sci**. 24: 495, 2001.

[37] MOSKVIN, L.N.; NIKITINA, T.G. **J. Anal. Chem**. 59: 2, 2004.

[38] MIRO, M.; FRENZEL, W. **Trends Anal. Chem**. 23: 624, 2004.

[39] VAN DE MERBEL, N.C. **J. Chromatogr. A**, 856: 55, 1999.

[40] SNIPPE, N. et al. **J. Chromatogr. B**, 662: 61, 1994.

[41] JOHANSEN, K. et al. **J. Chromatogr. B**, 669: 281, 1995.

[42] HERRÁEZ-HERNÁNDEZ, R.; VAN DE MERBEL, N.C.; BRINKMAN, U.A.T. **J. Chromatogr. B**, 666: 1077, 1995.

[43] VÉRETTE, E.; QIAN, F.; MANGANI, F. **J. Chromatogr. A**, 705: 195, 1995.

[44] KRITSUNANKUL, O.; PRAMOTE, B.; JAKMUNEE, J. **Talanta**, 79: 1042, 2009.

[45] VAN DE MERBEL, N.C. et al. **Int. J. Environ. Anal. Chem**. 54: 105, 1994.

[46] TSAI. T. **Applications of Microdialysis in Pharmaceutical Sciences**. Wiley. New Jersey, 2011.

[47] MALONE, M.A. et al. **J. Chromatogr. A**, 700: 73, 1995.

[48] SHOU, M. et al. **J. Neurosci. Meth**. 138: 189, 2004.

[49] KETOLA, R.A. et al. **J. Mass Spectrom**. 37: 457, 2002.

[50] LIDA, Y. et al. **Anal. Sci**. 22: 173, 2006.

[51] SHEIKHELDIN, S.Y. et al. **Anal. Chim. Acta**, 419: 9, 2000.

[52] MATAIX, E.; LUQUE DE CASTRO, M.D. **Chromatographia**, 52: 205, 2000.

[53] GONZÁLEZ-RODRIGUEZ, J.; PÉREZ-JUAN, P.; LUQUE DE CASTRO, M.D. **Talanta**, 59: 691, 2003.

[54] CHIMUKA, L.; CUKROVSKA, E.; JONSSON, J.A. **Pure Appl. Chem.** 76: 707, 2004.

[55] JONSSON, J.A.; MATHIASSON, L. **Trends Anal. Chem.** 18: 318, 1999.

[56] KNUTSSON, M.; MATHIASSON, L.; JONSSON, J.A. **Chromatographia**, 42: 65, 1996.

[57] MEGERSA, N. et al. **J. Sep. Sci.** 24: 567, 2001.

[58] ROMERO-GONZÁLEZ, R. et al. **Rapid Commun. Mass Spectrom.** 20: 2701, 2006.

[59] ZHAO, G. et al. **J. Chromatogr.** B, 846: 202, 2007.

[60] BARRI, T. et al. **Anal. Chem.** 76: 1928, 2004.

[61] NDUNGU, K.; MATHIASSON, L. **Anal. Chim. Acta**, 404: 319, 2000.

[62] BARTOLOMÉ, L. et al. **J. Sep. Sci.** 30: 2144, 2007.

21 Microextração em fase sólida no capilar acoplada à cromatografia líquida (*in-tube* SPME-LC)

Maria Eugênia Costa Queiroz

21.1 Introdução[1-4]

A microextração em fase sólida (*solid phase micro extration*, SPME) foi introduzida por Arthur e Pawlizyn em 1990. Nessa microtécnica (escala miniaturizada) de preparo de amostra, o volume da fase extratora (estacionária) é bem menor (algumas ordens de magnitude) que o volume da amostra. Em alguns procedimentos de extração, apenas uma pequena fração do soluto presente na amostra é extraída. A extração é baseada no equilíbrio de partição do soluto entre a fase aquosa (amostra) e a fase estacionária, não é um processo exaustivo, ou seja, quando o equilíbrio de sorção do soluto entre as fases é atingido, o aumento no tempo de extração não resulta no acréscimo de soluto extraído. Quanto maior o coeficiente de partição do soluto com a fase extratora, maior será a quantidade de soluto extraído.

A extração e pré-concentração do soluto ocorrem em uma fina camada de fase extratora (7 a 100 µm de espessura) que reveste a superfície externa de uma fibra de sílica fundida ou de um fio de ligas metálicas superelásticas (10 mm ou 20 mm de comprimento e 110 a 160 µm de diâmetro). A Figura 21.1a ilustra a agulha de aço inox com a fibra de sílica fundida revestida com fase extratora, a qual é rosqueada junto ao dispositivo comercial de SPME (Figura 21.1b).

A extração é realizada pela exposição da fibra diretamente na amostra (modo direto), ou em sua fase gasosa (modo *headspace*). Para a dessorção térmica de solutos voláteis ou semivoláteis, nas análises realizadas por cromatografia gasosa (SPME-CG), a agulha do dispositivo SPME (fibra retraída) é inserida no septo do injetor (aquecido adequadamente) e a fibra exposta no *liner* (Figura 21.2a). Já para a dessorção dos solutos não voláteis ou termolábeis, nas análises por cromatografia líquida de alta eficiência (*solid phase micro extration-liquid chromatography*, SPME-LC), uma interface SPME-LC apropriada, em forma de um T (Figura 21.2b) é utilizada, onde a fibra é inserida na extremidade superior e as demais extremidades, lateral e inferior são conectadas à válvula de seis pórticos do LC.

A dessorção dos solutos em fase líquida (SPME-LC) poderá ser realizada no modo dinâmico, com a fase móvel, ou modo estático. Nesse último modo, a fibra, anterior à eluição dos solutos para a coluna cromatográfica permanece na câmara da interface, em contato com determinado volume de fase móvel ou de solvente orgânico, durante um intervalo de tempo, para dessorção em fase líquida dos solutos.

As análises realizadas por SPME-LC apresentam algumas limitações, tais como dificuldades no acoplamento da interface/LC, extração *off-line*, baixa capacidade de sorção, número limitado de fases extratoras adequadas às análises de solutos polares e baixa estabilidade destas fases, quando expostas a solventes orgânicos ou fase móvel.

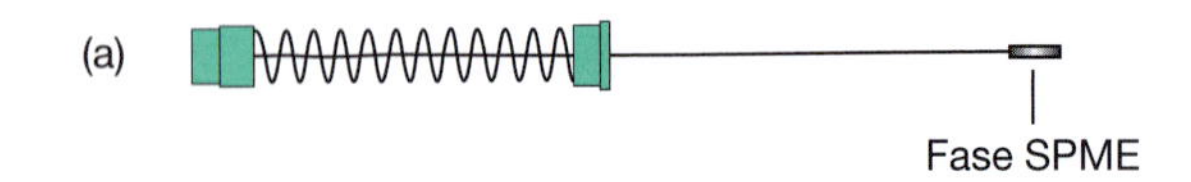

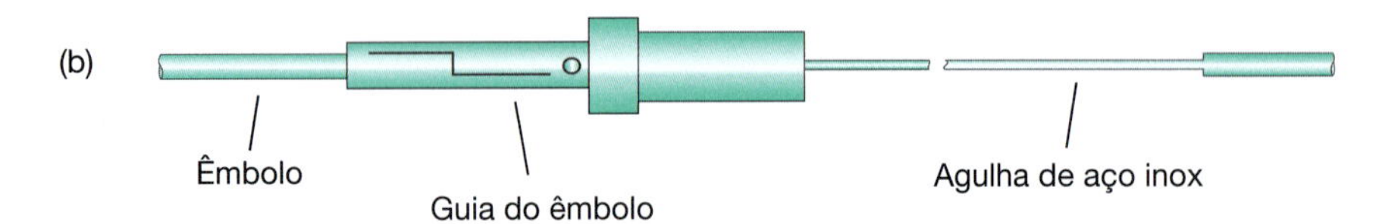

Figura 21.1 (a) Agulha de aço inox com a fibra de sílica fundida revestida com fase SPME (10 mm), (b) dispositivo comercial para SPME.

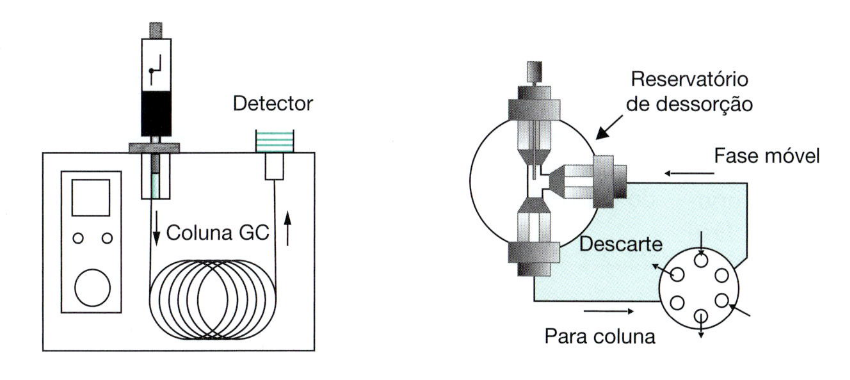

Figura 21.2 (a) Dessorção térmica dos solutos extraídos para a análise por GC (b) dessorção em fase líquida na interface LC.

Para a automação das análises SPME-LC foi desenvolvido o sistema denominado *in-tube* SPME-LC, o qual permite extração, dessorção e injeção de solutos orgânicos no LC, de forma contínua, utilizando um injetor automático convencional (LC).

Um capilar de sílica fundida com a superfície interna revestida com a fase extratora (quimicamente ligada), dispositivo de SPME, tem sido acoplado em linha com os sistemas de HPLC ou LC-MS permitindo a automação do processo de extração. Capilares de poli-éter-éter cetona (PEEK) recheados com fase estacionária também são utilizados nesses sistemas.

O sistema *in-tube* SPME-LC pode ser montado fixando-se uma coluna capilar de sílica fundida aberta, revestida internamente com a fase extratora (por exemplo, um pedaço de coluna capilar GC, 60-70 cm), entre a alça de amostragem e a agulha do injetor automático do LC, ou substituindo a alça de amostragem. Para o processo de extração (válvula do injetor LC na posição carregar), uma alíquota da amostra, presente no frasco do injetor automático LC é aspirada, transportada para a coluna capilar e dispensada novamente no frasco, à vazão constante, Figura 21.3a. Essas etapas são denominadas como ciclos aspirar/dispensar, as quais são executadas repetitivamente, segundo programa do injetor automático.

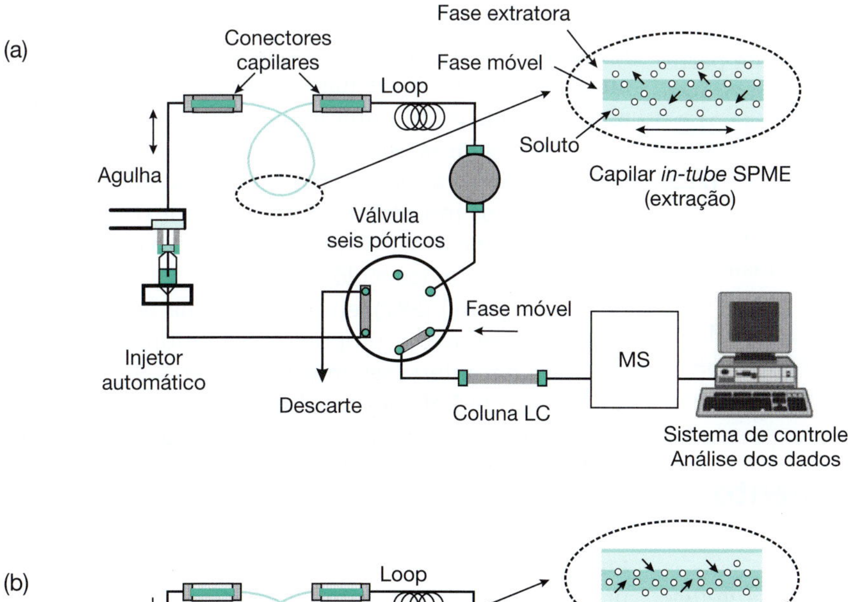

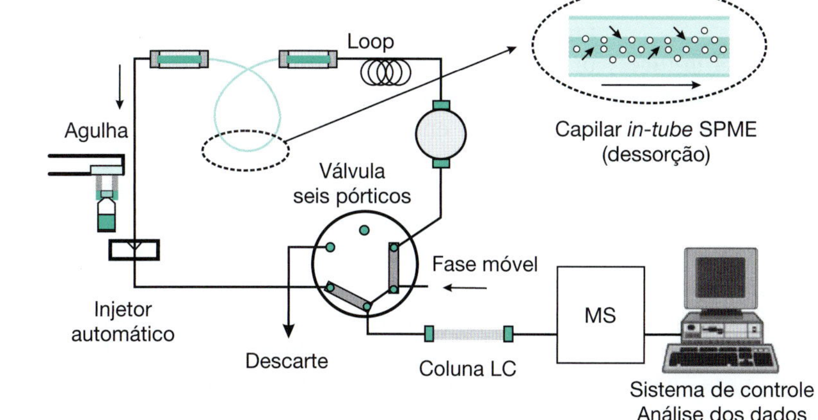

Figura 21.3 Esquema do processo *in-tube* SPME. (a) Extração e (b) dessorção.

Como em SPME, o mecanismo de extração é baseado na sorção do soluto com a fase extratora. O capilar tem sido condicionado com metanol ou com a fase móvel, antes do processo de extração.

Quando atingido o equilíbrio de sorção, os solutos pré-concentrados no capilar são rapidamente dessorvidos da fase estacionária através da percolação da fase móvel, após posicionar a válvula do injetor LC na posição injetar (Figura 21.3b).

Os solutos dessorvidos são transportados para a coluna analítica (LC) para separação cromatográfica e posterior detecção. Dessa forma, a técnica *in-tube* SPME não necessita de interface especial SPME-LC. Diferentes detectores, tais como UV, arranjo de diodos, fluorescência e de espectrometria de massas têm sido utilizados com o sistema *in-tube* SPME-LC.

A eficiência da extração SPME tem sido determinada através da quantidade de soluto extraído pela fase estacionária do capilar. Para as fases extratoras, onde o mecanismo de extração é baseado no processo de absorção, a quantidade de soluto extraído pode ser expressa segundo a Equação 21.1:

$$n_A = K_A \, V_f \, V_s \, C_A^o \, / \, (K_A \, V_f + V_s) \quad (21.1)$$

em que n_A representa o número de mols do soluto extraído pela fase extratora, após ter estabelecido o equilíbrio de partição entre as fases. V_f e V_s: os volumes da fase extratora do capilar e da amostra, respectivamente. C_A^o: a concentração inicial de soluto na amostra, e K_A: o coeficiente de partição do soluto.

O tempo requerido para atingir o equilíbrio de partição ou sorção do soluto entre as fases durante o processo *in-tube* SPME pode ser expresso segundo a Equação 21.2.

$$te = L \, [1 + K_A \, (V_f \, / \, V_\upsilon)] \, / \, \mu \quad (21.2)$$

em que L representa o comprimento do capilar, K_A: coeficiente de partição do soluto, V_f : volume da fase estacionária do capilar, V_υ: volume livre do capilar, µ: velocidade linear da amostra. Durante as extrações SPME as dimensões físicas: L, V_f, V_υ e o valor K_A são fixos; dessa forma, o tempo de extração depende da velocidade linear da amostra.

21.2 Otimização do procedimento *in-tube* SPME-LC[5,25]

Para a otimização das condições experimentais *in-tube* SPME (*fase estacionária, dimensões do capilar, volume de amostra, pH e força iônica da amostra, vazão da amostra, número de ciclos aspirar/dispensar e modo de dessorção*), a eficiência da extração, o equilíbrio de sorção do soluto com a fase extratora e o tempo da análise deverão ser considerados.

Em razão da complexidade dos fluidos biológicos e do expressivo número de publicações científicas da técnica *in-tube* SPME-LC para bioanálises, a otimização do procedimento *in-tube* SPME-LC será discutida para análises de fármacos em fluidos biológicos.

Como as amostras biológicas são injetadas no sistema *in-tube* SPME-LC, praticamente *in natura*, diminui a exposição dos analistas a estas amostras, além de minimizar perdas do soluto durante o processo de extração (totalmente automatizado), ou seja, todo o soluto extraído é introduzido no sistema analítico.

21.2.1 Fases estacionárias

Várias colunas capilares (GC) encontram-se disponíveis no comércio com diferentes fases estacionárias (diferentes seletividades), diâmetros internos, comprimentos e espessuras de filme, as quais podem ser utilizadas como dispositivo *in-tube* SPME. A seleção da fase extratora, como em SPME, baseia-se na regra "similar solubiliza similar". Por exemplo, em coluna apolar como a fase líquida, polidimetilsiloxano (PDMS: SPB-1, PTE-5 E SPB-5), compostos hidrofóbicos são retidos de forma seletiva; no entanto, compostos hidrofílicos apresentam maior afinidade com a fase de polietileno glicol (PEG, polar), tais como a Omegawax 250 e Supelcowax ou com a fase divinilbenzeno (Supel-Q-Plot).

Embora colunas capilares com fase líquida quimicamente ligada (entrecruzada) sejam estáveis na presença de água ou solventes orgânicos, estas podem ser facilmente deterioradas por ácidos inorgânicos ou bases fortes. Dessa forma, torna-se necessário avaliar a estabilidade da fase estacionária, quando exposta à fase móvel durante o processo de dessorção. Geralmente, as fases estacionárias convencionais (colunas GC) são bastante robustas. Como exemplo, a fase Omegawax® 250 que não é muito estável, foi utilizada em mais de 500 extrações sem alteração da eficiência nas extrações de anfetaminas,[13] anti-hipertensivos[14] e ranitidina[15] em fluidos biológicos.

Algumas fases estacionárias seletivas, como poli(pirrol), material de acesso restrito, imunossorvente, polímeros impressos molecularmente, β-ciclodextrina e monolíticas têm sido desenvolvidas (*Labmade*) para análises de fármacos em fluidos biológicos.

O poli(pirrol) (PPY), em razão de sua permeabilidade (estrutura porosa) e propriedades multifuncionais, que resultam em interações intermoleculares ácido-base, dipolo-dipolo, hidrofóbica, π-π, ligação de hidrogênio com os solutos, tem sido avaliado como fase extratora para *in-tube* SPME para análises de fármacos em fluidos biológicos.[16-18] O PPY, quando comparado às fases convencionais de GC, apresentou extrações mais eficientes para as análises de anfetaminas em urina e cabelo,[17] de β-bloqueadores em urina e soro,[16] de verapamil e principais metabólitos em várias matrizes biológicas (plasma, urina e cultura de célula)[18] e dos enantiômeros da fluoxetina e seu principal metabólito (norfluoxetina) em amostras de plasma para fins de monitorização terapêutica[8] (Figura 21.4). O capilar PPY mostrou-se estável nas condições de análise, permitindo a reutilização em centenas de extrações.

O desenvolvimento de fases sorbentes com material de acesso restrito (*restricted acess media*, RAM) tem permitido a introdução direta de fluidos biológicos em sistemas cromatográficos, reduzindo o tempo da análise. As fases de acesso restrito possuem uma superfície

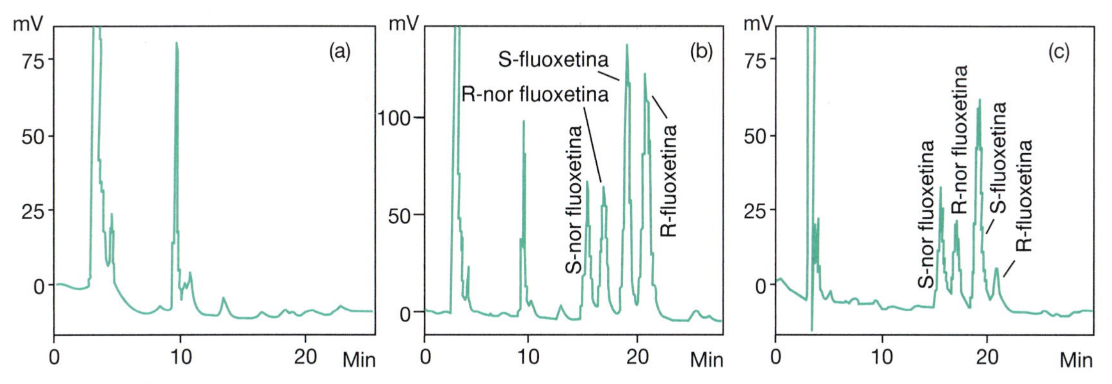

Figura 21.4 Cromatogramas referentes às análises por *in-tube* SPME-LC com a fase de PPY. (a) Amostra de plasma (branco de referência), (b) amostra de branco de referência enriquecida com fluoxetina e norfluoxetina na concentração de 300 ng/mL, (c) amostra de plasma de paciente em terapia com fluoxetina. (Adaptado da referência [7].)

hidrofílica biocompatível na parte externa e hidrofóbica (suportes de sílica, C8 ou C18) no interior dos poros da partícula do sorbente. As macromoléculas são excluídas por uma barreira física ou de difusão química. Já as moléculas pequenas (fármacos) penetram nos poros (hidrofóbicos) e são retidas, através do processo de partição.[19] Mullett et al. desenvolveram um capilar de (poli) éter éter cetona (PEEK) recheado com fase RAM, ou seja, superfície hidrofílica (diol, ADS) na parte externa e hidrofóbica (octadecilsilano, C_{18}) no interior dos poros da partícula do sorvente para análises de benzodiazepínicos em amostras de soro. A Figura 21.5 ilustra o sistema *in-tube* SPME-LC para análise de interferon em amostra de plasma com a fase biocompatível composta por partículas C18 revestidas com albumina sérica bovina (BSA).[11] O material biocompatível (C18-BSA) permitiu análise direta das amostras de plasma, sem remoção prévia das proteínas.

Queiroz et al.[20] comprovaram a especificidade das interações antígeno-anticorpo (reconhecimento molecular) por meio das análises *in-tube* SPME/LC-MS de fluoxetina em amostras de plasma, com capilar imunossorvente com anticorpos (policlonais) imobilizados.

Os *MIP* são materiais sintéticos com propriedades de reconhecimento molecular baseados em sistemas biomiméticos, semelhante aos sistemas específicos enzimas-substratos ou antígeno-anticorpo. De acordo com a literatura, a maioria dos polímeros de impressão molecular é baseada em polímeros acrílicos ou acrilatos orgânicos, os quais são sintetizados através da polimerização radicalar. A síntese dos *MIP* consiste, basicamente, em três etapas:

a) formação de um complexo pré-polímero através de interações covalentes ou não covalentes entre a molécula molde (soluto) e o monômero funcional;
b) etapa de polimerização em torno do complexo molde-monômero, gerando uma cadeia polimérica tridimensional altamente entrecruzada;
c) remoção da molécula molde das cavidades do polímero.

Após a etapa de remoção da molécula molde, cavidades seletivas ao molde são estabelecidas. Estas cavidades constituem os sítios específicos de ligação que atuam no reconhecimento do molde e/ou de substâncias com estrutura química semelhante ao soluto.

Mullett et al.[21] desenvolveram um capilar de PEEK recheado com a fase MIP (processo radicalar) para análises *in-tube* SPME/LC-UV de propranolol em fluidos biológicos. O capilar foi reutilizado mais de 500 vezes com boa precisão analítica (RSD < 5,0 %) na faixa linear de 0,5-100 µg/mL para análises de propanol em soro. Zhang et al.[22] sintetizaram a fase MIP em capilar de sílica fundida para a *in-tube* SPME *off-line* para análises LC-UV de 8-hidroxi-2′-deoxiguanosina em amostras de urina. O sistema *in-tube* SPME (*off-line*) foi montado com o auxílio de uma bomba seringa.

As ciclodextrinas possuem em sua estrutura grupos hidroxila primários e secundários orientados para o exterior. Assim, possuem exterior hidrofílico e uma cavidade

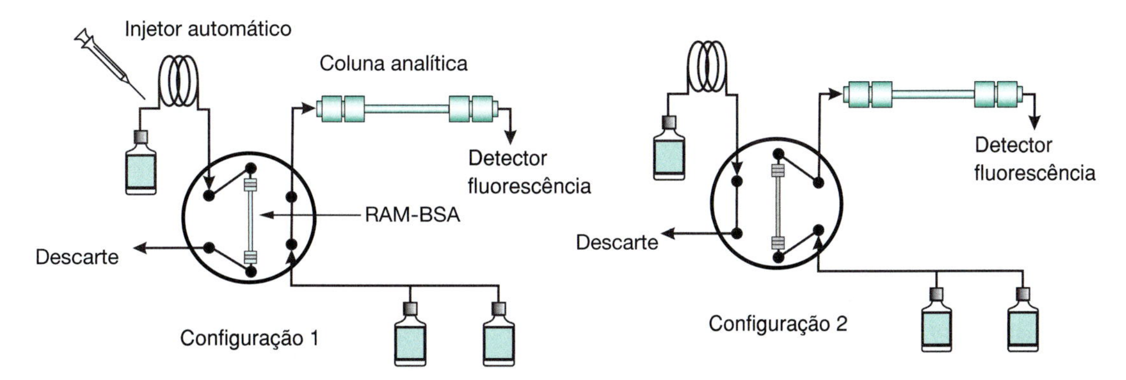

Figura 21.5 Sistema *in-tube* SPME-LC com a fase RAM (partículas hidrofóbicas revestidas com albumina sérica bovina) para análise de interferon em amostras de plasma. (Adaptado da referência [1/1].)

interna hidrofóbica. Tal cavidade permite às ciclodextrinas complexarem moléculas que apresentem dimensões compatíveis. O capilar β-ciclodextrina (β-CD), preparado pela técnica sol-gel, foi utilizado para análises *in-tube* SPME-LC de anti-inflamatórios em urina, através do reconhecimento molecular, ou seja, formação de complexos de inclusão entre os fármacos e β-CD. A robustez do capilar β-CD foi confirmada após 250 extrações, sem perda significativa da eficiência das extrações.[23]

As fases monolíticas possuem estrutura sólida e altamente porosa, de micro (< 2 nm) ou mesoporosos (2 a 50 nm) e canais relativamente grandes (2 μm), que favorecem altas permeabilidade e retenção. Fan et al.[24] sintetizaram a fase monolítica de poli(ácido metacrílico-dimetacrilato de etilenoglicol) por polimerização *in situ* no capilar de sílica fundida. A funcionalização dessa fase, através da incorporação de moléculas hidrofóbicas e de grupos ácidos, favoreceu a extração de fármacos básicos em amostras de soro, resultando em limites de detecção (detecção UV) de 6,5 a 12,8 ng/mL. O aumento da eficiência das extrações permitiu a utilização de capilares com menor comprimento, 20 cm.

21.2.2 Diâmetro interno, comprimento e espessura do revestimento do capilar

O diâmetro interno, comprimento e espessura do revestimento do capilar são linearmente relacionados com a capacidade da amostra (volume da amostra) e a quantidade (n) de solutos extraídos. No entanto, o aumento dessas variáveis poderá resultar em picos cromatográficos largos, com cauda e dessorção não quantitativa dos solutos. Na maioria das análises tem-se utilizado colunas capilares de 50 a 60 cm de comprimento, com finos revestimentos (0,25 μm), as quais têm resultado em cromatogramas bem definidos e extrações eficientes em menor tempo de análise. Quanto menor a espessura da fase estacionária, mais rapidamente (menor tempo de extração) o equilíbrio de sorção é atingido.

21.2.3 Preparo prévio das amostras

A técnica *in-tube* SPME requer a utilização de amostras aquosas de baixa viscosidade e sem material particulado. Em nosso ponto de vista, esta é a principal desvantagem desta técnica. Para evitar o bloqueio do capilar e tubulações, as amostras com material particulado são filtradas em filtros com microporos, já para os fluidos biológicos, os compostos endógenos (principalmente as proteínas) têm sido removidos através de microfiltragem ou precipitação com solventes orgânicos (acetonitrila ou metanol) ou com soluções ácidas aquosas.

O ajuste do pH da amostra poderá favorecer a eficiência da extração. Como a fase extratora OV-1701 (14 % cianopropilfenil metilpolissiloxano) extrai preferencialmente espécies não iônicas presentes na amostra, o pH da amostra de plasma foi ajustado com a adição de solução tampão borato, (0,05 mol/L, pH = 9,0), para análises de antidepressivos (valores de pKa 7,1-9,9).[5] A diluição da amostra com solução tampão resultou na diminuição da viscosidade da matriz biológica, favorecendo a difusão (transferência de massas) dos fármacos na fase extratora.

Para as análises (*in-tube* SPME-LC, fase PPY) enantiosseletiva de fluoxetina e norfluoxetina (pKa 8,7) em amostras de plasma, o aumento do pH (3,0-10) das amostras resultou em extrações mais eficientes. Em baixos valores de pH, a fase de PPY (forma oxidada – ácido fraco) e os fármacos encontram-se positivamente carregados, resultando em repulsão eletrostática entre solutos e a fase. Já em altos valores de pH, as cargas positivas dos fármacos são reduzidas e interações intermoleculares são observadas entre a fase de PPY e os solutos, aumentando, desta forma, a eficiência do processo *in tube* SPME.[7]

A adição de sais às amostras biológicas (efeito *salting out*) favorece a eficiência do processo *in-tube* SPME. No entanto, este procedimento poderá causar obstrução do capilar pela deposição dos sais. A presença de solventes hidrofílicos na amostra diminui a eficiência da extração, pois aumenta a solubilidade dos fármacos na mesma. A eficiência da extração não tem sido influenciada por adições de metanol em concentrações iguais ou menores a 5 %. Na análise de benzodiazepínicos em amostras de soro, 5 % de metanol foi adicionado às amostras para liberação das proteínas ligadas aos fármacos.[22]

21.2.4 Efeito do volume e número de ciclos de amostra aspirada/dispensada

O volume e número de ciclos de amostra aspirada/dispensada estão linearmente relacionados à capacidade da coluna capilar e ao número de mols do soluto extraído.

Uma coluna capilar de 60 cm de comprimento e 0,25 mm de diâmetro interno apresenta capacidade de amostra de 29,4 μL. No entanto, temos que considerar também o volume morto do sistema analítico, ou seja, da agulha de injeção (10 μL). Dessa forma, o volume total da agulha de injeção à extremidade final do capilar é de 39,4 μL. O volume de amostra aspirada/dispensada tem sido de 40 a 200 μL com vazão de 50 a 315 μL/min. Baixos valores de vazão resultam em longo tempo de análise e valores acima dos mencionados poderão ocasionar a formação de bolhas ao longo do capilar, reduzindo a eficiência da extração. A vazão (μL/min) na qual a amostra é aspirada/dispensada corresponde ao processo de agitação em SPME convencional, ou seja, o aumento deste parâmetro favorece a eficiência da extração.

Na tentativa de aumentar a eficiência da extração *in-tube* SPME (OV1701) e/ou diminuir o número de ciclos programados, a etapa *aguardar* entre os comandos *aspirar e dispensar* foi inserida no programa utilizado. No entanto, não foi observado aumento significativo na eficiência da extração.[5]

Em condição ideal, a amostra deverá ser aspirada/dispensada através do capilar até atingir o equilíbrio de sorção dos solutos com a fase estacionária. Este equilíbrio tem sido avaliado pelos gráficos das taxas de extração *versus* número de ciclos de amostra aspirada/injetada. Nas análises (*in-tube* SPME, fase OV1701) de lidocaína e seu principal metabólito (monoetilglicinexilidida) em amostras de plasma, o equilíbrio de sorção não foi atingido após 30 ciclos (200 µL de amostra). No entanto, com o intuito de diminuir o tempo de análise, as extrações foram realizadas com 5 ciclos. Nessa condição, o método apresentou repetitividade nas análises quantitativas (sistema automatizado) e sensibilidade analítica adequada para fins de estudos de farmacocinética.[25]

A extração (*in-tube* SPME-LC-MS) de nicotina, cotinina e alcaloides relacionados em amostras de urina e saliva foi realizada com a fase CP-Pora PLOT amina (poliestireno divinilbenzeno – amina) com 25 ciclos de 40 µL amostra e vazão de 150 µL/min. O aumento da vazão de 50 para 150 µL/min resultou em extrações mais eficientes em menor tempo de análise.[6] Mullett et al.[21] observaram que a diminuição da vazão de 100 para 50 µL/min, durante 10 ciclos, resultou no aumento de eficiência do processo SPME para as análises de propanolol em amostras de soro. A diminuição da vazão desta extração favoreceu a transferência de massas do fármaco para os sítios de adsorção do capilar com fase MIP.

Para extração simultânea de antidepressivos (mirtazapina, citalopram, paroxetina, duloxetina, fluoxetina e sertralina), em amostras de plasma, 15 ciclos de 100 µL de amostra foram transportados para o capilar OV1701 (80 cm × 250 µm d.i.). O aumento do número de ciclos (aspirar/dispensar), do volume de amostra e do comprimento do capilar resultou em maior tempo de análise e picos com cauda, sem aumento significativo na sensibilidade analítica do método.[5]

21.2.5 Processo de dessorção

A dessorção dos solutos do capilar tem sido rápida e sem efeito de memória (*carryover*), pois a coluna capilar apresenta fase estacionária com espessura de aproximadamente 0,1 µm. Este processo tem sido realizado de dois modos: dinâmico (dessorção através da fase móvel) e estático (quando solvente orgânico é aspirado e transportado para o capilar).

No modo dinâmico é possível a dessorção direta dos solutos (solvatação) com a fase móvel, apenas girando a válvula do LC para a posição injetar. Já a dessorção estática tem sido aplicada para solutos fortemente sorvidos à fase do capilar. Neste caso, a dessorção deverá ser rápida e eficiente, com reduzido volume de solvente. Para um capilar (60 cm × 0,25 mm d.i.), o processo de dessorção tem sido realizado com 40 µL de solvente. Deve-se considerar a capacidade da coluna e a solubilidade do solvente na fase móvel.

21.3 Parâmetros de validação analítica

Os métodos de *in-tube* SPME-LC para análises de fármacos em fluidos biológicos têm resultado em parâmetros de validação analítica que contemplam as normas preconizadas pela Anvisa (Resolução - RDC N.° 27, de 17 de maio de 2012). Por exemplo, o método de *in-tube* SPME-LC desenvolvido para análises de rifampina em amostras de plasma apresentou exatidão na faixa de 80 a 93 % e precisão interensaios com coeficientes de variação menores que 1,7 %.[10] Este método, quando comparado aos métodos convencionais (extração líquido-líquido, LLE e extração em fase sólida, SPE) empregados para o mesmo fim (Tabela 21.1), apresentou as seguintes vantagens: extração em microescala, automação do processo de extração, pequeno volume de amostra biológica, ampla faixa linear, baixos coeficientes de variação, reduzido volume de solvente orgânico e reutilização do capilar. Neste trabalho, o capilar de polietilenoglicol foi reutilizado mais de 200 vezes sem perda significativa da eficiência da extração, demonstrando assim, a robustez da fase extratora.

21.4 Aplicações da técnica *in-tube* SPME-LC

A técnica *in-tube* SPME-LC tem sido aplicada com êxito na análise de compostos hidrofóbicos e hidrofílicos presentes em diferentes matrizes, podendo ser facilmente acoplada a vários métodos analíticos, principalmente os em microescala. A Tabela 21.2 ilustra alguns exemplos de aplicações da técnica *in-tube* SPME-LC para análises de amostras de alimentos, ambientais e fluidos biológicos.

Tabela 21.1 Comparação entre o método de *in-tube* SPME-LC e métodos convencionais descritos na literatura para análises de rifampicina em amostras de plasma (adaptado da referência [1/0])

Técnica de extração	Sistema de detecção	Faixa linear (µg/mL)	LOQ (µg/mL)	Precisão interensaio (CV %)	Volume da amostra	Referência
SPE	LC-UV	0,5–20	0,5	≤ 7,2	450	[26]
LLE	LC-UV	0,125–50	0,125	< 10	200	[27]
LLE	LC-UV	1–50	0,05	< 15	100	[28]
LLE	LC-MS	–	0,63	< 12	200	[29]
LLE	LC-UV	2–20	2,0	< 5,3	100	[30]
SPE	LC-UV	0,05–35	0,05	≤ 6	500	[31]
LLE	LC-UV	0,25–15	0,25	≤ 5	200	[32]
SPE	LC-UV	0,16–20	0,16	≤ 5	500	[33]
In-tube SPME	LC-UV	0,1–100	0,1	≤ 1,7	200	[10]

LOQ: limite de detecção.

Tabela 21.2 Aplicações da técnica *in-tube* SPME-LC

Solutos	Amostra	Condições *in-tube* SPME	Fase extratora	Sistema de detecção (LOD ou LOQ)	Referência
Amostras ambientais					
Dibutil e di (2-etil-hexil) ftalatos	Água	100 µL, 30 ciclos 300 µL/min	TRB-5 (80 cm × 0,32 mm d.i., 3 µm)	LC-DAD (1-2,5 µg/mL)	[34]
Disruptores endócrinos e hidrocarbonetos aromáticos policíclicos	Água	0,04 mL/min (75 min)	Nanopartículas de sílica (LPD) modificada Octadecil-trimetoxisilano (60 cm × 50 µm d.i.)	LC-UV (0,034–0,78 ng/mL)	[35]
Ácido perfluoro-octano e sulfonato perfluoro-octano	Água	40 µL, 20 ciclos 150 µL/min	CP-Pora PLOT amina (60 cm × 0,32 mm d.i.)	LC-MS (1,5–3 pg/mL)	[36]
Poluentes orgânicos (multirresidual)	Água	4 mL	C_{18} monolítica (150 mm × 0.2 mm i.d.)	LC-DAD (5–50 ng/mL)	[37]
Surfactantes catiônicos	Água	2 mL	TRB-5 (25 cm × 0,32 mm i.d., 3 µm)	LC-DAD (0,5 µg/mL)	[38]
Amostras de alimentos					
Hidrocarbonetos aromáticos policíclicos	Moluscos	2 mL	5 % fenil metil polissiloxano	LC-FLD (≤ 0,06 ng/mL)	[39]
Afloxinas	Amendoim, castanhas, cereais, frutas secas e especiarias	pH 7,2, 40 µL 25 ciclos, 200 µL/min	Supel-Q Plot (60 cm × 0,32 mm i.d., 17 µm)	LC-MS (2–2,8 pg/mL)	[40]
Estrogênios Sintéticos	Leite	800 µL, 0,05 µL/min	Nanopartículas de sílica (LPD) (100 cm × 100 µm d.i.)	LC-MS 1,2–2,2 ng/g	[41]
Ocratoxina A e B	Castanhas e grãos	pH 3,0, 40 µL 20 ciclos, 150 µL/min	Carboxen-1006 PLOT (60 cm × 0,32 µm d.i.)	LC-MS 92 e 89 pg/mL	[42]
Amostras biológicas					
Antidepressivos	Plasma	pH 9,0, 100 µL 15 ciclos, 315 µL/min	OV-1701 (80 cm × 250 µm d.i.)	LC-UV 20–50 ng/mL	[5]
Nicotina, cotinina e alcaloides relacionados	Urina e saliva	pH 5,0, 40 µL, 25 ciclos, 150 µL/min	CP-Pora PLOT amina (60 cm × 0,32 mm d.i., 10 µm)	LC-MS 15–40 pg/mL	[6]
Fluoxetina e norfluoxetina (enantiômeros)	Plasma	pH 9,0, 100 µL, 20 ciclos, 315 µL/min	Polipirrol (60 cm × 0,25 mm d.i., 0,2 µm)	LC-FLD 10–15 ng/mL	[7]
Esteroides	Urina	40 µL, 20 ciclos, 150 µL/min	Supel-Q Plot (60 cm × 0,32 mm i.d., 17 µm)	LC-MS 9–182 pg/mL	[8]
Antidepressivos	Urina e plasma	pH 7,0, 300 µL, 0,04 mL/min	Cianoetil- sílica híbrida molítica (15 cm × 250 µm)	LC-MS 0,06–2,95 ng/mL	[9]
Rifampicina	Plasma	pH 7,0, 200 µL, 10 ciclos, 315 µL/min	Polietileno-glicol (60 cm × 0,32 mm d.i. 0,05 µm)	LC-UV 0,1 µg/mL	[10]

(continua)

Tabela 21.2 Aplicações da técnica *in-tube* SPME-LC (*continuação*)

Solutos	Amostra	Condições *in-tube* SPME	Fase extratora	Sistema de detecção (LOD ou LOQ)	Referência
Amostras biológicas					
Interferon α	Plasma	pH 7,4, 250 µL	RAM-BSA (5 cm × 0,50 mm d.i.)	LC-FLD 0,06 MIU/mL	[11]
Arsênio orgânico e inorgânico	Urina	pH 7,4, 1,5 mL, 0,2 µL/min	MPTS–AAPTS/PSP (20 cm)	HPLC-ICP-MS 0,017–0,053 µg/mL	[12]

LOD: limite de detecção, LOQ: limite de quantificação, TRB-5: 95 % polidimetilsiloxano e 5 % polidifenilsiloxano, LPD: deposição em fase líquida, poluentes orgânicos: triazinas, organofosforados, fenilureias, dinitroanilina e ftalato, RAM-BSA: material de acesso restrito-albumina sérica bovina, MPTS: 3-mercapto-propil-trimetoxi-silano, AAPTS: N-(2-aminoetil)-3-amino-propil-trimetoxi-silano, PSP: poliestireno parcialmente sulfonado.

Referências bibliográficas

[1]KATAOKA, H. et al. **Anal. Chim. Acta**, 655: 8, 2009.

[2]KATAOKA, H. **Anal. Bioanal. Chem.** 373: 31, 2002.

[3]QUEIROZ, M.E.C.; LANÇAS, F.M. **Quim. Nova**, 128: 880, 2005.

[4]QUEIROZ, M.E.C. **Sci. Chromatogr.** 1:3-13, 2009.

[5]SILVA, B.J.G.; LANÇAS, F.M.; QUEIROZ, M.E.C. **J. Chromatogr. B**, 862:181, 2008.

[6]KATAOKA, H. et al. **J. Pharm. Biomed. Anal.** 49: 108, 2009.

[7]SILVA, B.J.G.; LANÇAS, F.M.; QUEIROZ, M.E.C. **J. Chromatogr. A**, 1216: 8590, 2009.

[8]SAITO, K. et al. **J. Pharm. Biomed. Anal.** 52: 727, 2010.

[9]ZHENG, M.M. et al. **J. Chromatogr. A**, 1217: 7493, 2010.

[10]MELO, L.P.; QUEIROZ, R.H.C.; QUEIROZ, M.E.C. **J. Chromatogr. B**, 879: 2454, 2011.

[11]CHAVES, A.R. et al. **J. Chromatogr. A**, 1218: 3376, 2011.

[12]CHEN, B. et al. **J. Chromatogr. A**, 1227: 19, 2012.

[13]KATAOKA, K., LORD, H. **J. Anal. Toxicol.** 24:257-265, 2000.

[14]KATAOKA, H. et al. **J. Microcolumn Sep.** 12: 493, 2000.

[15]KATAOKA, K.; LORD, H.; PAWLISZYN, J. **J. Chromatogr. B**, 731: 353, 1999.

[16]WU, J. et al. **J Microcol Sep.** 12: 255, 2000.

[17]WU, J.; LORD, H.; PAWLISZYN, J. **Talanta**, 54: 655, 2001.

[18]WALLES, M. et al. **J Pharm Biomed Anal.** 30: 307, 2002.

[19]MULLETT, W.M. et al. **J Chromatogr. A**, 963: 325, 2002.

[20]QUEIROZ, M.E.C. et al. **J Chromatogr. A**, 1174: 72, 2007.

[21]MULLETT, W.M., MARTIN, P., PAWLISZYN, J. **Anal. Chem.** 73:2383, 2001.

[22]ZHANG, S.W. et al. **Anal. Bioanal. Chem. Sep.** 395: 479, 2009.

[23]FAN, Y. et al. **Talanta**, 65: 111, 2005.

[24]FAN, Y. et al. **Anal. Chim. Acta**, 523: 251, 2004.

[25]CARIS, J.A. et al. **J. Sep. Sci.** 35: 734, 2012.

[26]BALBÃO, M.S. et al. **J. Pharm. Biomed. Anal.** 51:1078, 2010.

[27]ALLANSON, A.L. et al. **J. Pharm. Biomed. Anal.** 44: 963, 2007.

[28]CALLEJA, I. et al. **J. Chromatogr. A**, 1031:289, 2004.

[29]BAIETTO, L. et al. **Anal. Bioanal. Chem.** 396: 791, 2010.

[30]PANCHAGNULA, R. et al. **Pharm. Biomed. Anal.** 18: 1013, 1999.

[31]YI LAUA, Y.; HANSON, G.D.; CAREL, B.J. **J. Chromatogr. B**, 676:147, 1996.

[32]KUMAR, A.K.H. et al. **Indian J.Pharmacol.** 36: 231, 2004.

[33]SWART, M.P. **J. Chromatogr.** 593: 21, 1992.

[34]CHÁFER-PERICÁS, C.; CAMPÍNS-FALCÓ, P.; PRIETO-BLANCO, M.C. **Anal. Chim. Acta**, 610: 268, 2008.

[35]LI, T. et al. **J. Chromatogr. A**, 1216: 2989, 2009.

[36]SAITO, K. et al. **Anal. Chim. Acta**, 658: 141, 2010.

[37]MARTÍNEZ, Y.M. et al. **J. Chromatogr. A**, 1218:6256, 2011.

[38]BLANCO, M.C.P. et al. **J. Chromatogr. A**, 1248:55, 2012.

[39]FALCÓ, P.C. et al. **J. Chromatogr. A**, 1211:13, 2008.

[40]NONAKA, Y. et al. **J. Chromatogr. A**, 1216, 4416, 2009.

[41]YU, Q.W.; MA, Q.; FENG, Y.Q. **Talanta**, 84: 1019, 2011.

[42]SAITO, K.; IKEUCHI, R.; KATAOKA, H. **J. Chromatogr. A**, 1220:1, 2012.

PARTE VI
Outras Técnicas

22 Extração por fluido supercrítico (SFE)

Fernando Mauro Lanças e Leidimara Pelisson

Nos últimos anos, a extração por fluido supercrítico (*supercritical fluid extraction*, SFE) conquistou um lugar de destaque tanto na química analítica quanto em processos industriais. A extração por fluidos supercríticos é, geralmente, mais rápida que a extração com solventes líquidos e, ao mesmo tempo apresenta maior sintonia com os atuais apelos de preservação ambiental. De fato, boa parte da ênfase dada à SFE vem da necessidade em substituir solventes orgânicos devido a pressões internacionais dos ambientalistas e, também, à tendência a um rápido aumento dos custos industriais. Nesse contexto, este capítulo tem como objetivo apresentar os princípios, a instrumentação, as vantagens e limitações da técnica, com indicações de suas principais aplicações e as conclusões da tecnologia de extração por fluidos supercríticos (SFE).

22.1 Introdução

É comum efetuar-se a extração de substâncias sólidas não voláteis por meio de solventes adequados, aplicando diferentes processos físicos. Como desvantagens dessas técnicas aparecem a possibilidade de alterações químicas das substâncias pelo solvente ou por impurezas nele contidas (por exemplo, éter, contendo peróxidos).

Substâncias líquidas e voláteis, por sua vez, normalmente são extraídas por meio de processos como destilação ou sublimação, necessitando aquecimento com seus inconvenientes; por hidrodestilação (destilação bifásica) que, além do aquecimento, ainda traz o inconveniente do insumo ficar em contato com água quente (eluição, hidrólise etc.); por solventes líquidos com a dificuldade adicional da evaporação do solvente na presença de um soluto o qual é, frequentemente, volátil; por expressão mecânica, sempre acompanhada por contaminantes; por absorção dos vapores em substratos; e por adsorção em adsorventes adequados, de execução semelhante ao anterior.

A extração por fluidos supercríticos apresenta a característica de o meio extrator ser um gás com elevada densidade. Assim, interações polares e, com isso, a seletividade do poder extrator, são muito mais intensas do que em um gás comum e a difusão de outras substâncias nele, mais reduzida. Os processos de extração supercrítica se destacam no ciclo evolutivo, enfatizando-se as seguintes características como importantes: a utilização de matéria-prima limpa, o trabalho com solventes não tóxicos, a não alteração das propriedades das matérias-primas e a extração de produtos de alta qualidade.[1] A extração de matérias-primas naturais com dióxido de carbono supercrítico, efetivamente, resolve questões associadas com as altas temperaturas e com o uso de solventes orgânicos.[2] As temperaturas empregadas são bastante baixas nesse processo e o único solvente usado, o gás carbônico, dissipa-se totalmente após a descompressão, no final da extração, sendo um componente do ar atmosférico. Por isso, e lembrando as deficiências de outros processos descritos anteriormente, aliado a um desenvolvimento tecnológico mais recente, esta técnica de extração desenvolveu-se bastante nos últimos tempos.

22.2 O estado supercrítico

O estado supercrítico foi descrito pela primeira vez em 1822, pelo Barão Gagniard de la Tour. Em 1879, Hannay e Hogarth demonstraram o poder solvente dos fluidos supercríticos por meio da observação experimental do aumento da solubilidade de substâncias químicas com o aumento simultâneo da pressão e da temperatura. Apesar de bem conhecidos, a partir dos experimentos realizados por Buchner em 1906,[3] até o início da década de 1980 o uso de fluidos supercríticos era ainda muito tí-

Tabela 22.1 Propriedades físico-químicas de gás, líquido e fluido supercrítico

Propriedade	Unidade	Gás	Líquido	Fluido supercrítico
Densidade	g/mL	$10^{-4}/10^{-3}$	$\cong 1$	0,2/0,9
Difusibilidade	cm^2/s	$10^{-2}/1$	$< 10^{-5}$	$10^{-4}/10^{-3}$
Viscosidade	poise	$\cong 10^{-4}$	10^{-2}	$10^{-4}/10^{-3}$

mido. Uma das principais razões dessas limitações deveu-se às dificuldades em se operar, com segurança, temperaturas e pressões elevadas (às vezes superior a 1000 atm). Apesar de usualmente definido a partir de diagramas de fases, onde o fluido supercrítico é conceituado como uma região física a qual se encontra acima do ponto crítico da substância, este conceito tem pouca importância prática, uma vez que a passagem do estado gasoso ou líquido para o supercrítico ocorre de uma forma contínua e não como usualmente sugerido por esses diagramas (descontínuo).

A temperatura crítica de um gás é aquela temperatura acima da qual ele não pode mais ser liquefeito, não importando a quanto se eleve a pressão. Já a pressão crítica é definida como a pressão acima da qual o gás não pode mais ser liquefeito, não importando a quanto se diminua a temperatura. Nessas condições, o gás é relativamente denso comparado com um gás convencional e as forças de solubilização são mais intensas. As propriedades físicas de um fluido supercrítico são intermediárias entre um gás e um líquido típicos (Tabela 22.1):[4] compressibilidade semelhante a um gás, enchendo completa e uniformemente um recipiente; dissolução de solutos, como um líquido (quando suficientemente comprimidos); viscosidade baixa como a de um gás (produzindo baixas quedas de pressão em colunas de mercúrio) e difusão intermediária entre gases e líquidos, variando com a sua densidade.

No estado supercrítico, desaparece a distinção entre as fases líquida e gasosa e o fluido não pode mais ser liquefeito pelo aumento da pressão e nem pode tornar-se gasoso, pelo aumento da temperatura. Na prática, o estado supercrítico é obtido elevando-se a pressão e a temperatura de um gás ou de um líquido de forma que se altere o estado de agregação e, como consequência, modifique as propriedades da substância de interesse, tais como difusividade, constante dielétrica, viscosidade, densidade e poder de solvatação, o que modifica o comportamento químico das substâncias. Assim, o dióxido de carbono, por exemplo, apolar em condições normais de temperatura e pressão, em elevadas pressões, apresenta constante dielétrica equivalente a substâncias de maior polaridade em condições normais de temperatura e pressão. Em contrapartida, a água, considerada como substância altamente polar em condições normais de temperatura e pressão, apresenta constante dielétrica próxima de zero em elevadas temperaturas e pressões.

O gás carbônico confere diversas razões para ser indicado para uso em SFE, em especial sua temperatura crítica (31,04 °C). As extrações podem ser conduzidas a uma temperatura suficientemente baixa para não ofender as propriedades organolépticas e químicas dos extratos; além disso, é quimicamente inerte, não oferece riscos de reações secundárias, como oxidações, reduções, hidrólises e degradações químicas; é seguro. O dióxido de carbono é um material inofensivo, não explosivo, não poluente, não tóxico, de uso significativo na gaseificação de bebidas, dentre outras aplicações mais convencionais. Os parâmetros de extração do dióxido de carbono supercrítico podem ser modificados facilmente pela adição de pequenas quantidades de outros produtos, chamados de cossolventes, os quais podem ser de caráter polar ou apolar, como a água e o etanol, assim como também pela seleção das condições de temperatura e pressão específicas. Essas opções adicionam flexibilidade e permitem a adequação de condições de extração para as necessidades específicas dos produtos a serem extraídos e ao produto final desejado.

Há outros gases que também têm propriedades solventes interessantes no seu estado supercrítico. Entretanto por questões de custo, perigo de explosão, toxicidade, inflamabilidade e propriedades físicas adversas, poucos são usados comercialmente (Tabela 22.2).[4]

Na prática, um fluido supercrítico é apenas uma das possibilidades situadas entre os dois extremos: gases e

Tabela 22.2 Parâmetros físico-químicos de alguns compostos

Fluido	F.M.	Tc (°C)	Pc (atm)	ρ_c (g/mL)
Dióxido de carbono	CO_2	31,3	72,9	0,47
Óxido nitroso	N_2O	36,5	71,7	0,45
n-Pentano	C_5H_{12}	196,6	33,3	0,23
Hexafluoreto de enxofre	SF_6	45,5	37,1	0,74
Xenônio	Xe	16,6	58,4	1,10
Metanol	CH_3OH	240,5	78,9	0,27
Isopropanol	C_3H_7OH	235,3	47,0	0,27

F.M.: fórmula molecular, Tc: temperatura crítica, Pc: pressão crítica e ρ_c: densidade crítica.

líquidos. A Figura 22.1 ilustra esta situação, em que estão exemplificados o estado gasoso e o líquido como dois extremos e o fluido supercrítico como intermediário. Existem várias outras possibilidades intermediárias, mas que dependem da escolha da temperatura e da pressão.

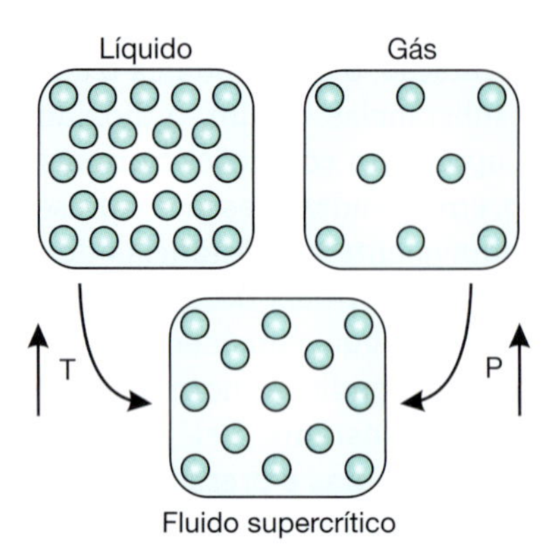

Figura 22.1 O fluido supercrítico como um estado entre o gasoso e o líquido.

Assim, iniciando-se com uma substância no estado líquido e aumentando-se sua temperatura a uma pressão constante, diminui-se de forma contínua sua densidade, tendendo do estado gasoso. Se a pressão for suficientemente alta para não deixar a substância atingir o estado gasoso, ocorrerá em um estado intermediário entre os dois extremos (gás e líquido). Assim, se nessas condições, a pressão e a temperatura (ambas) forem superiores à temperatura e à pressão críticas, a substância ocorrerá no estado supercrítico e seu emprego como solvente de extração confere à técnica o nome de extração com fluido supercrítico (SFE). Caso esteja, pelo menos uma delas (pressão ou temperatura), abaixo dos valores críticos, diz-se que a substância está no estado subcrítico. Essa condição entre o estado líquido e o supercrítico tem sido utilizada em várias técnicas modernas instrumentais,[5] incluindo a extração (sub-SFE) e a cromatografia (sub-FC) subcríticas; extração acelerada com solventes (*accelerated solvent extraction*, ASE);[6,7] e cromatografia com fluidez aumentada (*enhanced fluidity chromatography*, EFC), dentre outras possibilidades. De forma análoga ao líquido, é possível alterarem-se as condições físicas de um gás de forma que se obtenham novas propriedades de interesse. O aumento da pressão de um gás a uma temperatura constante tende a aumentar sua densidade em direção ao estado líquido. Assim, vários estados intermediários entre os dois extremos (gás e líquido) podem ser obtidos, incluindo o estado supercrítico (se a pressão e a temperatura – ambos – estiverem acima da crítica). Caso um dos parâmetros não esteja acima do crítico, outros estados intermediários entre o gasoso e o supercrítico podem ser obtidos, como o gás denso, o qual estaria com sua densidade modificada pela pressão, mas abaixo do estado crítico.

A extração com fluido supercrítico aplicada ao processamento de produtos naturais, tais como pigmentos naturais e aromas, tem recebido especial atenção em países da América do Sul, devido à rica biodiversidade nesses países. Em 2004 foi realizada uma investigação sobre a tecnologia supercrítica no Brasil de 1994 a 2003, apontando diversas publicações sobre o assunto.[8]

O Grupo de Cromatografia (Croma) do Instituto de Química de São Carlos da Universidade de São Paulo (IQSC-USP) possui envolvimento histórico com o desenvolvimento e emprego de fluidos pressurizados como solventes para extração, incluindo as técnicas de SFE e extração acelerada com solventes (*accelerated solvent extraction*, ASE).[6,7]

22.3 Princípios da SFE

A extração por fluido supercrítico[1] aproveita as propriedades físicas favoráveis dos fluidos no estado supercrítico para executar a extração de compostos de interesses em matrizes usualmente complexas como alimentos, meio ambiente, combustíveis fósseis e outras. Como a densidade é semelhante à de um líquido, oferece maior capacidade de dissolução para várias substâncias químicas. Por conta da semelhança entre a sua viscosidade e a dos gases e o fato do coeficiente de difusão ser maior do que o dos líquidos, a extração das substâncias é muito facilitada. Como somente uma pequena mudança da pressão/temperatura leva a uma grande mudança na solubilidade, o uso do fluido supercrítico permite um isolamento altamente eficiente dos componentes a serem extraídos.

A extração pode ser feita em matrizes sólidas,[9] semissólidas ou líquidas. Matérias-primas sólidas podem ser maceradas ou moídas para facilitar a extração. Esse material é então colocado dentro da cela de extração, usualmente um cilindro de paredes espessas confeccionado em aço inoxidável. Em cada extremidade do cilindro extrator adiciona-se um filtro confeccionado com material poroso, o qual tem por finalidade permitir a livre circulação do fluido supercrítico e as substâncias dissolvidas enquanto mantém o resíduo sólido na cela. Assim, o solvente extrator (geralmente dióxido de carbono) passa pelas matérias-primas, o analito é dissolvido e extraído. A solução gasosa que sai do extrator passa pela válvula redutora de pressão, a pressão (e, consequentemente, a força de solubilização) do CO_2 é reduzida, causando a precipitação dos componentes no separador. Os analitos são então separados do solvente extrator, o qual é, usualmente, reciclado com ajuda de um compressor, continuando-se o processo cíclico até que todos os componentes sejam extraídos e coletados no separador. A quantidade do gás, o fluxo, a temperatura, a pressão e o número de vezes de reciclagem são selecionados e calculados de forma a otimizar-se a extração, sendo os mesmos dependentes do produto e dos componentes que se queiram extrair, variando caso a caso. Devido a essa diversidade de parâmetros possíveis, uma grande variedade de matérias-primas sólidas pode ser efetivamente extraída por esse processo.[10]

No caso da extração de líquidos por fluido supercrítico, o extrator é, usualmente, uma coluna de extração líquida clássica, especialmente construída para uso sob alta pressão. A matéria-prima líquida é injetada para dentro da coluna, mantendo-se um fluxo em contracorrente de dióxido de carbono supercrítico. Do mesmo modo que com a extração de sólidos, selecionam-se os parâmetros de temperatura, pressão e reciclagem para otimização do processo extrativo.

22.4 Instrumentação

A Figura 22.2 ilustra um sistema genérico empregado para SFE, o qual consiste em: um módulo capaz de pressurizar o fluido até o valor desejado; um forno que permite atingir a temperatura desejada na cela de extração nele instalada; um restritor para manter a pressão constante dentro do sistema e um coletor para receber o extrato obtido.

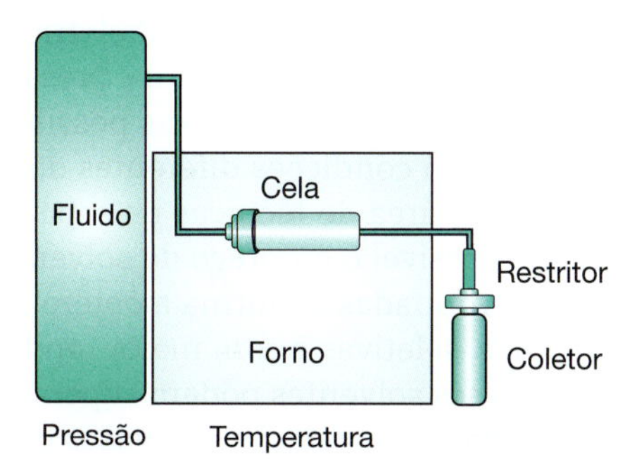

Figura 22.2 Principais componentes de um extrator simples para SFE.

Este sistema permite, com algumas modificações, a inclusão de acessórios, dependendo da finalidade de emprego. Em um sistema modificado, utiliza-se o emprego de fluidos os quais sejam líquidos à pressão e temperatura ambientes. Nesse caso, apesar de serem empregadas temperaturas elevadas, as pressões exigidas são relativamente baixas, podendo ser obtidas por meio da pressurização direta do solvente com nitrogênio, proveniente de um cilindro, ou por uma bomba de alta pressão. Uma evolução desse sistema é ilustrada na Figura 22.3. O sistema é significativamente mais versátil, permitindo o uso de CO_2 misturado com solventes líquidos (denominados modificadores) além de possibilitar o uso de celas de extração de volumes bastante variáveis (desde mililitros para escala analítica até litros para escala semipreparativa). Esse sistema permite também o uso de vários procedimentos distintos, denominados modos de extração, sendo os mais comuns os modos estático, dinâmico, sequencial e combinado, em que podem ser utilizados mais de um modo de operação para a mesma extração.

O modo de extração é denominado *estático* quando a cela de extração é preenchida com o solvente e cossolventes, se necessários, antes de iniciar-se o processo de extração. A cela é então colocada no forno, previamente aquecido à temperatura de interesse, procedendo-se então com a extração. Nesse modo, o volume de solvente adicionado na cela é conhecido com precisão, uma vez que após o início do processo nenhum novo solvente é adicionado na cela de extração, como em um sistema de extração em batelada. No modo dinâmico, a amostra é colocada dentro da cela de extração, a qual é introduzida no forno previamente aquecido à temperatura desejada. A seguir, a cela é continuamente lavada com solvente, de forma dinâmica, pois se trata de um processo contínuo e não em batelada. O modo *sequencial* de extração permite a troca do solvente extrator durante o procedimento de extração (usualmente com aumento da polaridade do mesmo), de forma estática ou dinâmica, de maneira a extrair-se compostos específicos ou classes de compostos de modo mais seletivo. No modo combinado é possível utilizar-se mais de um modo de extração para a mesma amostra. Por exemplo, é possível empregar-se a extração estática por certo tempo – por exemplo, 10 minutos – após o qual abre-se as válvulas na entrada e saída da cela a qual é então lavada de forma dinâmica com solvente fresco. Esta combinação usualmente permite uma melhora significativa no rendimento do processo de extração.

O sistema descrito na Figura 22.3 permite ainda o uso de uma gama de fluidos de diferentes características, é simples para operar e de baixo custo para construir-se. Em alguns casos, particularmente quando se pretende

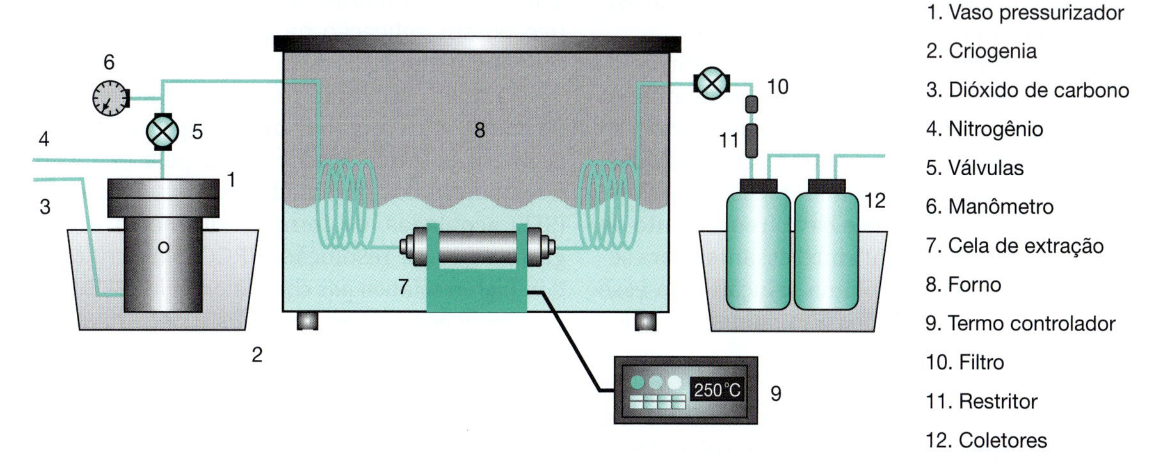

Figura 22.3 Componentes de um sistema completo para SFE, com possibilidades de operar nos modos estático, dinâmico, sequencial e combinado.

extrair compostos de polaridade intermediária ou bastante polares, torna-se necessário o emprego de pressões mais elevadas quando se pretende usar dióxido de carbono puro como agente extrator. Neste caso, empregam-se bombas mecânicas como as do tipo seringa para garantir pressões mais elevadas, frequentemente acima de 500 atm.

22.5 Vantagens e limitações da SFE

Os solventes usados durante as extrações supercríticas, geralmente, são gasosos à pressão normal e temperatura ambiente. Isso significa que, após a extração, eles podem ser facilmente eliminados de ambos, dos resíduos de extração e dos produtos extraídos e recuperados. Outra vantagem do sistema é que a maioria dos gases utilizados é fisiologicamente segura e inerte.

As propriedades solventes dos gases comprimidos podem ser bem variadas, tanto pelo ajuste apropriado da temperatura e da pressão quanto pela introdução de agentes aditivos que mudem a polaridade dos gases. Em adição, pela alteração gradual da temperatura e da pressão, podem ser feitas extrações multiface e fracionamento do extrato nos produtos desejados. Além disso, os solventes podem ser reusados, o que significa um baixo custo operacional, não permanecendo solvente residual nos extratos obtidos por fluido supercrítico.

A extração com fluido supercrítico permite o processamento de materiais a baixas temperaturas, o que é especialmente adequado quando compostos termossensíveis estão presentes. Dessa forma, evita-se a degradação desses compostos, que é um problema duplamente prejudicial: os produtos degradados comprometem a qualidade do produto final e geram rejeitos industriais indesejáveis que precisam ser tratados antes de eliminados.

Pode-se citar ainda como vantagem da SFE a rapidez no processamento dos materiais, devido à baixa viscosidade, alta difusividade e grande poder de solubilização do solvente supercrítico, tornando-se um processo competitivo frente a outras tecnologias anteriores.

Todas essas características são aliadas ao fato de ser uma técnica de grande simplicidade, envolvendo poucas etapas e com um rendimento superior às técnicas clássicas em tempo inferior de extração.[11]

Como principal limitação da técnica pode-se mencionar o fato de que o investimento inicial no equipamento é relativamente caro, notadamente no Brasil, devido ao custo de bombas, válvulas, celas e outras partes as quais precisam atingir e resistir a elevadas pressões. Assim, produtos de baixo valor agregado e baixo rendimento de extração não são economicamente interessantes para serem extraídos por esse processo. Uma solução para esse problema é o desenvolvimento dos equipamentos pelos próprios laboratórios de pesquisa.[12]

Outra dificuldade comumente encontrada com SFE envolve a extração de compostos de polaridade intermediária e elevada. Empregando-se CO_2 puro, solvente de longe o mais empregado nesta técnica, torna-se difícil a extração de compostos polares, mesmo em matrizes menos complexas. Em alguns casos mais simples, uma alteração pronunciada na densidade do CO_2, pelo aumento considerável da pressão, poderá conduzir a resultados satisfatórios. Entretanto, na maioria dos casos a extração ocorrerá com rendimento bastante aquém do satisfatório. Uma maneira de melhorar este quadro é a adição de solventes, usualmente líquidos em condições normais, os quais irão agir como modificadores das características do CO_2, principalmente a polaridade. Entretanto, este enfoque faz com que os atrativos do uso do CO_2 sejam parcialmente perdidos com a adição de solventes orgânicos como metanol, acetona, THF e outros. Em muitos casos, o uso de fluidos polares (usualmente solventes líquidos em condições normais) é preferível.[13,14]

22.6 Aplicações

O fato de ocorrer mudança na constante dielétrica de vários solventes, em função de temperatura e pressão, abre perspectivas para que se explorem novas possibilidades de reações químicas em condições diferentes das usualmente conhecidas. Na área de técnicas de separação de extrações torna-se possível o emprego de solventes com densidades mais apropriadas de forma a obterem-se extrações mais rápidas, seletivas e com maior rendimento. Em cromatografia esses solventes podem superar as dificuldades da ausência de solvatação dos gases empregados como fase móvel em cromatografia gasosa e da baixa difusividade e alta viscosidade dos líquidos empregados em cromatografia líquida, além de muitas outras aplicações ainda a serem descobertas.

Outras atividades de desenvolvimento comercial, de pesquisas dirigidas e mesmo acadêmicas, envolvendo extração por fluido supercrítico incluem a extração de princípios amargos e aromáticos do lúpulo,[15-18] para a indústria da cervejaria, a descafeinização de café,[19] do mate, do guaraná, a remoção da nicotina do tabaco,[15] para a produção do cigarro "light", a obtenção comercial de carotenoides da cenoura,[20] a extração de óleos essenciais de plantas,[15,18] a retificação e desodorização de óleos em geral,[21] a extração de insumos farmacêuticos de plantas medicinais,[15] a produção de sucos de frutas concentrados.[15] Adicionalmente, a extração com fluido supercrítico possui aplicação na análise de biomoléculas como drogas em amostras de fluidos biológicos como plasma.[22]

Também tem sido relatado na literatura a extração de compostos organoclorados (*polychlorinated biphenyl*, PCB) em leite materno ou soro pela extração com fluido supercrítico combinada com extração em fase sólida (SFE) acopladas, de forma *on-line*, com a cromatografia gasosa de alta resolução, HRGC (*supercritical fluid extraction-high-resolution gas chromatography*, SFE-HRGC).[23]

Publicações mais recentes mostram, mais uma vez, que a técnica de extração com fluido supercrítico continua sendo amplamente utilizada em diversas aplicações, como na produção de biodiesel,[24] na extração de álcoois da cana-de-açúcar[25] e na obtenção de extratos em alimentos,[26,27] dentre inúmeras outras possibilidades de novas aplicações.

22.7 Considerações finais

A extração com fluido supercrítico (SFE) é hoje uma técnica madura de extração cujas principais vantagens e limitações são bem conhecidas. As perspectivas do emprego da técnica, relacionadas com os resultados das pesquisas em desenvolvimento, dão maior consciência aos demais profissionais da área sobre as possibilidades que o processo oferece frente à necessidade de obter produtos isentos de solventes orgânicos tóxicos, especialmente nas áreas de alimentos e medicamentos.

O número de aplicações potenciais da extração por fluidos supercríticos continua a crescer em todo mundo. Pelo que se verifica, sua aplicação já é uma realidade, em parte impulsionada pela demanda crescente de produtos de alta qualidade e da globalização da economia, também no comércio de insumos farmacêuticos, alimentícios, químicos e cosméticos e, principalmente, pela seletividade, facilidade e capacidade de separação e fracionamento que oferece para um grande número de compostos orgânicos, muitas vezes impossíveis de extrair pelos processos tradicionais bem como aqueles cuja purificação torna-se onerosa.

Referências bibliográficas

[1]MAUL, A.A. et al. **Rev. Bras. Farmacogn**, 5:185, 1996.

[2]PELLERIN, P. **Perform. Flavor**, 16:37, 1991.

[3]MONDELLO, L. **Multidimensional chromatography**. John Wiley & Sons. West Susex, 2001.

[4]LATER, D.W. et al. **LC-GC**, 4:992, 1986.

[5]LANÇAS, F.M.; TAVARES M.C.H. **An overview of SFC**. Decker Encyclopedia of Chromatography, Jack. Cazes Marcel Dekker. New York, 2000.

[6]PINTO, J.S.S. Tese de doutorado defendida em outubro de 2002 no Instituto de Química de São Carlos – USP, sob orientação do Prof. Dr. Fernando M. Lanças, 2002.

[7]ASSIS, L.M. et al. **J Microcolumn Sep**, 12:292, 2000.

[8]ROSA, P.T.V.; MEIRELES, M.A.A. **J. Supercrit. Fluids**, 34:109, 2005.

[9]LEVY, J.M. **LC-GC**, 17(6S):S14, 1999.

[10]SUN, R. et al. **Fat. Sci.Technol.** 97:214, 1995.

[11]LANÇAS, F.M. et al. **J. High Resolut. Chromatogr.** 20:569, 1997.

[12]LANÇAS, F.M. et al. **SBCTA**, 17:432, 1997.

[13]LANÇAS, F.M.; MARTINS, M.S.J. **J. Environ. Sci. Health B**, 35:539, 2000.

[14]LANÇAS, F.M.; PEREIRA, D.M. **Energ. Source.** 21:355, 1999.

[15]KERROLA, K. **Food Rev. Int.** 11:547, 1995.

[16]LIST, P.H.; SCHIMIDT, P.C. **Phytopharmaceutical technology**. Heyden & Son. London, 1989.

[17]MCNALLY, M.E.P. **J. Assoc. Offic. Anal. Chem.** 79:380, 1996.

[18]QUECKENBERG, O.R.; FRAHM, A.W. **Pharmazie**, 49:159, 1994.

[19]ANKLAM, E.; MÜLLER, A. **Pharmazie**, 50:364, 1995.

[20]VEGA, P.J. et al. **J. Food Sc.** 61:757, 1996.

[21]REVERCHON, E.; OSSEO, S. **J. Am. Oil Chem. Soc.** 71:1007, 1994.

[22]LIU, H.; WEHMEYER, K.R. **J. Chromatogr. B.** 657:206, 1994.

[23]JOHANSEN, H.R. et al. **J. High Resolut. Chromatogr.** 16:148, 1993.

[24]FERNANDEZ, C.M. et al. **Bioresour. Technol.** 10:7019, 2010.

[25]LUCAS, A. et al. **J. Supercrit. Fluids**, 41:267, 2007.

[26]CASTRO-VARGAS, K. et al. **J. Supercrit. Fluid**, 76:17, 2013.

[27]RODRIGUEZ-MEIZOSO, I. et al. **J. Supercrit. Fluids**, 72:205, 2012.

23 Preparo de amostra empregando campo elétrico

José Alberto Fracassi da Silva, Richard Piffer Soares de Campos, Camila Dalben Madeira Campos e Alexandre Zatkovskis Carvalho

23.1 Introdução

A influência do campo elétrico pode ser marcante em técnicas de preparo de amostra. De maneira diferente das técnicas tradicionais que envolvem a distribuição de analitos em fases distintas, o campo elétrico pode ser utilizado para dirigir espécies em solução, na sua maioria espécies carregadas eletricamente, para uma fase aceptora. Em linhas gerais, a velocidade de migração dos íons (υ) quando submetidos ao campo elétrico depende das propriedades físico-químicas do íon em questão, da viscosidade do meio (η) e da magnitude do campo elétrico (E):

$$\upsilon = \frac{zeE}{6\pi\eta r} \qquad (23.1)$$

em que z é a carga efetiva do íon, e é a carga elementar e r é o raio do íon solvatado.

A relação entre a velocidade do íon e o campo elétrico aplicado é definida como mobilidade eletroforética do íon (μ_e).

$$\frac{\upsilon}{E} = \mu_e = \frac{ze}{6\pi\eta r} \qquad (23.2)$$

Desse modo, a relação entre a carga efetiva e o raio do íon solvatado é determinante para que ocorra uma separação física destes quando submetidos à ação do campo elétrico. Esse fenômeno é amplamente explorado em técnicas de eletromigração, como a eletroforese capilar e outras modalidades associadas, e tem sido aplicado também no preparo de amostras.

De acordo com os modelos de eletromigração, é muito simples visualizar que compostos carregados podem ser facilmente separados de compostos neutros. O mesmo pode ser dito de compostos de carga oposta, desde que as interações eletrostáticas entre eles sejam desprezíveis – a formação de pares iônicos pode aumentar a complexidade do sistema, mas de modo geral a aplicação dessas técnicas no preparo de amostras contendo baixas ou médias concentrações do analito de interesse desfavorece a formação de pares iônicos.

Muitas vezes, as espécies de interesse participam de equilíbrios ácido-base ou de complexação em que há uma grande variação na carga efetiva da espécie. Assim, a manipulação das condições de preparo, como pH do meio ou concentração de complexantes pode ser otimizada para determinada situação. Esses aspectos serão discutidos nos próximos tópicos, nos quais serão abordadas algumas técnicas promissoras para o preparo de amostras para a análise de compostos orgânicos, como a eletroforese em fluxo (*free flow electrophoresis*, FFE), a eletroextração em membrana (*electromembrane extraction*, EME), a extração em fase sólida assistida por campo elétrico, as armadilhas eletrocinéticas, a eletroeluição e a dieletroforese.

23.2 Eletroforese em fluxo (FFE)

A FFE proporciona a separação contínua de substâncias e tem sido utilizada com sucesso na eliminação de interferentes presentes na matriz.

Na FFE é utilizada uma câmara de separação onde é aplicado um campo elétrico perpendicular ao fluxo de entrada dos analitos e da solução eletrolítica utilizada na separação, como pode ser visto na Figura 23.1.

A amostra é aplicada na câmara em um ponto definido. No exemplo da Figura 23.1, isso é feito na posição central do início da câmara, embora outros arranjos sejam possíveis. Na saída da câmara, são posicionados tubos de coleta para o recolhimento das frações separadas. Sob a ação do campo elétrico, as espécies migrarão em direção aos polos de carga oposta, afastando-se, na coordenada y, do ponto de injeção. Quanto maior a mobilidade da espécie, maior será o afastamento, de modo que ao final do percurso da câmara, espécies com mobilidades diferentes serão recolhidas em frações distintas. As espécies neutras não sofrerão deflexão na câmara e serão recolhidas no reservatório posicionado no centro da saída.

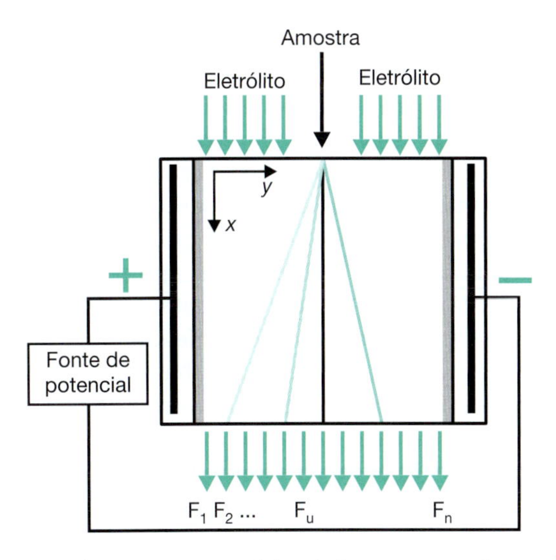

Figura 23.1 Diagrama esquemático de instrumentação para FFE. As frações são coletadas em tubos posicionados nas saídas (F_1, F_2, ... F_n). Na fração central (F_u) serão coletadas todas as espécies neutras, pois não sofrem deflexão no campo elétrico.

Os eletrodos, usualmente confeccionados com um metal inerte como platina, são conectados a uma fonte de potencial e devem ficar em um compartimento separado, pois a evolução de H_2 (no polo negativo, cátodo) e O_2 (no polo positivo, ânodo) devido à eletrólise da água pode causar flutuações de corrente, com perda de reprodutibilidade e em casos extremos o processo de separação cessa devido à interrupção da corrente.

Há duas maneiras básicas de acoplar o campo elétrico na câmara, por meio de uma membrana íon-permeável ou de um fluxo lateral auxiliar. Com a utilização da membrana, o espaço da câmara pode ser mais bem aproveitado para a separação dos compostos, mas é mais difícil, do ponto de vista instrumental, de posicionar as membranas no dispositivo. Além disso, pode ocorrer a obstrução da membrana, inviabilizando o uso do dispositivo e causando problemas de reprodutibilidade. Por sua vez, a utilização de um fluxo lateral contendo solução eletrolítica é uma alternativa para evitar os problemas relacionados com a utilização da membrana. Nessa configuração, a função do fluxo lateral é manter o contato elétrico do sistema de separação e as frações coletadas próximas às laterais da câmara são descartadas, com consequente diminuição do espaço útil.

A modalidade de separação pode ser selecionada pela escolha do tipo de eletrólito que preenche a câmara. Assim, a separação pode ser baseada na relação entre a carga efetiva e raio hidratado, como na eletroforese de zona, mas também pode ser realizada a focalização isoelétrica, isotacoforese ou o empilhamento das bandas (fenômeno conhecido como "*stacking*").[1]

23.3 Eletroextração em membrana (EME)

De maneira geral, a extração por solvente, ou extração líquido-líquido, é um método de separar compostos dissolvidos baseado nas suas solubilidades em dois diferentes líquidos. A maneira mais comum de executar essa técnica consiste na extração de um determinado composto em um funil de separação contendo a matriz aquosa e solvente orgânico. Este método clássico é comumente utilizado quando a quantidade de amostra a se extrair não é um fator limitante do processo, como nos casos em que o produto de uma síntese orgânica precisa ser separado da fase reacional. O advento e aperfeiçoamento de técnicas de separação que abrangem uma imensa variedade de compostos e seu acoplamento a métodos de detecção altamente sensíveis e rápidos fazem necessário o desenvolvimento de processos de extração para o preparo prévio das amostras de maneira rápida, eficiente e que necessitem de um volume pequeno dessa amostra. Técnicas de separação como a cromatografia gasosa, cromatografia líquida de alta eficiência e eletroforese capilar são um grande incentivo ao desenvolvimento de técnicas que utilizem pequenos volumes para o preparo de amostra, sejam altamente seletivas, específicas, pouco agressivas ao meio ambiente, e que possibilitem a automação do processo.[2] Essas características têm sido alcançadas com técnicas de extração em escala reduzida, as chamadas técnicas de microextração em fase sólida (*solid phase microextraction*, SPME) e líquida (*liquid phase microextraction*, LPME). Nesta seção será abordada a extração em LPME assistida por campo elétrico.

A LPME pode ser divida em três principais modos:[3]

- Microextração em gota suspensa (*single drop microextraction*, SDME);
- Microextração líquido-líquido dispersiva (*dispersive liquid–liquid microextraction*, DLLME);
- Microextração com fibra oca (*hollow-fiber liquid phase microextraction*, HF-LPME).

Desses três modos, a HF-LPME tem a interessante característica de possibilitar a extração em um sistema bifásico ou trifásico e ainda permitir a aplicação de potencial entre a fase onde inicialmente se encontra o composto a ser extraído (fase doadora) e a fase para qual o composto é extraído (fase aceptora).[4] Quando o HF-LPME é executado sobre a ação de um campo elétrico, a velocidade de extração dependerá, dentre outros fatores, da mobilidade dos compostos nesse campo, e o modo de extração líquido-líquido é denominado eletroextração em membrana (*electromembrane extraction*, EME).

23.3.1 Características gerais e práticas da EME

A eletroextração em membrana é baseada na aplicação de uma diferença de potencial elétrico através de uma membrana líquida suportada (*supported liquid membrane*, SLM).[5] Os valores típicos de diferença de potencial utilizados variam de 10 a 300 V.[5,6] O potencial aplicado atua no sistema como a força motriz que extrai íons presentes inicialmente na fase doadora, tipicamente aquosa, através de uma membrana líquida orgânica imobilizada nos poros da parede de uma fibra oca, para finalmente alcançarem a fase aceptora, que pode ser orgânica ou aquosa. Os casos mais comuns de aplicação em EME utilizam a extração do analito em fase doadora aquosa para fase aceptora aquosa, com o objetivo de purificação da amostra, eliminação de interferentes, ou para a pré-concentração do analito em fase aquosa de menor volume.

O primeiro trabalho de eletroextração através de uma membrana artificial líquida foi realizado por Pedersen-Bjergaard et al.[6] e relata a aplicação de diferença de potencial através de diferentes membranas para extração de cinco drogas básicas, inspirado pelos fenômenos de eletromigração conhecidos da eletroforese, por técnicas de isolamento baseado em eletromigração e pela eletrodiálise. Inicialmente os autores denominaram a técnica de eletroisolamento em membrana (*electro membrane isolation*, EMI),[6] mas, por não se tratar apenas de uma técnica de isolamento, mas sim de extração, esta foi renomeada à eletroextração em membrana.

Em linhas gerais, o aparato para EME consiste na inserção de dois eletrodos para aplicação de diferença de potencial entre as fases doadora e aceptora de um sistema HF-LPME. Deste modo, a eletroextração apresenta muitas similaridades com a microextração com fibra oca. A Figura 23.2 esquematiza os aparatos experimentais para utilização em (a) HF-LPME e (b) EME.

Um dos aspectos mais importantes para a extração trata-se da escolha e confecção da SLM. O modelo utilizado para confecção é o mesmo que para HF-LPME. A fibra oca é mergulhada em solvente orgânico para a imobilização desse solvente nos poros presentes na parede do tubo. Posteriormente a esse processo ocorre também a formação de uma fina camada de solvente orgânico na parede da fibra.[3] O solvente que fica retido nos poros da fibra oca é denominado membrana líquida suportada e permanece retido devido às forças capilares na parede da fibra.[4]

A escolha do solvente da SLM é crítica, pois o fluxo de analito extraído para a fase aceptora depende diretamente do coeficiente de difusão deste analito na SLM, ou seja, é dependente da interação entre o analito e o material que constitui essa membrana. Assim, o solvente constituinte da membrana precisa possibilitar a solubilidade necessária para que os analitos possam ser transportados através da SLM. Em adição, este solvente precisa ser imiscível com água (solvente orgânico), necessita ser capaz de ser imobilizado nos poros da fibra oca e deve ter alto ponto de ebulição a fim de evitar perdas por evaporação.[4]

Tipicamente, o solvente mais utilizado em EME é o 2-nitrofenil octil éter (NPOE), pois apresenta recuperações de cerca de 70 % em tempos bastante reduzidos para uma série de analitos modelos. Infelizmente, a escolha de solventes alternativos ainda se baseia no método de tentativa e erro, sendo necessários testes de recuperação da extração para escolha da melhor opção de SLM.
A recuperação (R) pode ser calculada pela relação:

$$R = \left(\frac{V_a}{V_d}\right) \cdot \left(\frac{C_{af}}{C_{di}}\right) \cdot 100\ \% \qquad (23.3)$$

em que V_a e V_d são os volumes das fases aceptora e aceptora, respectivamente; C_{af} é a concentração do analito na fase aceptora após a extração e C_{di} a concentração inicial do analito na fase doadora (antes da extração).

A recuperação é, portanto, um parâmetro que expressa a razão da quantidade extraída do analito alvo em relação a sua quantidade total disponível incialmente na fase doadora. A principal diferença entre EME e HF-LPME provém do tempo de extração necessário para a obtenção de valores de recuperação satisfatórios. Neste sentido, valores de R acima de 60 % em HF-LPME são obtidos em processos que duram tipicamente de 20 a 60 minutos,[4] enquanto recuperações semelhantes são observadas em tempos de extração de 3 a 5 minutos em EME. Isso ocorre porque EME é um modo de microextração regido pelo movimento de íons sob a ação de um campo elétrico. Assim, em EME, além dos processos difusivos e convectivos que também atuam no transporte de massa em HF-LPME, os íons carregados são levados através da membrana devido à sua mobilidade no campo elétrico.[4]

Outro aspecto prático importante que deve ser considerado é a condição em que os eletrodos são dispostos. Para a extração de cátions, o cátodo deve ser colocado na

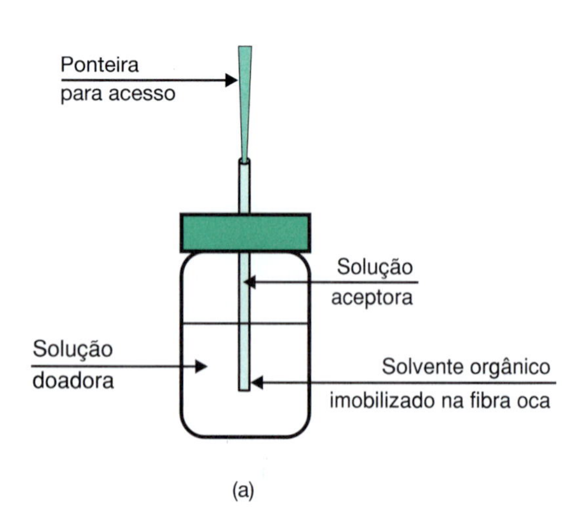

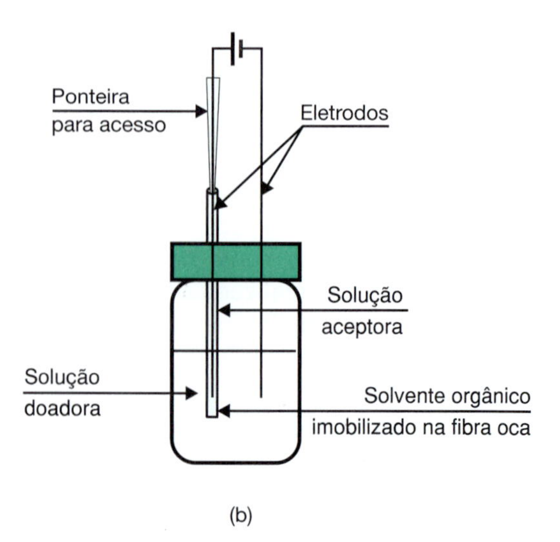

Figura 23.2 Aparato experimental utilizado em (a) HF-LPME e (b) EME. Adaptado da referência Gjelstad, A. et al.[7]

solução aceptora e o ânodo na solução doadora, enquanto para a extração de ânions a polaridade da fonte de potencial deve ser invertida. Isso se deve ao fato de que com a aplicação do potencial, os íons são forçados a migrarem através da SLM na direção do eletrodo de carga oposta localizado na fase aceptora. Todo o procedimento deve ser realizado sob agitação, o que acelera ainda mais o processo de extração promovendo a convecção dos analitos em solução, além de reduzir a camada estagnada na interface solução/SLM.[4]

23.3.2 Fundamentação teórica

Em EME, apesar do fator determinante da velocidade também ser o transporte de massa através da SLM, a técnica possui como força motriz o campo elétrico gerado pela diferença de potencial aplicada entre as fases doadora e aceptora, somada aos processos difusivos.

A modelagem em EME é feita assumindo-se que a SLM seja um líquido livre de convecção na presença de um campo elétrico E. Gjestad et al.[8] descreveram o fluxo de um íon presente na fase doadora, *Ji*, através da equação de fluxo de Nernst-Planck:

$$J_i = -D_j \frac{dc_j}{dx} + \frac{D_j z_j eEc_j}{kT} \qquad (23.4)$$

O primeiro termo da Equação (23.4) refere-se à difusão da substância iônica *j*, (cátion ou ânion), enquanto o segundo termo descreve a eletromigração. D_j é o coeficiente de difusão para o íon, z_j é a carga deste íon, c_j a concentração do íon na SLM, *x* a distância da interface SML/aceptor, *k* a constante de Boltzmann, *e* a carga elementar e *T* a temperatura absoluta. A Figura 23.3 exemplifica o modelo teórico para o transporte eletrocinético através da SLM.

A Equação de Poisson pode ser aplicada à SLM, e em conjunto com a Equação (23.4), descreve o transporte iônico no interior da SLM:

$$\frac{d^2\phi}{dx^2} = \frac{\rho(x)}{\varepsilon} \qquad (23.5)$$

onde ϕ é o potencial elétrico sobre a SLM, ε a permissividade da SLM e $\rho(x) = e\sum_j z_j c_j$ é a densidade de carga espacial da SLM.

Para resolver as Equações (23.4) e (23.5) pode-se utilizar a aproximação de Planck, válida para membranas relativamente finas, como as utilizadas em EME. A aproximação de Planck assume que todos os pontos no interior da membrana são eletricamente neutros em escala microscópica, e a condição de eletroneutralidade é dada por:

$$\sum_{i=1}^{M} z_i c_i + \sum_{k=1}^{N} z_k c_k = 0 \qquad (23.6)$$

em que z e c são a carga e concentração dos íons da SLM, respectivamente. O subíndice *i* refere-se aos cátions das *M* substâncias catiônicas, enquanto *k* refere-se aos ânions das N substâncias aniônicas. As Equações (23.5) e (23.6) podem ser utilizadas para resolver a Equação (23.4) para todas as espécies presentes na SLM.

Assumindo-se que todas as espécies no sistema tenham carga única e que a membrana não possui carga, o fluxo de estado estacionário do cátion *i*, J_i, é dado por:

$$J_i = -\frac{D_i}{h}\left(1+\frac{\upsilon}{\ln X}\right)\left(\frac{X-1}{X-e^{-\eta}}\right)\left(c_i - c_{i0}e^{-\eta}\right) \qquad (23.7)$$

em que D_i é o coeficiente de difusão do íon, *h* a espessura da membrana, c_i e c_{i0} são as concentrações do cátion *i* na interface doador/SLM e SLM/aceptor, respectivamente; X é a razão da concentração iônica total da fase doadora pela fase aceptora, também chamada de balanço de íons; e σ é a força motriz adimensional, definida por:

$$\sigma = \frac{z_i e\,\Delta\varnothing}{kT} \qquad (23.8)$$

A definição do balanço de íons é dada por:

$$X = \frac{\sum_i c_{ih} + \sum_k c^*_{kh}}{\sum_i c_{i0} + \sum_k c^*_{k0}} \qquad (23.9)$$

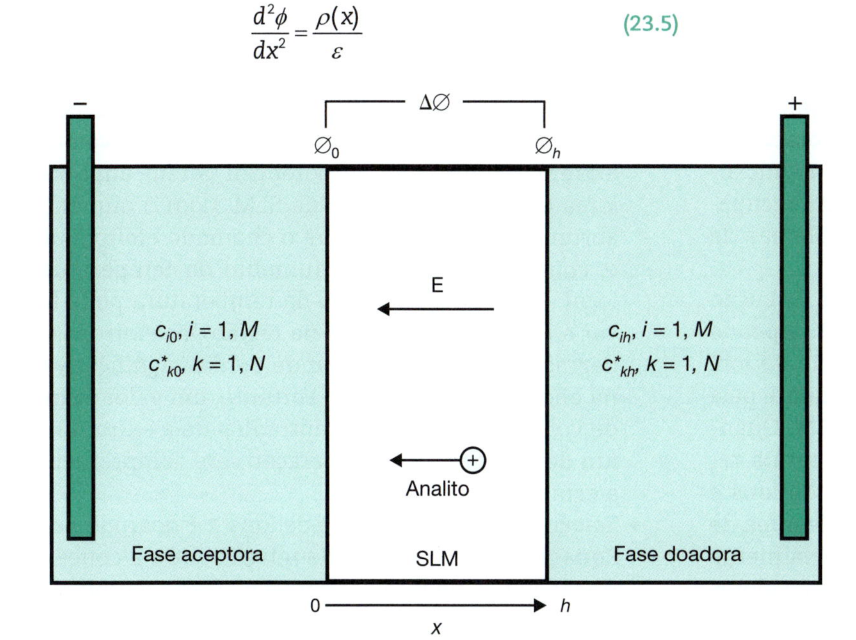

Figura 23.3 Modelo para o transporte eletrocinético na SLM, com *i* cátions e *k* ânions. Adaptado da referência [8].

em que c_{ih} e c_{i0} são as concentrações do cátion i nas fases doadora e aceptora, respectivamente; e c^*_{kh} e c^*_{k0} são as concentrações do ânion k nas fases doadora e aceptora, respectivamente.

Para fins de simplificação, pode-se assumir que o coeficiente de partição do cátion i para ambas as interfaces (doador/SLM e SLM/aceptor) é unitário, e deste modo, as concentrações nas interfaces da Equação (23.7) podem ser substituídas pelas concentrações livres do cátion na fase doadora (c_{ih}) e aceptora (c_{i0}). Para resultados que possam descrever mais detalhadamente o sistema EME, o equilíbrio de partição e a diferença potencial nas duas interfaces devem ser considerados.

Em adição, as curvas de concentração de analito *vs.* tempo encontradas experimentalmente para EME têm formas similares àquelas de HF-LPME, com a diferença que possuem menores tempos de atraso e alcançam valores mais altos de recuperação mais rapidamente. Isso sugere que as expressões para as concentrações de analito na fase doadora, SLM e aceptora modeladas para HF-LPME podem ser reinterpretadas em EME com a incorporação de um coeficiente de permeabilidade fenomenológico (que incorpore os efeitos de campo elétrico).[7]

23.3.3 Fatores que afetam a extração em EME

A Equação (23.7) pode ser utilizada para calcular o fluxo de íons através da SLM (cátions ou ânions). É notável por essa mesma equação que este fluxo depende diretamente de uma série de fatores: do coeficiente de difusão na SLM e, consequentemente, da natureza da SLM; da voltagem aplicada ao sistema, do balanço de íons, da temperatura e do pH. Além dos fatores apontados por essas equações, o tempo de extração também pode interferir na recuperação em EME.

- *Tempo de extração* – O tempo de extração em EME é um fator importante, pois normalmente a recuperação aumenta em função do tempo de extração. Isso se processa até que o sistema atinja o equilíbrio e permaneça em estado estacionário, em que não haja mais ganho significativo na relação da recuperação *vs.* tempo. Tipicamente em EME, este tempo de equilíbrio está na faixa de 5 a 10 minutos.[4] Tempos de extração prolongados não são aconselháveis, pois podem ter o efeito contrário ao inicialmente esperado, gerando extrações com recuperações reduzidas devido a possíveis problemas de estabilidade do sistema.
- *Coeficiente de difusão na SLM* – Segundo a Equação 23.7, o fluxo do analito através da SLM depende diretamente de D_i, o coeficiente de difusão do íon. Esse parâmetro é determinado principalmente pela viscosidade do solvente que compõe a SLM. Quanto mais viscoso for este solvente, maior será a resistência que este irá impor à passagem de íons e menor será o valor de J_i. Desse modo, solventes de menor viscosidade devem ser preferencialmente utilizados, pois proporcionarão melhores valores de recuperação. Além disso, o fluxo é inversamente proporcional à espessura da SLM, sugerindo que membranas mais finas possam ser utilizadas para melhorar o desempenho das extrações. A faixa típica de espessura em EME com fibra oca é da ordem de 200 µm.[4] Neste ponto, deve salientar-se que a estabilidade mecânica do solvente que compõe a SLM é o fator limitante que deve ser avaliado ao se propor membranas extremamente finas, pois a perda de solvente dos poros pode comprometer todo o processo de microextração.

Portanto, a escolha do solvente constituinte da SLM é crítica e determinada muitas vezes por tentativa e erro. Solventes com viscosidades desejáveis podem não gerar fatores de recuperação satisfatórios devido a sua baixa estabilidade como membrana. A Tabela 23.1 mostra os valores de recuperação para uma série de solventes utilizados para a construção da SLM para cinco analitos-modelo.[6] Nota-se que muitos dos solventes não permitiram nenhuma recuperação. No caso da 2-octanona, valores de recuperação foram observados, mas os resultados apresentaram desvio-padrão altos demais para serem considerados reprodutíveis pelos autores. Os melhores valores encontrados foram para o 2-nitrofenil octil éter (NPOE), como comentado nas seções anteriores. Como alternativa biossustentável, o óleo de menta também apresentou valores de recuperação acima de 70 % para quatro dos cinco analitos-modelo. Alguns compostos extremamente polares não são capazes de penetrar a membrana de NPOE. Para efetuar a extração, pode ser utilizada uma mistura de NPOE com reagentes íon-pareantes, como o di-(2-etilexil)fosfato (DEHP) e o tris-(2-etilexil)fosfato (TEHP), a fim de facilitar o transporte desses analitos na interface da solução doadora com a SLM. Isso indica que a seletividade da SLM pode também ser alterada por meio da modificação de sua composição.[4]

- *Voltagem aplicada ao sistema* – O fluxo de analito através da SLM é diretamente proporcional à voltagem aplicada através desta membrana, uma vez que altos potenciais elétricos devem promover uma eletromigração mais eficiente. Experimentalmente é observado que o aumento da diferença de potencial gera maiores valores de recuperação, mas somente até certo ponto. Isso se deve ao fato que valores extremamente altos de potencial geram altos valores de corrente através da SLM. Com o aumento abrupto da corrente, ocorre o chamado efeito Joule e, consequentemente, o aumento da temperatura local. O aumento extremo da temperatura pode levar à formação de bolhas na região dos eletrodos e degradação da SLM, causando perdas significativas na eficiência do processo. Portanto, um valor ótimo de voltagem deve ser encontrado para a extração, a fim de obter-se alta recuperação sem comprometer a estabilidade do sistema.[9]
- *Balanço de íons* – O balanço de íons X é definido pela Equação 23.9 e é função da relação entre a concentração iônica na fase doadora e na fase aceptora. De acordo com a Equação 23.7, é esperado que o menor

Tabela 23.1 Valores de recuperação para diferentes membranas líquidas artificiais

SLM	Recuperação (%)[a]				
	Petidina	Nortriptilina	Metadona	Haloperidol	Loperamida
2-Nitrofenil octil éter	70	70	79	72	76
Diexil éter	Nd	Nd	Nd	Nd	Nd
1-Octanol	3	4	7	3	7
2-Octanona	[b]	[b]	[b]	[b]	[b]
Dodecilacetato	Nd	Nd	Nd	Nd	Nd
2-Nitrofenil octil éter + 5 % di(2-etilexil) fosfato	57	13	26	3	4
Querosene	Nd	Nd	Nd	Nd	Nd
Óleo de silicone AS 4	Nd	Nd	Nd	Nd	Nd
Óleo de soja	Nd	Nd	Nd	Nd	Nd
Óleo de menta	13	73	73	78	79

[a](n = 3), desvio-padrão relativo abaixo de 15 %. [b]Foi observada recuperação não confiável devido ao alto desvio-padrão relativo.

valor de X induza maiores valores de fluxo iônico e, consequentemente, que o sistema alcance o estado estacionário mais rapidamente. De maneira prática, se a concentração iônica na fase aceptora for maior que na fase doadora, o fluxo de íons na SLM deve ser maior.

- *Temperatura* – Por um lado, a força motriz da extração σ, expressa pela Equação 23.8, deve ser reduzida com o aumento da temperatura. Por outro lado, o coeficiente de difusão de um analito na SLM, D_i aumenta com a elevação da temperatura. Experimentalmente, é observado que o efeito negativo da temperatura na força motriz é insignificante perante o efeito positivo no coeficiente de difusão.[8] Em adição, o aumento do fluxo em função da temperatura também pode ter seu efeito pronunciado devido à alteração dos coeficientes de partição do analito no equilíbrio entre as fases aquosa e orgânica.[8] Deve-se atentar ao fato de que o aumento excessivo da temperatura pode também causar a formação de bolhas na região dos eletrodos e a instabilidade da SLM, diminuindo significativamente a eficiência da EME.
- *pH* – O controle do pH nas fases doadora e aceptora é importante pois, para que haja o fenômeno da migração eletrocinética, deve-se garantir que o analito esteja na forma iônica em ambas as fases. Assim, substâncias ácidas são extraídas em ambiente alcalino, utilizando-se hidróxido de sódio como eletrólito base. Substâncias básicas podem ser extraídas em condições ácidas, tipicamente utilizando os ácidos clorídrico ou fórmico como eletrólitos, sendo o último uma fase aceptora mais amigável para aplicações em espectrometria de massas (MS).

Em termos práticos, o controle de pH da fase aceptora pode gerar resultados de melhores valores de recuperação, uma vez que o transporte de massa entre a SLM e a solução aceptora é um fator limitante da extração. Tem sido reportado que o pH da solução doadora não afeta criticamente a recuperação da extração, desde que este seja suficiente para que o analito permaneça em sua forma iônica.[6]

23.3.4 Aplicações da EME

A técnica da EME tem recebido bastante atenção nos últimos anos, e sua alta recuperação e capacidade de eliminação de interferentes, com possibilidade de integração a diferentes técnicas de análise (como CE, GC, HPLC e MS) tem proporcionado seu emprego em diversas aplicações. Dentre elas, podem-se citar aplicações em microssistemas de análise total, os µTAS, em que o processo de extração pode ser integrado em linha diretamente ao sistema de separação e detecção.[10,11] A EME tem sido aplicada na extração e quantificação de uma grande quantidade de compostos, especialmente aqueles de interesse biológico, como proteínas e peptídeos,[12,14] antidepressivos em plasma humano,[15] drogas anti-inflamatórias,[9,16] estimulantes,[17] compostos zwiteriônicos,[18] dentre outros.

Com tais vantagens e possibilidades de integração e aplicação, a EME é uma poderosa técnica de microextração com potencial ainda maior de crescimento e estudos. A descoberta e a produção de novas SLM podem proporcionar extrações com alta seletividade.

23.4 Extração em fase sólida assistida por campo elétrico

A extração em fase sólida (SPE) é um tratamento bastante comum na preparação de amostras.[19] Várias formas de aumentar sua eficiência têm sido estudadas, dentre elas a aplicação de potencial elétrico. O potencial pode ser utilizado com o intuito de movimentar a fase líquida ou de aumentar a seletividade da extração.[20]

Alguns autores[20] consideram o trabalho de Morales-Cid et al.[19] como o marco inicial dessa técnica. Nesse trabalho os autores adaptaram a técnica de SPE convencional, aplicando 5 mL de amostra em uma fase ativada com o eluente e água deionizada. Em sequência, a diferença potencial foi aplicada para auxiliar a eluição dos componentes da amostra.

A aplicação de potencial durante a eluição propicia força motriz adicional, facilitando a eluição do analito e provoca atração elétrica, com o consequente empilhamento dos íons (*system stacking*) imediatamente antes da interface eletrólito/eluente.[19] A maior parte das vantagens descritas para técnicas de concentração em capilar é encontrada neste processo.[19] Ainda, as extrações em fase sólida utilizando a aplicação de potencial sobre substratos com eletroatividade se apresentam como uma alternativa de menor custo e impacto ambiental em comparação às modificações químicas comumente produzidas nas fases sólidas, principalmente nas aplicações de microextração.[21] No entanto, deve-se levar em conta que ao utilizar o campo elétrico na SPE, os compostos de cargas opostas tenderão a migrar em direções contrárias, ocasionando a perda de algumas espécies.[19] Devido a isso, a técnica demanda uma escolha conscienciosa do eletrólito e do potencial utilizados para que todos os compostos de interesse sejam encaminhados para as etapas seguintes do processo de análise. Por exemplo, Chai et al.[22] detectaram anilina em amostras de água por meio deste processo que eles chamaram de extração auxiliada por eletroadsorção, utilizando como substrato fibras de carbono. A estrutura experimental utilizada para este processo, semelhante às descritas por outros autores, consta basicamente de um potenciostato para o controle do potencial do eletrodo. No mesmo sentido, Luo et al.[23,24] propuseram a extração de poluentes orgânicos em amostras de água também com o uso de materiais carbônicos como substrato.

O uso de campo elétrico para movimentação da fase líquida em processos de SPE ganha destaque quando o processo é utilizado em µTAS. Nesse caso, a movimentação de fluidos por aplicação de potencial elétrico é uma alternativa à aplicação de pressão, possibilitando dispositivos mais compactos e com controle simplificado. Um exemplo bem-sucedido pode ser visto no trabalho de Hokkanen et al.,[25] em que os autores relatam o desenvolvimento de um microchip para o acoplamento de SPE e eletroforese capilar de zona (*capillary zone electrophoresis*, CZE). Para aumentar a eficiência do processo, os autores utilizaram colunas de extração de imunoafinidade.

A eletroatividade e as propriedades redox de polímeros condutivos como o polipirrol e seus derivados têm atraído grande interesse em seu uso para desenvolvimento de dispositivos de extração. A mudança no potencial aplicado sobre o polímero resulta na mudança do sentido de migração dos contraíons para o equilíbrio de carga. Este processo utilizando tais polímeros foi encontrado em diversos trabalhos da literatura. Em um estudo apresentado por Yates et al.,[26] o potencial é zerado durante a adsorção e aplicado na segunda etapa, quando o analito – arsenobetaína – deve ser liberado. O dispositivo de Şahin et al.[27] possui estruturas para a extração de cátions e ânions, baseadas em filmes de polipirrol e de polipirrol sulfonado superoxidado, respectivamente.

Diante da aplicação de potenciais de 0,75 e –0,50 V sobre as estruturas, para captura e liberação, respectivamente, foi possível extrair do meio cálcio, magnésio, nitrato, sulfato e cloreto. Para a utilização desse polímero na extração de ânions pode ser necessário promover a ejeção de contraíons antes do uso, como é feito por Wu et al.[21] Isso é obtido por meio da aplicação de um potencial negativo, promovendo a redução do polímero. No caso dos cátions, apenas a limpeza com cloreto de sódio é utilizada.

Nesse tipo de aplicação, também conhecida como extração em fase sólida controlada eletroquimicamente (SPE-EC), assim como na troca iônica, a capacidade de adsorver íons é determinada principalmente pela espessura dos filmes condutivos.[28]

Entre os materiais utilizados para SPE-EC estão diferentes estruturas baseadas em nanoestruturas de carbono. Um exemplo disso pode ser visto no trabalho de Zeng et al.[29] no qual os autores utilizam um potencial de –0,6 V para aprimorar a microextração em fase sólida de drogas em amostras de urina. O sistema construído baseia-se no uso de três eletrodos. O eletrodo de trabalho é feito de nanotubos de carbono multicamadas e revestido de Nafion. Quando um potencial é aplicado sobre esse eletrodo, a droga – protonada – é atraída, ficando retida na fibra. Quando o potencial é invertido, a droga é liberada para o meio. A mesma técnica foi utilizada pelos autores para extração de aminas e ácidos carboxílicos, como compostos de teste.[30] Li et al.[31] utilizaram eletrodos de platina recobertos com nanotubos monocamadas para a extração de íons, baseando-se no mesmo princípio.

23.5 Armadilhas eletrocinéticas

Descrito pela primeira vez em 2003 por Dai et al.,[32] o método reside em exercer controle espacial sobre a velocidade eletrocinética do analito. Para isso, a velocidade eletrosmótica do eletrólito de um lado do dispositivo é oposta a do analito. Isso resulta na concentração do analito – no caso DNA – para o ponto no qual estas velocidades se anulam (Figura 23.4).

Os princípios dessa técnica foram aproveitados por Wang et al.[33] para desenvolver a separação de biomoléculas em dispositivos microfluídicos. Dois canais paralelos, separados por nanocanais de comunicação são utilizados. Dessa forma, enquanto um fluxo primário movimenta a maior parte das moléculas em um dos canais, uma parte delas passa através dos nanocanais e se se-

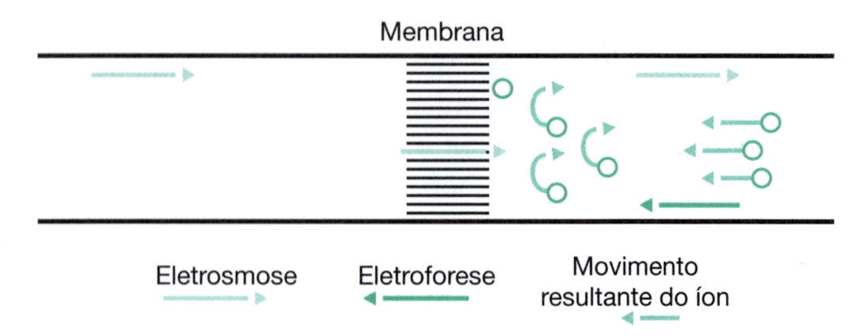

Figura 23.4 Esquema de funcionamento das armadilhas eletrocinéticas. Adaptado de Dai et al.[32]

para. Estrutura semelhante foi desenvolvida por Kovarik e Jacobson,[34] utilizando poros cônicos. Esses dispositivos integram captura eletroforética e dieletroforética, concentrando as partículas no final dos canais.

A Figura 23.5, adaptada do artigo de Wang et al.[35] ajuda a visualizar o fenômeno. Neste dispositivo, dois canais são conectados através de um nanocanal, sendo o canal superior utilizado para a pré-concentração, neste caso de proteínas. Para pequenos campos elétricos aplicados no nanocanal nenhum efeito é observado. Quando o campo elétrico aumenta, o transporte de íons começa a ficar limitado pela difusão e gera uma zona de depleção no canal superior. Se o campo for ainda aumentado, a eletroneutralidade nesta zona não pode mais ser mantida e a carga adicional é concentrada nas regiões laterais. Ao se aplicar um segundo campo elétrico tangencial ao nanocanal um fluxo eletrosmótico é gerado, resultando no acúmulo de espécies carregadas na borda da zona de depleção.

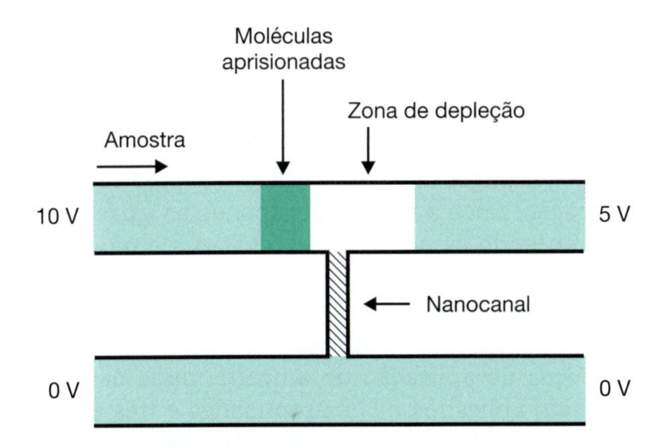

Figura 23.5 Esquema de funcionamento de aparelhos para aprisionamento eletrocinético. Adaptado com permissão de Wang et al.[35] – American Chemical Society.

23.6 Eletroeluição

Muito do que sabemos sobre os mecanismos moleculares que suportam a vida dependem da pesquisa e estudo de RNAs, proteínas e peptídeos e de seus respectivos arquivos geradores, armazenados em nosso disco rígido (os cromossomos) na forma de sequências de DNA. Uma das técnicas mais empregadas em bioquímica e biologia molecular para este propósito é a separação de macromoléculas por eletroforese em gel. Separações de proteínas e peptídeos são normalmente realizadas em géis de poliacrilamida, enquanto moléculas de DNA e RNA podem ser separadas tanto em poliacrilamida como em géis de agarose. Após a separação, os analitos formam bandas distintas, que podem ser visualizadas através do uso de corantes apropriados, tais como brometo de etídeo, para DNA e RNA e azul brilhante de Coomassie, para proteínas e peptídeos.

Separações por eletroforese em gel podem ser realizadas com finalidade analítica para se determinar a pureza de uma determinada amostra ou identificar e quantificar uma determinada molécula. Este emprego da eletroforese, embora bem estabelecido, apresenta limitações quanto à eficiência da separação. Inicialmente, a quantificação com precisão de uma determinada substância por esse método não era facilmente obtida. Felizmente, com os avanços extraordinários da eletrônica e da computação observados desde o final do século passado, hoje é possível quantificar substâncias separadas por eletroforese em gel através de uma técnica chamada densitometria, que é baseada em se obter a imagem digitalizada (*scanning*) de um gel e medir a densidade óptica das bandas dos analitos e de padrões com concentrações conhecidas.

A identificação inequívoca de uma determinada molécula em amostras desconhecidas e/ou complexas é praticamente impossível de ser realizada diretamente através de eletroforese. Dessa forma, a corrida eletroforética é realizada apenas para separar as espécies, que são posteriormente identificadas através de outras técnicas, tais como a espectrometria de massas e, mais frequentemente, imunoensaios (proteínas) e hibridização (DNA e RNA) após a transferência das bandas do gel para uma membrana adequada (*blotting*). Entretanto, existem situações que requerem a recuperação da molécula de interesse do gel de separação, sem que maiores alterações químicas e estruturais sejam deflagradas. São exemplos desses processos: ensaios de atividade enzimática, estudos de ligações (*binding assays*) e estudos de solubilidade. Nesses casos, as técnicas de *blotting* não podem ser utilizadas.

Uma situação comum é o uso da técnica de eletroforese para a purificação e isolamento de uma determinada molécula. Por exemplo, um antígeno de interesse pode ser isolado por eletroforese, recuperado do gel, purificado e injetado em um animal para a produção de um determinado anticorpo.

No final do século passado houve um forte enriquecimento científico com a introdução de um conjunto de técnicas que deram origem ao que hoje se conhece como engenharia genética. Este termo se refere à manipulação genética, consistindo em modificações intencionalmente introduzidas em moléculas de DNA, gerando uma nova molécula que pode ser inserida em uma célula e produzir uma proteína que originalmente não era expressa na célula modificada. Para que uma célula seja geneticamente modificada é necessário isolamento do gene de interesse, que é, de forma simplista, uma sequência de DNA. Após a obtenção e purificação do DNA total de um determinado organismo, este material é tratado com enzimas de restrição específicas para que o gene de interesse seja extraído. Este tipo de clivagem enzimática, apesar de discriminatório, gera diversos fragmentos de DNA além do fragmento de interesse. Com eletroforese em gel é possível separar os fragmentos em função do tamanho da cadeia (medido em pares de bases). O fragmento de interesse pode ser recuperado do gel, purificado e integrado a um plasmídeo (molécula circular de DNA) para amplificação e/ou para sua expressão. Atualmente a obtenção de uma sequência de interesse é muito mais simples, pois basta uma única molécula de DNA para que obtenhamos inúmeras cópias por replicação via PCR (*polymerase chain reaction*). Ainda assim, nem sempre o primer (pequena sequência de DNA que reconhece e sinaliza a região a ser replicada) é específico para apenas a sequência de interesse, gerando assim outras moléculas de DNA que deverão ser separadas por eletroforese.

A eletroeluição é uma técnica que permite a recuperação de moléculas previamente separadas por eletroforese em gel. Esta ferramenta foi muito utilizada nas duas décadas passadas, porém muitos pesquisadores têm optado por kits comerciais em substituição à eletroeluição. Apesar de proporcionar algum ganho de tempo na extração, os kits representam um investimento financeiro muito maior.

Ainda, em algumas situações a eletroeluição apresenta melhores resultados, como na extração de fragmentos muito grandes de DNA, por exemplo. Existem equipamentos comerciais para eletroeluição, porém diversos equipamentos construídos em laboratório foram propostos e serviram para sua finalidade. A forma mais simples de se realizar eletroeluição consiste em simplesmente introduzir o recorte de gel em um saco de diálise preenchido com eletrólito para eletroeluição e posicionar este saco em uma cuba de eletroforese entre os eletrodos da fonte de tensão. O eletrólito de eluição normalmente é constituído de uma solução tampão de baixa condutividade. Frequentemente são adicionados agentes para garantir a completa solubilização da amostra. O uso de 0,1 % (m/v) de dodecilsulfato de sódio (SDS) é comum, tanto para a solubilização das proteínas como para melhorar a eficiência do processo de eletroeluição, pois o SDS garante uma carga negativa a essas moléculas.

Em eletroforese a separação é obtida em função da migração diferencial de solutos eletricamente carregados quando submetidos ao efeito de um campo elétrico. A eletroeluição nada mais é que uma variação da eletroforese, pois o fenômeno que rege a migração e separação em um gel é o mesmo que rege a eluição de um analito do gel para o eletrólito de corrida. O procedimento básico se resume a identificar e recortar a banda de interesse no gel de separação, seguido da introdução do material no dispositivo de eletroeluição e aplicação do potencial. O resultado da operação é uma solução contendo a molécula de interesse dissolvida em um eletrólito adequado, coletada em um saco de diálise. Após a eletroeluição, etapas posteriores de purificação podem ser aplicadas para se eliminar substâncias presentes nos eletrólitos de corrida e de eletroeluição. Normalmente a purificação é realizada por diálise e/ou precipitação, assuntos tratados em outros capítulos deste livro.

Purificações mais cuidadosas podem ser feitas de forma a evitar que a substância de interesse seja corada com o agente de visualização, que pode causar perda de funcionalidade, bloqueio de sítios de ligação química e modificações estruturais significativas o suficiente para comprometer o uso da substância obtida. Para se identificar a região correspondente à banda de interesse sem corar o analito é montado um gel onde os poços das extremidades são preenchidos com um padrão que permita identificar a distância de migração do soluto de interesse. Normalmente corremos padrões nas duas extremidades, pois o gel pode sofrer deformações durante a corrida fazendo com que uma mesma substância aplicada em todos os poços migre distâncias diferentes para cada ponto de aplicação. Após a separação, apenas as extremidades do gel contendo os padrões são reveladas e reposicionadas com o restante do gel, permitindo identificar as regiões do gel que devem ser recortadas e alocadas no dispositivo de eletroeluição. A Figura 23.6 ilustra um gel com cinco poços de aplicação de amostra, onde os padrões teriam sido aplicados nas extremidades e três amostras poderiam ter sido separadas, identificando as regiões do gel que devem ser selecionadas para eletroeluição.

Apenas os canais com os padrões são corados, evitando assim modificações não desejadas aos analitos de interesse, que serão posteriormente eletroeluídos.

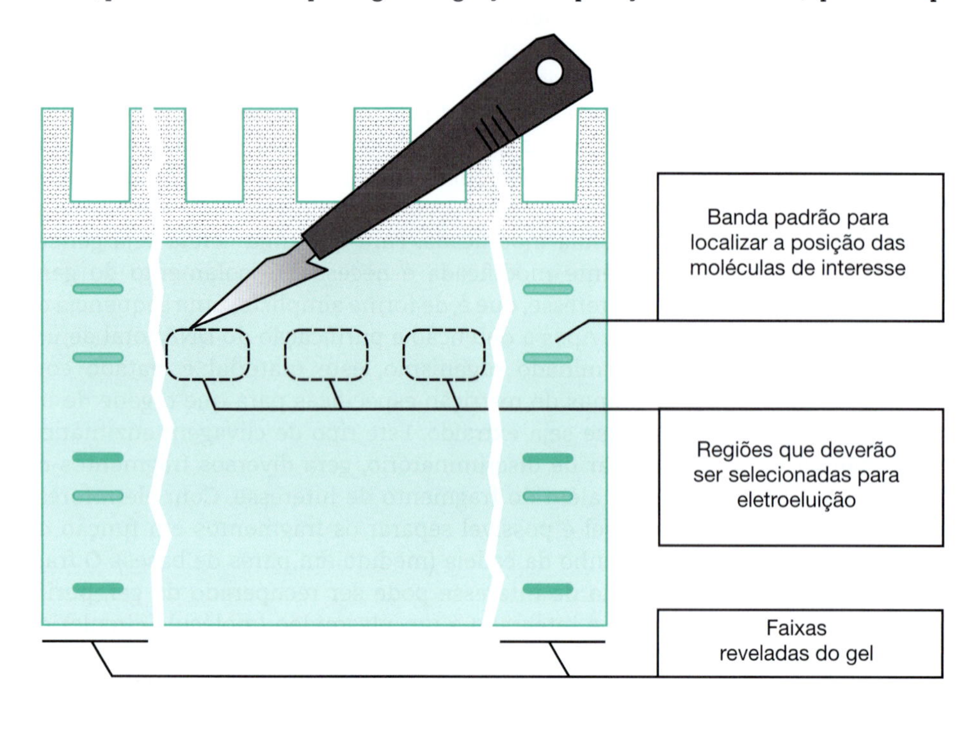

Figura 23.6 Representação de um gel de eletroforese e a extração de bandas não coradas através do uso de dois canais de separação com um padrão adequado.

Conforme discutido anteriormente, diversos dispositivos para eletroeluição foram propostos. Abordaremos a seguir a construção e uso de um equipamento básico de eletroeluição, permitindo ao leitor não só uma visão e compreensão geral da técnica, mas também a possibilidade de construir seu próprio eletroeluidor.

Um dispositivo básico para eletroeluição pode ser construído com uma cuba de eletroforese contendo o eletrólito para eletroeluição, um tubo de vidro que permita o acondicionamento de um pedaço de gel contendo a banda com a molécula de interesse, uma membrana de diálise com poros menores que a molécula de interesse e elástico para fixação da membrana de diálise no tubo de vidro. Primeiramente o gel com a molécula a ser eletroeluída é colocado no interior do tubo de vidro, que é preenchido com gel para manter a amostra em seu compartimento. O gel é reticulado no interior do tubo, incorporando o pedaço de gel proveniente da separação por eletroforese. Em seguida a membrana de diálise é fixada ao tubo e o sistema é imerso na cuba contendo eletrólito. Procede-se a eletroeluição aplicando potencial ao sistema, tal qual em uma corrida eletroforética, obtendo-se a molécula eletroeluída envolta na membrana de diálise. O procedimento acima descrito encontra-se esquematizado na Figura 23.7.

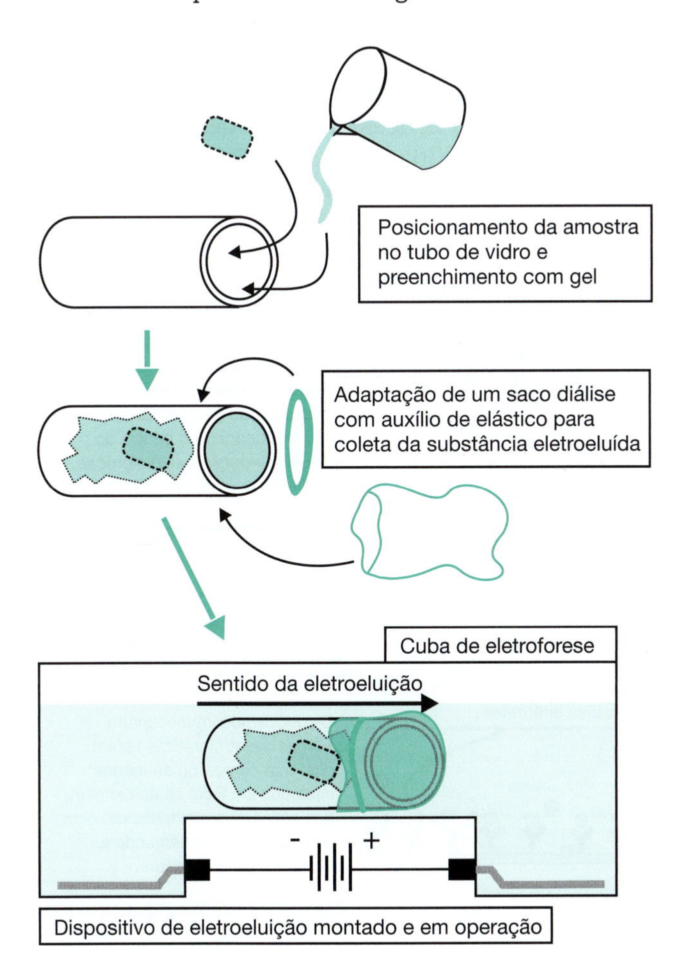

Figura 23.7 Dispositivo básico e procedimento para a eletroeluição de analitos previamente separados por eletroforese em gel. Ao final do processo as moléculas extraídas do gel ficam retidas no saco de diálise, de onde devem ser recuperadas. Mais detalhes são descritos no texto.

23.7 Dieletroforese

Dieletroforese (DE) é o movimento de partículas polarizáveis submetidas aos efeitos de um campo elétrico não uniforme. Apesar de apresentar alguma semelhança com outro fenômeno muito mais conhecido, a eletroforese, os princípios que regem a mobilização dos solutos nas duas modalidades são diferentes. Em eletroforese conseguimos separar substâncias devido a diferenças entre a razão carga/raio das diferentes espécies. Já em DE a separação de substâncias se deve às diferenças entre as características dielétricas das partículas, que são determinadas por vários parâmetros, incluindo composição química, morfologia, e estrutura, o que torna possível discriminar de forma muito seletiva partículas diferentes explorando este fenômeno. Para que ocorra a DE não é necessário que a partícula seja eletricamente carregada, mas que apresente dipolos. Quando um campo elétrico contínuo é aplicado a uma partícula polarizada, cada um dos dipolos responde com forças de atração iguais e opostas que se anulam e não promovem o deslocamento da partícula. Quando o campo elétrico aplicado não é uniforme, a partícula se orienta de forma que cada um dos dipolos induzidos é exposto a forças de intensidades diferentes, promovendo o deslocamento da partícula de acordo com a resultante vetorial das forças, conforme esquematizado na Figura 23.8.

A força dieletroforética média ao longo do tempo, aplicada a uma partícula de geometria esférica é expressa pela Equação 23.10:[36,37]

$$F = 2\pi r^3 \varepsilon_0 \varepsilon_m Re\left[f_{CM}\right] \nabla E_{rms}^2 + 4\pi r^3 \varepsilon_0 \varepsilon_m Im\left[f_{CM}\right] \sum_{x,y,z} E_{rms}^2 \nabla \varphi \qquad (23.10)$$

em que r é o raio da partícula, $\varepsilon_0 = 8{,}854 \times 10^{-12}\ F \cdot m^{-1}$ é a permissividade do vácuo, ε_m é a constante dielétrica do meio, f_{cm} é uma variável complexa conhecida como fator de Clausius-Mossotti, E_{rms} é o campo elétrico efetivo aplicado e φ é o componente de fase do campo elétrico.

A Equação 23.10 apresenta dois termos independentes, em que o primeiro é proporcional ao domínio real

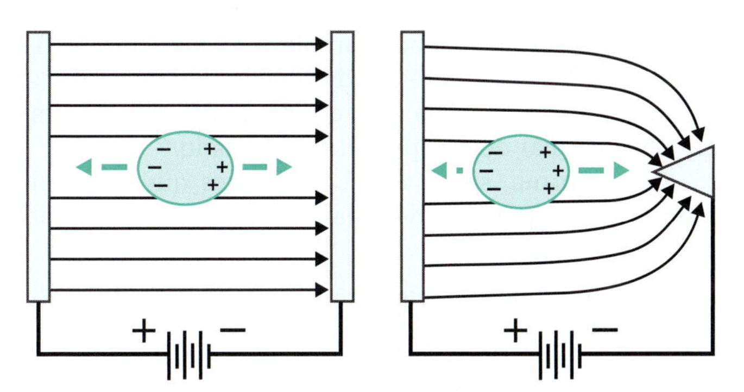

Figura 23.8 Representação esquemática do comportamento de uma mesma partícula neutra em dois sistemas diferentes. Quando um campo elétrico uniforme é aplicado, a partícula permanece imóvel, pois a força resultante é nula, já sob os efeitos de um campo não uniforme ocorre atração da partícula para o eletrodo negativo.

do fator de Clausius-Mossotti e a uniformidade espacial do campo elétrico. Este corresponde à força dieletroforética clássica, responsável por afastar ou aproximar as partículas de regiões de campo elétrico intenso. Essas regiões correspondem às extremidades dos eletrodos (em geral microeletrodos). O que define se a partícula será atraída ou repelida pelo microeletrodo é a polaridade de $Re[f_{cm}]$.

Caso o valor de $Re[f_{cm}]$ seja positivo, a partícula é atraída em direção à região de maior campo elétrico, e no caso inverso, onde $Re[f_{cm}]$ assume valores menores que zero, a partícula é repelida para regiões de menor campo elétrico. Em função das respostas apresentadas pela partícula classifica-se como resposta dieletroforética positiva, quando $Re[f_{cm}] > 0$, e como resposta dieletroforética negativa, quando $Re[f_{cm}] < 0$. O segundo termo da Equação 23.10 é proporcional ao domínio imaginário do fator de Clausius-Mossotti e da não uniformidade do componente de fase do campo elétrico. Esse termo determina a força dieletroforética de onda viajante, que propaga as partículas a favor ou contra o sentido de propagação da onda. Uma onda se propaga de regiões de maior fase para regiões de menor fase, isto é, de 90° para 0°, de 270° para 180° etc. Quando o termo $Im[f_{cm}] > 0$, a partícula se propaga para regiões de menor fase, sendo denominada resposta dieletroforética de onda viajante cocampo.

De forma correlata, quando o termo $Im[f_{cm}] < 0$, a partícula se propaga para regiões de maior fase, sendo denominada resposta dieletroforética de onda viajante anticampo.

O fator de Clausius-Mossotti é o termo que diferencia o comportamento de diferentes partículas quando submetidas à DE. Esse termo determina a polarização de uma partícula em função de suas características intrínsecas, do meio circundante e do campo elétrico aplicado. O valor de f_{cm} para uma partícula esférica é determinado pelas Equações 23.11 e 23.12.

$$fcm = \frac{\varepsilon_p^* - \varepsilon_m^*}{\varepsilon_p^* - 2\varepsilon_m^*} \quad (23.11)$$

$$\varepsilon^* = \varepsilon_0 \varepsilon - i\sigma\omega^{-1} \quad (23.12)$$

em que ε* é permissividade complexa do meio (ε_m) ou da partícula (ε_p), sendo σ a respectiva condutividade elétrica, i é a unidade imaginária (raiz quadrada de –1) e ω a frequência angular do campo elétrico aplicado.

Dessa forma, são diversos os fatores que determinam o comportamento de uma partícula em DE. Conforme listado abaixo:

a) Propriedades dielétricas da partícula (condutividade e permissividade);
b) Geometria da partícula (esférica, helicoidal, cilíndrica etc.);
c) Estrutura interna da partícula (homogênea ou heterogênea);
d) Propriedades dielétricas do meio (condutividade e permissividade);
e) Intensidade e frequência do sinal aplicado para geração do campo elétrico;
f) A geometria e disposição espacial dos eletrodos onde o sinal é aplicado.

A DE tem demonstrado grande potencial para o estudo de micro e nanopartículas, incluindo proteínas, moléculas de DNA, nanotubos, células e organelas celulares e vírus. Foram desenvolvidas diversas aplicações explorando DE:

a) Separações;
b) Concentração;
c) Identificação e seleção;
d) Classificação (células viáveis e não viáveis, por exemplo) e isolamento;
e) Lise celular;
f) Seleção e aprisionamento (*trapping*) de células e moléculas;
g) Posicionamento e eletroporação de células para transfecção de genes;
h) Aproximação de moléculas alvo à superfície de sensores e biossensores.

O fato da geometria e do número e distribuição de eletrodos possibilitarem a criação planejada de sistemas com campo elétrico não uniforme explica a existência de diversos dispositivos para DE descritos na literatura. As dimensões e arquitetura destes dispositivos são extremamente favoráveis para que seja aplicada a tecnologia desenvolvida para a construção de microdispositivos característicos dos conceitos μTAS. Além da configuração física do dispositivo, outros parâmetros podem ser modulados de forma muito prática para a realização de

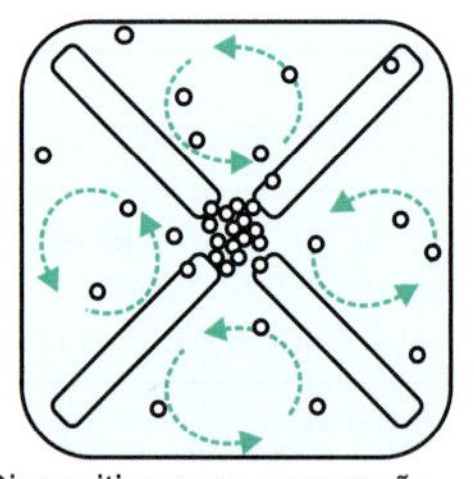

Dispositivo concentrador de partículas assistido por efeito termoelétrico. O meio utilizado apresenta alta condutividade e vórtices eletrotérmicos controlados, transportando as partículas que são aprisionadas no centro do dispositivo por forças dielétricas positivas.

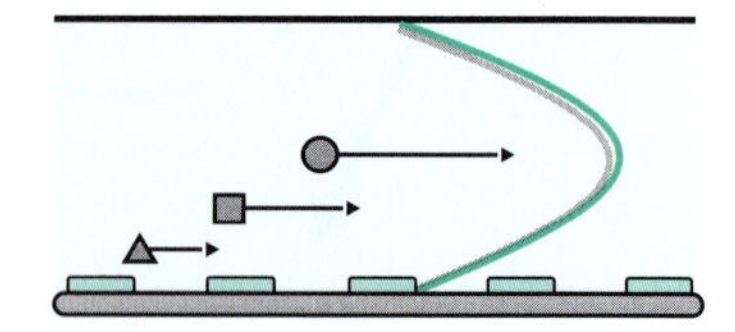

Dispositivo para separação longitudinal de partículas. Os solutos são levitados para diferentes posições axiais, permitindo que atinjam regiões com velocidades de fluxo distintas, promovendo a separação longitudinal entre partículas diferentes.

Dispositivo de imunocaptura. Forças dieletroforéticas fazem com que células ou antígenos injetados em fluxo se aproximem dos anticorpos grafitados próximo aos eletrodos, aumentando a eficiência do processo.

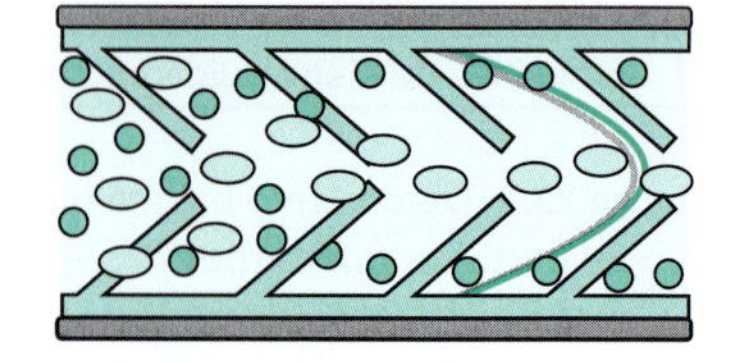

Dispositivo de seleção lateral. Os solutos são levitados para diferentes posições axiais por DE. Na extremidade final do dispositivo apenas a solução da região central do canal, contendo a partícula de interesse, é coletada.

Figura 23.9 Representações de dispositivos de dieletroforese.

operações baseadas em DE são a condutividade do meio e a frequência e intensidade do sinal elétrico aplicado aos eletrodos.

Outras forças físicas podem ser utilizadas em DE para que os objetivos estabelecidos sejam obtidos. Talvez o exemplo mais clássico seja a separação longitudinal de partículas em função de suas diferentes respostas à força dieletroforética clássica e sua distribuição axial em um canal com fluxo laminar. As partículas distribuídas mais ao centro do canal serão arrastadas com maiores velocidades em virtude do perfil parabólico do fluxo. Esta e outras aplicações estão ilustradas na Figura 23.9.

Referências bibliográficas

[1] TAVARES, M.F.M. **Quim. Nova**, 20: 493, 1997.

[2] OLIVEIRA, A.R.M., et al. **Quim. Nova**, 31: 637, 2008.

[3] SARAFRAZ-YAZDI, A.; AMIRI, A. **TrAC Trends Anal. Chem.** 29: 1, 2010.

[4] PETERSEN, N.J. et al. **Anal. Sci.** 27: 965, 2011.

[5] REZAZADEH, M. et al. **J. Chromatogr. A**, 1262: 214, 2012.

[6] PEDERSEN-BJERGAARD, S.; RASMUSSEN, K.E. **J. Chromatogr. A**, 1109: 183, 2006.

[7] GJELSTAD, A. et al. **Anal. Chim. Acta**, 742: 10, 2012.

[8] GJELSTAD, A.; RASMUSSEN, K.E.; PEDERSEN-BJERGAARD, S. **J. Chromatogr. A**, 1174: 104, 2007.

[9] DAVARANI, S.S.H. et al. **Anal. Chim. Acta**, 722: 55, 2012.

[10] PETERSEN, N.J. et al. **Analyst**, 137: 3321, 2012.

[11] RAMOS-PAYÁN, M.D. et al. **Anal. Chim. Acta**, 735: 46, 2012.

[12] BALCHEN, M. et al. **Anal. Chim. Acta**,716: 16, 2012.

[13] BALCHEN, M. et al. **J. Chromatogr. A**, 1216: 6900, 2009.

[14] STRIEGLEROVÁ, L.; KUBÁŇ, P.; BOČEK, P. **J. Chromatogr. A**, 1218, 6248, 2011.

[15] DAVARANI, S.S.H. et al. **Anal. Chim. Acta**, 725: 51, 2012.

[16] PAYÁN, M.R. et al. **Talanta**, 85: 394, 2011.

[17] JAMT, R.E.G. et al. **J. Chromatogr. A**, 1232: 27, 2012.

[18] NOJAVAN, S. et al. **Anal. Chim. Acta**, 745: 45, 2012.

[19] MORALES-CID, G. et al. **Electrophoresis**, 29: 2033, 2008.

[20] RAMAUTAR, R.; SOMSEN, G.W.; DE JONG, G.J. **Electrophoresis**, 31: 44, 2010.

[21] WU, J.; MULLETT, W.M.; PAWLISZYN. J. **Anal. Chem.** 74: 4855, 2002.

[22] CHAI, X. et al. **J. Chromatogr. A**, 1165: 26, 2007.

[23] LUO, F. et al. **2nd International Conference on Bioinformatics and Biomedical Engineering**, ICBBE 2008: 3666.

[24] LUO, et al. **2nd International Conference on Bioinformatics and Biomedical Engineering**, ICBBE 2008: 2833.

[25] HOKKANEN, A. et al. **Microsystem Technologies**, 15: 611, 2009.

[26] YATES, B.J. et al. **Talanta**, 58: 739, 2002.

[27] ŞAHIN, Y.; ERCAN, B.; ŞAHIN, M. **Talanta**, 75: 369, 2008.

[28] SHAMAELI, E.; ALIZADEH, N. **Anal. Sci.** 28: 153, 2012.

[29] ZENG, J. et al. **J. Chromatogr. A**, 1218: 191, 2011.

[30] ZENG, J. et al. **J. Chromatogr. A**, 1217: 1735, 2010.

[31] LI, Q., DING, Y., YUAN, D. **Talanta**, 85: 1148, 2011.

[32] DAI, J. et al. **J. Am. Chem. Soc.** 125: 13026, 2003.

[33] WANG, Y.C. et al. **9th International Conference on Miniaturized Systems for Chemistry and Life Sciences**, TAS2005, 2005.

[34] KOVARIK, M.L.; JACOBSON, S.C. **Anal. Chem.** 80: 657, 2008.

[35] WANG, Y.-C.; STEVENS, A.L., HAN, J. **Anal. Chem.** 77: 4293, 2005.

[36] KHOSHMANESH, K. et al. **Biosensors & Bioelectronics**, 26: 1800, 2011.

[37] DOH, I., CHO, Y.H. **Sensors Actuators A**, 121: 59, 2005.

24 QuEChERS

Renato Zanella, Osmar D. Prestes, Martha B. Adaime e Manoel L. Martins

24.1 Introdução

Atualmente, diversos tipos de contaminantes orgânicos podem estar presentes em amostras de alimentos. O emprego de agrotóxicos (por exemplo, herbicidas, inseticidas, fungicidas, acaricidas etc.) na agricultura apresenta benefícios econômicos, uma vez que asseguram o controle e o combate de pragas e doenças, protegendo a qualidade da produção. Por outro lado, os consumidores podem ser expostos a estes compostos químicos presentes nos alimentos tratados. Entre os efeitos nocivos causados ao homem, pode-se citar: diversos tipos de câncer, danos ao sistema nervoso central, problemas no sistema reprodutivo e locomotor, deficiência mental, entre outros.[1]

Nos alimentos de origem animal, tais como carnes, leite, ovos, mel, entre outros, a contaminação pode ser proveniente dos medicamentos veterinários, por exemplo, antibióticos, promotores de crescimento e anti-helmínticos, que são amplamente utilizados com o intuito de prevenir o aparecimento de doenças.[2] Entre os riscos químicos existentes, destacam-se a presença de resíduos e contaminantes orgânicos.[3]

Dicas

Resíduo: fração de uma substância, seus metabólitos, produtos de conversão ou reação e impurezas que permanecem no alimento proveniente de produtos agrícolas e/ou animais tratados com estas substâncias.[4]

Contaminante: qualquer substância que não seja intencionalmente adicionada aos alimentos. Os contaminantes podem estar presentes nos alimentos como resultado das etapas de produção, transformação, acondicionamento, embalagem, transporte e armazenagem do alimento.[4]

Os alimentos são constituídos principalmente por água, proteínas, lipídios, carboidratos, vitaminas, minerais, entre outros componentes.[1] Geralmente, esta diversidade de compostos químicos presentes naturalmente nos alimentos, ocasiona dificuldades para a determinação dos contaminantes orgânicos. Este problema ocorre em função da similaridade existente entre as características físico-químicas dos interferentes quando comparadas com os contaminantes orgânicos.[5] Atualmente, mais de 1000 substâncias químicas diferentes são empregadas como agrotóxicos e/ou medicamentos veterinários na produção de alimentos de origem vegetal e animal.[6]

Nos últimos anos, vários métodos analíticos denominados multirresíduo foram desenvolvidos com a finalidade de determinar o maior número possível de compostos orgânicos de forma simultânea.[7] O primeiro método multirresíduo para extração de agrotóxicos foi desenvolvido por Mills,[8] baseado em uma extração com acetonitrila e éter de petróleo, sendo utilizado basicamente na determinação de agrotóxicos organoclorados em amostras não gordurosas. O método de Storherr[9] é baseado em algumas modificações do método de Mills. A etapa de extração é realizada com acetonitrila, porém o éter de petróleo é substituído por diclorometano. O desenvolvimento e aplicação de novas classes de agrotóxicos com características mais polares, como organofosforados e organonitrogenados demandaram novos métodos de extração multirresíduo para a determinação destes compostos. Em 1975, foi desenvolvido o Método de Luke.[10-13] Este método consiste em uma etapa de extração de 100 g de amostra utilizando 200 mL de acetona, seguida da adição de diclorometano e éter de petróleo para promover a partição dos solventes. Nos anos 1980, a acetona continuou sendo o solvente mais utilizado na etapa de extração, com a possibilidade de substituição por acetonitrila e acetato de etila. Neste período, os avanços nas etapas analíticas tiveram como objetivo a otimização dos métodos tradicionais de análise de contaminantes orgânicos em alimentos. A Figura 24.1 apresenta as características dos métodos que tinham como base a extração líquido-líquido ou líquido-sólido, amplamente utilizados entre

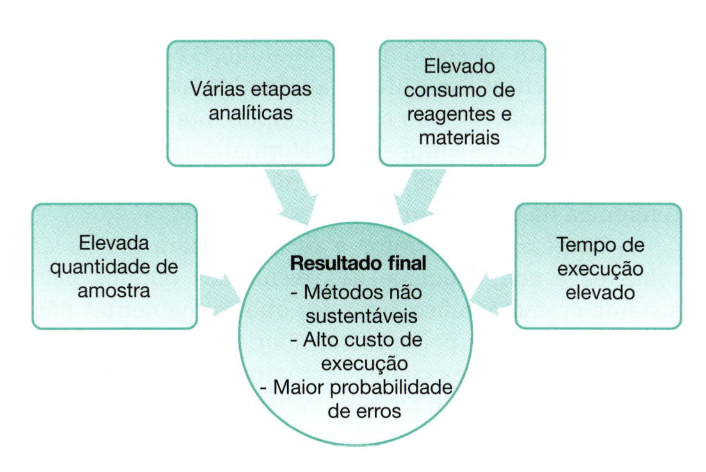

Figura 24.1 Características dos métodos multirresíduo desenvolvidos entre 1960 e 2000.

os anos 1960 e 2000,[14-16] na determinação de resíduos de agrotóxicos em alimentos. Entre essas características destacam-se a morosidade de suas diversas etapas, o emprego de grandes volumes de solvente, a utilização de solventes clorados, alto custo etc.[5]

Durante os anos 1990, devido às fortes pressões de ambientalistas e também a fatores relacionados com a saúde humana, ocorreu um grande desenvolvimento de métodos alternativos de extração baseados em técnicas que utilizam pequenos volumes de solventes.[17-23] Estas técnicas apresentam, dentre outras características, elevada eficiência, entretanto geralmente demandam investimento considerável em instrumentação. Além disso, têm como base a instrumentação, sendo a extração muitas vezes automatizada, demandam analistas treinados e etapas de limpeza entre extrações, o que implica um maior tempo de análise. Outra desvantagem geralmente apresentada é o número limitado de compostos orgânicos que podem ser extraídos simultaneamente. Sendo assim, estes métodos podem ser empregados em aplicações pontuais, mas estão distantes de serem considerados ideais para um método multirresíduo.[24]

Em 2003, Anastassiades et al.,[25] com o objetivo de superar limitações práticas dos métodos multirresíduo existentes, introduziram uma nova técnica de preparo de amostra para extração de resíduos de agrotóxicos denominada QuEChERS (***qu**ick*, ***e**asy*, ***ch**eap*, ***e**ffective*, ***r**ugged*, ***s**afe*) e a pronúncia, de acordo com os autores, deve ser "*catchers*".[26] Essa técnica, que tem como vantagens ser rápida, fácil, econômica, efetiva, robusta e segura, explora as possibilidades oferecidas pela instrumentação analítica moderna.

24.2 Fundamentação teórica

24.2.1 Desenvolvimento do método QuEChERS

Na proposição do método QuEChERS original, Anastassiades et al.[25] revisaram as condições comumente utilizadas na análise multirresíduo de agrotóxicos e desenvolveram esta nova técnica de preparo de amostra, baseada em três etapas principais: (1) extração com acetonitrila; (2) partição promovida pela adição de sais, por exemplo: sulfato de magnésio ($MgSO_4$) e cloreto de sódio (NaCl) e (3) limpeza do extrato empregando a técnica denominada Extração em Fase Sólida Dispersiva (*dispersive solid phase extraction*, d-SPE). Na Figura 24.2 estão representadas as principais etapas do método QuEChERS.

A utilização de acetonitrila como solvente possibilita a extração de uma menor quantidade de interferentes provenientes da amostra, por exemplo, ceras, gorduras e pigmentos.[27] A acetonitrila proporciona a extração de uma ampla faixa de analitos com diferentes polaridades e, quando acidificada, permite recuperações satisfatórias de analitos que geralmente apresentam problemas de estabilidade. Outra grande vantagem é que acetonitrila é mais adequada para LC-MS/MS do que acetona e acetato de etila e pode ser utilizada sem problemas na análise por GC-MS/MS.[25,28]

A maioria dos métodos multirresíduo anteriormente citados emprega dispersadores de amostras, como o Ultraturrax® durante o procedimento de extração. O procedimento de agitação manual ou com auxílio de agitadores do tipo vórtex possui várias vantagens em relação à agitação mecânica, tais como: possibilidade de realizar a extração a campo; a extração ocorre em um único frasco fechado não expondo o analista; rapidez, uma vez que não há necessidade de lavagem do dispersador no intervalo entre as extrações e redução do risco de contaminação entre as amostras processadas.[25]

A etapa de partição, através da adição de sais (por exemplo, NaCl), promove o efeito "*salting out*", sendo utilizada em vários métodos multirresíduo. Dependendo da natureza do solvente utilizado na etapa de partição obtêm-se melhores percentuais de recuperação para analitos polares, uma vez que a adição de sais diminui a solubilidade destes compostos na fase aquosa, bem como, a quantidade de água na fase orgânica e vice-versa.[29,30] Na extração com acetonitrila, a adição de sais é muito conveniente uma vez que é rápida, fácil, apresenta baixo custo, tem a grande vantagem de não diluir o extrato da amostra e proporciona a separação das fases orgânica e aquosa.[25]

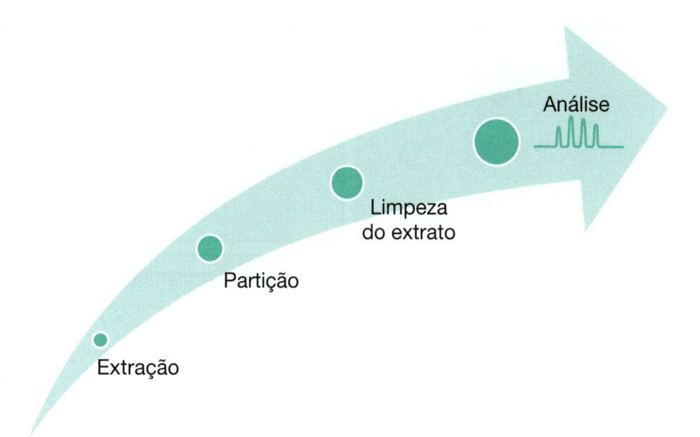

Figura 24.2 Principais etapas do método QuEChERS (*quick*, *easy*, *cheap*, *effective*, *rugged*, *safe*).

A adição de sais secantes, como sulfato de sódio (Na_2SO_4) tem a finalidade de melhorar a recuperação de agrotóxicos polares.[31] A escolha do $MgSO_4$ no desenvolvimento do método QuEChERS foi devido a maior capacidade de remover água quando comparado a outros sais. Além de reduzir o volume de fase aquosa, sua hidratação é uma reação exotérmica, tendo como resultado o aquecimento entre 40 e 45 °C da amostra, favorecendo a extração, especialmente dos compostos apolares.[25]

Durante o desenvolvimento da versão do método QuEChERS original[25] (Figura 24.3a), apenas 25 agrotóxicos comumente analisados por GC-MS/MS foram avaliados. Observa-se na Figura 24.4 a facilidade de execução das etapas que fazem parte do método QuEChERS original. Apesar de a versão original ter fornecido excelentes resultados para diferentes tipos de amostras,[32-34] algumas aplicações mostraram que certos compostos apresentavam problemas de estabilidade e/ou recuperação de acordo com o pH da matriz.[32,35,36] Dessa forma, durante o período de otimização do método, percebeu-se que a utilização de tampões na faixa de pH 5 promovia recuperações satisfatórias (>70 %) para compostos dependentes do pH (por exemplo: pimetrozina, imazalil e tiabendazol), independente da matriz utilizada.[35,36]

De acordo com Lehotay e Anastassiades, a adição de uma etapa de tamponamento foi a primeira modificação proposta para o método QuEChERS, com o objetivo de obter recuperação entre 70 e 120 %. Em 2005, Lehotay et al.[38] desenvolveram o método "QuEChERS acetato" (Figura 24.3b), no qual a extração é efetuada com acetonitrila contendo 1 % (v/v) de ácido acético (HAc) e o efeito tamponante (pH 4,8) é promovido pela adição de acetato de sódio. Este método foi adotado em 2007 como método oficial da Association of Official Analytical Chemists (AOAC) para a determinação de resíduos de agrotóxicos em alimentos.[39]

Em 2007, Anastassiades et al.[36] propuseram o método "QuEChERS citrato" (Figura 24.3c), este utiliza uma mistura de citrato de sódio di-hidratado ($C_6H_5Na_3O_7 \cdot 2H_2O$) e hidrogenocitrato sesqui-hidratado ($C_6H_6Na_2O_7 \cdot 1{,}5H_2O$) como responsáveis pelo efeito tamponante (pH 5,0-5,5). Em 2008, o Comité Européen de Normalisation (CEN) oficializou o método "QuEChERS citrato" como método de referência na União Europeia.[40]

A limpeza dos extratos é essencial para promover robustez e confiabilidade aos resultados obtidos pelo sistema cromatográfico, uma vez que componentes não voláteis da matriz podem ficar aderidos no sistema de injeção e também na coluna cromatográfica, alterando a resposta do sistema e aumentando a frequência de manutenções técnicas no equipamento.[41,42]

Na análise por GC-MS e na presença de coextrativos da matriz, muitos compostos orgânicos apresentam efeito matriz positivo, ou seja, possuem uma maior resposta analítica quando comparados a soluções analíticas de mesma concentração preparadas em solvente. Esse caso é comumente evidenciado em matrizes de alimentos, mas pode ocorrer em outras amostras complexas. Geralmente, em LC-MS, o efeito matriz é negativo e pode ser minimizado na etapa de preparo da amostra e na separação cromatográfica. A presença de interferentes da matriz, eluindo em tempos de retenção próximos àqueles dos analitos, leva a alterações no processo de obtenção dos respectivos íons a serem analisados no espectrômetro de massas. Podem ocorrer problemas de supressão ou aumento da ionização dos analitos, levando a problemas, entre outros, na quantificação desses compostos.[41,42]

Vários métodos multirresíduo empregam SPE na etapa de limpeza, a qual utiliza cartuchos ou colunas que contêm entre 250 e 1000 mg de sorvente.[43] Essa técnica envolve operação manual, uso de diferentes solventes para lavagem do sorvente, etapas de evaporação e secagem do extrato. Muitos fatores afetam a precisão quando se trabalha com SPE, entre eles o ajuste do sistema de vácuo e a vazão dos solventes. Essa técnica, quando automatiza-

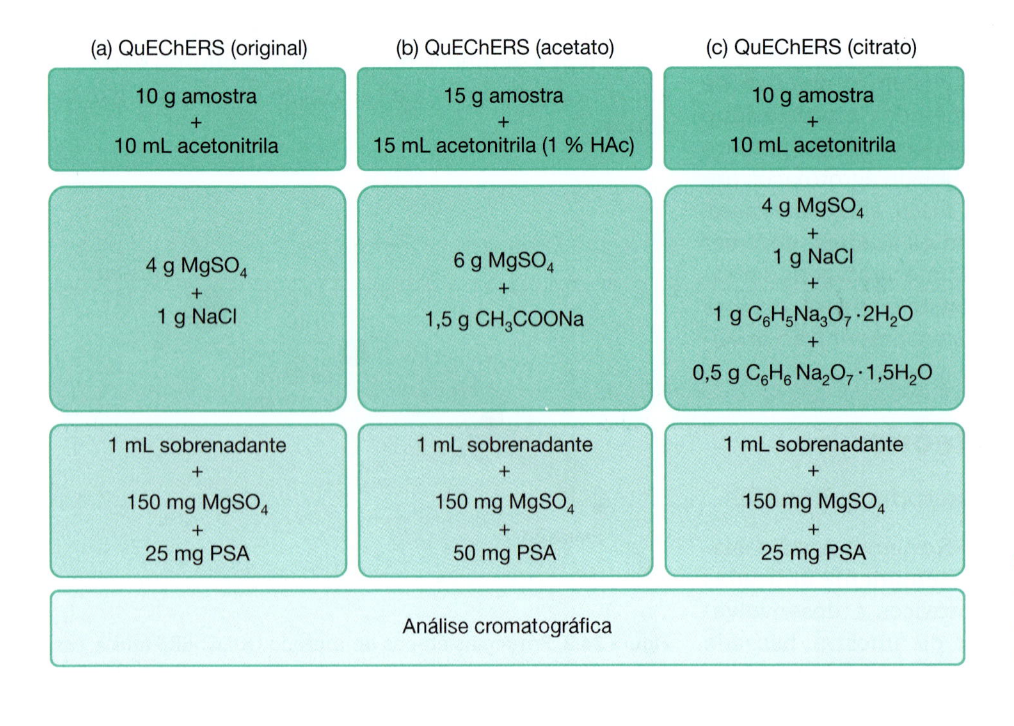

Figura 24.3 Representação das etapas das principais versões do método QuEChERS (a) original, (b) acetato e (c) citrato.

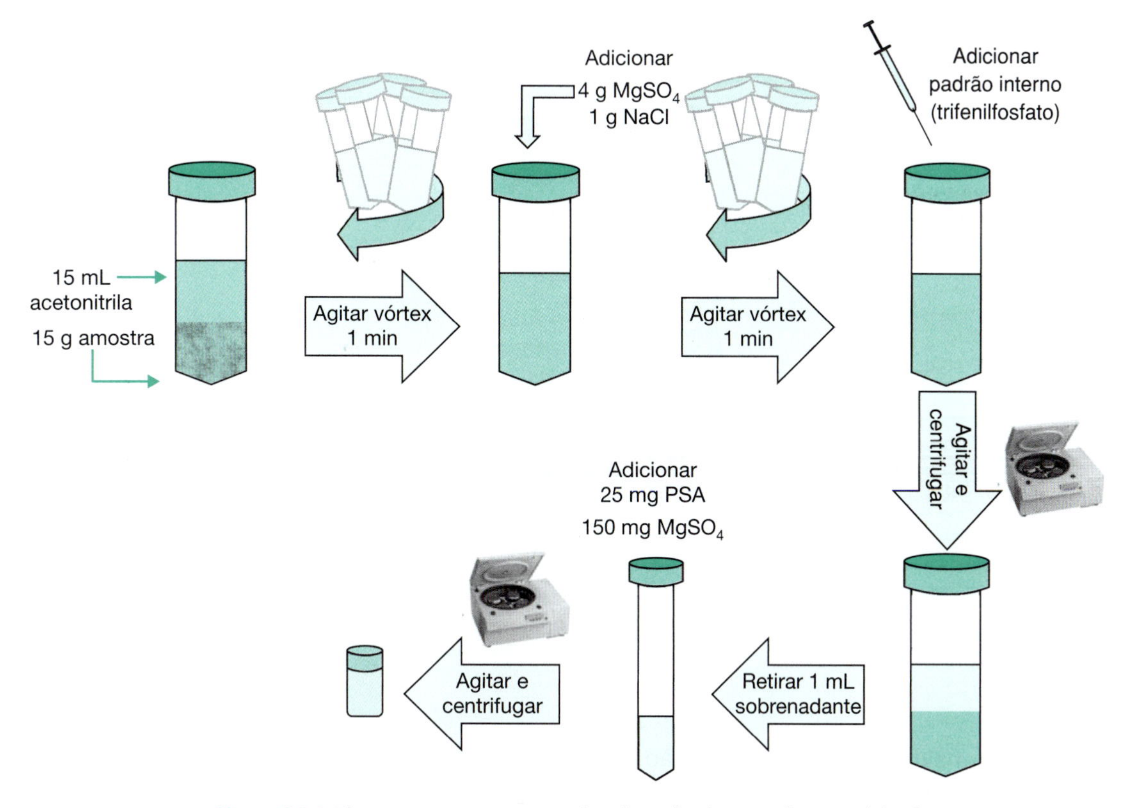

Figura 24.4 Fluxograma representativo do método QuEChERS original.

da, requer manutenção frequente, além dos sistemas hoje disponíveis apresentarem um custo considerável.[43]

A d-SPE, proposta por Anastassiades et al.[25] está baseada em um procedimento muito simples para ser empregado na limpeza de extratos destinados à análise cromatográfica de resíduos e contaminantes em alimentos. Na proposta original, agita-se o extrato (1 mL) com pequena quantidade de sorvente PSA (25 mg). A agitação tem como objetivo a distribuição uniforme do sorvente e assim facilitar o processo de limpeza do extrato. O sorvente então é separado por centrifugação, sendo uma alíquota do extrato final retirada para análise. Dessa maneira, o sorvente atua como um filtro químico, retendo os coextrativos da matriz. Esta técnica pode ser comparada com a dispersão da matriz em fase sólida (*matrix solid phase dispersion*, MSPD), porém na d-SPE a adição do sorvente é efetuada no extrato e não na amostra original. O custo elevado dos sorventes limita o tamanho da amostra que pode ser usado em MSPD. Assim, a MSPD, quando utilizada, deve garantir a representatividade e homogeneidade da amostra. Na d-SPE, uma alíquota do extrato é utilizada demandando apenas uma pequena quantidade de sorvente. Quando comparada com a SPE tradicional, a d-SPE apresenta algumas vantagens, destacadas na Figura 24.5, como: o uso de uma menor quantidade de sorvente e solventes, refletindo em menor custo, além de não haver a necessidade de usar cartucho. Assim, descartam-se as etapas prévias de precondicionamento, sendo necessário apenas um pequeno treinamento dos analistas. Ao contrário do formato em coluna, na d-SPE, todo o sorvente interage igualmente com a matriz.[25] Além disso, outra vantagem desta técnica é a possibilidade de realizar a fácil combinação de diferentes tipos de sorventes de acordo com a necessidade, do tipo de matriz e do equipamento que será utilizado na determinação dos analitos de interesse. Soma-se a isto a possibilidade de realizar a remoção de água residual de forma simultânea com a limpeza do extrato, uma vez que os sais secantes podem ser adicionados juntamente com o sorvente.[25]

A d-SPE foi desenvolvida simultaneamente com o método QuEChERS, tendo como objetivo a obtenção de um extrato final com menor quantidade de interferentes, aliada a um menor custo quando comparada com técnicas tradicionais. Uma das principais vantagens da d-SPE é a versatilidade no estabelecimento de novos métodos, uma vez que permite a utilização de diferentes quantidades e/ou misturas de sorventes, dependendo do tipo de matriz e de analitos de interesse. A seguir, são detalhadas as propriedades e as principais aplicações dos sorventes mais utilizados nesta técnica.

24.2.1.1 Amina primária secundária (PSA)

O sorvente etilenodiamino-N-propilsilano é uma amina primária e secundária (*Primary Secondary Amine*, PSA) que atua como um trocador aniônico e pode interagir com outros compostos através de pontes de hidrogênio ou dipolo-dipolo. Possui forte interação com os compostos da matriz, sendo usado para remoção de vários coextrativos interferentes.[25]

A estrutura bidentada do PSA (Figura 24.6) tem um elevado efeito quelante, devido à presença dos grupos amino primário e secundário na sua estrutura.[5] Como resultado, a retenção de ácidos graxos livres, açúcares e de outros compostos polares presentes na matriz é muito forte, podendo ocorrer a retenção de alguns analitos que interferem no resultado da análise. Por outro lado, não é tão eficiente na remoção de gorduras. O tamanho de partícula do sorvente utilizado é, geralmente, de 40 μm.

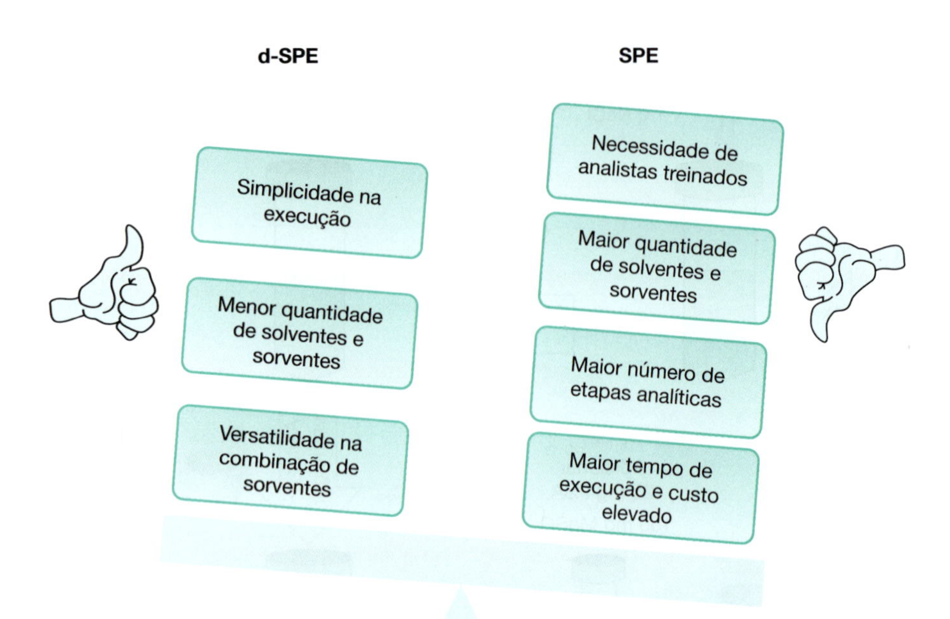

Figura 24.5 Comparação entre as técnicas de d-SPE e SPE, comumente utilizadas na etapa de limpeza dos extratos.

O sorvente PSA tem sido usado em associação com outros sorventes, principalmente com C18 ou carbono grafitizado. As diferentes versões do método QuEChERS utilizam, em geral, 25 ou 50 mg de PSA para cada mL de extrato.[7] Para algumas matrizes, como cereais, utiliza-se uma maior quantidade de PSA na etapa de d-SPE com o intuito de remover, de forma mais eficiente, os ácidos graxos coextraídos.[44]

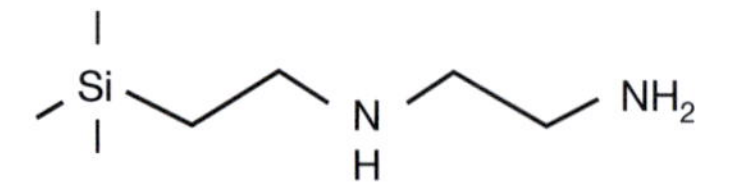

Figura 24.6 Estrutura química do sorvente etilenodiamino-N-propilsilano (PSA).

24.2.1.2 Octadecilsilano (C18)

Uma modificação bastante relevante na etapa de d-SPE foi a adição do sorvente octadecilsilano (C18) (Figura 24.7) para promover uma limpeza mais efetiva de algumas matrizes, em especial aquelas que contêm gordura.[38,44-47] O sorvente C18 é mais utilizado para matrizes com teor de gordura maior que 2 %, pois remove com boa eficiência os interferentes apolares, tais como substâncias graxas e lipídios.[48] No entanto, o sorvente C18 tem sido utilizado em conjunto com PSA para diferentes tipos de matrizes e analitos. O C18 é bastante usado na determinação de compostos orgânicos em matrizes aquosas por SPE e tem um custo inferior ao do PSA. O tamanho de partícula do sorvente C18 mais utilizado é o de 40 µm, que também é o mais usado em SPE.

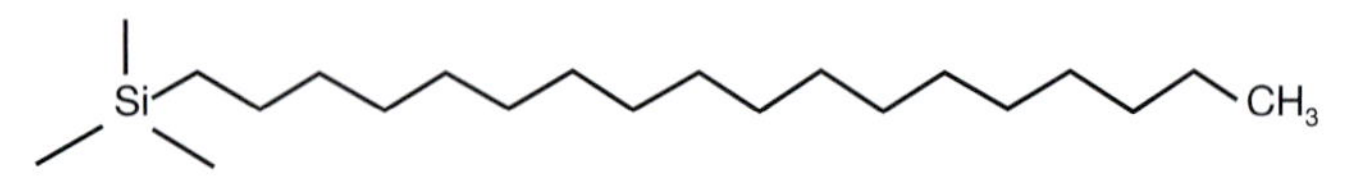

Figura 24.7 Estrutura química do sorvente octadecilsilano (C18).

24.2.1.3 Carbono grafitizado

A redução do teor de pigmentos nos extratos provenientes de amostras vegetais foi outro avanço efetuado na etapa de limpeza, obtido através da adição de uma pequena quantidade de carvão ativado ou carbono grafitizado.[36,45,46] O carvão disponível comercialmente para fins cromatográficos, comumente chamado de carbono grafitizado (*graphitized carbon black*, GCB) (Figura 24.8), possui uma grande área superficial e contém grupos altamente polares na superfície, com alto potencial para formação de pontes de hidrogênio. Em decorrência destas características, ocorre forte retenção de analitos planares que contenham um ou mais grupos ativos em sua estrutura, resultando em baixas recuperações para estes compostos.[47,49] Entre os compostos planares que apresentam baixa recuperação quando GCB é empregado na etapa de

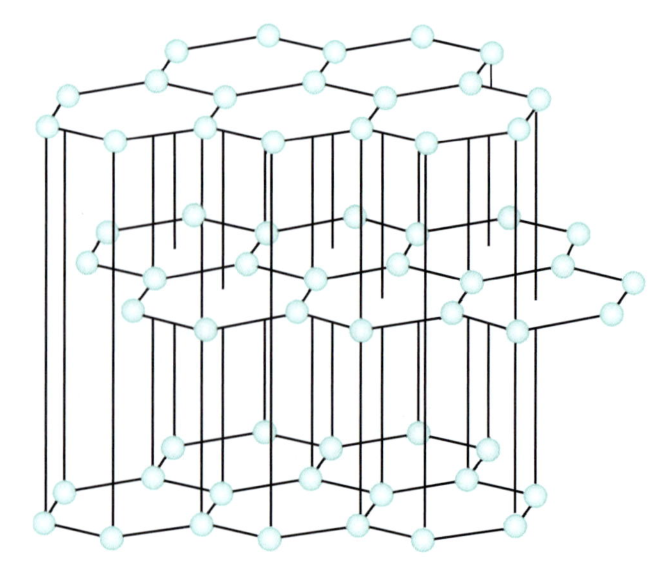

Figura 24.8 Estrutura química do sorvente carbono grafitizado (GCB).

d-SPE, pode-se destacar hexaclorobenzeno,[50] terbufós e tiabendazol.[25]

A Figura 24.9 apresenta uma relação entre os sorventes (PSA, C18 e GCB) utilizados no método QuEChERS e os principais coextrativos removidos.

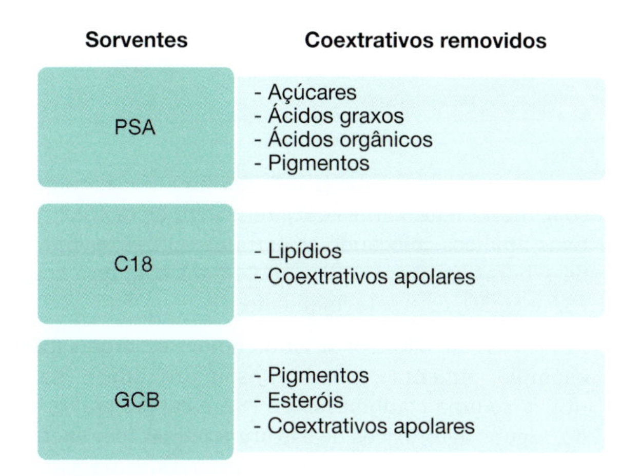

Figura 24.9 Relação entre os sorventes PSA, C18 e GCB e os principais coextrativos removidos na etapa de limpeza do método QuEChERS.

24.2.1.4 Outros sorventes

Koesukwiwat et al.[50] testaram a extração de agrotóxicos fenoxiácidos, como 2,4 D, quincloraque, picloram e outros, por QuEChERS modificado, utilizando como sorvente na d-SPE alumina combinada com C18. A alumina ou óxido de alumínio (Al_2O_3) tem características alcalinas embora possa também ser preparada para apresentar características neutra ou ácida. É geralmente empregada na separação cromatográfica de compostos lipofílicos e, pelo fato de poder ser preparada com características ácida, neutra ou alcalina, é bastante útil na separação de substâncias que apresentem variações dessas características.

Nos métodos mais antigos, o florisil® era bastante empregado na forma de colunas recheadas nas quais os extratos das amostras eram percolados. Nesse tipo de procedimento empregava-se um maior volume de solventes orgânicos, sucessivas percolações através do leito de sorvente e etapas posteriores de concentração dos extratos. Nguyen et al.[51] utilizaram florisil® na etapa de d-SPE para limpeza de amostras de óleo de soja, visando a determinação de resíduos de 95 agrotóxicos. Em cromatografia, o florisil® é utilizado para separação de analitos com baixa polaridade.

A terra diatomácea, também denominada diatomita, diatomita calcinada, diatomita fluxo calcinada, sílica diatomácea e sílica amorfa, destaca-se pelo seu baixo custo, alta área superficial e baixa massa específica, tendo como componente majoritário a sílica, a qual se encontra na forma hidratada. A coloração varia do branco ao cinza-escuro e o tamanho de partícula varia de 4 a 500 µm. A terra diatomácea também foi utilizada em métodos de preparo de amostra empregando MSPD para extração de agrotóxicos.[52]

Como alternativa para minimizar as perdas de analitos planares provocadas pelo sorvente GCB tem-se o sorvente polimérico ChloroFiltr®, que remove de maneira seletiva a clorofila, não afetando as recuperações destes compostos.[53]

Zhao et al.[54] sintetizaram um novo sorvente para d-SPE a partir de tetraetilenopentamina. O potencial de limpeza do novo material é comparável com o do PSA. Esse sorvente remove com eficiência pigmentos, ácidos orgânicos e açúcares. Além disso, outra vantagem deste novo material é a possibilidade de reutilização por mais de 5 vezes sem perder a eficiência de limpeza. Os autores obtiveram recuperações entre 75 e 114 %, RSD ≤ 17 % para 29 agrotóxicos (organoclorados e organofosforados). Os resultados mostraram o potencial de aplicação deste novo material, uma vez que a precisão e a seletividade do método proposto foram satisfatórias para análise de resíduos de agrotóxicos em alimentos.

Devido à sua área superficial extremamente grande, os nanotubos de carbono possuem grande capacidade de adsorção. Assim, estão sendo utilizados como sorventes alternativos em d-SPE. Do ponto de vista estrutural, classificam-se em: nanotubos de carbono de parede simples, que podem ser considerados como uma única folha de grafite enrolada sobre si mesma para formar um tubo cilíndrico; e os nanotubos de carbono de parede múltipla, que compreendem um conjunto de nanotubos concêntricos.[55] A utilização de nanotubos de carbono de paredes múltiplas está tendo sucesso na etapa de d-SPE para determinação multirresíduo de agrotóxicos em frutas e vegetais. Zhao et al.[56] utilizaram o método QuEChERS empregando nanotubos de carbono de paredes múltiplas como sorvente na etapa de d-SPE. Este método foi aplicado para determinação multirresíduo de agrotóxicos em vegetais por GC-MS. Os resultados de recuperação foram de 71 a 110 %, com RSD ≤ 15 %. O método apresentou linearidade na faixa entre 20 e 500 µg/L. Os limites de detecção variaram de 1 a 20 µg/kg. O método foi aplicado com sucesso em amostras reais sendo considerado confiável e robusto. Os nanotubos de carbono que possuem paredes múltiplas são uma alternativa ao sorvente PSA, uma vez que os métodos que empregam estes sorventes apresentam resultados satisfatórios nas análises de resíduos e contaminantes em alimentos.

Recentemente, Zhao et al.[57] utilizaram nanotubos de carbono na etapa de d-SPE para determinação de agrotóxicos em vegetais. A d-SPE com nanotubos de carbono foi comparada com C18, PSA e GCB. A limpeza dos extratos obtida com o uso de nanotubos de carbono foi mais eficiente e foram obtidas melhores recuperações dos analitos e menor efeito de matriz. Esse material já tinha sido utilizado na limpeza de extratos empregando cartuchos SPE, também com excelentes resultados.

24.2.2 Etapas do método QuEChERS

Como relatado anteriormente, o método QuEChERS pode ser dividido em três etapas principais: extração, partição e limpeza. Salienta-se, que devido à grande versatilidade deste método, na literatura estão disponíveis diferentes aplicações de acordo com o tipo de analito e de matriz avaliados. A seguir, as etapas principais são descritas para as três versões mais empregadas deste método (original, acetato e citrato). Na Figura 24.10 observa-se um passo a passo deste método e a eficiência da etapa de limpeza empregando a técnica de d-SPE.

24.2.2.1 Extração

Pesa-se 10,0 g de amostra (frutas e vegetais), previamente homogeneizada, em tubo de centrífuga de 50 mL. Adiciona-se 10 mL de acetonitrila (MeCN), agita-se o tubo vigorosamente (1 min) à mão ou com auxílio de agitador tipo vórtex. Para garantir a eficiência do procedimento de extração indica-se a utilização de um padrão analítico de controle (por exemplo, trifenilfosfato). Se o método aplicado for o QuEChERS acetato empregam-se 15 g de amostra e 15 mL de acetonitrila contendo 1 % (v/v) de ácido acético.

Dicas

Para matrizes que apresentam um teor de água inferior a 25 % (por exemplo, cereais, frutas secas, mel, especiarias) utiliza-se uma quantidade menor de amostra e adiciona-se água para melhorar a homogeneidade e garantir a eficiência da extração.

24.2.2.2 Partição

Após a etapa de extração, adiciona-se ao tubo a mistura de sais, previamente pesada, de acordo com o método QuEChERS que será utilizado:

QuEChERS original: 4 g de $MgSO_4$ + 1 g de NaCl;
QuEChERS acetato: 6 g de $MgSO_4$ + 1,5 g de CH_3COONa;
QuEChERS citrato: 4 g de $MgSO_4$ + 1 g de NaCl + 1,0 g de citrato de sódio di-hidratado ($C_6H_5Na_3O_7 \cdot 2H_2O$) + 0,5 g de hidrogenocitrato de sódio sesqui-hidratado ($C_6H_6Na_2O_7 \cdot 1{,}5H_2O$)

Após adição da mistura de sais, agita-se imediatamente (1 min) o tubo e centrifuga-se (por exemplo, 3500 rpm por 5 min).

Dicas

1) Na presença de água, o sulfato de magnésio ($MgSO_4$) tende a formar grumos, que endurecem rapidamente e podem comprometer o resultado final. Para evitar este problema, imediatamente após a adição da mistura de sais, agita-se o tubo vigorosamente durante alguns segundos.
2) Quando utiliza-se o método QuEChERS citrato, a faixa de pH (5,0-5,5) obtida permite a extração de agrotóxicos que apresentam problemas de estabilidade em função do pH (por exemplo, captana, folpete, tolilfluanida, pimetrozina, dioxacarb, etc.). Para amostras de alimentos que apresentam pH < 3 (por exemplo, frutas cítricas) os valores de pH obtidos após a adição dos sais tamponantes é normalmente menor que 5. Para este tipo de amostra adiciona-se 200 a 600 µL de solução de hidróxido de sódio (5 mol/L) no início da etapa de extração.

24.2.2.3 Limpeza do extrato por d-SPE

Transfere-se uma alíquota (1 mL) do sobrenadante obtido na etapa anterior para tubo de 15 mL contendo 25 mg de PSA e 150 mg de $MgSO_4$. Agita-se o tubo vigorosamente durante 30 segundos e centrifuga-se (por exemplo, 3500 rpm por 5 min).

Dicas

1) Amostras contendo alto teor de gordura (por exemplo, soja, milho, leite, carnes etc.): removem-se os coextrativos lipídicos colocando os extratos no freezer (mais de 1 hora). Também utiliza-se C18 em conjunto com PSA e $MgSO_4$ com esta finalidade.
2) Amostras com alto teor de carotenoides e clorofila (por exemplo, pimentão, cenoura, espinafre, alface etc.): utiliza-se uma combinação de PSA e carvão grafitizado. Alguns agrotóxicos de estrutura planar (por exemplo, hexaclorobenzeno) podem ficar retidos na estrutura planar do carvão grafitizado.

24.3 Aplicações do método QuEChERS

A escolha do método analítico é fundamental nos laboratórios que aplicam métodos de rotina na análise de resíduos e contaminantes em alimentos. O método QuEChERS foi inicialmente desenvolvido para a extração de agrotóxicos em amostras de frutas e vegetais. A análise de alimentos de origem vegetal é frequentemente realizada com os objetivos de verificar o atendimento das normas de segurança alimentar, avaliar o risco toxicológico, dentre uma série de outras finalidades. Por possibilitar uma extração eficiente de analitos de diferentes classes neste método já foi aplicado tipos de alimentos. Na Tabela 24.1 são apresentadas aplicações deste método na determinação de resíduos de agrotóxicos em frutas e vegetais.

Devido a sua grande versatilidade, o método QuEChERS vem sendo aplicado com sucesso na determinação de resíduos e contaminantes em amostras de origem animal (carnes, leite, ovos etc.) e de interesse ambiental (solos). Atualmente, é um dos métodos mais empregados na determinação de resíduos de medicamentos veterinários em alimentos.

Diversas modificações do método QuEChERS foram propostas visando a análise destes compostos em alimentos de origem animal. Porém, acetonitrila acidificada com 1 % (v/v) de ácido acético continua sendo o solvente mais empregado.[69-71] Antibióticos da classe das quinolonas, amplamente utilizados na produção animal, apresentam recuperações satisfatórias (70-120 %) somente em meio ácido.[69-71] Na análise de medicamentos veterinários, a adição de sais secantes também é fundamental. Extratos com excesso de água residual apresentam uma etapa de limpeza pouco eficiente. Por outro lado, a adição em excesso destes sais pode representar baixos percen-

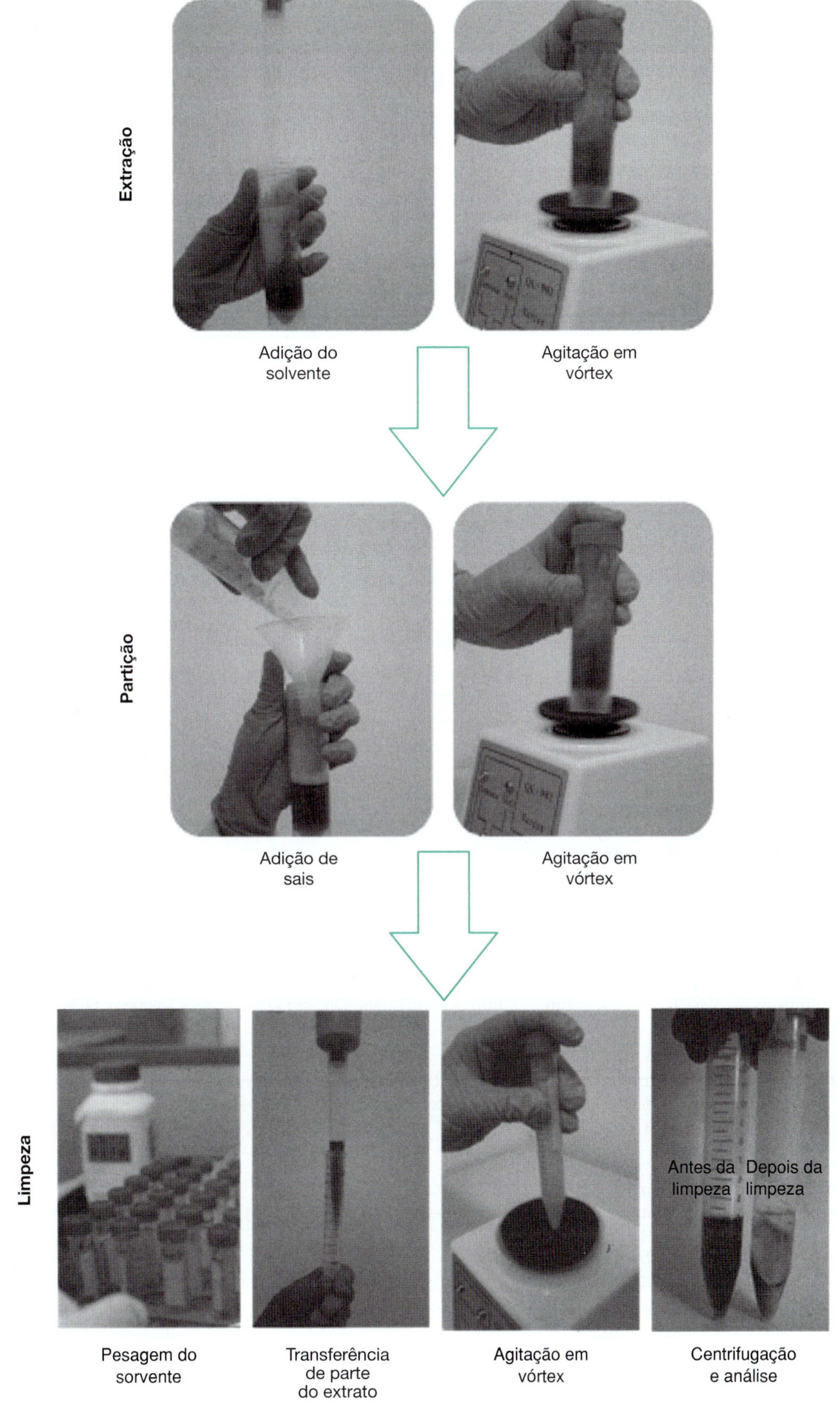

Figura 24.10 Representação da praticidade de execução do método QuEChERS. Adaptado da referência [7].

Tabela 24.1 Aplicações do método QuEChERS na determinação de resíduos de agrotóxicos em frutas e vegetais

Matriz/Analitos	QuEChERS			Ref.
	Extração	Partição	Limpeza	
Pepino, limão, laranja, uva, vinho, farinha e uva-passa/80 agrotóxicos multiclasse	<u>Pepino, limão, laranja, uva, vinho:</u> 10 g amostra + 10 mL MeCN → agitar 1 min	<u>Pepino, uva, vinho, farinha e uva-passa:</u> 4 g $MgSO_4$ + 1 g NaCl + 1 g $C_6H_5Na_3O_7 \cdot 2H_2O$ + 0,5 g $C_6H_6Na_2O_7 \cdot 1,5H_2O$ → agitar 1 min → centrifugar 3500 rpm (5 min)	<u>Pepino, uva, vinho, uva-passa:</u> sobrenadante → 25 mg PSA + 150 mg $MgSO_4$ → agitar 1 min → centrifugar 3500 rpm (5 min) → GC-MS/MS e LC-MS/MS	[34]
	<u>Farinha e uva-passa:</u> 5 g amostra + 10 mL H_2O + 10 mL MeCN → agitar 1 min	<u>Limão e laranja:</u> 4 g $MgSO_4$ + 1 g NaCl + 1 g $C_6H_5Na_3O_7 \cdot 2H_2O$ + 0,5 g $C_6H_6Na_2O_7 \cdot 1,5H_2O$ + 600 µL NaOH 5 mol/L → agitar 1 min → centrifugar 3500 rpm (5 min)	<u>Farinha, limão e laranja:</u> sobrenadante → 2 h (–18 °C) → 25 mg PSA + 150 mg $MgSO_4$ → agitar 1 min → centrifugar 3500 rpm (5 min) → GC-MS/MS e LC-MS/MS	
Repolho e rabanete/ 13 agrotóxicos multiclasse	10 g amostra + 10 mL MeCN (0,5 % HAc v/v) → agitar 1 min → refrigerador 30 min (4 °C)	4 g $MgSO_4$ + 1 g NaCl → agitar 1 min → centrifugar 4000 rpm (5 min)	2 mL sobrenadante → 50 mg PSA + 300 mg $MgSO_4$ → agitar 1 min → centrifugar 4000 rpm (5 min) → GC-MS	[58]
Uva, limão, cebola e tomate/105 agrotóxicos multiclasse	10 g amostra + 10 mL MeCN → agitar 1 min	<u>Uva, cebola e tomate:</u> 4 g $MgSO_4$ + 1 g NaCl + 1 g $C_6H_5Na_3O_7 \cdot 2H_2O$ + 0,5 g $C_6H_6Na_2O_7 \cdot 1,5H_2O$ → agitar 1 min → centrifugar 5000 rpm (3 min)		[59]
		<u>Limão:</u> 4 g $MgSO_4$ + 1 g NaCl + 1 g $C_6H_5Na_3O_7 \cdot 2H_2O$ + 0,5 g $C_6H_6Na_2O_7 \cdot 1,5H_2O$ + 600 µL NaOH 6 mol/L → agitar 1 min → centrifugar 5000 rpm (3 min)	6 mL sobrenadante → 150 mg PSA + 950 mg $MgSO_4$ → agitar 1 min → centrifugar 5000 rpm (3 min) → GC-MS e LC-MS	
Azeitona e azeite de oliva/16 agrotóxicos multiclasse	<u>Azeitona:</u> 10 g amostra + 10 mL MeCN → agitar 1 min	4 g $MgSO_4$ + 1 g NaCl → agitar 1 min → centrifugar 3450 rpm (1 min)	1 mL sobrenadante → 150 mg PSA + 950 mg $MgSO_4$ → agitar 1 min → centrifugar 5000 rpm (3 min) → GC-MS	[60]
	<u>Azeite de oliva:</u> 3 g amostra + 7 g H_2O + 10 mL MeCN → agitar 1 min			
Suco de frutas (pêssego, laranja, abacaxi, maçã e mix de frutas)/90 agrotóxicos multiclasse	10 mL amostra + 10 mL MeCN (1 % HAc v/v) → agitar 1 min	4 g $MgSO_4$ + 1 g CH_3COONa → agitar 1 min → centrifugar 4300 rpm (5 min)	sem limpeza do extrato → LC-MS/MS	[61]
Suco de cana-de-açúcar/ 7 agrotóxicos multiclasse	10 mL amostra + 10 mL MeCN → agitar 1 min	4 g $MgSO_4$ + 1 g NaCl → agitar 1 min → centrifugar 1200 rpm (10 min)	4 mL sobrenadante → 200 mg PSA + 600 mg $MgSO_4$ → agitar 30 s → centrifugar 3500 rpm (3 min) → GC-ECD	[62]
Arroz/124 agrotóxicos multiclasse	5 g amostra + 10 mL H_2O + 10 mL MeCN → freezer 30 min → agitar 1 min	4 g $MgSO_4$ + 1 g NaCl → agitar 1 min → centrifugar 4000 rpm (20 min)	5 mL sobrenadante → 375 mg PSA + 750 mg $MgSO_4$ → agitar 1 min → centrifugar 4000 rpm (20 min) → GC-MS/MS	[63]
Repolho, trigo, arroz, pepino, tomate, maçã e pera/4 agrotóxicos neonicotinoides	<u>Trigo e arroz:</u> 10 g amostra + 5 mL H_2O + 10 mL MeCN → agitar 5 min → freezer 20 min (–20 °C)	4 g $MgSO_4$ + 1 g NaCl → agitar 1 min → centrifugar 2599 g (5 min)	<u>Repolho:</u> 1,5 mL sobrenadante → 20 mg GCB + 150 mg $MgSO_4$ → agitar 1 min → centrifugar 2077 g (5 min) → LC-MS/MS	[64]
	<u>Pepino, tomate, repolho, maçã e pera:</u> 10 g amostra + 5 mL + 10 mL H_2O + 10 mL MeCN → → agitar 5 min → freezer 20 min (–20 °C)		<u>Pepino e tomate:</u> 1,5 mL sobrenadante → 50 mg PSA + 10 mg GCB + 150 mg $MgSO_4$ → agitar 1 min → centrifugar 2077 g (5 min) → LC-MS/MS	

(continua)

Tabela 24.1 Aplicações do método QuEChERS na determinação de resíduos de agrotóxicos em frutas e vegetais *(continuação)*

Matriz/Analitos	QuEChERS Extração	QuEChERS Partição	QuEChERS Limpeza	Ref.
			Maçã, pera, arroz e trigo: 1,5 mL sobrenadante → 50 mg PSA + 150 mg $MgSO_4$ → agitar 1 min → centrifugar 2077 g (5 min) → LC-MS/MS	
Milho e soja/10 agrotóxicos multiclasse	5 g amostra + 10 mL H_2O + 10 mL MeCN → agitar 1 min	4 g $MgSO_4$ + 1 g NaCl + 1 g $C_6H_5Na_3O_7 \cdot 2H_2O$ + 0,5 g $C_6H_6Na_2O_7 \cdot 1,5H_2O$ → agitar 1 min → centrifugar 3000 rpm (5 min) → sobrenadante → freezer 8 h (–20 °C)	6 mL sobrenadante → PSA + C18 + $MgSO_4$ → agitar 1 min → centrifugar 3000 rpm (5 min) → Extração líquido-líquido: 5 mL sobrenadante + 15 mL H_2O + 1,5 mL iso-octano → GC-MS	[65]
Cebola/5 agrotóxicos multiclasse	10 g amostra + 10 mL MeCN → agitar 1 min	4 g $MgSO_4$ + 1 g NaCl → agitar 1 min → centrifugar 5000 rpm (3 min)	6 mL sobrenadante → 150 mg PSA + 950 mg $MgSO_4$ → agitar 1 min → centrifugar 5000 rpm (3 min) → LC-MS/MS	[66]
Damasco, ameixa, cereja, nectarina, pera, maçã e marmelo	10 g amostra + 10 mL MeCN → agitar 1 min	4 g $MgSO_4$ + 1 g NaCl + 1 g $C_6H_5Na_3O_7 \cdot 2H_2O$ + 0,5 g $C_6H_6Na_2O_7 \cdot 1,5H_2O$ → agitar 1 min → centrifugar 8700 rpm (5 min)	6 mL sobrenadante → 150 mg PSA + 900 mg $MgSO_4$ → agitar 30 s → centrifugar 5000 rpm (5 min) → GC-MS	[67]
Tomate, alface, maçã e uva/29 agrotóxicos multiclasse	10 g amostra + 10 mL MeCN → agitar 1 min	4 g $MgSO_4$ + 1 g NaCl + 1 g $C_6H_5Na_3O_7 \cdot 2H_2O$ + 0,5 g $C_6H_6Na_2O_7 \cdot 1,5H_2O$ → agitar 1 min → ultrassom 20 min → centrifugar 10000 rpm (5 min)	5 mL sobrenadante → 125 mg PSA + 750 mg $MgSO_4$ → agitar 30 s → centrifugar 10000 rpm (5 min) → UPLC-MS/MS	[68]

tuais de recuperação, pois alguns compostos podem ficar adsorvidos no material sólido.[69-71] Além disso, a escolha dos sorventes utilizados na etapa de d-SPE também é uma etapa crítica. Assim como na análise de resíduos de agrotóxicos, o GCB não é adequado para alguns compostos, devido à possibilidade de retenção de estruturas planares. A utilização de PSA é bastante eficiente na etapa de limpeza de extratos provenientes de músculo e leite bovino.[69-71] Por outro lado, a interação com o PSA pode reduzir os percentuais de recuperação de alguns compostos como anti-helmínticos e espiromicina. O emprego de C18 é adequado para amostras que possuem um alto teor de gordura, como fígado bovino. A Tabela 24.2 apresenta algumas aplicações deste método na determinação de resíduos de agrotóxicos e medicamentos veterinários em alimentos como carne, leite, ovos, pescado, entre outros.

O solo é uma matriz complexa e heterogênea, possui uma estrutura porosa que contém substâncias inorgânicas

Tabela 24.2 Aplicações do método QuEChERS na determinação de resíduos de agrotóxicos e medicamentos veterinários em alimentos de origem animal

Matriz/Analitos	QuEChERS Extração	QuEChERS Partição	QuEChERS Limpeza	Ref.
Leite, ovos e carne	10 g amostra + 10 mL MeCN → agitar 1 min	4 g $MgSO_4$ + 1 g NaCl → agitar 1 min → centrifugar 5000 rpm (10 min)	6 mL sobrenadante → 100 mg PSA + 600 mg $MgSO_4$ → agitar 30 s → centrifugar 3000 rpm (5 min) → GC-MS	[72]
Alimento infantil	15 g amostra + 5 mL hexano + 15 mL MeCN (1 % HAc v/v) → agitar 1 min	6 g $MgSO_4$ + 1,5 g CH_3COONa → agitar 1 min → centrifugar 5000 rpm (10 min)	1 mL sobrenadante → 50 mg PSA + 150 mg $MgSO_4$ → agitar 20 s → centrifugar 5000 rpm (1 min) → GC-MS	[73]
Carne bovina	10 g amostra + 20 mL MeCN → agitar 1 min	4 g $MgSO_4$ + 1 g NaCl + 1 g $C_6H_5Na_3O_7 \cdot 2H_2O$ + 0,5 g $C_6H_6Na_2O_7 \cdot 1,5H_2O$ → agitar 1 min → centrifugar 996 g (5 min)	6 mL sobrenadante → 150 mg C18 + 900 mg $MgSO_4$ → agitar 1 min → centrifugar 966 g (5 min) → LC-MS/MS	[74]

(continua)

Quadro 24.2 Aplicações do método QuEChERS na determinação de resíduos de agrotóxicos e medicamentos veterinários em alimentos de origem animal *(continuação)*

Matriz/Analitos	QuEChERS Extração	Partição	Limpeza	Ref.
Leite bovino	10 g amostra + 10 mL EDTA-Na_2 0,1 mol/L + 10 mL MeCN (1 % HAc v/v) → agitar 1 min	4 g $MgSO_4$ + 1,0 g CH_3COONa → agitar 1 min → centrifugar 4500 g (1 min)	1 mL sobrenadante + 1 mL MeOH → LC-MS/MS	[75]
Camarão	10 g amostra + 10 mL MeCN (1 % HAc v/v) → agitar 1 min	4 g $MgSO_4$ + 1,75 g NaCl → agitar 1 min → centrifugar 3700 rpm (3 min)	5 mL sobrenadante + 250 mg PSA + 750 mg $MgSO_4$ → agitar 1 min → centrifugar 3700 rpm (3 min) → LC-MS	[76]
Leite e carne bovina	<u>Leite:</u> 10 g amostra + 12 mL MeCN → agitar 1 min <u>Carne:</u> 10 g amostra + 10 mL MeCN → agitar 1 min	4 g $MgSO_4$ + 1,0 g NaCl → agitar 1 min → centrifugar 2842 g (12 min)	<u>Leite:</u> sobrenadante + 500 mg C18 + 1,5 g $MgSO_4$ → agitar 1 min → centrifugar 2842 g (10 min) → UHPLC-MS/MS <u>Carne:</u> 1 mL sobrenadante + 150 mg $MgSO_4$ + 50 mg C18 + → agitar 1 min → centrifugar 21930 g (2 min) → UHPLC-MS/MS	[77]
Fígado e leite bovino	10 g amostra + 10 mL MeCN → agitar 1 min	5 g $MgSO_4$ + 1,0 g NaCl → agitar 1 min → centrifugar 3700 g (5 min)	1 mL sobrenadante + 150 mg $MgSO_4$ + 50 mg C18 → agitar 1 min → centrifugar 3000 g (2 min) → LC-MS/MS	[78]
Leite e carne de búfalo	2 g amostra + 4 mL MeCN → agitar 1 min	0,8 g $MgSO_4$ + 0,2 g NaCl → agitar 1 min → centrifugar (1 min)	1,0 mL sobrenadante → 50 mg PSA + 150 mg $MgSO_4$ → agitar 1 min → centrifugar (1 min) → freezer 2 h → GC-MS	[79]
Leite	10 g amostra + 12 mL MeCN→ agitação vórtex → 1 min	4 g $MgSO_4$ + 1 g NaCl → agitação vórtex 1 min → centrifugação	extrato → 500 mg C18 + 1,5 g $MgSO_4$→ agitação vórtex 1 min → centrifugação → sobrenadante → evaporação 50 °C com N_2→ reconstituição com 2,5 mL DMSO → ultrassom	[80]
Leite de cabra e carne ovina	10 g amostra + 12 mL MeCN→ agitação vórtex 30 s	4 g $MgSO_4$ + 1 g NaCl → agitação vórtex 1 min → centrifugação	<u>Leite de cabra</u> extrato → 500 mg C18 + 1,5 g $MgSO_4$→ agitação vórtex 1 min → centrifugação → 6 mL sobrenadante + 250 µL DMSO → evaporação da MeCN a 50 °C com N_2 → filtração 0,20 µm → injeção 5 µL <u>Carne ovina</u> 1 mL extrato → 50 mg C18 + 150 mg $MgSO_4$→ agitação vórtex 1 min → centrifugação → 600 µL sobrenadante + 600 µL DMSO → evaporação da MeCN a 50 °C com N_2 → filtração 0,20 µm → injeção 5 µL → UHPLC-ESI-MS/MS	[81]
Camarão	10 g amostra + 10 mL MeCN (1 % HAc v/v) → agitação	4 g $MgSO_4$ + 1,75 g NaCl → agitação vórtex 1 min → centrifugação	5 mL extrato → 250 mg PSA + 750 mg $MgSO_4$ → agitação vórtex 1 min → centrifugação → 2 mL sobrenadante → evaporação com N_2 → ressuspensão com 2 mL de MeOH:H_2O (2:8 v/v) → filtração 0,45 µm → injeção 20 µL → LC-ESI-MS/MS	[82]

(continua)

Tabela 24.2 Aplicações do método QuEChERS na determinação de resíduos de agrotóxicos e medicamentos veterinários em alimentos de origem animal *(continuação)*

Matriz/Analitos	QuEChERS			Ref.
	Extração	Partição	Limpeza	
Ovos	10 g amostra + 10 mL MeCN (1 % HAc v/v) + 10 mL Na_2EDTA 0,1 mol/L → agitação	4 g $MgSO_4$ + 1 g CH_3COONa → agitação vórtex 1 min → centrifugação	1 mL extrato → diluição (1:1 v/v) com solução de MeOH/0,05 % de HF → filtração 0,2 µm → injeção 5 µL → UHPLC-ESI-MS/MS	[83]
Músculo de frango	5 g amostra + 5 mL H_2O + 10 mL 1 % HAc em MeCN/H_2O (80:20 v/v) → agitação	4 g $MgSO_4$ + 1 g NaCl, 1 g $C_6H_5Na_3O_7 \cdot 2H_2O$ + 0,5 g $C_6H_6Na_2O_7 \cdot 1{,}5H_2O$ → agitação 15 min → centrifugação	1 mL extrato → 150 mg PSA → agitação 30 s → centrifugação → filtração 0,2 µm → diluição (1:1 v/v) com solução 1 % HF em MeCN/H_2O (50:50 v/v) → injeção 5 µL → UHPLC-ESI-MS/MS	[84]
Músculo bovino	5 g amostra + 15 mL MeCN (1 % HAc v/v) → agitação	4 g $MgSO_4$ → agitação 15 min → agitação 30 s → centrifugação	extrato + 500 mg PSA → contato 15 min → centrifugação → injeção 20 µL → LC-ESI-MS/MS	[85]
Músculo de frango	5 g amostra + 15 mL MeCN (1 % HAc v/v) + 10 mL Na_2EDTA 0,1 mol/L → agitação	5 g $MgSO_4$ → agitação vórtex 30 s → centrifugação	extrato + 500 mg NH_2 → contato 15 min → agitação → centrifugação → injeção 3 µL → LC-ESI-MS/MS	[86]
Leite ou fígado bovino	10 g amostra + 10 mL MeCN→ agitação	4 g $MgSO_4$ + 1 g NaCl → agitação 1 min → centrifugação	1 mL extrato → 150 mg $MgSO_4$ + 50 mg C18 → agitação vórtex 1 min → centrifugação → injeção 10 µL → LC-ESI-MS/MS	[87]

e orgânicas. A quantidade de resíduos e contaminantes que podem ser adsorvidos no solo varia de acordo com o tipo de analito e com as características do solo, tais como: a umidade, o pH, a textura e os teores de matéria orgânica. Alguns analitos são fortemente adsorvidos em solos com altos teores de argila e/ou matéria orgânica. Portanto, a etapa de preparo de amostra é considerada crítica na análise de resíduos e contaminantes em solos. Vários trabalhos têm sido publicados sobre a extração destes analitos, por exemplo, agrotóxicos, em solos. Entre as técnicas de extração citam-se a utilização de agitação,[88] ultrassom,[89] líquido pressurizado[90] e micro-ondas.[91] As substâncias húmicas presentes no solo possuem numerosos grupamentos hidroxila, que formam ligações do tipo pontes de hidrogênio com as moléculas de resíduos e contaminantes. No meio ambiente, há uma competição entre as moléculas de água e os analitos de interesse por esses sítios de ligação.[92] As ligações por pontes de hidrogênio são responsáveis pela adsorção de analitos polares.[93] Assim, observa-se que a adição de água nas diferentes aplicações que envolvem uso do método QuEChERS e de outras técnicas tem sido fundamental para a extração efetiva dos compostos de interesse.

Tabela 24.3 Aplicações do método QuEChERS na determinação de resíduos de agrotóxicos em amostras de solo

QuEChERS			Ref.
Extração	Partição	Limpeza	
10 g amostra + 20 mL MeCN → agitar 1 min	4 g $MgSO_4$ + 1 g NaCl + 1 g $C_6H_5Na_3O_7.2H_2O$ + 0,5 g $C_6H_6Na_2O_7 \cdot 1{,}5H_2O$ → agitar → centrifugar	1,5 mL sobrenadante → 150 mg PSA + 950 mg $MgSO_4$ → agitar → centrifugar → GC-MS e LC-MS/MS	[94]
5 g amostra + 5 mL H_2O + 10 mL MeCN → agitar 5 min	4 g $MgSO_4$ + 1 g NaCl + 1 g $C_6H_5Na_3O_7 \cdot 2H_2O$ + 0,5 g $C_6H_6Na_2O_7 \cdot 1{,}5H_2O$ → agitar 1 min → centrifugar 4500 rpm (2,5 min)	5 mL sobrenadante → 150 mg PSA + 900 mg $MgSO_4$ + 150 mg C18 → agitar 1 min → centrifugar 4500 rpm (2,5 min) → UPLC-MS/MS	[95]
10 g amostra + 10 mL MeCN (1 % HAc v/v) → agitar 1 min	4 g $MgSO_4$ + 1 g NaCl → agitar 1 min → centrifugar 5000 rpm (5 min)	LC-MS/MS	[96]
10 g amostra + 5 mL H_2O + 10 mL MeCN → agitar 30 min	4 g $MgSO_4$ + 1 g NaCl → agitar 3 min → centrifugar 2599 g (5 min)	1,5 mL sobrenadante → 150 mg $MgSO_4$ + 50 mg C18 → agitar 1 min → centrifugar 2077 g (5 min) → LC-MS/MS	[97]
5 g amostra + 2,5 mL H_2O + 10 mL MeCN (1 % HAc v/v) → agitar 1 min	4 g $MgSO_4$ + 1 g NaCl + 1 g $C_6H_5Na_3O_7 \cdot 2H_2O$ + 0,5 g $C_6H_6Na_2O_7 \cdot 1{,}5H_2O$ → agitar 1 min → centrifugar 5000 rpm (5 min)	UPLC-MS/MS	[98]

24.4 Avanços recentes

Nos últimos anos, o método QuEChERS iniciou uma verdadeira transformação no preparo de amostra para análise de resíduos e contaminantes em alimentos, uma vez que suas características de simplicidade, rapidez, baixo custo, entre outras, foram incorporadas em vários laboratórios de rotina. Porém, ao ser comparado com métodos comumente utilizados para análise destes compostos, observa-se que a relação entre a quantidade de amostra e de solvente (1 g/mL) obtida no método QuEChERS é baixa se comparada com os valores típicos de 2 a 5 g/mL dos métodos que utilizam solventes apolares.[99] A fim de minimizar esta limitação, Melo et al.[100] realizaram a combinação entre os extratos provenientes da etapa de d-SPE com a técnica de microextração líquido líquido dispersiva (*dispersive liquid liquid microextraction*, DLLME) na análise de resíduos de agrotóxicos por HPLC-DAD. Depois da etapa de extração com acetonitrila, seguida da partição promovida pelos sais e limpeza por d-SPE, os analitos foram concentrados em triclorometano pelo procedimento DLLME. Esta combinação resultou em um procedimento simples, rápido e barato, além de proporcionar baixos limites de detecção (1,7 a 45 μg/kg) para os 13 compostos avaliados. A combinação d-SPE/DLLME e HPLC-DAD também foi empregada para determinação de sete inseticidas neonicotinoides em amostras de arroz, painço e aveia.[101] As vantagens da utilização em conjunto da d-SPE com DLLME incluem a versatilidade, baixo custo, tempo de análise relativamente curto e baixo consumo de solventes orgânicos. Além disso, destacam-se elevada eficiência de extração e efeito matriz pouco significativo. Nesse método, na etapa de d-SPE, empregaram-se os sorventes PSA, GCB e C18. Os resultados apresentaram boa linearidade ($r^2 \geq 0,99$), recuperações satisfatórias (76 a 123 %), RSD % aceitáveis (≤ 12,6 %) e limite de detecção entre 2 e 5 μg/kg.

Satpathy et al.[102] desenvolveram um método multirresíduo para análise de 72 agrotóxicos em frutas e vegetais empregando extração assistida por micro-ondas (*microwave assisted extraction*, MAE), limpeza do extrato por d-SPE seguida de determinação por GC-MS. Os resultados apresentaram boa linearidade, robustez, precisão e exatidão. Esta combinação permite que a etapa de extração seja automatizada, tornando este método uma ferramenta atrativa para a análise de rotina de agrotóxicos em frutas e vegetais. A combinação MAE e d-SPE também foi avaliada na determinação de 27 agrotóxicos por GC-MS em amostras de ervas medicinais.[103] A técnica d-SPE simplificou o processo de limpeza e minimizou o consumo de solventes orgânicos. Os limites de detecção variaram entre 0,2 e 10 μg/kg. As recuperações de todos os analitos variaram entre 70 e 120 % com RSD ≤ 17,2 %.

A limpeza do extrato à baixa temperatura (*freeze-out* ou *low temperature clean-up*), visando a redução dos coextrativos lipídicos, tem sido empregada com sucesso na determinação de diversos compostos em diferentes matrizes. A técnica consiste na precipitação de extrativos lipídicos, dentre outros, que são congelados junto com a água, sendo retirado o extrato composto pelo solvente extrator. A combinação desta técnica com d-SPE, reduz ainda mais a quantidade de coextrativos, possibilitando um menor consumo de sorventes.[15,35] No entanto, uma das principais desvantagens do congelamento é o tempo, o qual varia, geralmente, de 30 minutos a 12 horas ou mais. A maioria dos estudos utiliza mais de 12 horas.[104-107] Contudo, quando combinado com d-SPE ou outra técnica de limpeza, o tempo necessário para a limpeza do extrato pode ser reduzido como demonstrado por Koesukwiwat et al.[47] que, em 2 horas de resfriamento, conseguiram uma adequada redução de coextrativos. Depois do congelamento foi realizada d-SPE com PSA e C18. Chen et al.[108] na análise de agrotóxicos organoclorados em amostras de peixe, congelaram o extrato por 20 minutos, realizando em seguida a limpeza em cartucho SPE com aminopropil. Os limites de detecção do método variaram de 0,5 a 20 μg/kg, e as recuperações entre 81,3 e 113,7 % com RSD ≤ 13,5 %. Hong et al.[109] também analisando organoclorados em peixe, utilizaram a técnica de limpeza em baixa temperatura, congelando o extrato por 30 minutos, seguida de SPE com florisil® e obtiveram bons resultados. Os percentuais de recuperação foram ≥ 80 %. Os limites de detecção variaram de 0,5 a 5 μg/kg, exceto para endossulfam que foi de 20 μg/kg.

As modificações já realizadas neste método indicam um futuro promissor na análise de resíduos e contaminantes orgânicos. O método QuEChERS também tem sido aplicado a outras amostras complexas como sangue,[110,111] e rações.[112] Além disso, esse método possibilita a determinação de outros tipos de analitos como fármacos,[110,111] micotoxinas,[113,114] compostos fenólicos[115] e hidrocarbonetos policíclicos aromáticos.[116]

O desenvolvimento do método QuEChERS resgatou a utilização dos compostos denominados "protetores de analitos".[25] Essas substâncias, previamente estudadas por Erney e Poole,[117] atuam de maneira similar a alguns constituintes da matriz e, dessa forma, mascaram a interação indesejada e descontrolada dos analitos com os sítios ativos do sistema de cromatografia gasosa. Em diversas aplicações do método QuEChERS se faz uso do sorvente PSA, o qual possui a capacidade de remover interferentes polares da matriz. Porém, ao mesmo tempo, essa remoção pode levar a alterações na resposta cromatográfica. Diante dessa situação, o uso de "protetores de analitos" é adequado.[118] Nos últimos anos, diversos compostos foram avaliados com essa finalidade, entre eles, açúcares e seus derivados (álcoois, lactonas), dióis, poliéteres, alguns compostos básicos etc.[119] Porém, a escolha do melhor agente "protetor de analito" depende da resposta cromatográfica e dos analitos a serem analisados.[118]

As novas tecnologias analíticas, por exemplo, as mudanças nos espectrômetros de massa aliadas a inovações em separações cromatográficas permitiram que nos últimos anos procedimentos rápidos e eficientes fossem desenvolvidos. Além disso, a automação de etapas, miniaturização e utilização de novos sorventes, conferiram eficiência e rapidez para algumas técnicas, como a SPE. Soma-se a estas características a possibilidade do preparo de amostra em batelada e a consequente diminuição do tempo na realização de algumas etapas do processo analítico. Estes avanços estão resultando na substituição dos métodos tradicionais de análise de resíduos e contaminantes em alimentos, que apresentavam como características a morosidade de suas diversas etapas, emprego de grandes volumes de solvente, alto custo etc.

O preparo de amostra permanece como uma das etapas principais na determinação de resíduos e contaminantes em alimentos, sendo a eficiência do procedimento de extração o aspecto principal. Por isso, o número de etapas deve ser o menor possível, uma vez que cada uma pode resultar em perdas dos compostos de interesse e ser fonte de contaminação. Portanto, um procedimento de preparo rápido pode reduzir os custos e as fontes de erro.

Atualmente, a tendência é o desenvolvimento de métodos multirresíduo robustos e que permitam o preparo de amostra de forma unificada para um grande número de matrizes. Estes métodos devem apresentar como vantagens a possibilidade de analisar um grande número de compostos, altos percentuais de recuperação dos analitos, remoção dos possíveis interferentes da amostra, boa precisão e robustez, baixo custo, rapidez, facilidade e segurança (utilizam pequenos volumes de solventes de baixa toxicidade). Outra abordagem, bastante recente, é o interesse pela determinação dos produtos de degradação e/ou metabólitos dos medicamentos veterinários em alimentos, pois alguns destes compostos são considerados genotóxicos e/ou cancerígenos.

Futuramente, o desenvolvimento de novos procedimentos de extração de resíduos de medicamentos veterinários estará baseado na aplicação de abordagens mais amplas de extração, que terão como objetivo principal promover a redução do tempo do preparo de amostra e a facilidade da execução dos procedimentos.

Referências bibliográficas

[1]LEHOTAY, S.J. **TrAC** 21: 686, 2002.

[2]STOLKER, A.M.; BRINKMAN, U.A. Th. **J. Chromatogr. A** 1067: 15, 2005.

[3]SPISSO, B.F.; NOBREGA, A.W.; MARQUES, M.A.S. **Ciência & Saúde Coletiva** 14: 2091, 2009.

[4]http://www.fao.org/agriculture/crops/core-themes/theme/pests/jmpr/en/

[5]PRESTES, O.D. et al. **Quim. Nova** 32: 1620, 2009.

[6]http://www.panna.org/issues/pesticides-101-primer

[7]PRESTES, O.D.; ADAIME, M.B.; ZANELLA, R. **Scientia Chromatographica** 3: 51, 2011.

[8]MILLS, P.A.; ONLEY, J.H.; GUITHER, R.A. **J. AOAC** 50: 430, 1963.

[9]STORHERR, R.W.; OTT, P.; WATTS, R.R. **J. AOAC** 54: 513, 1971.

[10]LUKE, M.A.; DOOSE, G.M. **Bull. Environ. Contam. Toxicol. B** 30: 110, 1983.

[11]LUKE, M.; FROBERG, J.E.; MASUMOTO, H.E. **J. AOAC** 58: 1020, 1975.

[12]SPECHT, W.; TILKES, M. **Fresenius' J. Anal. Chem.** 301: 300, 1980.

[13]ANASTASSIADES, M.; SCHERBAUM, E. **Deutsche Lebensmittel-Rundschau** 93: 316, 1997.

[14]SPECHT, W.; PELZ, S.; GILSBACH, W. **Fresenius' J. Anal. Chem.** 353:183, 1995.

[15]LEE, S.M.; PAPATHAKIS, M.L.; HSIAO-MING, C.F.J.E. **Fresenius' J. Anal. Chem.** 339: 376, 1991.

[16]FILLION, J.; SAUVE, F.; SELWYN, J. **J. AOAC Int.** 83: 698, 2000.

[17]LANÇAS, F.M. **Extração em fase sólida (SPE)**. RiMa, São Carlos, 2004.

[18]BARKER, S.A.; LONG, A.R.; SHORT, C.R; **J. Chromatogr. A** 475: 353, 1989.

[19]ARTHUR, C.L.; PAWLISZYN, J. **Anal. Chem.** 62: 2145, 1990.

[20]BALTUSSEN, E. et al. **Anal. Chem.** 71: 5213, 1999.

[21]MENDIOLA, J.A. et al. **J. Chromatogr. A**, 1152: 234, 2007.

[22]CARABIAS-MARTÍNEZ, R. et al. **J. Chromatogr. A**, 1089: 1, 2005.

[23]CAMEL, V. **TrAC**, 19: 229, 2000.

[24]WARDENCKI, W.; MICHULEC, M.; CURYŁO, J. **Int. J. Food Sci. Technol.** 39: 703, 2004.

[25]ANASTASSIADES, M. et al. **J. AOAC Int.** 86: 412, 2003.

[26]MAJORS, R.E. **LCGC North Am.** 25:436, 2007.

[27]MAŠTOVSKÁ, K.; LEHOTAY, S.J. **J. Chromatogr. A**, 1040: 259, 2004.

[28]LEHOTAY, S. J. et al. **J. Agric. Food Chem.** 49: 4589, 2001.

[29]THE HAGUE. General Inspectorate for Health Protection. **Analytical Methods for Pesticide Residues in Foodstuffs**. General Inspectorate for Health Protection, 1996.

[30]STAN, H.J. **J. Chromatogr. A**, 892: 347, 2000.

[31]ANDERSSON, A.; PALSHEDEN, H. **Fresenius J. Anal. Chem.** 339: 365, 1991.

[32]LEHOTAY, S.J. et al. **J. AOAC Int.** 88: 595, 2005.

[33]http:www.quechers.com.

[34]PAYÁ, P. et al. **Anal. Bioanal. Chem.** 389: 1697, 2007.

[35]LEHOTAY, S.J.; MAŠTOVSKÁ, K.; LIGHTFIELD, A.R. **J. AOAC Int.** 88: 615, 2005.

[36]ANASTASSIADES, M. et al. **Crop protection, public health, environmental safety**. Wiley-VCH Weinheim, 2007.

[37]http://chromatographyonline.findanalytichem.com/lcgc.

[38]LEHOTAY, S.J.; MAŠTOVSKÁ, K.; LIGHTFIELD, A.R. **J. AOAC Int.** 88: 615, 2005.

[39]AOAC INTERNATIONAL. **Official method 2007.01: pesticide residues in foods by acetonitrile extraction and partitioning with magnesium sulphate**. AOAC International; 2007.

[40]COMITÉ EUROPÉEN DE NORMALISATION. **CEN, CEN/TC 275 15662:2008: foods of plant origin - Determination of pesticide residues using GC-MS and/or LC-MS/MS following acetonitrile extraction/partitioning and clean-up by dispersive SPE - QuEChERS-method**. European Union; 2008.

[41]SAITO, Y. et al. **J. AOAC Int.** 87: 1356, 2004.

[42]SOARES, L.C.T.; NETO, A.J.S. **Scientia Chromatographica** 4:139, 2012.

[43]HYÖTYLÄINEN, T. **J. Chromatogr. A**, 1186: 39, 2008.

[44]MAŠTOVSKÁ, K. et al. **J. Agric. Food Chem.** 58: 5959, 2010.

[45]LEHOTAY, S.J. et al. **J. Chromatogr. A**, 1217: 2548, 2010.

[46]CUNHA, S.C. et al. **J. Sep. Sci.** 30: 620, 2007.

[47]KOESUKWIWAT, U. et al. **J. Agric. Food Chem.** 58: 5950, 2010.

[48]LEHOTAY, S. **J. AOAC Int.** 90: 485, 2007.

[49]HENNION, M.C. **J. Chromatogr. A**, 885: 73, 2000.

[50]KOESUKWIWAT, U.; SANGUANKAEW, K.; LEEPIPATPIBOON, N. **Anal. Chim. Acta** 626: 10, 2008.

[51]NGUYEN, T.D.; LEE, M.H.; LEE, G.H. **Microchem. J.** 95: 113, 2010.

[52]RODRIGUES, S.A.; CALDAS, S.S.; PRIMEL, E.G. **Anal. Chim. Acta** 678: 82, 2010.

[53]http://unitedchem.com/product.aspx?P=276

[54]ZHAO, Y.G. et al. **J. Chromatogr. A**, 1218: 5568, 2011.

[55]HERBST, M.H.; MACEDO, M.I.F.; ROCCO, A.M. **Quim. Nova** 27: 986, 2004.

[56]ZHAO, P. et al. **J. Chromatogr. A**, 1225: 17, 2012.

[57]ZHAO, X. et al. **J. Chromatogr. A**, 1229: 6, 2012.

[58]NGUYEN, T.D. et al. **Food Chem.** 110: 207, 2008.

[59]LESUEUR, C. et al. **Food Control**, 19: 906, 2008.

[60]CUNHA, S.C. et al. **J. Sep. Sci.** 30: 620, 2007.

[61]GONZALEZ, R.R.; FRENICH, A.G.; VIDAL, J.L.M. **Talanta** 76: 211, 2008.

[62]FURLANI, R.P.Z. et al. **Food Chem.** 126: 1283, 2011.

[63]HOU, X. et al. **Food Chem.** 138: 1198, 2013.

[64]ZHANG, Y. et al. **Anal. Methods** 5: 1449, 2013.

[65]MARCHIS, D. et al. **Food Control** 25: 270, 2012.

[66]RODRIGUES, S.A. et al. **Quim. Nova** 34: 780, 2011.

[67]CIESLIK, E. et al. **Food Chem.** 125: 773, 2011.

[68]QUEIROZ, S.C.N.; FERRACINI, V.L.; ROSA, M.A. **Quim. Nova** 35: 185, 2012.

[69]BERENDSEN, B.J.A.; STOLKER, L.A.A.M.; NIELEN, M.W.F. **TrAC** 43:230, 2013.

[70]BLASCO, C. et al. **J. AOAC Int.** 94:991, 2011.

[71]FILIGENZI, M.S. et al. **J. Food Addit. Contam. Part A** 28: 1324, 2011.

[72]SELVI, C. et al. **Bull. Environ. Contam. Toxicol.** 89: 1051, 2012.

[73]PRZYBYLSKI, C.; SEGARD, C. **J. Sep. Sci.** 32: 1858, 2009.

[74]PARK, K.H. et al. **Meat Sci.** 92: 749, 2012.

[75]AGUILERA-LUIZ, M.M. et al. **J. Chromatogr. A**, 1205: 10, 2008.

[76]PULIDO, M.V. et al. **Talanta** 85: 1419, 2011.

[77]KINSELLA, B. et al. **J. Chromatogr. B**, 879: 3707, 2011.

[78]KINSELLA, B. et al. **Anal. Chim. Acta** 637: 196, 2009.

[79]BRONDI, S.H.G. et al. **Quim. Nova** 36: 153, 2013.

[80]WHELAN, M. et al. **J. Chromatogr. A**, 1217: 4612, 2010.

[81]KINSELLA, B. et al. **Anal. Chim. Acta** 879: 3707, 2011.

[82]VILLAR-PULIDO, M. et al. **Talanta** 85: 1419, 2011.

[83]FRENICH, A.G. et al. **Anal. Chim. Acta** 661:150, 2010.

[84]LOPES, R.P. et al. **Talanta** 89:201, 2011.

[85]BLASCO, C. et al. **J. AOAC Int.** 94: 991, 2010.

[86]STUBBINGS, G.; BIGWOOD, T. **Anal. Chim. Acta** 637: 68, 2009.

[87]KINSELLA, B. et al. **Anal. Chim. Acta** 637: 196, 2009.

[88]DABROWSKA, H. et al. **J. Chromatogr. A**, 1003: 29, 2003.

[89]TOR, A.; AYDIN, M.E.; OZCAN, S. **Anal. Chim. Acta** 559: 173, 2006.

[90]MORENO, D.V. et al. **Soil Sediment. Contam.** 17: 1, 2008.

[91]MORENO, D.V.; SOSA FERRERA, Z.; RODRIGUEZ, J.J. S. **Anal. Chim. Acta** 571: 51, 2006.

[92]SÁ, L.C. et al. **J. Sep. Sci.** 35: 1521, 2012.

[93]GEVAO, B.; SEMPLE, K.T.; JONES, K.C. **Environ. Pollut.** 108: 3, 2000.

[94]RAMOS, M.A. et al. **Anal. Bioanal. Chem.** 396: 2307, 2010.

[95]DROŻDŻYŃSKI, D.; KOWALSKA, J. **Anal. Bioanal. Chem.** 394: 2241, 2009.

[96]CALDAS, S.S. et al. **J. Agric. Food Chem.** 59: 11918, 2011.

[97]LI, Y. **J. Hazard. Mater.** 250-251: 9, 2013.

[98]PRESTES, O.P. et al. 35: 861, 2012.

[99]HIEMSTRA, M.; DE KOK, A. **J. Chromatogr. A**, 1154: 3, 2007.

[100]MELO, A. et al. **Food Anal. Meth.** 6: 559, 2013.

[101]WANG, P. et al. **Food Chem.** 134: 1691, 2012.

[102]SATPATHY, G.; TYAGI, Y.K.; GUPTA, R.K. **Food Chem.** 127: 1300, 2011.

[103]MAO, X. et al. **Talanta** 97: 131, 2012.

[104]LENTZA-RIZOS, C.; AVRAMIDES, E.J.; KOKKINAKI, K. **J. Agric. Food Chem.** 54: 138, 2006.

[105]RÜBENSAM, G. et al. **Food Control** 29: 55, 2013.

[106]GOULART, S.M. et al. **Anal. Chim. Acta** 671:41, 2010.

[107]GOULART, S. et al. **Talanta** 75: 1320, 2008.

[108]CHEN, S. et al. **Food Chem.** 113:1297, 2009.

[109]HONG, J. et al. **J. Chromatogr. A**, 1038:27, 2004.

[110]USUI, K. et al. **Legal Medicine** 14: 286, 2012.

[111]PLÖSSL, F.; GIERA, M.; BRACHER, F. **J. Chromatogr. A**, 1135: 19, 2006.

[112]XIA, K. et al. **J. Agric. Food Chem.** 58: 5945, 2010.

[113]RUBERT, J. et al. **Talanta** 99: 712-719, 2012.

[114]KLEIGREWE, K.; SÖHNEL, A.C.; HUMPF, H.U. **J. Agric. Food Chem.** 59: 10470, 2011.

[115]VALENTE, I.M. et al. **J. Chromatogr. A**, 1271: 27.

[116]FORSBERG, N.D.; WILSON, G.R.; ANDERSON, K.A. **J Agric. Food Chem.** 59: 8108, 2011.

[117]ERNEY D.R.; POOLE C.F. **J. High. Resolut. Chromatogr.** 16:501, 1993.

[118]SOARES, L.C.T.; SANTOS-NETO, A.J. **Scientia Chromatographica** 4:139, 2012.

[119]ANASTASSIADES M.; MAŠTOVSKÁ K.; LEHOTAY S.J. **J. Chromatogr. A**, 1015:163, 2003.

25 Preparo de amostras aplicado a biomacromoléculas

Marco Aurélio Zezzi Arruda, Herbert de Sousa Barbosa, Silvana Ruella de Oliveira, Cícero Alves Lopes Júnior e Gustavo de Souza Pessôa

25.1 Introdução

O preparo de uma amostra pode ser entendido como qualquer manipulação que modifica a matriz da amostra, revelando uma ou mais características da mesma.[1] Assim, pode-se notar que ele está intrinsicamente ligado à própria matriz da amostra, e o esforço a ser empregado para a sua realização dependerá da característica de cada amostra. Não obstante, o próprio analito é outro fator-chave no preparo da amostra, pois ele deve ser preservado durante todo o processo, já que a informação analítica é, obviamente, analito-dependente.

Em se tratando de biomacromoléculas, o problema reside em diversas características, não somente das amostras, mas, também, do próprio analito, tais como: labilidade e, às vezes, uma baixíssima concentração, complexidade e diversidade da matriz, entre outras.[2] Dados esses problemas, bem como o grande impacto das "ômicas" em diferentes campos de aplicação,[3] é relativamente fácil imaginar a importância do preparo de amostra, e que venha ao encontro daquelas características analíticas imprescindíveis, tais como seletividade, robustez, precisão e exatidão. O desafio é grande, mas, por sorte, hoje podemos contar com uma gama de possibilidades em termos de estratégias e técnicas. É justamente dentro deste panorama que focaremos este capítulo, e diversas estratégias, técnicas e procedimentos serão destacados e comentados.

25.2 Preparo de amostras focando no DNA

Além da extrema importância como meio de transmissão da hereditariedade e expressão das proteínas, os genes são alvo de estudo para a compreensão do mecanismo de diversas doenças, ocasionadas por agentes infecciosos ou tumores. Como resultado, as células de um organismo perdem a habilidade de realizar processos fisiológicos normais, em virtude de desordens genéticas. Dessa maneira, os perfis de expressão gênica e o sequenciamento de bases nitrogenadas do DNA tem sido úteis em diagnósticos moleculares *in vitro*, auxiliando na identificação de uma doença.[4] Estas análises fornecem informações importantes sobre o desenvolvimento de uma doença, podendo reduzir o tempo de diagnóstico para um paciente.

As aplicações das técnicas de identificação e detecção de sequências de DNA são amplas, auxiliando na detecção de um organismo infeccioso ou mesmo na identificação de um tipo de câncer.[5,6] No caso das doenças infecciosas, podem ser encontradas sequências exclusivas para cada patógeno, permitindo a detecção do agente estranho em um paciente. Apontada como alternativa à técnica da reação em cadeia da polimerase (PCR), a técnica de DNA em cadeia ramificada pode ser uma ferramenta útil no diagnóstico de doenças virais, tais como HIV-1, hepatite C e infecções bacterianas.[7] Além disso, outra abordagem é a busca por biomarcadores para câncer, por meio da detecção de ácidos nucleicos metilados em células livres. É conhecido que células cancerígenas apresentam padrões de metilação diferentes no DNA, comparado às células normais.[6]

Os avanços dos diagnósticos moleculares baseados em ácidos nucleicos têm como principal fundamento a pesquisa transdisciplinar, envolvendo os campos da Química, Biologia e Genética. Mesmo com o progresso recente no desenvolvimento destes diagnósticos moleculares, o preparo de amostra para detecção e/ou sequenciamento de ácidos nucleicos mantém-se ainda como um desafio a ser explorado.[8] Nesta seção, serão discutidas algumas estratégias relativas ao preparo de amostra voltado para a análise de DNA.

25.2.1 Métodos de preparo de amostras para DNA

A qualidade dos ácidos nucleicos isolados é uma etapa crítica na obtenção de resultados precisos e significativos. Devem ser removidas impurezas comumente encontradas, dentre elas debris celulares, proteínas, lipídios, carboidratos, nucleases celulares e ácidos nucleicos indesejados. Além disso, a redução da complexidade da amostra auxilia no sequenciamento de ácidos nucleicos. Os principais fatores que podem influenciar na escolha da técnica mais adequada para uma aplicação são:

- O material de partida (um órgão, tecido, culturas celulares, sangue, entre outras);
- A fonte do organismo (mamíferos, eucariotos inferiores, plantas, procariotos e vírus);
- O ácido nucleico alvo (DNA de fita simples, DNA de dupla fita, RNA total e RNA mensageiro);
- Desempenho dos resultados desejados (rendimento, pureza, tempo de análise);
- Fluxograma de aplicação (PCR, clonagem, *blotting*, reação em cadeia da polimerase via transcriptase reversa (RT-PCR), síntese de DNA complementar, terapia gênica).

Em geral, o material de partida sobre o qual será realizado o sequenciamento de DNA pode se encontrar na forma de DNA genômico isolado, DNA complementar, ou cromatina imunoprecipitada.[9] Para converter este material em uma sequência que possa ser identificada, o material deve passar pelo processo de lise celular e extração. Estas etapas serão abordadas nas seções que se seguem.

25.2.1.1 Métodos de lise celular

A primeira etapa na extração de ácidos nucleicos pode requerer a lise celular e a inativação de nucleases celulares. Ambos os processos podem ser realizados simultaneamente, por meio da adição de tensoativos para solubilizar membranas celulares e a adição de sais caotrópicos fortes para inativar enzimas intracelulares. Existem vários métodos de lise celular, mas nenhum trabalha com células de todas as origens biológicas. Cada um tem suas vantagens e limitações, bem como a escolha de um método específico depende das características das células, dos tipos celulares e da aplicação final. Estratégias de preparo de amostra geralmente empregam mais de um processo de lise celular, combinando, por exemplo, a lise enzimática da parede celular e o uso de tensoativos que solubilizam a membrana plasmática.[10]

A lise celular pode ser obtida mecanicamente. Um exemplo é o emprego da radiação ultrassônica na detecção de DNA genômico bacteriano em culturas celulares de *Staphylococcus aureus*.[11] Fragmentos de DNA são produzidos com diferentes comprimentos e de maneira reprodutiva, de acordo com a intensidade, frequência e duração da sonicação. Outras estratégias baseadas na lise celular obtida mecanicamente empregam o uso de moinhos, agitadores e rotores contendo esferas.

A ruptura celular é obtida quando as esferas se chocam com as células. Estas esferas podem ser de vidro, cerâmica de alta densidade ou silicato de zircônio, e as duas últimas aumentam a velocidade de ruptura celular em 50 %, quando comparadas com as pérolas de vidro.[12,13] Como principal limitação, estes métodos que atuam mecanicamente podem induzir a contaminação cruzada.

Outras abordagens utilizadas em procedimentos de lise celular envolvem a ação enzimática, onde se observa o mínimo de dano mecânico no DNA. As principais enzimas empregadas são β(1,6) e β(1,3) glicanases, lisozima, proteases e manases, e estas enzimas se ligam a alvos específicos na parede celular. Concomitantemente, podem ser usados tensoativos para solubilizar a membrana plasmática, ou mesmo remover a contaminação devido à presença de ribossomos, polissomos e parede celular de bactérias gram-positivas.[14] As limitações observadas são a falta de reprodutibilidade para os ensaios enzimáticos e a interferência dos tensoativos na técnica de PCR.

25.2.1.2 Métodos de extração

Os principais métodos de extração do DNA envolvem a extração líquido-líquido, extração em fase sólida ou mesmo filtração por membrana. Na extração líquido-líquido, a utilização do fenol é um método clássico de preparo de amostra focando DNA, baseando-se na sua afinidade para uma fase orgânica imiscível. Resumidamente, o procedimento consiste na adição de fenol, clorofórmio e álcool isoamílico à solução aquosa. A fase fenólica é imiscível com a fase aquosa e as duas fases são separadas por densidade.

Uma etapa de centrifugação promove a "mistura" entre as duas fases, permitindo que os componentes celulares sofram a partição. Os componentes de membrana e proteínas migram para a fase fenólica, enquanto o DNA, carregado negativamente, permanece dissolvido na fase aquosa. Após a centrifugação, a solução aquosa é retirada e, posteriormente, o DNA é precipitado em etanol, lavado e ressuspenso em tampão aquoso. Este método tem sido utilizado principalmente para amostras com um grande número de células e utiliza um volume de 1 mL. Uma limitação é possibilidade de perda de DNA durante a remoção da fase aquosa.[15]

A extração em fase sólida é uma técnica de preparo importante devido a sua fácil automação, seletividade e alta recuperação do analito. Além disso, a disponibilidade de dispositivos comerciais de SPE torna esta técnica ainda mais atraente devido à ampla variedade de materiais adsorventes e o pequeno volume de solvente empregado. O mecanismo deste processo baseia-se na sorção do analito pela fase sólida. Uma solução de lavagem pode ser empregada para eliminar possíveis contaminantes, removendo proteínas presentes em uma mistura com ácidos nucleicos por meio da eluição com fenol-clorofórmio. O DNA pode ser recuperado com o uso de um tampão Tris-EDTA. Outras abordagens verificadas na literatura focam o desenvolvimento de materiais para utilização como fase sólida. Um exemplo é observado na utilização do polimetilmetacrilato (PMMA) funcionalizado com quitosana como material para retenção do DNA de leucócitos. Este material tem sido aplicado como substrato, uma vez que apresenta uma elevada área superficial.[16]

Além disso, o dispositivo de SPE permite a recuperação do DNA em tampão, facilitando a aplicação do material coletado em uma análise por PCR.

Outra possibilidade é o emprego da filtração por membranas. As membranas com um tamanho de poro de 0,01 mm e exclusão de massa de 100.000 Da são eficientes na retenção de moldes de DNA, podendo ser comercializadas na forma de colunas de centrifugação. Os poros podem apresentar tamanhos diferentes e reter seletivamente os ácidos nucleicos. Esta técnica tem uma ampla aplicação, permitindo a utilização de soluções alcalinas e a separação de debris celulares. Têm sido empregados materiais como a polietersulfona pré-tratada com uma solução de poliacrilamida como membrana de ultrafiltração, apresentando como vantagens a minimização da adsorção de fragmentos de DNA que serão sequenciados, bem como a eliminação de interferentes, tais como vetores de DNA circular.[17] Como consequência, o transporte de fragmentos purificados para sequenciamento é muito eficiente, sendo observado um aumento de 50 vezes na quantidade de fragmentos de DNA detectados em comparação com as técnicas tradicionais como a precipitação com solvente.

25.2.2 Tendências

A técnica que emprega os líquidos iônicos tem atraído recentemente uma grande atenção na química, melhorando a seletividade e o rendimento em procedimentos envolvendo biomacromoléculas. As características distintas dos líquidos iônicos, ou seja, a facilidade de manuseio e o emprego à temperatura ambiente têm mostrado um grande potencial como uma alternativa ao uso dos solventes orgânicos voláteis convencionais. Estes líquidos iônicos têm potencial para serem utilizados como solventes para o preparo de amostras devido às suas propriedades únicas, tais como baixa pressão de vapor, baixa volatilidade, boa estabilidade térmica e boa extração para vários compostos orgânicos e íons metálicos. A utilização de líquidos iônicos pode simplificar o processo de extração de DNA, mesmo em amostras reais para fins de sequenciamento.[18] Sem nenhum outro reagente, o DNA de dupla fita foi extraído quantitativamente com o emprego do butil-3-metilimidazólio na fase aquosa, em tampão fosfato-citrato. Esta extração é seletiva e não tem interferência de proteínas. Estudos de RMN e FT-IR indicaram que o mecanismo de extração envolve interações entre o agente catiônico butil-3-metilimidazólio e os grupos fosfato nas cadeias do DNA.[19]

Além disso, uma alternativa atual do preparo de amostras focando DNA é o desenvolvimento de dispositivos de microssistemas de análise total (μTAS), os quais possibilitam a purificação, a amplificação e a detecção de ácidos nucleicos em uma única plataforma. As principais vantagens destes sistemas são a facilidade de utilização, o menor consumo de reagentes e amostras, o baixo custo e a redução da contaminação da amostra. Os ácidos nucleicos interagem com o suporte sólido do microdispositivo, o qual permite a captura e, posteriormente, a liberação controlada. Dessa maneira, a aplicação dos microssistemas depende do desenvolvimento de novos materiais empregados como suportes sólidos, incluindo polímeros orgânicos e partículas híbridas (orgânicas-inorgânicas).[20] Dentre elas, as nanopartículas de sílica têm sido aplicadas mais comumente como adsorventes em microcolunas de SPE, podendo também apresentar algumas aplicações como material para μTAS. Outros polímeros como polimetilmetacrilato, policarbonato e poliestireno são os polímeros mais frequentemente empregados como suporte para os microssistemas.[8]

25.3 Preparo de amostras focando peptídeos

Os peptídeos são biomacromoléculas constituídas de aminoácidos ligados por ligação peptídica. O peptídeo mais curto possui uma cadeia formada por dois aminoácidos, e o limite do comprimento da cadeia de aminoácidos ou a massa molecular que difere um peptídeo de uma proteína, ainda não foi definido pela União Internacional de Química Pura e Aplicada (IUPAC).[21,22] No entanto, uma definição arbitrária, mas bastante reconhecida, estabelece uma fronteira entre um peptídeo e uma proteína: um comprimento de cadeia com cinquenta aminoácidos.[23] Muitas vezes, na literatura são encontradas definições pragmáticas, tais como "pequenas proteínas não detectáveis por eletroforese em gel de poliacrilamida 2D" ou "pequenas proteínas sem, ou, no máximo, com um sítio de clivagem tríptica", e, portanto, os limites superiores para massa molecular de peptídeos podem ser estimados a partir de 10 kDa.[21,24]

Apesar da variedade, os peptídeos podem ser agrupados em duas categorias: peptídeos bioativos, aqueles produzidos a partir de precursores maiores pela ação seletiva de peptidases,[25] e peptídeos de degradação, produtos da degradação de proteínas por ação de enzimas proteolíticas.[24] Na era "ômica", a peptidômica é o estudo do peptidoma, interações e conexões funcionais de todos os peptídeos dentro de um organismo, tecido ou célula.[25] Os estudos peptidômicos são emergentes, como parte importante na abordagem holística das ciências da vida, haja vista que os peptídeos desempenham funções reguladoras em complexos processos biológicos; por exemplo, sinalização intracelular. Assim, a presença de peptídeos no meio extracelular, reflete o estado da célula em determinada condição, e, por definição, são potenciais biomarcadores de um processo específico fisiológico/patológico.[21] Assim, os peptídeos podem ser usados como drogas para tratamento terapêutico ou para diagnósticos clínicos. Por exemplo, o peptídeo, β-amiloide é utilizado para o diagnóstico da doença de Alzheimer.[21,22,26]

Muitas das estratégias empregadas em estudos peptidômicos derivaram da proteômica, como a identificação por espectrometria de massas (MS), na qual, os peptídeos são considerados os analitos. Entretanto, alguns ajustes cruciais são necessários para aplicação bem-sucedida da abordagem peptidômica, como o não uso de enzimas digestivas (por exemplo, tripsina), pois estes estudos baseiam-se na identificação dos peptídeos em sua forma nativa, incluindo algumas modificações pós-traducionais.[25] A cromatografia líquida e a eletroforese capilar passam a ser as técnicas de separação mais adequadas, quando comparadas a eletroforese em gel 2D, já que os peptídeos possuem propriedades físico-químicas diferentes das proteínas, como massa molecular inferior a 10 kDa e elevada mobilidade.

Quanto ao preparo da amostra, este deve conter uma etapa voltada para a remoção e/ou inibição da degradação de proteínas, uma vez que os fragmentos de peptídeos resultantes da ação de proteases são os principais agentes mascarantes para a análise de peptídeos bioativos.[21,25]

A faixa dinâmica de concentração dos peptídeos em um sistema biológico é ampla, excedendo a capacidade de um sistema analítico.[21] Assim, percebe-se que, tanto a limitação instrumental, quanto o poder de resolução e detecção, aliados a complexidade da amostra, apresenta grande importância à etapa de preparo da amostra dentre as demais etapas envolvidas em uma análise peptidômica. Esta etapa possui como função, a de reduzir a complexidade da amostra, eliminando componentes indesejados da matriz, tais como: sais, lipídios, proteínas, entre outros, que podem suprimir o sinal do analito durante a detecção por MS. Algumas das principais estratégias utilizadas em estudos peptidômicos serão apresentadas a seguir.

25.3.1 Preparo de amostra empregado na análise de peptídeos

25.3.1.1 Precipitação

Quando se realiza um estudo com amostras de soro ou plasma sanguíneo, uma alternativa simples para promover o fracionamento da amostra dá-se pela adição de solventes orgânicos. Os solventes orgânicos precipitantes diminuem a constante dielétrica do plasma, aumentando a atração entre moléculas carregadas e facilitam as interações eletrostáticas entre proteínas, que tendem a formar agregados e, consequentemente, precipitados.[27] Geralmente esse procedimento é realizado a 4 °C, em cerca de 1 min, utilizando como solventes: acetona, acetonitrila ou metanol.[26] No entanto, outros solventes podem ser utilizados. Polson et al.[27] comparam vários solventes orgânicos para precipitação de proteínas de plasmas sanguíneos de rato e cachorro, e concluíram que acetonitrila promovia uma precipitação mais efetiva das proteínas de ambos os plasmas.

Essa forma de desproteinização da amostra é pouco seletiva, podendo causar perdas dos peptídeos devido à coeluição e sua solubilidade insuficiente em solventes orgânicos concentrados. Carstens et al.[28] avaliaram o volume de solvente utilizado na precipitação, e verificaram que as precipitações com maior volume de solvente implicavam menor valor de peptídeos recuperados.

Assim, a precipitação para o preparo da amostra é de fácil realização, necessita de solventes químicos acessíveis, sendo, considerada, então, de baixo custo. Além disso, a precipitação das amostras pode ser automatizada empregando um pipetador robotizado. Entretanto essa automatização é limitada, em decorrência da etapa de centrifugação.[26]

25.3.1.2 Ultrafiltração

A ultrafiltração é amplamente empregada na realização de estudos peptidômicos. Esta é frequentemente utilizada para remoção de biomoléculas (por exemplo, proteínas, DNA, RNA) presentes na fração peptídica obtida por métodos de purificação clássicos (por exemplo, precipitação).

A separação das macrobiomoléculas por ultrafiltração baseia-se na utilização de membranas porosas, submetidas à centrifugação. Essas membranas funcionam como "filtros de massas". A maioria das membranas usadas nestes estudos possuem poros que permitem a permeação de peptídeos entre 0,5 e 10 kDa. Inúmeros materiais podem ser utilizados para a confecção destas membranas, os mais comuns são: polissulfonas, policlorovinil e derivados de celulose, e, às vezes, também são utilizadas membranas cerâmicas.[21,29] Harper et al.[30] investigaram vários fatores que podem influenciar a eficiência da ultrafiltração, tais como quantidade de amostra, velocidade e tempo de centrifugação. Os pesquisadores observaram que menor velocidade e maior tempo de centrifugação melhoraram a recuperação de peptídeos. Greenig e Simpson[31] compararam oito diferentes membranas para ultrafiltração de peptídeos em plasma humano. Os autores concluíram que as membranas com uma orientação vertical ou angular reduzem incrustações de moléculas interferentes, o que permite taxas de fluxo contínuo, mesmo em elevadas concentrações de proteínas.

Não obstante, a aplicação da ultrafiltração para a análise peptidômica possui alguns problemas: baixa seletividade e entupimento da membrana, que impede a permeação contínua de analito. Além disso, também há um acréscimo, em cerca de 3 h no tempo de análise, bem como a necessidade da inclusão de uma etapa de enriquecimento, como extração em fase sólida.[29]

25.3.1.3 Extração líquido-líquido

Apesar de fácil, simples e de elevada seletividade, o emprego de procedimentos de extração líquido-líquido (*liquid-liquid extration*, LLE) não se encontram entre os mais utilizados para análises de peptídeos, pelo fato de serem tediosos, bastante demorados, de difícil automação e passíveis de formar emulsões.[26,29]

A extração líquido-líquido é uma modalidade de separação baseada na diferença de solubilidade dos compostos na fase aquosa e na fase orgânica, formando, então, um equilíbrio de partição. Sendo assim, sua eficiência é dependente de uma seleção adequada do tipo de solvente, um ajuste rigoroso do pH da fase aquosa, bem como um controle da força iônica da amostra. A aplicação desta abordagem em estudos peptidômicos é limitada pela natureza iônica dos peptídeos, que dificulta sua solubilidade em solventes orgânicos. Este problema pode ser contornado, adicionando ácido inorgânico (por exemplo, HCl) ou um agente par iônico à fase orgânica.[26,29]

Vanhoute et al.[32] avaliaram o efeito do comprimento da cadeia alquílica do ácido alquil-sulfônico (par iônico), em função do pH da fase aquosa para a extração de dois peptídeos opioides em complexo hidrolisado de hemoglobina. A condição com ácido octano-sulfônico em pH da fase aquosa de 5 ou 7 proporcionou um aumento de 40 vezes sobre o coeficiente de partição, quando comparado à condição sem a utilização do agente par iônico. No entanto, a recuperação para os peptídeos opioides em fase octanol (orgânica) diminuiu cerca de 75 %.

Vale ressaltar que o uso agente par iônico implica a inserção de uma etapa de remoção no procedimento analítico, já que os íons inorgânicos são interferentes na detecção de peptídeos por espectrometria de massas.

25.3.1.4 Extração em fase sólida

A extração em fase sólida (SPE) é a extração mais utilizada em procedimentos analíticos voltados para o estudo de peptídeos. Nesta, a amostra é forçada a passar através de um cartucho preenchido com determinado sorvente, onde o analito e os interferentes são adsorvidos. Um solvente orgânico seletivo é geralmente utilizado para remover os interferentes, e, então, outro solvente é usado para dessorver os peptídeos.[33] A SPE, além de ser menos trabalhosa, possui uma série de vantagens frente à LLE, como o uso de volumes menores de solventes orgânicos, a não formação de emulsões, e a possibilidade de automação, além de maior versatilidade, proporcionada pela enorme variedade de sorventes disponíveis comercialmente (por exemplo, C_{18}, C_8, C_2, fenil, CN, NH_2, troca iônica e fase reversa). No entanto, a SPE possui alguns problemas, como uso de solventes tóxicos para a dessorção do analito e baixa seletividade.[29,33]

Kunda et al.[34] empregaram um cartucho de SPE recheado com C_{18} e Strata-X, para extração de peptídeos bioativos de iogurte. A SPE foi bastante eficiente na remoção de proteínas, gorduras, carboidratos, entre outros constituintes da matriz da amostra, possibilitando a identificação de 80 peptídeos bioativos no iogurte por LC-MS, dentre estes, 11 peptídeos são classificados como anti-hipertensivos.

A SPE pode ser miniaturizada, onde uma fibra ótica, de sílica fundida, é empregada como suporte para o recobrimento com um filme adsorvente (fase extratora). Este tipo de SPE é conhecido por microextração em fase sólida (SPME). Esta técnica é interessante, pois dispensa grandes volumes de solventes e amostra. Ashi et al.[35] compararam a aplicação de SPME acoplada a LC-MS para identificação de neuropeptídeos presentes no plasma humano com outros tipos de SPE, bem como a métodos clássicos para purificação de peptídeos. A SPME apresentou maior valor de recuperação quando comparada aos obtidos por métodos de SPE tradicionais, C_2 e EVN (copolímero de poliestireno-divinilbenzeno hidroxilado). A ultrafiltração e a precipitação também apresentaram menor recuperação (50-60 %), enquanto por SPME foi obtido cerca de 95 %.

Em geral, a extração em fase sólida tem inúmeros exemplos de aplicações bem-sucedidas. Entretanto, ainda há necessidade de desenvolver novos métodos que sejam rápidos e mais seletivos para redução da complexidade de amostra, de modo a possibilitar a identificação de novos peptídeos.

25.4 Preparo de amostras focando proteínas

A proteômica pode ser definida como o estudo do conteúdo global de proteínas em uma célula, tecido ou organismo, incluindo não só a identificação e quantificação, mas, também, a determinação da sua localização, modificações, interações e funções.[36] Estas informações são extremamente importantes para avaliar interações entre proteínas diferentes, ou entre proteínas e outras moléculas, e pode revelar o papel funcional destas proteínas no sistema biológico em estudo.[37] Neste sentido, a proteômica é uma ferramenta importante fornecendo informações essenciais para a compreensão de muitos processos biológicos específicos em nível molecular.[38]

Neste contexto, as estratégias de preparo de amostras para análise de proteínas devem ser cuidadosamente selecionadas, principalmente devido à natureza complexa do proteoma celular, objetivando reduzir a heterogeneidade da amostra em nível molecular, bem como na obtenção de resultados significativos e fidedignos. Por esses motivos, antes de iniciar o preparo, é necessário conhecer a amostra em questão, para que seja possível otimizar a metodologia a ser empregada, de modo a eliminar possíveis contaminantes que possam interferir na análise.[1]

A seguir serão descritas as principais estratégias envolvidas na extração/separação das proteínas. A escolha do protocolo de extração está diretamente relacionada com o método de separação que será utilizado. Sendo assim, os procedimentos de preparo de amostras serão enfatizados para a aplicação em duas técnicas de separação mais comumente usadas em análise de proteínas: eletroforese em gel e cromatografia líquida de alta eficiência.

25.4.1 Etapa preliminar: lise celular

A etapa de lise celular/homogenização constitui-se como a etapa inicial do preparo da amostra, e depende da presença ou ausência de parede celular na amostra, a qual é geralmente formada por múltiplas camadas de celulose em plantas, por peptodoglicanas em bactérias e por β-glicanas em leveduras.[39,40] Ao final desta etapa, a amostra deve apresentar um aspecto homogêneo, sem nenhuma mudança em sua composição química, entretanto, sendo observadas mudanças em sua estrutura física. Os métodos mais comumente utilizados para lise celular/homogenização são descritos na Tabela 25.1.[40,41]

25.4.2 Eletroforese em gel

A etapa de separação das proteínas constitui-se como uma das mais difíceis em uma análise proteômica. Geralmente, a escolha do método de separação exige conhecimento prévio de todo o protocolo utilizado, de modo que possam ser identificados, avaliados e corrigidos possíveis problemas apresentados durante a separação. Algumas características como simplicidade, reprodutibilidade e custo devem ser levadas em consideração na escolha do protocolo de extração e separação.[1]

Tabela 25.1 Métodos de lise celular

Métodos de ruptura celular	Tipo de amostra	Procedimento aplicado	Ref.
Lise osmótica e por detergente	Células sanguíneas, células de cultura, estruturas subcelulares	Ressuspensão das células em solução hiposmótica ou em solução de lise contendo detergente.	[42-44]
Lise por congelamento e descongelamento	Células de bactérias ou provenientes de meios de cultura	Congelamento/descongelamento das células em suspensão com uso de nitrogênio líquido.	[44]
Lise enzimática	Tecidos extraídos de plantas, fungos e células bacterianas	Tratamento das células com enzima em uma solução isosmótica.	[45-47]
Sonicação	Células em suspensão	Sonicação das células em suspensão com pulsos de curta duração para evitar aquecimento.	[45, 48]
Maceração manual	Células de bactérias, algas, leveduras	Congelamento em nitrogênio e maceração até obter um pó fino.	[49, 50]
Homogenização mecânica	Tecidos sólidos	Fracionamento do tecido em pedaços homogêneos. Adição em tampão de homogenização, seguido de filtração ou centrifugação.	[45, 51]
Lise alcalina	Leveduras	Agitação em meio alcalino.	[52, 53]

A técnica de eletroforese em gel é baseada na migração de proteínas sob influência de um campo elétrico em uma matriz de gel. Essa técnica pode ser dividida em dois tipos: eletroforese em gel de poliacrilamida em uma dimensão (1-DE) e duas dimensões (2-DE). Quando a 1-DE é considerada, as proteínas podem ser separadas em condições não dissociantes ou dissociantes. Em meio não dissociante, as proteínas são mantidas em sua forma nativa (sem alterações de forma e atividade biológica), sendo possível separações baseadas em suas cargas usando o método de focalização isoelétrica. Em meio dissociante, a separação ocorre na presença de SDS, um detergente desnaturante, o qual confere carga residual negativa para as proteínas.

Nessa condição, as proteínas são separadas de acordo com a sua massa molar. Atualmente, a técnica de SDS-PAGE constitui-se como uma etapa de pré-fracionamento da análise proteômica, devido a sua resolução, que é insuficiente.

Na técnica de 2-D PAGE, as proteínas são separadas de modo ortogonal, em duas etapas distintas usando duas características; (i) o ponto isoelétrico (pI), em que a focalização isoelétrica é empregada para separar as proteínas, e (ii) massa molecular (MM), em que a separação ocorre em uma matriz de gel. Atualmente, é a técnica com maior poder de separação, podendo separar mais de 1000 proteínas simultaneamente.[54] Além disso, esta técnica pode fornecer informações como alterações de abundância das proteínas frente a diferentes estímulos, isoformas e modificações pós-traducionais. Levando em consideração essas características, essa técnica é amplamente aplicada em estudos proteômicos comparativos.[50]

O principal problema associado à técnica de 2-DE é a reprodutibilidade na separação da amostra. Isto se torna crucial em estudos proteômicos comparativos, já que os géis de amostras diferentes podem gerar resultados equivocados. Para resolver este problema, a técnica de eletroforese em gel diferencial bidimensional (2-D DIGE) permite a separação de duas amostras simultaneamente em um mesmo gel, devido ao uso de corantes fluorescentes, usados na marcação de cada amostra. Este método minimiza variações gel a gel, e, para propósitos estatísticos, utiliza um padrão interno para normalizar a abundância das proteínas entre os múltiplos géis no experimento.[55]

25.4.3 Preparo de amostras

Diferentes condições e tratamentos são necessários para solubilizar diferentes proteínas, os quais são dependentes das condições eletroforéticas que serão empregadas. De forma geral, o procedimento de extração/solubilização deve promover a quebra de complexos proteicos unidos por ligações não covalentes, de modo a obter-se polipeptídeos individuais em solução, contribuindo na melhor eficiência de separação, e, por consequência, na resolução dos géis obtidos com a técnica de eletroforese em gel.

25.4.4 Remoção de interferentes

Após o processo de lise celular e antes das proteínas serem solubilizadas, devem ser inativados ou removidos aqueles compostos interferentes, pois podem interagir com as proteínas ou causar problemas na etapa de separação, principalmente considerando a eletroforese em duas dimensões (2-D PAGE). Além disso, as soluções comumente usadas em análise de proteínas, as quais possuem valores de pH e forças iônicas variadas, podem influenciar na solubilidade das proteínas.[39] Os interferentes mais comuns presentes na amostra são: sais, ácidos nucleicos, polissacarídeos, lipídios, proteínas em grande abundância, compostos fenólicos e outros materiais particulados, e devem ser removidos.[1,40,41]

25.4.4.1 Sais

A presença de sais é muito comum em fluidos corporais, tais como: plasma, soro, urina e fluido cerebrospinal.[39] Concentrações de sais maiores que 50 mmol/L podem interferir em processos eletroforéticos de separação, produzindo uma elevação na temperatura durante a focalização isoelétrica, acarretando em agregação e precipitação das proteínas nesta etapa. Dentre os principais métodos para remoção de sais, pode-se destacar:[40,41]

- *Diálise*: procedimento bastante efetivo com perda mínima de amostra. Entretanto, este processo pode consumir bastante tempo e requerer um volume considerável de amostra. Uma alternativa mais rápida é o uso de diálise seguida de centrifugação (*spin dyalysis*); entretanto, podem ocorrer perdas por adsorção na membrana.
- *Ultrafiltração*: diferentemente da diálise, a ultrafiltração utiliza uma membrana como peneira, sendo bastante eficiente na concentração e purificação da amostra.
- *Filtração em gel*: apresenta boa eficiência, comparável à ultrafiltração; entretanto, pode levar a perdas de proteínas e/ou diluição excessiva.
- *Precipitação*: é o procedimento mais aplicado pela simplicidade, baixo custo e eficiência. Entretanto, ele é seletivo apenas para aquelas proteínas pouco solúveis em solventes orgânicos, na presença ou ausência de sais. Como exemplos de solventes para precipitação, destacam-se: TCA (ácido tricloroacético), acetona, clorofórmio, metanol, acetato de amônio ou combinações destes.

25.4.4.2 Ácidos Nucleicos/Polissacarídeos

Ácidos nucleicos e polissacarídeos podem se ligar a proteínas por interações eletrostáticas prejudicando a etapa de focalização isoelétrica. Além disso, estas moléculas podem se comportar como anfólitos de corrida, causando listras visíveis no gel 2-D. A presença destas moléculas aumenta a viscosidade no meio, e, devido a sua elevada massa molecular, podem obstruir poros do gel de poliacrilamida, bem como colunas cromatográficas durante a separação. A aplicação de soluções reveladoras com prata pode acusar a presença de moléculas de DNA, a partir de manchas escuras ao longo do gel.

A remoção de moléculas de DNA/RNA pode ser feita com o emprego de misturas de proteases (DNAses e RNAses), convertendo as moléculas em mononucleotídeos e oligonucleotídeos. Procedimentos como ultracentrifugação, precipitação e o emprego de tampões de extração com altos valores de pH e força iônica também podem auxiliar na remoção. A remoção de polissacarídeos pode ser feita com o auxílio de soluções de precipitação, tais como TCA, acetona, acetato de amônio, seguido de centrifugação. A ultracentrifugação pode remover moléculas de polissacarídeos de alta massa molecular.

25.4.4.3 Lipídios

Lipídios estão presentes em várias amostras, tais como fluidos biológicos (plasma), sementes de oleaginosas (soja, girassol, milho), dentre outras. Essas moléculas podem interagir com proteínas, principalmente proteínas de membrana, afetando os valores de ponto isoelétrico (pI) e massa molecular. Além disso, os lipídios podem formar complexos com detergentes, reduzindo a eficiência do detergente como agente de solubilização das proteínas. As etapas de centrifugação podem ser afetadas pela formação de camadas de lipídios, dificultando a retirada da fração sobrenadante contendo as proteínas de interesse.

O uso de condições desnaturantes, e com excesso de detergentes, podem minimizar as interações lipídio-proteína. Um processo de precipitação pode ser utilizado como etapa auxiliar ao procedimento anteriormente comentado.

25.4.4.4 Proteínas abundantes

Muitos estudos proteômicos comparativos podem ser afetados pela presença de proteínas em alta concentração, diminuindo a detecção daquelas em menor abundância.[56,57] Além disso, proteínas abundantes podem limitar a eficiência de separação daquelas menos abundantes, e podem ocupar regiões consideráveis nos géis 2-D. Como exemplo, amostras de plasma, soro e fluido cerebrospinal contêm 90 % de sua composição proteica como proteínas abundantes, tais como albumina, imunoglobulinas (IgG e IgA), antitripsina, dentre outras.[40]

As estratégias mais comumente aplicadas na remoção parcial ou total de proteínas majoritárias em amostras de plasma e soro são: ultracentrifugação, colunas de extração em fase sólida e extração com solvente orgânico. Além dessas, são destacadas a imunodepleção (cromatografia por imunoafinidade)[58] e, recentemente, a tecnologia *ProteoMiner*.[59]

25.4.4.5 Compostos fenólicos

Os compostos fenólicos, principalmente polifenóis, estão presentes em tecidos vegetais e podem se ligar às proteínas a partir de ligações covalentes.[40] Essas ligações podem modificar a estrutura das proteínas por meio de reações oxidativas catalisadas por enzimas.[41] A presença desses compostos em conjunto com ligninas, taninos, alcaloides e pigmentos prejudicam o processo de extração das proteínas. Assim, as etapas de precipitação podem auxiliar na remoção destes compostos. Além disso, pode também ser utilizada a adsorção em PVP (polivinilpirrolidina) ou PVPP (polivinilpolipirrolidina).

25.4.5 Solubilização

Após o procedimento de lise celular e remoção de compostos interferentes, as proteínas devem ser solubilizadas de modo a promover a quebra de interações entre agregados proteicos, tais como ligações de hidrogênio/dissulfeto, forças de van der Waals, interações hidrofóbicas e iônicas. Para isso, as proteínas necessitam ser completamente desagregadas e reduzidas, levando em consideração que em seu estado nativo, as proteínas são frequentemente insolúveis.[1,39] Sendo assim, as proteínas são convertidas em seus polipeptídeos individuais, facilitando a sua solubilização.

Geralmente, a etapa de solubilização permanece como um grande desafio, considerando a grande diversidade de proteínas heterogêneas. Sendo assim, nem todas as proteínas presentes na amostra serão eficientemente solubilizadas, exigindo condições determinadas experimentalmente para cada tipo de amostra. Para maximizar a eficiência na solubilização das proteínas da amostra, são utilizados tampões contendo diversos componentes químicos: agentes caotrópicos, detergentes, agentes redutores e, caso seja necessário, inibidores de proteases.[1]

25.4.5.1 Agentes caotrópicos

Os agentes caotrópicos são os principais responsáveis na etapa de solubilização. Suas principais finalidades são romper ligações de hidrogênio e interações hidrofóbicas intermoleculares e intramoleculares, prevenindo agregação e precipitação. Geralmente, ureia e tioureia são utilizados em conjunto, em concentrações de 8 mol/L e 2 mol/L, respectivamente. É importante ressaltar que o aquecimento de soluções contendo ureia e tioureia (> 37 °C) deve ser evitado, de modo a prevenir sua hidrólise para cianato e tiocianato, respectivamente.

25.4.5.2 Detergentes

Em conjunto com a ureia, os detergentes são utilizados para solubilizar proteínas prevenindo interações hidrofóbicas e formação de agregados. A concentração ótima varia na faixa de 1–4 % (v/v), e deve ser otimizada de acordo com o método selecionado para separação das proteínas. Em protocolos para separação de proteínas pela técnica de eletroforese em gel bidimensional (2-D PAGE), devem somente ser utilizados detergentes neutros (Triton X-100, NP-40, n-dodecil-β-maltosídeo) ou zwiteriônicos (3-colamidopropil-dimetilamônio-1-propanossulfonato – CHAPS), pois são compatíveis com os mecanismos de separação. Sendo assim, não é recomendável utilizar SDS (dodecil sulfato de sódio), por ser um detergente aniônico e poder interferir na etapa de focalização isoelétrica. Entretanto, o mesmo pode ser eficientemente utilizado na segunda dimensão de separação.

25.4.5.3 Agentes redutores

São responsáveis pela desnaturação das proteínas a partir do rompimento de ligações dissulfeto entre resíduos de cisteínas das proteínas. Reagentes como DTT (1,4 ditiotreitol) e β-mercaptoetanol são os mais aplicados. Após redução das ligações dissulfeto, as mesmas devem ser alquiladas de modo a evitar reoxidação. Para isso, a iodoacetamida é o reagente mais compatível com a técnica de eletroforese em gel, pois não altera a carga elétrica da proteína.

25.4.5.4 Inibidores de protease

Durante a etapa de lise celular, um grupo bastante significativo de proteases pode ser liberado, e se não forem inibidas, podem ser responsáveis pela degradação enzimática de várias proteínas. Isto pode acarretar na produção de artefatos, e, por isso, prejudicar os estudos proteômicos comparativos. Em geral, a adição de inibidores específicos de protease é recomendada durante a etapa de lise celular. Como exemplos, podem ser utilizados PMSF (fluoreto de fenilmetilsulfonila), EDTA (ácido etilenodiamino tetra-acético), pepstatina, benzamida, entre outros.

25.5 Preparo de amostras em separações por cromatografia líquida de alta eficiência (HPLC)

Atualmente, a cromatografia líquida de alta eficiência é uma das técnicas de separação mais aplicadas em estudos proteômicos devido a sua robustez, reprodutibilidade, grande variedade de modalidades de separação (por exemplo, fase reversa, troca iônica, exclusão por tamanho, afinidades, interação hidrofóbica, dentre outras), além de permitir sua hifenação com outras técnicas analíticas (por exemplo, espectrometria de massas), o que a torna uma excelente ferramenta de separação de proteínas antes da análise no espectrômetro de massas. Além disso, podem ser aplicados métodos bidimensionais usando diferentes modalidades cromatográficas de separação.[2,60] Recentemente foi publicada uma revisão focando as principais técnicas cromatográficas aplicadas em separações de proteínas, enzimas, peptídeos e DNA.[60]

As amostras obtidas a partir de matrizes biológicas não são, geralmente, compatíveis com as análises por HPLC, devido à sua complexidade e teor de proteínas. Problemas envolvidos em análises por HPLC estão relacionados com a adsorção de proteínas na fase estacionária, resultando em perda substancial de eficiência da coluna, curto tempo de vida da coluna cromatográfica e um aumento na pressão de retorno.[1,2] Nesse sentido, são indispensáveis etapas prévias de preparo de amostras em análises cromatográficas para reduzir a complexidade da amostra. De uma forma geral, três pré-tratamentos são os mais utilizados: extração por precipitação, extração líquido-líquido e extração em fase sólida.

A extração líquido-líquido (LLE) é a mais comumente aplicada no preparo de amostras para análises por HPLC. No entanto, a LLE tem algumas limitações, tais como baixa recuperação, processo relativamente lento, necessidade de grande volume de amostra, baixa seletividade e problemas com efeitos da matriz.[61] Além disso, a LLE apresenta também limitação para a extração de uma grande variedade de compostos com diferentes polaridades, onde não são eficientemente extraídos os analitos altamente polares devido ao coeficiente de distribuição desfavorável.[61]

A técnica de extração de proteínas por precipitação é simples e apresenta menor consumo de tempo, sendo amplamente utilizada em métodos bioanalíticos. Esta técnica ocasiona a desnaturação das proteínas presentes na amostra devido ao efeito externo (tal como um ácido ou base forte ou, mais frequentemente, a utilização de um solvente orgânico). A maioria dos métodos bioanalíticos emprega a adição de um mínimo de três partes de solvente orgânico para uma parte de amostra, seguido por centrifugação. Entretanto, alguns solventes orgânicos ou ácidos fortes podem não ser compatíveis com a fase móvel, ocasionando em baixo tempo de vida da coluna cromatográfica, bem como um grande ruído no cromatograma obtido.[2,61]

Para sobrepor as limitações da LLE e da precipitação, a extração em fase sólida tem sido fortemente aplicada em etapas de preparo de amostras, devido a elevada recuperação, reprodutibilidade, pré-concentração, menor consumo de solvente (quando comparada a LLE), bem como a disponibilidade comercial de diferentes dispositivos e fases estacionárias.[61] Ela é baseada no mesmo princípio da separação por afinidade usada em cromatografia líquida, onde os principais objetivos são a retenção e eluição do analito em relação à matriz biológica.

Uma seleção cuidadosa da fase estacionária e condições de lavagem aumentam a eficiência tanto na remoção de compostos interferentes bem como na recuperação do analito, em uma mesma corrida cromatográfica. Geralmente, são mais utilizadas as colunas de fase reversa, pois são compatíveis com matrizes biológicas solúveis em água,[61] e o tempo de extração (1-5 min) é similar ao tempo de separação por HPLC.

25.6 Preparo de amostras para determinação de atividade enzimática

As enzimas e as riboenzimas (moléculas de RNA com função catalítica) são biocatalisadores fundamentais para o crescimento, maturação e reprodução de qualquer organismo vivo, uma vez que catalisam de maneira eficiente e seletiva, quase todas as reações químicas nos seres vivos.[62] As enzimas isoladas também catalisam estas reações, e, dessa forma, podem ser utilizadas em muitas áreas, como na catálise de processos industriais e em muitos sistemas analíticos.[63] As atividades catalíticas das enzimas devem ser cuidadosamente reguladas para coordenar todos os processos bioquímicos no organismo. Existem mecanismos de regulação e os exemplos mais simples são a regulação da atividade pela concentração do substrato e a inibição competitiva pelo produto da reação. O monitoramento da atividade enzimática é importante para muitas áreas da bioquímica e da biologia molecular. Além disso, como alterações sutis nas atividades das enzimas podem acarretar sérios problemas ao metabolismo, crescimento e reprodução, a determinação da atividade enzimática é relevante também para a medicina.[64] Portanto, é de extrema importância o desenvolvimento de métodos rápidos e sensíveis para a elucidação de mecanismos de catálise enzimática e caracterização dessas atividades.

Uma enzima é normalmente quantificada pela sua atividade catalítica (sua propriedade mais relevante), pois, seu valor é mais facilmente acessível do que o de sua concentração. Isso porque, em matrizes biológicas, as enzimas estão presentes em uma mistura complexa com outras proteínas (em uma célula humana, por exemplo, aproximadamente 20.000 proteínas estão presentes) e suas concentrações são várias ordens de magnitude menores do que as concentrações das proteínas. Dessa forma, é muito mais simples medir a atividade catalítica de uma enzima, ou seja, a velocidade de formação de um produto e/ou de consumo de um substrato durante uma reação catalisada por essa enzima, do que medir diretamente a sua concentração.[64,65]

Os métodos mais comuns para determinação da atividade enzimática são os espectrofotométricos, fluorimétricos, turbidimétricos, radioquímicos, eletroquímicos e os baseados em técnicas de separação (HPLC, eletroforese capilar e em gel).[66,67] Esta variedade de ensaios se deve à diversidade das características químicas e físicas de substratos e produtos das reações enzimáticas, e a escolha por um deles depende da natureza da mudança química observada na reação.

Para muitas enzimas, vários ensaios diferentes podem ser usados, e, assim, a escolha por um ou outro dependerá do custo, da disponibilidade de equipamento apropriado, dos reagentes disponíveis e do nível de sensibilidade requerido. Cada ensaio mede a velocidade da reação e deve ser confiável, isto é, livre de falsos positivos e negativos, além de ser razoavelmente fácil de ser realizado. A atividade da enzima lactato desidrogenase – uma das enzimas mais relevantes clinicamente devido a sua presença no soro sanguíneo, após um tecido ter sofrido algum tipo de dano – por exemplo, pode ser obtida empregando ensaios espectrofotométricos, fluorimétricos, de fluorescência e amperométricos.[68]

O preparo de amostra para determinações de atividades enzimáticas envolve, basicamente, a extração das enzimas de células de um tecido (após ruptura dos mesmos) e a conservação de suas atividades durante e após a extração das células. O principal objetivo de tais procedimentos de extração é obter enzimas com os maiores rendimentos possíveis com retenção das máximas atividades catalíticas (semelhança com as condições nativas).[65] É importante ressaltar, que algumas vezes não é necessário romper as células para obter enzimas, pois muitas delas são secretadas das células ou tecidos e podem ser purificadas diretamente de um filtrado de cultura ou sobrenadante.

Após a ruptura celular, obtém-se um extrato contendo a enzima de interesse. Um ensaio de atividade enzimática pode ser realizado neste extrato não fracionado ou após fracionamento subcelular, ou, ainda, após a purificação da enzima. Muitas vezes, o ensaio é realizado com ambos, o extrato não fracionado e com a enzima purificada, e, assim, a comparação destes pode indicar qualquer efeito do procedimento de purificação na enzima.

O grau de pureza da enzima em um extrato afeta a facilidade com que este será estudado. Ensaios com extratos não fracionados podem apresentar alguns problemas, e algumas soluções de contorno são apresentadas:

- presença de inibidores endógenos – podem ser removidos por diálise ou filtração em gel ou algum outro processo de purificação;

- interferência por outras reações catalisadas pela enzima no extrato – um "branco" pode ser estimado ou a reação inibida;
- presença de reação competitiva no extrato que pode reduzir a quantidade de substrato disponível para a enzima – inibição da reação ou regeneração da quantidade de substrato ao sistema e,
- turbidez do extrato ou altas concentrações de espécies absorvedoras interferentes dificultam os ensaios espectrofotométricos – a centrifugação pode clarear o extrato (se a enzima não é sedimentada no procedimento), ou diálise, ou filtração em gel.

Portanto, algumas vezes é necessário purificar a enzima, mesmo que de maneira parcial para a obtenção de resultados confiáveis.[65]

25.7 Lise de tecidos e células

A escolha de um tecido para extração de enzimas depende de vários fatores, e, em muitos casos, é feita de acordo com a disponibilidade, custo ou abundância de uma enzima. Em outras situações, pode ser importante escolher o tecido de maneira que a informação obtida possa ser comparada com aquela obtida anteriormente para um tecido na mesma ou em outra espécie. Além disso, para alguns propósitos, pode ser necessário escolher plantas ou microrganismos, devido ao fato de que algumas enzimas de interesse são exclusivas de tais organismos ou porque proteínas recombinantes tenham sido expressas em microrganismos. Alguns problemas com proteinases costumam ser evitados pela escolha adequada de um tecido, pois certos tecidos animais, tais como, de fígado, baço, rim e macrófago, contêm grande quantidade destas enzimas, e, desta forma, a menos que elas sejam objeto de interesse, esses tecidos devem ser evitados.

Após a escolha do tecido, a lise do mesmo é realizada, e, em alguns casos, podem ser preparadas populações homogêneas de células intactas antes de realizar a lise das mesmas. Muitos tipos de células de organismos multicelulares complexos também podem crescer em condições definidas de cultura. Além disso, separar diferentes tipos de células de um mesmo tecido antes de realizar extrações nos mesmos permite a comparação entres estes tipos de células, o que não é possível se todo o tecido for estudado. As suspensões de células extraídas de tecidos podem ser preparadas por métodos mecânicos ou enzimáticos, ou pela combinação dos dois.

Os métodos mecânicos, tais como, agitação ou homogeneização podem prejudicar a integridade das células, e, assim, os métodos enzimáticos são mais adequados.[65] Nos métodos enzimáticos, a enzima mais empregada é a colagenase de *Clostridium histolyticum* em uma concentração de 0,01 a 0,1 % (m/v) por períodos de 15 min a 1 h. Outras enzimas também empregadas são a tripsina, elastase e a pronase. Durante a incubação o tecido se desintegra e as células isoladas aparecem em suspensão. Nesses métodos, é comum a adição de EDTA para complexar Ca^{2+}, envolvido na adesão da célula, e, também, a adição de albumina de soro bovino para complexar ácidos graxos livres que podem danificar as membranas celulares. Após a lise do tecido, as células obtidas podem ser separadas de acordo com suas cargas, propriedades antigênicas, ou, mais frequentemente, quanto aos seus tamanhos e densidades por meio de centrifugação. Essa separação dos tipos de células permite a determinação de suas composições proteicas e características de desenvolvimento. Na separação de gradientes de densidade por centrifugação o meio utilizado deve ser não tóxico e não permeável às células, e deve formar gradientes isosmóticos de densidade apropriada.

A maneira como é realizada a lise celular afeta profundamente e de maneira imprevisível o rendimento e a qualidade do extrato de enzima.[69] Vários métodos podem ser utilizados para realizar a lise celular, sendo os principais apresentados na Tabela 25.2, que os classifica de acordo com sua severidade.[65] Apesar da variedade de métodos existentes, recomenda-se o uso dos mais brandos possíveis para evitar danos à enzima de interesse, e, também, para evitar a liberação de enzimas que se degradam e que estão presentes em algumas organelas celulares, como em vacúolos ou lisossomos. Além disso, ter uma estimativa do grau de lise celular do método usado é importante, pois, assim, a eficiência do procedimento pode ser avaliada, e, se possível, podem ser empregadas condições mais brandas.

Tabela 25.2 Métodos usados em lise celular

Método	Princípio
Brando	
Lise celular	ruptura osmótica de membrana celular.
Digestão enzimática	digestão de parede celular, conteúdos liberados pela ruptura osmótica.
Homogeneizador Potter-Elvehjem	membranas das células removidas por forças de cisalhamento.
Moderado	
Liquidificador	células são quebradas e cortadas por lâminas rotacionais.
Moagem com areia ou alumina ou esferas de vidro	paredes celulares são removidas por ação abrasiva de partículas de areia ou alumina.
Vigoroso	
Homogeneizador de alta pressão (*French*)	células forçadas a passar por um pequeno orifício sob uma alta pressão, forças de cisalhamento rompem as células.
Descompressão explosiva	células são equilibradas com um gás inerte a alta pressão e quando liberados em pressão atmosférica propiciam a lise celular.
Moinho de esferas	vibrações rápidas com esferas de vidro para remover a parede celular.
Ultrassonicação	ondas ultrassônicas causam quebra da célula por forças de cavitação e cisalhamento.

25.8 Fracionamento subcelular e extração de enzimas

Após a extração do conteúdo da célula realiza-se o fracionamento desse extrato para obter frações purificadas das várias estruturas celulares e organelas. Esse fracionamento permite um estudo detalhado das propriedades de cada tipo de organela e as relações entre as diferentes partes de uma célula eucariótica complexa no que se refere ao movimento de intermediários de metabolismo, macromoléculas e outros. Além disso, a separação de diferentes tipos de organelas também é importante como primeira etapa de purificação, quando o interesse é separar isoenzimas presentes em localizações celulares distintas.

Para preservar a integridade de organelas subcelulares, os métodos de lise celular devem ser os mais brandos possíveis e devem ser evitados choques osmóticos pela escolha adequada do meio extrator. Geralmente, o fracionamento subcelular é realizado via centrifugação diferencial e centrifugação por gradiente de densidade, empregando várias etapas para separar os diferentes compartimentos celulares por meio das diferenças em suas massas e/ou densidade.[69,70]

As várias frações obtidas pela centrifugação são caracterizadas pela combinação de técnicas morfológicas e analíticas. Basicamente, a homogeneidade e integridade são avaliadas por microscopia eletrônica, enquanto o conteúdo das enzimas ou outras macromoléculas é avaliado por técnicas analíticas. A existência de enzimas marcadoras (encontradas exclusivamente em determinadas localizações subcelulares) possibilita a realização de ensaios destas enzimas em qualquer fração obtida pela centrifugação, avaliando-se, assim, a pureza dessa fração.

A extração de enzimas destas frações de organelas subcelulares pode ser realizada com as técnicas anteriormente apresentadas na Tabela 25.2, exceto que, na maioria dos casos, são requeridos somente métodos brandos, tais como, choque osmótico ou tratamento brando com detergente. Em uma organela, tal como a mitocôndria, por exemplo, são necessárias diferentes condições para extrair as enzimas das diferentes regiões da mesma. O detergente não iônico digitonina em uma concentração de 0,1 mg/mg de proteína consegue extrair toda a adenilato cinase da intermembrana. Já uma concentração 50 % maior deste detergente consegue extrair monoamina oxidase da membrana mais externa, porém, extrai somente pequenas quantidades de enzimas da membrana interna e da matriz, tais como, citocromo c oxidase ou malato desidrogenase, respectivamente. Para extrair estas enzimas, o Triton X-100 pode ser utilizado.

Muitas enzimas podem estar fisicamente ligadas a membranas dentro das células e a força desta ligação pode variar de fraca (forças eletrostáticas), característica de proteínas periféricas, até forte (hidrofóbicas), característica de proteínas integrais. Os métodos usados para extrair diferentes enzimas de membranas dependem da forma e da força das interações envolvidas. Enzimas periféricas, como a aldolase, podem ser extraídas de membranas de eritrócitos pelo tratamento com EDTA (0,1 mol/L) ou KCl (0,7 mol/L) mais NaCl (0,14 mol/L). Já a extração de proteínas integrais requer tratamentos mais severos para romper a estrutura da membrana, tais como, o uso de solventes orgânicos (butanol), agentes caotrópicos ($NaClO_4$, ureia), detergentes (Triton X-100 ou desoxicolato) ou enzimas (fosfolipases ou proteinases). Alguns desses tratamentos podem causar a perda de atividade catalítica. O detergente aniônico, lauril sulfato de sódio, por exemplo, pode desnaturar muitas enzimas, mesmo em concentração de 0,1 % (m/v), enquanto detergentes não iônicos, tal como o Triton X-100, normalmente são tolerados até 2 ou 3 % (v/v).[65]

Se o objetivo é purificar a enzima, inicialmente são realizados procedimentos preparativos com a finalidade de gerar um extrato razoavelmente livre de ácidos nucleicos, polissacarídeos e lipídios, sendo os mais utilizados os de precipitação. Após esta purificação prévia, alguns métodos mais refinados, tais como, os cromatográficos e os eletroforéticos são normalmente empregados na purificação final.[69,71]

25.9 Proteção da atividade enzimática

A atividade enzimática pode ser perdida por várias razões durante os processos de lise de tecidos e de células ou durante tratamentos subsequentes, tais como, o fracionamento subcelular ou purificação. Portanto, é essencial manter a atividade enzimática, e, para isso, alguns fatores importantes devem ser considerados, tais como, o pH, a temperatura, a proteólise, a proteção de grupos tióis, a proteção contra metais pesados, o controle da formação de radicais livres, o controle de estresse mecânico e o de diluição. Ainda, é importante que as medidas tomadas para manter a atividade enzimática não interfiram na extração da enzima ou em seu subsequente ensaio.[65,69]

Muitas enzimas são ativas somente em uma estreita faixa de pH, e a exposição destas a valores fora desta faixa pode levar a perda irreversível de suas atividades. Assim, recomenda-se a utilização de um tampão adequado durante o processo de extração, o qual tenha uma capacidade tamponante suficiente para manter determinado pH, se, por exemplo, ocorrer uma ruptura de organelas subcelulares (cujo pH difere bastante da neutralidade) ou continuarem acontecendo processos metabólicos no extrato que alterem o pH. Altas temperaturas também podem desnaturar as enzimas, principalmente se forem empregados métodos severos de lise celular. Assim, com a finalidade de evitar tais aumentos de temperatura, recomenda-se usar aparelhos e soluções resfriadas (~ 4 °C), e, se necessário, utilizar mecanismos de dissipação do calor gerado durante a extração. Além de evitar a desnaturação de enzimas, baixas temperaturas desfavorecem a atividade de proteinases.

Entretanto, algumas enzimas podem ser dissociadas e perder suas atividades. Outro desafio muito difícil na extração de enzimas é controlar a degradação de enzimas por proteinases endógenas. Para reduzir a proteólise, a temperatura pode ser reduzida ou inibidores de proteinases podem ser adicionados durante extração e etapas subsequentes.

Os grupos tióis de cisteínas de cadeias laterais de enzimas podem ser danificados durante a extração. Na lise celular e exposição ao oxigênio, as cadeias laterais podem formar ligações dissulfeto ou espécies oxidadas como os ácidos sulfínicos. Esse processo pode ser evitado pela adição de um reagente contendo um grupo tiol, como o β-mercaptoetanol ou 1,4 ditiotreitol. Alguns metais, tais como, Cu, Pb, Hg ou Zn, também podem inibir enzimas, normalmente pela reação destes metais com cadeias laterais de cisteína. Esses metais podem surgir do tecido usado para extração da enzima, das vidrarias, da água ou dos reagentes empregados. A adição de EDTA é recomendada para evitar o efeito desses metais, porém, o EDTA não deve remover nenhum metal requerido para a atividade da enzima.

Extratos de células preparados por desintegração ultrassônica são suscetíveis a danos por radicais livres, os quais devem surgir da quebra de moléculas de água causadas por altas temperaturas locais na solução. Esses danos podem ser minimizados durante a extração se forem usadas altas concentrações de células e meios contendo açúcares, por exemplo, os quais podem agir como sequestrantes de radicais. Algumas enzimas também podem perder suas atividades em processos mais severos de lise celular, como nos processos onde se aplicam homogeneizadores de alta pressão ou sonicação, visto que os conteúdos das células são sujeitos às altas pressões. Recomenda-se controlar o tempo e a pressão aplicada nesses processos de lise celular, de forma que seja obtida uma extração adequada sem danificar as enzimas.

Quando um tecido ou célula é extraído, as enzimas e proteínas são diluídas e muitas enzimas perdem as suas atividades quando estocadas em soluções diluídas. Para minimizar este efeito, geralmente adiciona-se uma proteína "inerte", tal como a albumina de soro bovino para que esta possa prevenir a perda da enzima por adsorção nas superfícies do frasco ou para ser substrato para as proteinases, protegendo, assim, a enzima de interesse.

Outros reagentes que podem ser usados para prevenir a perda da atividade enzimática incluem glicerol, glucose e sucrose. A estabilidade das enzimas aumenta nestes reagentes. O glicerol em altas concentrações diminui o ponto de fusão das soluções aquosas para um valor menor que –20 °C, e estas soluções são adequadas para estocar as enzimas por um longo tempo, o que é melhor do que congelar as mesmas, visto que o congelamento pode causar danos. A diluição dos conteúdos da célula na extração pode também dissociar o cofator da enzima. Se este efeito for verificado, deve-se adicionar o cofator ao tampão usado na extração.

25.10 Considerações finais

Após a leitura deste capítulo, nota-se que o trabalho com preparo de amostras relativo às biomacromoléculas não é uma tarefa fácil e simples, uma vez que, além de conhecimento, se requer uma variedade de técnicas e métodos para se levar a cabo as identificações e/ou quantificações desses analitos. Também se pode notar que não há uma estratégia analítica definitiva quanto a isso, uma vez que a complexidade dos analitos e das matrizes onde estão presentes, bem como as suas concentrações, não permitem assumir um único *modus operandi*, o que facilitaria sobremaneira o trabalho.

Outro grande problema que se apresenta é a falta de procedimentos para checar a exatidão de todo o processo. Assim, e por ora, o que se usa são o bom senso, e muita experiência neste contexto. Entretanto, é imprescindível buscarmos meios de checar se tudo o que a literatura reporta está em consonância com métodos exatos, os quais poderiam refletir, de maneira fidedigna, o que realmente está ocorrendo com o meio em estudo, a partir da amostra tratada. Não é porque tudo o que funciona está correto. Assim, ao chegarmos nesse nível de refinamento analítico, pode ser que tudo o que esteja sendo apresentado realmente seja válido, ou que tenhamos de repensar na maneira como estamos tratando as amostras contendo biomacromoléculas.

Referências bibliográficas

[1]ARRUDA, M.A.Z. **Trends in sample preparation**. Nova Science. New York, 2007.

[2]NOVAKOVA, L.; VLCKOVA, H. **Anal. Chim. Acta.** 656: 8, 2009.

[3]ZHANG, X. et al. **Mass Spectrom. Rev.** 26: 403, 2007.

[4]O'CONNOR, L.; GLYNN, B. **Expert Rev. Med. Devices.** 7: 529, 2010.

[5]MILLAR, M. et al. **Health Technol. Assess.** 1: 1, 2011.

[6]SCHWARZENBACH, H.; HOON, D.S.B.; PANTEL, K. **Nat. Rev. Cancer.** 11: 426, 2011.

[7]TSONGALIS, G.J. **Am. J. Clin. Pathol.** 126: 448, 2006.

[8]RAHMAN, M.M.; ELAISSARI, A. **Drug Discovery Today** 17: 1199, 2012.

[9]LINNARSSON, S. **Exp. Cell Res.** 316: 1339, 2010.

[10]DEMEKE, T.; RATNAYAKA, I.; PHAN, A. **J AOAC.** 92: 1136, 2009.

[11]SONG, L. et al. **Anal. Chem.** 85: 1932, 2013.

[12]MITRA, S. **Sample preparation techniques in analytical chemistry**, Wiley. New Jersey, 2003.

[13]PIHLAK, A. et al. **Nat. Biotechnol.** 26: 676, 2008.

[14]RODRÍGUEZ, A. et al. **Food Chem.** 25: 666, 2012.

[15]MORALES, M.C.; ZAHN, J.D. **Microfluid. Nanofluid.** 9: 1041, 2010.

[16]REEDY, C.R. et al. **Lab. Chip.** 11: 1603, 2011.

[17]RUIZ-MARTINEZ, M.C. et al. **Anal. Chem.** 70: 1516, 1998.

[18]LIU, R. et al. **Anal. Bioanal. Chem.** 393: 871, 2009.

[19]WANG, J.H. et al. **Anal. Chem.** 79: 620, 2007.

[20]PRICE, C.W.; LESLIE, D.C.; LANDERS, J.P. **Lab. Chip.** 9: 2484, 2009.

[21]FINOULST, I. et al. **J. Biomed. Biotechnol.** 245: 291, 2011.

[22]SCHRADER, M.; SCHULZ-KNAPPE, P. **Trends Biotechnol.** 19: 55, 2001.

[23]NELSON, D.L.; COX, M.M. **Lehninger principles of biochemistry**. Wiley. New York, 2008.

[24]FARROKHI, N.; WHITELEGGE, J.P.; BRUSSLAN, J.A. **Plant Biotechnol. J.** 6:105, 2008.

[25]FRICKER, L.D. et al. **Mass Spectrom. Rev.** 25: 327, 2006.

[26]JOHN, H. et al. **Anal. Bioanal. Chem.** 378: 883, 2004.

[27]POLSON, C. et al. **J. Chromatogr. B** 785: 263, 2003.

[28]CARSTENS, J. et al. **Clin. Chem.** 43: 638, 1997.

[29]POLIWODA, A.; WIECZOREK, P.P. **Anal. Bioanal. Chem.** 393: 885, 2009.

[30]HARPER, R. G. et al. **Electrophoresis** 25: 1299, 2004.

[31]GREENING, D.W.; SIMPSON, R.J. **J. Proteomics** 73: 637, 2010.

[32]VANHOUTE, M. et al. **J. Chromatogr. B** 877: 1683, 2009.

[33]QUEIROZ, S.C.N.; COLLINS, C.H.; JARDIM, I.C.S.F. **Quim. Nova.** 24: 68, 2001.

[34]KUNDA, P.B. et al. **J. Chromatogr. A.** 1229. 121, 2012.

[35]ASHRI, N.Y.; DARYANAVARD, M.; ABDEL-REHIM, M. **Biomed. Chromatogr.** 27: 396, 2013.

[36]FIELDS, S. **Science** 291: 1221, 2001.

[37]KERSTEN, B. et al. **Plant Mol. Biol.** 48: 133, 2002.

[38]JOB, D.; HAYNES, P.A.; ZIVY, M. **Proteomics** 11: 1557, 2011.

[39]BODZON-KULAKOWSKA, A. et al. **J. Chromatogr. B.** 849: 1, 2007.

[40]CAÑAS, B. et al. **J. Chromatogr. A.** 1153: 235, 2007.

[41]BERKLMAN, T.; STENSTEDT, T. **2-D Electrophoresis using immobilized pH gradients:** principles and methods. Amershan Biosciences. Uppsala, 1998.

[42]HARISA, G.I.; IBRAHIM, M.F.; ALANAZI, F.K. **Arch. Pharmacal. Res.** 35: 1431, 2012.

[43]TODOROVA, R. **Drug Delivery** 18: 586, 2011.

[44]TRAN, M.Q.T. et al. **Anal. Biochem.** 396: 76-82, 2010.

[45]PETERNEL, S.; KOMEL, R. **Microb. Cell Fact.** 9: 1, 2010.

[46]HO, C.W. et al. **Biotechnol. Bioprocess Eng.** 13: 577, 2008.

[47]WENGER, M.D.; DE PHILLIPS, P.; BRACEIVELL, D.G. **Biotechnol. Prog.** 24: 606, 2008.

[48]SHRESTHA, P.; HOLLAND, T.M.; BUNDY, B.C. **Biotechniques** 53: 163, 2012.

[49]BARBOSA, H.S. et al. **Anal. Methods.** 5: 116, 2013.

[50]BARBOSA, H.S. et al. **Anal. Bioanal. Chem.** 402: 299, 2012.

[51]KIM, J. et al. **Lab. Chip.** 12: 2914, 2012.

[52]KUSHNIROV, V.V. **Yeast** 16: 857, 2000.

[53]VON DER HAAR, T. **Plos One** 2: 1, 2007.

[54]WITTMANN-LIEBOLD, B.; GRAACK, H.R.; POHL, T. **Proteomics** 6: 4688, 2006.

[55]ARRUDA, S.C.C. et al. **Analyst** 136: 4119, 2011.

[56]KRISHNAN, H.B.; NATARAJAN, S.S. **Phytochemistry** 70: 1958, 2009.

[57]MAHN, A.; ISMAIL, M. **J. Chromatogr. B.** 879: 3645, 2011.

[58]AHMED, N.; RICE, G.E. **J. Chromatogr. B.** 815: 39, 2005.

[59]BOSCHETTI, E.; RIGHETTI, P.G. **J. Proteomics** 71: 255, 2008.

[60]DA SILVA, M.A.O.; MATAVELI, L.R.V.; ARRUDA, M.A.Z. **Braz. J. Anal. Chem.** 5: 234, 2011.

[61]KOLE, P.L. et al. **Biomed. Chromatogr.** 25: 199, 2011.

[62]COPELAND, R.A. **Enzymes:** a practical introduction to structure, mechanism, and data analysis. Wiley:VCH. New York, 2000.

[63]BUCHHOLZ, K.; KASCHE, V.; BORNSCHEUER, U.T. **Biocatalysts and enzyme technology**, Wiley: Blackwell. Weinheim, 2005.

[64]KRIZEK, T.; KUBICKOVA, A. **Anal. Bioanal. Chem.** 403: 2185, 2012.

[65]EISENTHAL, R.; DANSON, M.J. **Enzyme assays:** a practical approach. Oxford Academic Press. Oxford, 1995.

[66]GLATZ, Z. **J. Chromatogr. B.** 841: 23, 2006.

[67]LIESENER, A.; KARST, U. **Anal. Bioanal.Chem.** 382: 1451, 2005.

[68]SANTOS-ÁLVAREZ, N. et al. **Anal. Chim. Acta.** 457: 275, 2002.

[69]DEUTSCHER, M.P. **Methods in enzymology**. v 182, Academic Press. San Diego, 1990.

[70]LEE, Y.H.; TAN, H.T.; CHUNG, M.C. **Proteomics.** 10: 3935, 2010.

[71]SHIMAZAKI, Y. et al. **Proteomics** 3: 2002, 2003.

Índice

U

V

W

Impressão e Acabamento:
Geográfica
editora

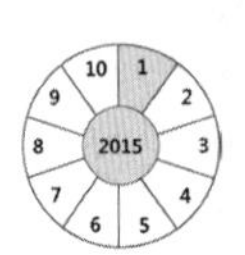